JN273332

都市行政法精義 I

碓井光明 著

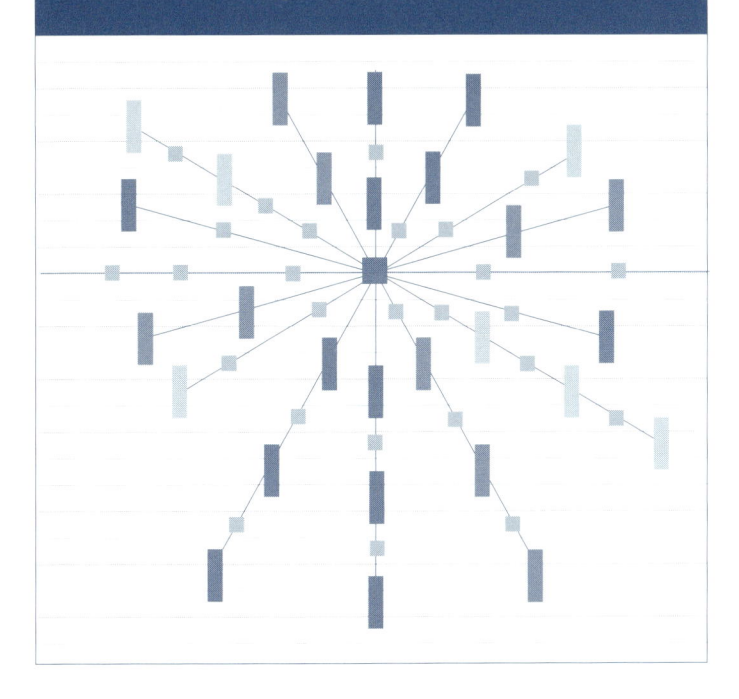

信山社

はしがき

　筆者は，平成20年4月より，それまでの租税法，財政法を主とする研究から転じて，明治大学法科大学院にて，もっぱら行政法を担当して今日に至っている。行政法に関して，筆者が大学の学部生であった頃と比べて信じられないほどの多数の教科書があり，かつ，毎年のように新たな教科書が加わり，あるいは改訂されている。それらは，それぞれに体系的な創意工夫がなされており，頭が下がるばかりである。行政過程法中心の行政法総論は，行政過程において用いられる行為形式が分析され，分類された行為形式が引出しに整理されている。また，行政救済法の分野は，行政不服審査法，行政事件訴訟法，国家賠償法などの主要法律の解釈が中心で，やはり，行政処分性，原告適格，国家賠償の諸要件などを引出しに整理することが重視されている。しかし，学生諸君が，その整理されているはずの引出しの内容を理解するには，それらを当てはめる個別の行政法分野を相当程度正確に理解する能力をもつことが不可欠である。法曹となってからの仕事も，あらかじめ整理された引出しのみではできない。

　そこで，筆者は，日頃，個別法の条文をよく読むようにと声を大にして学生諸君に呼び掛けているのであるが，個別法の理解には膨大なエネルギーを必要とする。日々学生と向き合うなかで，たとえば，都市計画決定の行政処分性というような論点について，表面的に教科書や判例を読むのみでは，理解を困難にしていることが多いうえ，応用力を養うことも難しいと痛感している。最近は，行政の活動領域に応じた教材等が増えており，そのような教材等の有用性は筆者も認めている。しかし，それらをもってしても個別領域のある程度深い理解に基づく学習には物足りないことが多い。

　そこで，筆者は，2年前に，「公法総合指導」の授業科目のテーマとして都市行政法を取り上げた。「都市行政法」という一定のまとまりのある領域

において，どのような法の仕組みが採用され，それらに行政法総論や行政救済法の引出しにある論理を当てはめようとするときに，どのようなことが問題となり，裁判所がどのように処理しているかをまとめてみるならば，意外に学生諸君のエネルギーを節約できるのではないか，また，引出しの内容の理解が深まるのではないか，と考えるに至った。都市行政の分野を選んだのは，この分野においては，行政法総論や行政救済法の適用において問題とされるほとんどの素材を見出すことができることに気づいたからである。前記の行政法理論の引出しが縦糸であるとすれば，都市行政法という横糸を通すことにより，「行政法の丈夫な布」ができあがるのではないかと思った次第である。「都市行政法を制する者は行政法を制する」と考えたのである。もっとも，その意味は，都市行政法を覚えることの重要性ではなく，「都市行政法を理解しようとするプロセスを踏むならば行政法を理解する能力を自然に身につけることができる」ということである。繰り返しになるが，「覚えること」と「理解する能力を養う」こととの間には違いがある。

　前述の科目の教材を作成する必要に迫られて，判例等を重点とした簡単なものを作成した。その作業を進めているうちに，都市行政法に関する自らの知識を深めて問題点についても考察し今後の研究にも役立てたいという欲求に駆られた。そのような経緯で執筆されたのが本書である。かくて，ここに『都市行政法精義Ⅰ』及び『都市行政法精義Ⅱ』を刊行する。筆者の「都市行政法」は，「都市に関する行政法」という単純な意味である。筆者にとって，部分的であれ書名に「行政法」の文言を入れた最初の書物である。もともと1冊の書物を予定して執筆を開始したが，大部になったため，若干の時差をつけて2分冊にして刊行することとした次第である。あまりに大部な2冊本は，もはや法科大学院生の手にしない書物のような感がしないでもないが，必要な箇所を読み進めていただくならば，前述のような理由で必ずや血となり肉となるものと確信している。本書の対象は，都市行政法に限られているものの，いわば『アドバンスト行政法』，『上級行政法』である。本書を読み進めるならば，行政法の知識の相当程度を再確認することができるであろうし，何よりも行政法の思考能力を高めることができるであろう。その意

味において，法曹を目指そうとする人たちに送る「隠れたる行政法教科書」である。法曹を目指す人たちは，自らが考えて行政法的問題点を発見しなければならないことはいうまでもない。

　安本典夫教授や生田長人教授などの体系書があるなかで，本書を刊行する意味があるのか，迷ったことは否定できない。また，少し詳しく書くことに意義があるかどうかを考えたときにも，優れた論文集の存在，実定法律に関しては詳細な記述の逐条解説書が存在し，付け加えるべき点はないようにも思われた。しかし，この法領域を体系的，包括的で，かつ詳細に論じた書物としては，それなりの存在意義を有すると確信するに至った。また，これまでに筆者が執筆した書物同様に，裁判例を重視しているが，同時に，一般の書物においてあまり論じられない新たな問題点を提示する努力もしているつもりである。この点においては，法曹関係者にも多少なりとも役に立てていただける研究書であると秘かな期待を抱いている。行政実務に携わる方々には，判例の状況を知っていただくほか，条例等による政策の展開を知っていただくことを期待している。研究上の意義として，周知のように，今日において計画，認定，協議，協定といった手法が多用されている。本書のような書物は，行政法総論の再検討のための素材を整理したものとして，幾分かは貢献しうるものと考えている。

　それにしても，「都市」に関しては，法律学以外の学問分野の研究も盛んである。少し充実した図書館であれば，都市工学はもちろん，行政学，社会学，経済学，財政学等の分野の書物が，所狭しと，配架されている。本書の執筆に際しても，行政法学を中心とする法律学以外の文献にも目配りしようと試みたが，本書の対象の制約もあって，活用しきれていないことが残念である。やはり，学際的研究の重要性が痛感される。しかし，行政法への新参者で，かつ，都市行政法に疎い筆者が行政法学者として学際的研究の仲間入りをすることは，残念ながら望めない。行政法学分野からは，従来から研究している方々あるいは若い方々にお願いするほかはない。

本書を執筆しながら，かつて上京中の父と「はとバス」にて東京巡りをした際のガイドさんの別れ際の「東京は，苦しみながらも今日も生きているのです」という趣旨のアナウンスを想い起こした。日本の人口のほとんどは都市に集中している。確かに，都市は苦しみ，そこに都市行政法が展開されてきたことは否めない。しかし，農山村に生まれたものの首都圏に出て50年近くなる筆者としては，「都市の問題は農山村の問題でもある」と強く感じつつ本書の執筆を進めた。その問題意識は，表面的には必ずしも強調されていないが，今後の研究課題として抱き続けたいと思っている。

　本書を刊行するに当たり，まず，筆者を明治大学法科大学院の行政法担当者に加えていただいた明治大学関係者，とりわけ行政法担当の先輩としてご指導いただいた西埜章教授（新潟大学名誉教授）に改めて謝意を表したい。先生は，本年3月をもって定年の故をもって明治大学を退職されたが，先生のご指導がなければ，筆者が行政法を担当することはできなかったと思われるし，まして本書を執筆することもなかったであろう。

　また，筑波大学名誉教授荒秀先生にも感謝の意を表したい。先生は，筆者が横浜国立大学在学中に別の学部所属であるにもかかわらず声をかけて下さり，以来，折に触れて筆者を励ましてくださった。学部在学中に先生より英文の書物を渡されて読むよう勧められたにもかかわらず，ほとんど読めなかったこと，研究者になってからも先生より多くの論文・著書をいただく機会に浴しながら丹念に目を通すことなく現在に至ったこと，そして本書の執筆に際しても先生の多くの著作に目を通すだけの努力を怠ったことなど，先生との関係において反省の念を禁じえないが，先生にいつもお気に留めていただいていることが，どれだけ筆者の研究の精神的支えになってきたかわからない。

　本書を，故・横浜国立大学名誉教授成田頼明先生に捧げる。
　長年にわたり筆者が公私ともにお世話になった成田先生が，平成24年11月，彼の地に旅立たれてしまった。ご存命中に本書を先生にお見せしたかったが，それは，もはやかなわぬことになった。折々の先生のお姿を偲びつつ，

本書を謹んで天国におられる先生に捧げるものである。そして，今後も行政法の研究を続けて先生の学恩に報いたいと思う。

　本書の刊行に際しても，信山社出版株式会社の皆さんには，大変お世話になった。とりわけ，柴田尚到さんには，綿密な作業をしていただいた。感謝の意を表したい。

　最後に，本書の刊行には，筆者に与えられた平成25年度明治大学特別研究期間を充てることができた。このような機会を与えて下さった明治大学の関係者にも感謝を申し上げたい。

　平成25年10月

碓　井　光　明

目　次

はしがき
主要参考文献等・凡例

第1章　都市行政法への招待 …………………………………………… 1
　1　都市の意義と分類 ………………………………………………… 1
　　［1］都市の意義（1）
　　［2］地方自治法と都市との関係（5）
　2　都市行政法の意義と存在形式 …………………………………… 8
　　［1］都市行政法の意義（8）
　　［2］法律に基づく都市行政法とその体系（15）
　　［3］都市行政法における条例の位置づけ（35）
　3　都市行政法における行政手法 …………………………………… 48
　　［1］都市行政法における計画（48）
　　［2］都市行政法における行政行為（51）
　　［3］都市行政法における協議（59）
　　［4］都市行政法における行政指導（66）
　　［5］都市行政法における行政契約（71）
　　［6］ソフトな都市行政（74）
　　［7］都市行政法と財政（75）
　　［8］都市行政と損失補償（80）

第2章　都市計画法・景観法制 ………………………………………… 84
　1　都市計画の法体系 ………………………………………………… 84
　　［1］国土利用計画の中の都市計画に関する法（84）
　　［2］都市計画法の位置づけ（106）

目　次　　vii

2　都市計画 …………………………………………………… 110
　　［1］都市計画区域・準都市計画区域（110）
　　［2］都市計画（115）
　　［3］地区計画・地区整備計画等（136）
　　［4］地域地区等と建築基準法（138）
　　［5］都市計画基準（143）
　　［6］都市計画の決定及び変更（145）
　　［7］都市計画と争訟（160）
3　都市計画制限 ……………………………………………… 182
　　［1］開発行為等の規制（開発行為の許可）（182）
　　［2］不服申立て・訴訟（223）
　　［3］市街地開発事業等予定区域の区域内における建築等の規制（240）
　　［4］都市計画施設等の区域内における建築等の規制（242）
　　［5］風致地区及び地区計画等の区域内における建築等の規制（249）
　　［6］遊休土地転換利用促進地区内における土地利用に関する措置等（255）
　　［7］監督処分等（257）
4　都市計画事業 ……………………………………………… 258
　　［1］都市計画事業の施行者，事業認可・承認（258）
　　［2］都市計画事業の施行（276）
5　景観法制・歴史的風土の保存 …………………………… 280
　　［1］景観法（280）
　　［2］景観に関する条例等（302）
　　［3］屋外広告物の規制（311）
　　［4］古都における歴史的風土の保存に関する特別措置法（321）
6　都市の緑地の保全・緑化 ………………………………… 324
　　［1］都市緑地法（324）
　　［2］緑地保全・緑化推進を目的とする条例（345）

［3］生産緑地法（350）

第3章　市街地開発法・都市施設法 ……… 353

1　市街地開発法の仕組み ……… 353
　　　［1］横断的な概観（353）
　　　［2］審議会，審査会，審査委員（357）
　　　［3］計画変更・計画担保責任（358）

2　土地区画整理法 ……… 363
　　　［1］土地区画整理法等の概要（363）
　　　［2］土地区画整理事業の施行者（365）
　　　［3］土地区画整理事業計画（373）
　　　［4］土地区画整理事業の施行（385）
　　　［5］仮換地の指定・換地処分（405）
　　　［6］費用負担（418）
　　　［7］監督・処分の効力等・不服申立て（427）
　　　［8］特別法と土地区画整理事業（433）

3　都市再開発法 ……… 450
　　　［1］都市再開発法の位置づけ（450）
　　　［2］市街地再開発事業（456）

4　新住宅市街地開発事業・住宅街区整備事業 ……… 488
　　　［1］新住宅市街地開発事業の意味及び都市計画との連動関係（488）
　　　［2］新住宅市街地開発事業の施行計画・処分計画（491）
　　　［3］住宅街区整備事業（496）

5　都市再生特別措置法・民間都市開発の推進に関する特別措置法 ……… 500
　　　［1］都市再生特別措置法の目的と概要（500）
　　　［2］都市再生緊急整備地域における特別措置（502）
　　　［3］都市再生整備計画等（510）
　　　［4］民間都市開発の推進に関する特別措置法（512）

6 流通業務市街地の整備に関する法律 ……………………………………… 516
　［1］流通業務施設・基本方針（516）
　［2］流通業務地区・流通業務団地（518）
7 被災市街地復興特別措置法 ……………………………………………… 521
　［1］被災市街地復興推進地域（521）
　［2］市街地開発事業等に関する特例（524）
　［3］住宅の供給等に関する特例（527）
8 都市施設法 ………………………………………………………………… 527
　［1］都市施設法の概要（527）
　［2］都市公園法（528）
　［3］都市の交通施設（551）
　［4］都市河川（566）

事項索引

判例索引

『都市行政法精義Ⅱ』の章構成（予定）
第4章　建築規制法
第5章　新たなまちづくりと都市行政法
終　章　都市行政法の展開

主要参考文献等・凡例
〔都市行政法精義Ⅰ・都市行政法精義Ⅱ共通〕
（ゴシックにより引用）

〈参考文献〉

五十嵐敬喜『**都市法**』（ぎょうせい，昭和62年）
原田純孝編『**日本の都市法Ⅰ　構造と展開**』（東京大学出版会，平成13年）
原田純孝編『**日本の都市法Ⅱ　諸相と動態**』（東京大学出版会，平成13年）
生田長人『**都市法入門講義**』（信山社，平成22年）
見上崇洋『**地域空間をめぐる住民の利益と法**』（有斐閣，平成18年）
安本典夫『**都市法概説〔第2版〕**』（法律文化社，平成25年）
河野正三『〈特別法コンメンタール〉**国土利用計画法**』（第一法規，昭和52年）
荒秀＝小高剛編『**都市計画法規概説**』（信山社，平成10年）
建設省都市局都市計画課編『**都市計画法解説**』（全国加除法令出版，昭和45年）
都市計画法制研究会編著・建設省都市局**都市計画課**監修『**逐条問答都市計画法の運用（第2次改訂版）**』（ぎょうせい，平成元年）
三橋壯吉『〈特別法コンメンタール〉改訂**都市計画法**』（第一法規，昭和54年）
荒秀・小高剛編『**都市計画法規概説**』（信山社，平成10年）
都市計画法制研究会編著『よくわかる**都市計画法（改訂版）**』（ぎょうせい，平成24年）
国土交通省都市・地域整備局都市計画課監修，**都市計画法研究会**編『**都市計画法の運用　Q&A**』（ぎょうせい，加除式）
荒秀『**開発行政法**』（ぎょうせい，昭和50年）
景観法制研究会編『**逐条解説景観法**』（ぎょうせい，平成16年）
北村喜宣『**分権政策法務と環境・景観行政**』（日本評論社，平成20年）
屋外広告行政研究会編『**屋外広告の知識（第3次改訂版）**』（ぎょうせい，平成21年6版）
下出義明『**改訂版　換地処分の研究**』（酒井書店，昭和54年）
松浦基之『〈特別法コンメンタール〉**土地区画整理法**』（第一法規，平成4年）
大場民男『**新版　縦横土地区画整理法　上**』（一粒社，平成7年）
大場民男『**新版　縦横土地区画整理法　下**』（一粒社，平成12年）

都市再開発法制研究会編著『改訂7版〔逐条解説〕都市再開発法解説』（大成出版社，平成22年）

国土交通省住宅局市街地建築課編『市街地再開発2013（基本編）』（全国市街地再開発協会，平成25年）

密集市街地法制研究会編著『密集市街地整備法詳解』（第一法規，平成23年）

都市計画法制研究会編著『被災市街地復興特別措置法の解説　増補版』（ぎょうせい，平成23年）

公園緑地行政研究会編『概説　新しい都市緑地法・都市公園法』（ぎょうせい，平成17年）

特定都市河川浸水被害対策法研究会編著『特定都市河川浸水被害対策法の解説』（大成出版社，平成16年）

荒秀『建築基準法論（Ⅰ）』（ぎょうせい，昭和51年）

荒秀『建築基準法論（Ⅱ）』（ぎょうせい，昭和62年）

荒秀『建築基準法論（Ⅲ）』（ぎょうせい，平成7年）

荒秀ほか編『〈特別法コンメンタール〉改訂建築基準法』（第一法規，平成2年）

財団法人日本建築センター編『詳解建築基準法〈改訂版〉』（ぎょうせい，平成3年）

島田信次＝関哲夫『建築基準法体系（第5次全訂新版）』（酒井書店，平成3年）

建築基準法令研究会編著『［新訂第2版］わかりやすい建築基準法』（大成出版社，平成21年）

逐条解説建築基準法編集委員会編著『逐条解説建築基準法』（ぎょうせい，平成24年）

小林重敬編著『条例による総合的まちづくり』（学芸出版社，平成14年）

芝池義一ほか編著『まちづくり・環境行政の法的課題』（日本評論社，平成19年）

高見沢実編著『都市計画の理論　系譜と課題』（学芸出版社，平成18年）

内海麻利『まちづくり条例の実態と理論』（第一法規，平成22年）

松本英昭『逐条地方自治法（第7次改訂版）』（学陽書房，平成25年）

碓井光明『公的資金助成法精義』（信山社，平成19年）

碓井光明『行政契約精義』（信山社，平成23年）

〈判例集の引用〉

最高裁判所民事判例集

最高裁判所**刑**事判例**集**

最高裁判所裁判**集**　民事

高等**裁**判所**民**事判例**集**

東京**高**等**裁**判所（民事）判決**時報**

行政事件裁判例**集**

下級裁判所**民**事裁判例**集**

本文中において，見出しの数字1，2…を節と呼び，同じく［1］，［2］…を款と呼ぶことがある。

第1章 都市行政法への招待

1 都市の意義と分類

[1] 都市の意義

多様な学問分野　都市を研究する学問分野は、きわめて多様である。社会学においては都市社会を論ずるであろうし[1]、工学の分野では都市工学を、そのなかでも、都市計画論や都市建築論があろう。筆者のこれまでに研究した財政法に近いところでは、都市行政学[2]や、都市経済学[3]、都市財政学[4]もある。「都市の経営」や「都市のガバナンス」が語られることも多い[5]。そして、狭い学問分野を超えて「都市問題」、「都市政策」、「都市論」が語られる

---

1 早くは、鈴木広・倉沢進編『都市社会学』(アカデミア出版会、昭和59年) があり、その後、鈴木広ほか編『都市化の社会学理論』(ミネルヴァ書房、昭和62年)、鈴木広編『現代都市を解読する』(ミネルヴァ書房、平成4年)、高橋勇悦・菊池美代志『今日の都市社会学』(学文社、平成6年)、菊池美代志・江上渉編『21世紀の都市社会学』(学文社、平成14年初版、平成20年改訂版) がある。そのほか、勁草書房より『21世紀の都市社会学』のシリーズ5巻が刊行されている (平成7年〜8年)。

2 比較的早い時期の文献として、本田弘『現代都市行政論』(評論社、昭和46年)、佐々木信夫『現代都市行政の構図――都市行政学の模索』(ぎょうせい、昭和60年) などがある。その後、佐々木信夫『都市行政学研究』(勁草書房、平成2年) などがあって、最近の文献として、吉田民雄『都市行政学Ⅰ　都市・市民・制度』(中央経済社、平成20年)、同『都市行政学Ⅱ　政府・政策・政府体系』(中央経済社、平成20年) がある。

3 比較的早い時期の文献として、宮本憲一『都市経済論』(筑摩書房、昭和55年)、柴田徳衛編『都市経済論』(有斐閣、昭和60年)、宮尾尊弘『現代都市経済学』(日本評論社、昭和60年) がある。最近の文献として、杉浦章介『都市経済論』(岩波書店、平成15年) がある。

4 早くは、柏井象雄『現代都市財政論』(有斐閣、昭和49年)、恒松制治・橋本徹編『都市財政概論』(有斐閣、昭和50年) があり、比較的最近の文献として、持田信樹『都市財政の研究』(東京大学出版会、平成5年) がある。

ことが多い[6]。無数の書物が出されている。また,『都市問題』や『都市問題研究』という雑誌も刊行されてきた。こうしたことは,都市を巡る論点が多く,それだけに都市を語ることに重要性があることによっているといってもよい。本書が「都市行政法」に挑もうとするのも,まさに都市の重要性を意識するからにほかならない。

都市とは　では,「都市」とは,いかなることを意味しているのであろうか[7]。「都市」をめぐる議論は多様である。『都市とは何か』という書物[8]を開いてみたが,容易に答えを見出すことができない。

間宮陽介教授は,「都市の外面的特徴をしらみつぶしに挙げていくうちに,都市の内在的な特徴は反比例してやせ細っていく」と述べている。そして,むしろ「都市とは何『である』のか」,都市の存在あるいは存在理由を問うべきであるとして,その一つの方途として,「都市とは何『でない』のかを問うてみることである」と論じている。これにより答えが出されたといえるのかというと,先学の研究を踏まえて,「ある人にとっての『である』が別の人にとって『でない』」となる旨を述べている。

この説明は,「都市」を論ずる際の冷静さを必要とする警告といってよいであろう。「である」と述べても,それが,都市の説明をしたことにならないことにも注意しなければならない[9]。しかしながら,ラフでもよいから,もう少し手がかりが欲しい。そこで,田村明教授による純農村のムラと対比させた都市の特質が参考となろう。次の7点が挙げられている。

　①　自分の食糧を,自らはほとんど生産できない多数の人々が,密集し

5　代表的なものとして,植田和弘ほか編『岩波講座 都市の再生を考える6 都市のシステムと経営』(岩波書店,平成17年),植田和弘ほか編『岩波講座 都市の再生を考える2 都市のガバナンス』(岩波書店,平成17年),青山佾『都市のガバナンス』(三省堂,平成24年)など。

6　代表的な文献として,宮本憲一『都市政策の思想と現実』(有斐閣,平成11年)がある。

7　諸学説については,吉田民雄『都市行政学Ⅰ　都市・市民・制度』(中央経済社,平成20年)3頁以下に要領よく紹介されている。

8　間宮陽介「都市の思想」植田和弘ほか編『岩波講座 都市の再生を考える1 都市とは何か』(岩波書店,平成17年)7頁。

て居住する場。
　② 都市という字は「都」と「市」でできているが,「市（イチ）」とは,異なる物資を交換・売買するところであり,多くの異質の人々に開放され,人・物・情報が流れ込み共存する場。
　③ 商工業者などの特化した職業・専門家が発生し集まる場。
　④ 多様で異質な人々が,限定された空間内で多数生活し,さまざまな矛盾や衝突を孕んでいるが,互いに共生し,新たな価値や時代の先端をゆくものを創造し,多くの職場や遊びも生まれやすい場。
　⑤ 個人では自立した生活ができず,生活を営むための共同装置がなければ,暮らしてゆけない場。ただし,そのことをほとんど感じなくてすむ生活システムができ上がっている場。
　⑥ 自然のサイクルで生活のリズムが形成されたムラと違い,人為的に生活のサイクルを作り出している場。
　⑦ いったん都市ができると,多くの人々の意図が複雑に作用し,全体としてあたかも一つの生命のある生物のように変動するもの。
　ヒトとモノの集合体であることにおいて都市も農村も共通であるが,前記のような特質が見られるというのである[10]。
　田村教授に比べて,さらに簡潔に定義する書物もみられる。たとえば,吉田民雄教授は,まず,都市の特質,その成立要件に関して,田村教授と同様の複数の要素を掲げている。すなわち,「都市は,大量の異質な人々の密集・集住する場であり,社会的に人々の共同生活の場であり,政治的には人々の共同秩序を維持する統治の場であり,文化的には人々の生活を向上する生活形成と創造性発揮の場であり,人工環境的にはエコロジカルな存在としての人間の居住・活動の場であること」をもって,都市の特質ないし成立要件であるとしている。そのうえで,「都市とは,人間の営みである個人と

9　たとえば,「都市とは『市場』の成立する『場』である。それは工業や商業という生産活動の『場』といいかえてもよい」(神野直彦「ポスト工業化時代の都市のガバナンス」植田和弘ほか編『岩波講座 都市の再生を考える2 都市のガバナンス』(岩波書店,平成17年)7頁,8頁)と述べる場合に,都市が消費の「場」であることが否定されるわけではあるまい。
10　以上,田村明『現代都市読本』(東洋経済新報社,平成6年)10頁-11頁。

集団で構成される『ヒトの集合・集積体』と，その舞台装置である人工物と自然で構成される『モノの集合・集積体』から成る『人間生活そのものを含んだ総合的な諸機能の集合・集積体』である」と要約している[11]。ここにおいても，ヒトとモノの集合・集積体であることが核心を成している。

さらに，青山佾教授は，都市とは，①「多くの職種に従事するたくさんの人びとが集まって住んでいる」（集住＝多職種，大勢），②「そのための施設が一定程度整備されており，その施設を動かすシステムも一定程度確立している」（機能＝施設，システム），③「周辺地域に対して，相対的に中心性を有している」（中心性）を挙げている[12]。

法律学においては，どのように定義されているのであろうか。安本典夫教授は，「社会経済活動・生活行動その他の人の営為が集中し，それらが共同生産手段・共同消費手段（道路・水道・港湾施設・廃棄物処理施設等々）に依拠しており，かつ，その空間内で集約的に行われるという特徴」が認められるとしている[13]。とするならば，少なくとも，とくに他の学問分野と異なる定義をしようとする姿勢はないといえよう。

「都市」の語の二つの用法　本書において，「都市」という同一の語を二つの意味に使用している。

一つは，人々が生活している場としての，「社会的，経済的実態としての都市」を指す場合がある。その場合には，都市は人々の活動の場でもあるし，行政活動の対象でもある。本書の主たる考察は，このような人々の活動の場としての都市である。宇沢弘文教授は，「社会的共通資本としての都市」なる観念を用いて，社会的共通資本としての都市とは，「ある限定された地域に，数多くの人々が居住し，そこで働き，生計を立てるために必要な所得を得る場であるとともに，多くの人々がお互いに密接な関係をもつことによって，文化の創造，維持をはかってゆく場である」と述べている。そして，都市においては，「本源的な意味における土地の生産性に依存することなく生産活動を行うことができるという点で，農村とは本質的に異なる」としてい

11　吉田民雄『都市行政学Ⅰ　都市・市民・制度』（中央経済社，平成20年）20頁。
12　青山佾『都市のガバナンス』（三省堂，平成24年）85頁。
13　安本・都市法概説1頁。

る[14]。

　もう一つは，行政活動を行なう主体（行政主体）としての都市である。次に述べる，地方自治法の市に関する規定などは，行政主体としての都市についての扱いである。そして，行政主体としての都市の区域の全域が「社会的，経済的実態としての都市」であるとは限らないことに注意する必要がある。後述の指定都市の区域の中にも，社会的，経済的実態としては農村に当たる区域も存在することがある。

　逆に，この行政主体の都市から，遡って，人々の生活の場としての都市を宇沢教授の述べる都市に限定すべきかどうかが問題となる。宇沢教授のいう都市を核としつつも，それを包含するやや広い生活の場を都市と位置づけることもできる。都市農業の言葉はともかく，農業都市，さらには，矛盾するような「農村都市」の観念が成り立たないわけではない[15]。

[２]　地方自治法と都市との関係

市の要件　　地方自治法 8 条 1 項の定める市の要件には，都市を考える際に参考になる点がある。

　まず，「人口 5 万以上を有すること」（1 号）という人口要件に注目したい。

　次に，「中心の市街地を形成している区域内の戸数」について全戸数の 6 割以上であることを要求している点（2 号）が注目される。この戸数は，「連たん戸数」と呼ばれている。これにより，密集し軒を連ねていることが要件とされる[16]。ここから，都市を考える場合も，中心市街地が一定規模で存在することが想定されるように思われる。

　「商工業その他の都市的業態に従事する者及びその者と同一世帯に属する者の数」が全人口の 6 割以上であることを要求している点（3 号）について

14　以上，宇沢弘文「社会的共通資本としての都市」宇沢弘文ほか編『21 世紀の都市を考える（社会的共通資本としての都市 2）』（東京大学出版会，平成 15 年）11 頁，14 頁。

15　荒田英知「広域的都市圏の都市経営」植田和弘ほか編『都市のシステムと経営（岩波講座　都市再生を考える 6)』（岩波書店，平成 17 年）35 頁，41 頁は，都市的空間と農山漁村的空間を併せもつ「広域都市」が一般化していることを指摘している。

16　松本・逐条自治法 114 頁。

考えてみよう。「都市的業態に従事する者」とは，おおむね農林水産業以外の業務に従事する者を指しているようである[17]。ごく自然なように見えるが，昼間人口と夜間人口との開きを認める場合には，あまり重視する必要がないようにも思われる。巨大な工場があって，昼間に近隣から工場の従業員や工場周辺の食堂等の従業員が通勤してきて，夜間人口としては，農業従事者が相当程度を占めているような場合もあり得ないわけではない。

　最後に，「都市的施設その他の都市としての要件」は都道府県の条例で定めることとされている（4号）。条例中に規定すべき都市的施設として，①官公署の種類及び数，②高等学校以上の学校，図書館，劇場等の文化施設の数及び規模，③上水道，軌道，バス等の公営事業の経営の有無，④会社，銀行等の都市的企業の数及び規模，⑤病院，診療所等の医療施設及び福祉に関する施設を挙げる見解が見られる[18]。

　地方自治法における市の区分　地方自治法は，一般の市以外に，次のような種類の市に関する定めを置いている。「指定都市」は，政令で指定する人口50万以上の市である。都道府県の行なうべき事務のうちの一定のものを処理することとされている（252条の19）。「中核市」は，政令で指定する人口30万以上の市である。指定都市が処理する事務のうち政令で定める一定のものを処理することとされている（252条の22）。さらに，「特例市」は，政令で指定する人口20万以上の市である。中核市が処理する事務のうち政令で定める一定のものを処理することとされている（252条の26の3）。地方自治法は，これらを「大都市」と位置づけている（12章1節の見出しを参照）。

　都市行政法における都市の意味との関係　地方自治法の「市」も「大都市」も，その全区域が都市行政法の対象となる都市の区域のみから成っているとは限らない。指定都市の区域内にも，農山村が存在する。とりわけ平成の大合併により指定都市となった市には，そのような区域が混在している。本書の対象とする「都市」は，地方自治法の「市」や「大都市」の区域のすべてではないことに注意しておきたい。本書の対象たる都市は，都市社会学等の対象とする都市の意味に近いといってよい。

---

[17]　松本・逐条自治法114頁。
[18]　松本・逐条自治法115頁。

逆に，地方自治法上は「町」とされていても，その区域内に都市の性格を有するエリアを有している場合もある。

都市行政法における市の区分の意味　以上の市の区分は，都市行政法に係る多くの法律が，市の区分に応じて特例規定を設けていることとの関係において，注意を要する。一般の都市計画決定や市民農園開設の認定は市町村の権限とされ（都市計画法15条1項，市民農園整備促進法7条），特例市の長は，都市計画法による開発行為の許可，土地区画整理組合の設立の認可及び防災街区計画整備組合の設立の認可の権限を有し，中核市は，これらに加えて条例による屋外広告物の設置の制限をすることができ，指定都市は，これらに加えて都市計画法による区域区分等に関する都市計画決定を行なう（開発行為の許可につき都市計画法29条，土地区画整理組合の認可につき土地区画整理法136条の3，防災街区計画整備組合の設立の認可につき「密集市街地における防災街区の整備の促進に関する法律」308条・同法施行令59条，屋外広告物の設置の制限につき屋外広告物法27条，区域区分等に関する都市計画決定につき都市計画法87条の2第1項）。

また，個別の法律が独自に政令で定める市についての扱いを定めることもある。建築基準法4条1項が「政令で指定する人口25万以上の市は，その長の指揮監督の下に，第6条第1項の規定による確認に関する事務をつかさどらせるために，建築主事を置かなければならない」と定める場合が，その例である。

個別法と連動して，地方自治法施行令においては，指定都市，中核市，特例市の事務に関する規定が置かれている（指定都市においては，土地区画整理事業に関する事務について174条の39，屋外広告物の規制について174条の40，中核市においては，土地区画整理事業に関する事務について174条の49の18，屋外広告物に関する事務について174条の49の19，特例市においては，屋外広告物の規制について174条の49の19）。

このようにして，原則的に都道府県の任務とされている事務を基礎的自治体としての市の事務とする場合には，二つの問題を生じさせる。一つは，都道府県としての一体性を損なう場面があるのではないかという問題である。もう一つは，都道府県が権限を行使する区域について虫食い状態を生じて非

効率を生じさせているのではないかということである。これらの問題は，地方自治行政の在り方全体にかかわる問題である。都道府県の区域全体としての一体性の確保ないし調和に関しては，多くの法律が，都道府県知事との協議[19]ないし同意の手続を要することとして，制度的な対応をしていると見ることができる。

2　都市行政法の意義と存在形式

[1]　都市行政法の意義
「都市行政に関する法」・「都市に関する行政法」　　本書は，「都市行政法」を扱おうとしている。しかし，それは，「都市行政に関する法」なのであろうか，それとも「都市に関する行政法」なのであろうか。いずれの場合も大差ないのかも知れないが，「都市行政」の範囲を緩やかに把握するならば，都市における行政を広く包含することになり，たとえば，都市における廃棄物行政，都市における鉄道行政，都市における医療行政，都市における福祉行政のように，ほとんどあらゆる行政分野を含むようになろう。もちろん，それらは都市における行政の特色に着目するのであるから，一定の外延を画することができるかも知れない。そのような着眼点から法を論ずることにそれなりの意味があることはいうまでもない。しかし，本書は，どちらかといえば「都市に関する行政法」を考察の対象としたい。もっとも，「都市」というときに，「都市における生活」を含意するとするならば，限りなく「都市行政」に関する法に接近することになる。

「都市に関する行政法」を対象とすることは，都市に限定されない行政法令を検討の対象外とする意味ではない。たとえば，建築基準法は，建築物の敷地，構造及び建築設備に関して規制しているところ，それは，必ずしも都市におけるものに限定されているわけではない。しかしながら，建築規制は，都市における主要な行政法の問題であることは疑いがない。

「都市法」論の展開　　法律学において，これまで「都市法」ないし「都市

19　この場合の協議は，いわゆる垂直的協議である。碓井光明「行政法における協議手続」明治大学法科大学院論集 10 号 159 頁，164 頁，187 頁以下（平成 24 年）を参照。

法学」が語られてきた。筆者の都市行政法を構想するに当たって、都市法学の主張に耳を傾けないわけにはいかない。

　日本最初の『都市法』なるタイトルの著作を昭和62年に発表した五十嵐敬喜教授は、その中において、「都市に特殊に適用される法」を「都市法」と総称し、「都市の空間価値と構造に関するルールの解明」を目指すものとし、その中核は、都市の安全、美、快適性、利便性等であるとした。都市法は、土地法に比べて、安全、美、快適性、利便性といった空間価値に重点を置き、環境法や公害法に比して、個々の環境や公害といった現象よりも、それらを含む都市の構造全体を対象にしようとしていると述べた。この視点は、今日においても、妥当し得る優れた視点であると思われる。

　なお、五十嵐教授は、都市法は、都市問題に対応する学問であるという立場から、実定法のみに限定することなく、計画、通達、行政指導なども、実定法と同様、あるいはそれ以上の都市のルールを構成しているものとして考察の対象とされるべきであると主張した[20]。

　次に、磯部力教授の「都市法学」論が存在する。教授は、複数の論文により問題提起を行なった。まず、平成2年発表の二つの論文において、「都市法学」の必要性を説いた[21]。そのうちの最初の論文においては、次のようなことが述べられている。都市的土地利用関係法の混乱を前にして、「法律学の立場からみれば、このような都市的土地利用関係法の混乱を、ただ為すすべもなく不可避の与件として受け取っていてよいはずはない。都市関係法が都市政策の単なる道具、あるいは単なる邪魔であってよいはずはなく、反対に秩序立った都市法体系の確立こそが有効な都市政策の不可欠の前提といわなければならない」[22]として有効な都市政策遂行のための都市法体系の確立

20　以上、五十嵐・都市法1頁−4頁。
21　磯部力「都市の土地利用と『都市法』の役割」石田頼房編『大都市の土地問題と政策』(東京都立大学出版会、平成2年) 199頁、同「『都市法学』への試み」雄川一郎先生献呈論集『行政法の諸問題　下』(有斐閣、平成2年) 1頁。磯部教授の都市法学を紹介・分析する文献として、亘理格「計画的土地利用原則確立の意味と展望」藤田宙靖博士東北大学退職記念『行政法の思考様式』(青林書院、平成20年) 619頁、643頁−647頁がある。
22　磯部力「都市の土地利用と『都市法』の役割」199頁−200頁。

を強調したのである。そして、「都市法学の観点からは、およそ都市的土地利用をめぐって生じうる人間行動のあらゆる局面において、現に都市的土地利用に関する法的規範として妥当し、あるいは妥当すべきものとして意識されている各種のルールを広く「都市的土地利用に関わる法」（以下、この意味で短く「都市法」ということもある）と捉えておく必要があることになる」[23]とした。規範ないしルールを広く捉える点において、五十嵐教授と共通しているといえる。磯部教授は、都市法には、資本主義的商品交換法のしくみの中における「商品としての土地の所有や取引に関する法」のレベルと、都市の土地空間の中で現実に展開されているさまざまな具体的人間活動の全体から生成してくる「個々の土地の利用のされ方ならびにその集合としての都市環境秩序」に係る法のレベルとを区別し、都市法学的思考にとっては、後者のレベル、客観法的レベルにおける「都市の土地利用に関わる法の世界」こそが、中心的研究課題であるとする。すなわち、「都市の生活環境秩序の内に自立的に生成するさまざまな微妙な客観的法状態を、そのまま正確に規範論理の世界に反映させること」が主要な関心事であるというわけである[24]。

磯部教授は、このような基本的視点にたって、「都市法現象の基本的な認識の仕方」として、都市に特有な最も中心的な法現象を「都市の土地利用秩序をその基盤として含む都市法秩序」の基礎概念により把握しようとする。この「都市特有の法」には、「都市の土地利用秩序維持のための法」と「あるべき土地利用秩序に関わる法」（それは、「実質的な意味における真の都市計画」である）とがあるとした[25]。そして、「都市の土地利用秩序維持のための法」に関して、「各都市自治体がその実情に応じて違法建築規制権限を行使するのは、何も法律の授権を待つまでもなく都市自治体本来の責務であり、権限である」から、都市自治体の固有の規制権限が先に存在して、国家法は後から全国共通の最低基準を定めたにすぎないのであって、国家法が制定されたからといって都市自治体の固有権限が消滅したり変質してしまう訳ではないと主張した[26]。

23　磯部力・前掲201頁。
24　磯部力・前掲203頁-204頁。
25　磯部力・前掲217頁。

後者の論文においても，同趣旨の議論が展開されているが，都市法学の果たすべき役割として，①法解釈論のレベルにおいて，裁判所に通用する解釈論の構築にとどまらず，「都市自治体行政の現場において十分通用しうるだけの法運用の確実な指針の提供」も重要な任務として意識すべきこと，②法政策論の次元において，単なる法解釈学を越えた「法政策学」としての実質を持つことが期待されること，③法哲学的議論の次元において，近代西欧法の基本的認識道具に対する方法的反省を必須の前提としつつ，都市生活の中に現実に存在する秩序や法をそれとして正面から法論理化する課題に取り組むものであること，を挙げている[27]。

こうした都市法論の展開を踏まえて，見上崇洋教授は，「住民自治・地域自主法の可能性」を探求しようとする。「都市計画決定が基本的に自治事務とされたことによって，策定手続の要件を加重することが認められるようになった部分がある」ことに着目して，「手続的な関与可能性が，制度的にも拡大されれば，住民の関心が事実としてあって，それをベースに手続的に関わって，内容が少しでも理解され可能性が広がると，国の法律の枠の合理性が問われることになり，問題が顕在化する，というサイクルが生まれることになろう」と述べている。そして，地方自治法における土地・都市関連の規制事項についての「法律の定めるところにより」の文言がなくなったことに伴って，「そもそも土地・都市関連の規制が全面的に法律事項であるとするかの個別の根拠はなくなり，土地・土地関連の規制について，国の規制事項か地方の自主的判断になじむものかの合理性の検討が具体的になされるべきものと考えられる。その意味で独自の視点での規制を地方公共団体が行うことが可能になる部分が広がったのではないかと考えることができるであろう」としている。「土地の特性から考えて，全国一律的な部分は限定され，土地利用についての上乗せ規制の許容される範囲は拡大するとみるべきであろう」とする。「土地の特性のひとつは，必ず地域性をもつことであり，現場的性格を免れ得ない」ことが強調されている[28]。

---

26 磯部力・前掲 222 頁 – 223 頁。
27 磯部力「『都市法学』への試み」16 頁 – 18 頁。
28 以上，見上崇洋「地方分権・規制緩和下の都市法の課題」原田編・日本の都市法 II

原田純孝教授の都市法論　さらに，原田純孝教授の議論にも目を向けたい。教授の平成9年発表の論文においては，次のような議論が展開された。

「物理的な基盤たる都市，ないしは『場』としての都市空間そのものの物理的な形成や管理に関する，いわばハード面の法システム」と「都市空間そのものの形成と管理のあり方をめぐる諸要請の間の調整と均衡を図るための，いわばソフト面の法システム」とが必要になるとしたうえ[29]，都市法とは，都市環境を含めた都市空間の形成（広い意味でのそれ）と利用を公共的に実現・コントロールするための一連の制度的システムの総体」であるとして，その場合の「形成と利用」や「実現・コントロール」には，ハード面のみならずソフト面も含まれていると述べている[30]。ここに既に示されているのであるが，教授は，都市法の機能的な終局的目的は，「日々形成される都市空間とその利用内容そのものの公共的＝パブリックなコントロール」にあるとしている。そして，都市法の役割は，「一方で，当該社会における『あるべき都市』の形成・創造に向けた一定の実体的な理念・目的をもつと同時に，他方では，都市に生活し活動する多様な主体の要求と利害をその理念・目的に即して調整し，規律すること」にあるとしている[31]。

原田教授は，その後の研究をも踏まえて，『日本の都市法Ⅰ』及び『日本の都市法Ⅱ』という共同研究の成果を収録した書物の編者として，その「序」において，次のように論じた。長い引用となることを寛恕願いたい。

「ここで理念的に措定する『都市法』とは，一言でいえば，《都市環境をも含めた広い意味での都市空間の形成と利用（開発・整備・創造・管理等から維持・保全までのすべてを含む）を公共的・計画的に実現しコントロールするための一連の制度的システムの総体》である。現代の先進資本主義諸国でそのような内実をもつ法制度が登場し発展する端緒的な根拠は，都市住民にとって生活の場であると同時に経済活動の場でも

13頁，28頁以下（見上・地域空間所収21頁，38頁－39頁）。

29　原田純孝「都市の発展と法の発展」『岩波講座　現代の法9都市と法』（岩波書店，平成9年）3頁，6頁－7頁。

30　原田純孝・前掲論文13頁。

31　原田純孝・前掲論文18頁。同論文の紹介・分析をした文献として，亘理格・前掲注21，642頁－643頁を参照。

ある共同の都市空間が，法制度的には私的土地所有権の集合体の上に存立していることに求められる。この所与の下で都市の発展と拡大があまねく市場原理に委ねられるとすれば，それは個別土地所有者の自由な意思決定（建築の自由）の形をとる土地商品の運動法則に媒介されたものとなり，都市空間の形成と利用は，もっぱら経済面での最大の利益と効率（有効高度利用）の実現を基準として決定されることになろう。かくては住民の生活・居住・環境上の諸利益が損なわれることは必然であるから，共同の『場』としての都市空間の公共的性格（「公衆にとって共同のもの」という意味での市民的公共性）の承認を基礎としてその形成と利用配分のあり方を経済＝市場システムの外側から公共的に制御し秩序づける制度的仕組み（建築の不自由）が，どうしても必要となるのである。」[32]

この叙述は，都市法の意義を述べるとともに，その存在理由を述べるものである。そして，平成9年の論文と同趣旨を述べている。「都市空間」の形成と利用を公共的・計画的に実現しコントロールするための一連の制度的システムと把握する原田教授の考え方は，きわめて説得力があるように思われる。さらに，次の叙述が重要である。

「理念的にみた場合の都市法なかんずく都市計画法は，《地域住民の自立と自治——つまりは地域レベルの民主主義——を踏まえて望ましい都市形成と土地利用秩序を実現していくための手続法である》と評することもできよう。都市空間とその基盤たる土地がもつ公共的・共同的性格の認識を基礎として，法の定める民主的諸手続を踏まえた合意形成を適法かつ適正に行えば，住民自らがその生活と活動の『場』たる都市空間のあり方を共同でコントロールしていけるという点に，その法の本質があるのである。」[33]

32　原田純孝「『日本型』都市法の生成と都市計画，都市土地問題」原田編・日本の都市法 I 4頁。
33　原田純孝・前掲6頁。都市空間に着目する論稿として，見上崇洋「空間の法的コントロールについて」社会科学研究52巻6号3頁（平成13年）（同・地域空間47頁所収）をも参照。

ここには，「民主的諸手続を踏まえた合意形成」が都市法の核心であることが示されている。とするならば，都市法は，そのような合意形成の産物であると同時に，現実の都市法ないしその運用を「民主的諸手続を踏まえた合意形成」といえるかという観点からチェックする必要性が導かれる。

以上のような都市法論は，都市行政法を扱う際の出発点となるといってよい。原田教授は，このような定義づけの下に，日本の都市法の展開を跡付ける作業をしている[34]。そして，「民主的諸手続を踏まえた合意形成」と述べるときに，それは実定法としての都市計画法よりも広い「都市に関する計画の法」といってもよい実態を有している。

このような都市法論の展開を踏まえて，亘理格教授は，その主張される「計画区域外土地利用の禁止」原則の確立のための理念的基盤を原田教授及び磯部教授の都市法論が提示したものと評価している。同時に，磯部教授の都市環境管理論がほとんど常に地方自治論としての側面を併有していることにも留意すべきであるとして，地方自治の基本法の中に計画的土地利用原則の確立が明確に位置づけられるべきである，と主張した[35]。

都市法学と都市行政法との関係　筆者は，「都市に関する行政法」としての都市行政法を構想している。しかし，都市法学の立場からするならば，筆者の都市行政法に対して，いくつかの問題が提起されるであろう。

第一に，「行政法」と称することにより，それは，一般行政法の当てはめにすぎず，都市に特有の法的性質を見逃すことになるのではないか，という懸念である。

34　原田純孝「『日本型』都市法の生成と都市計画，都市土地問題」原田編・日本の都市法Ⅰ13頁，同「戦後復興から高度成長期の都市法制の展開──『日本型』都市法の確立──」原田編・前掲書71頁。こうした都市法論を踏まえて，見上崇洋教授は，都市法は，「都市環境をも含めた都市空間の形式（維持・保全と開発・創造の両者を含む）とその利用を公共的に実現・コントロールするための一連の制度システムの形成」と把握し，原告適格を基礎づける「法律上の利益」の把え方の方向性を示そうとしている（同「都市行政と住民の法的位置」原田編・日本の都市法Ⅰ451頁，472頁-473頁（見上・都市空間所収77頁，100頁-101頁）。なお，都市法論のその後に関しては，社会科学研究61巻3・4号（平成22年）の「特集・日本における『都市法』論の生成と展望」に収録されている諸論文を参照。

35　亘理格・前掲注21，647頁-649頁。

第二に,「都市生活の中に現実に存在する秩序や法」は,従来の行政法解釈学の枠を越えるものであるところ,都市行政法は,そのような「生ける法」に対して目を向けようとする姿勢が希薄になるという懸念である。

　第三に,都市法学にあっては都市自治体の固有の責務と権限を基礎にしているのに対して,都市行政法は,必ずしも都市自治体の固有の責務と権限についての理解を前提にしているとはいえないという懸念である。

　これらの懸念は,いずれも当たっており,筆者の「都市行政法」における課題として残される事柄である。このことを忘れないようにするつもりであるが,そこまで思索を深めるには不十分な状況において執筆しているうえ,「都市に関する行政法」を無意識のうちに逸脱する場合もある。

[2]　法律に基づく都市行政法とその体系

　都市行政法を考察するに当たり,その柱となるのは,やはり都市に着目して制定されている行政法令である。その大きな柱は,計画行政法,事業法,都市施設法,規制法である。以下,それらがいかなる体系の下にあるかを概観しておこう。なお,ある課題のために,これらの仕組みを総動員する法律,すなわち「複合的都市行政法」も登場している。その典型は,後述の平成24年に制定された「都市の低炭素化の促進に関する法律」である。66条に及ぶ大法典である。この法律については,『都市行政法精義Ⅱ』において触れることにしたい。

　計画法の体系　都市に着目した行政法を考察する場合に,まず,出発点になるのが計画法の系列の法の体系である。

　第一に,国土利用計画に関する法が存在する。

　都市も,国土全体の中に存在している。したがって,都市も,国土全体の計画の中に位置づけられる。そのような計画を規律するのが,国土形成計画法及び国土利用計画法である。国土形成計画法は,国土形成計画の策定を主要な内容としている。国土形成計画には,全国計画と広域地方計画とがある。

　国土利用計画法は,国土形成計画法と相まって,総合的かつ計画的な国土の利用を図ることを目的としている。国土利用計画には,全国計画,都道府県計画,市町村計画がある。都道府県が定める土地利用基本計画には,「都

市地域」が定められる（9条2項1号）。この都市地域は、「一体の都市として総合的に開発し、整備し、及び保全する必要がある地域」である（9条4項）。

国土利用計画法は、単に計画を定めることを求めるのみではなく、「土地の投機的取引及び地価の高騰が国民生活に及ぼす弊害を除去し、かつ、適正かつ合理的な土地利用の確保を図るため、全国にわたり土地取引の規制に関する措置の強化が図られるべきもの」として、土地取引に関する規制を行なっている（11条）。規制区域の指定（12条）、同区域内の土地の権利移転の許可制（14条以下）、土地に関する権利の移転に関する届出（23条）と土地利用目的に関する勧告（24条）、勧告に従わない場合の公表（26条）、注視区域（27条の3以下）、監視区域（27条の6以下）などの制度がある。さらに、土地の有効かつ適切な利用を促進するための遊休土地に関する措置も用意されている（28条以下）。

第二に、都市計画に関する法の体系がある。

都市行政法の最も中心をなすのが都市計画法である。都市計画法は、文字どおりの都市計画に関する部分と都市計画事業に関する部分とが柱になっている。そのうち、都市計画に関する部分については、次のような仕組みが中心になっている。

都市計画区域（5条。準都市計画区域については6条）の指定をして、都市計画区域の都市計画に所定の事項を定めるものとされている。その中には、地域地区（8条）、都市施設（11条）、市街地開発事業（12条）、地区計画（12条の5）等が定められる。都市計画決定の手続についても、相当詳細な定めがある（15条以下）。

都市計画と連動する重要な柱として、都市計画制限を挙げなければならない。すなわち、都市計画区域又は準都市計画区域に関しては、開発行為許可制度が設けられている（29条以下）。「開発行為」とは、「主として建築物の建築又は特定工作物の建設の用に供する目的で行なう土地の区画形質の変更」である（4条12項）。そして、多くの建築等を規制する規定が置かれている。開発許可を受けた開発区域内の土地についての建築制限（37条，42条）、市街化調整区域内の土地における建築制限（43条）、市街地開発事業予

定区域の区域内における建築等の規制（52 条の 2 以下），都市計画施設等の区域内における建築の規制（53 条以下），風致地区内における建築等の規制（58 条）と続いている。

　景観法も，景観計画と景観地区に関する規定を中心に，計画法的規定が中心である。景観協定に関する規定も置かれている（81 条以下）。

　建築基準法は，建築規制を行なっている。建築物に関する規制を定める建築基準法の規定には，「単体規定」と「集団規定」とがあると説明されている。単体規定による規制を単体規制と呼び，集団規定による規制を集団規制と呼んでいる。単体規定とは，個々の建築物又は敷地自体に関する安全，防災，衛生，避難等の観点からする規制を定める規定であって，主として当該建築物を利用している所有者・使用者の生命，健康及び財産を守るためのものであるとされる[36]。したがって，単体規定は，建築しようとする建築物が日本国内のどこに所在するかにかかわらず適用されるのが原則である。したがって，この部分は，都市行政法として論ずる必要はない。これに対して，集団規定は，公益上の観点からする建築の規制を定める規定であって，建築物の形態，用途，接道等について制限を加え，建築物が集団で存している都市の機能確保や市街地環境の確保を図ろうとするものであるといわれている[37]。建築基準法第 3 章の規定は，この集団規定であるとされる[38]。建築基準法のうち，その集団規定部分は，都市計画の観点からする規制の側面においては，都市計画法を頂点とする法制度の一部分，すなわち「都市計画法の子法」の性質を有するものである。

　建築基準法の下に，政令としての建築基準法施行令及び省令としての建築基準法施行規則があるほか，都道府県又は市町村が，「建築基準法施行細則」等の名称の規則により，施行に関する細目的規定を置いている。

　さらに，建築基準法の定めに対する条例による制限の付加又は緩和等のための条例等が制定されている。たとえば，制限の付加等を定める条例として「横浜市建築基準条例」や「東京都建築安全条例」がある。このほか法の個

36　参照，日本建築センター編・詳解 559 頁。
37　日本建築センター編・詳解 559 頁。
38　以上，島田＝関・体系 3 頁。

別規定を受けて制定されている条例もある。横浜市について見ると，建築基準法68条の2第1項，都市緑地法39条1項及び景観法76条1項の規定に基づく「横浜市地区計画の区域内における建築物等の制限に関する条例」，建築基準法49条1項の規定に基づき都市計画法8条1項2号に掲げる特別用途地区として定める特別工業地区内における建築制限について定める「横浜市特別工業地区建築条例」，建築基準法49条1項及び50条の規定に基づき都市計画法8条1項2号に掲げる特別用途地区として定める横浜都心機能誘導地区内における建築物の建築及び敷地の制限に関して定める「横浜都心機能誘導地区建築条例」が制定されている。建築協定の実施に関し必要な事項を定める「横浜市建築協定条例」も制定されている。東京都は，建築基準法56条の2第1項の規定に基づいて，「東京都日影による中高層建築物の高さの制限に関する条例」を制定している。

　都市計画法の大きな柱は，都市計画区域の設定である。都市計画区域を市街化区域と市街化調整区域に区分し（そのほかに，いわゆる非線引区域がある），地域地区制を採用している。そして，用途地域ごとに建物等の用途を制限している。建築基準法は，この用途地域を前提にして，各用途地域内における具体的な建築規制を行なっている。建築規制の内容は，用途のみならず，建ぺい率，容積率，高さ制限などの多岐にわたる。したがって，建築基準法の定める建築規制は，都市計画法の採用した用途区域制度が維持されることを担保する役割を果たしていることになる。しかしながら，都市計画法系列の行政機関と建築基準法系列の行政機関との分立が図られている結果，個別の場面において解釈上問題を生ずることがある。都市計画法による開発許可の要否や開発許可の適法性を建築確認機関が審査できるかという問題は，その典型であるといってよい。

　第三に，地域整備法の系列の一群の法律が存在する。

　首都圏整備法，「首都圏の近郊整備地帯及び都市開発区域の整備に関する法律」，近畿圏整備法，中部圏開発整備法，「中部圏の都市整備区域，都市開発区域及び保全区域の整備等に関する法律」が代表的な地域整備法である。これらは，首都圏，近畿圏，中部圏という都市圏を対象としている。これらと別に，特別の目的をもった都市を建設するための法律として，筑波研究学

園都市建設法, 関西文化学術都市建設促進法がある。

また, 都市の構造に着目した整備法として,「地方拠点都市地域の整備及び産業業務施設の再配置の促進に関する法律」,「中心市街地の活性化に関する法律」などがある。

事業法制　計画法制を前提にして, 多数の事業法系列の法が存在する[39]。それは, 以下のようなものからなっている。

第一に, 都市計画事業を挙げなければならない。

都市計画法に定められている都市計画事業については, 認可制が採用されている (59条)。都市計画事業の財源に関して, 特別な規定として受益者負担金の規定 (75条) がある。そのほか, 地方税法の任意税目である都市計画税が目的税として用意されている (地方税法702条以下)。使途を限定列挙された法定目的税である事業所税もある (同法701条の30以下)。

第二に, 土地区画整理法による土地区画整理事業が, 具体の事業手法としての大きな柱である。都市計画区域内の土地について公共施設の整備改善及び宅地の利用の増進を図るために行なわれる土地の区画形質の変更及び公共施設の新設又は変更に関する事業であって (2条1項), 換地方式が採用されている。都市計画法12条2項の規定により土地区画整理事業について都市計画に「施行区域」として定められている区域の土地についての土地区画整理事業は, 都市計画事業として施行し (3条の4第1項), この場合の土地区画整理事業には都市計画法60条から74条までの規定は適用しない (第2項)。

施行者は, 個人施行者, 土地区画整理組合, 区画整理会社, 都道府県及び市町村, 国土交通大臣, 独立行政法人都市再生機構・地方住宅供給公社と幅広く開かれている。個人施行者は, 1人の場合は規準及び事業計画を, 数人の共同の場合は規約及び事業計画を, それぞれ定めて都道府県知事の認可を受ける (4条1項)。土地区画整理組合は, 代表的な公共組合である。定款及び事業計画を定めて設立について知事の認可を受ける (14条1項)。都道府県及び市町村が施行者となる場合には, 施行規程及び事業計画を定め, 事業

39　参照, 安本典夫「都市計画事業法制」原田編・日本の都市法Ⅰ 245頁。

計画において定める設計概要について，都道府県にあっては国土交通大臣の，市町村にあっては都道府県知事の認可を受ける（52条1項）。国土交通大臣の場合も，施行規程及び事業計画を定める（66条1項）。独立行政法人都市再生機構又は地方住宅供給公社の場合は，施行規程及び事業計画を定めて，国土交通大臣（市のみが設立した地方住宅供給公社にあっては都道府県知事）の認可を受ける（71条の2第1項）。

第三に，新住宅市街地開発法による新住宅市街地開発事業がある。住宅需要が著しく多い市街地の周辺地域の住宅市市街地の開発のために，宅地の造成，造成宅地の処分，宅地造成と併せて行なう公共施設の整備などを行なう事業である（2条1項）。都市計画事業として施行される（5条）。施行者は，地方公共団体，地方住宅供給公社及び同法45条の規定による法人である。施行計画と処分計画が核心である。

第四に，都市再開発法による第1種市街地再開発事業及び第2種市街地再開発事業が重要である。都市計画と連動して行なわれる事業であって，施行者には，個人施行者，市街地再開発組合，再開発会社，地方公共団体，独立行政法人都市再生機構・地方住宅供給公社がある。最も重要なのは，権利変換（その主たる部分は，権利変換計画と権利変換）と施設建築物の建築である。

第五に，新都市基盤整備法は，新都市基盤整備事業に関する規定を軸にして構成されている。「土地整理」と換地方式が採用されている。

第六に，「流通業務市街地の整備に関する法律」も事業法系列の法律といってよい。基本方針（3条，3条の2），流通業務地区に関する都市計画（4条）及び流通業務団地に関する都市計画（7条，8条）などの規定は計画法系列といえるが，流通業務団地造成事業に関する規定が中心である（9条以下）。

以上のような事業法制と異なる性格の法律として，「都市の低炭素化の促進に関する法律」が制定された。都市の低炭素化の促進のために，所定の事業や建築物の建築を援助しようとする積極目的の法制度を採用している。

同法は，社会経済活動その他の活動に伴って発生する二酸化炭素の相当部分が都市において発生しているものであることに鑑み，都市の低炭素化（二酸化炭素の排出を抑制し，並びにその吸収作用を保全し，及び強化すること）の

促進を図り，都市の健全な発展に寄与することを目的とする法律である（1条，2条1項）。国土交通大臣，環境大臣及び経済産業大臣が，都市の低炭素化の促進に関する基本的な方針を定め（3条），その基本方針に基づいて，市町村は，単独で又は共同して，市街化区域であって都市の低炭素化の促進に関する施策を総合的に推進することが効果的であると認められるものについて，「低炭素まちづくり計画」を作成できるものとし（7条），所定の事項が記載された同計画に係る計画区域内における病院，共同住宅その他の多数の者が利用する建築物（＝特定建築物）及びその敷地の整備に関する事業（これと併せて整備する道路，公園その他の公共施設の整備に関する事業を含む）並びにこれに附帯する事業であって，都市機能の集約を図るための拠点の形成に資するもの（＝集約都市開発事業）を施行しようとする者は，同計画に即して「集約都市開発事業に関する計画」を作成し市町村長の認定を受けることができる（9条）。認定を受けるメリットは，認定集約都市開発事業者は，認定集約都市開発事業の施行に要する費用の一部について地方公共団体から補助を受ける可能性がある点にある（17条）。

　低炭素まちづくり計画に記載されていることを要件に，土地区画整理事業の換地計画において定める保留地の特例（19条），駐車施設の附置に係る駐車場法の特例（20条）がある。さらに，同計画に記載されていることを要件に，共通乗車船券（21条），鉄道利便増進事業（22条〜24条），軌道利便増進事業（25条〜27条），道路運送利便増進事業（28条〜30条），貨物運送共同化事業（32条〜37条），樹木等管理協定（38条〜43条）などに関する規定が続いている。

　さらに，低炭素建築物の普及のための措置として，低炭素建築物新築計画の認定（53条以下）の規定も用意されている。容積率の算定の基礎となる延べ面積には，低炭素建築物の床面積のうち認定基準に適合させるための措置をとることにより通常の建築物の床面積を超えることとなる場合における政令で定める床面積は，算入しないものとされている（60条）。

　以上に概略を説明したこの法律は，「複合的都市行政法」と位置付けることができるように思われる。詳しくは，『都市行政法精義Ⅱ』において触れることにしたい。

組合に関する規定　事業法系列の法律においては，事業施行者として組合についての規定が置かれていることがある。典型は，土地区画整理法による土地区画整理組合である。

　土地区画整理組合を設立しようとする者は，7人以上共同して，定款及び事業計画を定め，その設立について都道府県知事の認可を受けなければならない（14条1項）。この認可申請をしようとする者は，定款及び事業計画又は事業基本方針について，施行区域となるべき区域内の宅地について所有権を有するすべての者及びその区域内の宅地について借地権を有するすべての者の同意要件が定められている（18条）。さらに，認可に先立って申請に係る事業計画を縦覧に供し利害関係者に意見書提出の機会を付与している（20条）。そして，組合の管理に関する多数の条項が用意されている（25条以下）。このような土地区画整理組合は，一種の公共組合である。同様に，市街地再開発組合（都市再開発法8条以下），住宅街区整備組合（大都市地域における住宅及び住宅池の供給の促進に関する特別措置法37条以下），防災街区計画整備組合（密集市街地における防災街区の整備の促進に関する法律40条以下），防災街区整備事業組合（同法133条以下）などの公共組合が制度化されている。

　このような組合の設立について，土地区画整理法14条の規定のように，認可制度が採用されている。この「認可」は，いかなる性質を有するのであろうか。最高裁昭和60・12・17（民集39巻8号1821頁）は，設立認可は，単に認可申請に係る組合の事業計画を確定させるものではなく，「その組合の事業施行地区内の宅地について所有権又は借地権を有する者をすべて強制的にその組合員とする公法上の法人たる土地区画整理組合を成立せしめ（法21条4項，22条，25条1項），これに土地区画整理事業を施行する権限を付与する効力を有するものである（法3条2項，14条2項）から，抗告訴訟の対象となる行政処分であると解するのが相当である」と述べた。そして，この判決は，施行地区内の宅地の所有者が認可の取消しを求める原告適格をも肯定した。当時の法律状態においては，区画整理組合の場合には，もっぱら設立認可であって，それと別に事業計画についての認可がなされるわけではなかったので，前記最高裁判決のように述べることができたと思われる。

　これに対して，現行法においては，14条1項の場合は，当時と同じであ

るが，14条2項の場合は，事業計画の決定に先立って組合設立の認可を受けることができるとされ，同条3項が「前項の規定により設立された組合は，都道府県知事の認可を受けて，事業計画を定めるものとする」と定めて，事業計画の定立についての認可（3項）が組合設立の認可（2項）から分離されている。この場合には，最高裁昭和60年判決の趣旨により，3項による事業計画の認可について行政処分性を認めることができるが，2項による設立認可の行政処分性が認められるか否かは別問題であるということになりそうである。

なお，組合設立の認可は行政処分であるとして，一般に施行地区の周辺住民がそれを争う原告適格はないとされるであろう。名古屋地裁平成22・9・2（判例地方自治341号82頁）は，市街地再開発組合の設立認可処分を周辺住民が争う原告適格があるか否かについて，次のように述べて，否定した。

> 「第一種市街地再開発事業の事業計画においては，一定の限度で，施行地区の周辺の地域への配慮が求められているが，その内容は，設計の概要における技術的基準において，公益的施設の整備状況を勘案すること（規則7条2号），共同施設は，良好な都市環境が形成されるように適切に配置すること（規則7条7号）が定められているにとどまり，これらの規定に照らすと，施行地区の周辺の地域への一定の配慮は，一般的，抽象的なレベルを超えるものとはいえず，法は，事業計画を通じて，施行地区の周辺地域に居住する住民の個別具体的な法律上の利益を保護しているものとは認められない。」

そして，原告が，都市計画法等の規定に照らし都市再開発法は「違法な事業に起因する健康又は生活環境に係る著しい被害を受けないという具体的利益を保護しようとするものであり，当該事業によって，大気汚染，騒音，振動等による健康又は生活環境に係る著しい被害を直接的に受けるおそれのある者は，組合設立の認可の取消しを求めるにつき，法律上の利益を有する」と主張したのに対して，判決は，市街地再開発事業は，そのような健康又は生活環境に係る看過し難い著しい被害を直接生じさせることは，通常想定されていないことからすると，「良好な都市環境の確保という一般的公益とは別に，周辺住民の個別的な利益として，違法な市街地再開発事業によって，

大気汚染，騒音，振動等による健康又は生活環境に係る著しい被害を受けないという利益を保護しようとしているものと解することは困難である」とした。

おそらく，この判決は，原告適格に関する常識的な考え方といえよう。

事業遂行法人　組合以外にも，個別法律が事業遂行法人を活用している場合がある。防災街区整備事業を行なう株式会社（密集市街地における防災街区の整備の促進に関する法律119条3項，165条以下），防災街区整備推進機構（同法300条以下），民間都市開発推進機構（民間都市開発の推進に関する特別措置法3条以下，都市再生特別措置法29条），都市再生整備推進法人（73条以下），緑地管理機構（都市緑地法68条），景観整備機構（景観法92条以下），独立行政法人都市再生機構・地方住宅供給公社（都市再開発法58条），市街地再開発会社（同法2条の2第3項，50条の2以下）などがある。

計画法と事業法の両方を内容とする法律群　都市行政法に属する法律には，計画法系列の規定と事業法系列の規定の双方を含むものが多い。

そのうち計画法系列の規定として，都市計画の特例を定めることが多い。

第一に，代表的法律として都市再生特別措置法を挙げることができる。閣議決定による都市再生基本方針の決定（14条），政令による都市再生緊急整備地域の指定（2条3項），同地域ごとの地域整備方針の策定（15条），都市再生緊急整備協議会による整備計画の作成（19条），民間都市再生事業計画の認定（20条以下）等の独特の規定を置いたうえで，都市計画等の特例規定を置いている。その中には，都市再生特別地区（36条），都市計画決定の提案（37条以下）などの規定がある。

第二に，「密集市街地における防災街区の整備の促進に関する法律」を挙げることができる。計画法系列の規定として，都市計画に防災街区整備方針を定めること（3条），防災再開発促進地区の区域における建築物の建替えの促進（4条以下），都市計画に特定防災街区整備地区を定めること（31条），都市計画に防災街区整備地区計画を定めること（32条），防災街区整備権利移転等促進計画の作成（34条）などの定めを置いた後に，防災街区整備事業に関する規定を置いている（117条以下）。

第三に，「大都市地域における住宅及び住宅地の供給の促進に関する特別

措置法」も，計画法系列の規定と事業法系列の規定の両方を定めている。計画法系列の規定として，都市計画に住宅市街地の開発整備の方針を都市計画に定めること（4条），都市計画に土地区画整理促進区域を定めること（5条）などの規定を置いたうえ，事業法系列として特定区画整理事業に関する規定を置いている（10条以下）。さらに，都市計画に住宅街区整備促進区域を定めることとしたうえ（24条），住宅街区整備事業に関する詳細な規定を置いている（28条以下）。

　第四に，被災市街地復興特別措置法も，都市計画に関する規定と事業に関する規定との双方をもっている。同法は，「大規模な火災，震災その他の災害を受けた市街地についてその緊急かつ健全な復興を図るため……」の法律である（1条）。被災市街地復興推進地域に関する都市計画（5条）等の規定のほか，被災市街地復興土地区画整理事業に関する規定を置いている（10条）。住宅不足の著しい被災市街地復興推進地域において施行される被災市街地復興土地区画整理事業の事業計画においては復興共同住宅区を定めることができること（12条）など，市街地開発事業の特例を定めている。

都市施設法　　都市に必要な施設の設置管理に関する法が存在する。都市計画法11条は，都市施設として，次のようなものを掲げている。

1　道路，都市高速鉄道，駐車場，自動車ターミナルその他の交通施設
2　公園，緑地，広場，墓園その他の公共施設
3　水道，電気供給施設，ガス供給施設，下水道，汚物処理場，ごみ焼却場その他の供給施設又は処理施設
4　河川，運河その他の水路
5　学校，図書館，研究施設その他の教育文化施設
6　病院，保育所その他の医療施設又は社会福祉施設
7　市場，と畜場又は火葬場
8　一団地の住宅施設（一団地における50戸以上の集団住宅及びこれらに附帯する通路その他の施設をいう）
9　一団地の官公庁施設（一団地の国家機関又は地方公共団体の建築物及びこれらに附帯する通路その他の施設をいう）
10　流通業務団地

11　その他の政令で定める施設

　このように多数の施設が列挙されているが，都市施設法として考察するのは，都市に特有の施設に関する法であるので，たとえば，一般的な道路法，水道法，河川法，医療法などを考察するわけではない。都市施設として道路は最も重要なものであるが，必ずしも都市に着目した法律が存在するわけではない。道路整備特別措置法や地方道路公社法があるが，これらも都市施設法と呼べる内容ではない。

　そうした中で，都市公園法は，典型的な都市施設法であるといえよう。都市公園及び公園施設の設置基準，占用許可，立体都市公園などのついての定めが置かれている。

　都市施設の概念に当てはまるものではないが，特定都市河川の概念の下に，その流域における浸水被害の防止のための対策の推進を図ろうとする「特定都市河川浸水被害対策法」は，便宜上都市施設法の延長上に位置づけることが可能であろう。

　流通業務団地に関係する法律として「流通業務市街地の整備に関する法律」があるが，それは，施設法というよりは，流通業務団地造成事業に関する規定を中心とする事業法系列の法律である。

　都市における緑地保全・緑化の法体系　　都市においては，緑地の保全及び積極的な緑化が重要な課題である。そのために，若干の法律が制定されている。

　第一に，都市緑地法を挙げなければならない。市町村による緑地の保全及び緑化の推進に関する基本計画の策定（4条）が出発点である。そして，緑地保全系列の仕組みとしては，緑地保全地域の設定（5条）と緑地保全計画の策定（6条），特別緑地保全地区の設定（12条），地区計画等緑地保全条例（20条），管理協定の締結（24条）などが中心である。他方，緑化系列の仕組みとしては，緑化地域の設定（34条），緑化地域内における緑化率規制（35条），地区計画等の区域内の緑化率規制（39条）が中心である。なお，私人間における緑地協定（45条），市民緑地契約（55条），緑化施設整備計画の認定（60条）制度も用意されている。

　第二に，首都圏近郊緑地保全法が存在する。国土交通大臣による近郊緑地

保全区域の指定（3条），近郊緑地保全計画の策定（4条），近郊緑地管理協定の締結（8条以下）が柱となっている。

　第三に，生産緑地法がある。その内容は，ほぼ計画法系列に属するものといえる。

　同法は，いわゆる市街化区域内にある農地等（現に農業の用に供されている農地若しくは採草放牧地，現に林業の用に供されている森林又は現に漁業の用に供されている湖沼）について，緑地の保全に貢献するものについて，固定資産税の宅地並み課税をせずに，農地としての扱いをすることとセットになっている。市街化区域内の農地等で所定の要件を満たす一団の土地の区域を生産緑地地区として都市計画に定めることができる。所定の要件とは，①公害又は災害の防止，農林漁業と調和した都市環境の保全等良好な生活環境の確保に相当の効用があり，かつ，公共施設等の敷地の用に供する土地として適しているものであること，②500平方メートル以上の規模であること，③用排水その他の状況を勘案して農林漁業の継続が可能な条件を備えていると認められるものであること，の3要件である（以上3条1項）。生産緑地の都市計画を定めるに当たっては，その区域に係る農地等及び周辺地域の幹線道路，下水道等の主要な都市施設の整備に支障を及ぼさないようにし，かつ，当該都市計画区域内における土地利用の動向，人口及び産業の将来の見通し等を勘案して，合理的な土地利用に支障を及ぼさないようにしなければならないとされている（3条3項）。生産緑地について使用収益をする権利を有する者は，当該生産緑地を農地等として管理しなければならない（7条1項）。

　重要なのは，生産緑地の買取り申出制度である。生産緑地の所有者は，生産緑地に関する都市計画決定の告示の日から起算して30年を経過したとき，又は当該告示後に当該生産緑地に係る農林漁業の主たる従事者が死亡し若しくは農林漁業の業務に従事することを不可能にさせる故障として省令で定めるものを有するに至ったときは，市町村長に対して，その生産緑地を時価で買い取るべき旨を申し出ることができる（10条）。この申出があったときは，市町村長は，二つの選択肢から選択して行動しなければならない。当該生産緑地の買取りを希望する地方公共団体等（地方公共団体及び土地開発公社その他の政令で定める法人）のうちから買取りの相手方を定める選択をすること

ができる（11条2項）。これによらないときは，特別の事情がない限り，時価で買い取るものとされている（11条1項）。

規制法のあり方　規制法という独自の法領域があると見ることができるかどうかは問題となるが，都市行政法においては，あらゆる場面において規制を伴うことが多い。計画と連動した規制，事業施行との関係における規制，都市施設における規制など多様である。建築規制や屋外広告物の規制は，もっぱら規制法のように見えるが，これらも多くの部分が計画法との連動関係にある。規制の方法として，許可制，届出制を前提にした勧告・命令などがある。

都市行政法における規制の傾向として，消極目的の規制から，次第に良好な都市の形成を目的とする積極目的の規制へと重点が移行しつつあるといえよう。

ところで，「規制」の視点から都市行政法を見た場合に，磯部力教授及び生田長人教授は，「大公共」と「小公共」とを対置させて，そこに次のような問題点があることを指摘している。

磯部教授は，土地利用規制の新しい類型化を試みて，次のように論じた[40]。

第一のレベルは，秩序維持的・必要最小限土地利用規制であって，全国画一的な基準が設定されることが合理的であろうが，事柄に応じては地域特性に応じたローカルルールを考える余地のあることまで否定する必要はないとする。

第二のレベルは，狭域的・近隣秩序調整的土地利用規制であって，「地域的小公共の世界」であるとする。それは，「基礎自治体が，地域空間の共用性・都市的土地利用の相互依存性を前提に，地域環境公物の管理者としての固有権限に基づいて，各種の土地利用要請間の最大調和的な実現を目指して行う調整的な規制の段階である」という。この段階は，「事柄の性質上，権利か無権利か，適法か違法かを，デジタル的に決定する近代法の論理ではなく，むしろ相互の歩み寄りと妥協を旨としたアナログ的調整を必要とする」

---

[40] 磯部力「公共性と土地利用秩序の段階構造」藤田宙靖ほか編（土地利用制度に係る基礎的詳細分析に関する調査研究委員会）『土地利用規制立法に見られる公共性』（財団法人土地総合研究所，平成14年）142頁，148頁以下。

のであって,「規制の程度としてはきわめて弱いものに過ぎず,相手方の意に反しても権力的に法目的を貫徹する真の公法的規制とは区別されることになる」と述べている。この段階の規制は,実定法律の定める公共性と真っ向から抵触することはできないが,国家的公共と地域的公共の関係を従来のように上下の優劣関係とみるべきではなく,国家的公共の要求する規範と直接抵触しない限りは,地域的公共の論理が条例という固有の正当化根拠に基づいて妥当するとする。

第三のレベルは,広域的・能動的土地利用規制であって,「広域的公共の世界」であるとする。それは,「広域的な土地利用計画の策定や大規模のインフラ整備事業など,広域的な行政主体の本来の役割としてしか為しえないような能動的な土地利用秩序形成のための規制に相当する」とする。大公共レベルの土地利用規制を実現する場合には,計画策定にあたっての手続的適正の確保(関係自治体の参加保障など)をはじめ,公権力的手法の的確な活用が要請されるとする。

以上の三段階のレベルの説明の後に,大公共と小公共との中間の領域として,「民間自立行動支援的土地利用規制」の可能性を述べている。「中公共」というわけである。それは,大公共の権力的規制と小公共の合意を前提とした利害調整ルールとの中間に位置づけられるという。「行政としては望ましい目標を設定するにとどめ,その実現手法については,関係する地域の住民や企業等の自律的選択行動を尊重する手法」を模索するものである。そのポイントは,「行政の示した目標達成に積極的に協力し,自律的に土地利用秩序を形成しようと選択した地域には,プラスのインセンティブとして,容積率のアップや事業補助金などを与えることとし,逆にあえて『何もしない』という選択をした地域主体には,現行容積率のダウンなどの何らかの具体的な不利益が課されることとする」方法で,「一定の規制的意味合いを有する」手法であるという。そして,このような規制的意味をもつ複合的システムを採用するならば,伝統的な意味における「必要最小限」を超えて,「より高度な,あるいは総合的な規制」が可能になるのではないかとしている。

次に,生田長人教授の研究に目を向けることにしよう[41]。教授は,この磯部教授の主張を踏まえて[42],地区計画制度等により実現しようとする「小公

共」とはどのようなものであるか，それを実現する仕組み，さらに制度の可能性について考察している。

まず，地区計画制度について検討している。

その実現手法について，届出制度（それは，地権者等の合意の上に成立しているものであるから大部分は自主的に実現されると考えられる），開発許可制度による強制力のある制度によって地区計画の内容を実現するように見えながら，地区計画の内容は主に地区施設，すなわち「宅地周り施設」が中心であって，地権者が自ら受益する施設を自ら確保するにすぎず公共性はかなり薄いものであるとしている[43]。また，地区施設には都市計画法・建築基準法の要請する最低基準を超える「より良好な水準の施設を整備しうるという面でのプラス」（空白域の充足）に加えて，個々の敷地単位ではなく「地区全体として必要な宅地周り施設を望ましい形で整備することができるという極めて大きなプラス」が存在するとしたうえ，「その果たしている機能に応じて，公的側と私的側が負担を分け合うアナログな形のルールが望ましいのではないか」としている[44]。

そして，建築確認等による実現担保に関して，強制力を付与されるためのハードルとして，①一般的・抽象的に都市にとって必要不可欠と考えられるものであること，②現実に当該都市において必要不可欠で合理的であると判断されること，の二つを挙げて，①のハードルによって建築規制に係る部分の都市計画のパターン化が生じており，地域の側が望ましい土地利用の姿を強制力をもって実現したいと考えたとしても限定列挙されたパターンに合致しない限り都市計画として定めることができないという問題を提起し，パ

---

[41] 生田長人「土地利用規制法制における地域レベルの公共性の位置づけについての考察」藤田宙靖博士東北大学退職記念『行政法の思考様式』（青林書院，平成20年）479頁。

[42] 生田教授は，磯部教授の問題提起には，都市計画制度における規制が，国家的・広域的公共性（大公共）の性格を強くもち，小公共の実現が困難となっていること，大公共と小公共との間に上下関係，すなわち強弱関係があることを読みとろうとしている（前掲491頁）。

[43] なお，地区計画で定められる地区施設のプラス面も指摘している（496頁）。

[44] 生田・前掲496頁-497頁。

ターン化にこだわるべきではないと主張している。実質的に②の手続がとられても実現担保手段としての法的強制力が与えられることが留保され，「地区における合意は，そのままでは強い強制力が認められていない」一方，「一般の都市計画について，都市計画決定手続を経ただけでなぜ当然に強制力が付与されうるのか」という疑問が残るとする[45]。

結論的に，「土地利用に関して認められる『小公共』のうち，リージョナルなミニマム・スタンダードに当たるものや地域的に重要性が認められるものについては，それ自体に合理性が認められ，その地区が包含されている全体の地域の土地利用との調整が図られるのであれば，その地区の総意とそれを反映した議会の諒解を前提に，その実現に強制力を認めても何ら問題はない」し，ミニマム・スタンダードを超えるよりよき状況を実現するためのものについては，「地区の合意と合理性が認められるのであれば，一定の枠内での公共性が認められることから，その合意の程度，内容，性格，実現の必要度等に応じて，強制力を伴う強いものから協定的性格のものまで，様々な実現手段が活用できる柔軟な仕組みが考えられてよい」とする[46]。

生田教授は，景観法の仕組みについても検討を加えて，現行の仕組みは，既存の都市計画の決定方法を援用したもので，「大公共」としての位置づけが与えられている「貴重な景観」を維持保全する場合に適したものであって，景観法が対象としている「小公共」としての景観（「地域社会がその総意に基づいて維持保全しようとしている普通の良好な景観」）には適していない印象が強いと指摘している[47]。

以上の検討を踏まえて，教授は，①大公共と小公共とは基本的に相互に補完関係にあること，②両者の調整に関して，(ア) 地区の総意を反映する小公共といえども全国共通の最低限秩序の維持・確保のために最低基準を遵守する必要があること，(イ) 都市的土地利用の用途や形態はそのゾーンに整備される都市基盤施設によって左右されるところが大きく，小公共には基盤施設整備条件の枠があること，(ウ) 地域的空間秩序と広域的空間秩序との関係に

---

45 生田・前掲 498 頁 - 499 頁。
46 生田・前掲 500 頁 - 501 頁。
47 生田・前掲 506 頁。

ついて，「全体の利益の最大化を前提とした順序（大公共重視の秩序）で全体の土地利用秩序を構成するスタイル」[48]を維持するか，「個々の土地利用者の意思と合意を前提とした順序（小公共重視の秩序）で全体の土地利用秩序を構成する」スタイル[49]を志向するかについての政策選択を迫られること，を指摘している[50]。

以上の議論は，都市行政法による規制の在り方に関する基本的視点を提供しているものといえよう。

規制法違反の私法上の行為の効力　都市行政法の分野の規制法に違反する内容の私法上の行為，たとえば契約の締結があった場合に，その効力の有無が問題になる。一般論としては，「行政法規違反の法律行為の効力」の問題である。行政法規の性質について，強行法規と取締法規とに区分して，強行法規であれば法律行為の効力が否定されるのに対して，取締規定の場合には，諸事情に照らして公序良俗に違反する場合には無効であるとするのが裁判例である。

都市計画法との関係を扱った東京地裁昭和60・9・17（判例タイムズ616号88頁）について見てみよう。市街化調整区域に指定されている区域内の土地上に建売住宅の建築をする契約について，原告は，都市計画法上許されない工事であることを知りつつ，工事の内容を知事の許可が不要な工事であるかのように偽り，隣地上に居宅を有する者の承諾を得て，同人名義で同人居宅の改築名下に建築確認申請をして確認を得たこと，請負業者も本来なら建築の許されないこと及び原告の得た建築確認が虚偽の内容の申請に基づくものであることを知りつつ請負契約を締結したことを認定して，当該請負契約は，都市計画法及び建築基準法に明らかに違反する契約であるばかりでなく，違反が行政庁に発覚して工事の施行停止の止むなきに至ることが社会通念上明らかであったと解するのが相当であり，「当初から社会通念上実現不可能な内容を目的とするもので無効であると解すべきである」とした[51]。

48　都市全体の土地利用→地域の土地利用→周辺地区の土地利用→個々の土地利用。
49　個々の土地利用→周辺地区の土地利用→地域の土地利用→都市全体の土地利用。
50　生田・前掲508頁-514頁。
51　これと似た事案として，東京地裁昭和56・12・22判例タイムズ470号142頁があ

参考までに，建築基準法との関係を扱った裁判例もみておこう。

まず，東京高裁昭和53・10・12（判例時報917号59頁）は，建物建築請負契約の締結に当たり注文者も請負人も建築基準法に準拠して建築工事を施工することが念頭になく，もっぱら一定の予算金額の範囲内で一定規模の内部構造を有する建物（軽量鉄骨3階建アパート用建物）を建築することのみを眼中において契約が締結されたもので，1級又は2級建築士の設計及び工事監理によらなければならないこと（建築基準法5条の2第1項～3項）に違反する契約というべきであること，建物建築が建築確認の基礎となった設計図，構造計算書等とは無関係に別に作成された設計図に基づいてなされたものであり，工事完成後の完了検査も受けておらず，建物自体建築基準法の安全基準に合致せず抜本的改築を施さない限り危険性がある旨の市長の改善勧告が出されており，本件契約には当初から建築基準法違反の瑕疵があったものとした。そして，次のように述べた。

> 「建築基準法が同法にいう建築物の建築につき規制を施し，種々の制限規定を設けているのは，建築物の敷地，構造および用途に関して最低の基準を定め，これによって国民の生命，健康および財産の保護をはかるという一般公益保護の目的に出たものであるが，同法に定める制限の内容は広範多岐にわたり，各規定が右公益保護上必ずしも同一の比重を有するとは限らないし，また具体的な建築物の建築がこれら規定に違反する程度も区々にわたりうるから，特定の建物の建築等についての請負契約に建築基準法違反の瑕疵があるからといって，直ちに当該契約の効力を否定することはできないが，その違反の内容および程度のいかんによっては，当然右契約そのものが強行法規ないしは公序良俗に違反するものとして無効とされるべき場合がありうることを認めなければならない。」

判決は，この一般論を前提にして，当該事案に関して，建築主が法定の建

る。当時の建築基準法を適用すると高度の限度が20メートルであるのに，契約図面の建物の高さが28.90メートルで，8.9メートルも超過するものであって，この建物を建築すべき請負契約は，債務が現実に履行されることは社会通念上不能であるから，原始的に不能な事項を目的とするものとして無効と解すべきであるとした。

築士たる資格を有しない者との間で，資格を有する建築士の作成する設計図に基づいてではなく，自らの作成した設計図に基づいて，また，有資格建築士の監理を受けることなく，この種の建築物を建築する旨の請負契約を締結した場合には，契約の内容をなす工事の施工自体が建築基準法に違反し，強い違法性を帯びるものであるから，建築主が請負人に対して契約に基づく権利として違法工事の施工を強制することも，また請負人において工事を施工したことに対する報酬をその権利として要求することも，ともに許すべきではないと解するのが相当であるとした。契約は，この点において無効であるばかりでなく，建築基準法がこの種の建築物につき安全性確保のために設けた基準に著しく違反し，建物自体が適法な建築物として存立することを許されないような性質のものであるから，その瑕疵は重大であり，請負契約は，強行法規ないし公序良俗に違反するものとしてその効力を否定されるべきであるとした。

　最高裁平成23・12・16（判例時報2139号3頁）は，最高裁として，初めて建築基準法及び同法関連の法令・条例に違反する請負契約を扱った判決である。違法な建物となる建物の建築を目的として，建築確認及び検査を潜脱するために，確認図面と実施図面とを用意して，確認図面を用いて建築確認申請をして確認済証の交付を受け，いったんは法令に適合した建物を建築して検査済証の交付を受けた後に，実施図面に基づき違法建物の建築工事を施工することを計画して締結されたものである，という原審の認定事実を前提に，この計画は，確認済証や検査済証を詐取して違法建物の建築を実現するという「大胆で，極めて悪質なものといわざるを得ない」とする評価をし，実施図面どおりに建築されると，北側斜線制限，日陰規制，容積率・建ぺい率制限に違反するといった違法のみならず，耐火構造に関する規制違反や避難通路の幅員制限違反など，居住者や近隣住民の生命，身体等の安全に関わる違法を有する危険な建物となるのであって，ひとたび建物が完成してしまえば事後的に是正することが相当困難なものも含まれていることが窺われ，「その違法の程度は決して軽微なものとはいえない」とした。このような悪質さ及び違法の程度に関する評価を踏まえて，「本件各建物の建築は著しく反社会性の強い行為であるといわなければならず，これを目的とする本件各契約

は，公序良俗に反し，無効であるというべきである」と結論をくだした。

この判決においては，個別の事案ごとに反社会性の程度を判断するという方法が採用されていることがわかる。

[3] 都市行政法における条例の位置づけ

都市行政法における委任条例　都市計画法や建築基準法は，適正な都市をつくり，建築物の安全性を確保するために国の立場から最低限の規制を加えようとするものである。しかしながら，国土は，一様ではないし，地域によって，その地域の在り方に対する意識の違いもある。そこで，一定の事項についての規制内容を条例の定めに委任することが望ましい場合がある。このような理由で条例への委任が多数見られる。これは，近年の分権化の動きに合わせるならば，都市行政法における「集権」から「分権」への動きということになる。なお，規制内容についての委任のほか，手続（一定の機関の組織を含む）に関して条例に委任する場合もある。

規制内容に関する条例への委任　規制内容に関する条例への委任は，随所に見られるようになっている。もっとも，「委任条例」と「自主条例」とを区別することは，必ずしも容易ではない。法律が条例の制定を授権している場合に，それが，委任条例の趣旨であるのか，自主条例許容の趣旨であるのか，明確ではないからである。

まず，都市計画法は，開発許可に関係して，次のように，条例による規制を許容している。

第一に，都市計画法33条2項が，開発許可の基準を適用するについて必要な技術的細目を政令の定めに委任しているのを受けて，同条3項は，次のように定めている。

> 「地方公共団体は，その地方の自然的条件の特殊性又は公共施設の整備，建築物の建築その他の土地利用の現状及び将来の見通しを勘案し，前項の政令で定める技術的細目のみによっては環境の保全，災害の防止及び利便の増進を図ることが困難であると認められ，又は当該技術的細目によらなくとも環境の保全，災害の防止及び利便の増進上支障がないと認められる場合においては，政令で定める基準に従い，条例で，当該

技術的細目において定められた制限を強化し，又は緩和することができる。」

　この規定を受けて，都市計画法施行令29条の3において，制限の強化に関する基準（1項）と制限の緩和に関する基準（2項）とが定められている。

　第二に，市街化調整区域においては，原則として開発許可をしてはならないこととされているが，例外的許可の認められる開発行為として，①市街化区域に隣接し，又は近接し，かつ，自然的社会的諸条件から市街化区域と一体的な日常生活圏を構成していると認められる地域であっておおむね50以上の建築物（市街化区域内に存するものを含む）が連たんしている地域のうち，政令で定める基準に従い，都道府県（指定都市等又は事務処理市町村の区域内にあっては，当該指定都市等又は事務処理市町村）の条例で指定する土地の区域内において行なう開発行為で，予定建築物等の用途が，開発区域及びその周辺の地域における環境の保全上支障があると認められる用途として都道府県の条例で定めるものに該当しないもの（34条11号），②「開発区域の周辺における市街化を促進するおそれがないと認められ，かつ，市街化区域内において行うことが困難又は著しく不適当と認められる開発行為として政令で定める基準に従い，都道府県の条例で区域，目的又は予定建築物等の用途を限り定められたもの」（同条12号），が掲げられている。

　景観法も，さまざまな局面において，条例で定めることを許容している。

　第一に，景観計画区域内における行為で届出を要するものの中に，「良好な景観の形成に支障を及ぼすおそれのある行為として景観計画に従い景観行政団体の条例で定める行為」を含めている（16条1項4号）。

　第二に，景観地区内の工作物について，市町村は，政令で定める基準に従い，条例で，その形態意匠の制限，その高さの最高限度若しくは最低限度又は壁面後退区域（当該景観地区に関する都市計画において壁面の位置の制限が定められた場合における当該制限として定められた限度の線と敷地境界線との間の土地の区域）における工作物の設置の制限を定めることができる（72条1項前段）。この場合において，これらの制限に相当する事項が定められた景観計画に係る景観計画区域内においては，当該条例は，当該景観計画による良好な景観の形成に支障がないように定めるものとされている（同項後段）。

第三に，工作物の高さの最高限度若しくは最低限度又は壁面後退区域における工作物の設置の制限を定めた景観地区工作物制限条例には，当該条例の施行に必要な違反工作物に対する違反是正のための措置その他の措置に関する規定を設けることができる（72条4項）。ただし，64条及び71条の規定の「例により」との制約がある。

　第四に，市町村は，景観地区内において，都市計画法4条12項に規定する開発行為その他の政令で定める行為について，政令で定める基準に従い，条例で，良好な景観を形成するため必要な規制をすることができる（73条1項）。

　第五に，市町村は，準景観地区内における建築物又は工作物について，景観地区内におけるこれらに対する規制に準じて政令で定める基準に従い，条例で，良好な景観を保全するため必要な規制をすることができる（75条1項）。また，市町村は，準景観地区内において，開発行為その他の政令で定める行為について，政令で定める基準に従い，条例で，良好な景観を保全するため必要な規制をすることができる（同条2項）。

　第六に，市町村は，地区計画等の区域（地区整備計画，特定建築物地区整備計画，防災街区整備地区整備計画，歴史的風致維持向上地区整備計画，沿道地区整備計画又は集落地区整備計画において，建築物又は工作物の形態意匠の制限が定められている区域に限る）内における建築物等の形態意匠について，政令で定める基準に従い，条例で，当該地区計画等において定められた建築物等の形態意匠の制限に適合するものとしなければならないこととすることができる（76条1項）。この規定による制限に関しては，「建築物の利用上の必要性，当該区域内における土地利用の状況等を考慮し，当該地区計画等の区域の特性にふさわしい良好な景観の形成を図るため，合理的に必要と認められる限度において行うものとする」とされている（同条2項）。

　以上の第四から第六までの場合は，いずれも「政令で定める基準に従い」という文言を付して，政令により基準を定めることが予定されている。

　ちなみに，建築基準法も，条例による制限の付加及び緩和について規定している（40条，41条，43条2項，43条の2，49条2項，68条の2第3項）。

手続に関する条例への委任　　手続に関して条例に委任されている例を挙

げるならば、次のようなものがある。

第一に、都市計画の決定手続である。「都市計画に定める地区計画の案は、意見の提出方法その他の政令で定める事項について条例で定めるところにより、その案に係る区域内の土地の所有者その他政令で定める利害関係を有する者の意見を求めて作成する」ものとされている（都市計画法16条2項）。この条例において、住民又は利害関係人から地区計画等に関する都市計画の決定若しくは変更又は地区計画等の案の内容となるべき事項を申し出る方法を定めることができる（同条3項）。

都市計画決定等の提案権者の中に、特定非営利法人等と並んで、「まちづくりの推進に関し経験と知識を有するものとして国土交通省令で定める団体又はこれらに準ずるものとして地方公共団体の条例で定める団体」が含まれている（21条の2第2項）。景観法11条も、景観計画の策定又は変更に関する提案権者の中に、同様に「景観行政団体の条例で定める団体」を含めている。

第二に、行政機関の組織に関しても、条例に委任するものがある。都道府県都市計画審議会の組織及び運営に関し必要な事項（都市計画法77条3項）、市町村都市計画審議会の組織及び運営に関し必要な事項（同法77条の2第3項）、都道府県及び指定都市等に置かれる開発審査会の組織及び運営に関し必要な事項（同法78条8項）は、いずれも政令で定める基準に従い条例で定めることとされている。

都市行政法分野の自主条例の制定を明示的に授権している場合　委任条例とは別に、地方公共団体が自主的に定める条例により規律する場合がある。その場合には、大きく分けて、国の法令による規律の空白領域に関して、地方公共団体が条例により独立に規制を加える場合と、国の法令による規律のなされている分野に関して、条例により独自の規律を加える場合とがある。後者には、さらに、法律自体が条例による独自の規律を明示的に許容している場合と、許容する明示的な法律の存在なしに条例が制定されている場合とがあり得る。なお、規律の内容に関しては、規制の実体的内容に関するものと、手続に関するものとがある。

明示的に許容している例を挙げよう。

まず，実体面に関しては，都市計画法には，次のような授権規定が見られる。

第一に，地方公共団体は，良好な住居等の環境の形成又は保持のため必要と認める場合においては，政令で定める基準に従い，条例で，区域，目的又は予定される建築物の用途を限り，開発区域内において予定される建築物の敷地面積の最低限度に関する制限を定めることができる（33条4項）。

第二に，やや個別的になるが，景観行政団体は，良好な景観の形成を図るため必要と認める場合においては，景観法8条2項1号の景観区域内において，政令で定める基準に従い，同条1項の景観計画に定められた開発行為についての制限の内容を，条例で，開発許可の基準として定めることができる（33条5項）。

第三に，風致地区内における建築等の規制に関しても，大幅に条例によることを許容している。すなわち，「風致地区内における建築物の建築，宅地の造成，木竹の伐採その他の行為については，政令で定める基準に従い，地方公共団体の条例で，都市の風致を維持するため必要な規制をすることができる」（58条）。

景観法も，さまざまな局面において，条例で定めることを許容している。

第一に，景観計画区域内における行為で届出を要するものの中に，「良好な景観の形成に支障を及ぼすおそれのある行為として景観計画に従い景観行政団体の条例で定める行為」を含めている（16条1項4号）。

第二に，景観地区内の工作物について，市町村は，政令で定める基準に従い，条例で，その形態意匠の制限，その高さの最高限度若しくは最低限度又は壁面後退区域（当該景観地区に関する都市計画において壁面の位置の制限が定められた場合における当該制限として定められた限度の線と敷地境界線との間の土地の区域）における工作物の設置の制限を定めることができる（72条1項前段）。この場合において，これらの制限に相当する事項が定められた景観計画に係る景観計画区域内においては，当該条例は，当該景観計画による良好な景観の形成に支障がないように定めるものとされている（同項後段）。

第三に，工作物の高さの最高限度若しくは最低限度又は壁面後退区域における工作物の設置の制限を定めた景観地区工作物制限条例には，当該条例の

施行に必要な違反工作物に対する違反是正のための措置その他の措置に関する規定を設けることができる（72条4項）。ただし、64条及び71条の規定の「例により」との制約がある。

第四に、市町村は、景観地区内において、都市計画法4条12項に規定する開発行為その他の政令で定める行為について、政令で定める基準に従い、条例で、良好な景観を形成するため必要な規制をすることができる（73条1項）。

第五に、市町村は、準景観地区内における建築物又は工作物について、景観地区内におけるこれらに対する規制に準じて政令で定める基準に従い、条例で、良好な景観を保全するため必要な規制をすることができる（75条1項）。また、市町村は、準景観地区内において、開発行為その他の政令で定める行為について、政令で定める基準に従い、条例で、良好な景観を保全するため必要な規制をすることができる（同条2項）。

第六に、市町村は、地区計画等の区域（地区整備計画、特定建築物地区整備計画、防災街区整備地区整備計画、歴史的風致維持向上地区整備計画、沿道地区整備計画又は集落地区整備計画において、建築物又は工作物の形態意匠の制限が定められている区域に限る）内における建築物等の形態意匠について、政令で定める基準に従い、条例で、当該地区計画等において定められた建築物等の形態意匠の制限に適合するものとしなければならないこととすることができる（76条1項）。この規定による制限に関しては、「建築物の利用上の必要性、当該区域内における土地利用の状況等を考慮し、当該地区計画等の区域の特性にふさわしい良好な景観の形成を図るため、合理的に必要と認められる限度において行うものとする」とされている（同条2項）。

以上の第二及び第四から第六までの場合は、いずれも「政令で定める基準に従い」として、政令により基準を定めることが予定されている。したがって、完全な意味の独立条例というわけにいかないように思われる（景観法と景観条例との関係の位置づけに関しては、第2章5［2］を参照）。

次に、手続面に関しては、次のような授権規定が見られる。

都市計画の決定手続に関して、都市計画法16条及び17条が一定の手続を定めているのを受けて、同法17条の2は、「前2条の規定は、都道府県

又は市町村が，住民又は利害関係人に係る都市計画の決定の手続に関する事項（前2条の規定に反しないものに限る。）について，条例で必要な規定を設けることを妨げるものではない」としている。同様に，景観法も，景観地区内の建築物の計画の認定手続に関する63条2項及び国又は地方公共団体の建築物の計画の認定手続に関する66条3項の規定は，これらの規定による認定の審査の手続について，これらの規定に反しない限り，条例で必要な規定を定めることを妨げるものではない，としている（67条）。

明示的な授権によらない自主条例・要綱行政から条例による行政への移行
都市計画法や景観法，あるいはそれらの施行条例のみでは足りないとして，「まちづくり条例」なる条例を制定する動きが広まっている。その内容については，『都市行政法精義Ⅱ』において紹介し検討する。

条例による公表制度と行政代執行法第1条との関係　公表制度については，明らかに間接強制の効果を狙っているものであるが，行政代執行法1条が，行政上の義務の履行確保に関して法律主義を定めていることに違反しないかという点が問題になる。間接強制の効果において執行罰とほとんど異なるところがないように受け止められるからである。しかし，学説においては，公表は，古典的な行政上の強制執行の種類に当たらないが故に，行政代執行法1条の法律の留保に服する義務履行確保手段に含まれないとするものがある[52]。さらに，違反者の不利益となることを意図してなされる公表について，基本的にはすでになされた違反行為に対して制裁を与える趣旨で行なわれるものであって，制裁としての公表が一定種類の義務違反についてあらかじめ定められているときは，将来に向かって一般的抑止効果を生じうるが，制裁の定めに通常伴う効果であって，そもそも間接強制とは区別すべきであるとする見解もある[53]。

間接強制は，一定期間内に履行しないときは，その後に相手方に負担等を課すことを予告して心理的圧迫を加えて履行を迫る措置であるから，そのような定義には当てはまらないと見ることができる。このような定義によるときは，むしろ一定の期間内に履行しないときは公表する旨を告げて勧告する

52　塩野宏『行政法Ⅰ［第5版補訂版］行政法総論』（有斐閣，平成25年）242頁。
53　小早川光郎『行政法 上』（弘文堂，平成11年）252頁‐253頁。

場合の勧告の方が，より間接強制に近いといえよう。刑罰規定の場合も，その存在による心理的圧迫により義務履行促進効果があるものの，刑罰を科すことについては，条例のみの根拠によることが許されていることを考えても，このような見解には合理性があるといえよう。しかし，「行政上の義務履行確保」を広く捉えるならば，違反事実の公表も含まれる余地があり得ないわけではない。

そこで，行政代執行法が法律主義を要求しているのは，直接に私人の身体又は財産に実力を加える結果になる強制であると見るのが自然である。執行罰も，その金銭罰の納付がないときに滞納処分を行なうことができる点に，前記の「強制」の要素を見出すべきものであると思われる。

訴訟による条例の実効性確保の方法　もしも，法律との関係において，この種の規制が許されないとするならば，条例の実効性確保を論ずる必要はないことになる。しかし，今日において，規制が許されないとすることには躊躇を覚えざるを得ない。地域の環境を守るのは，第一次的に当該地域を管轄する地方公共団体が最も適した立場にある。そのような立場にある地方公共団体が制定した条例について，簡単に法律違反の違法な条例ということはできないからである。

最高裁平成14・7・9（民集56巻6号1134頁）において扱われた宝塚市の条例と似た条例が多数存在するが，それらの条例の実効化を図ることができないのであろうか。たとえば，渋谷区ラブホテル建築規制条例を取り上げてみよう。ホテル等を建築しようとする者は，次の手続のうちいずれか最初に行なう手続を開始する前に，あらかじめ区長に同意の申請をし，その同意を得なければならない（3条）。

1　旅館業法3条1項の規定による許可の申請
2　建築基準法6条1項の規定による確認の申請
3　都市計画法29条，32条，43条1項，53条1項及び65条1項の規定による許可等の申請又は協議の申出
4　渋谷区中高層建築物の建築に係る紛争の予防と調整に関する条例5条2項の規定による標識設置の届出
5　その他区長が特に必要があると認めて指定するもの

そして，区長は，建築主から同意を求められた場合において，ホテル等がラブホテルに該当するとき又はホテル等を建築する場所が別表第二に定める区域に該当するときは同意をしてはならないとし，この場合に，区長は同意しない旨を通知しなければならないとしている（5条）。別表第二には，建築基準法で定める第1種低層住居専用地域，第2種低層住居専用地域，第1種中高層住居専用地域及び第2種中高層住居専用地域並びに東京都文教地区建築条例で定める第1種文教地区及び第2種文教地区が掲げられている。4条の同意を得ないでホテル等を建築し，又は建築しようとする者，虚偽の同意申請によりホテル等を建築し，又は建築しようとする者に対しては，当該ホテル等の建築について改善勧告をし，又は建築の中止を命ずることができる（11条1項）。この命令を受けた者がその命令に従わないときは，その旨を公表するものとしている（11条2項）。11条1項の規定による区長の命令に違反した者は，6月以下の懲役又は50万円以下の罰金に処するとしている（13条1項）。

　渋谷区の条例を宝塚市の条例と比較した場合の違いは，渋谷区にあっては，不同意にかかわらず建築し又は建築しようとする者に対する措置は，改善勧告又は建築の中止命令及び処罰であるのに対して，宝塚市にあっては，建築の中止命令のほか，原状回復その他必要な措置の命令も可能とされていることである。宝塚市は，工事続行禁止を求める訴訟によらなくても，極端にいえば，パチンコ店用建物の工事中の状態について原状回復命令を発して，それを履行しない場合は行政代執行も可能な仕組みが用意されているのである。そのようなバイパスを利用すれば目的を達することができるのである。このような方法があるのに民事訴訟という迂遠な方法を採用した点に誤りがあったということもできる（もっとも，建物の完成後にあっては，建築費用と行政代執行法による代執行費用（原状回復費用）とが業者の負担として残るので，早い段階における続行禁止を求めた市の行動は，むしろ事業者のためになる行動であったと評価することもできる）。これに対して，渋谷区の条例にあっては中止命令のみであり，それは代替的作為義務ではないから，行政代執行によることができない。そのような状況下で宝塚市パチンコ店事件の判例法理の適用を肯定するならば，違反に対しては，公表と罰則の適用によるサンクション

のみとなる。宝塚市事件判決の射程範囲外と考えたい。

　ラブホテルに該当するにもかかわらず区長が同意をした場合に，その同意の処分性及び近隣住民が争う原告適格が問題となる。同条例1条は，「次世代を担う区民の健全育成を目指すとともに，安全で安心して暮らせるまち渋谷を形成し，快適なまちづくりを行う観点から，ラブホテルの営業を行う施設の建築に対し必要な規制を行うことにより，良好な生活環境及び教育環境の実現を目的とする」としている。この規定のみでは，個々人の生活環境及び教育環境を個別的利益として保護しようとしていると断定することは困難である。しかし，条例7条2項が，当該ホテル等の敷地から周囲200メートル以内の住民に対し説明会を開催し，その結果を区長に報告しなければならないと定めていることを根拠に，その範囲内の住民の個別的利益を保護しようとしていると解することがまったくできないわけではない（参照，最高裁平成21・10・15民集63巻8号1711頁）。

　この種の条例が建築基準関係規定に該当するならば，建築確認の際に条例を遵守しているかどうかを審査することが可能となるが，後述するように，裁判例は否定的である。

　条例を争う方法　条例が定められた場合に，私人が争う方法があるのであろうか。この点について注目を集めたのが，国立マンション事件である。国立市が，「国立市地区計画の区域内における建築物の制限に関する条例の一部を改正する条例」（平成12年国立市条例第1号）を制定して，マンション建設を規制しようとしたところ，業者が，同改正条例の取消し等を求める訴訟を提起した事案である。この改正条例のうち，建築物の高さの最高限度を20メートルとする部分が無効であることの確認請求（主位的請求），取消しを求める請求（予備的請求）などの事案である。

　1審の東京地裁平成14・2・14（判例時報1808号31頁）は，「法律上の争訟」として裁判所の審判の対象となるのは，当事者間の具体的な権利義務ないし法律関係の存否に関する紛争に限られ，具体的な紛争を離れて裁判所に対して抽象的に法令の有効・無効の判断を求めることはできないとして最高裁の判例[54]を引用しつつ，「その訴訟形態が法定の抗告訴訟又はいわゆる無名抗告訴訟であるか公法上の当事者訴訟であるかを問わず，法令違反の結果

として将来なんらかの不利益処分を受けるおそれがあるというだけで，その処分権限の発動を差し止めるため事前にその前提となる法令の効力の有無の確定を求めることが当然に許されるわけではなく，当該法令によって侵害を受ける権利の性質及びその侵害の程度，違反に対する制裁としての不利益処分の確実性及びその内容又は性質等に照らし，同処分を受けてからこれに関する訴訟の中で事後的に当該法令の効力を争ったのでは回復し難い重大な損害を被るおそれがある等，事前の救済を認めないことを著しく不相当とする特段の事情がある場合は格別，そうでない限り，あらかじめ当該法令の効力の有無の確定を求める法律上の利益を認めることはできないものと解すべきである」と述べた[55]。

そして，具体の事案に関しては，条例が適用されて建物が違法建築となる場合には，法9条1項に基づく是正命令権限が行使された際に，その効力を争う中で，条例の効力を問題にすれば足り，また，既存建物として直接には適用されない場合であっても，将来建物の建替え等の際に，建築確認申請等に対する拒否処分がされれば，その効力を争う中で条例の効力を問題とすれば足りると述べた。さらに，現段階において是正命令権限が行使されることが確実であるとは認められず，条例の制定によって受けた経済的不利益によって既に倒産の危機に直面しているなど，不利益処分を待って条例の効力を争ったのでは回復し難い重大な損害を被るおそれがある等の特段の事情の存在は見出すことができないとも述べた。

控訴審の東京高裁平成17・12・19（判例時報1927号27頁）は，一般論として，次のように述べた。

「当該法令によって，侵害を受ける権利の性質及びその侵害の程度，違反に対する制裁としての不利益処分の確実性及びその内容又は性質等に照らし，同処分を受けてからこれに関する訴訟の中で事後的に当該法令の効力を争ったのでは回復し難い重大な損害を被るおそれがある等，

---

[54] 最高裁大法廷昭和27・10・8民集6巻9号783頁，最高裁平成元・9・8民集43巻8号889頁，最高裁平成3・4・19民集45巻4号518頁。

[55] この部分は，長野勤評事件に関する最高裁昭和47・11・30民集26巻9号1746頁を引用している。

事前の救済を認めないことが著しく不相当とする特段の事情がある場合でない限り，あらかじめ当該法令の効力の有無の確定を求める法律上の利益はないというべきである。」

　判決は，このように述べて，後に違反建築物として是正命令権限が発動され又は将来の建築確認の申請等に対する拒否処分がなされたことに対し，その効力を争う中で，当該条例の効力を問題にすれば足りるとして，不適法な訴えであるとした。この判決は，法令は，後にそれに基づく執行行為がなされて，それに対する争いの機会をとらえて法令の効力を問題にすれば足りるという基本的な考え方に立つものである。

　しかし，このように解すると，条例の無効を主張している者にとっては，不安状態を抱え続けなければならないことになる。そのような不安状態を抱え続けさせなければならない実質的な理由を見出すことができない。そこで，条例の処分性を認めることができないという前提にたつ場合に，条例の無効を理由とする確認の訴えを認める余地があると思われる。東京地裁平成22・3・30（判例タイムズ1366号112頁）及びその控訴審・東京高裁平成24・4・26（判例タイムズ1381号105頁）が，医薬品のネット販売を禁止する省令の無効を理由としてネット販売の権利を有する旨の確認を求める当事者訴訟の適法性を認めて本案判決を下したことは有名である（上告審・最高裁平成25・1・11判例タイムズ1386号160頁も，訴えの適法性を前提に判断した）。これに倣えば，条例の無効を理由に20メートルを超えて建築物を建築できる地位の確認を求める訴えは，十分検討に値するといえよう。

　なお，国立マンション事件は，本件地区計画の決定及び本件条例の制定により業者が被ったとする価値下落分及び信用毀損を受けたとする損害の一部とそれに対する遅延損害金の支払請求も含まれていた。1審判決は，この金員請求について認容した。2審判決によれば，業者が市長等の不法行為として挙げた行為は，①市長による補助参加人ら（学校法人桐朋学園ら）に対する本件建物計画漏洩及び反対運動組織化の連携行為，②市長と補助参加人らとが連携した本件地区計画及び本件条例準備・制定行為，③市長による本件建物を違反建築物とみなす旨の公言及び補助参加人らによる同旨の宣伝行為，④市長による東京都建築主事あて指導要請行為，インフラ整備の供給留保の

関係方面要請行為及び本件建物入居者の転入届受理保留検討行為，⑤補助参加人らによる融資妨害活動，⑥補助参加人らによる販売妨害活動及び市による妨害活動の黙認，である。

2審判決は，本件条例の制定時点において根切り工事に着手していた以上，建築基準法3条2項の建築物に該当するもので違反建築物には該当しないこと，本件土地を含む一帯の土地に高さ20メートルを超える建築物を制限する内在的制約は存しなかったこと，を認定したうえ，本件地区計画決定及び本件条例の制定が，市長らが本件建物の建築を阻止することを主要な目的としたものであることが推認されるとしつつも，当該業者のみが影響を受けるわけではないこと，同内容の規制が将来なされる可能性は十分存することなどを挙げて，本件地区計画の決定及び本件条例の制定それ自体をとらえて市の不法行為が成立すると解することは困難であるとした。

しかし，「地区計画及び条例の内容自体は有効・適法なものであり，その制定手続に瑕疵がないとしても，その制定主体である地方自治体ないしそれを代表する首長が，私人の適法な営業活動を妨害する目的を有していることが明らかで，かつ，他の事情とあいまって，地方公共団体及びその首長に要請される中立性・公平性を逸脱し，社会通念上許容されない程度に私人の営業活動を妨害した場合，違法性を阻却する事情が存しない限り，行為全体として私人の営業活動を妨害した不法行為が成立することがあるというべきである」とした。そして，具体の事案に関して，全体としてみれば，本件建物の建築・販売を阻止することを目的とする行為，すなわち業者の営業活動を妨害する行為であり，かつ，その態様は地方公共団体及びその首長に要請される中立性・公平性を逸脱し（特に①，④），急激かつ強引な行政施策の変更であり（特に②），また，異例かつ執拗な目的達成行為（①，③，④）であって，地方公共団体又はその首長として社会通念上許容される限度を逸脱しているというべきである，と結論づけた。かくて，①ないし④の行為は，全体として業者の営業活動を妨害する違法な行為であったとして，その損害額は1,500万円であるとした。また，信用毀損行為の損害額は，1,000万円であるとした。

建築基準法39条に基づき条例により災害危険区域が指定された場合には，

当該区域内の土地の所有者等は大きな影響を受ける。当該災害危険区域が限定的であればあるほど，当該区域内の土地の所有者等は，直接的，個別的に法的地位の変動を受けているように見える。ある事業者がホテルを開業しようとする情報を得て，既存のホテル業者を保護するために，急遽災害危険区域指定条例を制定したような場合に，条例の処分性を肯定すべきかどうかが問題となる。この場合には，①条例自体の処分性を肯定して，その無効確認の訴えを認める方法，②処分性を否定した上，建築確認申請の拒否処分を争うなかで条例の無効を主張する方法，が考えられる。

3 都市行政法における行政手法

[1] 都市行政法における計画

計画の重要性 都市行政法において計画の占める役割は極めて大きい。法律名に「計画」の語を含んでいる都市計画法はもとより，ほとんどの法律においては，まず，計画を出発点として法律の体系が組み立てられているといっても過言ではない。「行政の計画化」は，現代行政の特色といってよいが，とりわけ都市行政法において顕著である。景観行政は，景観計画（景観法8条）が出発点となる。都市緑地法は，「緑地の保全及び緑化の推進に関する基本計画」を出発点とする。事業法の分野に目を転じても，土地区画整理法による土地区画整理事業は，事業計画を出発点としている（6条，14条，51条の4，52条等）。都市再開発法に基づく第1種市街地再開発事業の場合も同様である（7条の11，50条の6，53条）。これらの場合には，換地計画（土地区画整理法86条）や権利変換計画（都市再開発法72条）もある。このような状況に鑑みると，都市行政法の分野は，「行政計画法」[56]の格好の素材を提供する主たる分野であるといってよい。

計画の前提ともなる「基本方針」の策定を求める法律も多い[57]。基本方針は直接には，行政内部を規律するものである。そして，基本方針を前提にし

---

[56] 行政計画に関しては，多数の先行業績がある。さしあたり，遠藤博也『計画行政法』（学陽書房，昭和51年），宮田三郎『行政計画法』（ぎょうせい，昭和59年），西谷剛『実定行政計画法』（有斐閣，平成15年）を挙げておく。

て，多段階の計画が策定される場合がある。たとえば，都市鉄道等利便増進法は，国土交通大臣が「都市鉄道等の利用者の利便の増進を総合的かつ計画的に推進するための基本的な方針」を定めるものとしている（3条）。そして，速達性向上事業としての都市鉄道施設の整備に関する構想（＝整備構想）（4条）と速達性向上計画（5条），交通結節機能高度化構想（12条）と交通結節機能高度化計画（14条）が続くことになっている。

計画としての地域・地区の重要性　都市行政法は，地域ないし地区を設定したうえで，一定の規制を加えることが多い。都市計画法による「地域地区」制度（8条以下）が最も基本的なものである。そのほか，被災市街地復興特別措置法による被災市街地復興推進地域，「密集市街地における防災街区の整備の促進に関する法律」による防災街区整備地区（31条），「流通業務市街地の整備に関する法律」による流通業務地区（4条），都市緑地法による緑地保全地域（5条），特別緑地保全地区（12条），緑化地域（34条），景観法による景観地区（61条），準景観地区（74条）など，枚挙にいとまがない。

計画の適合認定　多数の法律が計画に関して適合認定の制度を設けている。

代表例として，「中心市街地の活性化に関する法律」を取り上げることにしたい。同法は，基本計画の認定制度，中心市街地共同住宅供給事業の認定制度及び特定民間中心市街地活性化事業計画の認定制度を定めている。

第一に，基本計画の認定制度についてみると，市町村は，中心市街地の活性化を図るための基本的な方針（＝基本方針）に基づき，当該市町村の区域内の中心市街地について，中心市街地の活性化に関する施策を総合的かつ一体的に推進するための基本的な計画（＝基本計画）を作成し，内閣総理大臣に認定申請をし（9条1項），認定申請を受けた内閣総理大臣は，①基本方針に適合するものであること，②当該基本計画の実施が当該市町村における中心市街地の活性化の実現に相当程度寄与するものであると認められること，③当該基本計画が円滑かつ確実に実施されると見込まれるものであること，の基準に適合すると認めるときは，その認定をするものとされている（9条

57　参照，碓井光明「法律に基づく『基本方針』――行政計画との関係を中心とする序論的考察」明治大学法科大学院論集5号1頁（平成20年）。

7項)。この認定を受けた市町村は,「認定市町村」,また,認定を受けた基本計画は,「認定基本計画」と呼ばれる。

　第二に,同法は,中心市街地共同住宅供給事業を実施しようとする者(地方公共団体を除く)は,中心市街地共同住宅事業の実施に関する計画について,市町村長に申請して認定を受けることができるものとしている(22条～24条)。同計画が適合を求められる基準が,詳細に定められている(23条)。地方公共団体は,認定事業者に対して,中心市街地共同住宅供給事業の実施に要する費用の一部を補助することができる(30条1項)。そして,国は,地方公共団体が前記の規定により補助金を交付する場合には,予算の範囲内において,政令で定めるところにより,費用の一部を補助することができる(30条)。

　第三に,特定民間中心市街地活性化事業計画の認定制度がある。認定基本計画に記載された特定民間中心市街地活性化事業を実施しようとする者は,単独で又は共同して,協議会(基本計画並びに認定基本計画及びその実施に関し必要な事項その他中心市街地の活性化の総合的かつ一体的な推進に関し必要な事項を審議するため15条に基づき組織される協議会)の協議を経て,特定民間中心市街地活性化事業に関する計画を作成して,申請により主務大臣の認定を受けることができる(40条)。

　以上の3種類の認定制度のうち,基本計画の認定行為は,政府間関係における国の「関与」(自治法245条)としての認定である。これに対して,中心市街地共同住宅事業の実施計画の認定及び特定民間中心市街地活性化事業計画認定は,私人に対する行為である。このように,認定には,政府間関係における関与行為としてのものと,私人に対するものとがあることがわかる。

　認定の取消しも法定されている。たとえば,基本計画の認定については,内閣総理大臣は,認定基本計画が同法9条7項各号のいずれかに適合しなくなったと認めるときは,その認定を取り消すことができるとされている(13条1項)。認定の取消しに関して,関係行政機関の長に意見陳述権が付与されている(13条2項)。中心市街地共同住宅供給事業の計画の認定についても,改善命令に違反したとき,又は不正の手段により計画の認定を受けたときは,市町村長は,計画の認定を取り消すことができる(29条1項)。

「密集市街地における防災街区の整備の促進に関する法律」にも，建替計画の認定（4条～6条）及び居住安定計画の認定（15条）制度があり，それらの取消しの規定もある（11条，28条）。都市再生特別措置法においても，民間都市再生事業計画の認定（20条以下）と，その取消制度（28条）がある。「民間都市開発の推進に関する特別措置法」も，事業用地適正化計画の認定制度（14条の2以下）及び，その取消しの制度を用意している（14条の11）。「大都市地域における住宅及び住宅地の供給に関する特別措置法」は，都心共同住宅供給事業の認定制度を置いて（101条の2以下），認定の取消規定も設けている（101条の9）。都市緑地法は，緑化施設を整備しようとする者の緑化施設整備計画についての市町村長の認定制度を設けている（60条以下）。改善命令違反の場合には，認定を取り消すことができる（65条）。

計画決定の行政処分性の有無　　行政法学において，計画決定の行政処分性が問題とされてきた。土地区画整理事業計画に関し青写真であるとした最高裁大法廷昭和41・2・23（民集20巻2号271頁），それを引用した最高裁昭和50・8・6（訟務月報21巻11号2215頁），最高裁平成4・10・6（判例時報1439号116頁），それらの判例を変更した最高裁大法廷平成20・9・10（民集62巻8号2029頁）があり，その他に，行政処分性を認めたものとして，第2種市街地開発事業の事業計画の決定に関する最高裁平成4・11・26（民集46巻8号2658頁），他方，行政処分性を否定したものとして，用途地域の指定に関する最高裁昭和57・4・22（民集36巻4号705頁），第1種市街地再開発事業計画に関する最高裁昭和59・7・16（判例地方自治9号53頁），地区計画の決定に関する最高裁平成6・4・22（判例時報1499号63頁）がある[58]。前記の平成20年大法廷判決にも示されているように，今後も判例の変更も起こり得る分野である。詳しくは，本書の各該当箇所を参照されたい。

[2] **都市行政法における行政行為**
多様な行政行為の存在　　都市行政法において，多様な行政行為が存在す

58　最高裁昭和50・11・28訟務月報24巻2号317頁は，住宅地区改良法に基づく建設大臣の認可については，監督官庁の施行者に対する行政庁相互間の内部行為であるとして，行政処分に当たらないとした。

る。

　第一に，一定の行為を禁止したうえで，申請に基づく許可制を採用している場面が多い。たとえば，都市計画法29条は，所定の場合を除き，都市計画区域又は準都市計画区域内において開発行為をしようとする者は，あらかじめ，所定行政庁の許可を受けなければならないとしている。そして，同法33条に開発許可の基準が定められている。一定の行為の禁止が計画に基づくものである場合は，その禁止は，「計画制限」の性質をもつことになる。このような許可には，「期限その他必要な条件を付することができる」とする附款を定めることの授権規定，その場合に「不当な義務を課するものであってはならない」とする制限規定などが置かれる（土地区画整理法76条3項，密集市街地における防災街区の整備の促進に関する法律197条3項）。

　第二に，「確認」，「認定」，「指定」等の用語による行為が極めて多い。これらについては，その性質が明らかでないことがある。

　すでに触れたように，「認定」も，しばしば登場する。その場面は，一様ではない。都市再生特別措置法による民間都市再生事業計画の認定（20条）・民間都市再生整備事業計画の認定（63条）・都市利便増進協定の認定（72条の3），「密集市街地における防災街区の整備の促進に関する法律」による防災再開発促進地区の区域内における建替えに関する計画の認定（4条）・居住者の居住の安定の確保及び延焼等危険建築物の除却に関する計画（＝居住安定計画）の認定（15条），都市緑地法による緑化施設整備計画の認定（60条），都市鉄道等利便増進法による都市鉄道施設の整備に関する構想の認定（4条）・速達性向上事業を共同で実施するための計画の認定（5条）・交通結節機能高度化計画の認定（14条）などがある。このように，計画や構想について，申請に基づいて認定する仕組みが多く採用されている。

　「指定」にも，種々の場面のものがある。土地区画整理法による仮換地の指定（98条）が典型であるが，景観法による景観重要建造物の指定（19条），景観重要樹木の指定（28条）などもある。

　第三に，命令的行為がある。たとえば，都市計画法81条1項による措置命令や建築基準法9条1項による措置命令が典型である。

　このような命令的行為に先立って，届出を先行させる仕組みも存在する。

たとえば，景観法は，景観区域内において一定の行為をする場合には，行為の種類等を景観行政団体の長に届け出ることを義務づけたうえ（16条1項），届出に係る行為が景観計画に定められた当該行為についての制限に適合しないと認めるときは，設計の変更その他必要な措置をとることを勧告することができるとしつつ（16条3項），特定届出対象行為については，良好な景観の形成のために必要があると認めるときは，景観計画に定められた建築物又は工作物の形態意匠の制限に適合しないものをしようとする者又はした者に対し，設計の変更その他の必要な措置をとることを命ずることができるとし，この場合には，前記の勧告の規定を適用しないとしている（17条1項）[59]。

　認可の性質　都市行政法には，「認可」の文言を用いた制度が採用されている場面がある。最も多いのが具体的な事業計画についての認可制度である。そのような認可が講学上の行政行為たる認可に該当するかどうかは個別に検討しなければならない。

　たとえば，都市計画事業に関して，都市計画法は，都市計画事業の施行者として，市町村，都道府県を掲げて，市町村にあっては都道府県知事の（法定受託事務として施行する場合は国土交通大臣の），都道府県の場合は国土交通大臣の，それぞれ認可を受けて施行することとしている（59条1項，2項）。国の機関も施行者となることができるが，その場合は，国土交通大臣の承認を要する（59条3項）。また，国の機関，都道府県及び市町村以外の者も，特別の事情のある場合においては，都道府県知事の認可を受けて施行することが認められている（59条4項）。しかも，事業施行に関して，市町村，都道府県，国の機関，それ以外の者という順番の優先順位を定めている。

　このような構造において，都市計画事業は，国全体としてみて，市町村を筆頭とする行政部門に担当させることにしていると見ることができる。とす

---

[59] 建築基準法は，命令的行為たる措置命令の前提要件として勧告を先行させている。すなわち，そのまま放置すれば著しく保安上危険となり又は著しく衛生上有害となるおそれがあると認める場合に，特定行政庁は，所有者等に対して，相当の猶予期限を付けて，建築物の除却，移転等の保安上又は衛生上必要な措置をとることを勧告することを認めて（10条1項），その勧告を受けた者が正当な理由がなく勧告に係る措置をとらなかった場合において，特に必要があると認めるときは，相当の猶予期限を付けて，勧告に係る措置をとることを命ずることができるとしている（10条2項）。

るならば，市町村が都市計画事業を施行する場合の認可は，広い意味の行政の内部行為であるという解釈があり得る。機関委任事務が廃止された今日において，そのように見ることには大いに疑問のあるところであるが，少なくとも私人に対してなされる行政処分とは異なるものとして位置づけることは可能である。そのような解釈による場合には，地方自治法245条1号ホにいう「許可，認可又は承認」に当たり，「関与」行為として扱われることになろう。そして，都市計画事業に関する認可を地方公共団体が争う場合は，所定の手続（国地方係争処理委員会への審査の申出又は自治紛争処理委員への審査の申出）を経たうえで，地方自治法251条の5又は252条に定める「関与に関する訴え」によることになる[60]。

しかし，地方公共団体との関係において「関与」と位置づけられるとしても，私人との関係において認可が法的効果をもたらすとするならば，別個の考察を必要とする。都市計画事業の場合についてみると，都市計画事業の認可の告示（62条1項）がなされると，その事業地内において，都市計画事業の施行の障害となるおそれがある土地の形質の変更若しくは建築物の建築その他工作物の建設を行なうなどの行為については，都道府県知事の許可を受けなければならないこととされている（65条1項）。認可によって，このような都市計画制限の効果を生ずるのであるから，認可は行政処分であるとする議論も考えられる[61]。この点に関して，たとえば，建築行為等の制限を受けることとなる土地の所有者等が争う方法として，事業計画自体に瑕疵があるものとして，施行者（国の機関が施行する場合は，施行者の帰属する行政主体）を被告とする事業計画に対する抗告訴訟を提起する途が検討されるであろう。これとは別に，認可に瑕疵があることを理由に認可自体を争う場面も考えられる。後者の場面において，認可が私人との関係においては行政処分であるが，地方公共団体との関係においては行政処分ではないという相対性

---

60 これに対して，第59条4項による場合は，「特許施行」と呼ばれており，行政処分であることは疑いない。この場合の認可は，伝統的に自由裁量処分と解されてきた（三橋・都市計画法349頁）。

61 三橋・都市計画法349頁は，第59条1項ないし3項にいう認可又は承認について，収用権の付与，事業制限，先買権の付与の前提となるべき法的効果を発生させると述べているので，行政処分であることを認めていると思われる。

を認める余地があるように思われる。これは,「相対的行政処分」を肯定する一場面ということになる。もちろん,私人との関係においても,紛争の成熟性等により,抗告訴訟が不適法とされる場合のあることは否定できない。判例は,都市計画事業の認可について行政処分性前提に判断している（小田急訴訟に関する最高裁大法廷平成17・12・7民集59巻10号2645頁,林試の森事件に関する最高裁平成18・9・4判例時報1948号26頁）。

　等しく認可の文言が用いられているとしても,土地区画整理事業にあっては,個人施行者,土地区画整理組合,区画整理会社といった多様な施行者が登場する。個人施行者に対する施行認可（4条）,区画整理会社に対する施行認可（51条の2）は,いずれも施行権を付与する行為である。ところが,土地区画整理法は,不服申立てに関する規定において,個人施行者に対する認可と区画整理会社に対する施行認可との間において差を設けている。区画整理会社に対する施行認可については行政不服審査法による不服申立てをすることができないとしつつ（127条3号）,個人施行者に対する施行認可については,そのような規定を置いていない。このような差を設けているのは,認可自体の性質の差によるのではなく,認可に至るまでの手続の違いによると見ることができる。すなわち,区画整理会社の場合には,規準及び事業計画の縦覧並びに意見書の提出の手続が用意されている（51条の8）。この手続を通じて,不服申立てにおいて主張するような事柄を認可に先立って意見書として提出できる状況にある。これに対して,個人施行の場合には,認可申請前に関係権利者の同意を得る手続があるため,申請後における縦覧等の手続が置かれていないので,不服申立てを否定する理由がないということによっているのであろう。

　そして,行政上の不服申立ては別として,認可により土地に対する権利を有する者が受ける状態に着目するならば,施行者いかんにより左右されるものではないから,個人施行の場合のみならず,区画整理組合の事業計画の認可,区画整理会社の施行認可,都道府県又は市町村施行の場合の事業計画の決定,国土交通大臣の事業計画の決定は,いずれも行政処分性を有するというべきである。かくて,最高裁大法廷平成20・9・10（民集62巻8号2029頁）は,市町村施行の土地区画整理事業に係る事業計画の決定について行政

処分性を認めたのである。

　もっとも，この判決において，行政処分性を認めたのは，事業計画の決定であって，事業計画の認可[62]ではないことに注意する必要がある。事業計画決定の処分性と認可の処分性とは区別すべきであるということになろうか。

　土地区画整理法は，第5章の「監督」に関する規定において，都道府県知事は，違反事実があると認める場合においては，その施行者に対し，違反を是正するため必要な限度において，「その施行者のした処分の取消し，変更若しくは停止又はその施行者のした工事の中止若しくは変更その他必要な措置を命ずることができる」（124条1項）とし，その命令に施行者が従わない場合においては，施行認可を取り消すことができるとしている（同条2項）。この横並びの状態で見るならば，認可の取消しが行政処分であることは明らかであり，遡って，認可も行政処分であることが明らかである。区画整理会社に対しても，同様の「監督」規定がある（125条の2第3項，第4項）。

　各種の組合の設立に関する認可をいかに見るべきであろうか。この点については，すでに述べた。

　私人間において締結される協定に関する認可は，行政法学説上の認可に該当し，私人の行為を完成させるものであるといってよい（私人間協定の項目を参照）。

　処分に係る行政手続　　行政手続法は，申請に対する処分手続及び不利益処分に対する手続について定めている。処分の根拠が条例又は規則に基づく場合は，行政手続法は適用されず，行政手続条例等が制定されているならば，それが適用される（同法3条3項）。そして，このような一般法，一般条例と別に，特別の行政手続が定められている場合がある。

　たとえば，建築基準法は，違反建築物又は違反敷地について，特定行政庁は，建築主，工事の請負人，敷地の所有者等に対して，工事の施工の停止命令，建築物の除却・使用禁止命令等をなすことができるとしつつ（9条1項），これらの措置を命じようとする場合においては，相手方に対して，命じようとする措置及びその事由並びに意見書の提出先及び提出期限を記載した通知

---

[62] 個人施行の認可について処分性を認める説として，松浦・土地区画整理法50頁。

書を交付して，相手方（又はその代理人）に意見書及び自己に有利な証拠を提出する機会を与えなければならないとしている（同条2項）。そして，その交付を受けた日から3日以内に，特定行政庁に対して，意見書の提出に代えて「公開による意見の聴取」を行なうことを請求することができると定めている（同条3項）。その上で，意見聴取の請求があった場合の手続についての規定が用意されている（同条4項〜9項）。これらの規定は，3条2項の規定により第2章の規定又はこれに基づく命令若しくは条例の規定の適用を受けない保安上危険となり又は著しく衛生上有害となるおそれがあると認めるとき，又は現にそのような状態にあると認めるときになされる建築物等に対する措置の命令についても準用されている（10条4項）。

附　款　都市行政法において，許可等に附款を付することができる旨の明文規定が置かれていることがある。都市計画法79条は，許可，認可又は承認には，都市計画上必要な条件を附すことができるとしている。また，建築基準法92条の2も，「許可」には，建築物又は建築物の敷地を交通上，安全上，防火上又は衛生上支障がないものとするための条件その他必要な条件を付することができるとしている。そして，これら二つの条項には，いずれも，その条件は，それを「受けた者に不当な義務を課するものであってはならない」として，比例原則違反の状態を招かないように意を用いている。なお，建築基準法92条の2のような定め方において，「許可」に限り条件を付すことを許容しているのであって，建築確認は「許可」ではないので，建築確認には「条件」を付すことはできないと解すべきであろう（『都市行政法精義Ⅱ』参照）。

地位の承継　都市行政法においては，許可・認可制に基づき許可・認可を受けた地位の承継を定める条項が広く見られる（承継効）。

まず，当然に地位の承継を生ずる旨を定める法律の定めが見られる。たとえば，土地区画整理法は，個人施行者について相続，合併その他の一般承継があった場合において，その一般承継人が施行者以外の者であるときは，その一般承継人は，施行者となるとし（11条1項），施行地区内の宅地について個人施行者の有する所有権又は借地権の全部又は一部を施行者以外の者（11条1項に規定する承継人を除く）が承継した場合は，その者が承継人とな

るとしている（同条2項）。さらに，施行地区内の宅地について個人施行者の有する借地権の全部又は一部が消滅した場合（当該借地権について一般承継に伴う混同により消滅した場合を除く）において，その借地権の目的となっていた宅地の所有者又はその宅地の賃貸人が施行者以外の者であるときは，その消滅した借地権が地上権である場合にあってはその宅地の所有者が，その消滅した借地権が賃借権である場合にあってはその宅地の賃貸人が，それぞれ施行者となるとしている（同条3項）。これは，個人施行によりスタートした土地区画整理事業を施行者の変動規定を置いて継続させる趣旨である。そして，個人施行者について一般承継があった場合においては，その施行者が土地区画整理事業に関して有する権利義務（その施行者がその土地区画整理事業に関し，行政庁の許可，認可その他の処分に基づいて有する権利義務を含む）は，その一般承継人に移転するものとされている（12条1項）（なお，同条2項及び3項も参照）。これらに類する施行者の変動及び施行者の権利義務の変動に関する規定は，都市再開発法にも見られる（7条の17第1項・2項・3項，7条の18）。

　さらに，権利者の変動の場合に，処分，手続等の効力が承継される旨の定めが用意されている（土地区画整理法129条，都市再開発法130条）（承継効）。

　次に，都市計画法は，開発許可制度を設けているところ，開発許可（同法29条）及び開発区域内の土地における建築許可（同法42条1項）を受けた者の相続人その他の一般承継人，被承継人が有していた当該許可に基づく地位を承継するものとしている（44条）。さらに，開発許可を受けた者から当該開発区域内の土地の所有権その他当該開発行為に関する工事を施行する権原を取得した者は，都道府県知事の承認を受けて，当該開発許可を受けた者が有していた当該開発許可に基づく地位を承継することができるとしている（45条）（承継効）。都市計画事業の認可（都市計画法59条4項）に基づく地位についても，相続その他の一般承継による場合のほか，省令の定めるところにより，都道府県知事の承認を受けて承継することができる（64条1項）。これらの規定における都道府県知事の「承認」は，行政処分であると解される[63]。前記の都市計画事業の認可に基づく地位が承継された場合においては，都市計画法及び同法に基づく命令の規定により被承継人がした処分，手続そ

の他の行為は，承継人がしたものとみなし，被承継人に対してした処分，手続その他の行為は，承継人に対してしたものとみなすこととされている（64条2項）。

「密集市街地における防災街区の整備の促進に関する法律」も，建替計画の認定を受けた者（＝認定事業者）の一般承継人又は認定事業者から認定建築計画に係る除却する建築物の所有権その他の当該認定建替計画に係る建築物の建替えに必要な権原を取得した者は，所管行政庁の承認を受けて，当該認定事業者が有していた建替計画の認定に基づく地位を承継することができると定め（9条），また，居住安定計画の認定を受けた者（＝認定所有者）の一般承継人又は認定所有者から認定賃貸住宅の所有権その他当該認定居住安定計画の実施に必要な権原を取得した者は，市町村長の承認を受けて，当該認定所有者が有していた居住安定計画の認定に基づく地位を承継することができると定めている（26条）。「中心市街地の活性化に関する法律」27条も，認定事業者（中心市街地共同住宅供給事業の計画の認定を受けた者）の一般承継人又は認定事業者から中心市街地住宅供給事業を実施する区域の土地の所有権その他当該中心市街地共同住宅供給事業の実施に必要な権原を取得した者は，市町村長の承認を受けて，当該認定事業者が有していた計画の認定に基づく地位を承継することができると定めている。

[3] 都市行政法における協議

多様な場面の協議　都市行政の分野においては，多様な場面において協議の方式が採用されている[64]。協議には，法律又は条例に基づくものと要綱

63　この趣旨は，都市計画法79条が「許可，認可又は承認には，都市計画上必要な条件を附すことができる」として，承認を許可及び認可と並列的に扱っている点に示されている。

64　地区計画制度及び再開発等促進区制度を対象として協議について検討した文献として，野田崇「都市計画における協議方式　事業者・所有者・住民」芝池義一ほか編『まちづくり・環境行政の法的課題』（日本評論社，平成19年）123頁がある。また，景観法制との関係において，運用実態を分析し，「早すぎる・遅すぎる問題」などを指摘して，その対応策を検討した文献として，北村喜宣「地域空間管理と協議調整」阿部泰隆先生古稀記念『行政法学の未来に向けて』（有斐閣，平成24年）341頁があ

に基づくものとがある。また，協議の主体に着目する場合に，私人と国又は公共団体との協議，国又は公共団体が相互間において行なう協議，私人と私人との間の協議などに区分できる。

私人相互間の協議の例を挙げてみよう。都市鉄道等利便増進法は，認定整備構想事業者又は認定営業構想事業者は，協議により，速達性向上事業を共同で実施するための計画（速達性向上計画）を作成して，国土交通大臣の認定を申請することができるとしている（5条1項）。そして，国土交通大臣は，事業者のいずれかが協議を求めたにもかかわらず，他の認定構想事業者が当該協議に応じず，又は当該協議が調わなかった場合であって，当該協議を求めた事業者から申立てがあり，かつ，当該協議を必要と認めるときは，当該他の認定構想事業者に対して，その協議の開始又は再開を命ずることができる（6条1項）。この命令があった場合において，前記の協議が調わないときは，協議の当事者は，国土交通大臣の裁定を申請することができる（6条2項）。この裁定があったときは，協議の当事者の間においては，協議が成立したものとみなされる（6条5項）。

私人と行政との協議のなかには，許可申請に対して，許可の前になされる「事前協議」も存在する。事前協議は，当該許可の根拠を定める法律又は条例自体のなかに規定されている場合もあるが，当該法律又は条例と別の規範に定められていることもある。その結果，後述のように協定締結を予定する場合もある。また，届出や申請に先立ってなされる事前協議には，純粋に行政指導の目的を有するものもある[65]。

工事等の行為との関係において「事前協議」と呼ばれる場合もある。たとえば，横浜市福祉のまちづくり条例は，指定施設の新設又は改修（建築物にあっては，増築，改築，大規模の修繕若しくは模様替え又は用途変更）をしようとする者は，規則で定めるところにより，あらかじめ，市長と協議しなければならないとしている（22条1項）。そして，事前協議に係る指定施設について，障害者，高齢者等が安全かつ円滑に利用できるようにするための措置

　る。行政法における協議についての概観として，碓井光明「行政法における協議手続」明治大学法科大学院論集10号159頁（平成24年）がある。

65　碓井・前掲論文183頁以下。

の適確な実施を確保するため必要があると認めるときは，必要な指導及び助言をすることができるとしている（22条2項）。したがって，この場合の事前協議は，必要な指導・助言を可能にするための手続である。

許可申請前の事前協議の例として，たとえば，新潟市屋外広告物条例は，広告物等を表示し，又は設置しようとする者は，規則で定めるところにより，あらかじめ，市長の許可を受けなければならない（3条1項）としつつ，許可を受けようとする者は，許可申請の30日以上前に，その内容を市長と協議しなければならないとしている（3条6項本文）。そして，この協議があった場合において，同条例2条の規定（「良好な景観の形成及び風致を害し，並びに公衆に対し危害を及ぼすおそれのないものでなければならない」）に適合しないと認められるときは，当該行為をしようとする者に対し，必要な措置を講ずるよう助言し，又は指導するものとしている（3条7項）。この仕組みは，許可申請の前に審査して，助言・指導することを可能にするものである。

協議を組織的に行なうための協議会　行政関係の法律には，協議会の名称の組織について定めるものがある。それは，法定協議会であって，法律の規定によらない協議会と区別される。都市行政の分野においても，次のような場面に登場する。

第一に，都市再生特別措置法には，都市再生緊急整備協議会及び市町村都市再生協議会との2種類の協議会制度が用意されている。

同法19条に基づく都市再生緊急整備協議会は，都市再生緊急整備地域ごとに同地域における緊急かつ重点的な市街地の整備に関し必要な協議（特定都市再生緊急整備地域が指定されている都市再生緊急整備地域にあっては，当該協議並びに整備計画の作成及び整備計画の実施に係る連絡調整）を行なうために組織される協議会である（1項）。この協議会を組織する主体は，国の関係行政機関の長のうち本部長及びその委嘱を受けたもの並びに関係地方公共団体の長（「国の関係行政機関等の長」）である。必要と認めるときは，協議して，独立行政法人の長，特殊法人の代表者，地方公共団体の長その他の執行機関，地方独立行政法人の長，その緊急整備地域内において都市再開発事業を施行する民間事業者，同地域内の建築物の所有者，管理者若しくは占有者，鉄道事業者又は同地域内において公共公益施設の整備若しくは管理を行なう者を

協議会に加えることができるとされている（2項）。このような広がりを可能にしつつも、協議会の主体は、国の関係行政機関等の長である。

同法46条の2の定める市町村都市再生整備協議会は、都市再生整備計画及びその実施並びに都市再生整備計画に基づく事業により整備された公共公益施設の管理に関し必要な協議を行なうための協議会で、市町村ごとに組織される（1項）。その構成員は、市町村のほか、都市再生整備推進法人（73条1項）、防災街区整備推進機構（密集市街地整備法300条1項）、中心市街地整備推進機構（中心市街地活性化法51条1項）、景観整備機構（景観法92条1項）、歴史的風致維持向上支援法人（地域における歴史的風致の維持及び向上に関する法律34条1項）、及びこれらに準ずるものとして省令で定める特定非営利活動法人等である（1項）。さらに、必要があると認めるときは、協議して、関係都道府県、独立行政法人都市再生機構、地方住宅供給公社、民間都市機構、その区域内において公共公益施設の整備若しくは管理を行ない、又は都市開発事業を施行する民間事業者その他まちづくりの推進を図る活動を行なう者を、市町村協議会に加えることができる（2項）。

第二に、都市鉄道等利便増進法13条に基づく交通結節機能の高度化を図るための協議会がある。この協議会は、駅施設の整備を行なうと見込まれる者、駅周辺施設の整備を行なうと見込まれる者、駅施設の営業を行なうと見込まれる者及び地方公共団体から構成される（2項）。この協議会においてリーダーシップをとるのは、同法12条の規定に基づき交通結節機能高度化構想について国土交通大臣に協議し、その同意を得た都道府県（同意都道府県）である。同意都道府県は、協議会を組織しようとするときは、その構成員に協議を行なう旨を通知する（3項）。そして、その通知を受けた者は、正当な理由がある場合を除き、協議に応じなければならないとされている（4項）。協議会において、同意交通結節機能高度化構想に基づいて、当該構想に係る交通結節機能高度化計画を作成したときは、合意した構成員は、共同で国土交通大臣の認定を申請することができる（14条1項）。

ここには、構想段階から計画段階への進行が見られる。特に注目されるのが、高度化計画作成に当たっての協議に係る裁定の制度である（15条）。まず、国土交通大臣は、協議会の構成員のいずれかが高度化計画の作成に係る

協議を求めたにもかかわらず，他の構成員が当該協議に応じず又は当該協議が調わなかった場合で，当該協議を求めた構成員から申立てがあり，かつ，当該協議を必要と認めるときは，当該他の構成員に対して，その協議の開始又は再開を命ずることができる（1項）。この命令があった場合において，協議が調わないときに，協議の当事者は，国土交通大臣に裁定の申請をすることができる（2項）。裁定の申請があったときは，他の当事者に意見書提出の機会が付与される（3項）。裁定があったときは協議の当事者の間においては，高度化計画作成の合意が成立したものとみなされる（5項）。

　協議に基づく同意・協定を予定する場合　都市行政の分野においては，協議に基づく同意制度も見られる。典型は，都市計画法32条である。すなわち，開発許可を申請しようとする者は，あらかじめ，開発行為に関係がある公共施設の管理者と協議し，その同意を得なければならないとしている。「大都市地域における宅地開発及び鉄道整備の一体的推進に関する特別措置法」は，都府県は，同法3条に掲げる鉄道及び地域について，当該地域における宅地開発及び当該鉄道の整備の一体的推進に関する基本計画（以下「基本計画」という。）を作成することができるとし（4条1項），都府県は，基本計画を作成しようとするときは，あらかじめ，総務大臣及び国土交通大臣に協議し，その同意を得なければならないとしている（4条2項）。新都市基盤整備法45条は，施行者である地方公共団体は，処分計画を定めようとする場合においては，国土交通省令で定めるところにより，あらかじめ，都道府県にあっては国土交通大臣に，市町村にあっては都道府県知事に協議し，その同意を得なければならない（45条1項）。これを変更しようとする場合（国土交通省令で定める軽微な変更をしようとする場合を除く）においても，同様とするとしている（45条1項）。

　都市鉄道等利便増進法は，認定整備構想事業者及び認定営業構想事業者が，速達性向上計画の認定申請をする場合には，あらかじめ，その計画について，速達性向上事業を実施する区域をその区域に含む地方公共団体に協議し，その同意を得なければならないとしている（5条3項）。

　同意に代えて，協議の成立の用語が用いられることもある。

　条例には，協定の締結を予定する事前協議を定めるものが多い。開発事業

に関する調整条例等に広く見られる。

処分に代替する協議手続　私人との関係においては行政処分の形式によるところを，行政主体に対する関係においては，協議方式が採用されている場合がある。典型的には，都市計画法による開発許可の場面がある。私人が開発行為をしようとする場合には，申請をして都道府県知事等の許可を受けなければならないとされている（29条1項）。これに対して，国又は都道府県，指定都市等若しくは事務処理市町村若しくはそれらが組織に加わっている一部事務組合，広域連合若しくは港務局が開発行為をしようとする場合には，当該国の機関又は都道府県等と都道府県知事等との協議の成立することをもって，開発許可があったものとみなすこととされている（34条の2）。同様に，市街地開発事業予定区域内において建築等を行なおうとする者は，都道府県知事等の許可を受けなければならないが（52条の2第1項），国が行なう行為については，当該国の機関と都道府県知事等との協議が成立することをもって，許可があったものとみなされる（52条の2第2項）。同様の協議は，都市計画施設の区域又は市街地開発事業の施行区域内における建築等の場合（53条2項），都市計画事業の認可の告示があった事業地内における建築等の場合（65条3項）についても，採用されている。これらの場合に，協議が成立しないときの争い方があるのか否かが問題となる（本書第2章 3 [1]・[5]などを参照）。

費用負担についての協議　事業に要する費用の負担について協議制度が採用されている場合がある。

都市再開発法は，市街地再開発事業の費用について，施行者負担の原則を採用しつつ（119条），施行者である独立行政法人都市再生機構又は地方住宅供給公社（「機構等」）の施行する事業の施行により利益を受ける地方公共団体に対し，その利益を受ける限度において，その費用の一部を負担することを求めることができるとしている（120条1項）。この場合において，地方公共団体が負担する費用の額及び負担の方法は，機構等と地方公共団体とが協議して定めることとされている（120条2項）。協議が成立しないときは，当事者の申請に基づき，国土交通大臣が裁定する。この場合に，国土交通大臣は，当事者の意見をきくとともに，総務大臣と協議しなければならない。

「大都市地域における住宅及び住宅地の供給の促進に関する法律」も，まったく同様の仕組みを採用している。同法は，住宅街区整備事業に要する費用の施行者負担の原則を採用しつつ（91条），独立行政法人都市再生機構又は地方住宅供給公社は，それらの施行する住宅街区整備事業の施行により利益を受ける地方公共団体に対し，その利益を受ける限度において，その事業に要する費用の一部の負担を求めることができるとし（92条1項），その場合において，地方公共団体が負担する費用の額及び負担の方法は，機構又は地方公社と地方公共団体とが協議して定めるものとしている（92条2項）。そして，協議が成立しないときは，当事者の申請に基づき，国土交通大臣が裁定する（92条3項第1文）。この場合に，国土交通大臣は，当事者の意見を聴くとともに，総務大臣と協議しなければならない（92条3項）。

また，「密集市街地の防災街区の整備の促進に関する法律」も，防災街区整備事業の費用負担について，同様に，地方公共団体の負担金に関して，協議及び国土交通大臣の裁定の制度を用意している（263条，264条）。また，同法は，独立行政法人都市再生機構が地方公共団体の要請を受けて従前居住者用賃貸住宅の建設等の業務を行なうときは，その要請をした地方公共団体に対し，その利益を受ける限度において，従前居住者用賃貸住宅の建設等に要する費用の一部又は従前居住者の居住の安定を図るための家賃減額をする場合に要する費用の一部を負担することを求めることができるとしたうえで（30条の2第5項），協議（6項）及び裁定（7項）について定めている。

裁定と訴訟　これらの制度における裁定について不服がある場合に地方公共団体が争うことができるのかどうかが問題となる。地方自治法の「関与」の定義において，「相反する利害を有する者の間の利害の調整を目的としてされる裁定その他の行為」は，「その双方を名あて人となるもの」に限り関与から除外されている（245条3号）。したがって，この裁定は，関与訴訟の対象とはならないことになる。

個別法において，費用負担以外の場面において，協議及び裁定の定めに続いて，訴えの提起についての規定を置く場合があることから，そのような規定がない場合の扱いが一層問題となる。

たとえば，「密集市街地における防災街区の整備の促進に関する法律」246

条は，防災街区整備事業の権利変換計画において防災施設建築物の一部等が与えられるように定められた者と当該防災施設建築物の一部について 209 条 5 項本文の規定により借家権が与えられるよう定められた者は，家賃その他の借家条件について協議しなければならないとしつつ（246 条 1 項），協議が成立しないときは，施行者は，当事者の一方又は双方の申立てに基づき，裁定することができるとしている（2 項）。この裁定があったときは，当事者間に，裁定で定めるところにより協議が成立したものとみなす旨の規定を置くと同時に（4 項），裁定に不服がある者は，その裁定のあった日から 60 日以内に，訴えをもってその変更を請求することができるとしている（6 項）。この訴えにおいては，当事者の他の一方を被告としなければならないとして（7 項），形式的当事者訴訟のスタイルを採用している。

このような私人間の利害調整と異なり，地方公共団体の負担に関する裁定に関する訴えは，機関訴訟であって，法律に特別に定められていない限り許容されないとみるのかどうかが問題となる。

[4] 都市行政法における行政指導

指導要綱等に基づく指導　都市行政法においては，行政指導が広く行なわれてきた。行政指導は，あらかじめ一定の方針を定めて，その方針に従って行なうことになる。行政指導の方針は，一般に，要綱の形式で定められている。「要綱行政」と呼ばれる所以である。行政指導に関する判例の展開の一つの源泉は，指導要綱にあったといっても過言ではない。武蔵野市の宅地開発指導要綱に基づいてマンション建設事業者に周辺住民の同意や負担金の納付を求めたにもかかわらず，その指導に従わないで建設した事業者の給水申込みを拒絶した市長の行為について水道法違反を問われた事件に関して，最高裁決定平成元・11・8（判例時報 1328 号 16 頁）は，給水契約の締結を拒む正当な理由がなかったとした原審の判断を是認した。また，同じく，武蔵野市の教育施設負担金をめぐる上告審の最高裁平成 5・2・18（民集 47 巻 2 号 574 頁）は，行政指導の違法を理由とする国家賠償請求に関して，指導要綱の文言及び運用実態からして，教育施設負担金の納付を事実上強制しようとしたものであって，「指導要綱に基づく行政指導が，武蔵野市民の生活環

境をいわゆる乱開発から守ることを目的とするものであり，多くの武蔵野市民の支持を受けていたことなどを考慮しても，右行為は，本来任意に寄付金の納付を求めるべき行政指導の限界を超えるものであり，違法な公権力の行使であるといわざるを得ない」として，原判決を破棄し，差し戻した[66]。

今日においても，指導要綱は，依然として活用されている。たとえば，「八王子市集合住宅等建築指導要綱」は，37箇条に及ぶ定めを置いている。近隣住民への周知，消防施設，犯罪防止，日照，電波障害等，地下水の保全，駐車場・駐輪場施設，緑地保全，狭あい道路の拡幅整備，接続先道路の整備，汚水・雨水排水，入居時期，文化財の保存，上水道，ごみ収集施設，店舗，産業系用地の用途変更，農地保全，ワンルームに関する措置，集会施設，協定の締結，騒音及び振動等に対する対策，工事等に伴う交通対策などの多数の定めから成っている。

学校整備協力金及び公園整備等協力金の定めも注目される。前者は，「事業者は，細則に定める戸数以上の建築物を建築する場合は，学校整備協力金を市長へ納入しなければならない」とする規定（21条）である。後者は，「事業者は，細則に定める戸数以上の建築物を建築する場合は，公園整備等協力金を市長へ納入しなければならない。ただし，事業計画地面積が1haを超える場合は，別途協議する」旨の規定（29条1項）と，所定の区域に建築する建築物の公園整備等協力金を免除とする旨の規定（19条2項）とから成っている。「納入しなければならない」とする姿勢で，これらの協力金の納入を迫ることについては，「法律による行政の原理」から見て，大いに疑問がある。

ただし，開発指導要綱等において定められていた事項について，周辺住民との紛争の予防のための条例の中において定める地方公共団体が増加しており，次第に「条例による行政」へと転換しつつある。

法律・条例に基づく指導　法律又は条例に行政指導に当たる行為に関する規定が置かれていることがある。

第一に，命令に先行して勧告が前置されている場合がある。たとえば，建

66　建築確認の留保に関しても，有名な品川マンション事件に関する最高裁昭和60・7・16民集39巻5号989頁が，国家賠償責任を認めた。

築基準法は，同法3条2項の規定により第2章の規定又はこれに基づく命令若しくは条例の適用を受けない建築物等で，そのまま放置すれば保安上危険となり又は著しく衛生上有害となるおそれがあると認めるものについては，所有者等に対して，まず，除却等の保安上又は衛生上必要な措置をとることを「勧告することができる」としている（10条1項）。そして，「勧告を受けた者が正当な理由がなくてその勧告に係る措置をとらなかった場合において，特に必要があると認めるときは，その者に対し，相当の猶予期限を付けて，その勧告に係る措置をとることを命ずることができる」（同条2項）。したがって，勧告に係る措置をとらなかったとしても，「特に必要がある」と認められないときは，命令には至らないことになる。勧告が命令の前提手続とされているのである[67]。

このような仕組みは，都市行政の分野のみならず，現代行政において頻繁に登場する仕組みである。それは，命令という行政処分をいきなり行なわないのであるから，「ソフトな過程」を重視するものといえよう。しかし，そのことが早期に命令の発付を期待する第三者にとっては問題を発生させることになる。すなわち，当該建築物が放置されることにより重大な損害を受けるおそれがある者が，直接型（非申請型）義務付けの訴えを提起しようとしても，先行する勧告を義務づける訴訟方法がないために，勝訴できないおそれがあるのである。このような場面をいかに解決するかは，行政法学に課せられている検討課題である。

国の技術的助言としての運用指針　都市計画法，景観法，都市緑地法等に関しては，国の所管省の通知により「運用指針」が発せられている。その典型例は，「都市計画運用指針」（平成12・12・28平成12建設省都計第92号，建設省都市局長通知）である。その冒頭の「運用指針の策定の趣旨」の項目において，「都市化の時代から安定・成熟した都市型社会への移行」という社会経済状況の変化に的確に対応して運用されることが望まれることに鑑み，

---

[67] これに対して，現に著しく保安上危険であり，又は著しく衛生上有害であると認める場合には，勧告を経ることなく命令をなすことできる（10条3項）。しかし，「おそれがある」場合との区別が困難なことも少なくないことに鑑みると，実際上は勧告を経由することが多くなると推測される。

「制度の企画・立案に責任を有する国として，都市計画制度全般にわたっての考え方を参考として広く一般に示すことが，地方公共団体の制度の趣旨に則った的確な運用を支援していくうえでも効果的である」とし，次のように述べている。

> 「もとより都市計画制度の運用は，自治事務として各地方公共団体自らの責任と判断によって行われるべきものであるが，都市計画法は，都市の健全な発展と秩序ある整備を図り，国土の均衡ある発展と公共の福祉の増進に寄与するという目的を達成するために，各地方公共団体が適切に都市計画制度を活用することを求めているところである。本指針は，国として，今後，都市政策を進めていくうえで都市計画制度をどのように運用していくことが望ましいと考えているか，また，その具体の運用が，各制度の趣旨からして，どのような考え方の下でなされることを想定しているか等についての原則的な考え方を示し，これを各地方公共団体が必要な時期に必要な内容の都市計画を実際に決め得るよう，活用してもらいたいとの考えによるものである。
>
> また，本指針はこうした考え方の下に策定するものであることから，地域の実情等によっては，本指針で示した原則的な考え方によらない運用が必要となる場合もあり得るが，当該地域の実情等に即して合理的なものであれば，その運用が尊重されるべきである。」

この叙述の直後の注記において，地方自治法245条の4の規定に基づき行なう技術的な助言の性格を有するものであること，したがって，都市計画法18条3項の規定に基づき都道府県が決定する都市計画について国土交通大臣が協議を受ける場合に，同意すべきものであるかどうか判断する視点を示しているものではないことを，わざわざ述べている。

これと同じような運用指針として，「政策課題対応型都市計画運用指針」（平成15・11・10平成15国都計第95号），「開発許可制度運用指針」（平成13国総民第9号，国土交通省総合政策局長通知），「景観法運用指針」（平成16・12・17国都計第111号ほか国土交通事務次官等通知），「都市緑地法運用指針」（平成16・12・17国都公緑第150号，国土交通省都市・地域整備局通知），「都市公園法運用指針」（平成16・12，国土交通省都市・地域整備局）などがある。

マニュアルの名称を付したものも公表されている。たとえば，国土交通省都市・地域整備局都市計画課都市交通調査室は，「大規模開発地区関連交通計画マニュアル　改訂版」（平成19年3月）[68]を公表して，大規模な都市開発に関連する交通量の予測手法の構築などに役だてようとしている。

　勧告等を担保する仕組み（公表等）　行政庁が勧告等を行なって強力な指導をしても，相手方がその内容を実行しない場合に，いかに担保するかが重要な課題である。

　最も一般的な方法は，公表である。たとえば，横浜市福祉のまちづくり条例は，指定施設の新設又は改修をしようとする者に対して市長との事前協議を義務づけたうえ（22条1項），協議をした者に対して必要な指導又は助言をすることができる（22条2項）としつつ，この協議を行なわずに指定施設の新設又は改修に着手した者に対して当該協議を行なうよう勧告すること（29条1項）及び指定施設の新設又は改修に伴って講ずる措置が指定施設整備基準に照らして著しく不十分であると認めるときは，指定施設整備基準を勘案して，必要な措置を講ずるよう勧告すること（29条2項）ができるとしている。そして，相手方が，正当な理由なく当該勧告に従わないときはその旨を公表することができる旨を定めている（30条）。公表の及ぼす不利益を配慮して，あらかじめ推進会議に諮ること（30条2項），勧告を受けた者に対して，あらかじめ，その旨を通知し，意見の聴取を行なうものとしている（30条3項）。

　神奈川県の「みんなのバリアフリー街づくり条例」も，ほぼ同様の勧告及び公表の規定を置いている（20条，21条）。公表するか否かの効果裁量を認める規定であるが，神奈川県のホームページは，公表が相当な場合とは，「例えば，条例の趣旨や公益性を踏みにじるような悪質な事例であって，社会的影響が大きく，看過することにより今後の条例施行に支障を来すおそれがある場合などが考えられる」とし，具体的なケースとして，次のようなものを挙げている。

---

[68] その解説として，矢島隆ほか『大規模都市開発に伴う交通対策のたて方──大規模開発地区関連交通計画マニュアル（07改訂版）の解説──』（計量計画研究所，平成20年）がある。

・改善が比較的容易であるにもかかわらず，理由なく改善に応じようとしないなど勧告に従う意思が認められない。
・勧告に従う意思は示しても，対応をいたずらに引き延ばしたり，改善に着手しないなど，実質的に従う意思が認められない。
・勧告を受けた行為が組織的かつ計画的に行なわれ，今後も反復されるおそれがある。

　要綱において公表を定める場合もある。たとえば，「八王子市青少年の健全な育成環境を守る指導要綱」は，同要綱に基づき指定された業種の営業を行ない，若しくは指定された商品を販売し，頒布し，貸し付け，又は，これらを目的とする建築物を建築しようとする者は，あらかじめ市長に協議しなければならないとして（3条），事前協議を行なうべきことを定めたうえ，市長は，指導基準等に基づき協議内容を審査し，必要があると認めるときは，営業内容，建築計画等に条件を付し，及びこれを変更するよう指導することができるとしている（4条）。そして，3条の事前協議及び4条の指導を遵守しない事業者に対し遵守するよう指導し，又は勧告することができる（7条1項）としたうえ，事業者が勧告を受けたにもかかわらず，当該勧告に従わない場合においては，その者の氏名（法人にあっては，名称及び代表者の氏名）及び住所並びに当該勧告の内容を公表することができるとしている（7条2項）。

　公表のもたらす不利益を考慮した場合に，緊急の情報提供を必要とする場面ならばともかく，そうでない場面において，条例の根拠なく要綱のみによっていることについては，「法律による行政の原理」の観点から問題があると考える。

　指導に従わない者に対して，当該行政と直接の関係を有しない許認可の拒否を行なうことは許されないというべきである。その許認可が裁量的行為である場合には，裁量権の逸脱濫用となると思われる[69]。

[5]　都市行政法における行政契約

行政と私人との協定　都市行政の領域において行政と私人との協定がみられる。いわゆる「協働」による行政の遂行のために協定が活用される傾向

も強まっているといえよう。

たとえば、景観法36条による管理協定は、景観行政団体又は景観整備機構が、景観重要建造物又は景観重要樹木の管理に関して、その所有者と締結する協定である。都市緑地法も、地方公共団体又は緑地管理機構は、緑地保全地域又は特別緑地保全地区内の緑地の保全のため必要があると認められるときは、当該区域内の土地又は木竹の所有者又は使用及び収益を目的とする権利を有する者と管理協定を締結することを授権している（24条）。景観整備機構又は緑地管理機構のなす協定の締結には、認可制度が採用されている（景観法81条4項、都市緑地法24条5項）。それぞれ景観行政団体又は地方公共団体の監督下にあるといえる。都市公園法においても、公園一体建物に関する公園管理者と建物所有者（又は所有者となろうとする者）との協定（22条）の制度がある。また、都市再生特別措置法は、地方公共団体と備蓄倉庫所有者等との管理協定について規定している（45条の15以下）。

二つの問題を提起しておこう。

第一に、協定上の義務に違反した場合の処理である。第一次的には、協定に定められている「協定に違反した場合の措置」によることになる。そして、違反した者に対して、公法上の当事者訴訟を提起することにより、違反の是正を図ることもできると解される。

第二に、認可を要する場合に、認可を受けない協定が締結されている場合には、当該協定が法的に無のものかどうかである。法の予定する効力が生じないにとどまり、法の趣旨・目的ないし強行規定に違反しない限りは、法定外の協定としての効力を認めてもよいと考える。法の予定する効力として重要なのは、後から所有者等になった者に対する効力、すなわち地位の承継である（承継効）（景観法41条、都市緑地法50条、都市公園法23条）。その効力は、認可及び所定の手続である公示がなされない限り、生じないというべき

69　この点において、「八王子市中心市街地環境整備事業に関する指導要綱」が、「環境整備事業を行おうとする者は、別表に定める環境整備事業の基準に適合させなければならない」（4条）とし、「この要綱による指導に従わない場合は」道路法32条の規定による許可（道路専用の許可）を行なわないことがあると定めている（6条）。これのみを根拠に占用許可を拒絶する場合には、裁量権の逸脱濫用とされる場合が起こり得よう。

である。

私人間協定　都市行政法には，私人間協定がいくつか登場する。建築基準法による建築協定（69条以下），都市緑地法による緑地協定（45条以下），景観法による景観協定（81条）が典型である。さらに，「密集市街地における防災街区の整備の促進に関する法律」による避難経路協定（289条以下），都市再生特別措置法による都市再生歩行者経路協定（45条の2以下）もある。これらについては行政庁の認可を要するとはいえ，私人が協調することによって都市の管理をするものであって，Administrationを行政機関に委ねておくのでは不十分であるという現代の問題状況に対応する仕組みである[70]。条例において，私人間協定を制度化している地方公共団体もある。たとえば，新潟市屋外広告物条例は，一定の区域内の土地の所有者及び地上権を有する者は，当該区域の景観を整備するため，当該区域における広告物等に関する協定（広告物協定）を締結し，市長に対しその認定を求めることができる，としている（14条1項）。

許認可との関係　都市行政の分野において，許認可に先だって，申請者に事前協議や届出を求めて，協定の締結を求めることも多い。たとえば，尼崎市住環境整備条例は，その第5章を「事前協議制度」として，開発事業者は，規則で定めるところにより，その旨を市長に届け出るとともに，所定事項について市長と協議しなければならないとし（23条），市長及び開発事業者は，その協議がすべて調った後，速やかに，当該協議の内容について協定を締結するものとしている（25条）。

　許認可の要件の充足を確認する趣旨の協定もあるが，さらに，許認可を補完する協定も存在するように思われる。許認可に附款を付することも考えられるが，附款の場合には，当該許認可の目的の範囲内という制約があるのに対して，協定は，相手方との合意であるので，ある程度弾力的に内容を組み立てることを可能にするというメリットがある。総合行政を推進する立場にある地方公共団体としては，当該許認可の場面をとらえて，より広い政策目的を達成したいと考えて，そのような協定を志向する傾向がある。

70　各種の協定については，碓井・行政契約精義463頁以下を参照。

[6] ソフトな都市行政

ソフトな行政手法　都市行政法は，都市計画法をはじめとして，ハード面の行政法の性格が濃いといえる。しかし，都市に生活する者にとって，ハード面があっても，幸福な生活が確保されるとは限らない。そこで，いわばソフトな行政が必要となる。コミュニティの崩壊が言われる中で，ソフト行政こそが見直される必要があるともいえる。ソフトな行政は，一見すると「公権力の行使」と縁遠いように見えるが，場合によっては，国家賠償法1条1項の「公権力の行使に当たる公務員」の行為と評価される場合があり得ることに注意する必要がある。

　ソフトな行政には，次に述べる高齢者の見回り・高齢者支援のほかに，催し物，あるいは，その援助なども含まれる。たとえば，八王子市は，「八王子市親子つどいの広場事業実施要綱」を制定して，子育て親子の交流・集いの場の提供，子育てに関する相談・援助の実施，地域の子育て関連情報の提供，講習の実施などを行なっている。

　ソフトな行政手法は，今後の都市行政における重要な手法であり，また，法律問題が生起する可能性がある。そのなかには，いわゆる協働をめぐる法的問題も含まれるであろう。しかしながら，ソフトな行政は，必ずしも都市行政に固有の行政といえないため，都市行政法というくくり方で論ずる必要性に乏しい，あるいは無理があることも多いと思われる。その意味もあって，ここにおいて頭出しをするものの，本書の各論部分において詳しく取り上げるに至っていない。にもかかわらず，ハード面の都市行政法も，次第にソフトな行政を支える側面を持ち出していることは，たとえば「福祉のまちづくり条例」などにも見られるところである（『都市行政法精義Ⅱ』を参照）。ハードな都市行政の限界も認識する必要があろう。

高齢者見回り・高齢者支援　高齢者に異変が生じた場合に対処する必要性は，必ずしも都市に固有の行政課題であるわけではない。しかし，都市において高齢者が孤独な生活をすることが多いのも事実である。そこで，さまざまな方法で，高齢者を見守る施策が講じられつつある。施策の種類には，見守り，訪問，電話による確認，食事の自立支援など多様である。主体との関係においても，工夫が進んでいる。

第一に，ボランティアの活用である。たとえば，東京練馬区は，「見守り訪問員」が定期的に65歳以上の一人暮らしの高齢者宅を訪問して安否を確認する事業を行なっている。また，八王子市は，市内居住の65歳以上の元気な高齢者が，市内の特別養護老人ホームやデイサービス，高齢者世帯（一人暮らしを含む）などでボランティア活動を行ない，その活動に応じて交付金などと交換するポイント制の仕組みを採用している。この活動をする高齢者については登録をしておくこととされている。

第二に，協力する事業者と協定を締結する方法である（協力事業者との協定）。たとえば，神戸市は，日常的に高齢者と関わりのある地域の民間事業者と連携することにより，見回りが必要な高齢者を早期に発見することを目的として，「協力事業者による高齢者見守り事業」を実施している[71]。

[7] 都市行政法と財政

都市に着目した財政収入　都市の規模，機能は多様である。そのような多様な都市を財政面にどのようにおいてどのように扱うべきかは，難しい政策課題である。現行法は，都市も，一般市町村の類型に属することを前提にして，若干の特別な扱いをしている。まず，財政収入の側面についてみておこう。

第一に，都市計画税制度が存在する。都市計画税は，都市計画法に基づいて行なう都市計画事業又は土地区画整理法に基づく土地区画整理事業に要する費用に充てるため，都市計画区域のうちの市街化区域（区域区分に関する都市計画が定められていない場合にあっては，当該都市計画区域の全部又は一部の区域で条例で定める区域）内に所在する土地及び家屋に対し，その価格を課税標準として，その所有者に対して課税することができる（地方税法702条）。市街化調整区域内に所在する土地及び家屋の所有者に課税しないことが市街

71　秋田市も，社会福祉事業者（在宅介護支援センター等）が地域を訪問する際にサービスの提供に併せて利用者及び近隣の見守りをすること及び生協が高齢者宅に配達した際の在宅状況を離れて暮らす家族にメールで知らせる施策，水道メーターの検針業務の受託事業者が地域との連携によりひとり暮らし高齢者の見回りを行なうこと等を推進している（第2次秋田市地域福祉計画重点事業の一環）。

化区域内に所在する土地及び家屋に課税することとの「均衡を著しく失すると認められる特別の事情」がある場合には，市街化調整区域のうち条例で定める区域内に所在する土地及び家屋についても，課税することができる。このように，都市計画税は，課税するかどうかが任意の目的税である。実際には，固定資産税の上乗せ課税の性質を有しているが，固定資産税の場合に課税される償却資産は課税の対象とされていない。

　第二に，事業所税制度がある。事業所税は，「指定都市等」が「都市環境の整備及び改善に関する事業に要する費用に充てるため」の目的税である（701条の30）。課税権を有する「指定都市」とは，①地方自治法による指定都市，②それ以外の市で首都圏整備法2条3項に規定する既成市街地又は近畿圏整備法2条3項に規定する既成都市区域を有するもの，③それら以外の市で人口30万以上のもののうち政令で指定するものである（地方税法701条の1第1号）。③により課税権を有するか否かが政令によって決まる仕組みがよいのかどうか，租税法律主義との関係においても問題があるように思われる。事業所税は，事業所等において法人又は個人の行なう事業に対し，その事業を行なう者に資産割額及び従業者割額の合算額によって課される（701条の32第1項）。資産割は，事業所床面積を課税標準として課する事業所税であり（701条の31第2号），従業者割は従業者給与総額を課税標準として課する事業所税である（701条の31第3号）。

　第三に，都においては，都と特別区の間に特別の税源配分がなされている。すなわち，固定資産税及び法人市町村民税相当分（特別土地保有税は課税停止中）は，都が課税権を有し，特別区は課税権を有しない。

　第四に，道府県民税，市町村民税及び固定資産税に関する規定の適用について，都及び政令指定市に関して，特別区及び政令指定市の区（行政区）の区域は，一の市の区域とみなすこととされている。その結果，たとえば，政令指定市の住民は，住所所在の区の区域以外で同一市内の他の区に事務所，家屋敷を有する場合には，家屋敷課税の結果，同一の市及び道府県に対して，二重に市民税及び道府県民税を納付する義務を負っている。住民税の二重負担である[72]。

事業に着目した財政収入　　都市行政法の扱う領域には，土地区画整理事

業をはじめ，多くの事業がある。その事業に要する費用をいかに賄うかが問題になる。事業主体自体は，都市に限られるものではない。以下のように，多様なものがある。

第一に，都市計画事業に係る受益者負担金制度がある[73]。すなわち，都市計画事業によって著しく利益を受ける者があるときは，その利益を受ける限度において，当該事業に要する費用の一部を当該利益を受ける者に負担させることができる（都市計画法75条1項）。負担金の徴収を受ける者の範囲及び徴収方法については，国が負担させるものにあっては政令で，都道府県又は市町村が負担させるものにあっては当該都道府県又は市町村の条例で定める（75条2項）。実際には，市町村の公共下水道事業について活用されている。

建設省都市局長の都道府県知事及び指定都市の長宛て通知「都市計画下水道事業受益者負担金について」（昭和44・9・1建設省都計第104号）には，①負担率は，事業費の5分の1以上3分の1以下の範囲内において定めること，②受益者負担金の対象とする事業は，原則として公共下水道に係る都市計画下水道事業のすべてとし，過年度の事業又は終末処理場，ポンプ場，遮集管渠等に係る事業を適用除外しないことが適当であること，③受益者負担金の徴収は，3年ないし5年に分割して行なうことが適当であること，などを述べたうえ，一般の公共下水道事業に係る標準条例案として，①負担区制をとらないで，管きょ負担金と終末処理場負担金に区分しない型，②負担区分制をとらないで，管きょ負担金と終末処理場負担金に区分する型，③負担区分制をとり，管きょ負担金と終末処理場負担金に区分しない型，④負担区分制をとり，管きょ負担金と終末処理場負担金に区分する型，の4類型を掲げている。負担区分制を採用するか否か，管きょ負担金と終末負担金を区分するか否かの組合せにより4類型を構成していることがわかる。いずれの型

72　二重負担は，同一道府県内の複数の市町村内に住所と家屋敷を有する場合における道府県民税についても生ずる。問題点や裁判例について，碓井光明『要説地方税のしくみと法』（学陽書房，平成13年）92頁-93頁を参照。

73　受益者負担金については，三木義一『受益者負担制度の法的研究』（信山社，平成7年），碓井光明『要説自治体財政・財務法［改訂版］』（学陽書房，平成11年）132頁以下を参照。

においても，排水区域内の土地の所有者又は地上権等を有する者を負担者としている。また，毎年度の当初に賦課しようとする区域（＝賦課対象区域）を定めて公告する点も共通である。さらに，各受益者の負担の割合を決めるのに用いられるのは，排水区域内に所有し又は地上権等を有する土地の面積である。

このほか，特定公共下水道事業に係る受益者負担金については，別個に標準条例案を示している。特定公共下水道事業とは，都市計画下水道事業のうち特定の事業者の事業活動に主として利用される公共下水道に係る事業を指している。特定公共下水道の排水区域内に存する製造業を営む工場その他の工場で汚水を排出するものの経営者をもって受益者としている。特定公共下水道において負担額を決める要素として「計画排水量」を用いている点に特色がある。

経費負担における都市の扱い　指定都市，中核市に関して，その事務・権限とも関係して経費負担において一般の市町村と異なる扱いのなされる場面がある。とりわけ，指定都市は，道府県並みに近い事務を処理しながら，交付税措置を別にすれば，対応する財源が明示的に付与されていないという問題がある。

事業支援の仕組み　都市行政法の分野においても，国又は地方公共団体による補助金が活用されている。

従来の個別補助金について，交付金化の動きが強まっているものの[74]，その仕組みが激しく変動しており，本書の執筆時点における状態が刊行時においても同じであると断言することは困難である。法律自体が定める交付金は，都市再生特別措置法47条に基づく交付金である。市町村が都市再生整備計画に基づく事業等を実施する場合に，その事業等の実施に要する費用に充てるため，国は，市町村に対し，「当該事業等を通じて増進が図られる都市機能の内容，公共公益施設の整備の状況その他の事項を勘案して」省令で定めるところにより，予算の範囲内で，交付金を交付することができる，としている（2項）。この交付金も含めて，「まちづくり交付金」がスタートしたが，

---

[74] 交付金化をめぐる動向について，碓井・公的資金助成法精義402頁以下。

その後,「社会資本整備総合交付金」に組み込まれるに至っている。

　社会資本整備交付金は,同交付金交付要綱に基づいて運用されている[75]。交付対象事業は,社会資本整備計画に記載された所定の事業等である。その中に,都市再生整備計画事業,都市公園等事業,市街地整備事業（土地区画整理事業等の市街地の整備改善に関する事業）,都市水環境整備事業,住環境整備事業（良好な居住環境の整備に関する事業）も含まれている（要綱第6）。都道府県知事が行なう市町村（特別区を含む）に対する指導監督事務に要する費用として,都道府県に対し「指導監督交付金」を交付することができるとされている（第11）。気になるのは,この交付金が市町村に対する交付金であるにもかかわらず,都道府県知事に法定受託事務と異ならないような指導監督を要綱により義務づけていることである。すなわち,以下のような条項がある。

　　「国土交通大臣は都道府県に対し,国土交通大臣又は都道府県知事は市町村に対し,都道府県知事又は市町村長は当該都道府県又は市町村が補助する交付金事業者に対し,それぞれその施行する交付対象事業につき,社会資本整備総合交付金の適正な執行を図る観点から監督上必要があるときは,その交付対象事業を検査し,その結果違反の事実があると認めるときは,その違反を是正するため必要な限度において,必要な措置を講ずべきことを命ずることができる。」

　都道府県は,国から交付を受ける交付金を市町村に対する交付金に充てる制度であるならば,補助金適正化法の仕組みで,前記のように述べてよいであろうが,市町村に対して国が直接に交付するにもかかわらず,前記のように述べることは,逸脱しているように思われる。もちろん,国の交付金に加えて都道府県が一定割合を市町村に交付する場合に,都道府県が指導監督する場面があり得るが,それは,国が要綱に基づいて指図する事柄ではないというべきである。

　国による事業支援のための助成は,ときに法律の枠を越えて力を発揮する

75　詳しくは,国土交通省都市局市街地整備課監修『都市開発実務ハンドブック2012』（大成出版社,平成24年）,『市街地再開発2013（基本編）』（全国市街地再開発協会,平成25年）を参照。

ことがある。この点に関しては、『都市行政法精義Ⅱ』において触れたい。

このほかに、資金の貸付け等のための法律も制定されている。

その一つは、都市再開発資金の貸付けに関する法律である。貸付けは次のような場面において行なわれる。

① 地方公共団体が一定の土地の買取りを行なう場合に、国が地方公共団体に対して買取りに必要な資金を貸し付ける（1条1項）。

② 地方公共団体が一定の資金の貸付けを行なう場合に、国が地方公共団体に対し貸付けに必要な資金を貸し付ける（1条2項・3項・4項・6項）。

③ 土地区画整理組合が土地区画整理事業の施行の推進を図るための措置を講じたにもかかわらず、その施行する土地区画整理事業を遂行することができないと認められるに至った場合において、地方公共団体が、その施行地区となっている区域について新たに施行者となり、土地区画整理法128条2項の規定により土地区画整理組合から引き継いで施行することとなった土地区画整理事業に要する費用に充てる資金を当該地方公共団体に貸し付ける（1条5項）。

④ 独立行政法人都市再生機構に対し、同機構法による所定の業務に要する資金の一部を貸し付ける（1条7項）。

⑤ 土地開発公社に対し、公有地の拡大の推進に関する法律6条1項の手続による土地の買取りに必要な資金を貸し付ける（1条8項）。

⑥ 民間都市開発推進機構に対し、その所定の業務に要する資金の一部を貸し付ける（1条9項）。

［8］ 都市行政と損失補償

公用収用の場合の損失補償　都市行政法の分野において扱う事業の目的で土地等を収用する場合があるが、その場合は、特別の規定がない限り、土地収用法の規定によることになる。個別法において、土地の明渡しや移転に伴う損失の補償規定を用意している場合がある（土地区画整理法78条、都市再開発法97条）。土地区画整理の場合には、特別な損失補償規定がある（土地区画整理法101条、114条、116条、都市再開発法91条）。補償金の供託に関

する規定も見られる（都市再開発法92条，密集市街地における防災街区の整備の促進に関する法律227条，土地区画整理法78条5項）。

計画損失の補償　都市行政法において計画が多用されていることは既に述べた。それらの計画と関係して，計画を信頼したにもかかわらず計画が変更になった場合や取止めになった場合における損失補償の規定が見られる。

典型的には，都市計画法52条の5を挙げることができる。同条第1項は，①市街地開発事業等予定区域に関する都市計画に定められた区域が変更された場合において，その変更により当該市街地開発事業等予定区域の区域外となった土地の所有者又は関係人のうちに，当該都市計画が定められたことにより損失を受けた者があるときは，施行予定者が，②市街地開発事業等予定区域に係る市街地開発事業又は都市施設に関する都市計画が定められなかったため同法12条の2第5項の規定により市街地開発事業等予定区域に関する都市計画がその効力を失った場合において，当該市街地開発事業等予定区域の区域内の土地の所有者又は関係人のうちに当該都市計画が定められたことにより損失を受けた者があるときは，当該市街地開発事業等予定区域に係る市街地開発事業又は都市施設に関する都市計画の決定をすべき者が，それぞれその損失を補償しなければならないと定めている[76]。

同じく，同法57条の6第1項も，施行予定者が定められている市街地開発事業又は都市施設に関する都市計画についての告示[77]の日から起算して2年を経過する日までの間に当該都市計画に定められた区域又は施行区域が変更された場合において，その変更により当該区域又は施行区域外となった土地の所有者又は関係人のうちに当該都市計画が定められたことにより損失を受けた者があるときは，当該施行予定者は，その損失を補償しなければならないとしている。

また，都市計画法60条の3は，施行予定者から都市計画施設の整備に関する事業又は市街地開発事業に関する認可又は承認の申請がなされることな

76　ほぼ同様の損失補償規定は，防災都市計画施設の区域変更の場合についての「密集市街地における防災街区の整備の促進に関する法律」286条にも置かれている。

77　建設省都市局長回答「都市計画制限と憲法第29条との関係について」（昭和26・3・24建都第289号）。

く，同法60条の2第2項により申請がなされなかった旨の公告がなされた場合において，施行地区内の土地の所有者又は関係人のうちに，当該都市計画が定められたことにより損失を受けた者があるときは，当該施行予定者は，その損失を補償しなければならないとしている。これは，施行予定者が定められている都市計画施設の区域又は市街地開発事業の施行区域内においては都市計画制限が課されていることから，同法52条の5と同様の趣旨により，損失を補償すべきものとしているのである[78]。

公用制限の場合の損失補償　都市行政法には，公用制限の結果，許可を受けることができなかった者に対する損失補償を定める規定が多い。たとえば，景観法24条は，同法22条1項の許可を受けることができないために損失を受けた景観重要建造物の所有者に対し，通常生ずべき損失を補償するとしている（24条1項）。そして，この損失の補償については景観行政団体の長と損失を受けた者が協議しなければならないとし（24条2項），協議が成立しないときは，収用委員会に対して土地収用法94条2項の規定による裁決申請をすることができるとしている（24条3項）[79]。

許可を受けた者に対する監督処分について，通常受けるべき損失の補償が定められている場合もある（都市公園法28条）。

また，土地の立入り等や標識の設置についての損失補償規定も見られる。

立入り等の場合の損失補償に関して，たとえば，都市計画法28条は，同法25条による調査のための立入り，26条による障害物の伐採・土地の試掘等により，他人に損失を与えたときは，通常生ずべき損失を補償しなければならないとしている[80]。

標識の設置について，たとえば，緑地保全地域である旨を表示した標識の設置（都市緑地法7条），特別緑地保全地区である旨を表示した標識の設置（同法13条）などの場合に，通常生ずべき損失を補償することとしている。これは，金額はともかく，当然のことである。土地の立入り等に伴う損失の

78　都市計画法制研究会・都市計画法（改訂版）254頁。
79　同様の損失補償規定は，都市緑地法10条，16条，23条などにも置かれている。
80　立入りに伴う損失の補償規定は，土地区画整理法73条，都市再開発法63条，特定都市河川浸水被害対策法34条8項などにも置かれている。

補償（都市計画法28条）も，同様である[81]。ただし，標識の設置に関して，損失補償の規定が置かれていない場合もある。「都市の美観風致を維持するための樹木の保存に関する法律」は，市町村に対して，保存樹又は保存樹林の指定があったときは，条例又は規則で定めるところにより，これを表示する標識を設置しなければならないとしているので（4条），所有者は，標識の設置を甘受しなければならないことを含意しているのであろう。この場合には，通常生ずべき損失といえるほどの損失が生ずることはないと考えられているのであろう。しかし，特別の犠牲といえるだけの損失を生ずる場合には，直接憲法29条3項に基づく損失補償請求が認められるであろう。

ところで，公用制限の場合が日本国憲法29条3項の「公共のために用ひること」に該当するか否かが問題になるが，古い時点の行政解釈において，都市計画法制による各種の制限は，財産権の内容を公共の福祉に適合するように定めた法律による制限であって，「公共のために用ひること」に該当しないとする見解が示された。この見解は，憲法上の損失補償を要しないというものである。この点に関しては，都市計画法に関して，最高裁平成17・11・1（判例タイムズ1206号168頁）が損失補償を要しないとする判断を示した。第2章3［4］において検討する。

81　ほぼ同様の損失補償規定は，土地区画整理法73条，都市再開発法63条，特定都市河川浸水被害対策法17条6項などにも置かれている。

第2章　都市計画法・景観法制

1　都市計画の法体系

[1]　国土利用計画の中の都市計画に関する法

都市計画と国土利用計画との関係　本章においては，都市行政法の一環として，都市計画法制及び景観法制を検討する。その際に，都市計画は，国土利用計画と無縁なわけではない。むしろ，国土利用計画の存在を前提にしつつ，適正な国土利用を実現するための法制度の一部をなすものである。そこで，まず，国土利用計画について，ごく簡潔な概観をしておきたい[1]。

国土形成計画（全国計画と広域地方計画）　国土形成計画法は，国土形成計画の策定と国土形成計画の実施を柱とする法律である。国土形成計画は，国土の利用，整備及び保全を推進するための総合的かつ基本的な計画で，所定の事項に関するものである。所定の事項とは，①土地，水その他の国土資源の利用及び保全に関する事項，②海域の利用及び保全に関する事項，③震災，水害，風害その他の災害の防除及び軽減に関する事項，④都市及び農山漁村の規模及び配置の調整並びに整備に関する事項，⑤産業の適正な立地に関する事項，⑥交通施設，情報通信施設，科学技術に係る研究施設，その他の重要な公共的施設の利用，整備及び保全に関する事項，⑦文化，厚生及び観光に関する資源の保護並びに施設の利用及び整備に関する事項，⑧国土における良好な環境の創出その他の環境の保全及び良好な景観の形成に関する

---

[1]　国土開発の観点から，国土開発計画の体系，行政手法等について論じた文献として，塩野宏「国土開発」山本草二ほか『未来社会と法』（筑摩書房，昭和51年）117頁，220頁以下を参照。さらに，現行制度に至る展開については，安本・都市法概説13頁以下を参照。そこでは，本書において触れていない土地基本法により，「土地と他の財産は質の異なるもの」であることが確認され，計画に従った利用，土地の増価に関わる適切な負担が政策として打ち出されるべきこととなったとしつつ，「計画なければ開発なし」という法制が現実にたてられたとはいえないとしている（23頁）。

事項, である (2条1項)。全国計画と地方計画とからなっている (同条2項)。

　全国計画は, 総合的な国土の形成に関する指針となるべきものとして, 全国の区域について策定される (6条1項)[2]。全国計画においては, 国土の形成に関する基本的な方針, 国土の形成に関する目標及びその目標を達成するために全国的な見地から必要と認められる基本的な施策に関する事項を定めるものとされている (同条2項)。閣議決定を経る重要な計画である (同条4項)。その前提として, 国土交通大臣が案を作成することとされているが, 案の作成には, あらかじめ, 国民の意見を反映させるために必要な措置を講ずるとともに, 環境大臣その他関係行政機関の長に協議し, 都道府県及び指定都市の意見を聴き, 並びに国土審議会の議を経なければならない (同条5項)。さらに, 全国計画は, 国土利用計画法4条の全国の区域について定める国土の利用に関する計画と一体のものとして定めなければならない (同条7項)。

　広域地方計画は, 首都圏, 近畿圏, 中部圏, その他自然, 経済, 社会, 文化等において密接な関係が相当程度認められる二以上の県の区域であって, 一体として総合的な国土の形成を推進する必要があるものとして政令で定める区域について, 国土交通大臣により定められる (9条1項)。広域地方計画には, 全国計画を基本として, 当該広域地方計画区域における①国土の形成に関する方針, ②国土の形成に関する目標, ③その目標を達成するために一の都府県の区域を超える広域の見地から必要と認められる主要な施策 (当該広域地方計画区域における総合的な国土の形成を推進するため特に必要があると認められる当該広域地方計画区域外にわたるものを含む) に関する事項を定める (同条2項)。

　国土交通大臣が策定主体であることに関係して, 一定の手続が必要となる。国民の意見を反映させるために必要な措置を講ずる点は, 全国計画と共通であるが, 広域地方計画協議会における協議を経て, 関係各行政機関の長に協

---

[2] 平成17年法律第89号による改正法の施行に伴い, それまでの国土総合開発法に基づく全国総合開発計画が衣替えされたが, 新たな国土形成計画が定められるまでの間においては, 施行の際, 現に改正前の国土総合開発法の規定により作成されている全国総合開発計画をもって全国計画とみなすこととされた (同改正法附則2条)。

議することが義務づけられている（同条3項）。「広域地方計画協議会」は，広域地方計画区域ごとに，国の関係行政機関，関係都府県及び関係指定都市により組織される原則である（10条1項）。さらに，必要があると認めるときは，協議により，当該広域地方計画区域内の市町村（指定都市を除く），当該広域地方計画区域に隣接する地方公共団体その他広域地方計画の実施に密接な関係を有する者を加えることができる（同条2項）。広域地方計画区域内の市町村で協議会の構成員でないものは，単独で又は共同して，国土交通大臣に対し，都府県を経由して，当該市町村の区域内における2条1項各号に掲げる事項に関する施策の効果を一層高めるために必要な広域地方計画の策定又は変更を提案することができる（11条1項）。

ここには，国を起点とする計画でありながら，狭域の地方公共団体の提案を考慮に入れることを可能にして，調整する仕組みが採用されていることがわかる。このことは，国土形成計画の実施面においても考慮されている。すなわち，広域地方計画区域内の都府県又は市町村は，当該広域地方計画を実施する上で必要があると認める場合においては，単独で又は共同して，国土交通大臣に対し，関係各行政機関の事務の調整を行なうことを要請することができる（13条1項）。この要請を受けた国土交通大臣は，必要があると認めるときは，国土審議会の意見を聴いて，必要な調整を行なうものとされている（同条2項）。国土交通大臣が「必要があると認める」というワンクッションがあり，かつ，国土審議会の意見を聴く手続を要するので，「必要な調整」に行き着くことは容易ではない。しかし，正式な手続に進む前に，事実上，調整の可能性が探られるであろう。

以上の，国土形成計画は，大括りの計画ではあるが，都市の形成も，国土形成計画の大きな方向づけのなかに置かれていることは疑いない。

国土利用計画法　国土利用計画法（以下，本款において「法」という）は，昭和40年代半ばにおける土地投資意欲の増大に伴う広域化した土地利用の転換の波に対して，土地利用の適正化と地価の抑制を図るために制定された法律である。その内容は，①国土利用の長期的計画を示す国土利用計画の策定，②国土利用計画を基本とした土地利用計画の策定，③土地取引の規制措置，④遊休土地の利用促進の措置，という四つの柱から成っている。

法2条は,「国土の利用は,国土が現在及び将来における国民のために限られた資源であるとともに,生活及び生産を通ずる諸活動の共通の基盤であることにかんがみ,公共の福祉を優先させ,自然環境の保全を図りつつ,地域の自然的,社会的,経済的及び文化的条件に配意して,健康で文化的な生活環境の確保と国土の均衡ある発展を図ることを基本理念として行うものとする」と述べている。同法の制定時には,「公共の福祉を優先させ」る旨を定める点は,他に例を見ないといわれた[3]。その後,平成元年制定の土地基本法が,土地についての公共の福祉の優先を謳うまでは,公共の福祉の優先を述べる唯一の法律であり続けたのである。

ちなみに,土地基本法2条は,土地が公共の利害に関係する特性を有していることにかんがみ,「土地については,公共の福祉を優先させるものとする」と定めている。土地基本法2条における「公共の福祉優先条項」は,国土利用計画法2条に由来するといってよい。

国土利用計画（全国計画・都道府県計画・市町村計画）　国土形成計画よりも,いちだんと都市の形成に直接的影響を及ぼすのは,法による国土利用計画である。国土利用計画は,法よりも後に制定された土地基本法11条1項が,「国及び地方公共団体は,適正かつ合理的な土地利用を図るため,人口及び産業の将来の見通し,土地利用の動向その他の自然的,社会的,経済的及び文化的諸条件を勘案し,必要な土地利用に関する計画」（＝土地利用計画）を策定するものとしているのを受けた構造となっている。

国土利用計画は,全国の区域について定める全国計画,都道府県の区域について定める都道府県計画及び市町村の区域について定める市町村計画とから成っている。

全国計画は,国土交通大臣が案を作成して,閣議決定により策定される（5条2項）。国土交通大臣が全国計画の案を作成する場合には,国土審議会及び都道府県知事の意見を聴かなければならない（同条3項）。この意見の聴取のほか,都道府県知事の意向が全国計画の案に十分に反映されるよう必要な措置を講ずるものとされている（同条4項）。

3　河野・国土利用計画法39頁。

平成20年に策定された第4次全国計画を見ると，第4次計画の課題は，「持続可能な国土管理」を行なうことであるとし，都市に関しては，都市における土地利用の高度化の必要性を強調し，「中心市街地等における都市機能の集積やアクセシビリティの確保を推進しつつ，既成市街地においては，再開発，地下空間の活用等により土地利用の高度化を図るとともに，低未利用地の有効利用を促進する。市街化を図るべき区域においては，地域の合意を踏まえ，計画的に良好な市街地等の整備を図る。また，都市間の広域的な交通体系によって，拠点性を有する複数の都市や周辺の農山漁村の相互の機能分担，交流・連携を促進することを通じ，効率的な土地利用を図る。なお，新たな土地需要がある場合には，既存の低未利用地の再利用を優先させる一方，農用地や森林を含む自然的土地利用からの転換は抑制することを基本とする」と述べている。さらに，災害に強い都市構造の形成を図ること，環境への負荷が少ない都市の形成を図ること，美しくゆとりのある環境の形成を図ることが強調されている。

都道府県計画及び市町村計画の策定は，法律上は，「できる」規定により任意とされている（7条1項，8条1項）。

都道府県計画は，全国計画を基本とし（7条2項），その策定に当たっては，あらかじめ，都道府県審議会その他の合議制の機関及び市町村長の意見を聴くことが求められる（7条3項）ほか，市町村長の意向が都道府県計画に十分に反映されるよう必要な措置を講ずるものとされている（7条4項）。市町村計画は，都道府県計画が定められているときはそれを基本とするとともに，地方自治法2条4項の基本構想に即するものでなければならない（8条2項）。

これにより，全国計画，都道府県計画，市町村計画の縦系列では，下位計画は上位計画を基本とするものとされている。そして，縦系列の一貫性を確保するために，都道府県が都道府県計画を定めたときは国土交通大臣に，市町村が市町村計画を定めたときは都道府県知事に，それぞれ報告することを義務づけて（7条5項，8条5項），前者の場合は国土交通大臣の助言・勧告，後者の場合は都道府県知事の助言・勧告の権限を認めている（7条6項・8項，8条6項）。

他方，全国計画の策定に当たっては都道府県知事の意見を聴くこと，都道

府県計画の策定に当たっては市町村長の意見を聴くことを，それぞれ事前の手続として要求することにより，事前調整を図っていることになる。国土利用計画が，一定期間継続して，国土の利用の方向づけをすることになることに鑑みるならば，都道府県知事や市町村長は，長期的視野に立って，かつ，住民の意向を十分に把握して意見を述べる必要がある。

国土利用計画法による土地利用基本計画　　法により，都道府県は，その区域について，土地利用基本計画を定めるものとされている（9条1項）。土地利用基本計画には，都市地域，農業地域，森林地域，自然公園地域，自然保全地域を定める（同条2項）。これらのうち，都市地域は，「一体の都市として総合的に開発し，整備し，及び保全する必要がある地域」とされている（同条3項）。土地利用基本計画は，全国計画（都道府県計画が定められているときは，全国計画及び都道府県計画）を基本とし（同条9項），その策定に際しては，あらかじめ都道府県審議会その他の合議制の機関及び市町村長の意見を聴くとともに，国土交通大臣に協議しなければならない（同条10項）（平成23年法律第37号による改正前は，国土交通大臣に協議し，その同意を得なければならないとされていた）。国土利用計画の場合は，報告とそれに対する助言・勧告により調整しようとしているのに対して，土地利用基本計画に関しては協議制度が採用されている。どの程度の協議となるのかが運用上の問題点である。なお，10項の規定による協議を受けたときは，国土交通大臣は，関係行政機関の長に協議しなければならない（12項）。

法は，関係行政機関の長及び関係地方公共団体に対して，「土地利用基本計画に即して適正かつ合理的な土地利用が図られるよう」，「別に法律で定めるところにより，……土地利用の規制に関する措置その他の措置を講ずる」ことを求めている（10条）。しかし，実態としては，個別法に定められた各地域を重ね合わせて土地利用基本計画としたとする評価がなされている[4]。

地方公共団体の上位計画参加権　　すでに述べたように，国土利用計画に関しても，土地利用基本計画に関しても，上位計画の策定に当たっては，事前に，その計画の区域内の地方公共団体の長の意見を聴くことが義務づけられ

4　安本・都市法概説 19 頁。

ている。これは，「地方公共団体の上位計画参加権」として論じられた仕組みの一つである。成田頼明教授は，国土利用計画法制定前の段階の論文において，私人との関係においてすら，事前の聴聞の定めがないのに，それを経るべきことが憲法31条の規定に基づいて当然の権利として要求できないことを前提に，次のように論じた。

> 「国対地方公共団体の関係において，憲法31条を直接的な地方公共団体の聴聞権の根拠とみることはよりいっそう困難であると思われるし，上位計画との関係における地方公共団体の地位を土地所有者のアナロジーにおいてとらえることにも理論的に困難があるように思われる。そこで，地方公共団体の参加権の論拠を見出すとすれば，憲法92条の『地方自治の本旨』に見出すほかはないと思われる。このような立論が果たして可能であるか否かについてはいまの段階ではもう少し検討してみないと明言することはできないが，国土計画や広域計画は，細かくブレークダウンしてゆくと当然に国土や一定の圏域を構成する地方公共団体の区域において現実化されることになる。そうしてこのような計画が地方公共団体の将来の発展方向を大きく規定し，ひいては地方自治行政の内容を将来において変質させる可能性を含むものであるとすれば，憲法上，地方公共の利益を代表する地位を認められた地方公共団体にそれぞれの区域に関係のある限度で上位計画への参加権を認めることは『地方自治の本旨』からみて最も好ましいものということができよう。」

成田教授は，このように述べて，地域開発関係法令の体系的整備にあたっては，このような観点から「地方公共団体の上位計画参加権を明確に制度化することが望まれる」と主張した[5]。国土利用計画法は，まさに成田教授の主張に沿って立法化されていると評価することができる。

国土利用計画法による規制区域の指定　法は，単におおまかな計画の策定を求めているのみではない。土地基本法13条が，「国及び地方公共団体は，土地の投機的取引及び地価の高騰が国民生活に及ぼす弊害を除去し，適正な地価の形成に資するため，土地取引の規制に関する措置その他必要な措置を

---

[5] 以上，成田頼明「国土計画と地方自治――若干の法律問題」ジュリスト430号（昭和44年）（同『土地政策と法』（弘文堂，平成元年）31頁以下所収）。

講ずるものとする」と定めていることに対応している。

まず，規制区域の指定とそれに伴う規制区域内土地の権利移転等に対する許可制度がある。すなわち，都道府県知事は，当該都道府県の区域のうち，①都市計画区域にあっては，その全部又は一部の区域で土地の投機的取引が相当範囲にわたり集中して行なわれ，又は行なわれるおそれがあり，及び地価が急激に上昇し，又は上昇するおそれがあると認められるもの，②都市計画区域以外の区域にあっては，①の事態が生ずると認められる場合において，その事態を緊急に除去しなければ適正かつ合理的な土地利用の確保が著しく困難と認められる区域を，期間を定めて「規制区域」として指定するものとされている（12条1項）。規制区域の指定は，公告があった日から起算して5年以内で定める（同条2項）。この公告の内容は，指定の旨，その区域及び期間である（同条3項）。規制区域の指定は，公告によって効力を生ずる（同条4項）。

規制区域の指定に関しては，事後の手続を踏むことが求められる。すなわち，知事は，公告の日から2週間以内に，規制区域の指定が相当であることについて土地利用審査会の確認を求めなければならない（同条6項）。この確認の求めに対して，土地利用審査会は，2週間以内に，規制区域の指定が相当であるかどうかの決定をし，知事にその旨を通知する（同条7項）。規制区域の指定について確認を受けられなかったときは，その旨を公告し国土交通大臣に報告する（8項）。確認を受けられなかった旨の公告により，規制区域の指定は，その指定の時に遡って，その効力を失う（9項）。この仕組みは，規制区域の指定は，緊急を要することに鑑み，とりあえず知事の判断により指定することを認める代わりに，事後に土地利用審査会に諮り，知事は，その判断に拘束されることを意味する。したがって，規制区域の指定は，確認を得るまでの間は，暫定的効力を有するにすぎない。外部に対して表示する権限は知事にあるが，実質的な最終決定の権限は，土地利用審査会にあることになる。

第二に，規制区域の指定等に関して，国土交通大臣には，指示等の強力な権限が付与されている。まず，国土交通大臣は，土地の投機的取引及び地価の高騰が国民生活に及ぼす弊害を除去し，かつ，適正かつ合理的な土地利用

の確保を図るため，国の立場から特に必要があると認めるときは，都道府県知事に対し，期限を定めて，規制区域の指定若しくは指定の解除又はその区域の減少を指示することができる。この場合においては，知事は，正当な理由がない限り，その指示に従わなければならない（13条1項）。したがって，原則的服従義務を伴う指示である。次に，この規定による指示を受けた知事が，所定の期限までに正当な理由がなく指示された措置を講じないときは，正当な理由がないことについて国土審議会の確認を受けて，自ら当該措置を講ずることができるものとされている（同条2項）。

　以上の仕組みに関して，行政法的に分析を要する点がある。

　第一に，規制区域の指定が行政処分といえるのかという問題である。規制区域に指定されると権利の移転等について許可を受けなければならないという私権の行使に関する制限を受けることは疑いない。しかし，他方で，それは当該区域全般に生ずる効果であって立法行為と似ていると見ることもできる。この点については，後に検討する。

　第二に，国土交通大臣の指示は，地方自治法245条1号ヘにいう「指示」と解されるが，この指示という「関与」について国地方係争処理委員会に対し審査の申出がなされた場合においても，法13条2項により国土審議会の確認を受けて，国土交通大臣が自ら当該措置を行なうことが許されるかどうかという問題がある。もしそれが可能であるとするならば，地方自治法の国地方間の係争処理手続は，国土交通大臣が自重する場合でない限り，その機能をほとんど果たすことができなくなってしまうであろう。緊急の措置を要する規制区域の指定に関して，それを自重して，国地方係争処理委員会の審査を俟つなどの悠長な姿勢が許されないのが通常であろうから，通常は，国地方係争処理手続が空振りに終わると推測される。

　権利移転等の許可制度　　規制区域に所在する土地について，土地に関する所有権若しくは地上権その他の政令で定める使用及び収益を目的とする権利又はこれらの権利の取得を目的とする権利（＝土地に関する権利）の移転又は設定（対価を得て行なわれるものに限る）をする契約を締結しようとする場合には，当事者は，都道府県知事の許可を受けなければならない。その許可に係る事項のうち，予定対価の額の変更をして，又は，土地の利用目的の

変更をして，契約を締結しようとする場合も，同様とされている（14条1項）。そして，この許可を受けないで締結した土地売買等の契約は，その効力を生じない旨が明示されている（14条3項）。なお，当事者の一方又は双方が国，地方公共団体その他の政令で定める法人であるときは，当該国等の機関が都道府県知事と協議し，その協議が成立することをもって，法14条1項の許可があったものとみなすこととされている（18条）。

　許可の申請をした場合において，不許可の処分を受けたときは，都道府県知事に対し，当該土地に関する権利を買い取るべきことを請求することができる（19条1項）。買取価格は，近傍類地の取引価格等を考慮して政令で定めるところにより算定した規制区域指定の告示の時における相当な価格（地価公示法による公示区域に所在し，かつ，同法6条の規定による公示価格を取引の指標とすべきものであった場合において，その権利が所有権であるときは，政令で定めるところにより公示価格を基準として算定した規制区域指定の告示の時における所有権の価格）に，当該請求の時までの物価の変動に応ずる修正率を乗じて得た額とされている（19条2項）。この算定の方法は，土地収用法71条の方法に似たものである。

　法14条1項の規定に基づく処分について不服がある者は，土地利用審査会に対して審査請求をすることができる（20条1項）。それ以降の，不服申立て及び訴訟については，後述する。

土地に関する権利移転等の届出と勧告　土地売買等の契約を締結した場合は，当該契約により土地に関する権利の移転又は設定を受けることとなる者（＝権利取得者）は，契約を締結した日から2週間以内に，所定の事項を当該土地の所在する市町村を経由して，都道府県知事[6]に届け出なければならない。届出事項は，契約締結日，土地の所在・面積，権利の移転又は設定後における土地の利用目的，対価の額などである（23条1項）。一定の面積以下の土地等については，適用されない（同条2項）。

　この届出に係る土地に関する権利の移転又は設定後における土地の利用目

---

[6] 地方自治法252条の19第1項の指定都市については，大都市特例により，指定都市の長の権限とされる（44条）。以下に述べる注視区域の指定，監視区域の指定，遊休土地に係る知事の権限についても同様である。

的に従った土地利用が土地利用基本計画その他の土地利用に関する計画（国土交通省令で定めるところにより公表されているものに限る）に適合せず，当該土地を含む周辺の地域の適正かつ合理的な土地利用を図るために著しい支障があると認めるときは，土地利用審査会の意見を聴いて，その届出をした者に対し，その土地の利用目的について必要な変更をすべきことを勧告することができる（24条1項）。この勧告は，届出があった日から起算して3週間以内にしなければならないが（同条2項），その期間内に勧告をすることができない合理的な理由があるときは，3週間の範囲内において，その期間を延長することができる（同条3項）。勧告に基づき，当該土地の利用目的が変更された場合において，必要があると認めるときは，当該土地に関する権利の処分についてのあっせんその他の措置を講ずるよう努めなければならない（27条）[7]。

　勧告とは別に，届出があった場合に，届出をした者に対し，届出に係る土地の利用目的について，当該土地を含む周辺の地域の適正かつ合理的な土地利用を図るために必要な助言をすることができる（27条の2）。このような助言は，特に法律に定めがなくても許容されると思われる。

　注視区域の指定・土地に関する権利移転等の届出・勧告　　都道府県知事は，地価が一定の期間内に社会的経済的事情の変動に照らして相当な程度を超えて上昇し，又は上昇するおそれがあるものとして国土交通大臣が定める基準に該当し，これによって適正かつ合理的な土地利用の確保に支障を生ずるおそれがあると認められる区域（規制区域又は監視区域として指定された区域を除く）を，期間を定めて，「注視区域」として指定することができる（27条の3第1項）。

　注視区域に所在する土地について土地売買等の契約を締結しようとする場合には，当事者は，法15条1項各号に掲げる事項（権利の移転又は設定に係る土地の所在及び面積，権利の種別及び内容，予定対価の額，土地の利用目的な

---

[7] 鹿児島地裁平成6・6・17判例地方自治132号91頁は，届出に対してなんらかの公権力の行使に当たる行為をすべき義務を課してはいないので，届出は，不作為の違法確認の訴えの訴訟要件たる「法令に基づく申請」に当たらないとした。正当というべきである。

ど）を，土地の所在する市町村長を経由して，あらかじめ，都道府県知事に届け出なければならない。予定対価の額の変更又は土地の利用目的の変更をして契約を締結しようとするときも，同様である（27条の4第1項）。一定の事由に該当する場合には，適用されない（同条2項）。

　前記の届出があった場合において，届出の内容が，①権利の相当な額に照らし，著しく適正を欠くこと，②土地利用の目的が土地利用基本計画その他の土地利用に関する計画に適合しないこと，③土地利用の目的が，道路，水道その他の公共施設若しくは学校その他の公益的施設の整備の予定からみて，又は周辺の自然環境の保全上，明らかに不適当であること，のいずれかに該当し当該土地を含む周辺の地域の適正かつ合理的な土地利用を図るために著しい支障があると認めるときは，知事は，土地利用審査会の意見を聴いて，その届出をした者に対し，土地売買等の契約の締結を中止すべきことその他その届出に係る事項について必要な措置を講ずべきことを勧告することができる（27条の5第1項）。

監視区域の指定・土地に関する権利移転等の届出・勧告　　都道府県知事は，当該都道府県の区域のうち，地価が急激に上昇し，又は上昇するおそれがあり，これによって適正かつ合理的な土地利用の確保が困難となるおそれがあると認められる区域（法12条1項の規定により規制区域として指定された区域を除く）を，期間を定めて，「監視区域」として指定することができる（27条の6第1項）[8]。指定の手続は，注視区域に準じたものである（同条2項以下）。権利移転等について届出を要する点も同様である（27条の7）。

　さらに，土地売買等の契約に関する勧告制度も，仕組みは同様であるが，その要件は，当然のことながら，大きく異なる。すなわち，届出に係る事項が，次のいずれかに該当すると認められる場合に勧告することができる。

　1　届出に係る事項が法27条の5第1項各号のいずれかに該当し当該土地を含む周辺の地域の適正かつ合理的な土地利用を図るために著し

---

[8]　被災市街地復興特別措置法は，都道府県知事又は指定都市の長に対して，被災市街地復興推進地域のうち，地価が急激に上昇し，又は上昇するおそれがあり，これによって適正かつ合理的な土地利用の確保が困難となるおそれがあると認められる区域を監視区域として指定するよう努めることを求めている（24条）。

い支障があること。
 2 その届出が土地に関する権利の移転をする契約の締結につきされたものである場合において，届出に係る事項が次のイからへまでのいずれにも該当し当該土地を含む周辺の地域の適正な地価の形成を図る上で著しい支障を及ぼすおそれがあること。
    イ 権利を移転しようとする者が当該権利を土地売買等の契約により取得したものであること。
    ロ その者により当該権利が取得された後2年を超えない範囲内において政令で定める期間内に届出がされたものであること。
    ハ 当該権利を取得した後，その届出に係る土地を自らの居住又は事業のための用その他の自ら利用するための用途に供していないこと。
    ニ 権利を移転しようとする者が，①事業として届出に係る土地について区画形質の変更又は建築物の建築若しくは建設を行なった者，②債権の担保その他の政令で定める通常の経済活動として届出に係る土地に関する権利を取得した者，のいずれにも該当しないこと。
    ホ （省略）
    ヘ 届出に係る権利の移転を受けようとする者が，①届出に係る土地を自ら利用するための用途に供しようとする者，②事業として届出に係る土地について区画形質の変更を行なった後，その事業としてその届出に係る土地に関する権利を移転しようとする者，③届出に係る土地を自ら利用するための用途に供しようとする者にその届出に係る土地に関する権利を移転することが確実であると認められる者，④届出に係る土地について区画形質の変更等を事業として行なおうとする者にその届出に係る土地に関する権利を移転することが確実であると認められる者，のいずれにも該当しないこと。

区域指定の性質 法の規定する区域指定が行政処分性を有するかどうかが問題になる。法は，規制区域の指定（12条），注視区域の指定（27条の3）

及び監視区域の指定（27条の6）の三種の区域指定の制度を設けている。それらの指定の効果は，一様ではないので，個別に検討するほかはない。

まず，監視区域の指定について行政処分性を否定した裁判例がある。広島地裁平成6・11・29（行集45巻10・11号1946頁）は，監視区域の指定の場合の届出義務と勧告の効果は，「当該監視区域内の土地に関する権利を有する不特定多数の者に対する一般的抽象的なものに過ぎないから，このような効果を生ずるということだけから直ちに本件指定が個人の法律上の地位ないし権利関係に対し直接に何らかの影響を及ぼすような性質のものであるということはできない」としている。その控訴審・広島高裁平成7・5・26（行集46巻4・5号550頁）も，この理由を引用している。注視区域も，届出義務と勧告にとどまるので，ほぼ監視区域と同様に考えることができる。

規制区域にあっては，許可制度が採用されているので，原則は権利移転等が禁止される効果を伴うことになる。しかし，手続を踏むべき義務という点では，監視区域や注視区域と異なるものではない。土地の所有等は，権利移転等をもっぱら目的としているわけではないことに鑑みると，規制区域の指定が，個々の土地所有者等にもたらす効果は，個々の土地所有者等の特別な行為（権利移転等）の場合にのみ発揮される効果であるから，申請をして不許可とされた時点において争うことで足りるのであって，それまでの段階においては，争訟の成熟性を欠くといわざるを得ない。

勧告の性質　勧告は，一種の行政指導である。しかし，土地の利用目的に関する勧告（24条）を受けた者が，その勧告に従わないときは，その旨及びその勧告の内容を公表することができる（26条）。注視区域における土地売買等の契約の締結の中止等に関する勧告（27条の5第1項）を受けた者が，その勧告に従わないときも同様である（27条の5第4項による26条の準用）。監視区域における土地売買等の契約の中止等に関する勧告（27条の8第1項）を受けた者が，その勧告に従わないときも全く同様である（27条の8第2項による26条の準用）。このように，勧告に従わない者について公表する制度は，今日の法令や条例に広く見られる。公表を甘受しなければならないことは，勧告を受けた者にとっての義務でも法的地位でもないから，公表制度の存在によって勧告の行政処分性を肯定することはできないという考え方が

通用していると思われる[9]。また，公表も，原則として，行政処分性を有するとはいえない。

とするならば，違法な勧告については，抗告訴訟とは別の訴訟を考えるほかはない。

一つは，国家賠償請求である。届出価格が「権利の相当な価額に照らし，著しく適正を欠く」場合には必要な措置を講ずべきことを勧告することができるという条項に基づいてなされた勧告により，勧告された価格に従って売買契約を締結せざるを得なくなったとして提起された国家賠償請求訴訟の事案がある。新潟地裁平成5・6・24（判例タイムズ861号215頁）である。違法事由として「権利の相当な価額に照らし，著しく適正を欠く」と判断したことに過誤があると主張されたが，判決は，届出価格を権利の相当な価額に照らして著しく適正を欠く場合と判断したことに過誤があったと認めることはできない，とした。

もう一つは，当事者訴訟として，妨害排除請求等による救済である。近時の行政法学説には，勧告の違法確認訴訟を肯定する見解もあるが，勧告や公表の状態を直接に除去する訴訟形式を模索することが望ましいと思われる。

許可・届出と指導要綱による行政指導　法が採用しているのは，許可又は届出がなされた場合に手続が動き出す仕組みであるが，多くの県が，指導要綱等に基づく事前協議を通じた行政指導を行なっている。

まず，指導・助言型の体裁のものがある。

たとえば，「秋田県大規模取引等事前指導要綱」は，国土利用計画法による許可又は届出を必要とする土地取引について「その事前の指導を行うことにより，当該土地の取得を行おうとする者の便宜を図り，併せて県土の適正かつ合理的な土地利用を誘導し，均衡ある発展を図ることを目的とする」としている（第1）。法14条の規定による許可又は23条若しくは27条の4若

---

[9] 行政不服審査法57条1項の教示を行なうべき対象たる処分に当たらないとした裁判例として，山口地裁昭和56・10・1訟務月報28巻1号14頁がある。有名な医療法に基づく病院開設中止勧告事件の判決（最高裁平成17・7・15民集59巻6号1661頁）は，医療法自体による法効果ではなく，健康保険法に基づく保険医療機関の指定の際の不利益をもたらすことに着目したものであった。

しくは27条の7の規定による届出を必要とする土地取引のうち，取引後の利用目的が開発行為を伴うものであり，かつ，①法14条の許可を要するもので，面積が10,000㎡以上のもの，②法23条の規定による届出を要するもので，面積が50,000㎡以上のもの，③法27条の4若しくは27条の7の規定による届出を要するもので，面積が30,000㎡以上のもの，④その他，事前の指導を希望する者のうち，知事が必要と認めるもの，を対象としている（第2）。事前指導申出書を市町村長経由で知事に提出することとし（第3第1項），市町村長は，事前指導申出書を受理したときは，その意見を付して知事に送付することとされている（第3第2項）。知事は，その送付を受けたときは，法16条1項，24条1項，27条の5第1項又は27条の8第1項の定める要件に即して，所要の指導，助言を行なうものとしている（第3第3項）。県の要綱により，市町村長の任務が創設されていることに注目したい。しかし，それは，市町村長にとっても意見を表明できるメリットを伴う任務である。

次に，事前協議・同意型の要綱も見られる。

兵庫県の「大規模開発及び取引事前指導要綱」は，「国土利用計画法の円滑な施行と県土の適正な利用を図るため，開発行為の協議に関し必要な事項を定め，無秩序な土地取引を防止し，もって県民の福祉に寄与することを目的とする」（1条）要綱である。同要綱は，知事と協議し同意を得なければならないとしている点に特色がある。すなわち，開発行為計画者は，開発区域内の土地の所有権，地上権又は賃借権（以下「所有権等」という。）を取得しようとするときは，あらかじめ知事と協議し，知事の同意を得なければならない（3条1項）。また，開発区域内の土地の所有権を取得している開発行為計画者（前項の規定による同意を得た者を除く）は，開発行為に必要な法律又は県の条例若しくは要綱に定める申請，届出及び協議を行なう前にあらかじめ知事と協議し，知事の同意を得なければならない（同条2項）。この扱いからすると，仮に，法令により知事との協議が求められている場合においても，知事との事前協議を行ない知事の同意を得なければならないことになりそうである。ただし，一定の場合には，適用されない（同条3項）。

協議は，まず，開発行為計画者が協議申出書を県民局長を経由して知事に

提出することとされ（4条1項），それを受理した県民局長は，当該申出書を開発区域の所在する市町の長に送付して，その意見を聴くものとしている（同条2項）。県民局長は，聴取した市町長の意見等を踏まえ，必要に応じて調整を行ない，当該申出書に局長の意見を付して知事に送付する（同条3項）。なお，この事前協議自体が，法の手続に先行する要綱に基づく手続であるところ，その手続に先立って事前相談に応ずる旨を定め（4条の2第1項），知事及び県民局長は，市町長と連携を取りながら，開発行為計画者の意向の把握に努めるとともに，同要綱による事前協議制度の内容，同意の基準，及びその他開発計画を立案するに当たって配慮すべき事項，について説明を行なうこととしている（同条2項）。

　知事は，協議を行なって，同意の基準に適合していると認めるときは，同意の決定をする（5条1項）。必要があると認めるときは，学識経験等のある者の意見を聴くことができること（同条2項），要綱の目的を達成するため必要な範囲内で条件を付することができること（同条3項）など，事前協議に基づく同意が行政行為であるかのような外観を有する定め方がなされている。そして，協議申出書を県民局長が受理した日から起算して5年を経過する日までに，当該協議に係る開発行為が同意基準に適合しないときは，知事は，当該協議について同意の決定をしないこととしている（同条5項）。

　このような要綱に基づく事前協議に対して同意の拒否がなされた場合に，開発行為計画者は，どのような法的手段をとることができるであろうか。要綱の定めは，法規の性質を有しないとするならば，この同意拒否をもって行政処分と見ることは困難である。関係の法令を見ても，行政処分の存在を窺わせる状況にはないといえよう。

　しかし，それ以外にも，さまざまな法律問題の素材を提供する。

　第一に，行政指導は，国家賠償法上の「公権力の行使」に該当するので，違法性及び損害・因果関係が認定されるならば，国家賠償責任を問うことができる。

　大阪高裁平成9・5・27（判例時報1634号84頁）は，そのような行政指導が国家賠償法上違法となるかどうかが争われた事案である。事実関係は，次のとおりである。三重県は，「大規模土地取引等に関する事前指導要綱」を

定めていた。それは，法の定める届出に先立って，土地の所在する市町村長と事前協議をするよう求めていた。ゴルフ場開設目的で土地の取引をしようとする者に対して，ゴルフ場予定地の所在する村は，村開発審議会の答申に従い，①農薬は一切使用せず造成，管理，運営すること，②関係地域住民の同意を得ること，③開発地域より下流の水利権者の同意を得ること，の3条件を付すという行政指導を行なった村長が，前記3条件を申出書に係る意見具申事項として意見書に記載して，三重県に送付したところ，三重県は，②及び③の条件を満たしていないとして，申出書を村に返戻した。村長は，下流の津市の同意が得られなかったとして再度の具申をしなかった。そして，申出者からの再三にわたる具申の要請に応じなかったことにより損害を被ったとして国家賠償請求がなされた。

判決の認定によれば，県や村の担当者は，申出者に届出手続に先立って指導要綱に基づく事前協議の申出を行なうことを当然のことのように要求し，いつでも法上の手続をすることができるという説明はなく，申出者の代表者は，指導要綱による事前協議をすることが必要不可欠であると認識した。また，指導要綱による事前協議手続を利用することによって，開発を実現するために必要な利害調整や各種の行政規制や行政計画に適合するための作業を進めることができると認識していたという。

判決は，まず，行政指導の違法性判断の基準について，次のように述べた。

「行政指導は，国民の権利を制限し，国民に義務を課すものではなく，法律上の任務又は所掌事務を遂行するため，一定の行政目的の達成のために，相手方の任意の協力を得て，その作為又は不作為を求めて働きかけるものである。土地開発業者の国土利用計画法23条の権利移転の届出に関し，前示行政指導の性質を有する指導要綱に基づく県知事宛の事前協議申出書について，経由庁である被控訴人村長が，同要綱に基づき，行政指導として，開発地域より下流の水利権者の同意を得ることを求め，これが得られない限り，県知事への右協議申出書を具申しない場合でも，相手方の任意の協力の下に行われる限り違法とならない。しかし，それが強制にわたるなど相手方の任意性を損なう程度に達した場合には違法となる。」

判決は、行政指導の適法性に必要な任意性の判断に際しては、①行政指導の内容及び運用の実態、担当公務員の対応等からみて相手方の任意性を損なうおそれがないか、②行政指導において、本来関連法規が認めていない手段を用いるなどして、相手方の作為又は不作為を事実上強制していないか、③相手方が行政指導に協力できないとの意思を真摯かつ明確に表明しているにもかかわらず、行政庁が行政指導を継続していないか、などの具体的な事情を各事案において総合的に判断すべきであるとし、これらの判断基準に照らし、行政指導が相手方の任意性を損なうものといえる場合には、行政指導の限界を超えるものであり、違法な公権力の行使に当たるというべきである、と述べて、武蔵野市マンション事件に関する最高裁平成5・2・18（民集47巻2号574頁）を引用した。

判決は、次いで、次のように教示義務を導き出している。

「行政庁は、従前において、その相手方が行政指導に協力してきた経緯があったとしても、相手方がもはや行政指導に協力することができないとの意思を真摯かつ明確に表明した場合には、信義則上、関連法規に基づいて相手方が有する行政手続上の権利の内容やその行使方法を、相手方に対して教示すべきである。このような場合に、行政庁が相手方に対し、相手方が表明した意思に反する行政指導をなおも継続するのは、本来相手方の任意の協力を得て行うべき行政指導の限界を超えるものであり、違法な公権力の行使に当たる。」

そして、判決は、村長の具申以前から、津市が知事に対して明確に開発反対の意向を表明していたにもかかわらず、申出者に地方公共団体である津市のゴルフ場開発に対する同意を取得するよう要求し、しかもその同意が事前協議の前提条件であるなどとするのは、申出者に不可能を強いるに等しく著しく不合理な行政指導であるとした。村長は、知事の③の条件（開発地域より下流の水利権者の同意を得ること）の解釈が誤っていると考えたのであれば知事に対して誤解を解くべきであり、知事の返戻措置が誤りでありすみやかに具申後の手続を進めるべき旨の意見を再具申すべきであったとした。知事の返戻措置をそのまま放置した上、知事への具申を留保したまま、事実上不可能な同意の取得を強要したもので、行政指導の限界を超え違法なものであ

るし，村長の再具申等の拒否，開発断念要求の行政指導も，その限界を超えた違法なものであるとした。申出者が開発断念に至るまでの精神的苦痛による損害100万円，弁護士費用10万円の賠償を命じた。

この事件において，村長は，三重県の指導要綱のなかで行動せざるを得ない状況に置かれていたのであって，それにもかかわらず，村が損害賠償責任を負うことに素朴な疑問を感じざるを得ない。村と県とのやりとりがあったとすれば，むしろ県において指導要綱による指導を継続することを断念するように村長に伝達すべきであったとも思われる。県の指導要綱に基づいて，県の基準に基づいて市町村が行動することを期待されている場合に，市町村（長）がいかなる義務（作為義務，不作為義務）を負うかという問題を提起した事件である[10]。

遊休土地に関する措置　法は，土地の有効かつ適切な利用の促進を図ることをも目的としている。そこで，遊休土地であると認められる場合に，知事は，当該土地が遊休土地である旨を当該土地の所有者に通知し（28条），通知を受けた者は，通知があったことを知った日から起算して6週間以内にその通知に係る遊休土地の利用又は処分に関する計画を，土地の所在する市町村長を経由して知事に届け出る義務を負わせる制度を採用している（29条）。知事は，届出に係る遊休土地の有効かつ適切な利用の促進に関し，必要な助言をすることができる（30条）ほか，「その届出に係る計画に従って当該遊休土地を利用し，又は処分することが当該土地の有効かつ適切な利用の促進を図る上で支障があると認めるときは，土地利用審査会の意見を聴い

10　この判決が「なるほど，本件指導要綱は事前協議を行う県の機関に対する準則である。しかし，被控訴人の首長である村長は県の機関委任事務である事前協議の経由庁として職務を行うものである。その限りにおいては，右指導要綱に従うべき職務上の義務を負うものである。確かに，それは被控訴人（村）の固有事務ではないかもしれない。しかし，そうであるからといって，機関委任事務を処理する村長が指導要綱上の作為義務がないとはいえない。県の機関委任事務の違法行為につき，被控訴人（村）が国家賠償法上の賠償責任を負うか否かは同法3条により判定すべきものであって，機関委任事務か固有事務かにより違法性の判断を左右することはできない」と述べている点に関して，当時の法状態において，「実質的機関委任事務」と受け止められても仕方がなかったとはいえ，指導要綱によって機関委任事務を創設できるとする考え方であるとするならば，大いに疑問がある。

て，その届出をした者に対し，相当の期限を定めて，その届出に係る計画を変更すべきことその他必要な措置を講ずべきこと」を勧告することができる（31条1項）。

　この勧告を受けた者がその勧告に従わないときは，その勧告に係る遊休土地の買取りを希望する地方公共団体，土地開発公社その他政令で定める法人のうちから買取りの協議を行なう者を定めて，買取りの協議を行なう旨を勧告を受けた者に通知する（32条1項）。協議を行なう者として定められた地方公共団体等は，通知があった日から起算して6週間を経過する日までの間，当該遊休土地の買取りの協議を行なうことができる。この場合に，通知を受けた者は，正当な理由がなければ，当該遊休土地の買取りの協議を行なうことを拒んではならない（32条2項）。地方公共団体等が，この協議により遊休土地を買い取る場合は，近傍類地の取引価格等を考慮して政令で定めるところにより算定した当該土地の相当な価額（その買取り協議に係る遊休土地が地価公示法の公示区域に所在し，かつ，同法6条の規定による公示価格を取引の指標とすべきものであるときは，政令で定めるところにより同条の規定による公示価格を規準として算定した価額）を基準とし，当該土地の取得の対価の額及び当該土地の管理に要した費用の額を勘案して算定した価格をもってその価格としなければならない（33条）。

規制区域内の土地の権利移転等に係る法14条1項の処分についての争い方

　法14条1項は，規制区域内の土地の権利移転等について許可制を採用している。それを前提にして，同項に基づく処分に不服がある者は，土地利用審査会に対して審査請求をすることができる（20条1項）。その裁決に不服がある者は，国土交通大臣に対して再審査請求をすることができる（20条4項）。そして，法14条1項の規定に基づく処分の取消しの訴えは，当該処分についての審査請求に対する土地利用審査会の裁決を経た後でなければ，提起することができない（21条）。このように，法14条1項の規定に基づく処分について審査請求前置主義が採用されている。前置が要求されるのは，土地利用審査会の裁決であって，再審査請求に対する国土交通大臣の裁決ではない。したがって，土地利用審査会の裁決を得た者は，国土交通大臣に対する再審査請求を経ることなく，直ちに取消訴訟を提起することができる。

なお，再審査請求の途を開いておくことに異論はないが，国土交通大臣を支える国土交通省に審理の体制が整っているかどうかという問題がある。

土地利用審査会　都道府県[11]に土地利用審査会が設置される（39条1項）。同審査会は，委員7人で構成される（同条3項）。委員は，土地利用，地価その他の土地に関する事項について優れた経験と知識を有し，公共の福祉に関し公正な判断をすることができる者のうちから，都道府県知事が，都道府県の議会の同意を得て，任命する（同条4項）。

土地利用審査会の権限は，多岐にわたっている。規制区域との関係において，規制区域の指定が相当であることについての確認（12条6項）は，暫定的な規制区域の指定の効力を完成させる行為である。規制区域の指定の解除が相当であることについての確認（同条13項）も，同様の性質を有している。規制区域に関する権利の移転等の許可申請に係る利用目的が一定の事由に該当するとして知事が許可する場合には，あらかじめ土地利用審査会の意見を聴かなければならないとされている（16条2項）。さらに，前述のように，14条1項に基づく許可申請に対する処分に不服のある者は，土地利用審査会に対して審査請求をすることができる。したがって，前述の一定の事由に該当するとして知事が許可しようとして審査会の意見を聴いて，知事がその意見を尊重して不許可にした場合には，審査会は，原処分に意見を述べる形で関与しつつ，審査請求を審査する機関としても関与することになる。

さらに，知事が届出に係る土地の利用目的に関する勧告をしようとする場合も，土地利用審査会の意見を聴かなければならない（24条1項）。

注視区域との関係においても，その指定，注視区域における土地売買等の契約に関する勧告をしようとする場合には，土地利用審査会の意見を聴かなければならない（27条の3第2項，27条の5第1項）。監視区域についても，その指定，土地売買等の契約に関する勧告をしようとする場合に，土地利用審査会の意見を聴かなければならない（27条の6第2項，27条の8第1項）。遊休土地の利用に関する勧告をしようとする場合も，土地利用審査会の意見を聴かなければならない（31条1項）。

11　地方自治法252条の19第1項の指定都市にあっては，指定都市に土地利用審査会が設置される（44条）。

以上の仕組みにおいて，若干の問題がある。

第一に，意見を聴かれたとき，土地利用審査会がいかなる意見を述べることができるかである。常識的には，知事のしようとすることに対する賛成，反対の意見ということになろう。しかし，それにとどまらず，注意点を指摘するなどの付随的意見も表明できると解される。

第二に，知事は，土地利用審査会の意見を聴いた場合に，その意見は知事を拘束するのであろうか。すなわち，意見に反する行為をすることができないのであろうか。土地利用審査会の構成，さらには一定の処分についての審査請求に対する裁決機関であることにも鑑みると，その意見は知事を拘束すると解すべきものと思われる。

第三に，土地利用審査会の組織及び運営に関し必要な事項は，都道府県の条例で定めることとされているが，すべて条例事項であるのかが問題となる。運営の細部について，条例の委任に基づいて審査会又は審査会の会長が定めることとすることも許されると解される。たとえば，土地利用審査会は，審査請求の審理に当たり，公開による口頭審理を行なわなければならないが（20条3項），公開による口頭審理の手続について，条例の委任に基づいて審査会が定めることも許されると解される。

［2］ 都市計画法の位置づけ

土地利用基本計画との関係　前述のように，都道府県は土地利用基本計画を定め，その中には「都市地域」が定められる。しかし，都市における土地の合理的利用を図るためには，さらに詳細な土地の利用に関する計画と規制を必要とする。その役割を果たすのが都市計画法（以下，本章第4節までにおいて「法」という）である。計画の観点からは，法は，上位計画である土地利用基本計画に対して，下位計画に当たる都市計画を定めることを大きな柱としている。そこで，都市計画区域について，変更しようとするときは，あらかじめ土地利用基本計画の変更を行なうことを原則とし，機動的に見直す必要がある場合があることに鑑み，先行的変更等の弾力的取扱いが認められているとされる[12]。

建築基準法・土地区画整理法等との関係　土地の利用方法は多様であるが，

そのうちの代表的な利用方法は、土地上に建築物を建築して利用するものである。そもそも建築物を建築できる区域でなければ、建築基準法の適用を問題にする必要はない。また、どのような建築物が許容されるのかについても、一定の計画が必要である。その意味において、法は、建築物の建築についての前提を規律する法律であるといえる。用途地域の計画決定は都市計画法によっているが、その執行は、建築基準法によっているのである。同様に、土地区画整理についての計画決定等については法で定めつつ、その事業の執行は、土地区画整理法によっている。

もっとも、現行の入り組んだ法構造に対しては、立法論としての再編成も主張されている。たとえば、荒秀教授は、都市計画における基本事項としての都市計画の種類・内容及び決定手続については「都市計画基本法」に、「建築基準法」は、いわゆる単体規定を中心とする内容にスリム化し、現行の建築基準法にある用途地域における例外許可、総合設計や一団地認定等の集団規定は建築基準法から外して現行の都市計画法に置かれている開発許可とともに「建築・開発許可法」と統合・独立化することを提案している[13]。

都市計画法における行政権限の多様性　法は、多様な行政権限を用意している。都市計画決定という行政計画、開発許可に代表される行政処分、勧告のような行政指導、買取りの協議という契約などである。そして、個別の事項に係る権限のほか、包括的に授権している条項がある。

第一に、法による許可、認可又は承認に「都市計画上必要な条件」を付す権限である（79条前段）。この場合に、その条件は、当該許可等を受けた者に「不当な義務を課するものであってはならない」（同条後段）。ここにいう「条件」は、講学上の条件に限らず、広く各種の附款を含んでいる。そして、「都市計画上必要な条件」として、開発許可（29条）の場合においては、開発行為の着手及び完了の予定期日、工事施工中の防災措置、その他開発行為の適正な施行を確保するため必要なものであり、都市計画施設の区域内における建築物の建築の許可（53条）の場合においては、当該建築物の撤去の時期、方法、建築物の構造、材料等に対する制限等の将来における都市計画事

12　都市計画法研究会編・運用59頁。
13　荒秀「開発許可の法と実務（1）」獨協法学44号1頁、4頁（平成9年）。

業の適正な施行を確保するため必要な条件であるとされる[14]。「不当な義務」に当たらないというためには，当該許可，認可又は承認制度の趣旨・目的との実質的関連性を有し，かつ，相当な限度内にとどまらなければならない。開発行為に着手する際に，一定の金銭を納付すべき旨の負担を課すことはできないと解すべきである。

第二に，国土交通大臣，都道府県知事又は指定都市等の長による監督処分の権限である。次のいずれかに該当する者に対して，都市計画上必要な限度において，法によってした許可，認可若しくは承認（都市計画の決定又は変更に係るものを除く）を取り消し，変更し，その効力を停止し，その条件を変更し，若しくは新たな条件を付し，又は工事その他の行為の停止を命じ，若しくは相当の期限を定めて，建築物その他の工作物若しくは物件の改築，移転若しくは除却その他違反を是正するため必要な措置をとることを命ずることができる（81条1項）。

1 法若しくは法に基づく命令の規定若しくはこれらの規定に基づく処分に違反した者又は当該違反の事実を知って，当該違反に係る土地若しくは工作物等を譲り受け，若しくは賃貸借その他により当該違反に係る土地若しくは工作物を使用する権利を取得した者

2 法若しくは法に基づく命令の規定若しくはこれらの規定に基づく処分に違反した工事の注文主若しくは請負人（下請負人を含む）又は請負契約によらないで自らその工事をしている者若しくはした者

3 法の規定による許可，認可又は承認に付した条件に違反している者

4 詐欺その他の不正な手段により，法の規定による許可，認可又は承認を受けた者

このように，許認可等の取消し・変更・効力停止・条件変更・新たな条件の設定，工事等の停止命令，建築物等の改築・移転・除却・その他違反是正のための命令と多岐に及ぶ権限を付与している。そして，権限を行使するか否かの裁量，広範な権限のうちから選択できるという意味の裁量（効果裁量）が認められている。権限を行使する場合には，違反の態様等に応じて最

---

14 三橋・都市計画法 451 頁 - 452 頁。

も適切な監督権限が選択されなければならない。そして，これらは行政処分であるから，取消訴訟の対象となるほか，要件を満たすならば非申請型義務付け訴訟[15]，差止め訴訟の対象になることもある。さらに，それらを本案訴訟にして仮の救済が申し立てられることもある[16]。

　法81条1項の規定による命令をした場合においては，標識の設置その他省令で定める方法により，その旨を公示しなければならない（81条3項）。

　法81条1項の規定により，必要な措置をとることを命じようとする場合において，過失がなくて当該措置を命ずべき旨を確知することができないときは，国土交通大臣，都道府県知事又は指定都市等の長は，その者の負担において，当該措置を自ら行ない，又はその命じた者若しくは委任した者にこれを行なわせることができる。この場合においては，相当の期限を定めて，当該措置を行なうべき旨及びその期限までに当該措置を行なわないときは，国土交通大臣，都道府県知事若しくは指定都市等の長又はその命じた者若しくは委任した者が当該措置を行なう旨を，あらかじめ公告しなければならない（81条2項）。これは一種の代執行，すなわち簡易代執行（略式代執行）を定めるものである。そして，法81条1項により，必要な措置を命ずることができた場合において相手方が必要な措置を行なわなかったときは，同条2項の方法ではなく，行政代執行法による代執行を行なうことができると解される。

　ところで，名宛人の特定された命令が行政処分であることはいうまでもないが，相手方を確知することができないために2項による公告がなされた場合においても，本来の相手方が観念的には存在するはずであるから，その者に命ずる効果を生ずる点において，行政処分性を有することに変わりはないというべきである。

　第三に，監督処分権限を行なうため必要がある場合には，当該土地に立ち

15　建物建設工事停止命令を求める非申請型義務付け訴訟について，「重大な損害」を生ずるおそれがないとして却下した事例として，大阪地裁平成19・2・15判例タイムズ1253号134頁がある。

16　予定建築物の用途を偽った開発行為で法29条違反であるとして除却命令がなされた場合に，執行停止の申立てを認めた例がある（前橋地裁決定平成21・10・23判例集未登載，その抗告審・東京高裁決定平成21・12・24判例集未登載）。

入り，当該土地若しくは当該土地にある物件又は当該土地において行なわれている工事の状況を検査することができる（82条1項）。これは，典型的な立入検査権限であって，証明書の携帯（22項）及び関係人の請求があった場合にその提示（3項）が義務づけられるほか，立入検査の権限は，「犯罪捜査のために認められたものと解してはならない」旨の規定が置かれている（4項）。なお，立入検査を拒み，妨げ，又は忌避した者は，20万円以下の罰金に処せられる（93条3号）。

では，立入調査権限を行使して立ち入ったところ，法92条3号，4号，5号，6号又は7号の犯罪事実を把握した場合に，その犯罪事実を捜査機関に告発することができるのであろうか。「犯罪捜査のために認められたものと解してはならない」旨の規定は，多くの法律に置かれている。検査拒否罪の規定がある租税法等における質問検査の場合について，公務員の守秘義務と公務員の告発義務のいずれを優先すべきかという問題として論じられている[17]。租税法に関しては，守秘義務優先説が有力であるが[18]，都市計画法による立入調査の場合には，立入りにより判明した違反事実が「秘密」といえるかどうかという出発点の問題がある。また，租税法においては，税務調査とは別に犯則調査の手続が用意されているのに対して，都市計画法には，そのような特別な調査手続が存在するわけではない。したがって，結果的に犯罪事実を把握した場合には，告発することが許されると解すべきである。

2　都 市 計 画

[１]　都市計画区域・準都市計画区域

都市計画区域の指定　　都道府県には「都市計画区域」の指定権限が付与されている[19]。すなわち，都道府県は，市又は人口，就業者数その他の事項

17　たとえば，宇賀克也『行政法概説Ⅰ　行政法総論［第5版］』（有斐閣，平成25年）159頁以下など。

18　たとえば，金子宏『租税法（第十八版）』（弘文堂，平成25年）788頁。

19　平成11年改正前は，都道府県知事が機関委任事務として都市計画区域の指定権限を有していた。同改正後の法は，自治事務とする趣旨で「都道府県」に指定権限を付与している。しかし，実際には「都道府県の機関」として知事が指定すると定める方

が「政令で定める要件」に該当する町村の中心の市街地を含み，かつ，自然的及び社会的条件並びに人口，土地利用，交通量その他国土交通省令で定める事項に関する現況及び推移を勘案して，一体の都市として総合的に整備し，開発し，及保全する必要がある区域を都市計画区域として指定するものとされている。この場合において，必要があるときは，当該市町村の区域外にわたり，都市計画区域を指定することができる（以上，5条1項）。これを「1項都市計画区域」と呼ぶことができる。自然発生的な都市計画区域である[20]。当該市町村の区域外にわたり指定された都市計画区域は，「広域的都市計画区域」と呼ばれている[21]。旧都市計画法と異なり，市町村の区域にこだわらないで都市計画区域を設定することが認められている。

町村についての「政令で定める要件」は，次のとおりである（法施行令2条）。

① 当該町村の人口が1万以上であり，かつ，商工業その他の都市的業態に従事する者の数が全就業者数の50％以上であること（1号）

「商工業その他の都市的業態」とは，国勢調査における産業分類のうち，第2次産業及び第3次産業をいうと解されている[22]。

② 当該町村の発展の動向，人口及び産業の将来の見通し等からみて，おおむね10年以内に①に該当することとなると認められること（2号）
③ 当該町村の中心の市街地を形成している区域内の人口が3,000以上であること（3号）
④ 温泉その他の観光資源があることにより多数人が集中するため，特に，良好な都市環境の形成を図る必要があること（4号）
⑤ 火災，震災その他の災害により当該町村の市街地を形成している区域内の相当数の建築物が滅失した場合において，当該町村の市街地の健全な復興を図る必要があること（5号）

が明快である。制度改正の経緯により条文の表現が過度に影響された例である。
20 建設省都市局都市計画課編・解説35頁，都市計画課監修・逐条問答29頁。
21 広域的都市計画区域の例につき，都市計画法制研究会・都市計画法（改訂版）10頁を参照。
22 都市計画法制研究会・都市計画法（改訂版）8頁。

この5号要件は，都市計画区域が定められていない町村において，大火災，地震等の災害復旧のため土地区画整理事業[23]等の都市計画に関連した事業を実施しようとする場合に活用されることが多いといわれる。相当数の建築物の滅失は，仮定的要件のようにも見えるが，実際に滅失してから活用されるというわけである。

　都道府県は，1項都市計画区域のほか，首都圏整備法による都市開発区域，近畿圏整備法による都市開発区域，中部圏開発整備法による都市開発区域その他「新たに住居都市，工業都市その他の都市として開発し，及び保全する必要がある区域」を都市計画区域として指定することができる（5条2項）。これを「2項都市計画区域」と呼ぶことができる。2項都市計画区域は，いわゆるニュータウンを建設しようとする場合の区域である[24]。この場合に，都市開発区域の全域を指定する必要はなく，あくまでも都市計画の観点から必要な区域を実態に即して指定すれば足りると解されている[25]。

　都道府県が行なう都市計画区域の指定の手続についてみると，あらかじめ，関係市町村及び都道府県都市計画審議会の意見を聴くとともに[26]，国土交通大臣に協議し，その同意を得なければならない（5条3項）[27]。国土交通大臣の「同意」は，地方自治法245条に定める「関与」に該当する。国土交通大臣の同意制度を採用している理由について，複数の理由が挙げられているが[28]，どうもすっきりしない。国土全体の視点からの調整の必要性によると割り切るほかあるまい。要するに，最狭域からの意見と国土全体からの調整の仕組みとして，前者については意見の聴取，後者に関しては同意という手

23　土地区画整理事業は，都市計画区域内でなければ施行できないので，同事業の前提として都市計画区域の指定を受ける必要がある。

24　都市計画課監修・逐条問答31頁，都市計画法制研究会・都市計画法（改訂版）9頁。

25　三橋・都市計画法30頁。

26　この意見の聴取は，特に利害の調整をする場面は少ないため，この手続を欠いたことをもって無効事由となるものではないと解されている（都市計画法研究会編・運用70頁）。

27　平成11年改正前は，大臣の認可を受けなければならないこととされていた。同意と認可とが，どのように異なるかについては，検討の必要がある。

続により，指定権を都道府県に付与することにしているものと解される。同意制度にあっては，不同意という拒否権があるが，意見はあくまで意見にとどまる。

　二以上の都府県の区域にわたる都市計画区域については，都道府県ではなく，国土交通大臣が，あらかじめ，関係都府県の意見を聴いて指定するものとされている。この場合において，都府県が意見を述べようとするときは，あらかじめ，関係市町村及び都道府県都市計画審議会の意見を聴かなければならない（同条4項）。

　都市計画区域の指定が，取消訴訟の対象となる行政処分であるのかどうかが問題となるが，都市計画区域に指定されたからといって，そのことによって直接に私人の権利義務の変動をもたらすものではない。したがって，行政処分性を認めることはできない。

　都市計画区域に指定されると，①都市計画が策定される，②同区域内において建築物を建築しようとする場合には建築確認を受けなければならない（建築基準法6条1項4号），③市街地開発事業は同区域内において行なわれる，などの効果を生ずる[29]。

　準都市計画区域の指定　都市計画区域と別に，「準都市計画区域」の指定制度がある。都市計画区域外の区域のうち，相当数の建築物その他の工作物（＝建築物等）の建築若しくは建設又はこれらの敷地の造成が現に行なわれ，又は行なわれると見込まれる区域を含み，かつ，自然的及び社会的条件並びに「農業振興地域の整備に関する法律」その他の法令による土地利用の規制の状況その他省令で定める事項に関する現況及び推移を勘案して，「そのま

28　認可制度の時点において，都市計画課監修・逐条問答43頁-44頁は，都市計画区域の指定が行なわれると，各種の土地利用制限が課されること，それら制限が国民の財産権に不当な侵害とならないよう区域の範囲を適正かつ合理的なものにする必要があること，都市計画の中には広域的・根幹的なものも含まれるので，国の施策が影響する都市計画の場としてふさわしいものにする必要があること，広域的な観点より行政区域を超えて他の都市の発展との有機的な関連を考慮して定める必要があることを挙げていた。同意制度の下においても，ほぼ同趣旨の説明がなされている（都市計画法研究会編・運用70頁-71頁）。

29　詳しくは，都市計画法研究会編・運用65頁以下。

ま土地利用を整序し，又は環境を保全するための措置を講ずることなく放置すれば，将来における一体の都市としての整備，開発及び保全に支障が生じるおそれがあると認められる一定の区域」を，準都市計画区域として指定することができる（5条の2第1項）[30]。放置した場合には将来に支障が生じるおそれがあることに鑑みた，リスク回避のための指定制度である。準都市計画区域は，「都市」に相当する機能を有するものではないとされる[31]。道路の整備状況など自然的及び社会的条件等から判断して，大規模な集客施設が立地する可能性がある区域などについて，農地を含めて指定することが想定される[32]。指定をしようとするときは，あらかじめ，関係市町村及び都道府県都市計画審議会の意見を聴かなければならない（同条2項）。

準都市計画区域に指定されると，次のような効果が生ずる。

第一に，土地利用の整序又は環境の保全を図るために必要な都市計画として，用途地域，特別用途地域，特定用途制限地域，高度地区，景観地区，風致地区，緑地保全地域及び伝統的建造物群保存地区に関する都市計画を定めることができる（8条2項）。他方，都市施設や市街地開発事業に関する都市計画を定めることはできない。

第二に，準都市計画区域内において，一定の開発行為をしようとする場合においては，知事等の許可を受けなければならない（29条1項）（なお，29条2項を参照）。

第三に，準都市計画区域内において建築物を建築しようとする場合においては，建築確認を受けなければならない（建築基準法6条1項4号）。

第四に，準都市計画区域内の用途地域の指定のない区域内においては，大規模な集客施設の立地が制限される（建築基準法48条13項）。

基礎調査　都道府県は，都市計画区域について，おおむね5年ごとに，都市計画に関する基礎調査として，人口規模，産業分類別の就業人口の規模，

30　平成18年改正により，広く指定する観点から，指定権者が，従前の市町村から都道府県に改められた。
31　都市計画法研究会編・運用76頁。
32　都市計画法研究会編・運用73頁。具体的には，既存集落の周辺，幹線道路の沿道，高速道路のインターチェンジの周辺等を含むエリアについて広く指定することが想定されるとしている（同書73頁－74頁）。

市街地の面積, 土地利用, 交通量その他省令で定める事項に関する現況及び将来の見通しについての調査を行なうものとされている（6条1項）。また, 準都市計画区域については, 必要があると認めるときは, 土地利用その他省令で定める事項に関する現況及び将来の見通しについての調査を行なうものとされている（同条2項）。「必要があると認める」かどうかは, 都道府県の裁量判断に委ねられている。

基礎調査を行なうために必要があると認めるときは, 関係市町村に対し, 資料の提出その他必要な協力を求めることができる（同条3項）[33]。この協力規定を活用して, 無償で, すべての基礎データを市町村の提出するところに委ねることができるのであろうか。省令の定める事項は多岐にわたっているが[34], 市町村も把握していることが当然と思われるデータであるから無償であっても構わないと思われる。

都市計画基準を定める法13条1項19号において,「前各号の基準を適用するについては, 第6条第1項の規定による都市計画に関する基礎調査の結果に基づき行う人口, 産業, 住宅, 建築, 交通, 工場立地その他の調査結果について配慮すること」が求められる。この点に関する裁判例については, 後に紹介する。

[2] 都市計画

都市計画とは　　法4条1項は,「都市計画」とは, 都市の健全な発展と秩序ある整備を図るための土地利用, 都市施設の整備及び市街地開発事業に

33　平成11年前において, 市町村の協力を求めることができる旨の規定はなかったが, 市町村に委託して, 知事の指示の下に行なわれることが否定されるものではないと解されていた（三橋・都市計画法32頁）。

34　①地価の分布状況, ②事業所数, 従業者数, 製造業出荷額及び商業販売額, ③職業分類別就業人口の規模, ④世帯数及び住宅戸数, 住宅の規模その他の住宅事情, ⑤建築物の用途, 構造, 建築面積及び延べ面積, ⑥都市施設の位置, 利用状況及び整備の状況, ⑦国有地及び公有地の位置, 区域, 面積及び利用状況, ⑧土地の自然的環境, ⑨宅地開発の状況及び建築の動態, ⑩公害及び災害の発生状況, ⑪都市計画事業の執行状況, ⑫レクレーション施設の位置及び利用の状況, ⑬地域の特性に応じて都市計画策定上必要と認められる事項（法施行規則5条）。

関する計画で，法2章の規定に従い定められるものをいう，と定義している。したがって，土地利用，都市施設の整備及び市街地開発事業という三つが，計画の対象である。これらを支える仕組みとして，前述の都市計画区域の指定制度が採用されている。

「都市計画運用指針」 都市計画に関しては，平成12年に建設省都市局長通知「都市計画運用指針」（平成12・12・28建設省都計発第92号）が発せられ，現在においても，国土交通省より，その改正通知が発せられている。都市計画制度の運用は，自治事務であり，各地方公共団体の責任においてなされるべきであるが，同指針は，「国として，今後，都市政策を進めていくうえで都市計画制度をどのように運用していくことが望ましいと考えているか，また，その具体の運用が，各制度の趣旨からして，どのような考え方の下でなされることを想定しているか等についての原則的な考え方を示し，これを各地方公共団体が必要な時期に必要な内容の都市計画を実際に決め得るよう，活用してもらいたいとの考えによるものである」と説明している。この都市計画運用指針は，地方自治法245条の4の規定に基づき行なう「技術的な助言」の性質を有するものと位置づけられているのである。

都市計画区域の整備，開発及び保全の方針 都市計画区域については，都市計画に，「当該都市計画区域の整備，開発及び保全の方針」（以下，「整備等方針」という）を定めるものとされている（6条の2第1項）。これは，平成12年改正により制度化されたもので，「都市計画区域マスタープラン」と呼ばれている。

整備等方針には，①都市計画の目標，②区域区分の決定の有無及び当該区域区分を定めるときはその方針，③それらのほか，土地利用，土地施設の整備及び市街地開発事業に関する主要な都市計画の決定の方針を定めるものとされている（6条の2第2項）。都市計画は，この方針に即したものでなければならない（6条の2第3項）。

この方針は，都道府県が広域的見地から都市計画の基本的な方針を定めるもので，市町村が地域に密着した見地から創意工夫により定める市町村マスタープランとは，役割を異にするといわれる[35]。両者とも，「都市の将来像とその実現に向けての道筋を明らかにしようとするもの」であり，必要があ

れば記載事項の追加が認められるべきであるが，決定権限を有していない事項を記載するに当たっては，決定権限を有する者との間で必要な調整が図られるべきであるとされている[36]。

　法13条1項1号は，整備等方針は，「当該都市の発展の動向，当該都市計画区域における人口及び産業の現状及び将来の見通し等を勘案して，当該都市計画区域を一体の都市として総合的に整備し，開発し，及び保全することを目途として，当該方針に即して都市計画が適切に定められることとなるように定めること」としている。

　区域区分（市街化区域・市街化調整区域）　都市計画区域については，市街化区域と市街化調整区域との区分（区域区分）を定めることができる（7条1項）。このように，一般的には区域区分を定めるかどうかは任意とされているが，一定の土地の区域（三大都市圏の既成市街地，近郊整備地帯及び政令指定都市を含む都市計画区域）[37]に関しては，必ず区域区分を定めるものとされている（7条1項ただし書）[38]。　市街化区域と市街化調整区域との区分の決定は，一般に「線引き」と呼ばれている。

　「市街化区域」は，すでに市街地を形成している区域及びおおむね10年

---

[35]　都市計画法制研究会・都市計画法（改訂版）21頁。

[36]　都市計画法研究会編・運用102頁-103頁。マスタープランについて，安本・都市法概説は，「現実の規制計画・事業計画の後追いか，あるいはそれとはあまり結びつかない単なる『絵』に終わり，都市空間に関わる諸施策を方向付けるものとなっていない場合が少なくない」としている（37頁-38頁）。

[37]　正確には，首都圏整備法による既成市街地又は近郊整備地帯，近畿圏整備法による既成都市区域又は近郊整備区域，中部圏開発整備法による都市整備区域の土地の区域の全部又は一部を含む都市計画区域（7条1項1号），大都市に係る都市計画区域として政令で定めるもの（7条1項2号）である。法施行令3条により，地方自治法252条の19第1項の指定都市の区域の全部または一部を含む都市計画区域（指定都市の区域の一部を含む都市計画区域にあっては，その区域内の人口が50万未満であるものを除く）とされている。したがって，前記の政令指定都市となると，区域区分が義務的なものとなることを意味する。

[38]　平成12年改正前は，都市計画区域は，すべて区域区分を行なうことを原則としつつ，附則により，当分の間，大都市等の政令で定める都市計画区域のみを区域区分の対象としていた。したがって，区域区分を行なうか否かについては，すべて国が決めていたことになる。

以内に優先的かつ計画的に市街化を図るべき区域とされている（7条2項）。

法施行令8条1項1号の定める技術的基準によれば，「すでに市街地を形成している区域」とは，「相当の人口及び人口密度を有する市街地その他の既成市街地として国土交通省令で定めるもの並びにこれに接続して現に市街化しつつある土地の区域」とされている[39]。

同じく，法施行令8条1項2号の定める技術的基準によれば，「おおむね10年以内に優先的かつ計画的に市街化を図るべき区域」には，原則として，次の土地の区域を含まないものとしている。①当該都市計画区域における市街化の動向並びに鉄道，道路，河川及び用排水施設の整備の見通し等を勘案して市街化をすることが不適当な土地の区域，②溢水，湛水，津波，高潮等による災害の発生のおそれのある土地の区域。

次に，「市街化調整区域」は，「市街化を抑制すべき区域」とされている（7条3項）。これを担保するために，建築等の制限規定が置かれている。すなわち，何人も，市街化調整区域のうち開発許可を受けた開発区域以外の区域内においては，知事の許可を受けなければ，法29条1項2号若しくは3号に規定する建築物以外の建築物を新築し，又は第1種特定工作物を新設してはならず，また，建築物を改築し，又はその用途を変更して同項2号若しくは3号に規定する建築物以外の建築物としてはならない，とされている（43条1項本文）。ただし，都市計画事業の施行として行なう建築物の新築，改築若しくは用途の変更又は第1種特定工作物の新設（1号），非常災害のため必要な応急措置として行なう建築物の新築，改築若しくは用途の変更又は第1種工作物の新設（2号），仮設建築物の新築（3号），法29条1項9号に掲げる開発行為その他の政令で定める開発行為が行なわれた土地の区域内において行なう建築物の新築，改築若しくは用途の変更又は第1種特定工作物の新設（4号）又は通常の管理行為，軽易な行為その他の行為で政令で定

---

[39] 法施行規則8条は，次の土地の区域で，集団農地以外のものとしている。①50ヘクタール以下のおおむね整形の土地の区域ごとに算定した場合における人口密度が1ヘクタール当たり40人以上である土地の区域が連たんしている土地の区域で，当該区域内の人口が3,000以上であるもの，②①の土地の区域に接続する土地の区域で，50ヘクタール以下のおおむね整形の土地の区域ごとに算定した場合における建築物の敷地その他これに類するものの合計が当該区域の面積の3分の1以上であるもの。

めるもの（5号）については，この限りでない（1項ただし書）。

　これらの各号のうち，第5号の委任を受けた政令を見ておこう。法施行令35条は，次の行為を掲げている。

　　1　既存の建築物の敷地内で行なう車庫，物置その他これらに類する附属建築物の建築
　　2　建築物の改築又は用途の変更で当該改築又は用途の変更に係る床面積の合計が10平方メートル以内であるもの
　　3　主として当該建築物の周辺の市街化調整区域内に居住している者の日常生活のため必要な物品の販売，加工，修理等の業務を営む店舗，事業場その他これらの業務の用に供する建築物で，その延べ面積が50平方メートル以内のもの（これらの業務の用に供する部分の延べ面積が全体の延べ面積の50パーセント以上のものに限る）の新築で，当該市街化調整区域内に居住している者が自ら当該業務を営むために行なうもの
　　4　土木事業その他の事業に一時的に使用するための第一種特定工作物の新設。

　以上のうち，1から3までは，既存の生活を維持するための建築物に係るものであることに注目しておく必要がある。

　法13条1項2号は，区域区分について，「当該都市の発展の動向，当該都市計画区域における人口及び産業の将来の見通し等を勘案して，産業活動の利便と居住環境の保全との調和を図りつつ，国土の合理的利用を確保し，効果的な公共投資を行うことができるように定めること」としている。

　都市計画に関する基礎調査が「おおむね5年ごとに」行なわれること（6条1項）に対応して，おおむね5年ごとに線引きの見直しもなされることになる。線引き見直し時点においては，計画的な市街地の整備の見通しが明らかでない場合に，当該都市計画区域の市街地人口の目標値（人口フレーム）に相当する面積のすべてを市街化区域として設定することをせずに，人口フレームの一部を保留して都市計画にこれを示しておいたうえ（＝保留人口フレーム），その後計画的な開発事業の実施が確実となった時点で，次の線引きを待たずに随時市街化区域に編入する運用がなされている[40]。

都市再開発方針等 都市計画区域については，都市計画に，都市再開発法による都市再開発の方針，「大都市地域における住宅及び住宅地の供給の促進に関する特別措置法」による住宅市街地の開発整備の方針，「地方拠点都市地域の整備及び産業業務施設の再配置の促進に関する法律」による拠点業務市街地の開発整備の方針，「密集市街地における防災街区の整備の促進に関する法律」による防災街区整備方針で，必要なものを定めることとされている（7条の2第1項）。これらの方針は，一括して「都市再開発方針等」と総称されている。都市計画区域について定められる都市計画（区域外都市施設に関するものを含む）は，都市再開発方針等に即したものでなければならない（7条の2第2項）。

地域地区 都市計画区域にあっては，都市計画に，次に掲げる地域，地区又は街区で必要なものを定めるものとされている（8条1項）。①用途地域（1号）（第1種低層住居専用地域，第2種低層住居専用地域，第1種中高層住居専用地域，第2種住居専用地域，第1種住居地域，第2種住居地域，準住居地域，近隣商業地域，商業地域，準工業地域，工業地域又は工業専用地域），②特別用途地区（2号），③特定用途制限地域（2号の2），④特例容積率適用地区（2号の3），⑤高層住居誘導地区（2号の4），⑥高度地区又は高度利用地区（3号），⑦特定街区（4号），⑧都市再生特別措置法による都市再生特別地区（4号の2），⑨防火地域又は準防火地域（5号），⑩密集市街地整備法による特定防災街区整備地区（5号の2），⑪景観法による景観地区（6号），⑫風致地区（7号），⑬駐車場法による駐車場整備地区（8号），⑭臨港地区（9号），⑮「古都における歴史的風土の保存に関する特別措置法」による歴史的風土特別保存地区（10号），⑯「明日香村における歴史的風土の保存及び生活環境の整備等に関する特別措置法」による第1種歴史的風土保存地区又は第2種歴史的風土保存地区（11号），⑰都市緑地法による緑地保全地域，特別緑地保全地区又は緑化地域（12号），⑱「流通業務市街地の整備に関する法律」による流通業務地区（13号），⑲生産緑地法による生産緑地地区（14号），⑳文化財保護法による伝統的建造物群保存地区（15号），㉑特定空港周辺航空

40　都市計画法研究会編・運用114頁。

機騒音対策特別措置法による航空機騒音障害防止地区又は航空機騒音障害防止特別地区（16号）。

次に，準都市計画区域については，前記の①から③まで，⑥のうちの高度地区に係る部分，⑪，⑫，⑰のうちの緑地保全地域に係る部分，⑳に掲げる地域又は地区で必要なものを定めることとされている（8条2項）。

それぞれの地域地区の定義は，法9条の各項に掲げられている。

そのうち，用途地域に関しては，次のように定められている。

第1種低層住居専用地域は，「低層住宅に係る良好な住居の環境を保護するため定める地域」である（1項）。また，第2種低層住居専用地域は，「主として低層住宅に係る良好な環境を保護するため定める地域」である（2項）。以上の第1種と第2種の違いは，「主として」の文言の有無によるものである。同様に，第1種中高層住居専用地域は，「中高層住宅に係る良好な住居の環境を保護するため定める地域」であり（3項），第2種中高層住居専用地域は，「主として中高層住宅に係る良好な住居の環境を保護するため定める地域」である（4項）。第1種住居地域は，「住居の環境を保護するため定める地域」であり（5項），第2種住居地域は，「主として住居の環境を保護するため定める地域」である（6項）。

準住居地域は，道路の沿道としての地域の特性に相応しい業務の利便の増進を図りつつ，これと調和した住居の環境を保護するため定める地域である（7項）。近隣商業地域は，近隣の住宅池の住民に対する日用品の供給を行なうことを主たる内容とする商業その他の業務の利便を増進するため定める地域である（8項）。商業地域は，「主として商業その他の業務の利便を増進するため定める地域」であり（9項），準工業地域は，主として環境の悪化をもたらすおそれのない工業の利便を増進するため定める地域である（10項）。工業地域は，「主として工業の利便を増進するため定める地域」である（11項）。工業専用地域は，工業の利便を増進するため定める地域である（12項）。

以上の地域に関しては，法8条3項に示されているように，建築基準法による規制と連動する仕組みとなっている。

以下の「地区」制度については，項目を別にして，やや詳しく見ることにしよう。

特別用途地区 特別用途地区は，用途地域内の一定の地区における当該地区の特性にふさわしい土地利用の増進，環境の保護等の特別の目的の実現を図るため当該用途地域の指定を補完して定める地区である（9条13項）。かつては，特別用途地区の種類が法令に定められていたが[41]，平成10年の改正により，市町村が地域の特性や実情に応じて，その創意工夫により柔軟に対応できるよう，法令に種類を定める方式が廃止された[42]。

特別用途地区に関しては，地方公共団体の自主的規律を重んずる趣旨により，建築基準法は，法律で定めるものを除くほか，地区の指定の目的のためにする建築物の建築の制限又は禁止に関して必要な規定は，地方公共団体の条例で定めるものとしている（49条1項）。また，地方公共団体は，その地区の指定の目的のために必要と認める場合において，国土交通大臣の承認を得て，条例で，法律の規定による制限（建築基準法48条1項から12項まで）を緩和することができる（同法49条2項）。

特定用途制限地域 特定用途制限地域は，用途地域が定められていない土地の区域（市街化調整区域を除く）内において，その良好な環境の形成又は保持のため当該地域の特性に応じて合理的な土地利用が行なわれるよう，制限すべき特定の建築物等の用途の概要を定める地区である（9条14項）。平成12年の法改正に際して，非線引き白地地域において，良好な環境の形成又は保持のための土地利用規制を可能とするために設けられたものである。想定されるものとして，多数人の集中により周辺の公共施設に著しい負荷を発生させる建築物（大規模な店舗，ホテル，レジャー施設等），騒音・振動・煤煙等の発生により周辺の良好な居住環境に支障を生じさせるおそれのある建築物（大規模工場，パチンコ屋，モーテル，カラオケボックス等）などであるとされる[43]。なお，特定用途制限地域の設定が，特定の建築物の建築を阻止する目的でなされることが起こり得る。問題が顕在化したときに制限を加えよ

41　中高層階住居専用地区，商業専用地区，特別工業地区，文教地区，小売店舗地区，事務所地区，厚生地区，娯楽・レクリエーション地区，観光地区，特別業務地区，研究開発地区。

42　都市計画法制研究会・都市計画法（改訂版）51頁。

43　都市計画法制研究会・都市計画法（改訂版）52頁。

うとする動きになるのは当然であるが，もっぱら特定の建築のみを阻止するために唐突に規制する場合には，権限の濫用とされるおそれもあることに注意する必要がある。

特例容積率適用地区　所定の用途地域内の適正な配置及び規模の公共施設を備えた土地の区域において，建築基準法52条1項から9項までの規定による容積率の限度からみて未利用となっている容積率の活用を促進して土地の高度利用を図るため定める地区である。従来，商業地域における容積率移転のために「特例容積率適用区域」の制度があったが，これを商業地域に限らない制度にして，とりわけ，密集市街地や老朽マンションのある地区について，防災空地や緑地の未利用容積を活用して（容積率の移転），建替えを促進しようとするものである[44]。建築基準法57条の2の規定により，申請に基づき，特定行政庁が，当該敷地について特例容積率の限度を指定することにより，敷地間の容積の移転が可能となる。

高層住居誘導地区　高層住居誘導地区は，住居と住居以外の用途とを適正に配分し，利便性の高い高層住宅の建設を誘導するために，混在系の用途地域（第1種住居地域，第2種住居地域，準住居地域，近隣商業地域又は準工業地域）において，都市計画において容積率が10分の40又は10分の50と定められているものの内において，容積率の最高限度[45]，建ぺい率の最高限度及び敷地面積の最低限度を定める地区である（9条16項）。都心地域等において職住近接の都市構造を実現することを誘導しようとする地区である[46]。建ぺい率の最高限度や敷地面積の最低限度は，それぞれの地区の実情に応じて，住居の環境維持に必要な水準を維持しつつ，住宅の高層化の政策目的と調和させるという趣旨で，法令による一律の制限を避けているのである[47]。建築基準法57条の5の規定を参照されたい。

高度地区　用途地域内において，市街地の環境を維持し，又は土地利用の増進を図るため，建築物の高さの最高限度又は最低限度を定める地区であ

44　都市計画法制研究会・都市計画法（改訂版）53頁。
45　建築基準法52条1項5号により，範囲の限定がなされている。
46　都市計画法制研究会・都市計画法（改訂版）54頁。
47　都市計画法制研究会・都市計画法（改訂版）55頁を参照。

る（9条17項。なお，建築基準法58条を参照）。合理的土地利用計画に基づき，将来の適正な人口密度，交通量その他都市機能に適応した土地の高度利用及び居住環境の整備を図ることを目的として定めるものである[48]。「最高限度又は最低限度」であるから，最高限度高度地区と最低限度高度地区とがあり得る。

　最高限度高度地区は，建築密度が過大となるおそれがある市街地の区域で，商業系の地域内の交通その他の都市機能が低下するおそれのある区域，住居系の地域内の適正な人口密度及び良好な居住環境を保全する必要のある区域，歴史的建造物の周囲，都市のシンボルとなる道路沿い等で景観，眺望に配慮し，建築物の高さを揃える必要がある区域等について指定し，最低限度高度地区は，市街地中央部の商業地，業務地，駅前周辺，周辺住宅地等の区域で，特に土地の高度利用を図る必要のあるものについて指定するものとされている[49]。最高限度高度地区の定めにおいては，斜線状に定める「斜線制限型」と絶対高さの制限を定める「絶対高さ制限型」とがある。高度地区を定める地方公共団体が増加しているといわれている。

　なお，高度地区を定める都市計画において，適用除外を定めることがある。たとえば，「横浜国際港都建設計画高度地区」の都市計画は，次の一に該当する建築物については，制限を適用しないとしている。

① 都市計画において決定した一団地の住宅施設に係る建築物
② 都市計画において決定した地区計画等により建築物の高さの最高限度が定められている区域内の建築物で当該地区計画等に適合しているもの
③ 市長が市街地環境の整備向上に寄与すると認め，かつ，建築審査会の同意を得て許可した建築物
④ 市長が公益上やむを得ない，又は周囲の状況等により都市計画上支障がないと認め，かつ，建築審査会の同意を得て許可した建築物
⑤ 最高限度第1種高度地区内において，北側斜線（前記の北側の前面道路又は隣地との関係についての建築物の各部分の高さの最高限度である

48　都市計画運用指針。
49　都市計画運用指針，都市計画法制研究会・都市計画法（改訂版）56頁。

線。以下同じ）内にある高さ12メートル以下の建築物であって，市長
が低層住宅に係る良好な住居の環境を害する恐れがないと認めたもの
⑥及び⑦　（略）
　この都市計画を見て，次のような点に注目したい。
　第一に，この都市計画は，行政計画であると同時に，規範定立の実質を有していることである。
　第二に，それと関係して，③及び④は，明らかに市長の許可という行政処分権限を創出していることである[50]。⑤も，市長の認定という行政処分を創出していると解することもできる。「都市計画による行政処分の創出」を行政法的にいかに評価するか，重要な論点である。

高度利用地区　　高度利用地区は，用途地域内の市街地内における土地の合理的かつ健全な高度利用と都市機能の更新とを図るため，建築物の容積率の最高限度及び最低限度，建築物の建ぺい率の最高限度，建築物の建築面積の最低限度並びに壁面の位置の制限を定める地区である（9条18項。なお，建築基準法59条を参照）。法の文言のみからすれば，高度利用地区と高度地区とがどのように区別されるのか不明確であるが，「都市計画運用指針」によれば，高度利用地区は，「建築物の敷地等の統合を促進し，小規模建築物の建築を抑制するとともに建築物の敷地内に有効な空地を確保することにより，用途地域内の土地の高度利用と都市機能の更新とを図ることを目指した地域地区」であるという[51]。

50　横浜地裁平成22・9・22判例地方自治345号73頁は，③の許可が行政処分であることを前提にして，日照の阻害，風害，建築物の倒壊・炎上等による直接的な被害の3点から，原告らの原告適格を判断し4名については原告適格を肯定し，1名については否定している。

51　都市計画運用指針によれば，たとえば，①枢要な商業用地，業務用地又は住宅用地として土地の高度利用を図るべき区域であって，現存する建築物の相当部分の容積率が都市計画で指定されている容積率より著しく低い区域，②土地利用が細分化されていること，公共施設の整備が不十分なこと等により土地の利用状況が著しく不健全な地区であって，都市環境の改善上又は災害の防止上土地の高度利用を図るべき区域，③都市基盤施設が高い水準で整備されており，かつ，高次の都市機能が集積しているものの，建築物の老朽化又は陳腐化が進行しつつある区域であって，建築物の建替えを通じて都市機能の更新を誘導する区域，④大部分が第1種中高層住居専用地域及び

特定街区 特定街区は，市街地の整備改善を図るため街区の整備又は造成が行なわれる地区について，その街区内における建築物の容積率並びに建築物の高さの最高限度及び壁面の位置の制限を定める街区である。建築基準法により，特定街区内の建築物については，同法52条から59条の2までの規定を適用しないとされているので（60条3項），街区を単位として，特別に容積率等を定めることができることを意味する。特定街区に関する都市計画の案については，政令で定める利害関係者の同意を得なければならない（17条3項）。法施行令11条に，当該特定街区内の土地について所有権，建物の所有を目的とする対抗要件を備えた地上権を有する者等が列挙されている。

地域地区について定めるべき事項 地域地区について都市計画に定める事項は，法8条3項に掲げられている。共通の事項は，地域地区の種類（特別用途地区にあっては，その指定により実現を図るべき特別の目的を明らかにした特別用途地区の種類），位置及び区域である（1号）。

さらに，地域地区の種類に応じて定めるべき事項も列挙されている（2号）。典型的な例として，用途地域にあっては，建築基準法52条1項1号から4号までに規定する建築物の容積率並びに同法53条の2第1項及び第2項に規定する建築物の敷地面積の最低限度（建築物の敷地面積の最低限度にあっては，当該地域における市街地の環境を確保するために必要な場合に限る）である（イ）。また，特定街区にあっては，建築物の容積率並びに建築物の高さの最高限度及び壁面の位置の制限とされている（リ）。

法13条1項7号は，地域地区について，「土地の自然的条件及び土地利用の動向を勘案して，住居，商業，工業その他の用途を適正に配分することにより，都市機能を維持増進し，かつ，住居の環境を保護し，商業，工業等の利便を増進し，良好な景観を形成し，風致を維持し，公害を防止する等適

第2種中高層住居専用地域内に存し，かつ，大部分が建築物その他の工作物の敷地として利用されていない区域で，その全部又は一部を中高層の住宅用地として整備する区域，⑤高齢社会の進展等に対応して，高齢者をはじめとする不特定多数の者が円滑に利用できるような病院，老人福祉センター等の建築物を整備すべき区域であって，建築物の建替え等を通じた土地の高度利用により都市機能の更新・充実を誘導する区域，において指定することが考えられるとされている。

正な都市環境を保持するように定めること」とし，市街化区域については，少なくとも用途地域を定めるものとし，市街化調整区域については，原則として用途地域を定めないものとしている。

促進区域 都市計画区域については，都市計画に，複数の法律の規定による促進区域で必要なものを定めるものとされている（10条の2）。都市再開発法による市街地再開発促進区域，「大都市地域における住宅及び住宅地の供給の促進に関する特別措置法」による土地区画整理促進区域，同法による住宅街区整備促進区域，「地方拠点都市地域の整備及び産業業務施設の再配置の促進に関する法律」による拠点業務市街地整備土地区画整理促進区域が掲げられている（1項）。促進区域については，促進区域の種類，名称，位置及び区域その他政令で定める事項[52]のほか，別に法律で定める事項を都市計画に定めるものとされている（2項）。また，促進区域内における建築物の建築その他の行為に関する制限については，別に法律で定める（3項）。これらの項が，「別に法律で定める」としているのは，第1項に掲げる法律による具体化を想定しているからにほかならない。かつ，法に定めている趣旨は，都市計画としての全体像を法自体において示す必要があるからである。

遊休土地転換利用促進地区 都市計画区域について，必要があるときは，都市計画に，次の条件に該当する土地の区域について，「遊休土地転換利用促進地区」を定めるものとされている（10条の3）。①当該区域内の土地が，相当期間にわたり住宅の用，事業の用に供する施設の用その他の用途に供されていないことその他の政令で定める要件[53]に該当していること，②当該区

---

[52] 法施行令4条の2により，「区域の面積」とされている。立法時に，このような事項を想定していたとすれば，委任の必要性のある事項であったとは思われないので，敢えて政令に委任した理由が明らかではない。

[53] 法施行令4条の3は，当該区域内の土地が相当期間にわたり，次の条件のいずれかに該当していることとしている。①住宅の用，事業の用に供する施設の用その他の用途に供されていないこと，②住宅の用，事業の用に供する施設の用その他の用途に供されている場合には，その土地又はその土地に存する建築物その他の工作物の整備の状況等からみて，その土地の利用の程度がその周辺の地域における同一の用途又はこれに類する用途に供されている土地の利用の程度に比し著しく劣っていると認められること。

域内の土地が①の要件に該当していることが，当該区域及びその周辺の地域における計画的な土地利用の増進を図る上で著しく支障となっていること，③当該区域内の土地の有効かつ適切な利用を促進することが，当該都市の機能の増進に寄与すること，④おおむね5,000平方メートル以上の規模の区域であること，⑤当該区域が市街化区域内にあること。

　法律の定め方には，一定のルールがあるのかも知れないが，なぜ⑤を冒頭に掲げないのか，立法技術に疎い筆者には疑問の点である。

　遊休土地転換利用促進地区については，名称，位置及び区域その他政令で定める事項[54]を都市計画に定めるものとされている（10条の3第2項）。

被災市街地復興推進地域　　都市計画区域について必要があるときは，都市計画に，被災市街地復興特別措置法5条1項の規定による被災市街地復興推進地域を定めるものとされている（10条の4第1項）。都市計画に定める事項及び建築物の建築その他の行為の制限については，促進区域及び遊休土地転換利用促進地区の場合と同様の立法方法が採用されている。

　被災市街地復興特別措置法は，阪神・淡路大震災を契機に制定された法律である。同法は，「大規模な火災，震災その他の災害を受けた市街地についてその緊急かつ健全な復興を図るため，被災市街地復興推進地域及び被災市街地復興推進地域内における市街地の計画的な整備改善並びに市街地の復興に必要な住宅の供給について必要な事項を定める等特別の措置を講ずることにより，迅速に良好な市街地の形成と都市機能の更新を図り，もって公共の福祉の増進に寄与することを目的とする」法律である（1条）。

　被災市街地復興特別措置法5条1項は，被災市街地復興推進地域の要件を，次のように定めている。①大規模な火災，震災その他の災害により当該区域内において相当数の建築物が滅失したこと，②公共の用に供する施設の整備状況，土地利用の動向等からみて不良な街区の環境が形成されるおそれがあること，③当該区域の緊急かつ健全な復興を図るため，土地区画整理事業，市街地再開発事業その他建築物若しくは建築敷地の整備又はこれらと併せて整備されるべき公共の用に供する施設の整備に関する事業を実施する必

---

[54]　法施行令4条の2と同様に，法施行令4条の4により，「区域の面積」とされている。

要があること。

　なお，被災市街地復興推進地域に関する都市計画においては，緊急かつ健全な復興を図るための市街地の整備改善の方針（＝緊急復興方針）及び同法7条の規定による建築行為の制限等の期間の満了の日を定める（5条2項）。その満了の日は，災害の発生した日から起算して2年以内の日としなければならない（同条3項）。

　被災市街地復興推進地域内においては，前記期間の満了の日までに，土地の形質の変更又は建築物の新築，改築若しくは増築をしようとする者は，省令で定めるところにより，都道府県知事の許可を受けなければならない。ただし，①通常の管理行為，軽易な行為その他の行為で政令で定めるもの，②非常災害のため必要な応急措置として行なう行為，③都市計画事業の施行として行なう行為又はこれに準ずる行為として政令で定める行為，については，この限りでない（同法7条1項）。また，所定の告示，公告等があった日後は，それぞれ所定の区域又は地区内においては適用しないこととされている（7条3項）。

　この規定による許可申請があった場合において，次の行為については，許可をしなければならないものとされている（7条2項）。

　　1　土地の形質の変更で，次のいずれかに該当するもの
　　　イ　被災市街地復興推進地域に関する都市計画に適合する0.5ヘクタール以上の規模の土地の形質の変更で，当該被災市街地復興推進地域の他の部分についての市街地開発事業の施行その他市街地の整備改善のため必要な措置の実施を困難にしないもの
　　　ロ　2のロに掲げる建築物又は自己の業務の用に供する工作物（建築物を除く）の新築，改築又は増築の用に供する目的で行なう土地の形質の変更で，その規模が政令で定める規模未満のもの
　　　ハ　8条による買取りの申出に対して買い取らない旨の通知があった土地における同条3項2号に該当する土地の形質の変更
　　2　建築物の新築，改築又は増築で，次のいずれかに該当するもの
　　　イ　第1項の許可（1のハに掲げる行為についての許可を除く）を受けて土地の形質の変更が行なわれた土地の区域内において行なう建築

物の新築，改築又は増築
　　ロ　自己の居住の用に供する住宅又は自己の業務の用に供する建築物
　　　（住宅を除く）で次に掲げる要件に該当するものの新築，改築又は増
　　　築
　　　①　階数が2以下で，かつ，地階を有しないこと。
　　　②　主要構造部が木造，鉄骨造，コンクリートブロック造その他こ
　　　　れらに類する構造であること。
　　　③　容易に移転し，又は除却することができること。
　　　④　敷地の規模が政令で定める規模未満であること。
　　ハ　8条による買取りの申出に対して買い取らない旨の通知があった
　　　土地における同条3項1号に該当する建築物の新築，改築又は増
　　　築

　許可には，「緊急かつ健全な復興を図るための市街地の整備改善を推進するために必要な条件」を付することができる。しかし，その条件は，当該許可を受けた者に「不当な義務」を課するものであってはならない（7条4項）。「緊急かつ健全な復興」という目的との関係において，どのような義務が「不当」と評価されるのか，難しいところがある。

　都道府県知事（都道府県，市町村その他の政令で定める者からの申出に基づいて知事が土地の買取りの相手方を定めて公告された者があるときは，その者）は，被災市街地復興推進地域内の土地の所有者から，所定の要件に該当する建築物の新築・改築又は増築，それらの用に供する目的で行なう土地の形質の変更について7条1項の許可がされないときは「その土地の利用に著しい支障を生じることとなること」を理由として，当該土地を買い取るべき旨の申出があったときは，特別の事情がない限り，当該土地を買い取るものとされている（8条3項）。申出を受けた者は，遅滞なく，買い取る旨又は買い取らない旨を，土地の所有者に通知しなければならない（8条4項）。

　この仕組みにおいて，二つの法律問題がある。

　第一に，第8条3項の「特別の事情がない限り」という要件にもかかわらず，最後は申出を受けた者の意思の自由があると解されるのか（その場合には，「特別の事情がない限り」は，訓示的意味を有するにすぎない），それとも，

特別の事情がない限り買い取る義務を生ずるとみるべきかという問題である。
　第二に，後者の解釈による場合において，買い取ろうとしないときに，どのような方法で買取義務を実現させるかである。買取義務確認の訴えによることになろうか。

　都市施設　都市計画区域については，都市計画に次に掲げる施設で必要なものを定めるものとされている。この場合において，特に必要があるときは，当該都市計画区域外においても，これらの施設を定めることができる（11条1項）。

　① 道路，都市高速鉄道，駐車場，自動車ターミナルその他の交通施設
　② 公園，緑地，広場，墓苑その他の公共施設
　③ 水道，電気供給施設，ガス供給施設，下水道，汚物処理場，ごみ焼却場その他の供給施設又は処理施設
　④ 河川，運河その他の水路
　⑤ 学校，図書館，研究施設その他の教育文化施設
　⑥ 病院，保育所その他の医療施設又は社会福祉施設
　⑦ 市場，と畜場又は火葬場
　⑧ 一団地の住宅施設（一団地におけるい50戸以上の集団住宅及びこれらに附帯する通路その他の施設をいう）
　⑨ 一団地の官公庁施設（一団地の国家機関又は地方公共団体の建築物及びこれらに附帯する通路その他の施設をいう）
　⑩ 流通業務団地
　⑪ その他の政令で定める施設

　これらの都市施設は，国又は地方公共団体の設置管理する施設に限られないことに注意する必要がある。

　このような都市施設については，都市施設の種類，名称，位置及び区域その他の政令で定める事項を都市計画に定めるものとされている（11条2項）。

　法13条1項11号は，都市施設について，「土地利用，交通等の現状及び将来の見通しを勘案して，適切な規模で必要な位置に配置することにより，円滑な都市活動を確保し，良好な都市環境を保持するように定めること」としている。そして，市街化区域及び区域区分が定められていない都市計画区

域については，少なくとも道路，公園及び下水道を定めるものとし，第1種低層住居専用地域，第2種低層住居専用地域，第1種中高層住居専用地域，第2種中高層住居専用地域，第1種住居地域，第2種住居地域及び準住居地域については，義務教育施設をも定めるものとしている。

都市施設の設置に関する都市計画決定については，行政庁の裁量を広く認める傾向にある。この点については，都市計画決定の項目において述べる。

市街地開発事業・市街地開発事業予定区域　　都市計画区域については，都市計画に，以下の①〜⑦の事業（＝市街地開発事業）のうち必要なものを定めるものとされている（12条1項）。いずれも，個別法の根拠に基づく事業で，個別法において都市計画の定め方について規律されている。また，新住宅市街地開発事業の予定区域，工業団地造成事業の予定区域，新都市基盤整備事業の予定区域，区域の面積が20ヘクタール以上の一団地の住宅施設の予定区域，流通業務団地の予定区域（＝市街地開発事業等予定区域）で必要なものを都市計画に定めることとされている（12条の2第1項）。

　①　土地区画整理法による土地区画整理事業（1号）
　②　新住宅市街地開発法による新住宅市街地開発事業（2号）

同法は，新住宅市街地開発事業に関する都市計画においては，法12条2項に定める事項のほか，住区，公共施設の配置及び規模並びに宅地の利用計画を定めるものとし，かつ，同都市計画は，次の各号に掲げるところに従って定めなければならないとしている。

　1　道路，公園，下水道その他の施設に関する都市計画が定められている場合においては，その都市計画に適合するように定めること。
　2　各住区が，地形，地盤の性質等から想定される住宅街区の状況等を考慮して，適正な配置及び規模の道路，近隣公園（主として住区内の居住者の利用に供することを目的とする公園をいう。）その他の公共施設を備え，かつ，住区内の居住者の日常生活に必要な公益的施設の敷地が確保された良好な居住環境のものとなるように定めること。
　3　当該区域が，前号の住区を単位とし，各住区を結ぶ幹線道路その他の主要な公共施設を備え，かつ，当該区域にふさわしい相当規模の公益的施設の敷地が確保されることにより，健全な住宅市街地として一

体的に構成されることとなるように定めること。

4 特定業務施設の敷地の造成を含む新住宅市街地開発事業に関する都市計画にあっては、宅地の利用計画は、前3号の基準によるほか、当該区域内又は一若しくは二以上の住区内に配置されることとなる当該施設の敷地の配置及び規模が、当該区域に形成されるべき住宅市街地の都市機能の増進及び良好な居住環境の確保のために適切なものとなるように定めること。

③ 工業団地造成事業（「首都圏の近郊整備地帯及び都市開発区域の整備に関する法律」又は「近畿圏の近郊整備区域及び都市開発区域の整備及び開発に関する法律」に基づくもの）（3号）

④ 都市再開発法による市街地再開発事業（4号）

市街地再開発事業とは、市街地の土地の合理的かつ健全な高度利用と都市機能の更新を図るため、都市計画法及び都市再開発法（7章を除く）で定めるところに従って行なわれる建築物及び建築敷地の整備並びに公共施設の整備に関する事業並びにこれに附帯する事業をいい、第1種市街地再開発事業と第2種再開発事業とに区分されている（都市再開発法2条1号）。人口の集中の特に著しい政令で定める大都市[55]を含む都市計画区域内の市街化区域においては、都市計画に「都市再開発の方針」を定めなければならない（2条の3第1項）。これ以外の都市計画区域内の市街化区域においては、都市計画に、当該市街化区域内にある計画的な再開発が必要な市街地のうち特に一体的かつ総合的に市街地の再開発を促進すべき相当規模の地区及び当該地区の整備又は開発の計画の概要を明らかにした都市再開発の方針を定めなければならない（同条2項）。

第1種市街地再開発事業又は第2種市街地再開発事業に関する都市計画においては、都市計画法12条2項に定める事項のほか、「公共施設の配置及び規模並びに建築物及び建築敷地の整備に関する計画」を定めるものとさ

---

[55] 施行令1条の2により、東京都（特別区の存する区域に限る）、大阪市、名古屋市、京都市、横浜市、神戸市、北九州市、札幌市、川崎市、福岡市、広島市、仙台市、川口市、さいたま市、千葉市、船橋市、立川市、堺市、東大阪市、尼崎市及び西宮市とされている。

れている（同法4条1項）。そして，第1種市街地再開発事業又は第2種市街地再開発事業に関する都市計画は，次の各号に規定するところに従って定めなければならない（同条2項）。

 1 道路，公園，下水道その他の施設に関する都市計画が定められている場合においては，その都市計画に適合するように定めること。

 2 当該区域が，適正な配置及び規模の道路，公園その他の公共施設を備えた良好な都市環境のものとなるように定めること。

 3 建築物の整備に関する計画は，市街地の空間の有効な利用，建築物相互間の開放性の確保及び建築物の利用者の利便を考慮して，建築物が都市計画上当該地区にふさわしい容積，建築面積，高さ，配列及び用途構成を備えた健全な高度利用形態となるように定めること。

 4 建築敷地の整備に関する計画は，前号の高度利用形態に適合した適正な街区が形成されるように定めること。

住宅不足の著しい地域における第1種市街地再開発事業又は第2種市街地再開発事業に関する都市計画においては，同法4条2項に抵触しない限り，当該市街地再開発事業が住宅不足の解消に寄与するよう，当該市街地開発事業により確保されるべき住宅の戸数その他住宅建設の目標を定めなければならない（同法5条）。

 ⑤ 新都市基盤整備法による新都市基盤整備事業（5号）

新都市基盤整備事業とは，法及び新都市基盤整備法に従って行なわれる「新都市の基盤となる根幹公共施設の用に供すべき土地及び開発誘導地区に充てるべき土地の整備に関する事業並びにこれに附帯する事業」である（新都市基盤整備法2条1項）。ここにいう「開発誘導地区」とは，「施行区域を都市として開発するための中核となる地区として，一団地の住宅施設及び教育施設，医療施設，官公庁施設，購買施設その他の施設で施行区域内の居住者の共同の福祉若しくは利便のため必要なものの用に供すべき土地の区域」又は都市計画法12条1項3号に規定する工業団地造成事業が施行されるべき土地の区域である（新都市基盤整備法2条6項）。

都市計画に定めるべき施行区域は，市街化区域内の土地で，二つの条件に該当するものでなければならない（同法3条）。

まず，第一に，同法2条の2各号に掲げる条件に該当することである（同法3条1号）。その条件は，次のとおりである。
1 人口の集中に伴う住宅の需要に応ずるに足りる適当な宅地が著しく不足し，又は著しく不足するおそれがある大都市の周辺の区域で，次に掲げる要件を備えているものであること。
　イ 良好な住宅市街地が相当部分を占める新都市として一体的に開発される自然的及び社会的条件を備えていること。
　ロ 人口の集中した市街地から相当の距離を有する等の理由により，当該区域を新都市として開発するうえで，公共の用に供する施設及び当該区域の開発の中核となる地区を先行して整備することが効果的であると認められること。
2 当該区域内において建築物の敷地として利用されている土地がきわめて少ないこと。
3 1ヘクタール当たり100人から300人を基準として5万人以上が居住できる規模の区域であること。
4 当該区域の相当部分が都市計画法8条1項1号の第1種低層住居専用地域，第2種低層住居専用地域，第1種中高層住居専用地域又は第2種中高層住居専用地域内にあること。

第二に，「当該区域を住宅市街地が相当部分を占める新都市とするために整備されるべき主要な根幹公共施設に関する都市計画が定められていること」である（新都市基盤整備法3条2号）。

新都市基盤整備事業に関する都市計画においては，都市計画法12条2項に定める事項のほか，根幹公共施設の用に供すべき土地の区域，開発誘導地区の配置及び規模並びに開発誘導地区内の土地の利用計画を定めるものとし（同法4条1項），同都市計画は，次に掲げるところに従って定めなければならない（同条2項）。
1 道路，公園，下水道その他の施設に関する都市計画が定められている場合においては，その都市計画に適合するように定めること。
2 当該区域が，良好な住宅市街地が相当部分を占める新都市として適正な配置及び規模の根幹公共施設を備えるものとなるように，当該施

設の用に供すべき土地の区域を定めること。
 3　開発誘導地区については，当該区域の市街化を誘導するうえで効果的であるように配置し，その面積が当該区域の面積の40パーセントをこえないように定めること。
 4　開発誘導地区内の土地の利用計画は，開発誘導地区内に配置されることとなる住宅施設，教育施設，医療施設，官公庁施設，購買施設その他の施設の用に供すべき土地又は都市計画法12条1項3号に規定する工業団地造成事業が施行されるべき土地の区域の配置及び規模が新都市として適正なものとなるように定めること
⑥　「大都市地域における住宅及び住宅地の供給の促進に関する特別措置法」による住宅街区整備事業（6号）
⑦　「密集市街地における防災街区の整備の促進に関する法律」による防災街区整備事業（7号）

[3]　地区計画・地区整備計画等

地区計画等　　都市計画区域については，都市計画に，地区計画，密集市街地整備法による防災街区整備地区計画，「地域における歴史的風致の維持及び向上に関する法律」の規定による歴史的風致維持向上地区計画，「幹線道路の沿道の整備に関する法律」による沿道地区計画及び集落地域整備法による集落地区計画で必要なものを定めるものとされている（12条の4第1項）。これらの地区計画等については，地区計画等の種類，名称，位置及び区域その他政令で定める事項[56]を都市計画に定めるものとしている（第2項）。地区計画について詳しくは，『都市行政法精義Ⅱ』において述べる。また，行政処分性については，本節[7]において述べる。

再開発等促進区・開発整備促進区　　次に掲げる条件に該当する土地の区域における地区計画については，土地の合理的かつ健全な高度利用と都市機能の増進とを図るため，一体的かつ総合的な市街地の再開発又は開発整備を実施すべき区域（＝再開発等促進区）を都市計画に定めることができる（12条

56　法施行令7条の3により「区域の面積」とされている。

の5第3項)。①現に土地の利用状況が著しく変化しつつあり,又は著しく変化することが確実であると見込まれる土地の区域であること,②土地の合理的かつ健全な高度利用を図るため,適正な配置及び規模の公共施設を整備する必要がある土地の区域であること,③当該区域内の土地の高度利用を図ることが,当該都市の機能の増進に貢献することとなる土地の区域であること,④用途地域が定められている土地の区域であること。

遊休土地転換利用促進地区について述べたことと似た立法技術の問題であるが,④の「用途地域が定められている土地の区域であること」をなぜ冒頭に置かないのか,不思議である。

次に掲げる条件に該当する土地の区域における地区計画については,劇場,店舗,飲食店その他これらに類する用途に供する大規模な建築物(=特定大規模建築物)の整備による商業その他の業務の利便の増進を図るため,一体的かつ総合的な市街地の開発整備を実施すべき区域(=開発整備促進区)を都市計画に定めることができる(12条の5第4項)。①現に土地の利用状況が著しく変化しつつあり,又は著しく変化することが確実であると見込まれる土地の区域であること,②特定大規模建築物の整備による商業その他の業務の利便の増進を図るため,適正な配置及び規模の公共施設を整備する必要が土地の区域であること,③当該区域内において特定大規模建築物の整備による商業その他の業務の利便の増進を図ることが,当該都市の機能の増進に貢献することとなる土地の区域であること,④第2種住居地域,準住居地域若しくは工業地域が定められている土地の区域又は用途地域が定められていない土地の区域(市街化調整区域を除く)であること。

再開発等促進区又は開発整備促進区を定める地区計画においては,法12条の5第2項に定める事項のほか,当該再開発等促進区又は開発整備促進区に関し必要な次の事項を都市計画に定めるものとされている(第5項)。①土地利用に関する基本方針,②道路,公園その他の政令で定める施設(都市計画施設及び地区施設を除く)[57]の配置及び規模。ただし,当面建築物又はその敷地の整備と併せて整備されるべき公共施設の整備に関する事業が行な

---

57 法施行令7条の5により,道路又は公園,緑地,広場その他の公共空地とされている。

われる見込みがないときその他施設の配置及び規模を定めることができない特別の事情があるときは、それらを定めることを要しない（第6項）。

再開発等促進区を定める地区計画に関しては、法13条1項14号本文の基準のほか、「土地の合理的かつ健全な高度利用と都市機能の増進とが図られることを目途として、一体的かつ総合的な市街地の再開発又は開発整備が実施されることとなるように定めること」及び「第1種低層住居専用地域及び第2種低層住居専用地域については、再開発促進区の周辺の低層住宅に係る良好な住居の環境の保護に支障がないように定めること」としている。

開発整備促進区を定める地区計画に関しては、「特定大規模建築物の整備による商業その他の業務の利便の増進が図られることを目途として、一体的かつ総合的な市街地の開発整備が実施されることとなるように定めること」及び「第2種住居地域及び準住居地域については、開発整備促進区の周辺の住宅に係る住居の環境の保護に支障がないように定めること」としている。

地区整備計画　　地区整備計画（建築物等の整備並びに土地の利用に関する計画）に関しては、『都市行政法精義Ⅱ』において述べる。

沿道地区計画等　　最後に、防災街区整備地区計画、歴史的風致維持向上地区計画、沿道地区計画及び集落地区計画について都市計画に定めるべき事項は、法12条の4第2項に定めるもののほか、別に法律で定めることとしている（12条の13）。それぞれの法律が存在することに鑑みたものである。これらについては、『都市行政法精義Ⅱ』において述べる。

[4]　地域地区等と建築基準法

建築基準法と都市計画法との関係　　都市計画法の大きな柱は、都市計画区域の設定である。都市計画区域を市街化区域と市街化調整区域に区分し（そのほかに、いわゆる非線引区域がある）、地域地区制を採用している。そして、用途地域に関しては、用途地域ごとに建物等の用途を制限している。建築基準法は、この用途地域を前提にして、各用途地域内における具体的な建築規制を行なっている。建築規制の内容は、用途のみならず、建ぺい率、容積率、高さ制限などの多岐にわたる。したがって、建築基準法の定める建築規制は、都市計画法の採用した用途地域制度が維持されることを担保する役割を果た

していることになる。その他の地域地区に関しても同様である。しかしながら，都市計画法系列の行政機関と建築基準法系列の行政機関との分立が図られている結果，個別の場面において解釈上問題を生ずることがある。都市計画法による開発許可の要否や開発許可の適法性を建築確認機関が審査できるかという問題は，その典型であるといってよい。

建築基準法の定義規定と都市計画法の規定　建築基準法は，同法における第1種低層住居専用地域，第1種中高層住居専用地域，第2種中高層住居専用地域，第1種住居地域，第2種住居地域，準住居地域，近隣商業地域，商業地域，準工業地域，工業地域，工業専用地域，特別用途地区，特定用途制限地域，特例容積率適用地区，高層住居誘導地区，高度地区，高度利用地区，特定街区，都市再生特別地区，防火地域，準防火地域，特定防災街区整備地区又は景観地区について，それぞれ法8条1項1号から6号までに掲げられているそれらを指すものとしている（2条21号）。

そして，建築基準法は，これらの定義を前提に，それぞれの地域（＝用途地域）における用途を定めている（48条1項～13項）。それらの各項のただし書には，住居に関係する地域に関しては「特定行政庁が……における良好な住居の環境を害するおそれがないと認め，又は公益上やむを得ないと認めて許可した場合においては，この限りでない」（1項～4項），「特定行政庁が……における住居の環境を害するおそれがないと認め，又は公益上やむを得ないと認めて許可した場合においては，この限りでない」（5項～7項）と定めている。また，その他の用途地域についても，近隣商業地域に関して「特定行政庁が近隣の住宅地の住民に対する日用品の供給を行うことを主たる内容とする商業その他の業務の利便及び当該住宅地の環境を害するおそれがないと認め，又は公益上やむを得ないと認めて許可した場合においては，この限りでない」（8項），商業地域に関して「特定行政庁が商業の利便を害するおそれがないと認め，又は公益上やむを得ないと認めて許可した場合においては，この限りでない」（9項），工業地域に関して「特定行政庁が工業の利便上又は公益上必要と認めて許可した場合においては，この限りでない」（11項）のように，例外許可を認めている。

そして，例外許可をする場合においては，あらかじめ，その許可に利害関

係を有する者の出頭を求めて公開による意見の聴取を行ない、かつ、建築審査会の同意を得なければならない（14項）[58]。この例外許可に関しては、二つの問題があるように思われる。

第一に、どのような者が「許可に利害関係を有する者」に該当するのかという問題である。「利害関係を有する者」であるにもかかわらず、出頭を求めて意見聴取の手続をとらなかった場合は、例外許可の違法事由となるおそれがあるだけに重要な点である。

東京地裁昭和60・1・31（行集36巻1号59頁）は、現行の9項に相当する項の例外許可を争う原告適格との関係において、例外許可をするかどうかの判断に際し考慮するのは、当該建築物の建築が当該地域において商業の利便を害するおそれがあるかどうかの点にあり、商業の利便が害されるおそれが生ずるのは主としてその建物の周囲の、ある程度限られた範囲に所在する建物において現に商業を営んでいる者であるのが通常であるから、特定行政庁は、そのような者について当該建築物の建築によって商業の利便を害するおそれがあるかどうかを判断してこれを決すべきものと考えられると述べた。そして、そのような「範囲（それが具体的にどの程度であるかは、当該建築物の規模、事業内容、従前の地域の特質、既存の商業を営む者の営業内容等諸般の事情によって決せられよう。）内にある建物において現に商業を営んでいる者は、その取消しを求める法律上の利益を有するものといわなければならない」とした。具体の事案の原告は、隣地にある建物に居住するにすぎず商業を営んでいないので、原告適格が認められないとした[59]。利害関係を有する者の範囲も、ほぼ同様に考えてよいであろう。

また、第1項の例外許可との関係において、横浜地裁平成17・2・16（判例地方自治266号96頁）は、特定行政庁は、「当該地域内の例外許可申請に係る建築物の近隣において居住し、第1種低層住居専用地域にふさわしい内容のものとして形成され、維持されてきた『良好な住居の環境』を現に享受

---

[58] ただし、例外許可を受けた建築物の増築、改築又は移転（これらのうち、政令で定める場合に限る）について許可をする場合は、この限りでない（同項ただし書）。

[59] 控訴審の東京高裁昭和60・8・7行集36巻7・8号1201頁も、この判断を引用している。

している者の当該環境の下における社会生活上の具体的利益が，当該建築物の建築によりどのような影響を受け，どのように害されることになるのか等をも考慮，評価して，要件適合性に係る判断をしなければならないものというべきである」とし，利害関係を有する者の出頭を求めて公開による意見の聴取を行なわなければならない旨の規定に関して，「許可に利害関係を有することが想定される一定の範囲の者に対し例外許可の手続に参加する機会を付与することにより，その者の利益を適切に考慮，評価し，例外許可の許否の判断の適正を担保しようとする趣旨に基づくものと解される」と述べた。そして，例外許可に係る建築物が建築され，その用途に供されることによって，第1種低層住居専用地域において居住生活を営み，現実に享受してきた当該地域にふさわしい「良好な住居の環境」の内容を構成する社会生活上保護されるべき人格権的利益を直接的に侵害されるおそれがある者は，取消訴訟の原告適格を有するとした。人格権的利益の内容が問題となるが，自動車用車庫の建築にあっては，①車輌の出し入れに伴い車庫あるいは車輌が発生させる騒音にさらされることなく静穏な居住生活を営む利益，②車輌の出入りに伴うライトグレアにさらされることなく平穏な生活を営む利益，③出入りする車輌が発生させる排気ガスの影響による被害を受けることなく居住生活を営む利益等として具体的に把握，認識することができるものであり，「これらの利益は，社会生活上保護されるべき居住生活に係る人格権的利益として個々人に帰属するものであって，容易に一般的公益の中に吸収解消され得ない性質のものといわなければならない」と述べた[60]。

さらに，第12項の「工業の利便を害する」おそれがないと認めた例外許可との関係において，横浜地裁平成16・11・10（判例地方自治266号85頁，270号89頁）は，「利害関係を有する者」とは，当該建築物が建築され，その用途に供されることによって，現実に当該工業専用地域において工業を営み，その享受している工業生産活動等の利便という営業上の利益ないし財産

---

60 「公益上やむを得ない」と認めてなされた例外許可について原告適格を否定した事例として，横浜地裁昭和56・7・29行集33巻11号2232頁，その控訴審・東京高裁昭和57・11・8行集33巻11号2225頁，上告審・最高裁昭和60・11・14判例タイムズ594号72頁がある。

的利益を直接的に侵害されるおそれがある者を指すものと解されると述べた。そして，この「利害関係を有する者」の具体的利益は，もっぱら一般的公益の中に吸収解消するにとどめず，それが帰属する個々人の個別的利益としても保護するべきものとしていると解されるとした（具体の事案の原告は工業を営んでいる者ではないから原告適格を有しないとした）。

第二に，各項が定める例外許可の要件を判断するのに，はたして建築審査会が適切な組織といえるのかという点である。建築審査会は，建築基準法に基づいて権限を行使するのであり，それに相応しい者により構成されているとはいえ，例外許可の要件の充足の有無を判断できる委員の数は，実際には極めて限られざるを得ないと思われる。

以上のような用途のほか，建築物の敷地及び構造に関しても，地域地区に応じて規制がなされている（建築基準法52条，53条，54条〜59条，60条）。

都市計画と建築規制との連動関係　建築物の高さ，容積率等については，都市計画との連動関係が強い。たとえば，特例容積率適用地区内の建築物の高さについて，同地区に関する都市計画において限度が定められている場合には，その最高限度以下でなければならない（建築基準法57条の4第1項）。同じく，高層住居誘導地区内において，同地区に関する都市計画において建築物の建ぺい率が定められたときは，その限度以下でなければならない（同法57条の5第1項）。高度地区にあっては，建築物の高さは，高度地区に関する都市計画において定められた内容に適合するものでなければならない（同法58条）。

高度利用地区内においては，建築物の容積率及び建ぺい率並びに建築面積は，同地区に関する都市計画において定められた内容に適合するものでなければならない。ただし，次のいずれかに該当する建築物については，この限りでない（同法59条1項）。①主要構造部が木造，鉄骨造，コンクリートブロック造その他これらに類する構造であって，階数が2以下で，かつ，地階を有しない建築物で，容易に移転し，又は除却することができるもの，②公衆便所，巡査派出所その他これらに類する建築物で，公益上必要なもの，③学校，駅舎，卸売市場その他これらに類する公益上必要な建築物で，特定行政庁が用途上又は構造上やむを得ないと認めて許可したもの。また，高度利

用地区内においては，建築物の壁又はこれに代わる柱は，建築物の地盤面下の部分及び国土交通大臣が指定する歩廊の柱その他これに類するものを除き，高度利用地区に関する都市計画において定められた壁面の位置の制限に反して建築してはならない。ただし，前記①から③のいずれかに該当する建築物については，この限りでない（同法59条2項）。さらに，高度利用地区内においては，敷地内に道路に接して有効な空地が確保されていること等により，特定行政庁が，交通上，安全上，防火上及び衛生上支障がないと認めて許可した建築物については，建築基準法56条1項1号及び2項から4項までの規定は適用しないこととされている（同法59条4項）。都市再生特別地区についても，ほぼ同様の規定が用意されている（同法60条の2）。

特定街区内においては，建築物の容積率及び高さは，特定街区に関する都市計画において定められた限度以下でなければならない（同法60条1項）。また，特定街区内においては，建築物の壁又はこれに代わる柱は，建築物の地盤面下の部分及び国土交通大臣が指定する歩廊の柱その他これに類するものを除き，特定街区に関する都市計画において定められた壁面の位置の制限に反して建築してはならない（同法60条2項）。

防火地域・準防火地域・特定防災街区整備地区・景観地区も，いずれも都市計画に定められる地域地区である（都市計画法8条1項参照）。建築基準法は，これらの地域地区に対応した規律をしている（61条〜68条）。

[5] 都市計画基準

国土計画・地方計画適合性　法13条1項は，都市計画区域について定められる都市計画に関して，まず，計画適合性を求めている。すなわち，国土形成計画，首都圏整備計画，近畿圏整備計画，中部圏開発整備計画，北海道総合開発計画，沖縄振興計画その他の国土計画又は地方計画に関する法律に基づく計画（当該都市について公害防止計画が定められているときは，当該公害防止計画を含む）及び道路，河川，鉄道，港湾，空港等の施設に関する国の計画に適合しなければならないとしている。

一体的かつ総合的定め　法13条1項は，さらに，当該都市の特質を考慮して各号に掲げるところに従って，土地利用，都市施設の整備及び市街地開

発事業に関する事項で当該都市の健全な発展と秩序ある整備を図るため必要なものを，一体的かつ総合的に定めなければならない，としている。この場合に，当該都市における自然的環境の整備又は保全に配慮しなければならない。各号の内容をすべて叙述するゆとりはないが，主要な点は，個別の都市計画に関する叙述に際して言及した。ただし，法13条1項19号が，各号の基準を適用するについては，法6条1項の規定による「都市計画に関する基礎調査の結果に基づき，かつ，政府が法律に基づき行う人口，産業，住宅，建築，交通，工場立地その他の調査の結果について配慮すること」を求めている。基礎調査及び各種調査結果を重視して「配慮」を求めているのである。

　不十分な基礎調査に基づく都市計画決定が違法となるのかどうかが問題となる。

　静岡地裁平成15・11・27（判例地方自治272号90頁）は，「都市施設に関する都市計画を決定するについて，法13条1項6号に定める『土地利用，交通等の現状及び将来の見通しを勘案』する際には，基礎調査その他の実証的なデータに基づいて判断される必要がある。したがって，交通等の現状及び将来の見通しの判断の前提となった資料に合理的な根拠がなく，著しく不合理な予測をしている場合には，同資料に基づく政策判断が，行政庁に与えられた裁量権の範囲を逸脱しているとされる場合もあり得る」と述べつつ，具体的事案の道路網計画については，算定根拠となった数値（集中交通量の推計など）にやや慎重さを欠く部分があるものの，著しく不合理とはいえず，それに基づく政策判断が行政庁に与えられた裁量を超えて著しく不合理なものであったとはいえないとした。

　しかし，控訴審の東京高裁平成17・10・20（判例時報1914号43頁）は，まず，次のように一般論を述べた。

　　「都道府県知事は，都市計画を決定するについて一定の裁量を有するものといい得るが，その裁量は都市計画法第13条第1項各号の定める基準に従って行使されなければならないのであり，これを都市施設を都市計画に定めるについていうならば，同項第6号〔現行の11号＝筆者注〕の定める基準に従い，土地利用，交通等の現状及び将来の見通しを

勘案して適切な規模で必要な位置に配置されるように定めることを要するのであり，しかも，この基準を適用するについては，同項第14号〔＝現行の19号〕により法第6条第1項の規定による都市計画に関する基礎調査の結果に基づくことを要するのであって（都市計画法第13条第1項第14号），客観的，実証的な基礎調査の結果に基づいて土地利用，交通等につき現状が正しく認識され，将来が的確に見通されることなく都市計画が決定されたと認められる場合には，当該都市計画の決定は，同項第14号，第6号に違反し，違法となると解するのが相当であるところ，都市計画に関する基礎調査の結果が客観性，実証性を欠くためにこれに基づく土地利用，交通等の現状の認識及び将来の見通しが合理性を欠くにもかかわらず，そのような不合理な現状の認識及び将来の見通しに依拠して都市計画が決定されたと認められるときや，客観的，実証的な基礎調査の結果に基づいて土地利用，交通等につき現状が正しく認識され，将来が的確に見通されたが，その正しい認識及び的確な見通しを全く考慮しなかったと認められるとき又はこれらを一応考慮したと認められるもののこれらと都市計画の内容とが著しく乖離していると評価することができるときなど法第6条第1項が定める基礎調査の結果が勘案されることなく都市計画が決定された場合は，当該都市計画の決定は，上記と同様の理由で違法となると解するのが相当である。」

この判決は，1審判決同様に，都市計画決定に関する裁量を認めつつも，基礎調査の勘案に関しては，厳しい解釈をとっているといえる。具体の事案に関して，変更決定をするに当たって勘案した土地利用，交通等の現状及び将来の見通しは，都市計画に関する基礎調査の結果が客観性，実証性を欠くものであったために合理性を欠くものであったといわざるを得ないとして，法13条1項14号，6号の趣旨に反して違法であるとした。ちなみに，判決は，この違法を理由に，都市計画道路区域内における法53条1項に基づく許可申請に対する不許可処分を取り消した。

[6] 都市計画の決定及び変更
都道府県の定める都市計画　　次に掲げる都市計画は都道府県が定めるこ

ととされている（15条1項）。①都市計画区域の整備，開発及び保全の方針に関する都市計画，②区域区分に関する都市計画，③都市再開発方針等に関する都市計画，④地域地区に関する都市計画，⑤一の市町村の区域を超える広域の見地から決定すべき地域地区として政令で定めるもの又は一の市町村の区域を超える広域の見地から決定すべき都市施設若しくは根幹的都市施設として政令で定めるものに関する都市計画，⑥市街地開発事業（政令で定める小規模な土地区画整理事業，市街地再開発事業，住宅街区整備事業及び防災街区整備事業を除く）に関する都市計画。

市町村の合併その他の理由により，⑤に該当する都市計画が該当しなくなったとき，又は⑤に該当しない都市計画が⑤に該当することとなったときは，当該都市計画は，それぞれ市町村又は都道府県が決定したものとみなす（15条2項）。

都道府県の定める都市計画に関しては，市町村との関係の二つの任意の手続が用意されている。第一に，市町村は，必要があると認めるときは，都道府県に対し，都道府県が定める都市計画の案の内容となるべき事項を申し出ることができる（15条の2第1項）。都道府県は，この申出をできる限り尊重しなければならないと解されている[61]。第二に，都道府県は，都市計画の案を作成しようとするときは，関係市町村に対し，資料の提出その他必要な協力を求めることができる（15条の2第2項）。

市町村の定める都市計画　市町村は，法15条1項各号に掲げる都市計画以外の都市計画を定める（同項）。市町村が定める都市計画は，議会の議決を経て定められた当該市町村の建設に関する基本構想に即し，かつ，都道府県が定めた都市計画に適合したものでなければならない（15条3項）。また，市町村が定めた都市計画が都道府県が定めた都市計画と抵触するときは，その限りにおいて，後者が優先するものとされている（同条4項）。

都市計画決定の手続　都道府県計画も市町村計画についても，その案の作成に係る手続が予定されている。

第一に，その案を作成しようとする場合において必要があると認めるとき

61　都市計画法制研究会・都市計画法（改訂版）152頁。

は，公聴会の開催等住民の意見を反映させるために必要な措置を講ずるものとされている（16条1項）。公聴会は，都市計画の原案について住民が公開の場で意見陳述を行なう場であるのに対して，従来から行なわれてきた説明会は，都市計画の原案について住民に説明する場であるが，住民の意見陳述の機会が十分に確保されているときは，公聴会に代わるものとして運用することも考えられるという[62]。「必要があると認める」主体は，都道府県又は市町村であるから，公聴会開催等の意見反映措置を講ずるかどうかは，純粋な自由裁量といわざるを得ない。公聴会開催等の意見反映措置が講じられなかったからといって，そのことの故に都市計画決定が違法となることはないと解するほかはない[63]。しかし，運用面においては，可能な限り意見反映措置を講ずるべきである。今日においては，インターネットを通じた意見公募手続が利用しやすいであろう。この段階においては，未だ都市計画の案は作成されていないのであるから，住民には基本的な構想又は素案を示すことになろう[64]。

第二に，地区計画等の案は，意見の提出方法その他の政令で定める事項について条例で定めるところにより，その案に係る区域内の土地の所有者その他の政令で定める利害関係を有する者の意見を求めて作成するものとされている（16条2項）。

次に，作成された案についての手続が進められる。

第一に，都市計画を決定しようとするときは，あらかじめ，省令で定めるところにより，その旨を公告し，当該都市計画の案を，その都市計画を決定しようとする理由を記載した書面を添えて，当該公告の日から2週間公衆の縦覧に供しなければならない（17条1項）。縦覧手続を要するとした趣旨は，都市計画決定が利害関係人の権利に制約を加えるものであることに鑑み権利者の保護に資することにあるから，この規定による縦覧を全く欠いた都市計画決定は，重大かつ明白な瑕疵があるものとして，無効と解すべきであるとする見解が通用している[65]。さらに，縦覧期間が2週間に満たない場合につ

---

62 都市計画法制研究会・都市計画法（改訂版）153頁。
63 三橋・都市計画法109頁。
64 参照，三橋・都市計画法108頁。

いては，縦覧制度の趣旨を大きく損なわないような軽微な瑕疵の場合はともかくとして，あらかじめ利害関係人から相当な反対意見が出されることを予想していて，敢えて利害関係人の意見がないかのように都市計画地方審議会に案を諮る目的で，故意に縦覧期間を著しく短縮して事実上縦覧できないようにして，第2項による意見書の提出を妨げたような場合においては，そのような手続による都市計画決定は無効又は違法となるとする見解[66]が正当であろう。この公告があったときは，関係市町村の住民及び利害関係人は，縦覧期間の満了の日までに，縦覧に供された都市計画の案について，それぞれの作成主体たる地方公共団体に意見書を提出することができる（17条2項）。

　第二に，特定街区に関する都市計画の案については，政令で定める利害関係を有する者の同意を得なければならない（17条3項）。特定街区に関する都市計画は，建築物の容積率並びに建築物の高さの最高限度及び壁面の位置の制限を定めるものであるから（8条3項2号リ），強度な建築制限であるので，関係権利者全員の同意があって初めて都市計画の効力を有するとされる。したがって，一部であっても，権利者の同意を欠く場合には，都市計画決定は無効とされる[67]。なお，決定後に同意を撤回し，あるいは権利の承継人が不同意であっても，計画決定の効力には影響しない[68]。

　第三に，遊休土地転換利用促進地区内の土地に関する都市計画の案については，当該遊休土地利用促進地区内の土地に関する所有権又は地上権その他の政令で定める使用若しくは収益を目的とする権利を有する者の意見を聴かなければならない（17条4項）。

　第四に，都市計画事業の施行予定者を定める都市計画の案については，当該施行予定者の同意を得なければならない（17条5項本文）。これは，都市

65　三橋・都市計画法114頁‐115頁。

66　三橋・都市計画法115頁。

67　三橋・都市計画法117頁。同書は，「重大かつ明白な瑕疵」として無効を説明するが，明白性の定義次第であるとはいえ，同意書の偽造などの場面を考えると，常識的な意味の明白性のみでは説明できない場合があるように思われる。その意味において，明白性を問うことなく，重大な瑕疵であることを理由に無効とすべきであろう。

68　都市計画法研究会編・運用925頁，都市計画法制研究会・都市計画法（改訂版）158頁。

計画事業の施行予定者として定められると，その予定者は，都市計画事業の認可又は承認の申請などの義務を負うことに鑑みたものである[69]。ただし，法12条の3第2項の適用がある場合は，予定区域に関する都市計画の案について施行予定者の同意を得ていることから，別個独立に同意の手続を要しないとする趣旨で，「この限りでない」としている（同項ただし書）。

　法16条及び17条の規定は，都道府県又は市町村が，それらの規定に反しないものについて，住民又は利害関係人に係る都市計画の決定の手続について，条例で必要な規定を定めることを妨げるものではないことが，確認的に規定されている（17条の2）。手続の拡充を妨げる理由はないからである。なお，「条例で必要な規定を定める」方法によらないで要綱等により手続を拡充したからといって，そのことの故に直ちに違法とされるべきではないと解される。

　都道府県の都市計画の決定については，いくつかの手続を要する。

　第一に，関係市町村の意見を聴かなければならない（18条1項）。意見を聴くことと同意を得ることとは異なるから，同意を得られなかったからといって，都市計画決定ができないというわけではない。

　第二に，都道府県都市計画審議会の議を経なければならない（18条1項）。土地に関する権利に相当な制約を加えるものであることに鑑み，各種行政機関と十分な調整を行ない，相対立する住民の利害を調整し，利害関係人の権利，利益を保護するための手続の趣旨からして，都市計画審議会の議を経ないでなされた都市計画の決定は，原則として無効になると解されている[70]。都市計画の案を審議会に付議しようとするときは，法17条2項の規定により関係市町村の住民及び利害関係人から提出された意見書の要旨を審議会に提出しなければならない（18条2項）。意見書が提出されたにもかかわらず，その要旨を審議会に全く提出しなかった場合は，無効又は取り消されるべき瑕疵となることがあると解される[71]。

---

[69] 三橋・都市計画法117頁。
[70] 都市計画法研究会編・運用933頁，都市計画法制研究会・都市計画法（改訂版）161頁。
[71] 都市計画法研究会編・運用935頁。

都市計画地方審議会時代の事案を扱った広島地裁平成6・3・29（判例地方自治126号57頁）は，審議会は，適正手続の保障の見地から設けられた法定の機関であり，単なる諮問機関にとどまらず，知事は，審議会による承認の答申を得なければ都市計画を決定し又は変更することができず，また，利害関係人等から提出された意見書の要旨を勘案して審議がなされるのであるから，利害関係人等の権利・利益の保護をも目的とする重要な機関であるというべきであるとし，「審議会の議を経ていても，右審議会に当然提出されるべき重要な資料が提出されず，また，重要な事実につき誤った前提の下に審議がなされるなど審議が尽くされていない場合には，当該都市計画の決定又は変更には法18条2項又は21条2項の規定に違背する違法が存するものと解すべきである」と述べた。そして，具体の事案において，原告らの土地建物の収用問題について議論を避けるような都市計画課長の答弁などから都市計画変更決定の審議手続に審理不尽の違法があるとした。そして，この違法性は，知事による都市計画事業の認可及び県収用委員会の裁決に承継されるとしたが，事情判決により都市計画事業認可処分及び収用裁決の各取消請求は棄却した。その控訴審・広島高裁平成8・8・9（行集47巻7・8号673頁）は，審議会の審議手続に瑕疵はないとして，都市計画変更決定を適法とした。

　第三に，一定の場合には，国土交通大臣と協議しなければならない[72]。一定の場合とは，国の利害に重大な関係がある政令で定める都市計画の決定をしようとするときである（平成23年法律第37号による改正前は，このほか大都市及びその周辺の都市に係る都市計画区域その他の政令で定める都市計画区域に係る都市計画（政令で定める軽易なものを除く）についても，協議・同意制度が採用されていた）。その協議の手続に関しては，省令で定めることとされて

72　平成23年法律第37号による改正前は，国土交通大臣に協議し，その同意を得なければならないとされていた。広域的・国家的観点から国と調整する仕組みが必要であることによると説明され，同意は行政処分ではないとされていた（都市計画法制研究会・都市計画法（改訂版）161頁）。さらに以前は，大臣の認可を受けなければならないとされていた。その場合の認可は，機関委任事務を執行する知事に対する監督権の行使としてなされる行政機関相互の手続であって，行政処分ではないと解されていた（三橋・都市計画法132頁）。

いる（以上，18条3項）。この協議に関して，国土交通大臣は，「国の利害との調整を図る観点から」行なうものとされている（18条4項）。

　市町村の都市計画の決定については，次のような手続が必要とされる。

　第一に，都市計画決定の前提として，「当該市町村の都市計画に関する基本的な方針」（基本方針）を定めるものとされている。それは，議会の議決を経て定められた当該市町村の建設に関する基本構想並びに「都市計画区域の整備，開発及び保全の方針」に即したものでなければならない（18条の2第1項）。この基本方針が，通称「市町村マスタープラン」である。この基本方針を定めようとするときは，市町村は，あらかじめ公聴会の開催等住民の意見を反映させるために必要な措置を講ずるものとする（同条2項）。基本方針を定めたときは，遅滞なく，これを公表するとともに，都道府県知事に通知しなければならない（同条3項）。市町村の定める都市計画は，このようにして定められた基本方針に即したものでなければならない（同条4項）。ここには，基本方針に基づく都市計画という手法が用いられている。

　第二に，市町村の都市計画の決定には，市町村都市計画審議会の議を経なければならない。ただし，当該市町村に市町村都市計画審議会が置かれていないときは，当該市町村の存する都道府県の都道府県都市計画審議会の議を経なければならない（19条1項）。

　第三に，市町村は，都市計画区域又は準都市計画区域について都市計画（都市計画区域について定めるものにあっては区域外都市施設に関するものを含み，地区計画等にあっては当該都市計画に定めようとする事項のうち政令で定める地区施設の配置及び規模その他の事項に限る）を決定しようとするときは，あらかじめ，都道府県知事に協議しなければならない。町村にあっては，その同意を得なければならない（19条3項）（平成23年法律第37号による改正前は，市の場合も，同意を得なければならないとされていたが，同改正により，市は協議のみでよいこととされた）。この協議は，一の市町村の区域を超える広域の見地からの調整を図る観点又は都道府県が定め，若しくは定めようとする都市計画との適合を図る観点から行なうものとされている（19条4項）。この場合の「同意」は，地方自治法に定める都道府県の「関与」行為であるので，それをめぐる紛争に関しては，関与についての紛争処理方式によるべきであ

って，不同意に対する抗告訴訟としての取消訴訟は不適法である[73]。

　以上のような仕組みにおいて，地方分権推進の観点から都市計画決定権限をなるべく狭域自治体，基礎的自治体である市町村に委ねる方向に進んでいるように見える。その場合に，市町村の権限としつつ，都道府県との協議・同意，市町村間の協議によるという仕組みと，広域自治体である都道府県の権限としつつ協議等の事前手続及び事後の紛争処理手続を用意する方法を挙げて，後者の方法により「透明で合理的な合意形成・紛争解決を図る」方向を示唆する見解も出されている[74]。

二以上の都府県の区域にわたる都市計画区域に係る都市計画　都市計画は，都道府県都市計画と市町村都市計画との二本立てで制度ができている。しかし，二以上の都府県の区域にわたる都市計画区域に係る都市計画に関しては，都府県の代わりに国土交通大臣が定める。その場合には，国土交通大臣の定める都市計画と市町村の定める都市計画との二本立てとなる（22条1項）。手続規定に関しては，多数の読み替えがなされる（22条2項）。そして，国土交通大臣は，都府県が作成する案に基づいて都市計画を定めることとされている（22条3項）。都府県が案を作成するときは，事実上は，関係都府県が協議をするものと推測される。

都市計画の変更　一定の事情が生じた場合は，いったん決定された都市計画について変更する必要がある。法21条によれば，「都市計画区域又は準都市計画区域が変更されたとき」，都市計画に関する基礎調査，法13条1項19号に規定する政府が行なう調査の結果「都市計画を変更する必要が明らかとなったとき」，「遊休土地転換利用促進地区に関する都市計画についてその目的が達成されたと認めるとき」，「その他都市計画について変更する必要が生じたとき」は，都道府県又は市町村は，遅滞なく，当該都市計画を変更しなければならない（21条1項）。都市計画決定に関する法17条から18条まで，及び法19条及び20条の規定は，都市計画の変更について準用さ

73　都道府県知事の承認制度が採用されていた時点の承認について，行政機関相互の内部行為であるから行政処分に当たらないとする裁判例が見られた（福島地裁昭和60・9・30行集36巻9号1664頁）。

74　安本・都市法概説43頁。

れる。ただし、政令で定める軽易な変更については、法17条、18条2項及び3項並びに19条2項及び3項の規定は準用から除外されている（21条2項）。

法21条1項は、都市計画の変更について、その要件を充足した場合に、都道府県又は市町村の義務として規定している。そこで、そのような要件を充足しているにもかかわらず、既存の都市計画を変更しない場合に、既存の都市計画が違法となるのかどうかが問題になる。都市計画の変更をするかどうかがまったく自由な裁量に委ねられているとするならば、違法とされることはないが、一定の状態においては裁量権が収縮し、変更しないことが違法とされる場合があり得よう。既存の都市計画の決定時点を基準とするならば、後発的な違法という事態を生じることになる。

もっとも、都市計画の変更決定は、当初の都市計画決定と同様に行政処分性を有しないので、その違法性の有無は、都市計画事業の認可などの後続する行政処分をめぐる訴訟において審査される。そして、都市計画事業の認可処分を争う訴訟において、前提問題として都市計画決定又はその変更決定の違法性を主張している場合にも、あくまで当該訴訟の対象としている事業認可処分時を基準とすべきであるとするならば（後述の東京地裁平成14・8・27判例時報1835号52頁は、このような考え方である）、後発的な違法という事態が生ずるであろう。

なお、変更決定による都市計画決定の適否が取消訴訟において争われる場合に、当該変更決定のみの適否を判断すべきであるのか、全体として判断すべきであるのかが問題になる。この点について、いわゆる林試の森事件に関する東京地裁平成14・8・27（判例時報1835号52頁）は、「変更前後の都市計画の内容が一体的かつ総合的に考慮されるべきものであるとしても、それゆえ当然に従前の都市計画決定の内容が、あたかも変更決定に吸収され、新たな一つの都市計画決定となることまでを意味するものではないと解するのが相当である」として、当初決定の適法性を審査している。都市計画決定が行政処分性を有しないが故に、出訴期間も問題にならずに当初決定の審査が可能とされるのである。

都市計画決定の提案　平成14年法律第85号により、法21条の2以下の

規定が追加された。それは，都市計画の決定等の提案とその扱いを定める規定である。以下においては，法の仕組みを中心に説明し，条例等による運用状況については，『都市行政法精義Ⅱ』において触れる。

提案権を有する者は，大きく分けて二とおりである。

第一に，土地所有者等である。都市計画区域のうち，一体として整備し，開発し，又は保全すべき土地の区域としてふさわしい政令で定める規模以上の一団の土地の区域について，当該土地の所有権又は建物の所有を目的とする対抗要件を備えた地上権若しくは賃借権（臨時設備その他一時使用のため設定されたことが明らかなものを除く）（借地権）を有する者は，一人で，又は数人共同して，都道府県又は市町村に対し，都市計画（「都市計画区域の整備，開発及び保全の方針」並びに都市再開発方針等に関するものを除く）の決定又は変更をすることを提案することができる。この場合には，当該提案に係る都市計画の素案を添えなければならない（21条の2第1項）。

第二に，一定の団体である。すなわち，まちづくりの推進を図る活動を行なうことを目的とする特定非営利活動促進法2条2項の特定非営利活動法人，一般社団法人若しくは一般財団法人その他の営利を目的としない法人，独立行政法人都市再生機構，地方住宅供給公社若しくはまちづくりの推進に関し経験と知識を有するものとして省令で定める団体[75]又はこれらに準ずるものとして地方公共団体の条例で定める団体は，第一に掲げた土地の区域について，都道府県又は市町村に対し，都市計画の決定又は変更をすることを提案することができる。第一の場合と同様に当該提案に係る都市計画の素案を添えなければならない（第2項）。「地方公共団体の条例で定める団体」の実態は，多様である（『都市行政法精義Ⅱ』を参照）。

計画提案については，省令で定めるところにより[76]，行なうものとされ，次の要件を満たすことが求められている（21条の2第3項）。①当該計画提

---

[75] 省令13条3は，積極要件と消極要件とを定めている。積極要件は，過去10年間に法29条1項の規定による許可を受けて開発行為（開発区域の面積が0.5ヘクタール以上のものに限る）を行なったことがあること，及び，過去10年間に法29条1項4号から9号までに掲げる開発行為（開発区域の面積が0.5ヘクタール以上のものに限る）を行なったことがあること，のいずれにも該当することとされている（第1号）。消極要件は，役員に関するものである（2号）。

案に係る都市計画の素案の内容が，法13条その他の法令の規定に基づく都市計画に関する基準に適合するものであること。②計画提案に係る都市計画の素案の対象となる土地（国又は地方公共団体の所有している土地で公共施設の用に供されているものを除く）の区域内の土地所有者等の3分の2以上の同意（同意した者が所有するその区域内の土地の地積と同意した者が所有する借地権の目的となっているその区域内の土地の地積の合計が，その区域内の土地の総面積との合計の3分の2以上となる場合に限る）を得ていること。

　条例により，同意要件の強化や緩和を行なうことはできないと解されている[77]。

　これらの要件のうち，①は当然であるとして，②については，同意に関して，人数割合と面積割合の両方で3分の2以上であることを要求していることになるが，このような制度にあっては，提案に反対しようとする土地所有者等は，一坪地主のような作戦により人数割合の3分の2要件を満たさないようにしてしまうことが可能である。そのようなことを許すという政策もあり得ないわけではないが，計画提案をそれなりに進めようとするならば，たとえば，面積割合において5分の4以上に達している場合には，人数要件を極端に緩和するような政策も検討されてよいと思われる。

　計画提案がなされた後の手続は，次のとおりである。

　第一に，都道府県又は市町村は，遅滞なく，計画提案を踏まえた都市計画（計画提案に係る都市計画の素案の内容の全部又は一部を実現することとなる都市計画をいう）の決定又は変更をする必要があるかどうかを判断し，都市計画

---

[76] 省令13条の4により，計画提案者は，氏名及び住所（法人その他の団体にあっては，その名称及び主たる事務所の所在地）を記載した提案書に所定の図書（都市計画の素案，法21条の2第3項2号の同意を得たことを証する書面，計画提案を行なうことができる者であることを証する書類）を添えて都道府県又は市町村に提出しなければならないとされている。また，計画提案者は，事業を行なうため当該事業が行なわれる土地の区域について都市計画の決定又は変更を必要とするときは，所定の事項（当該事業の着手の予定時期，計画提案に係る都市計画の決定又は変更を希望する期限，その期限を希望する理由）を記載した書面を併せて提出することができる（第2項）。前記の期限は，計画提案に係る都市計画の素案の内容に応じて，当該都市計画の決定又は変更に要する期間を勘案して，相当なものでなければならない（第3項）。

[77] 都市計画法研究会編・運用1082頁。

の決定又は変更をする必要があると認めるときは，その案を作成しなければならない。

　第二に，計画提案を踏まえた都市計画（当該計画提案に係る都市計画の素案の内容の全部を実現するものを除く）の決定又は変更をしようとする場合において，法18条1項又は19条1項の規定により都市計画審議会に付議しようとするときは，当該都市計画の案に併せて，当該計画提案に係る都市計画の素案を提出しなければならない（21条の4）。

　第三に，計画提案を踏まえた都市計画の決定又は変更をする必要がないと判断した場合の手続がある。そのときは，遅滞なく，その旨及びその理由を，当該計画提案をした者に通知しなければならない（21条の5第1項）。この通知をしようとするときは，あらかじめ，都道府県都市計画審議会（当該市町村に市町村都市計画審議会が置かれているときは当該審議会）に当該計画提案に係る都市計画の素案を提出してその意見を聴かなければならない。

　以上のような仕組みの計画提案は，行政計画論において重要な位置を占めるであろう。都市計画に関していえば，対話型都市計画論の対象でもある[78]。

　その点とは別に，この制度において，計画提案が行政事件訴訟法にいう「法令に基づく申請」に当たるかどうか，都市計画の決定又は変更をする必要がない旨の通知について計画提案者が取消し等を求めて争うことができるか，等の法律問題を提起されるであろう。計画提案に基づく都市計画決定も，都市計画決定であることに変わりはないので，その争い方については，一般の都市計画決定の場合と異なるものではないと解される。

　横浜地裁平成20・12・24（判例地方自治332号76頁）は，地区計画決定は，個人の法的地位に変動をもたらし，直接国民の権利義務を形成し又はその範囲を確定するものとはいえず，実効的な権利救済を図るという観点を考慮しても抗告訴訟の提起を認めることが合理的であるとはいえないとし，地区計画についての都市計画決定の行政処分性を否定した（そこでは，最高裁平成6・4・22判例時報1499号63頁を引用している）。そして，都市計画の変更決

---

[78] 「対話型都市計画理論」の意義と限界について，高見沢実「都市計画理論とその動向」高見沢実編『都市計画の理論　系譜と課題』（学芸出版社，平成18年）26頁以下を参照。

定の場合も同様に行政処分ではないとしつつ，提案制度に基づく変更決定の場合について，次のように述べた。

　「都市計画法は，提案の内容と異なる都市計画決定等を行う場合に提案者の承諾を必要とする，あるいは提案者に異議申立権を与えるといった定めを何ら置いておらず，このような法の定めからすると，決定権者は，提案がなされた場合にも，都市計画決定等を行うかどうか，あるいは決定等の内容について提案に拘束されるものではなく，その権限及び裁量の範囲は，提案によらないで都市計画決定等を行う場合と何ら異なるものではないといえる。そうすると，提案制度は，当該地域の土地所有者等が都市計画のアイデアを出し，まちづくりのきっかけをつくり，決定権者にその検討を促す制度にとどまるというべきであり，提案者に提案に係る都市計画を実現する申請権ないしそれに類する権利を与えたものとまでは解することができない。」

東京高裁平成21・11・26（判例集未登載）も，地区計画を定める都市計画決定は，直接国民の権利義務を形成し又はその範囲を確定することが法律上認められているものではないとし，都市計画決定の実質的な内容を争うには，建築許可・不許可等の具体的処分を対象とした争いの前提として都市計画決定が違法である旨を主張することになるもので，そのことは変更決定についても同様であるとした。そして，提案制度との関係において，次のように述べた。

　「法の規定する提案制度は，一体として整備，開発，保全するのがふさわしい一定の広さ以上の一団の土地について，その所有者等から，都市計画の素案を添付して，都市計画の決定又は変更の提案をすることを認める制度であって（法21条の2），それにより住民等による自主的なまちづくりを推進しようとするものである。この規定に基づく提案が充足すべきものとして法が規定するのは，それが一体として整備，開発，保全するのがふさわしい一定の広さ以上の一団の土地を目的とするものであること（法21条の2第1項）及び対象となる土地の区域内の所有者等の3分の2以上の同意を得ていること（法21条の2第3項2号）の他は，法第13条その他の法令の規定に基づく都市計画に関する基準に適

合するものであることという要件だけであって，当該都市計画の提案が内容的に充足すべき要件はそれ以外の一般の都市計画が充足すべき要件と全く同一である」。

そして，「都市計画についての提案制度は，地域の住民に自主的なまちづくりについての提案を行う機会を与えるとともに，それについて慎重に審議，判断する手続を規定したものである」にとどまるとした。

以上により，提案のなされた場合における都市計画決定又はその変更は行政処分ではないし，提案に対して決定又は変更しない旨を通知した場合においても行政処分ではないと解される。

国土交通大臣の指示・代行　法は，国土交通大臣に対して強力な権限を付与している。その一つが指示・代行の権限である。すなわち，国土交通大臣は，「国の利害に重大な関係がある事項に関し，必要があると認めるときは」，都道府県に対し，又は都道府県知事を通じて市町村に対し，「期限を定めて，都市計画区域の指定又は都市計画の決定若しくは変更のため必要な措置をとるべきこと」を指示することができる。この場合に，都道府県又は市町村は，正当な理由がない限り，当該指示に従わなければならない（24条1項）。国土交通大臣は，都道府県又は市町村が所定の期限までに正当な理由がなく前記により指示された措置をとらないときは，「正当な理由がないことについて社会資本整備審議会の確認を得た上で自ら当該措置をとることができる」ものとされている。ただし，市町村がとるべき措置については，国土交通大臣は，「自ら行う必要があると認める場合を除き，都道府県に対し，当該措置をとるよう指示する」ものとされている（24条4項）。この指示を受けた都道府県は，当該指示に係る措置をとるものとされている（24条5項）。都道府県も，重い第1号法定受託事務を背負っていることになる（87条の4第1項1号）。

指示及び代行は，機関委任事務が存在し，主務大臣の一般的指揮監督権及び職務執行命令訴訟が用意されていた時代に見られた制度である。都市計画は国の利害に重大な関係があることを理由に，簡素な手続によって（しかも違法又は不当な場合に限らず）指示し，かつ，代行することができるとされていた[79]。機関委任事務が廃止されている現在も，この制度を存続させている

のである。地方公共団体の都市計画権と国の利害とは，そのレベル及び内容が一致しないはずであるのに，国土交通大臣の判断権を優先させる制度を依然として存続させるべきであるのか再検討が必要なように思われる（おそらく指示権は伝家の宝刀と位置づけられて，未だ実例はないようである[80]）。

現行の地方自治法にあっては，国地方係争処理委員会に対する審査の申出（250条の13），さらに，高等裁判所への出訴（251条の5）ができるが，事柄の性質上，高等裁判所が「違法」と判断することができるのは，手続的瑕疵や明らかな指示権濫用のような場合に限られざるを得ないであろう。また，法定受託事務の管理執行に関して，各大臣は，勧告手続を踏んだうえで，高等裁判所に「当該事項を行うべきことを命ずる旨の裁判」を請求する（245条の8第3項）という慎重な手続があるのに，法は，単に社会資本整備審議会の確認手続を求めているにすぎない。都市計画決定は，自治事務であるのに，法定受託事務に比べても，手続に関し，あまりに大きな落差があるように思われる。

第1項及び第4項にいう「正当な理由」としては，災害等のやむを得ない事情により期限内に都市計画区域の指定，都市計画決定等ができないときが考えられるとされている[81]。

なお，国の行政機関の長は，その所管に係る事項で「国の利害に重大な関係があるもの」に関し，前記の指示をすべきことを国土交通大臣に対し要請することができる（24条2項）。

都道府県の求め・申出　　前記のような国の指示・代行の権限に比べて，都道府県には穏やかな権限が付与されている。第一に，必要があると認めるときは，市町村に対し，期限を定めて，都市計画の決定又は変更のため必要な措置をとるべきことを求めることができる（24条6項）。第二に，都市計画の決定又は変更のため必要があるときは，自ら，又は市町村の要請に基づ

79　建設省都市局都市計画課編・解説128頁，三橋・都市計画法158頁。当時は，大臣の後見的監督と説明されていた（建設省都市局都市計画課編・解説127頁，三橋・都市計画法157頁）。
80　都市計画法制研究会・都市計画法（改訂版）178頁。
81　都市計画法研究会編・運用1092頁。

いて，国の関係行政機関の長に対して，都市計画区域又は準都市計画区域に係る法13条1項に規定する国土計画若しくは地方計画又は施設に関する国の計画の策定又は変更について申し出ることができる（24条7項）。国の行政機関の長は，この申出があったときは，当該申出に係る事項について決定し，その結果を都道府県知事に通知しなければならない（24条8項）。

[7] 都市計画と争訟

都市計画決定の処分性の有無 都市計画決定をめぐる抗告訴訟がいくつか提起されてきた。しかし，都市計画決定そのものの行政処分性は否定されるというのが，判例の一貫した態度である。以下，個別に見ていくことにする。

区域区分（市街化区域・市街化調整区域）に関する都市計画決定と争訟 まず，市街化区域及び市街化調整区域に関する都市計画決定について抗告訴訟により争うことができるかどうかが問題となる。下級審の裁判例は分かれた。京都地裁昭和51・4・16（行集27巻4号539頁）は，行政処分の一般的定義を述べた後に，都市計画区域内においては，知事の許可なしに開発行為をすることができず，とくに市街化調整区域においては開発行為及び建築行為につき大幅な制限が課せられることを挙げて，都市計画決定が発効することによって，都市計画区域内の土地，建物の所有者，賃借権者の権利行使が制限される以上，土地所有者らの法律上の地位ないし権利義務に直接影響を与える行為であり，その意味で行政処分に該当すると解すべきである，と述べた。そして，この都市計画決定がなされると，以後計画が機械的に実施される公算が極めて大きいから，開発行為について不許可処分を受ける等の段階まで拱手傍観しなければならないとするのは，出訴権の不当な制限といわなければならないなどとも述べている。この判断は，控訴審の大阪高裁昭和53・1・31（行集29巻1号83頁）により維持された。

これに対して，広島地裁平成2・2・15（訟務月報36巻6号1134頁）は，市街化調整区域内の場合に建築行為につき大幅な制限が課され，市街化区域及び市街化調整区域の決定は，その限度で一定の法状態の変動を生ぜしめることは否定できないとしつつも，「法13条及び同法施行令によって定められる都市計画基準に基づき長期的見通しのもとに高度の行政的技術的裁量に

よって一般的，抽象的に定められるものであり，開発行為等の規制は，それ自体ではあくまで一般的，抽象的なものであって，国民が現実に開発行為等を行う段階に至って初めて具体化するものであり，同決定に基づく前記のような効果は，あたかも新たに右のような制限を課する法令が制定された場合におけると同様，当該区域内の不特定多数の者に対する一般的抽象的なものであって，かかる効果を生ずるということだけから直ちに右区域内の個人に対する具体的な権利侵害を伴う処分があったものということはできない」と述べて行政処分性を否定した。

この判決は，開発行為等の不許可処分や許可を受けずに開発行為等をした場合における都道府県知事等の原状回復命令等の具体的処分をとらえて，その取消しの訴えを提起して，その訴えにおいて市街化区域及び市街化調整区域の決定の違法を主張することにより，具体的な権利侵害に対する救済を図る途が残されているものと解されるから格別の不都合を生じない，と述べた。要するに，後続の行政処分の違法事由として主張すれば足りるというのである。

区域区分は，実質的には規範定立に極めて近い性質を有しており，後の具体的行政処分の段階で争うほかはないとする考え方が一応通用しそうである。その考え方の背景には，区域区分の実体要件に関する法の規律は弱いものであって，違法性が問題になるとすれば，手続的瑕疵であり，手続的瑕疵は，むしろ行政過程ないし政治過程における是正に期待した方がよいという実質論があると思われる。

地域地区に関する都市計画決定（用途地域の指定）　次に，地域地区に関する決定（用途地域の指定）の行政処分性が問題になる。昭和57年4月22日には，二つの最高裁判決が行政処分性を否定した。

一つは，工業地域を指定する決定に関する昭和53年（行ツ）第62号事件の最高裁昭和57・4・22（民集36巻4号705頁）（以下，「昭和57年判決」という）である。

決定が告示されて効力が生じると，当該地域内においては，建築物の用途，容積率，建ぺい率等につき従前と異なる基準が適用され，これらの基準に適合しない建築物については，建築確認を受けることができず，ひいてその建

築等をすることができないこととなるから，同決定が，「当該地域内の土地所有者等に建築基準法上新たな制約を課し，その限度で一定の法状態の変動を生ぜしめるものであることは否定できないが，かかる効果は，あたかも新たに右のような制約を課する法令が制定された場合におけると同様の当該地域内の不特定多数の者に対する一般的抽象的なそれにすぎず，このような効果を生ずるということだけから直ちに右地域内の個人に対する具体的な権利侵害を伴う処分があったものとして，これに対する抗告訴訟を肯定することはできない」とした。そして，権利救済の観点から「右地域内の土地上に現実に前記のような建築の制限を超える建物の建築をしようとしてそれが妨げられている者が存する場合には，その者は現実に自己の土地利用上の権利を侵害されているということができるが，この場合右の者は右建築の実現を阻止する行政庁の具体的処分をとらえ，前記の地域指定が違法であることを主張して右処分の取消を求めることにより権利救済の目的を達する途が残されていると解されるから，前記のような解釈をとっても格別の不都合は生じないというべきである」と述べた。

　地域地区の決定は，完結型計画の決定であって，非完結型で事情判決を受けかねない土地区画整理事業計画の場合との違いがあるといえるのかも知れない。

　もう一つは，高度地区を指定する決定に関する昭和54年（行ツ）第7号事件判決（最高裁昭和57・4・22判例時報1043号43頁）である。前記の事件と同一小法廷の判決であったために，まったく同趣旨が述べられている。その後の最高裁昭和62・9・22（判例時報1285号25頁）も，「本件都市計画変更決定が抗告訴訟の対象となる行政処分に当たらないとした原審の判断は，正当として是認することができ，原判決に所論の違法はない」と述べた。

　このような判例の考え方に疑問がないわけではない。地域地区に関する都市計画決定は，いわゆる「完結型の行政計画」である。たしかに，後の具体的処分を捉えて争えば足り，地域地区の決定段階においては争訟の成熟性に欠けるという見方が成立する余地がある。しかしながら，地域地区の決定に依拠して街が形成された後に，特定の者が違法な地域地区の決定に基づく違法建築確認の拒否であるとして争って，仮にそれを認容する判決が出され

たとすると，当該地域に相応しくない原告の利用の仕方が適法なものとされて，整合性のない街が出現することになりかねないとして，このような計画こそ，早い段階で，その法適合性を判断する機会を設ける必要があるとする見解もある[82]。それが取消訴訟を肯定する方法によるのか，公法上の当事者訴訟としての確認訴訟であるのか[83]，抗告訴訟としての行政計画違法確認訴訟[84] であるのかについては，慎重な検討が必要であろう[85]。

地区計画の決定　さらに地区計画の行政処分性が問題となるが，地区計画の無効確認を求めた事案に関しても，最高裁平成6・4・22（判例時報1499号63頁）が，行政処分性を否定した。「地区計画の決定，告示は，区域内の個人の権利義務に対して具体的な変動を与えるという法律上の効果を伴うものではなく，抗告訴訟の対象となる処分には当たらないと解すべきである」として，結論のみを述べる判決である。完結型の行政計画について，行政処分性を否定した一例といえる。この点について，藤原淳一郎教授の興味深い指摘がある。事業計画型（一般にいわれる非完結型）においては後続の行為まで待たせて，それを争いの対象にしてもよいが，完結型の場合で，特に規制緩和を内容とする場合には，第三者が従前の法状態と矛盾する他者への建築確認等がなされる都度，隣人訴訟を提起しなければならないという重い負担を背負うことになる，と批判した[86]。実効的な救済を重視する最近の傾

82　藤原淳一郎・（判例評釈）判例時報1521号183頁（判例評論435号21頁）（平成7年）。

83　橋本博之『解説改正行政事件訴訟法』（弘文堂，平成16年）90頁は，公法上の確認訴訟の利用可能性という立法者からのメッセージがあるという。他に，大橋洋一『行政法Ⅱ』（有斐閣，平成24年）69頁など。

84　芝池義一「抗告訴訟の可能性」自治研究80巻6号3頁（平成16年）は，抗告訴訟の一種としての行政計画違法確認訴訟は，行政立法違法確認訴訟とともに，平成16年改正前の行政事件訴訟法の下において，一つの選択肢ではなかったかと指摘する。抗告訴訟として位置づけるとすれば，無名抗告訴訟といえよう。もちろん，当事者訴訟としての確認の訴えを明示した改正後においても，この点に関する限り，同じであろう。

85　大浜啓吉『行政裁判法』（岩波書店，平成23年）103頁は，公法上の当事者訴訟の可能性を指摘しつつも，その現実化には課題があるとして，処分性拡大論の有意性は必ずしも失われていないとしている（注43）。

86　藤原淳一郎・（判例評釈）前掲注82。

向の中で，この藤原教授の批判に改めて注目する必要があろう。

その後の下級審判決は，この最高裁判決に従っている。

横浜地裁平成8・1・31（判例タイムズ912号160頁）は，地区計画が定められた場合の法律上の効果は，いずれも地区整備計画が定められた場合に発生することになっており，地区計画が定められただけでは対象となる土地の所有者等に行為規制が課せられるものではなく，地区整備計画が定められた場合の規制内容も，土地の区画形質の変更，建築物の建築等についての市町村長への届出とそれに対する勧告，開発行為の設計が地区整備計画に定められた内容に則しているかの審査，建築物の敷地，構造等に関する事項について，地区計画の内容として定められたものを必要に応じて市町村の条例で制限として定めることができるというものにすぎないとし，「地区計画が定められることにより，直ちに当該区域内の個人に対する具体的な権利義務の変動という法律上の効果を伴うものではなく」，「条例が定められた場合であっても，その制約は当該地区内の不特定多数の者に対する一般的，抽象的な制約にとどまる」と述べて，「地区計画が右区域内の個人に対して具体的権利侵害を伴う行政処分であるとはいえない」とした。

有名な国立マンション事件に関する東京地裁平成14・2・14（判例時報1808号31頁）も，まったく同趣旨を述べたうえ，「地区計画の決定が告示されれば，当該地区内の土地の価額が変動し，同地区内の土地の権利者に経済上の不利益を及ぼすことが起こり得るとしても，それは事実上の不利益にとどまるから，このことをもって地区計画の決定の処分性を理由づけることはできない」とした。そして，「建築基準法68条の2に基づき上記条例が定められた場合は，同条例に基づく処分等により当該区域内の個人に対する具体的な権利義務の変動が生じた場合に同処分等を問題とすれば足り，地区計画自体を行政処分として抗告訴訟の対象とする必要はない」とした。その控訴審の東京高裁平成17・12・19（判例時報1927号27頁）も，ほぼ同趣旨を述べて行政処分性を否定した。

前記の最高裁判決は，形式的に現在も先例性を有している。

ところで，土地区画整理事業計画に関する最高裁大法廷平成20・9・10（民集62巻8号2029頁）後の判決である東京地裁平成24・4・27（判例集未

登載）が，再開発等促進区を定める地区計画の処分性について最高裁平成6・4・22（判例時報1499号63頁）を踏襲して否定したことについて，富田裕弁護士が，重要な問題提起をしている。地権者から個別具体の建築計画を内容とする企画提案書が提出されて東京都が運用基準に従って建築計画を審査し容積率の最高限度の緩和の程度を決定する仕組みがとられているので，総合設計許可[87]と共通するとする原告らの主張に対して，判決は，同地区計画の策定に係る取扱いは，法令によって定められているものではなく，運用基準や同基準実施細目に従って行なわれている事実上の運用にすぎないとし，個別具体的な特定の建築物についてされる総合設計許可とは性質を根本的に異にすることが明らかであるとしたという。

これに対して，同弁護士は，周辺住民が再開発促進区を定める地区計画を争う場合に地区計画が処分性を有するか否かは，当該地区計画により周辺住民にどのような実質的被害が生ずるかにより判断されるべきであって，事実上の運用であるか否かにかかわらず，周辺住民に実質的被害が生ずることが明白であるならば処分性が認められるべきであると主張する。さらに，「法令と一体的に適用される運用基準において特定人に対する権利義務の変動をもたらすことが明確な場合，法令上，特定人に対する権利義務の変動を定めたものと評価し，処分性を認めるべきである」と述べている[88]。

同弁護士は，処分性の有無と原告適格の有無とは重なるという認識に立って，処分により実質的被害が生じているなら，被害を受けた者に原告適格を認めるべきであるとし，「処分の根拠法令が一定の安全，環境，騒音等に関する原告の利益と何らかの行政処分によって達成しようとする行政目的との比較衡量のうえでの処分発動に関する判断を求めていると読み取れるなら，『法律上の利益』があるとすべきである」としている[89]。このような考え方を前提に，再開発促進区の定め方を規定する法13条1項14号ロは，容積

---

[87] 総合設計許可については，行政処分性を前提にして原告適格の有無が問題とされてきた。最高裁平成14・1・22（民集56巻1号46頁）を含めて，第4章を参照。

[88] 富田裕「周辺住民による再開発等促進区を定める地区計画取消訴訟の考察」自治研究88巻9号79頁，86頁，90頁（平成24年）。

[89] 富田・前掲論文94頁–95頁。

率緩和により周辺の住環境が害されることが当然に予想されることから，周辺の低層住居専用地域の住環境に対する悪影響への特別の配慮を求めたものであり，「周辺環境に関する周辺住民の利益と地区計画による土地の高度利用という利益の衡量を求めた規定であると解すべきである」から，地区計画の区域に隣接する第一種住居専用地域の住民が日影被害等の被害を受ける場合には，住民には地区計画を争う「法律上の利益」が認められるとしている[90]。

以上の富田弁護士の見解は，一律に地区計画の行政処分性を否定してきたことへの反省を迫る問題提起をしているといえよう[91]。

都市施設に関する都市計画決定　都市施設に関する都市計画決定についても，処分性を否定する考え方が通用している。「都市施設」とは，都市計画において定められるべき法11条1項各号に掲げる施設である。

まず，下級審ではあるが，盛岡地裁昭和58・2・24（行集34巻2号298頁）を紹介しておこう。都市計画決定及び都市計画事業認可の各無効確認を求める訴訟である。とりあえず前者についてのみ触れることにしたい。前者は，広域都市計画決定の一部を変更して，幅員約17メートルの市道に幅約9メートルの都市施設たる緑地をつくるというものであった。判決は，本件計画決定は，都市計画決定の変更決定ではあるが，その法的性格は，都市施設に関する都市計画決定と同一であると解され，その内容は前記のように幅員9メートルの緑地をつくるというもので，それ以上に緑地の具体的な構造などは計画自体からは必ずしも明らかではないとしつつ，次のように述べた。

> 「本件計画決定が告示されると，都市計画施設の区域内において建築物の建築をしようとする者は被告の許可を要する（都市計画法53条1項）という制約を受けることになるが，これは計画の円滑な遂行のために特に法律の付与した付随的な効果であって，本件計画決定自体の効果

90　富田・前掲論文94頁-96頁。
91　富田弁護士は，再開発等促進区を定める地区計画について争えるという見解に立った場合に，一般の地区計画について違法性の承継を認めて建築確認の取消訴訟で争えるとすると同時に，建築計画是正についての社会的コストを考慮して，地区計画取消訴訟も認めるべきであるとしている（前掲論文99頁）。

として発生する制約とはいえないものと解され，結局，本件計画決定は，爾後に予定されている都市計画事業の円滑な遂行を図るための一般的，抽象的な計画の決定にとどまり，特定の個人に対し直接その権利義務に変動を及ぼす性質のものではないといわざるを得ない。」

判決は，このように述べて，本件計画決定の行政処分性を否定した。

このような状態において，都市計画事業の認可を争う訴訟において，その違法事由として都市計画決定の違法を理由とする主張を認容した例がある。有名な「林試の森事件」に関する最高裁平成 18・9・4（判例時報 1948 号 26 頁）である。都市施設たる都市計画公園の都市計画決定の適法性を問題にして，次のように述べた。

「旧都市計画法は，都市施設に関する都市計画を決定するに当たり都市施設の区域をどのように定めるべきであるかについて規定しておらず，都市施設の用地として民有地を利用することができるのは公有地を利用することによって行政目的を達成することができない場合に限られると解さなければならない理由はない。しかし，都市施設は，その性質上，土地利用，交通等の現状及び将来の見通しを勘案して，適切な規模で必要な位置に配置することにより，円滑な都市活動を確保し，良好な都市環境を保持するように定めなければならないものであるから，都市施設の区域は，当該都市施設が適切な規模で必要な位置に配置されたものとなるような合理性をもって定められるべきものである。この場合において，民有地に代えて公有地を利用することができるときには，そのことも上記の合理性を判断する一つの考慮要素となり得ると解すべきである。」

判決は，このように述べたうえ，原審の判断には法令違反があるとして，事件を原審に差し戻した。都市施設に関する都市計画決定の違法は，都市計画事業の認可の違法事由として争えることを認めているのである。

事業に関する都市計画決定　事業に関する都市計画決定についてはどうであろうか。土地区画整理事業に関する都市計画決定について，最高裁昭和 50・8・6（訟務月報 21 巻 11 号 2215 頁）は，最高裁大法廷昭和 41・2・23（民集 20 巻 2 号 271 頁）を引用して，抗告訴訟の対象にならないとした。土

地区画整理事業計画の行政処分性を否定した昭和41年大法廷判決の考え方が，土地区画整理事業を定める都市計画にも当てはまるとしたものである。

市街地再開発事業に関する都市計画に関して，東京高裁昭和53・5・10（東高民時報29巻5号99頁）は，市街地再開発事業は，全体として見れば，施行区域内の土地，建築物の所有者等の権利に重大な変動をもたらすものであることを認めつつも，都市計画決定は，それ自体としては，特定の地域について都市計画として市街地再開発事業を施行することを決め，爾後進展する手続の基本となる事項を定めるにすぎないとし，それは特定の個人を対象としてなされるものではなく，いわゆる一般処分の性質を有するものであって，個人の法律上の地位ないし権利義務に影響を与えるような性質のものではないとした。都市再開発法による第1種市街地再開発事業の都市計画決定につき，横浜地裁昭和57・2・24（行集33巻1・2号180頁），神戸地裁昭和57・4・28（訟務月報28巻7号1457頁）及び神戸地裁昭和61・2・12（判例時報1215号25頁）も，ほぼ同趣旨を述べた。

第2種市街地再開発事業の事業計画の決定についても，処分性を否定する裁判例が見られた[92]。しかし，最高裁平成4・11・26（民集46巻8号2658頁）は，第2種市街地再開発事業計画の決定について，抗告訴訟の対象となる行政処分であるとした。その公告の日から土地収用法上の事業認定と同一の法律効果を生じるものであり，しかも，施行区域内の土地の所有者等に，契約又は収用により施行者に取得される当該宅地等につき，公告があった日から30日以内に，その対価の払渡しを受けることとするかこれに代えて建築施設の部分の譲受け希望の申出をするかの選択を余儀なくされるものであるから，その法的地位に直接的な影響を及ぼすということにある。

ここで，市街地再開発事業の都市計画決定と事業計画の決定とは区別されていることに注意する必要がある。都市再開発法は，市街地再開発事業に定めるべき施行区域の要件を定める（3条，3条の2）とともに，都市計画には，公共施設の配置及び規模並びに建築物及び建築敷地の整備に関する計画を定めるものとし（4条1項），市街地再開発促進区域に関する都市計画は，次の

---

92 大阪地裁昭和61・3・26行集37巻3号499頁（最高裁平成4・11・26の1審判決）。

各号の規定するところに従って定めなければならないとしている（7条3項）。都市計画決定に関しては，依然として行政処分性が否定されているのである[93]。

1　道路，公園，下水道その他の施設に関する都市計画が定められている場合においては，その都市計画に適合するように定めること。

2　当該区域が，適正な配置及び規模の道路，公園その他の公共施設を備えた良好な都市環境のものとなるように定めること。

3　単位整備区は，その区域が市街地再開発促進区域内における建築敷地の造成及び公共施設の用に供する敷地の造成を一体として行うべき土地の区域としてふさわしいものとなるように定めること。

このような規定に従って定める都市計画の決定に対して，都市再開発法51条により地方公共団体が行なう市街地再開発事業の事業計画の決定は，同条1項が「市街地再開発事業を施行しようとするときは」と述べていることからもわかるように，事業の施行段階に入る時点の計画である。事業計画において定めた設計の概要については，都道府県にあっては国土交通大臣の，市町村にあっては都道府県知事の，それぞれ認可を受けなければならない（51条1項）としたうえで，この認可をもって都市計画法59条1項又は2項の規定による認可とみなすこととされている（51条2項）。この仕組みから，最高裁平成4年判決が導かれているのである。

最高裁大法廷平成20・9・10以降の都市計画決定に関する裁判例　土地区画整理事業計画に関して行政処分性を認めた最高裁大法廷平成20・9・10（民集62巻8号2029号）の後においても，都市計画決定に関しては，かつての最高裁判決を引用して行政処分性を否定する下級審判決が見られる。

東京地裁平成20・12・19（判例タイムズ1296号155頁）は，地区計画の決定及び変更決定について，最高裁平成6年判決を引用して処分性を否定した。さらに，第1種市街地再開発事業に関する都市計画の決定についても，昭和59年最高裁判決を引用して，やはり処分性を否定した。同判決は，原告が最高裁大法廷平成20・9・10を援用して処分性が肯定されるべきであると

93　東京地裁平成7・5・26判例集未登載，横浜地裁平成8・1・31判例タイムズ912号160頁。

主張したのに対して，本件とは事案を異にするとして斥けている。そのうえで，都市計画決定の段階では，大法廷判決が述べたような計画決定の定めるところに従って具体的な事業がそのまま進められるという関係にないこと，市街地再開発組合の設立認可の適否をめぐって取消訴訟を提起することが可能であって，その訴訟で第1種市街地再開発事業に関する事業計画及びこれに先行する都市計画等の適否を争う余地があることを述べて，市街地再開発組合の設立認可の取消しを求めるにつき法律上の利益を有する者の実効的な権利救済に欠けるおそれもない，と述べた。

　また，地区計画変更決定に関して，横浜地裁平成20・12・24（判例地方自治332号76頁）は，従前の地区計画決定に関する裁判例と同趣旨を述べており[94]，平成20年大法廷判決の影響を受けてはいない。

　「当該地区内で地区計画に反する建築行為等をしようとしている者等は，当該行為を阻止する行政庁の具体的処分をとらえて取消訴訟を提起することができ，また，当該地区内で地区計画に即した内容の建築行為等を阻止しようとする者等が，当該建築行為等に係る行政庁の具体的処分を対象として取消訴訟を提起することも可能であり，いずれも上記のような行政庁の具体的な処分がなされた段階で取消訴訟を提起することによって，権利侵害に対する救済が十分に果たされるとは言い難いような事情が一般的にあるとはいえない」とし，「実効的な権利救済を図るという観点を考慮しても，これを対象とする抗告訴訟の提起を認めることが合理的であるとはいえない」としている。この判決は，最高裁平成6年判決を引用しつつ，地区計画についての都市計画決定は行政処分とはいえないとし，かつ，都市計画の変更決定についても同様に行政処分と認めることはできない，とした。

　一般論部分において，法的効果は，新たに制約を課す法令が制定された場合と同様に一般的，抽象的なものにすぎないとする点において，最高裁昭和57年判決を踏襲していることがわかる。そして，実効的な権利救済の観点を考慮しても行政処分性を認めることが合理的とはいえないとする点も，ほぼ最高裁昭和57年判決に沿っているといえる。

94　地区計画は，道路位置指定，予定道路の指定の準則たる性質をもつにすぎないとも述べている。

控訴審の東京高裁平成21・11・26（判例集未登載）も，地区計画を定める都市計画決定による権利制限の内容としての届出義務，開発行為の制限，条例による建築制限，道路位置指定による建築制限を確認し，さらに都市計画決定変更の要件を検討したうえで，「地区計画を定める都市計画決定の内容からすると，本件都市計画決定は，国民の法的地位に確定的な変動をもたらし，直接国民の権利義務を形成し，又はその範囲を確定するものということはできない」とした。

　都市計画決定変更の要件に関する分析においては，行政計画論における「完結型」についての言及がなされている。すなわち，「本件都市計画決定のような完結型の都市計画決定についてみると，完結型の都市計画決定は，その後の事業を前提としないことから，当該都市計画決定が事業の進行により終了するということがないものであり，しかも，当該区域の社会，経済状況等の変化に応じていつでもどのような内容にでもこれを変更することができることから，都市計画決定が確定するということもなく，都市計画は，都市計画決定に描かれた内容で計画として存在し続け，必要に応じて必要な範囲内でこれを変更していくことが，制度として予定されているものといえる」というのである。また，都市計画決定の実質的な内容を争うには，たとえば建築の許可，不許可等の具体的処分を対象とした争いの前提として本件都市計画決定が違法である旨の主張をすることになるが，仮に違法とする判断が示されたときには，これを契機として本件都市計画決定を見直し，これを変更することが可能であるという柔軟な構造によって後の司法判断に対し合理的な対処を可能にするとしている。この点は，都市計画決定の特色を捉えた興味深い説示であると思われる。

　なお，この控訴審判決は，本件変更決定が提案制度を利用してなされたものであって，特定の地権者による土地開発許可申請に対する承認に等しくその意味で処分性を有すると控訴人が主張したことについても答えて，それを否定した。すなわち，「都市計画についての提案制度は，地域の住民に自主的なまちづくりについての提案を行う機会を与えるとともに，それについて慎重に審議，判断する手続を規定したものであるにとどまり，計画提案に基づいて都市計画を決定し又は変更するには，法定の要件を満たす必要があり，

また，これを前提として開発行為を行うことが予定されているときでも，それを実施するためには別途開発行為の許可を受けることを要する（法29条1項）のであるから，提案制度に基づく都市計画決定又はその変更決定が特定の地権者による開発許可申請に対する承認に等しいということはできない」とした。

また，最高裁平成20年大法廷判決の射程範囲にないことを明確に述べる裁判例も登場している。

たとえば，大阪地裁平成23・2・10（判例地方自治348号69頁）は，「都市計画決定の適否を争う者について実効的な権利救済を図るという観点を踏まえても，都市計画事業の認可等がされた段階でその認可等を対象とする抗告訴訟の提起を認め，そこで都市計画決定の違法を理由とする認可等の処分の取消しを認めれば救済手段として不足するところはないと解される」と述べ，都市計画法53条1項による制限は，土地区画整理事業の事業計画が定められた都市計画施設の区域内の土地所有者等の地位と類似するところもあるが，「建築行為等の制限それ自体は，当該区域内の権利者等に対する一般的・抽象的な制限にすぎず，また，建築行為等を行おうとする者がこれを別途個別的に争うこともできるから，上記制限の存在をもって都市計画施設の区域内の土地所有者等の権利が具体的に侵害されたものとみるのは相当でない」とした。結論として，平成20年大法廷判決の射程は，都市計画法上の都市施設を定める都市計画決定には及ばないものと解するのが相当であるとした。

控訴審の大阪高裁平成23・6・22（判例集未登載）も，この判断を維持したうえ，補足的に，都市計画施設の区域内において建築行為等の制限（53条1項）を受けることは否定できないが，「許可を受けることなく区域内に建築物を建築しても原状回復を命ずることが予定されていないことなどを考慮すれば，このような制限は，道路建設事業の円滑な遂行のための一般的な制約であるにとどまると解される。しかも，本件決定後，2度にわたって変更決定がなされていることも考慮すれば，本件決定が計画区域内の土地所有者等の権利を直接具体的に侵害するものと解することはできない」と述べた。

こうした判例の流れに鑑みると，都市施設や地区計画に関する都市計画決定については，後日の事業認可や建築確認・建築確認拒否を争うことで足り

るということになりそうである。しかし，都市計画決定により，不安があることは否定できないのであって，それ故にこそ取消しの訴えや無効確認の訴えが提起されているともいえる。とするならば，処分性の有無についての検討を深めるとともに，当事者訴訟としての確認の訴え，あるいは，前述した芝池教授の提起された抗告訴訟としての違法確認の訴えの活用可能性についても検討されるべきであろう。

その他の問題　都市計画決定に関する最も大きな論点は，その処分性である。しかし，それ以外のことが問題とされることもある。

たとえば，市町村の都市計画決定について，都道府県知事が行政不服審査法5条1項1号にいう「上級行政庁」に当たるかどうかが問題とされたが，裁判例は，否定している[95]。

都市計画決定の違法性の承継に伴う問題　前述のように都市計画決定の行政処分性が否定されるものの，都市計画事業の認可をめぐる訴訟，収用裁決をめぐる訴訟等において都市計画決定の違法性が争点となることがある。都市計画決定の違法性は，都市計画事業の認可の違法性をもたらすとするのが判例である。この点は，都市計画事業の認可を争う争訟の箇所で述べる。都市計画決定が行政処分でないとすれば，「違法性の承継」という表現を用いることは正確ではない。しかし，ここでは，行政処分性否定説によるか否かを区別せずに，便宜的に違法性の承継と呼んでおこう。

法53条1項の許可申請に対する不許可処分の場合にも違法性の承継を認める裁判例がある。東京高裁平成17・10・20（判例時報1914号43頁）は，

---

[95]　神戸地裁昭和55・10・31行集31巻10号2311頁，その控訴審・大阪高裁昭和57・7・15行集33巻7号1532頁。1審判決は，「上級行政庁」といえるためには，処分庁の行為を全面的に再審査し，これを停止あるいは変更することができる権限を有することが法律上認められていることを要すると述べている。また，控訴審判決は，「上級行政庁」とは，「行政組織ないし行政手続上において処分庁の上位にある行政庁であって，その行政目的達成のため，当該行政事務に関し，一般的・直接的に処分庁を指揮監督する権限を有し，若し処分庁が違法又は不当な処分をしたときは，これを是正すべき職責を負い，場合によっては，職権を以て当該処分の取消・停止をなし得るものである」と述べている。指揮監督権と表現することは自然であるが，それを超えて「停止あるいは変更」，「取消・停止」の権限を有していることまで要するというべきかについては疑問がある。

最高裁昭和57・4・22（民集36巻4号705頁）を引用して，都市計画変更決定が違法であることを理由として，法53条1項に基づく許可申請を不許可とした処分の取消しを求めることができる，とした。

都市計画決定の違法性が後行の行政処分に承継される場合に生ずる一つの問題は，都市計画決定の違法判断の基準時である。すなわち，取消訴訟における処分の違法性判断の基準時は，原則として処分時であるとされるが，後行処分の違法性判断の基準日が当該後行処分の処分時であるとしても，その前提となる都市計画決定の違法性が承継される場合に，都市計画決定の違法性を都市計画決定時に着目して判断するのか，それとも直接に取消訴訟の対象となっている後行処分の時点に基準を置いて判断すべきかが問題となる。

この点に関して，「林試の森事件」に関する東京地裁平成14・8・27（判例時報1835号52頁）は，都市計画事業認可処分取消訴訟の事案に関し，事業認可処分時説を採用している。後行処分に際して，当該処分庁が都市計画決定をいかに評価して処分を行なったのかを裁判所が審査するのであるから，後行処分時説が合理的であると思われる。

都市計画決定の裁量性　次に，都市計画決定の違法性の有無の審査において，裁判所は，その広い裁量を認める傾向にある。訴訟において扱われた事案の多くは，現行法13条1項11号に定める「都市施設は，土地利用，交通等の現状及び将来の見通しを勘案して，適切な規模で必要な位置に配置することにより，円滑な都市活動を確保し，良好な都市環境を保持するように定めること」という基準の判断をめぐるものである。

まず，中央環状新宿線建設計画に関する東京地裁平成6・4・14（行集45巻4号977頁）は，前記の定めは，相当に一般的であり，抽象的な基準の設定であるといわなければならないとしつつ，「このような定めであっても都市施設に関する都市計画の内容について定める基準として相応の実効性を肯定することができ，この基準に反するような不合理な内容の都市計画が定められた場合にはその決定が違法となることはあり得ることであるから，右規定は，都市施設に関する都市計画の決定についての効力要件を定めたものということができる」と述べた。これは，判決が，この部分に先立って，法13条1項各号の中には一般的抽象的で指針にとどまるものが多く，効力要

件であるのか運用上の指針にとどまるものかを判断しなければならないとした問題提起を受けたものである。効力要件説に立脚したうえで，次のように述べた。

　「ある都市施設についてその適切な規模をどのようなものとするか，またこれをどのように配置するかといったことは，一義的に定めることのできるものでなく，様々な利益を衡量し，これらを総合して政策的，技術的な裁量によって決定せざるを得ない事項というべきである。したがって，このような判断については，技術的な検討を踏まえた政策として都市計画を決定する行政庁の広範な裁量権の行使に委ねられた部分が大きいものであるといわざるを得ないから，都市施設に関する都市計画の決定は，これを決定する権限を有する行政庁がその決定について委ねられた裁量権の範囲を逸脱し，あるいはこれを濫用したと認められる場合に限って違法となるものというべきである。」

次に，大津地裁平成 10・6・29（判例地方自治 182 号 97 頁）は，法 13 条 1 項本文及び前記第 11 号に相当する当時の第 5 号を引いて，前記の東京地裁判決と同趣旨を述べた。

「林試の森事件」に関する東京地裁平成 14・8・27（判例時報 1835 号 52 頁）も，法 13 条 1 項 4 号（現行の 11 号に相当する規定）を引いて，次のように述べた。

　「都市計画基準としてこのような一般的かつ抽象的な基準が定められていることからすれば，都市施設の適切な規模や配置といった事項は，これを一義的に定めることのできるものではなく，様々な利益を比較衡量し，これらを総合して政策的，技術的な裁量によって決定せざるを得ない事項ということができる。したがって，このような判断は，技術的な検討を踏まえた一つの政策として都市計画を決定する行政庁の広範な裁量にゆだねられているというべきであって，都市施設に関する都市計画の決定は，行政庁がその決定についてゆだねられた裁量権の範囲を逸脱し又はこれを濫用したと認められる場合に限り違法となるものと解される。すなわち，都市計画決定の適否を審査する裁判所は，行政庁が計画決定を行う際に考慮した事実及びそれを前提としてした判断の過程を

確定した上，社会通念に照らし，それらに著しい過誤欠落があると認められる場合にのみ，行政庁がその裁量権の範囲を逸脱したものということが許されるのである。」

この判断は，控訴審の東京高裁平成15・9・11（判例時報1845号54頁）によって維持された。

上告審の最高裁平成18・9・4（判例時報1948号26頁）は，「都市施設は，その性質上，土地利用，交通等の現状及び将来の見通しを勘案して，適切な規模で必要な位置に配置することにより，円滑な都市活動を確保し，良好な都市環境を保持するように定めなければならないものであるから，都市施設の区域は，当該都市施設が適切な規模で必要な位置に配置されたものとなるような合理性をもって定められるべきものである」とし，「民有地に代えて公有地を利用することができるときには，そのことも上記の合理性を判断する一つの考慮要素となり得ると解すべきである」とした。そして，そのような判断の合理性を欠くものであるときは，他に特段の事情のない限り，社会通念に照らし著しく妥当性を欠くものとなり，裁量権の範囲を越え又は濫用となるという見解を示した。「考慮要素」に着目して，都市施設の区域の決定に関する裁量統制を行なう姿勢が示されているといえよう。

裁量論は，いわゆる小田急訴訟においても展開された。1審の東京地裁平成13・10・3（判例時報1764号3頁）は，「林試の森事件」と同じ裁判長の部の判決で，同趣旨を述べた。

控訴審の東京高裁平成15・12・18（判例地方自治249号46頁）も，行政庁の広範な裁量に委ねられており，裁量権の逸脱又は濫用の場合に限り違法となるという見方にたちつつ，次のように述べた。

「その場合の審査方法としては，行政庁の第一次的な裁量判断が既に存在することを前提として，その判断要素の選択や判断過程に著しく合理性を欠くところがないかどうかを検討すべきであり，具体的事案における行政庁の判断過程において，その判断の基礎とされた重要な事実に誤認があること等によりその判断が全く事実の基礎を欠くかどうか，事実に対する評価が明白に合理性を欠くこと等により判断が社会通念に照らし著しく妥当性を欠くかどうか，当然考慮されてしかるべき重要な要

素が考慮されていたかどうか，逆に考慮されてはならない要素が考慮されていたかどうか，それらの考慮の有無の結果，決定された都市計画の内容が著しく妥当性を欠くものになっていないかどうか等の裁量権行使の著しい不合理性を示す事情の有無を中心とし，裁量権の逸脱，濫用の有無を検討する観点から審査を行うべきものと考えられる。」

この判決は，さらに，都市施設の構造に関して，次のように述べた。

「都市施設の構造をどのようなものとするかは，施設建設による環境への影響の程度のほかにも，事業費の多寡，建設工事や用地収用等に係る事業施行の難易度・技術的可能性，当該都市施設に期待される機能・効用の確保の度合い，関連事業との整合性等の諸要素を総合考量して判断されることになる。そして，複数の代替案がある場合に上記各要素を総合考量して一つを選択する上での条件設定の仕方や判断順序は，各考慮要素のうちのどの要素にどのような重きを置くか，価値序列をどのように設けるかによっても変わり得るところ，各考慮要素のうちのどの要素にどのような重きを置くか，価値序列をどのように設けるかは，当該事業の目的・性質，事業実施の緊急度・社会的要請の程度，計画される当時の都市計画事業者等の置かれた財政状況，社会・経済状況等によっても変わり得るものであり，必ずしも一義的に決することができるものではない。」

差し戻し後の上告審・最高裁平成 18・11・2（民集 60 巻 9 号 3249 頁）も，次のように裁量論を展開した。

「都市計画法は，都市計画について，健康で文化的な都市生活及び機能的な都市活動を確保すべきこと等の基本理念の下で（2 条），都市施設の整備に関する事項で当該都市の健全な発展と秩序ある整備を図るため必要なものを一体的かつ総合的に定めなければならず，当該都市について公害防止計画が定められているときは当該公害防止計画に適合したものでなければならないとし（13 条 1 項柱書き），都市施設について，土地利用，交通等の現状及び将来の見通しを勘案して，適切な規模で必要な位置に配置することにより，円滑な都市活動を確保し，良好な都市環境を保持するように定めることとしているところ（同項 5 号），このよ

うな基準に従って都市施設の規模，配置等に関する事項を定めるに当たっては，当該都市施設に関する諸般の事情を総合的に考慮した上で，政策的，技術的な見地から判断することが不可欠であるといわざるを得ない。そうすると，このような判断は，これを決定する行政庁の広範な裁量にゆだねられているというべきであって，裁判所が都市施設に関する都市計画の決定又は変更の内容の適否を審査するに当たっては，当該決定又は変更が裁量権の行使としてされたことを前提として，その基礎とされた重要な事実に誤認があること等により重要な事実の基礎を欠くこととなる場合，又は，事実に対する評価が明らかに合理性を欠くこと，判断の過程において考慮すべき事情を考慮しないこと等によりその内容が社会通念に照らし著しく妥当性を欠くものと認められる場合に限り，裁量権の範囲を逸脱し又はこれを濫用したものとして違法となるとすべきものと解するのが相当である。」

以上紹介したように，都市施設についての裁量性が問題とされるが，「林試の森事件」最高裁判決が述べるように，事案によっては，特定の考慮要素が重視される場合もある。その意味において，都市施設の種類，その目的，置かれている状況により，各考慮要素のウエイトも異なることになる。かくて，計画裁量に関して，都市計画基準においても裁量を広く認める趣旨の構造がとられていることが多いにもかかわらず[96]，基本的には行政行為の裁量論[97]，すなわち判断過程の統制，とりわけ要考慮事項を考慮したかどうか，他事考慮の有無などを重視して，「社会通念に照らし著しく妥当性を欠くか否か」により判断するのと同じ方向をたどりつつあるといってよいであろう。

国土交通省の見解 都市計画のもつ裁量性等については，平成16年の行

---

96 林試の森事件の場合の都市施設に関する都市計画基準は，「土地利用，交通等の現状及び将来の見通しを勘案して，適切な規模で必要な位置に配置することにより，円滑な都市活動を確保し，良好な都市環境を保持するように定めること」と定められている（法13条1項11号）。

97 その代表的な最高裁判決として，一般公共海岸区域内の土地に関する占用不許可処分についての最高裁平成19・12・7民集61巻9号3290頁を挙げることができる。

98 国土交通省「『行政訴訟検討会における主な検討事項』に関する意見について」（平成15年7月）。

政事件訴訟法改正に先立って公表された「行政訴訟検討会における主な検討事項」に関して国土交通省が提出した意見書[98]においても，展開されている。都市計画行政担当省の見解として参照しておく意味があろう。

　第一に，都市計画の裁量性に関して，法が都市計画の内容をどうするかについては原則として指示することなく，具体的な選択を都市計画決定権者に委ねていることを指摘し，たとえば，都市施設について，「都市の将来予測，計画が及ぼす影響，計画に対する賛否等，千差万別の地域の実情に応じ，多元的な利益を比較衡量し，総合判断した政策的，技術的な裁量によって決定せざるを得ない」のであるから，適正と考えられる都市計画も，必然的に一定の選択の幅を持つことになるとしている。

　第二に，都市計画が都市における物理的空間に関する総合的，一体的な計画であることに由来して，都市計画は広汎に様々な利害に影響を与えるものであることから，決定に当たり利害調整を行なうことが内在的に要請され，現に法は公告，公衆の縦覧，意見書の提出などの手続を通じて利害調整を行なうこととしており，個々の都市計画の正当性は，この利害調整システムに究極的な根拠を置くものであるとしている。

　第三に，都市計画は，都市の将来像に係るマスタープランをはじめ，当該区域における土地利用，道路や公園等の都市施設，土地区画整理事業や市街地再開発事業等の市街地開発事業に関する都市計画が多元的有機的に連環して都市像を定めているものであるから，個別の都市計画だけを取り出して，その適否を論じることは難しいとしている。

　第四に，都市計画は次第に具体化していくものであり，私人の権利利益の侵害の程度も計画の具体化に応じてより具体的になっていくものであるから，都市計画段階における権利侵害は不確定なものであるとしている。

　以上のような指摘に加えて，都市計画が司法判断の対象となることについては，訴えの成熟性を欠くこと，都市計画の裁量性等に伴う特性から司法審査には限界があることから，仮に利害関係者の権利救済に欠ける点があるのであれば，事前の行政手続をさらに手厚くする等の手段によって，策定過程における手続的な統制をより重視すべきものであるとしている。

　以上のような国土交通省の見解には，もっともなところがある。都市計画

の決定過程は，行政の役割であると同時に，「利害調整を進める一種の政治過程」であるといってもよい。しかしながら，現行の訴訟制度において，手続に関しては，行政処分の存在する場面において，その違法事由として争う仕組みである。策定過程の手続が不十分な場合において，都市計画決定の行政処分性を否定する結果，手続的瑕疵を訴訟により争う機会がないとするならば，法により義務づけられているはずの手続の遵守は，極論をすれば行政に対する訓示的なものになってしまうであろう。手続的統制の必要性を強調するのであれば，それに見合った訴訟形態を模索する必要がある。

一つは，現行法の解釈論によるものである。都市計画決定自体の行政処分性の肯定によるもの，あるいは無名抗告訴訟としての違法確認の訴えが考えられよう。もう一つは，立法的な対応である。端的に客観訴訟を創設する途も考えられる。ただし，客観訴訟とはいえ，一定の原告適格の制限を課すことが必要となろうが，計画に関係する地域の住民や同地域に所在する財産について権利を有する者のほか，一定の団体等も視野におくことになろう。筆者は，確たる考えをもつに至っているわけではない。今後の検討課題としたい。

都市計画争訟をめぐる大橋洋一教授の問題提起　都市計画争訟のあり方について，大橋洋一教授による示唆に富む論稿が公表されている[99]。

解釈論レベルにおいて，土地区画整理事業計画に関する最高裁大法廷平成20・9・10（民集62巻8号2029頁）を手がかりにして，取消訴訟方式に伴う問題点を指摘し，完結型計画について取消訴訟を利用しないメリットとして，個々の市民が計画段階で争っておくべきであるという責任を回避できること，当事者訴訟としての確認訴訟が提起された場合には，裁判所は計画の違法を確認すれば足り，その効力は当事者間にとどまるので他の市民に対する直接的な影響を考慮しないで済むことを挙げている。

また，確認訴訟を利用する場合においては，あまりにも未解明の問題が多

99　大橋洋一「都市計画の法的性格」自治研究86巻8号3頁（平成22年）。
100　出訴期間の制限がないこと，仮の救済手段が法律上明確化されていないこと，確認訴訟の類型が多数当事者間関係に適合的であるか，確認の利益がどこまで必要とされるのか，の諸点を挙げている。

く[100]，また，違法な計画の効力に関する問題（無効とする場合の問題）もあり，「解釈論を通じて制度形成するに等しい」と指摘する。「解釈を通じてどこまで制度形成して良いのかといった，関係者に対する予測可能性の保障の問題」の存在を強調している。

無効とすることについて，「事後的に無効が判明することは，都市建設秩序に対して，通常は壊滅的帰結をもたらすであろうし，部分的に実現された土地利用計画は，挫折させられた投資の破片を残すこととなり，統一的な都市の構想は実現されないことになりかねない」と警鐘を鳴らしている。確認訴訟を活用する場合には，「違法な計画即無効ドグマからの脱却，都市計画の補正手続の承認が，法的安定性や信頼保護の観点から重要となる」と述べている。また，違法と宣言された時点以降，都市計画が補正されるまでの間，建築確認申請をどのように扱うかという経過問題もあると指摘している。

大橋教授は，都市計画を直接の対象とする新たな司法審査に関する制度設計について，これまでに出されている提案をも参考にして，裁決主義を前提とした取消訴訟，都市計画違法確認訴訟の二つのモデルを挙げて具体的な検討を行なっている。そして，両モデル共通に，出訴期間の法定，補正を実施すれば違法な計画も有効なものとなることを制度的に明確化する必要性（積み重ねて実現してきた行政過程を尊重しつつ，違法性を是正する必要性），対話型司法過程の探求（法廷ですべての違法を是正し，新たな計画を策定し直すことには限界があり，行政過程の助けを借りなければならないので，行政過程と司法過程との連携に着目した対話型司法の探求）の重要性を掲げている。また，判決がなされた後に計画の補正がなされるまでの過渡期間における対応のルールを明確にする必要性についても述べている。

都市計画の内容に関する誤った回答等による国家賠償責任　　都市計画の内容に応じて，人々は行動する必要がある。そのために都市計画の内容がどのようになっているかを関係の担当公務員に照会することがある。それに対する公務員の応答が誤っていた場合に，損害を被ったとして国家賠償請求訴訟が提起されることがある。

まず，市の都市計画課職員が，用途地域指定の照会に対して，第2種住居専用地域であるのに，誤って近隣商業地域である旨の回答をしたため，指定

用途に即したビルを建築し賃貸する目的で地上建物とともに土地を購入した場合について，東京地裁八王子支部平成4・10・27（判例時報1466号119頁）は，後日近隣商業地域に指定替えがなされたものの建築が遅れたことによる損害賠償請求事案である。判決は，「用途地域指定を所管する公務員は用途地域に関する照会につき正確な回答をなす責務」があり，「担当公務員は常に正確な回答に必要な範囲の調査を尽くす義務がある」として，請求を認容した（都市計画図の高度地区の表記に誤りがあった場合につき，東京地裁平成24・2・8判例時報2165号87頁）。

東京地裁平成12・11・8（判例時報1746号97頁）は，国道事務所職員に原告の土地が都市計画道路に掛かっているかどうかを質問したところ，ほぼ全域にわたり掛かるにもかかわらず，多少掛かるが測量をしていないので1ないし2メートルずれるかもしれない，と説明を受けたため当該土地を買い受けてしまった者からの国家賠償請求について，「国道工事事務所は都市計画道路の工事及び整備の事業主体であり，都市計画の内容を知り得る立場にある上，同事務所の職員は事実上，土地が都市計画道路に掛かるか否かという照会に応じて説明している現状にかんがみると，たとえ右説明が法令上の根拠を欠くいわゆる行政サービスとしてされたものであるとしても，その説明に誤りがあれば，国家賠償法上違法であるといわざるを得ない」として，認容した[101]。担当職員の誠実な対応が必要とされる場面である。

3　都市計画制限

［1］　開発行為等の規制（開発行為の許可）

開発行為　　法は，開発行為について規制を加えている。法は，「開発行

101　東京地裁八王子支部平成12・5・8判例時報1728号36頁も，建築確認申請のための証明願の用紙を用いた願による証明書が建築確認申請以外の目的に用いられることを認識していたと推認される場合に，担当職員は，都市計画に係る証明をなすに当たり，誤った内容の証明書を発行して，これを信頼した私人の不測の損害を与えないよう配慮すべき注意義務があったのに，法14条1項に定める都市計画の図書の写しそのものを参照することなく，誤った証明書を発行した過失があるとして，市の賠償責任を認めた。

為」をもって,「主として建築物の建築又は特定工作物の建設の用に供する目的で行なう土地の区画形質変更をいう」と定義している (4条12項)。東京地裁平成19・12・20 (判例集未登載) は,制度趣旨等から,「開発行為に該当する『区画の変更』とは,文字どおり建築物の建築又は特定工作物の建設のための土地の区画の変更を指し,他方,『形質の変更』とは,土地の形態的な標徴の変更ということで,切土,盛土又は整地をいうものと解すべきであって,当該行為の先後で異なる形状の土地利用がされることを前提としていると解される」としている (控訴審・東京高裁平成20・6・25判例集未登載もこの判断を是認)。開発行為は,建築行為の前段階の行為であるという位置づけであるので,「建築物の建築自体と不可分な一体の工事と認められる整地,基礎打ち,土地の掘さく等の行為は,建築行為であって開発行為ではない」とされている[102]。

開発許可　　法における最も重要な制度として,開発許可制度が存在する。

第一に,都市計画区域又は準都市計画区域内において開発行為をしようとする者は,あらかじめ都道府県知事又は指定都市等の長の許可を受けなければならない。「指定都市等」とは,政令指定市,中核市又は特例市を指している (29条1項)。

ただし,次に掲げる開発行為については,この限りでない。

①　小規模開発行為 (法29条1項1号)

市街化区域,区域区分が定められていない都市計画区域又は準都市計画区域内における開発行為で,政令で定める規模未満であるものである。

都道府県 (指定都市等又は法33条6項の事務処理市町村の区域内にあっては当該指定都市等又は事務処理市町村) は,法施行令19条1項のただし書の項目に掲げる範囲内で,条例で区域を限り規模を別に定めることができる (後述)。市街地再開発促進区域内における開発行為については,この小規模開発行為の規定は適用されない (都市再開発法7条の8)。これは,市街地再開発促進区域の制度が,良好な都市環境を実現する手段として単位整備区制度を設けて,建築敷地の造成と公共施設用地の造成とを一体として行なう単位

102　三橋・都市計画法25頁。

を設定していることとの関係で，小規模開発にも開発許可を要するものとし，かつ，単位整備区を単位とするのでなければ開発許可をしないことにして再開発を促進しようとする趣旨であるとされている[103]。

第1号要件を定める政令（法施行令19条）を見てみよう。

市街化区域にあっては1,000㎡未満。ただし，前述の都道府県（指定都市等又は事務処理市町村を含む）は，市街化の状況により，無秩序な市街化を防止するため特に必要があると認められる場合は，300㎡以上1,000㎡未満の範囲内で条例によりその規模を別に定めることができる。

区域区分が定められていない都市計画区域又は準都市計画区域にあっては3,000㎡未満。ただし，市街化の状況等により特に必要があると認められる場合は，300㎡以上3,000㎡未満の範囲内で条例によりその規模を別に定めることができる。

② 農業，林業若しくは漁業の用に供する政令で定める建築物又はこれらの業務を営む者の居住用建築物の用に供する目的の開発行為（法29条1項2号）

この開発行為は，市街化調整区域，区域区分が定められてない都市計画区域又は準都市計画区域内のものである。政令で詳細に規定されている（法施行令20条）[104]。

③ 駅舎その他の鉄道の施設，図書館，公民館，変電所その他これらに類する公益上必要な建築物のうち開発区域及びその周辺の地域における適正かつ合理的な土地利用及び環境の保全を図る上で支障がないものとして政令で定める建築物の建築の用に供する目的で行う開発行為（法29条1項3号）。

---

103 都市再開発法制研究会編著・解説141頁。
104 ①畜舎，蚕室，温室，育種苗施設，家畜人工授精施設，孵卵育雛施設，搾乳施設，集乳施設その他これらに類する農産物，林産物又は水産物の生産又は集荷の用に供する建築物，②堆肥舎，サイロ，種苗貯蔵施設，農機具等収納施設その他これらに類する農業，林業又は漁業の生産資材の貯蔵又は保管の用に供する建築物，③家畜診療の用に供する建築物，④用排水機，取水施設等農用地の保全若しくは利用上必要な施設の管理の用に供する建築物又は索道の用に供する建築物，⑤前各号に掲げるもののほか，建築面積が90㎡以内の建築物。

法施行令21条は，30号にわたり対象建築物を列挙している。たとえば，航空法による公共の用に供する飛行場に建築される建築物で当該飛行場の機能を確保するため必要なもの若しくは当該飛行場を利用する者の利便を確保するために必要なもの又は同法2条5項に規定する航空保安施設で公共の用に供するものの用に供する建築物（9号）が含まれている。おおむね，それぞれの法律により規制がなされているとか，設置主体が国又は公共団体であることによって，開発許可を要しないとされているものであるが，それぞれの法律による規制が適正であること，国又は公共団体の行為が適切であることが，現実に確保されるという保証があるわけではない。

④ 都市計画事業の施行等として行なう開発行為（法29条1項4号〜8号）

法は，都市計画事業，土地区画整理事業，市街地再開発事業，住宅街区整備事業，防災街区整備事業のそれぞれの施行として行なう開発行為を掲げている。これらは，それぞれの手続により適正かつ合理的な土地利用及び環境の保全が図られる手続が踏まれることに鑑みたものである。

⑤ 公有水面埋立法2条1項の免許を受けた埋立地であって，同法22条2項の告示がないものにおいて行なう開発行為（法29条1項9号）

公有水面埋立てに関する免許を通じて，土地利用及び環境の保全に対する配慮がなされることに鑑みたものである。

⑥ 非常災害のため必要な応急措置として行なう開発行為（法29条1項10号）

応急措置に対応するには，開発許可を得る暇がないことによる。

⑦ 通常の管理行為，軽易な行為その他の行為で政令で定めるもの（法29条1項11号）

この委任を受けて，施行令22条は，次の行為を掲げている。

  1 仮設建築物の建築又は土木事業その他の事業に一時的に使用するための第1種特定工作物の建設の用に供する目的で行なう開発行為
  2 車庫，物置その他これらに類する附属建築物の建築の用に供する目的で行なう開発行為
  3 建築物の増築又は特定工作物の増設で当該増築に係る床面積の合計

又は当該増設に係る築造面積が10平方メートル以内であるものの用に供する目的で行なう開発行為
4　法29条1項2号若しくは3号に規定する建築物以外の建築物の改築で用途の変更を伴わないもの又は特定工作物の改築の用に供する目的で行なう開発行為
5　4に掲げるもののほか，建築物の改築で当該改築に係る床面積の合計が10平方メートル以内であるものの用に供する目的で行なう開発行為
6　主として当該開発区域の周辺の市街化調整区域内に居住している者の日常生活のため必要な物品の販売，加工，修理等の業務を営む店舗，事業場その他これらの業務の用に供する建築物で，その延べ面積（同一敷地内に2以上の建築物を新築する場合においては，その延べ面積の合計）が50平方メートル以内のもの（これらの業務の用に供する部分の延べ面積が全体の延べ面積の50%以上のものに限る）の新築の用に供する目的で当該開発区域の周辺の市街化調整区域内に居住している者が自ら当該業務を営むために行なう開発行為で，その規模が100平方メートル以内であるもの

　これらの各号に掲げる行為が，法にいう「その他の行為」を定めていると解するのか，「通常の管理行為，軽易な行為」を含めて列挙しているものと解するのかが問題となる。
　第二に，都市計画区域及び準都市計画区域外の区域内において，「それにより一定の市街地を形成すると見込まれる規模として政令で定める規模」[105]以上の開発行為をしようとする者は，あらかじめ，省令で定めるところにより，都道府県知事の許可を受けなければならない（29条2項）。ただし，次に掲げる開発行為については，この限りでない（同項ただし書）。
1　農業，林業若しくは漁業の用に供する政令で定める建築物又はこれらの業務を営む者の居住の用に供する建築物の建築の用に供する目的で行なう開発行為

---

[105] このような定めを政令に委任する必要性があるのか疑問に思われる。

2　法29条1項3号，4項及び9号から11号までに掲げる開発行為

法29条1項又は2項の許可（開発許可）を受けようとする者は，省令の定めるところにより，次の事項を記載した申請書を知事に提出しなければならない（30条1項）。①開発区域（開発区域を工区に分けたときは，開発区域及び工区）の位置，区域及び規模，②予定建築物又は特定工作物の用途，③開発行為に関する設計，④工事施行者，⑤その他省令で定める事項。申請書には，法32条1項に規定する同意を得たことを証する書面，同条2項に規定する協議の経過を示す書面その他省令で定める図書を添付しなければならない（30条2項）。

開発許可の基準　法33条は，開発許可の基準に関して詳細な規定を設けている。

まず，第1項が，14号にわたる基準を掲げている。その中には，用途制限適合性（1号）以外に，多数の基準がある。主として，自己の居住の用に供する住宅の建築の用に供する目的で行なう開発行為以外の開発行為の場合における道路，公園，広場その他の公共の用に供する空地（消防に必要な水利が十分でない場合に設置する消防の用に供する貯水施設を含む）に関する基準（2号），排水路その他の排水施設に関する基準（3号），主として，自己の居住の用に供する住宅の建築の用に供する目的で行なう開発行為以外の開発行為の場合における水道その他の給水施設に関する基準（4号）などが並んでいる。そして，開発許可の基準は，開発許可処分を争う原告適格の有無に関係してくる。

たとえば，「地盤の沈下，崖崩れ，出水その他の災害を防止するため，開発区域内の土地について，地盤の改良，擁壁又は排水施設の設置その他安全上必要な措置が講ぜられるように設計が定められていること」（7号）については，開発区域内の土地の安全のみを確保する趣旨で，隣接する区域の土地の安全性を確保しようとする趣旨がないと解するのかなどが問題点とされよう。この点は，「政令で定める規模以上の開発行為にあっては，開発区域及びその周辺の地域における環境を保全するため，開発行為の目的及び第2号イからニまでに掲げる事項を勘案して，騒音，振動等による環境悪化の防止上必要な緑地帯その他の緩衝帯が配置されるように設計が定められているこ

と」（10号）の基準にあっては，周辺地域の環境保全も明示的に掲げられていることとの対比をいかに理解すべきかという問題を投げかけている。

建築基準法による建築確認の場合と対照的なのは，第14号である。すなわち，「当該開発行為をしようとする土地若しくは当該開発行為に関する工事をしようとする区域内の土地又はこれらの土地にある建築物その他の工作物につき当該開発行為の施行又は当該開発行為に関する工事の実施の妨げとなる権利を有する者の相当数の同意を得ていること」は，実質的権利の所在を重視する仕組みである。

法33条1項は，基準の適用を，土地利用者，土地利用形態及び開発行為の規模の3要素により画している。これは，土地利用者が開発者自身か否か，土地利用形態が具体的か集団的か，開発行為の規模が大規模か否かによって，基盤整備の必要性，工事の完遂の必要性等が異なるからであるとされている[106]。

附　款　開発許可は，法79条により，「この法律の規定による許可」として，「都市計画上必要な条件を附することができる」。すなわち，附款を付することができる。都市計画上必要な条件とは，都市計画の適正な施行を確保するために必要な条件であって，具体的には，開発行為の着手及び完了の予定期日，工事施行中の防災措置などである[107]。要綱で定める開発負担金の納付を条件とすることはできないと解される。また，開発許可権は，法（都市計画法）の範囲内の権限であるから，法と無関係な条件，たとえば，開発に係る工事に際して地元住民を一定割合以上従事させることなどの条件を付することはできない。これらは，法79条後段にいう「不当な義務」にも該当するというべきである。

国，都道府県，指定都市等の場合の協議と協議の成立　以上のような開発許可制度を前提にして，国又は都道府県，指定都市等若しくは地方自治法252条の17の2第1項に基づき都道府県知事の権限に属する事務の全部を処理することとされた市町村（＝事務処理市町村）[108]若しくはこれらがその

106　都市計画法制研究会・都市計画法（改訂版）193頁。
107　都市計画課監修・逐条問答659頁。
108　この定義は，法33条6項による。

組織に加わっている一部事務組合，広域連合若しくは港務局が行なう都市計画区域若しくは準都市計画区域内における開発行為については，当該国の機関又は都道府県等と都道府県知事との協議が成立することをもって，開発許可があったものとみなされる（34条の2第1項）（許可に代替する協議の成立）[109]。都道府県と当該都道府県の知事との間においても協議が必要とされる。都道府県の代表者が知事であることを考えると，同一の機関同士の協議はあり得ないように見えるが，行政系列ごとに機関が存在すると考えるならば，観念的には別個となる。実際は，担当部局間の協議がなされる。

では，この「みなし規定」は，いかなる理由によるのであろうか。

第一に，これらの広い意味の政府主体の間においては，外部行為たる「許可」の観念を用いることが望ましくないという考え方に基づいて，行政の内部行為によることを示すために協議の成立をもって許可とみなすことにしているという理解である。行政関係の法律に登場する「固有の資格」に着目してなされる行為であると理解することもできる。しかし，開発許可権限を有しない市町村の場合には許可を受けることを要するのであるから，このような説明が貫徹できるかについては疑問が出されよう。

第二に，開発行為を行なう行政主体には，開発許可の権限を行使する機関があるので，許可を受けるのに適していることを認識し得る立場にあるので，協議の成立をもって足りるとしたものと解する理解があり得よう。開発許可権限を有しない市町村にあっては，あくまでも開発許可を申請しなければならないことからも，このような理解が相当程度説得力をもっている。

ところで，法29条の許可が行政処分であることを疑う者はいないであろう。そして，原告適格を満たすならば，第三者も，その取消訴訟を提起することができる。これに対して，法34条の2第1項の協議の成立にあっては，その文言からすれば，それは行政処分ではないように見える。もしも，行政

---

[109] このような立法方法は，他にも見られる。開発許可を受けた土地における国の行なう建築等について国の機関と都道府県知事との協議の成立をもって許可とみなす法42条2項，市街化調整区域のうち開発許可を受けた土地以外の土地における国又は都道府県等が行なう建築等について国の機関又は都道府県等と都道府県知事との協議の成立をもって許可とみなす法43条3項，都市計画施設等の区域内における建築物の建築についての許可に関して法42条2項を準用する法53条2項などである。

処分性を否定するならば，第三者にとって開発許可の場合と全く同様の状態に置かれるにもかかわらず，行政処分ではないが故に，取消訴訟をもって協議の成立を争うことができないことになる。

そこで，「開発許可があったものとみなす」ことに行政処分性の付与までも読み込むことができるであろうか。常識的には，「開発行為ができる」状態をもたらす点に着目して「開発行為があったものとみなす」と定めているにとどまり，行政処分性まで付与するものではないと見るのが自然であろう[110]。しかし，行政処分性の探求，公法上の当事者訴訟も含めて，第三者が争う途を確保する法解釈を探究する必要がある。これらのうち，公法上の当事者訴訟については，協議成立の無効確認の訴えなどが想定されよう。

国又は都道府県等が協議を申し入れたにもかかわらず，開発許可権を有する知事等が応じない場合に，いかなる訴訟を提起すればよいのであろうか。「協議に応ぜよ」との判決を求めること，又は，協議に応ずべき義務の確認の訴えが考えられようか。

開発許可等に関する建築確認機関の審査権　建築確認機関は，法に定める開発行為該当の有無（及び宅地造成工事許可の要否等）についての審査をすべきであるのか否かが，大きな論点とされてきた。開発許可等不要証明書等の適合証明書を添付して申請された事案に関する建築確認を争う訴訟において

110　漁港法 37 条 1 項が港湾区域内等において工事等をしようとする場合には，港湾管理者の許可を受けなければならないとしつつ，同条 3 項が国又は地方公共団体が工事等をしようとする場合には，港湾管理者と協議し，工事等が港湾の利用若しくは保全に支障を与える場合等においては協議に応じてはならないとしている法状態の下で，横浜地裁平成 20・2・27 判例地方自治 312 号 62 頁は，許可処分も協議応諾も，一般的な禁止を解除するという法的効果において変わりはなく，工事等の実施主体としての国及び地方公共団体の立場は実質的に私人と異ならないとして，国は国民と同様の立場において協議応諾の効果を受けるものであるから，協議応諾は行政処分であるとした。これに対して，控訴審の東京高裁平成 20・10・1 訟務月報 55 巻 9 号 2904 頁は，同項の協議は，港湾の公有水面を公益目的の下に利用し得ることを前提に，公有水面の利用に関する公益性において，一般私人と異なる国，地方公共団体について，港湾管理者の公益判断を尊重しつつ，行政主体相互間の公益の調整を図ったものと解すべきであるから，協議応諾は，行政処分ではないとした。もちろん，港湾区域内における工事等と開発行為とを単純に同視できるものではない。

争点とされ，多数の裁判例がある。

まず，法 29 条の開発許可書及び宅地造成等規制法 8 条 1 項に基づく工事許可書及び検査済証が交付されている場合には，それによって法 19 条 4 項（「建築物ががけ崩れ等による被害を受けるおそれのある場合においては，擁壁の設置その他安全上適当な措置を講じなければならない」）の適合性を判断すればよいとする裁判例（神戸地裁昭和 61・7・9 判例タイムズ 621 号 91 頁）がある。

次に，確認検査機関の審査は，形式的審査にとどまるとする裁判例として，仙台地裁昭和 59・3・15（行集 35 巻 3 号 247 頁）を挙げることができる。

開発審査担当課が建築確認申請書の「その他必要な事項」欄に「開発行為に該当せず──開発審査課」と記載して担当者の押印がなされていた場合において，建築主事がどのような審査をすべきかが争われている。判決は，建築確認に先立って開発許可権限を付与されている行政庁（具体的にはその権限を分掌する担当部局）が当該建築計画について許可を要しないと判断しており，かつ，そのように判断されたことが建築主事において顕著である場合には，建築主事は，その判断の適法不適法に立ち入ることなく，当該建築計画が法 29 条の規定に適合しているものと確認すべきであり，審査の範囲はそれをもって足りるとした。なお，同判決は，開発行為に該当するか否かについての許可権者の判断が建築主事にとって顕著でない場合には，建築主事は明らかに開発行為に該当しないと見られる場合を除き，確認の前に許可権者にその判断を求める義務を負うものであり，これを怠った場合には違法が生ずると述べた。同判決は，建築基準法施行規則 1 条 6 項が法 29 条以下への適合性を証する書面を確認申請書に添付することを要求していることなどから，適合性が建築主事の審査，確認の対象であること自体は明らかであるとしつつ，開発行為等の規制に関する建築主事の審査は，形式的，外形的なものである点において，建築基準法第 2 章に定める建築物の敷地，構造及び建築設備に関する規制等について建築主事が実質的，内容的に審査するのとは異なっている，と述べている[111]。

かくて，開発行為に該当するかどうかの審査権限はなく（仙台高裁決定昭

111　なお，判決は，開発行為非該当の判断をしている場合は，適合証明書を申請書に添付することを要しないとしている。

和58・8・15判例タイムズ511号181頁)，形式的，外形的審査にとどまるとするのが一つの流れである（水戸地裁平成3・10・29行集42巻10号1695頁，その控訴審・東京高裁平成4・9・24行集43巻8・9号1172頁，東京地裁平成23・9・21判例集未登載)。このように解する場合に，開発許可の要否に関してどのように争えるのかという問題が登場する。前記の仙台地裁昭和59・3・15（行集35巻3号247頁）は，次のように問題の所在を意識しながらも，解決策は示していない。

「およそ，開発行為等の規制に関する都道府県知事ないし市長の判断に不服がある場合の抗告訴訟は，直接これらの許可権者を相手方としてなさるべきものである。ただし抗告訴訟である限りその対象は行政処分でなければならないのであるが，本件の如き開発行為にあたらないとする旨の判断は，開発行為の許可ないし不許可の処分とは異なり，必ずしも処分性を有するものとはいい難いものなのである。従って，もしこの判断に処分性がないとした場合には，抗告訴訟の余地のない許可権者の判断によって，開発行為に関する都市計画法29条以下の詳細な規制が適用され得ないことになり，実質的な不都合が生ずる余地がないではないが，だからといってこの場合には直ちにこれを理由として建築主事のした建築確認処分を争うことができるものとはいうことができない。」

この判決当時は，抗告訴訟の被告が行政庁とされていたので，今日においては，その限りにおいて修正して読むべきであろうが，開発許可を要しないとする判断に関して争う機会がなく進められる危惧があることは十分に理解できよう。もっとも，平成16年の行政事件訴訟法改正によって，非申請型の義務付け訴訟の類型が設けられたので，その活用の可能性を検討する必要がある。しかし，その途はきわめて厳しいといわなければならない。義務づけの対象たる行政処分としては，都市計画法81条1項1号の「この法律……の規定に違反した者」に対する「工事その他の行為の停止を命じ」ることの義務づけを探ることになろうが[112]，開発許可を要しない旨の判断を信頼した者に対する監督処分の発動が許されるのかという新たな問題が生じて

---

112 非申請型義務付け訴訟の可能性を肯定する見解として，曽和俊文・金子正史編『事例研究行政法［第2版］』（日本評論社，平成23年）223頁（執筆＝金子正史）。

しまうからである。

　他方，建築確認の違法事由として開発許可の要否を争えることを肯定する裁判例もある。

　たとえば，大阪地裁平成21・9・9（判例地方自治331号75頁）は，まず，適合証明書の処分性を否定する。すなわち，適合証明書は，建築確認のための判断資料として作成・交付されるものであって，本来的には単なる事実証明の性格をもつものにすぎず，当該計画の開発行為該当性等に関して都道府県知事の判断作用が介在するとしても，それはあくまで，建築確認における建築主事等の判断の参考としてされるものであると解するのが合理的である，と述べた。そして，開発許可が必要な場合に許可がされているかどうか，又は開発許可が必要とされない場合であるかどうかについて，最終的に判断し確認する権限を建築主事等に付与しているとして，都道府県知事が発行する適合証明書の誤りを主張する者は，これを前提としてされた建築確認を対象として抗告訴訟を提起することができると解されるのであって，適合証明書の交付行為に処分性を認めなくても不都合な点はないとした。

　判決は，以上のような理由により，開発許可不要証明処分取消請求を不適法であるとした。要するに，開発許可の要否に関して建築主事の実質的審査権があるとする説とセットになった適合証明の行政処分性否定論である。

　横浜地裁平成17・2・23（判例地方自治265号83頁）は，建築主事は，開発行為を伴うものであるかどうかについての形式的，外形的な判断権を有するにとどまるとしつつも，次のように述べた。

　　「権限の分配等に係る関係規定により，建築主事において，建築確認処分をするに際しての審査に当たり，当該建築計画が開発行為を伴うものであるかどうかについては，権限を有する知事等の審査・判断を経由しているかどうかを形式的，外形的に判断すれば足りるとされていることと，実体的には当該建築計画が開発行為を伴うものであって，これについて許可を要するものであったにもかかわらずこれを受けていない場合に，当該建築計画に伴う開発行為について許可を受けていないとの事実を，建築確認処分の取消訴訟においてその取消事由として主張することができるかどうかということとは，以下のとおり，区別して考えるべ

き問題であるといわなければならない。」

「建築計画が実体的には開発行為を伴い，これについて許可を要するものであった場合，すなわち，知事等による当該建築計画に係る行為が開発行為に該当しない旨の判断に誤りがある場合には，必要な開発許可を受けていない当該計画は，都市計画法29条1項の規定に適合しないことは明らかであり，この点において，上記判断を前提とする建築確認処分も瑕疵を帯びることとなるものといわざるを得ない。そうであるとすれば，建築計画が，これに伴う開発行為について都市計画法29条1項の規定による許可を要するものであるにもかかわらず，これを受けないまま建築確認処分がされた場合においては，このことを理由として当該建築確認処分の取消しを求めるにつき法律上の利益を有するものと認められる者は，当該建築確認処分の取消訴訟において，上記の点を当該建築確認処分の取消事由として主張し，その処分の取消しを求めることができると解すべきである。」

判決は，建築計画が開発許可を要する場合において，これを受けないまま建築確認処分がなされたときは，開発許可を欠いていることにより，当該建築確認処分は違法であって取り消されるべきである，とした。

東京地裁平成19・12・20（判例集未登載）は，次のように述べている。

①「建築確認申請のあった建築計画が当該建築物の敷地等に関する法令の一つである都市計画法令に規定する開発行為に関する規制に適合しているか，具体的にいえば，確認申請に係る建築計画における敷地等に関する計画が都市計画法4条12項にいう開発行為に該当するかどうか，該当する場合は，その開発行為につき都道府県知事又はその委任を受けた行政庁の許可処分があったか否か等を建築主事において認定判断すべきことを命じているものと解される」。②「建築主事は，知事等による開発行為に対する許可又は不許可の処分がある場合には，これらには確定力及び公定力があることから，それが取り消されるまでは，その存在及び内容を建築確認申請の添付書類によって形式的に確認できれば，建築確認の許否の判断においてはそれで足りることになる」。③「当該工事が都市計画法令に規定する開発行為に関する規制に適合しているかに

ついては，第一次的には都市計画法29条1項の判断をゆだねられている知事等が判断を行うとしても，同判断に確定力及び公定力が生じない場合においては，建築主事は，建築確認を行う行政庁として，建築基準法6条1項に規定する敷地等に関する法令適合性を判定する上で開発行為に該当するか否かについて一応判断しなければならないというべきである」。

結論は，次のようになる。

「知事等が開発許可処分又は不許可処分を行った場合には，当該計画が開発許可に係る要件を満たしているか否かという判断及びその前提となる当該計画に係る工事等が開発行為に該当するとの判断に確定力及び公定力が生じるのであるから，建築基準法6条1項に基づく確認が申請された段階においては，当該建築計画の開発行為該当性及び開発許可に係る要件を充足しているか否かにつき，独自に判断をする必要もなければ権限もないが，知事等が行った開発行為該当性に係る判断に確定力及び公定力が生じない場合には，当該判断に建築主事が法的に拘束される根拠はない。そうすると，都市計画法29条1項で規定する開発行為に該当することを前提にした開発許可又は開発不許可の各判断については，建築主事による実質的な審査を排除して形式的，外形的な審査のみ認め，他方，そもそも開発行為に該当しないとの判断については，建築主事が実質的な判断をする余地を残したものと解することができる。」

この判決は，具体の事案において，内部組織規定により，まちづくり事業部住宅課長が実質的に開発行為該当性を判断し，該当しないと判断した場合，都市計画法施行規則60条が定める書面を作成，交付することなく，区建築主事に開発行為に該当しない旨を伝達したものであることを認定して，この判断は，行政処分に該当せず，公定力を有しないのであるから，開発行為に該当する場合は，建築確認の違法原因となるとした。

開発行為該当を前提にした開発許可の要件の充足の有無について開発許可権者により判断が示されている場合と，開発行為に該当しないとの判断をしている場合，との間において扱いを区別する考え方が示されている。

公共施設管理者の同意　　開発許可を申請しようとする者は，あらかじめ，

開発行為に関係がある公共施設の管理者と協議し，その同意を得なければならない（32条1項）。また，あらかじめ，開発行為又は開発行為に関する工事により設置される公共施設を管理することとなる者その他政令で定める者[113]と協議しなければならない（同条2項）。なお，法30条2項は，この「同意を得たことを証する書面」を開発許可申請書に添付することを求めている。

「公共施設」に関しては，法4条14項が，「道路，公園その他政令で定める公共の用に供する施設」と定義し，それを受けた法施行令1条の2により，下水道，緑地，広場，河川，運河，水路，消防の用に供する貯水施設が加えられている。

札幌地裁平成5・10・8（判例タイムズ841号115頁）は，このような列挙方式に着目し，かつ，法40条2項との関係にも着目して，限定列挙であると解したうえ，下水道法2条2号を引いて，法施行令にいう「下水道」とは，「下水を処理するために設けられる排水管，排水渠その他の排水施設，これに接続して下水を処理するために設けられる処理施設又はこれらの施設を補完するために設けられるポンプその他の施設の総体」を指すものと解すべきであり，遊水地は，雨水等を一時的，暫定的に貯溜し，地下に浸透させることで処理する施設であるとともに，遊水地によってはさらに遊水地から貯溜した雨水等を下水道本管に排出する施設であるとみることができ，下水である雨水等を処理するために設けられた排水管に接続した処理施設の一つであり，また場合によっては下水の排水施設の一つであるということができるとした。

第1項が同意を得なければならないとしている趣旨は，開発行為に関する工事によって，既存の公共施設の機能を損なわず，また変更が伴うときは，適正にそれを行なう必要があるからであるとされている[114]。

113　法施行令23条は，次の者（開発区域の面積が40ヘクタール未満の開発行為にあっては，③及び④の者を除く）を掲げている。①当該開発区域内に居住することとなる者に関係がある義務教育施設の設置義務者，②当該開発区域を給水区域に含む水道法3条5項に規定する水道事業者，③当該開発区域を供給区域に含む一般電気事業者及び一般ガス事業者，④当該開発行為に関係がある鉄道事業者及び軌道経営者。これらのうち，現状においては，③及び④は民間事業者であることが多い。

3　都市計画制限

東京地裁昭和63・1・28（行集39巻1・2号4頁）は，この同意が得られないときは，開発許可の申請をすることができないことを認めつつ，同意は，行政処分性を有しないとした[115]。その理由づけは，次のとおりである。

　「関係施設管理者の同意は，それがなければ，適法に開発許可の申請をすることができないものであるから，開発許可の申請に影響を及ぼすものであるということができる。しかし，……関係施設管理者には，私的権限に基づき公共施設を管理する私人も含まれているところ，私人が公権力の主体たる行政庁となる場合は稀であって，私人を行政庁とする場合には，関係法令にその旨の規定が置かれるのが一般であるが，都市計画法関係法令をみても，関係施設管理者が私人である場合について，右の私人を公権力の行使の主体たる行政庁とする旨の規定もなければ，その趣旨を窺わせるに足りる規定もないので，右の私人には，行政庁たる地位はなく，また，右の私人のする同意には，公権力の行使たる性格が付与されていないものと解するのが相当である。そして，そもそも公共施設の管理行為が本来的に公権力の行使であるとはいえないこと，都市計画法32条が『同意』という公権力の行使としての性格を読み取りにくい用語を用い，かつ，それをするについての要件を規定しておらず，それが処分であることを窺わせるに足りる法令の規定がないこと，また，右に述べた私人の場合と区別して，関係施設管理者が国若しくは地方公共団体又はその機関である場合にのみ，そのする同意に公権力の行使としての性格を与えていることを認めさせるに足る法令の規定もないことなどを合せ考えると，関係施設管理者のする同意は，関係施設管理者が，たまたま国若しくは地方公共団体又はその機関である場合でも，私人である場合と同様，公権力の行使とはいえず，処分としての性格を有しないものというほかはない。」

　この判決は，続けて，同意は，所有権等私的権限に対する制限，変更をするについて当該私的権限を有する者が制限，変更をしようとする者に与える同意と同一の性格のものであり，したがって「関係施設管理者は，右の私人

114　建設省都市局都市計画課編・解説160頁。
115　この判決は，「協議」についても，行政処分性を有しないとした。

と同様,同意をするか否かを全く自由に決めることができるものということができる」とした。

この「全く自由に決めることができる」という判示が正当といえるかどうかについては,検討を要すると思われる。同意が行政処分でないとしても,不同意を制限する法理があるというべきである。

ところで,この問題は,後に最高裁まで争われることになった。1審の盛岡地裁平成3・10・28（行集42巻10号1686頁）が,不同意は行政処分ではないとしたが,控訴審・仙台高裁平成5・9・13（行集44巻8・9号771頁）は,「32条に基づく公共施設管理者の同意,不同意について,都市計画法は申請手続,同意不同意の要件,通知,不服申立の規定を設けてはいないが,公共施設の管理者が同意を拒否すると,開発行為者の開発許可申請は不適法となり（30条2項）,開発行為者は開発対象地に対する開発をすることができなくなる立場に置かれることとなり,開発行為者が本来有する開発をするという権利を侵害されることになる。したがって,公共施設管理者の不同意の意思表示は,国民の権利義務又は法律上の利益に影響を及ぼす性質を有する行政庁の処分に該当すると解するのが相当である」と述べた。

この事件の上告審・最高裁平成7・3・23（民集49巻3号1006頁）は,法32条,30条及び33条1項の各規定を説明した後に,次のように述べた。

> 「右のような定めは,開発行為が,開発区域内に存する道路,下水道等の公共施設に影響を与えることはもとより,開発区域の周辺の公共施設についても,変更,廃止などが必要となるような影響を与えることが少なくないことにかんがみ,事前に,開発行為による影響を受けるこれらの公共施設の管理者の同意を得ることを開発許可申請の要件とすることによって,開発行為の円滑な施行と公共施設の適正な管理の実現を図ったものと解される。そして,国若しくは地方公共団体又はその機関（以下,『行政機関等』という。）が公共施設の管理権限を有する場合には,行政機関等が法32条の同意を求める相手方となり,行政機関等が右の同意を拒否する行為は,公共施設の適正な管理上当該開発行為を行うことは相当でない旨の公法上の判断を表示する行為ということができる。この同意が得られなければ,公共施設に影響を与える開発行為を適法に

行うことはできないが，これは，法が前記のような要件を満たす場合に限ってこのような開発行為を行うことを認めた結果にほかならないのであって，右の同意を拒否する行為それ自体は，開発行為を禁止又は制限する効果をもつものとはいえない。したがって，開発行為を行おうとする者が，右の同意を得ることができず，開発行為を行うことができなくなったとしても，その権利ないし法的地位が侵害されたものとはいえないから，右の同意を拒否する行為が，国民の権利ないし法律上の地位に直接影響を及ぼすものであると解することはできない。もとより，このような公法上の判断について，立法政策上，一定の者に右判断を求める権利を付与し，これに係る行為を抗告訴訟の対象とすることも可能ではあるが，その場合には，それに相応する法令の定めが整備されるべきところ，法及びその関係法令には，法32条の同意に関し，手続，基準ないし要件，通知等に関する規定が置かれていないのみならず，法の定める各種処分に対する不服申立て及び争訟について規定する法50条，51条も，右の同意やこれを拒否する行為については何ら規定するところがないのである。」

この判決に対する最大の疑問は，「同意が得られなければ，公共施設に影響を与える開発行為を適法に行うことはできないが，これは，法が前記のような要件を満たす場合に限ってこのような開発行為を行うことを認めた結果にほかならないのであって，右の同意を拒否する行為それ自体は，開発行為を禁止又は制限する効果をもつものとはいえない」と述べている部分である。行政庁の行為自体ではなく，それに法が付与している効果に着目して行政処分性を認める考え方は，病院開設中止勧告に関する最高裁平成17・7・15（民集59巻6号1661頁）や土地区画整理事業計画に関する最高裁大法廷平成20・9・10（民集62巻8号2029頁）にも示されていることであって，前記のような理由で行政処分性を否定することは，これらの最高裁判決の論理展開に反すると思われる。また，私人が公共施設の管理者になる場合もあることを理由に否定するのも，本末転倒である[116]。

---

116 阿部泰隆「都市計画法32条にいう開発許可に対する公共施設管理者の同意」判例時報1291号169頁（昭和64年）（同『行政法の解釈』（信山社，平成2年）289頁）

筆者は，行政処分性を肯定すべきであると考えるが[117]，仮に公権力性を欠くなどの理由により行政処分性を否定する場合には，公法上の当事者訴訟としての「同意義務の確認の訴え」又は「同意せよ」との給付訴訟が考えられよう。前記の最高裁平成7年判決が，同意の履行請求について，権利義務主体を被告とすべきところを行政機関を被告とする訴えは不適法であるとしたが，公共施設管理者が行政機関をもって定められている場合には，公法上の当事者訴訟としては行政機関を被告としても差し支えないと解すべきである。

　なお，同意を証する書面を添付しないで開発許可申請をして不許可処分を得たときに，その取消訴訟において，不同意の違法を主張することも考えられる。その場合に，同意しなかった公共施設の管理者には，行政庁の訴訟参加（行政事件訴訟法23条）を認めてよいと解される[118]。

　第2項による協議に関して，協議が調うことまで要求されるのか否かが問題となるが，第1項の同意と異なり，開発許可申請書に協議が調った旨の書面を添付することが求められていないことなどから，協議が調うことは開発許可の要件ではないと解されている[119]。「協議しなければならない」という文言からしても，このように解するほかはないであろう。これに関連して，協議申立てに対して協議に応じないことについては，行政処分ではないとする裁判例がある（仙台高裁平成5・9・13行集44巻8・9号771頁）。

　法32条3項は，第1項及び2項の協議について，公共施設の管理者又は公共施設を管理することとなる者に，「公共施設の適切な管理を確保する観点から」行なうことを求めている。したがって，不同意が，実質的に見て，このような観点以外の理由によると認められる場合には，「他事考慮として

　　は，公共施設に私人の管理するものを含むとしても，私道は公共施設に含まれないとする。
117　阿部泰隆・前掲，山村恒年「都市計画法32条の不同意・不協議に対する不作為の違法確認等請求事件」判例地方自治131号66頁（平成7年）など。
118　このことを詳細に論ずる文献として，金子正史・まちづくり行政訴訟40頁以下。
119　都市計画課監修・逐条問答365頁，都市計画法研究会編・運用1337頁。そこにおいては，協議の経過如何によっては，相互に誠意ある協議がなかったものとして手続の欠陥を理由に不許可にすることができることもあり得るとしている。

違法」とされる可能性があるように思われる[120]。

宅地開発指導要綱等　かつては，宅地開発指導要綱が盛んに活用されていた。その後，条例化を図る動きも進んでいる。したがって，宅地開発指導要綱の位置づけに関しては，実態調査を要するといえよう。

代表例として，「京都市宅地開発要綱」を見てみよう[121]。京都市は，指定都市であるので，京都市の区域における開発行為については，京都市長が開発許可権限を有することに注意しておきたい。

まず，適用対象事業は，宅地開発事業のうち，開発区域の面積が0.1ヘクタール以上のものに適用するとし（3条1項），2以上の宅地開発事業が連たんして行なわれる場合で，それぞれの宅地開発事業が，人的又は資本的関係等から同一の経営に係るものと認められるときは，一の宅地開発事業とみなすこととしている（3条2項）。

次に，宅地開発事業者は，事業計画について，開発区域周辺の住民等の意見を十分尊重するものとし，説明会等により，あらかじめ，必要な調整をはからなければならないとしている（7条）。ただし，この「調整」がつかない場合のことについて触れるところはない。

第3章は，「公共施設の付加基準」と題する章で，そこには実質的に開発事業者の負担となる事柄が含まれている。

第一に，開発区域の面積が0.3ヘクタール以上の宅地開発事業にあっては，(1) 開発区域の面積の3パーセントに相当する面積，(2) 計画人口1人につき1平方メートルを乗じて得た面積，のいずれか大きい面積以上の面積を有

120　都市計画法制研究会・都市計画法（改訂版）192頁を参照。
121　京都市は，旧京北町の区域に関しては，旧「京北町宅地等開発行為に関する指導要綱」の全部改正による「京都市京北区域における宅地等開発行為に関する指導要綱」を定めて，別扱いとしている。これは，本文に述べた要綱が都市計画区域内における宅地開発事業を対象としているところ，京北区域が都市計画区域ではないことから，独自の内容を盛り込む必要を認めたことによるようである。開発行為をしようとする者は，市長に開発協議を申し入れて，協議結果の通知を受けた後に工事に着手し，完了届の提出と検査済証の交付，その旨の公告，公告があるまでの間の建築制限，要綱の目的を達成するための立入調査など，都市計画法による規律に準じた内容が盛り込まれている。このような方法が，「法律による行政の原理」との関係において問題となることはいうまでもない。

する公園を設けなければならない（10条1項）。

第二に，開発区域に給水するため必要な施設の設置又は改造に要する費用は，宅地開発事業者が負担しなければならない（11条2項）。

第三に，終末処理施設の処理対象人員が51人（京都市建築基準法施行細則16条1項2号に掲げる区域にあっては501人）以上の宅地開発事業にあっては，公共下水道その他終末処理施設を有する排水管又は排水きょに汚水を放流する場合を除き，し尿と雑排水とを合併して処理する終末処理施設を設けなければならない。ただし，0.3ヘクタール未満の場合で一定の基準を満たす合併処理浄化槽を設けるときは，この限りでない（12条1項）。

第四に，当該開発に伴う居住者の輸送の確保のため交通機関の運行（路線の新設，延長又は運行回数の増加）が必要と認めるときは，バス運送等に必要な主要道路，交通広場等の整備その他輸送手段に必要な施設について，事前に，公営企業管理者（交通局長）と協議のうえ，負担に応じなければならない（14条）。

第五に，第4章は，「土地の提供」と題している。かつては，第15条に規定があったが，現在は削除され，第16条において，開発区域内に市が必要とする土地がある場合において，当該土地を市に譲渡しなければならないことを定め（16条1項），その場合の譲渡価格は，宅地開発事業完了後に京都市不動産評価委員会が評価した額の2分の1以下の額としている（16条2項）。市が必要とする土地という広い要件及び評価額の2分の1以下の譲渡価格に注目せざるを得ない。

以上の内容を踏まえて，宅地開発事業者は，事業計画に関し，この要綱に定める事項について，あらかじめ市と協議しなければならないこと（17条1項），その協議は，市と宅地開発事業者との覚書の交換により行なうものとしている（17条2項）。

開発許可権が知事にある区域においても，要綱による詳細な定めを設けていることがある。

「国立市開発行為等指導要綱」は，要綱の適用範囲について，次の6事業を挙げて[122]，その最初の事業として，都市計画法29条に基づく開発行為で，その規模が500平方メートル以上のものを掲げている（2条1項1号）。他の

列挙事業も含めて，継続事業とみなされる事業を3年以内に行なう場合は，そのすべての事業を一つの事業とみなすこととしている（2条1項7号）。開発許可に限定しないで，複数の事業に共通のルールを設定している点に特色がある。

実体的部分を除いて，手続に関する定めの内容は，以下のとおりである。

第一に，事業主は，法令に定める手続を行なう前に市長に申し出て，「当該事業にかかる建築物の建築及び管理に関する事項，その他この要綱に定める各事項について，協議しなければならない」（3条）。

第二に，事前協議を行なおうとする事業主は，その申出をする2週間前までに事業を行なおうとする場所に，事業計画の概要を明示した標識を設置しなければならない（計画の周知）。ただし，第2条1項1号及び2号に規定する事業については，事前協議の申出後とすることができる（4条）。したがって，開発行為の場合は，事前協議の申出後でよいことになる。

第三に，事業主は，標識の設置後に，隣接する土地，建物の権利者及び居住する者に対し，設計図等により事業計画の概要について説明会等の方法で説明し，紛争が生じないように努めなければならない（5条1項）。この説明会を開催しようとするときは，原則として開催日の7日前までにその対象者に対し説明会の開催について周知しなければならない（5条4項）。そして，説明会を開催したときは，原則として開催後14日以内にその内容を書面により市長に報告しなければならない。

この要綱を前提にして「国立市開発行為等指導要綱施行基準」が定められている。この施行基準の方が，より詳細な手続を定めている。それによれば，事前協議を行なう場合には，「事業計画事前協議書」を市長に提出すること

---

122 開発行為以外に，①建築基準法42条1項5号による道路の位置指定を受けて開発するもの（2号），②建築基準法2条2号及び東京都建築安全条例9条に掲げる特殊建築物で建築物の延べ面積が1,000平方メートル以上のもの（3号），③集合住宅で建築計画戸数が第1種低層住居専用地域及び第2種低層住居専用地域内にあっては10戸以上，その他の地域にあっては16戸以上のもの（4号），④中高層建築物で，その高さが10メートル以上のもの（自己の居住の用に供する住宅で3階以下のものを除く）（5号），⑤携帯電話の中継施設等で電磁波等を発生するもの（6号），及び本文に述べた継続事業を掲げている。

（2条），標識を設置した日から7日以内に標識設置届を市長に提出すること（3条），市長との事前協議が整ったときは要綱5条に規定する説明等の報告書を添付した事業計画事前審査願を提出すること（4条1項），市長はこの事前審査願が提出されたときは開発行為等指導要綱審査委員会に付議すること（4条3項），市長は，事業計画が要綱の規定に適合していると認め，開発行為等指導要綱審査委員会の承認を得たときは，承認を得た日から14日以内にその旨を事業主に通知すること（5条），この要綱に適合する旨の通知を受けた事業主は，通知を受けた日から30日以内に第2条1項1号の開発行為の事業にあっては同意協議申請書を，その他の事業にあっては事業計画承認申請書を提出すること（6条），市長は，提出された同意協議申請書及び事業計画承認申請書が要綱及び施行基準に適合していると認めたときは，特別の場合を除き，申請の日から30日以内に，同意協議申請にあっては協議書を締結のうえ同意書を交付し，事業計画承認申請にあっては協定書を締結のうえ承認書を交付すること（7条）を定めている。

　この手続において，開発行為の場合に，事業主は，事業計画事前協議書，事業計画事前審査願，同意協議申請書の3段階の書類の提出を求められていることになる。最後の同意協議申請書は，法32条による公共施設管理者の同意を求める手続であると思われるが，それにしても，多段階の手続を踏む仕組みとなっていることに驚かざるを得ない。

　実体部分に関して要綱の定める主要なものを挙げると，計画戸数21戸以上の集合住宅を建設する事業主は，清掃施設の整備に要する費用の一部負担について協力すること（要綱8条2項）のほか，公園緑地について，次のような定めを置いている。①開発行為で区域の面積が3,000平方メートル以上のものについては区域面積の6パーセント以上の公園，緑地を設け，完成後は原則として市に無償で譲渡するものとすること（要綱9条1項），②中高層建築物を建築する事業主は，敷地面積に応じて定める割合の緑地又は空地を接道した形で設けるものとすること（9条2項），③以上のほか，区域内の緑化に努め，計画戸数が21戸以上の集合住宅を建設する場合は，別に定める基準により公園，緑地の整備に要する費用の一部負担について協力するものとすること（9条3項）。

施行基準においては，さらに，道路，安全施設，清掃施設，消防水利等について，具体的な定めを置いている。要綱及び施行基準を含めて，「要綱行政」の健在ぶりが示されている[123]。地方公共団体の機関が行なう行政指導については，行政手続法の規定が適用されないので（同法3条3項），当該地方公共団体の行政手続条例がある場合は，それによることになる。仮に，行政手続法32条以下と同様の規定を有する行政手続条例がある場合には，「行政指導に携わる者は，その相手方が行政指導に従わなかったことを理由として，不利益な取扱いをしてはならない」（行政手続法32条2項）。

開発事業とまちづくり条例による規律　目下，いわゆる「まちづくり条例」が全国的に広まりつつある。そして，まちづくり条例のほとんどは，開発事業に関する調整手続に関して定めている。『都市行政法精義Ⅱ』において詳しく述べるように，事前協議等の事前の手続を重視する内容になっている。

国分寺市まちづくり条例は，「協調協議のまちづくり」の章見出しの下に，さまざまな手続を要求している。

建築確認申請等に係る届出（40条1項）などに続いて，設計着手前における開発事業の基本計画の届出に関する定めがある（41条1項）。届出対象開発事業は，①開発区域の面積が500平方メートル（国分寺崖線区域内にあっては300平方メートル）以上の開発事業，②中高層建築物（最低地盤面からの高さが10メートルを超える建築物又は地階を含む階数が3以上の建築物）の建築物，③16戸以上の共同住宅，④「地区まちづくり計画」若しくは「都市農地まちづくり計画」が定められている地区内又は「推進地区まちづくり計画」が定められている推進地区内で行なう開発事業，⑤市長が「テーマ型ま

123　深谷市も，国立市と同様に，「深谷市開発行為等指導要綱」及び「深谷市開発行為等指導要綱施行基準」により手続及び実体基準を定めている。ただし，開発行為等事前協議申請の内容が要綱及び関係法令に適合していると認めたときは開発行為等事前協議意見書又は開発行為等事前協議同意書を交付するとしている（施行基準3条）。これと別に，公共施設の改廃についての事前協議の定めがあり（要綱7条），公共施設の管理に関する協議書を提出することとされている（施行基準2条2号）。その他の例として，南足柄市開発行為等指導要綱，東金市宅地開発指導要綱，守口市開発行為指導要綱など。

ちづくり計画」と関係があると認めて，あらかじめ，市民会議の意見を聴いて指定した区域内で行なう開発事業，⑥建築物の用途の変更で，変更する部分の床面積の合計が1,000平方メートル以上の開発事業，である。この届出に始まって，多段階の手続が展開される。開発基本計画の周知，事前協議書の提出による協議，近隣住民への周知，開発事業に関する意見書の提出，公聴会の開催，指導書の交付等を行ない，その後で，初めて開発事業の申請をして，なお市長と協議する。市長は，開発事業申請書等の内容が開発適合審査基準に適合しているかどうかを審査し，審査の結果，開発適合審査基準に適合していると認めるときは開発基準適合確認通知書を，適合していないと認めるときは補正すべき内容及びその理由並びに補正の期限を記載した書面を，規則で定める期間内に事業者に交付する。協議が調ったときは，都市計画法29条の規定による許可，建築基準法6条1項及び6条の2第1項の規定による申請その他土地利用に関する法令又は他の条例に基づく申請等を行なう前に，当該協議の内容を記載した書面を作成し，協定の締結を行なわなければならない。このような手続規定を置いて，事業者は，開発基準適合確認通知書の交付を受けた日以後でなければ，開発事業に関する工事に着手してはならないこと，同じく，協定の締結を行なった日以後でなければ開発事業に関する工事に着手してはならないこと，などの規制が働く[124]。

　こうした仕組みにおいて，開発基準適合確認通知の行政処分性は認められよう[125]。東京地裁平成21・11・27（判例集未登載）は，開発基準適合確認通知の取消しを求める請求について，その行政処分性に触れることなく，原告適格に関して，近隣住民の原告適格を肯定した。

　まず，条例の目的（市民の福祉を高め，豊かな緑と水と文化財にはぐくまれた安全で快適なまちづくりの実現に寄与すること）に言及し，条例6条1項が「市民等は，健康かつ快適な都市環境及び生活環境を享受する権利を有する」

---

[124] 「鎌倉市開発事業等における手続及び基準等に関する条例」62条1項も，同様の開発基準適合確認通知を定めている。

[125] この通知は，法施行規則60条の定める60条証明書と重なり合う外観を有しているが，条例の定める開発基準に適合することを確認するものであり，条例の規定に着目した場合に，行政処分性を肯定できるという趣旨である。

と規定し，79条が，事業者が開発事業の計画及び工事の実施に当たって近隣住民との関係で紛争を未然に防止するために講ずるよう配慮すべき事項として，「近隣住民の住居の日照に及ぼす影響を軽減させること」と規定していることなどにも照らせば，開発適合審査基準において建築物の高さを規制している趣旨として，「当該建築物の近隣の建築物の日照，採光等を良好に保ち快適な居住環境を確保することにより，近隣住民の健康に著しい被害を及ぼすことを防止する趣旨も含まれているものと解するのが相当である」とし，条例が，開発区域の近隣で当該開発区域から一定の距離以内の区域に住所を有する者等を「近隣住民」として具体的に定め，近隣住民に対し開発基準適合確認通知に至る手続に関与することを認めていること，規制が保護しようとする利益が個人の健康という重要な利益であることも併せ考えると，「本件条例は，開発基準適合確認に係る開発事業で建築される建物により日照を阻害される近隣住民の健康を個々人の個別的利益としても保護すべきものとする趣旨を含むものと解するのが相当である」としている。

　そして，請求棄却の判決を下した。したがって，行政処分性を有することを前提にしているといえる。控訴審の東京高裁平成22・6・10（判例集未登載）も同趣旨である。

　条例が，協力金等の納付を定めている場合がある。たとえば，「鎌倉市開発事業等における手続及び基準等に関する条例」は，まず，環境資源の市への提供義務を定めたうえ（60条1項），特に市長が認めたときは，開発事業者は，環境資源の提供を別表第16に定める環境整備協力金の提供に代えることができるとしている。また，既存建築物の建替え等を目的とする開発事業で，特に市長が認めるときは，公園の設置を別表第16に定める公園整備協力金の提供に代えることができるとしている（47条4項）。これらの規定の趣旨は，原則は，別表第16に定める環境整備協力金及び公園整備協力金であるというものである。ところが，別表第16は，公園整備協力金については，公園の設置に代える面積に住居系，商業系及び工業系地域ごとに市長が告示する1平方メートル当たりの単価を乗じて得た額とし，環境整備協力金については，住居の戸数から6戸を減じて得た数値に市長が告示する1戸当たりの単価を乗じて得た額としている。ここにおける「市長が告示する

……単価」という白紙的委任は違法の疑いがあるといえよう。

条例による規律　一定の場合に，条例による規律が許される。以下の三つの場合に条例による規律が認められている。指定都市及び地方自治法252条の17の2第1項に基づき都道府県知事の権限に属する事務の全部を処理する市町村以外の市町村は，これらの条例を定めようとするときは，あらかじめ，都道府県知事と協議し，その同意を得なければならない（33条6項）。

第一に，地方公共団体は，その地方の自然的条件の特殊性又は公共施設の整備，建築物の建築その他の土地利用の現状及び将来の見通しを勘案し，法33条2項に基づく技術的細目に関する政令の定め[126]のみによっては環境の保全，災害の防止及び利便の増進を図ることが困難であると認められ，又は当該技術的細目によらなくとも環境の保全，災害の防止及び利便の増進上支障がないと認められる場合においては，政令で定める基準[127]に従い，条例で，当該技術的細目において定められた制限を強化し，又は緩和することができる（33条3項）。従来は，宅地開発指導要綱等により実質的に規制を上乗せすることが多かったが，平成12年法律第73号による法改正により，条例による制限の強化・緩和を認めることとされた。

たとえば，沖縄県は，開発区域の面積が0.3ヘクタール未満の開発行為において設置すべき公園，緑地又は広場の面積の合計は，所定の要件[128]に該当する場合は，法施行令25条6号本文の規定（3%）にかかわらず，当該開発面積の5%以上としなければならないとしている（「都市計画法に基づく開発行為の許可の基準に関する条例」2条1項）。東久留米市は，開発区域が3,000平方メートル以上の場合の公園の規模は，開発区域の6%としている（東久留米市宅地開発等に関する条例）。

第二に，地方公共団体は，良好な住居等の環境の形成又は保持のため必要と認める場合においては，政令で定める基準[129]に従い，条例で，区域，目

---

[126]　法施行令25条から29条までの定め。

[127]　法施行令29条の2が，相当詳細な基準を定めている。

[128]　①当該開発区域の境界から250メートル以内に，地方公共団体が設置する公園，緑地又は広場が存しないとき，かつ，②予定建築物等の用途が，自己の居住の用に供する住宅以外の住宅のとき。

的又は予定される建築物の用途を限り，開発区域内において予定される建築物の敷地面積の最低限度に関する制限を定めることができる（33条4項）。

たとえば，久留米市は，敷地面積の最低限度を200平方メートルとしつつ，「開発区域周辺の地形や土地利用の状況等によってこれによることが困難であると市長が認める場合は，この限りでない」としている（久留米市開発許可等の基準に関する条例3条）。この「市長の認める場合」とは，市長の認定という独立の行政処分を予定していると解すべきか，あるいは，すべて，開発許可申請に対する応答に吸収されると見るべきであろうか。実際は，同条例施行規則3条が，165平方メートル以上であって，所定の事由に該当し，敷地面積を200平方メートル以上確保できない場合と定めているので，個別の認定を予定していないようである。同規則の所定の事由の中に，「前各号に掲げるもののほか，真にやむを得ない事情があると認められる場合」（3号）が掲げられている。結局，開発許可の際の裁量問題となる。

東久留米市にあっては，第1種低層住居専用地域にあっては110平方メートル，その他の地域にあっては100平方メートルとしている（東久留米市宅地開発等に関する条例21条）。このように，それぞれの地域の状況により，敷地面積の最低限度は多様である。

第三に，景観法7条1項に規定する景観行政団体は，良好な景観の形成を図るため必要と認める場合においては，同法8条2項1号の景観計画区域内において，政令で定める基準に従い，同条1項の景観計画に定められた開発行為についての制限の内容を，条例で，開発許可の基準として定めることができる（33条5項）。

たとえば，横浜市は，景観計画に，①切土又は盛土によって生じる法（のり）の高さの最高限度は，法（のり）の下端の位置が道路との境界線から水平距離1メートル以内にある場合にあっては3メートルとし，その他の場合にあっては5メートルとすること，②適切な植栽が行なわれる土地の面積の開発区域の面積に対する割合の最低限度は15％とすること，が定められた

129　建築物の敷地面積の最低限度が200メートル（市街地の周辺その他の良好な自然的環境を形成している地域においては，300平方メートル）を超えないこととされている（法施行令29条の3）。

ときは，それを開発許可の基準としている（ただし，一定の場合には適用しない）（横浜市開発事業の調整等に関する条例35条）。

他の法制度との関係　他の法制度との関係における特例が二つある。

第一に，市街地再開発促進区域内における開発許可に関する基準については，法33条1項に定めるもののほか，別に法律で定めることとされている（33条8項）。これに対応する法律の規定は，都市再開発法7条の8である。それによれば，法29条1項1号の規定は適用せず（したがって，小規模開発行為であっても，開発許可を要する），開発許可の基準に関する法33条1項を「当該申請に係る開発行為が，次に掲げる基準（第29条第1項第1号の政令で定める規模未満の開発行為にあっては第2号から第14号までに規定する基準，第29条第1項第1号の政令で定める規模以上の開発行為にあっては第2号（貯水施設に係る部分を除く。）に規定する基準を除き，第4項及び第5項の条例が定められているときは当該条例で定める制限を含む。）及び市街地再開発促進区域に関する都市計画に適合しており，かつ，その申請が……」と読み替えて適用するものとされている。

第二に，公有水面埋立法22条2項の告示があった埋立地において行なう開発行為については，当該埋立地に関する同法2条1項の免許の条件において法33条1項各号に規定する事項（4項及び5項の条例が定められているときは，当該条例で定める事項を含む）に関する定めがあるときは，その定めをもって開発許可の基準とし，法33条1項各号に規定する基準（4項及び5項の条例が定められているときは，当該条例で定める制限を含む）は，当該条件に抵触しない限度において適用することとされている（33条7項）。

市街化調整区域における開発行為の積極要件の加重　市街化調整区域に係る開発行為（主として第2種特定工作物の建設の用に供する目的で行なう開発行為を除く）については，法33条の要件に該当するほか，法34条各号のいずれかに該当すると認める場合でなければ開発許可をしてはならない。14の号が掲げられているので，そのすべてを取り上げることは避けることにしたい。代表的な第1号には，「主として当該開発区域の周辺の地域において居住している者の利用に供する政令で定める公益上必要な建築物又はこれらの者の日常生活のため必要な物品の販売，加工若しくは修理その他の業務を営

む店舗，事業場その他これらに類する建築物の建築の用に供する目的で行う開発行為」が掲げられている。

また，第11号は，市街化区域に隣接し，又は近接し，かつ，自然的社会的諸条件から市街化区域と一体的な日常生活圏を構成していると認められる地域であっておおむね50以上の建築物（市街化区域内に存するものを含む）がれんたんしている地域のうち，政令で定める基準に従い，都道府県（指定都市等又は事務処理市町村の区域内にあっては，当該指定都市等又は事務処理市町村）の条例で指定する土地の区域内において行なう開発行為で，予定建築物等の用途が，開発区域及びその周辺の地域における環境の保全上支障があると認められる用途として条例で定めるものに該当しないもの，としている。条例で定める土地の区域を定める条例は詳細なものが多く，例を挙げることは控えたい[130]。たとえば，「環境の保全上支障があると認められる用途」について，船橋市は，「専用住宅以外の用途」としている。

注目すべきは，第14号が「前各号に掲げるもののほか，都道府県知事が開発審査会の議を経て，開発区域の周辺における市街化を促進するおそれがなく，かつ，市街化区域内において行うことが困難又は著しく不適当と認める開発行為」を掲げていることである。不確定概念が用いられている関係上，広い裁量が働かざるをえないが，その故にこそ開発審査会の議を経ることを求めているのである。それぞれの開発審査会は，承認する基準を設けているようである。それには，包括承認基準と個別付議基準とがある。

包括承認基準は，その基準を満たす場合には，開発審査会の承認を得たものとして扱うことを意味する。神戸市開発審査会は，「分家住宅」に関する包括承認基準として，次のような審査基準を設定している。

> 「市街化調整区域において現に生活の本拠を有する世帯（以下，「本家世帯」という。）が通常の分化発展の過程で必要となる住宅に係る開発行為については，申請の内容が次に掲げる全ての要件に該当するものであること。
>
> 1　申請に係る土地が，線引き前から申請者の直系尊属が保有（借地

---

[130] たとえば，愛知県「都市計画法に基づく開発行為等の許可の基準に関する条例」2条，船橋市「都市計画法に基づく開発行為等の基準に関する条例」4条。

権を含む。)していた土地で、引続いて申請者又は申請者の親族が保有していること。(線引き後に農業振興地域の整備に関する法律(昭和44年法律第58号)に規定する農業振興地域内にある土地の交換分合により取得した土地を含む。)
2　申請に係る土地が次のいずれかの土地であること。
(1) 申請者が親族から相続、贈与又は売買により取得済(登記済)の土地
(2) 次のすべての方法により申請者が取得することが確実な土地
　① 死因贈与契約の公正証書が作成されていること。
　② 始期付所有権移転仮登記がなされていること。
(3) 農業振興地域の整備に関する法律(昭和44年法律第58号)第8条に規定する農用地区域等集落から離れた区域にしか土地を所有していない場合で、交換により集落内に代替地として取得済の土地
3　申請者が、本家世帯の構成員である親族であり、次のいずれかに該当すること。
(1) 同居の親族
(2) 過去に同居していた親族
4　結婚その他独立して世帯を構成する合理的事情の存すること。
5　勤務地等から距離が適当であること。
6　分家住宅としてふさわしい規模、構造、設計等のものであること。
7　申請に係る土地が、原則として既存集落又はその周辺の地域に存すること。」

これらの基準のうち、最も難しい基準は、6の「分家住宅としてふさわしい規模、構造、設計等のものであること」の部分である。この部分については、包括基準として機能させるには、さらに細目の基準が設けられなければならないと思われる。

次に、同じ神戸市開発審査会の「既存集落における自己用住宅」に関する個別付議基準は、次のとおりである。

「既存集落における自己用住宅に係る開発行為については、申請の内

容が次に掲げる全ての要件に該当するものであること。
1 申請に係る土地が，自然的社会的条件に照らして独立して一体的な日常生活圏を構成していると認められる集落であり，次のいずれかの要件を満たした区域内に存していること。
 (1) 5 ha の範囲の概ね50戸以上の建築物が連たんしている区域
 (2) 人と自然との共生ゾーンの指定等に関する条例（平成8年条例第10号）第8条第3項に規定する集落居住区域
2 申請に係る土地が次のいずれかの土地であること。
 (1) 線引き前から申請者が保有していた土地（線引き後に農業振興地域の整備に関する法律（昭和44年法律第58号）に規定する農業振興地域内にある土地の交換分合により取得した土地を含む。）
 (2) 線引き前から保有していた親族から相続，贈与又は売買により申請者が取得済（登記済）の土地
 (3) 線引き前から保有していた親族から次のすべての方法により申請者が取得することが確実な土地
　①死因贈与契約の公正証書が作成されていること。
　②始期付所有権移転仮登記がなされていること。
 (4) 農業振興地域の整備に関する法律（昭和44年法律第58号）第8条に規定する農用地区域等集落から離れた区域にしか土地を所有していない場合で，交換により集落内に代替地として取得済の土地
3 予定の建築物が自己の居住の用に供する1戸の専用住宅であり，これにふさわしい規模，構造，設計のものであること。
4 現在居住している住宅について過密，狭小，被災，立退き，借家等の事情がある場合，定年，退職，卒業等の事情がある場合等社会通念に照らし，新規に建築することがやむを得ないと認められるものであること。」

この基準が，個別付議基準であるということは，最低限備えていなければならない要件を定める基準であって，これを満たしていても，なお法34条14号の要件を満たしていないとされる場合があるということなのであろう

か。それとも，この基準の3項及び4項を満たすことを審査会において審議する趣旨なのであろうか。

開発許可申請の補正，新たな許可申請の要否　開発許可の申請をした後に，不許可処分が出される前に，申請内容の補正をすることができるか否かが問題になる。行政手続法7条は，「申請がその事務所に到達したときは遅滞なく当該申請の審査を開始しなければならず，かつ，申請書の記載事項に不備がないこと，申請書に必要な書類が添付されていること，申請をすることができる期間内にされたものであることその他の法令に定められた申請の形式上の要件に適合しない申請」については，申請の補正を求め又は申請により求められた許認可等を拒否しなければならないと定めている。

このような規定を前提にした場合に，開発許可申請の実体審査に入った後において，申請人に補正の機会を与えることができるのか（あるいは申請人に補正の意思を確認しなければならないのか），それとも実体要件を充足しないことを理由に拒否しなければならないのか，という点が問題となる。後者であるとすれば，実体要件を満たすような申請を新たにする必要があり，その場合には，申請手数料も再度納付する必要がある。前者が相当と思われる。

第二段階として，拒否処分後に補正をして，それを前提に申請の許可等をなすことができるか否かも問題とされよう。

さらに，第三段階として，許可する処分に対して審査請求がなされて，裁決により許可処分が取り消された場合に，申請人が裁決内容を検討して許可を受けうるような補正を申し出て，許可を受けることができるかどうかも問題となる。

この点が間接的に問題とされた事件として，横浜地裁平成21・8・26（判例地方自治325号66頁）を挙げることができる。当初の開発許可処分に対して周辺住民が審査請求をして，開発審査会が，接道要件を満たしていないとして取り消した後に，申請人が補正して再度の開発許可がなされたのに対して，再び，周辺住民より審査請求がなされて，審査会が，裁決の拘束力違反の処分であるとして取り消したことに対して，裁決取消しの訴えが提起された事案である。判決は，取消裁決の拘束力としての同一処分の繰返し禁止効によって，処分庁が申請を認容する処分をすることは禁止されるとした。事

業者である原告の主張に答えて，裁決の趣旨に従って処分のやり直しができるのは，裁決により手続上の違法を理由に取り消された場合に限られ，実体上の違法を理由に取り消された場合に処分をやり直して許可することは許されないとした。「申請者たる原告には，再度の処分を受ける法律上の利益は認められないのであるから，処分庁である鎌倉市長は，残存した申請について，裁決の拘束力に従って不許可処分をすべきであったということになる」と述べた。そして，「取消裁決後に当初の申請の実体的内容に関する補正を行うことはできないと解するのが相当である」とも述べた。

控訴審の東京高裁平成22・3・30（判例集未登載）は，処分のやり直しが認められるのは，手続違法よりも広く，「処分庁の構成に関する瑕疵，他の機関の同意，承認等の欠缺，行為の方式，表示に関する瑕疵も含まれるし，処分庁が適切な利益衡量を誤った場合のような裁量権の濫用に当たるような裁量権の行使に関する瑕疵も含まれると解され，なかでも裁量権の濫用といった事柄は実体的な違法とみることもできるものである」として，手続的瑕疵よりも広げつつも，「裁決後になされる再度の許可処分は，これを行うことが行政庁に義務づけられていることに照らしても，治癒されることによって再度の許可処分が可能となる瑕疵の範囲には一定の限界がある」というべきであると述べた。結論においては，1審の判断を維持した。

法施行規則60条に基づく適合証明書の交付 法施行規則60条は，建築基準法6条1項又は6条の2第1項の規定による確認済証の交付を受けようとする者は，その計画が法29条1項若しくは2項，35条の2第1項，41条2項，42条，43条1項又は53条1項の規定に適合していることを証する書面の交付を都道府県知事[131]に求めることができる旨を規定している。訴訟において，この書面の交付，不交付をめぐる法律問題が提起されている。

第一に，「開発許可を要する開発行為に該当しない」旨を証する書面の行政処分性を扱った裁判例がある。

---

131 指定都市等における場合は当該指定都市等の長，それらの事務が地方自治法252条の17の2第1項の規定により市町村が処理することとされている場合又は法86条の規定により港務局の長に委任されている場合は，当該市町村の長又は港務局の長とする。

まず，大分地裁昭和59・9・12（判例時報1149号102頁）は，開発許可不要の開発行為について，法29条ただし書に該当するか否かについて「公定力を有する判断を行うのは建築主事である」と解されるとし，法施行規則60条の趣旨は，法により種々の権限を有する都道府県知事をして，建築主事に対し，建築確認を行なううえでの一資料を提供させることによって，建築確認が適正かつ迅速に行なえるように便宜を図ったもので，法29条ただし書に該当する開発行為であるか否かについての公権的な判断権限を都道府県知事に与えたものとは解されないと述べた。

　次に，京都地裁昭和62・3・23（判例タイムズ634号78頁）は，まず，「都市計画法29条の許可は不要である」旨の書面の交付について，施行規則60条の「適合していることを証する書面」と解されるとしつつ，この証明書交付請求権は，同条によって創設されたものであって，同条が存在しない限り，法29条の規定に適合していることを証する書面の交付を請求する権利を有するものではないから，この証明書の交付は，法50条1項に定める法29条の規定に基づく処分とはいえず，開発審査会に審査権限はないとした。次に，法施行規則60条は，建築主事の判断を助け，都市計画担当行政庁との連絡を密にする目的で設けられたものと解され，建築主事は，その証明に拘束されるものではないとし，「被告建築審査会が，本件建築計画が法律，命令，条例の規定に適合するかどうかの判断をしないまま，本件開発許可不要証明書が被告開発審査会の裁決により取り消されたことのみを理由として，本件建築確認を取り消す裁決をしたことは違法である」とした。

　控訴審・大阪高裁昭和63・9・30（判例タイムズ691号166頁）も，開発審査会の審査権限に属しないとする結論は同一である。ただし，建築計画が開発行為に該当しない場合には，法29条に適合していることを証する書面は本来不要であるが，その場合でも，建築主事としては，都市計画の専門機関である知事又は市長の意見を聴取するとの趣旨で開発許可不要証明書を添付させているものであり，法施行規則60条を類推適用しているものと解されるとしている。

　横浜地裁平成11・10・27（判例地方自治198号59頁）も，施行規則60条が「その計画が都市計画法29条の規定に適合していること」には，①建築

計画が開発行為に該当し，その許可を得ていること，②計画がそもそも開発行為に該当しないこと，③計画が開発行為に該当するが知事による許可を要しないものであること，のいずれかの場合であって，①の場合には，通常，開発許可書を添付して確認申請をすれば目的を達成することができるので，適合証明書は必要とされないとし，②の場合について，次のように述べた。

「開発行為に該当しない旨の判断は，開発行為について定めた都市計画法4条12項の要件に該当する事実を満たしているかという確認作用を中核とするもので，極めて形式的な手続上の申請（証明書の交付申請）に対し『開発行為の許可を必要としない旨を証明する』という旨の形式的包括的なものであり，国民の具体的な権利義務に直接明示的に触れたものではない。もちろん，右の確認判断の結果，適合証明書が交付されると，建築確認申請の手続要件が充足され，次いで建築確認がされるというように，右の証明書交付における確認的な判断に法律の規定が併せて適用されて，特定の法的効果を生じさせることもあるが，右の確認的な判断自体に法的効果があるわけではないから，これを行政処分ということは困難である。」

法施行規則60条に基づく適合証明書の交付は，「法律の規定により定まっている要件に該当する事実の存否を個人に知らせ，確認し，又は証明する等の効果しか有しないものであり，それ自体が私人の権利義務に変動を与え，又はその権利義務の範囲を画するような性質を有するものとはいえないといわなければならない」というのである。

このように開発行為に該当しない旨の証明書交付については，行政処分性を否定する裁判例が多数を占めている。学説にも，開発行為非該当性証明書の交付行為は，単なる事実を証明する行為であって，私人の権利義務の範囲を画する性質を有するものではなく，また，省令のみの根拠規定によって行政処分を創出することはできないことを理由に行政処分性がないとする有力

---

132 曽和俊文・金子正史編『事例研究行政法［第2版］』（日本評論社，平成23年）221頁（執筆＝金子正史）。これに対して，適合証明書の交付行為は，純粋に行政機関内部における意見，意思の表明ではなく，「国民の権利義務もしくは法的地位に直接変動を与える処分行為であると言っても過言でない」として，処分性を肯定すべき

な見解がある[132]。

　第二に，書面の不交付通知については，行政処分性を肯定する裁判例が定着している。たとえば，岡山地裁平成18・4・19（判例タイムズ1230号108頁）は，次のように述べた。

> 「A市においては，規則60条書面の交付を受けていない段階で建築確認申請をしても，受理されることはなく，規則60条書面の交付は建築確認申請の受理要件とされていることが認められる。そうであるとすると，A市においては，規則60条書面の不交付の通知を受けた場合は，相当程度の確実さをもって建築主事の確認を受け，確認済証の交付を受けることができなくなるという結果をもたらすものということができる。その結果，建築主は，建築基準法6条1項各号規定の建築物を建築することを断念せざるを得ないことになる。このような，規則60条書面が建築主事の建築確認に及ぼす効果，建築確認の意義を考慮すると，規則60条書面の不交付の通知は，行政事件訴訟法3条2項にいう『行政庁の処分その他公権力の行使に当たる行為』に当たると解するのが相当である。そして，後に建築確認申請の不受理処分等の効力を抗告訴訟によって争うことができることは，この結論を左右しないと解すべきである。」

　この判決は，条文の構造のみならず，A市の運用実態を考慮して行政処分性を肯定している点に特色がある。この点においては，冷凍スモークマグロが食品衛生法6条に違反する旨の検疫所長の通知について行政処分性を認めた最高裁平成16・4・26（民集58巻4号989頁）と似ているといってよい。「相当程度の確実さをもって…」の部分は，病院開設中止勧告の行政処分性を認めた最高裁平成17・7・15（民集59巻6号1661頁）に通ずるところがある。

　工事完了の検査　　開発許可を受けた者は，当該開発区域（工区に分けたときは，工区）の全部について当該開発行為に関する工事（公共施設に関する部

　　旨を主張する見解として，松村信夫「開発許可制度と行政訴訟」水野武夫先生古稀記念論文集『行政と国民の権利』（法律文化社，平成23年）197頁，198頁-203頁がある。

分については，当該公共施設に関する工事）を完了したときは，その旨を都道府県知事に届け出なければならない（36 条 1 項）。知事は，この届出があったときは，遅滞なく，当該工事が開発許可の内容に適合しているかどうかについて検査し，検査の結果当該工事が開発許可の内容に適合していると認めたときは，検査済証を交付しなければならない（36 条 2 項）[133]。さらに，検査済証を交付したときは，遅滞なく，完了公告をしなければならない（36 条 3 項）。

　この完了検査は，「開発許可の内容」に適合しているかどうかの検査であり，開発許可と完了検査との連動性が指摘されている[134]。それは，建築物に関する完了検査が「建築基準関係規定」に適合しているかどうかの検査であること（建築確認に適合しているかどうかの検査ではない）と対照的である。

開発許可・工事完了公告の効力　　開発許可の公告があると，申請者は，開発行為に係る工事を行なうことができる。また，開発許可を受けた開発区域内の土地においては，工事完了の公告があるまでの間は，建築物を建築し，又は特定工作物を建設してはならない（37 条本文）。ただし，「当該開発行為に関する工事用の仮設建築物又は特定工作物を建築し，又は建設するとき，その他都道府県知事が支障がないと認めたとき」又は法 33 条 1 項 14 号に規定する「同意をしていない者が，その権利の行使として建築物を建築し，又は特定工作物を建設するとき」は，この限りでない（37 条ただし書）。この「同意をしていない者」の扱いについては，若干の説明を要するであろう。法 33 条 1 項 14 号は，当該開発行為の施行又は当該開発行為に関する工事の実施の妨げとなる権利を有する者の「相当数の同意を得ていること」を掲げており，同意しない者がいても，開発許可がなされる制度を採用している。この制度に鑑み，同意していない者については，例外を許容しているのである。

---

[133]　検査済証の交付に先立つ「当該工事が当該開発許可の内容に適合しているかどうかを確認することは，内部的な行為であり，独立の行政処分に該当しない」こと（千葉地裁平成 2・3・26 行集 41 巻 3 号 771 頁，その控訴審・東京高裁平成 2・11・28 行集 41 巻 11・12 号 1906 頁）は，当然であろう。

[134]　田村泰俊「都市計画法 36 条及び 39 条等と法システム的解釈」法学新報 112 巻 11・12 号 429 頁（平成 18 年）は，判例評釈等をも含めて，この点を強調している。

開発許可を受けた開発区域内においては，工事完了の公告があった後は，何人も，当該開発許可に係る予定建築物等以外の建築物又は特定工作物を新築し，又は新設してはならず，また，建築物を改築し，又はその用途を変更して当該開発許可に係る予定の建築物以外の建築物としてはならない。ただし，知事が当該開発区域における利便の増進上若しくは開発区域及びその周辺の地域における環境の保全上支障がないと認めて許可したとき，又は建築物及び第1種特定工作物で建築基準法88条2項の政令で指定する工作物に該当するものにあっては，当該開発区域内の土地について用途地域等が定められているときは，この限りでない（42条1項）。

　用途変更をしたとして法81条により使用停止命令が，また，予定建築物の用途を偽った開発行為であるとして除却命令が，それぞれなされた事案がある[135]。どのような場合に用途変更と認定するかが問題である。

　開発許可及び工事完了の公告は，公共施設の用に供する土地に関して，次のような効力を生じさせる。

　第一に，開発許可を受けた開発行為又は開発行為に関する工事により，従前の公共施設に代えて新たな公共施設が設置されることとなる場合においては，従前の公共施設の用に供していた土地で国又は地方公共団体が所有するものは，工事完了の公告の日の翌日において当該開発許可を受けた者に帰属するものとし，これに代わるものとして設置された新たな公共施設の用に供する土地は，その日においてそれぞれ国又は当該地方公共団体に帰属するものとされている（40条1項）。土地の交換の実態が生ずることになる。この場合に，格別な交換契約を要しない点に特色がある。

　第二に，開発許可を受けた開発行為又は開発行為に関する工事により設置された公共施設の用に供する土地は前記の法40条1項によるもの及び開発許可を受けた者が自ら管理するものを除き，工事完了の公告の日の翌日において，当該公共施設を管理すべき者（第1号法定受託事務として管理する地方公共団体であるときは，国）に帰属する（40条2項）。

　第三に，市街化区域内における都市計画施設である幹線街路その他の主要

135　執行停止申立て事件に係る前橋地裁決定平成21・10・23判例集未登載による。

な公共施設で政令で定めるものの用に供する土地が，前記の第二の扱いにより国又は地方公共団体に帰属することとなる場合においては，その費用負担について，法32条2項による協議において別段の定めをした場合を除き，従前の所有者は，国又は地方公共団体に対し，政令で定めるところにより，「当該土地の取得に要すべき費用の額の全部又は一部を負担すべきこと」を求めることができる（40条3項）。この「主要な公共施設で政令で定めるもの」は，都市計画施設である幅員12メートル以上の道路，公園，緑地，広場，下水道（管渠を除く），運河及び水路並びに河川とされている（法施行令32条）。道路についてのみ幅員12メートル以上という規模を定めているのは何故であろうか。おそらく，従前の所有者以外の者に広く及ぶ利益に比べて，従前の所有者の受ける利益は相対的に小さいので，その調整の必要性があるという趣旨であろうか。「取得に要すべき費用の額の全部又は一部」とされるのは，請求をする従前の所有者の選択に委ねられる趣旨であろうか。あるいは，従前の所有者の受ける利益と広く公益に貢献する利益との比較により，負担の程度は客観的に決まるはずである，という前提なのであろうか。この問題は，第3項による求めは，形成権ではなく，「政令で定めるところにより」の委任に基づく法施行令33条及び34条が費用負担の協議を求めることを念頭に置き，結局，協議の成立に期待しているとみられることから，詰めた議論に適していないともいえよう[136]。

許可に基づく地位の承継　開発許可に基づく地位の承継（承継効）には，二つの場面がある。

第一に，一般承継人の場面である。開発許可又は法43条1項の許可を受けた者の相続人その他の一般承継人は，被承継人が有していた当該許可に基づく地位を承継する（44条）。「一般承継人」とは，相続人のほか，合併後に存続する法人，新設合併による法人である。結果的に，開発許可が対物的処分であるといってよいのかも知れない。「許可に基づく地位」とは，許可を

---

[136] 都市計画課監修・逐条問答429頁は，費用負担の請求は，形成権のような権利として認められたものではないとしつつ，国又は地方公共団体は，請求があれば，その限度において誠実に何らかの意思表示をする義務が生ずると考えるべきである，としている。

受けたことによって発生する権利と義務の総体をいうものとされ，具体的には，次のようなものが含まれるとされる。①適法に開発行為又は法43条1項の建築等を行なうことができる権能，②公共施設の管理者等との協議によって定められている公共施設の設置，変更の権能，③公共施設の用に供する土地の取得に要する費用の全部又は一部の負担を求めることができる権能，④開発行為に関する工事完了の届出義務及び工事廃止の届出義務[137]。

　この「当然承継」の規定ぶりについては，若干の疑問がある。知事は，一般承継の事実を当然に把握できるわけではない。監督処分等をも考慮するならば，届出により，一般承継時点に遡って地位の承継がなされたものとみなす制度の方が合理的であろう。

　第二に，開発許可を受けた者から当該開発区域内の土地の所有権その他当該開発行為に関する工事を施工する権原を取得した者が承継しようとする場面である。この場合には，都道府県知事の「承認」を受けて，開発許可に基づく地位を承継することができる。本来は，改めて許可を受けるべきところを，事務簡素化の見地から，許可に代えて知事の承認をもって足りるとしたものとされる。この「承認」がない限り，地位の承継の効力は生じない[138]。

　このような広い地位の承継を認める条項において，被承継人に存した非違行為を理由に，承継人に対して，法81条1項に基づく監督処分をなすことができるかどうかが問題になる。被承継人が許可に付された条件に反する行為をした場合（3号関係）や被承継人が詐欺その他不正な手段により開発許可を受けた場合（4号関係）などにおいて，その地位も承継されるのかどうかである。相続のような場合は，法81条2項による聴聞に際して，承継人が十分な主張をなすだけの手立てを有していないこともあり得る。原則として，地位の承継を認めたうえで，相続等の後の時点において都市計画上実質的な不都合のない場合は，監督処分の発動が裁量権の逸脱又は濫用になると考えるべきであろう。

137　以上，都市計画課監修・逐条問答448頁。
138　以上，都市計画課監修・逐条問答449頁。

［2］ 不服申立て・訴訟

不服申立て　法 50 条 1 項は，次の処分又はこれに係る不作為に不服のある者は，開発審査会に審査請求をすることができるとしている。さらに，これらの規定に違反した者に対する法 81 条 1 項の規定に基づく監督処分についても，開発審査会に審査請求をすることができるとしている。①法 29 条 1 項又は 2 項の処分（開発行為の許可），②法 35 条の 2 第 1 項の処分（開発許可の変更の許可），③法 41 条 2 項ただし書の処分（建築物の敷地，構造及び設備に関する制限の定められている区域内において制限を超える建築物の建築の許可），④法 42 条 1 項ただし書の処分（開発許可を受けた土地における建築等の制限を解除する許可），⑤法 43 条 1 項の処分（市街化調整区域における建築等の許可）。

これらのうち，開発許可不要証明書が，法 29 条に基づく処分といえるかが，訴訟上問題とされてきた。この点については，前述の「法施行規則 60 条に基づく適合証明書の交付」の項目を参照されたい。

処分に対する異議申立てを特に認める規定は見られないので，処分について都道府県知事等の処分庁に異議申立てをすることはできない（行政不服審査法 6 条）。これに対して，不作為にあっては，開発審査会に対する審査請求と知事等に対する異議申立てのいずれかを選択することができる（同法 7 条）。

開発審査会に対する審査請求の途を開いているのは，第三者による公正な判断が必要であること，専門的な知識を必要とすること，迅速な処理を要すること等によっているとされる[139]。

開発審査会は，審査請求を受理した場合においては，その受理した日から 2 月以内に，裁決をしなければならない（法 50 条 2 項）。

開発審査会が裁決を行なう場合においては，あらかじめ，審査請求人，処分庁その他の関係人又はこれらの者の代理人の出頭を求めて，公開による口頭審理を行なわなければならない（同条 3 項）。公開による口頭審理は，二つの側面がある。一つは，審査請求人にとって重大な事項であるために公正

139　都市計画課監修・逐条問答 460 頁。

の確保が強く望まれることである。もう一つは，一般の住民にとっても密接な利害関係のある場合もあることである。

不服の理由が鉱業，採石業又は砂利採取業との調整に関するものであるときは，公害等調整委員会に裁定の申請をすることができる。この場合には，行政不服審査法による不服申立てをすることができない（51条1項）。

開発審査会　開発審査会は，法50条1項に規定する審査請求に対する裁決その他法によりその権限に属させられた事項を行なわせるため，都道府県又は指定都市等に置かれる（78条1項）。開発審査会は，委員5人又は7人をもって組織される（2項）。委員は，法律，経済，都市計画，建築，公衆衛生又は行政に関しすぐれた経験と知識を有し，公共の福祉に関し公正な判断をすることができる者のうちから，都道府県知事又は指定都市等の長が任命する（3項）。委員の解任事由は，欠格事由（①破産者で復権を得ないもの，②禁錮以上の刑に処せられ，その執行を終わるまで又はその執行を受けることがなくなるまでの者）に該当するに至ったとき（5項。この場合は必要的解任である）のほか，①心身の故障のため職務の遂行に堪えないと認められるとき，②職務上の義務違反その他委員たるに適しない非行があると認められるとき（これらの場合は裁量的解任である），のいずれかである（6項）。したがって，委員は，一定の身分保障を付与され，審査会は，長の指揮監督を受けることができないという意味において，独立行政不服審査機関である。

開発審査会の組織及び運営に関し必要な事項は，政令で定める基準に従い，都道府県又は指定都市等の条例で定めることとされている（8項）。

開発行為の許可をめぐる訴訟　開発行為の許可が行政処分であることは明らかである。そこで，開発行為の許可をめぐって多様な争訟が存在する。

第一に，開発行為の差止め訴訟が提起されることがある。

その場合には，まず，原告適格が問題になる。大阪地裁平成20・8・7（判例タイムズ1303号128頁）は，法33条1項7号の趣旨を踏まえて，差止め訴訟の原告適格に関する判断を示した。

「同号は，開発区域内の土地が，地盤の軟弱な土地，崖崩れ又は出水のおそれが多い土地その他これらに類する土地であるときは，地盤の改良，擁壁の設置等安全上必要な措置を講ぜられるように設計が定められ

ていることを開発許可の基準としている。上記のような土地において，安全上必要な措置を講じないままに開発行為を行うときは，その結果，崖崩れ等の災害が発生して，人の生命，身体の安全等が脅かされるおそれがあることにかんがみ，そのような災害を防止するために，開発許可の段階で，開発行為の設計内容を十分審査し，上記措置が講ぜられるように設計が定められている場合にのみ許可をすることとしているものである。そして，この崖崩れ等が起きた場合における被害は，開発区域内のみならず開発区域に近接する一定範囲の地域に居住する住民に直接的に及ぶことが予想される。また，同条2項は，同条1項7号の基準を適用するについて必要な技術的細目を政令で定めることとしており，これを受けて定められた施行令28条，施行規則23条，27条の各規定をみると，法33条1項7号は，開発許可に際し，崖崩れ等を防止するために崖面，擁壁等に施すべき措置について具体的かつ詳細に審査すべきこととしているものと解される。以上のような同号の趣旨・目的，同号が開発許可を通して保護しようとしている利益の内容・性質等にかんがみれば，同号は，崖崩れ等のおそれのない良好な都市環境の保持・形成を図るとともに，崖崩れ等による被害が直接的に及ぶことが想定される開発区域内外の一定範囲の地域の住民の生命，身体の安全等を，個々人の個別的利益としても保護すべきものとする趣旨を含むものと解すべきである。

　そうすると，開発区域内の土地が同号にいう崖崩れのおそれが多い土地等に当たる場合には，崖崩れ等による直接的な被害を受けることが予想される範囲の地域に居住する者は，開発許可の差止めを求めるにつき法律上の利益を有する者として，その差止め訴訟における原告適格を有すると解するのが相当である（最高裁平成9年1月28日第三小法廷判決・民集51巻1号250頁参照）。

　そして，上記のような居住者に原告適格が認められるためには，それが本案前の訴訟要件に係るものであることに照らせば，崖崩れ等による被害を受ける蓋然性があれば足りると解すべきである。」
法33条1項3号についても，同様の思考方法により，「法33条1項3号

の趣旨・目的，同号が開発許可を通して保護しようとしている利益の内容・性質等にかんがみれば，同号は，溢水等のおそれのない良好な都市環境の保持・形成を図るとともに，溢水等による被害が直接的に及ぶことが想定される開発区域内外の一定範囲の地域の住民の生命，身体の安全等を，個々人の個別的利益としても保護すべきものとする趣旨を含むものと解すべきである」とした。

　判決は，以上のような一般論に基づいて，個々の原告ごとに蓋然性の有無を認定し，いずれの原告も原告適格を有しないとした[140]。

　第二に，開発許可の申請拒否処分の取消訴訟及び開発許可の申請型義務付け訴訟があり得る。

　第三に，開発許可の取消訴訟がある。差止め訴訟や義務付け訴訟に比べて，この訴訟が圧倒的に多い。項目を別にして検討する。

　開発許可等の取消訴訟　開発許可の取消訴訟に関しては，いくつかの訴訟要件を検討しなければならない。開発許可の行政処分性は，特に検討する必要はない。開発許可の取消しの訴え及び開発許可拒否処分の取消しの訴えは，それについての審査請求に対する開発審査会の裁決を経た後でなければ，提起することができない（52条）。すなわち，審査請求前置主義が採用されている。その他の訴訟要件について，順次検討する。

　原告適格　開発許可取消しの訴えの原告適格は，建築確認の場合と並んで訴訟で問題とされることが多い。大きく，開発行為の区域内権利者の原告適格と区域外権利者の原告適格とに分けて考察する必要がある。

　区域内権利者に関しては，法37条により，開発許可を受けた開発区域内の土地においては，法36条3項の工事完了の公告があるまでの間は，建築物を建築し，又は特定工作物を建設してはならないとされて，建築制限が課されているが，その制限の除外として，法33条1項14号に規定する同意をしていない者が，その権利の行使として建築物を建築し，又は特定工作物を建設するとき（ただし書2号），が掲げられている。そこで，開発区域内の土地所有者が同意していないにもかかわらず同意があるものとして開発許可

---

[140] 訴訟の係属中に訴訟の対象とした開発許可処分がなされてしまった場合には，訴えの利益が消滅したものとして扱われる（大阪高裁平成21・3・6判例集未登載）。

がされている場合には，その権利者が関与しないところで工事が完了し，公告が行なわれ建築禁止の規制がかかることを理由に原告適格を肯定すべきであるとした裁判例がある（奈良地裁平成6・10・12判例地方自治139号69頁）[141]。

　開発許可に対して多くの取消訴訟が提起されてきたのは，区域外の住民等が原告となるものであった。その場合の原告適格に関しては，後述の最高裁判決前にも，いくつかの下級審判決が見られた。

　いずれも，「当該行政処分により自己の権利若しくは法律上保護された利益を侵害され又は必然的に侵害されるおそれのある者に限られると解すべきであり，右にいう法律上保護された利益とは，行政法規が私人等権利主体の個人的利益を保護することを目的として行政権の行使に制約を課していることにより保障されている利益であって，それは，行政法規が他の目的，特に公益の実現を目的として行政権の行使に制約を課している結果たまたま一定の者が受けることとなる反射的利益とは区別されるべきものである」（静岡地裁昭和56・5・8行集32巻5号796頁）という考え方に立って判断しようとしている。

　前記の静岡地裁昭和56・5・8は，原告ら主張の健康的で文化的な都市生活を享受する利益，すなわち飲用水，生活用水が汚染されない利益，交通渋滞により経済生活が侵害されない利益，地震の際の猛獣の逃亡により生活がおびやかされない利益等が，法29条及び33条によって個人的利益として法律上保護されているものか否かを審査するとして，開発行為の許可制度は，開発行為について都市の健全な発展と秩序ある整備を図るための一般的な禁止を具体的に解除するものであり（29条），法33条は，解除基準として良好な市街地の形成という公益を達成するために開発行為がその内容として具備すべき基準を定めたものであって，私人の権利ないし具体的利益を直接保護することを目的とした規定ではなく，開発許可制度は，都市の健全な発展と秩序ある整備という公共の利益の実現のためになされるものであり，付近住民の権利若しくは具体的利益を直接保護したものではないと解すべきである

---

[141] この判決は，開発許可処分のうち原告所有部分について，原告の同意があるとの市長の判断に重大明白な瑕疵があるとして，無効とした。

とした。

　横浜地裁昭和57・11・29（行集33巻11号2358頁）も、「開発許可制度は、同法の目的とする都市の健全な発展と秩序ある整備、健康で文化的な都市生活及び機能的な都市活動の確保という公共の利益の実現のためになされるものであって、開発区域の周辺地域に居住する住民の権利若しくは具体的な利益を直接保護するものではないと解するのが相当である」と述べ、包括的に原告適格を否定した。もっとも、次に述べる最高裁判決との関係において、法33条1項各号との関係についての判示にも触れておきたい。

　まず、法33条1項5号、8号及び9号を取り上げて、環境基準に関する具体的な規定は何らなく、また、何らかの環境基準によって開発行為を規制しているものと考えられる規定も見当たらないのであるから、法は、開発行為による実際の環境被害の程度とは無関係に、開発行為の規模等によって一定の措置をとることを要求しているにすぎないとする。また、5号及び8号は、環境の具体的な内容を明確に定めているわけではなく、その定める環境の要件は抽象的であるともする。

　次に、法33条1項7号についても、開発区域内に建築基準法39条1項の災害危険区域等を含んでいても、開発区域及びその周辺の地域の状況等により支障がないと認められるときは、開発行為を許可することができる旨の規定であって、周辺地域住民の環境的利益が保護されているものとはいえないとした。

　以上の判断は、原告らが主張していたのが、「開発区域の周辺の地域に居住する住民として良好な環境を享受し、良好な環境の中で生活するという利益」が法によって個人的利益として法律上保護されているかどうかの判断として示されたものである。原告らが、法33条1項各号に分解して主張していたならば、違った判断がなされる可能性もあったのかも知れない。

　開発許可の取消訴訟の原告適格に関する代表的判例は、最高裁平成9・1・28（民集51巻1号250頁）である。事案は、分譲マンションに係る開発許可について、近隣に居住する者が提起したものである。

　1審の横浜地裁平成6・1・17（訟務月報41巻10号2549頁）は、いわゆる法律上保護された利益説に依拠して、「法律上の利益を有する者」とは、「当

該処分により自己の権利もしくは法律上保護された利益を侵害され，又は必然的に侵害されるおそれのある者」をいうと解すべきであるとし，当該処分を定めた行政法規が，不特定多数者の具体的利益を，個々人の個別的利益としても保護すべき趣旨を含むものと解される場合には，法律上保護された利益があると解すべきであるが，当該「行政法規が，もっぱら他の目的，特に公益の実現を目的として行政権の行使に制約を課している結果，その付随的効果として一定の者が受けることになる反射的利益とは区別されるべきである」とした。ここには，反射的利益との区別に注意が向けられている。判決は，これらを踏まえて，「当該処分によりその法的効果として自己の権利が侵害され，又は必然的に侵害されるおそれのある者，もしくは当該行政法規が個々人の個別具体的な利益をも保護することを前提として，当該処分によりその法的効果として右利益が侵害され，又は必然的に侵害されるおそれのある，その利益の帰属主体である者」に限り，原告適格を有するものと解すべきであると述べた。この基準を開発許可に当てはめて次のように判断した。

「都計法 29 条に基づく開発行為の許可は，都道府県知事等が，健全で文化的な都市生活及び機能的な都市活動の確保，並びに適正な制限のもとでの土地の合理的な利用という都市計画の基本理念に基づき，申請に係る開発行為が同法 33 条等に適合しているかどうかを公権的に判断するものであり，もって，都市の健全な発展と秩序ある整備による国土の均衡ある発展と公共の福祉の増進という都市計画の目的の実現を図るものであるから，開発行為の許可制度における右公権的判断は，もっぱら国土の発展及び公共の福祉の増進という一般的，抽象的な公益の実現に依拠してなされるものと解することができる。……（中略）……開発行為の許可制度が，個々人の個別具体的な権利，利益を保護しているものとは認め難い。」[142]

一部の原告らは，第 1 項 14 号を根拠に，同意権者は法律の保護する利益

---

142 判決は，この部分に続けて，原告らに侵害等が生ずるとしても，それは直截に許可申請者の開発行為自体によってもたらされるものであるから，侵害を受けた者あるいは侵害を受けるおそれのある者は，私法的に，自らの権利に基づき工事差止め等の訴えを提起することにより権利侵害を排除，予防すべきことになる，と述べている。

を有すると主張した。しかし，判決は，「同意は，あくまでも円滑な開発行為の遂行というもっぱら開発行為の進行を担保するという意味において，当該開発行為の許可の審査基準としての意義を有するものであり，更に進んで，同号が開発行為許可申請者と同意権者との間の私法上の個別具体的な権利関係に介入しているものとまで解することはできない」とし，法33条の趣旨が，良好な市街地の形成を図るため，市街化区域，市街化調整区域を通じて宅地に一定の水準を確保させることを目的として定められたことにあること等を考慮するならば，第14号のみを他の各号と区別して取り扱う理由は認められないと述べている。法33条1項各号に分解して分析する姿勢は希薄であったといえよう。

この判決理由は，控訴審の東京高裁平成6・6・15（民集51巻1号284頁）において全面的に引用された。

上告審の最高裁平成9・1・28（民集51巻1号250頁）は，一般論としては，いわゆる「もんじゅ訴訟」に関する最高裁平成4・9・22（民集46巻6号571頁）を引用して，前記1審判決と同趣旨を述べつつ，具体的事案については，開発許可の基準に着目して，次のように述べて原告適格を肯定した。

　　「都市計画法33条1項7号は，開発区域内の土地が，地盤の軟弱な土地，がけ崩れ又は出水のおそれが多い土地その他これらに類する土地であるときは，地盤の改良，擁壁の設置等安全上必要な措置が講ぜられるように設計が定められていることを開発許可の基準としている。この規定は，右のような土地において安全上必要な措置を講じないままに開発行為を行うときは，その結果，がけ崩れ等の災害が発生して，人の生命，身体の安全等が脅かされるおそれがあることにかんがみ，そのような災害を防止するために，開発許可の段階で，開発行為の設計内容を十分審査し，右の措置が講ぜられるように設計が定められている場合にのみ許可をすることとしているものである。そして，このがけ崩れ等が起きた場合における被害は，開発区域内のみならず開発区域に近接する一定範囲の地域に居住する住民に直接的に及ぶことが予想される。また，同条2項は，同条1項7号の基準を適用するについて必要な技術的細目を政令で定めることとしており，その委任に基づき定められた都市計

画法施行令28条，都市計画法施行規則23条，同規則（平成5年建設省令第8号による改正前のもの）27条の各規定をみると，同法33条1項7号は，開発許可に際し，がけ崩れ等を防止するためにがけ面，擁壁等に施すべき措置について具体的かつ詳細に審査すべきこととしているものと解される。以上のような同号の趣旨・目的，同号が開発許可を通して保護しようとしている利益の内容・性質等にかんがみれば，同号は，がけ崩れ等のおそれのない良好な都市環境の保持・形成を図るとともに，がけ崩れ等による被害が直接的に及ぶことが想定される開発区域内外の一定範囲の地域の住民の生命，身体の安全等を，個々人の個別的利益としても保護すべきものとする趣旨を含むものと解すべきである。そうすると，開発区域内の土地が同号にいうがけ崩れのおそれが多い土地等に当たる場合には，がけ崩れ等による直接的な被害を受けることが予想される範囲の地域に居住する者は，開発許可の取消しを求めるにつき法律上の利益を有する者として，その取消訴訟における原告適格を有すると解するのが相当である。」

この判決は，この部分に続けて，「なお」の書き出しで，都市計画法の目的を定める同法1条及び都市計画の基本理念を定める同法2条の各規定に開発区域周辺の住民個々人の個別的利益を保護する趣旨を含むことをうかがわせる文言が見あたらないことは，前記の解釈を妨げるものではない，と述べている。これは，目的規定の文言が原告適格を判断する唯一の根拠になるものではないことを示すもので，正当というべきであろう。

判決は，以上の理解を前提に，「本件開発区域は急傾斜の斜面上にあり，本件開発行為は，6階建ての共同住宅の建築の用に供する目的で，斜面の一部を掘削して整地し，擁壁を設置するなどというものであるところ，上告人△△らは，右斜面の上方又は下方の本件開発区域に近接した土地に居住している者である」にもかかわらず，「本件開発区域内の土地が同号にいうがけ崩れのおそれが多い土地等に当たるかどうか，及び上告人△△らががけ崩れ等による直接的な被害を受けることが予想される範囲の地域に居住する者であるかどうかについて，何らの検討もすることなく」原告適格を否定した原判決及び1審判決は，法令の解釈適用を誤るものであるとして，1審判決を

取り消して，1審に差し戻した。

この場合の「法令」は，行政事件訴訟法9条ではなく，法33条1項7号の規定である。行政事件訴訟法の解釈が同一であっても，個別法の解釈が異なるがゆえに，原告適格の有無に関する結論を異にした例である。

差戻しを受けて，横浜地裁平成11・4・28（判例タイムズ1027号123頁）は，本件開発区域内の土地は，がけ崩れの多い土地等に当たることを認定して，居宅が本件開発区域のがけの真上に位置している原告については，「生命身体に直接的な被害を受けることが予想される範囲の地域に居住する者」であり原告適格を認めることができるとした[143]。しかし，居宅が本件開発区域から南東方向へ約50メートルに位置している原告については，その居宅と本件開発区域との間には膨らんだ尾根地があり，両者の距離とがけの高さ及び地形からすれば，がけ崩れによる土砂が尾根地を越えて居宅の方向へ押し寄せるというまでの事態の発生はまず考えられないなどとして，原告適格を否定した。なお，同判決は，同号の規定は，開発区域の直下を通りかかった場合にその生命身体に被害が及ぶことが想定される者の利益を個々人の利益としても保護すべき趣旨を含むと解することはできないと述べた。

さて，前記の最高裁判決の趣旨は，原告適格の有無の判断に当たり，開発許可の基準を定める規定を個々に検討する必要性を示すものである。しかも，同判決が法33条1項7号の解釈適用により原告適格の有無を判断しようと

---

[143] 最高裁の判決の考え方に基づいて，建築予定地が法33条1項7号にいうがけ崩れの多い土地等に当たり，居住地が建築予定地からの距離等に鑑みて直接的な被害を受けることが予想される範囲の地域に居住するものであると認定して原告適格を肯定した裁判例として，横浜地裁平成17・2・23判例地方自治265号83頁がある。なお，同判決は，地方自治法260条の2第1項の規定による地縁による団体としての認可を受けている自治会に関しては，それが法人であって，自治会自身の生命，身体の安全等の利益を観念することができないし，各構成員のために，各構成員各自に帰属する個別的利益である生命，身体の安全等の保護を求めて訴えを提起することができると解することもできないとして，原告適格を否定した。さらに，横浜地裁平成17・10・19判例地方自治280号93頁も，周辺地住民のうち，がけ崩れが発生した場合に直接的な被害を受けることが予想される範囲に居住する者，及び，溢水等が発生した場合に直接的な被害を受けることが予想される範囲に居住する者については原告適格を認め，住環境権，環境権を侵害されたと主張する者については否定した。

したのは，上告人らが本件開発行為によって起こり得るがけ崩れ等により，その生命，身体等を侵害されるおそれがあると主張していることに鑑みたものであるから，原告がいずれの許可基準違反を主張しているかに着目して原告適格を判断する方法を示唆している。

実際に，以後の裁判例は，そのような判断方法を採用している（大阪地裁平成25・2・15判例集未登載）[144]。たとえば，横浜地裁平成11・10・4（判例タイムズ1047号166頁）は，原告が法33条1項1号及び2号違反を主張していたため，それぞれの趣旨を探究する判断方法をとっている。

同じく，横浜地裁平成12・1・26（判例地方自治218号60頁）も，原告らが問題とする関係法規が周辺住民個々人の個別的利益を保護する趣旨であるかどうかを検討している。まず，法33条1項2号について，その文言上，開発区域内の空地の配置の設計について，環境保全，災害防止，通行安全又は事業活動の効率の観点から支障があり，また，開発区域内の主要な道路の開発区域外の道路と接続していない場合には，開発許可の基準に適合しない旨を定めていると解されるのであって，その保護法益は，開発区域内に居住することになる住民の環境・安全・通行上の利便・事業活動にあるとしている。なお，この判決は，原告らが法施行令25条2号ただし書及び法施行規則20条の2が1敷地単体型の開発行為を想定して開発区域外の道路について定めた規定であることを理由に，周辺地域の住民個々人の個別的利益をも保護する趣旨であると主張したのに対して，判決は，1敷地単体型の開発行為においては開発区域外の道路に頼らざるを得ないのは当然であって，開発区域外の道路について定めているからといって，それが開発区域外の住民を保護しようとする趣旨とはいえないし，そもそも下位規範である政省令によ

---

[144] 最高裁判決前においても，横浜地裁昭和59・12・24判例タイムズ564号205頁は，法33条1項14号の「当該開発行為をしようとする土地若しくは当該開発行為に関する工事をしようとする土地の区域内の土地又はこれらの土地にある建築物その他の工作物につき当該開発行為の施行又は当該開発行為に関する工事の実施の妨げとなる権利を有する者の相当数の同意を得ていること」の基準は，開発行為関係権利者以外の私人，たとえば開発区域の周辺住民等の権利ないし具体的利益を直接保護することを目的としたものではない，ことを理由に原告適格を否定した。この判決は，開発行為関係権利者は，原告適格を有することを示唆している。

って上位規範である法律の趣旨を覆す結果となるような解釈をすることはできない，と述べた。

狭義の訴えの利益　狭義の訴えの利益が問題とされる事案も多い。具体例を挙げてみよう。

開発許可を受けた者が開発行為に関する工事を廃止したときは，遅滞なく，その旨を都道府県知事に届け出なければならない（38条）。この届出がなされた場合に，係属中の開発許可取消訴訟又は無効確認訴訟の訴えの利益が消滅するかどうかが問題になる。

大阪地裁平成22・2・17（判例地方自治334号74頁）は，まず，届出制度の趣旨について，「開発許可を受けながら，当該開発許可に係る開発行為に関する工事が廃止されたまま放置されたのでは，健全な市街地の形成を確保しようとする同法の目的に反することになることから」，「届出義務を課すことによって，都道府県知事において，どの開発行為についていつ廃止されたかを確知することができるようにし，もって，開発行為に関する工事の廃止に伴う事後処理に万全を期すこととしたものと解される」と述べた。そして，工事廃止の届出がされた場合には，もはや開発許可の法的効果を維持する必要は乏しいということができるうえ，このような場合にまで，法37条等に規定する建築行為等の制限が引き続き及ぶのでは，良好な市街地を実現し健全で計画的な都市の発展を図るという都市計画法の趣旨に反することにもなりかねない，と述べて，法施行規則37条が開発行為の廃止の届出があった場合における登記簿閉鎖を定めているところ，この規定は，法38条の工事の廃止の届出により，当該開発許可に係る開発区域について法37条等による建築行為等の制限を受けなくなることを前提としているとした。

結局，「同法38条に規定する届出がされれば，原則として，当該届出に係る開発行為の法的効果は消滅し，もはや当該開発許可に係る開発行為を適法に行うことができないことになる一方，当該開発許可に係る開発区域内においても建築行為等につき規制を受けないこととなり，当該開発許可の取消し又は無効確認を求めることについての法律上の利益（行訴法9条1項，36条）も失われるというべきであって，本件においても，本件廃止届出により，原告らの本件開発許可の無効確認を求めることについての法律上の利益は消

滅したと解すべきである」と結論を下している。

　開発許可自体の失効が規定されているわけではないが，このように法律上の利益が失われると見ることに問題がないように思われる。

　開発行為の許可について取消訴訟を提起して同訴訟の係属中に，工事が完了し検査済証が交付された場合に，訴えの利益が消滅するかが問題になる。最高裁平成5・9・10（民集47巻7号4955頁）は，次のように述べて，訴えの利益は消滅するとした。

　　「都市計画法29条ないし31条及び33条の規定するところによれば，同法29条に基づく許可（以下，この許可を『開発許可』という。）は，あらかじめ申請に係る開発行為が同法33条所定の要件に適合しているかどうかを公権的に判断する行為であって，これを受けなければ適法に開発行為を行うことができないという法的効果を有するものであるが，許可に係る開発行為に関する工事が完了したときは，開発許可の有する右の法的効果は消滅するものというべきである。そこで，このような場合にも，なお開発許可の取消しを求める法律上の利益があるか否かについて検討するのに，同法81条1項1号は，建設大臣又は都道府県知事は，この法律若しくはこの法律に基づく命令の規定又はこれらの規定に基づく処分に違反した者に対して，違反を是正するため必要な措置を採ることを命ずることができる（以下，この命令を『違反是正命令』という。）としているが，同法29条ないし31条及び33条の各規定に基づく開発行為に関する規制の趣旨，目的にかんがみると，同法は，33条所定の要件に適合する場合に限って開発行為を許容しているものと解するのが相当であるから，客観的にみて同法33条所定の要件に適合しない開発行為について過って開発許可がされ，右行為に関する工事がされたときは，右工事を行った者は，同法81条1項1号所定の『この法律に違反した者』に該当するものというべきである。したがって，建設大臣又は都道府県知事は，右のような工事を行った者に対して，同法81条1項1号の規定に基づき違反是正命令を発することができるから，開発許可の存在は，違反是正命令を発する上において法的障害となるものではなく，また，たとえ開発許可が違法であるとして判決で取り消されたとしても，

違反是正命令を発すべき法的拘束力を生ずるものでもないというべきである。そうすると，開発行為に関する工事が完了し，検査済証の交付もされた後においては，開発許可が有する前記のようなその本来の効果は既に消滅しており，他にその取消しを求める法律上の利益を基礎付ける理由も存しないことになるから，開発許可の取消しを求める訴えは，その利益を欠くに至るものといわざるを得ない。」

　この判決は，建築確認取消訴訟に関する最高裁昭和59・10・26（民集38巻10号1169頁）に酷似する内容であることは明らかである。しかし，「客観的にみて同法33条所定の要件に適合しない開発行為について過って開発許可がされ，右行為に関する工事がされたときは」「81条1項1号の規定に基づき違反是正命令を発することができる」ことを訴えの利益消滅の一つの理由として挙げている点については検討を要するであろう。建設大臣（当時）又は知事が，自ら許可した内容の工事を実施した者に対して，法律等に違反する開発行為であるとして違反是正命令を発することが法的にできるかどうかを問題にしなければならない。行政庁自身が，自己の誤った開発許可が法違反であるとして是正措置を命ずることについては，信義則違反等による制約が働くであろう。これに対して，裁判所が違法と判断した結果を受けて是正命令を出す場合には，そのような制約は後退すると見るべきである。義務付け訴訟の門が明示的に用意されていなかった時点において，開発許可の違法を争う者からすれば，違反是正命令を出すかどうかについて裁量が働くとしても（法81条1項は「できる」規定である），裁量による違反是正命令の可能性を確保するために開発許可の取消しを得ておく必要が認められてよかったように思われる。

　もっとも，平成16年改正後の行政事件訴訟法は，非申請型義務付け訴訟の類型を設けているので，現在においては，訴えの利益の消滅を認めることに問題はないように思われる。この判決を先例として，取消訴訟のみならず，無効確認訴訟についても，訴えの利益が消滅するとされる（東京高裁平成23・10・26判例集未登載）。

　この最高裁判決に先立って，訴えの利益を否定した大阪地裁昭和58・3・16（判例時報1084号54頁）との違いが興味深い。同判決は，「違法状態を原

状に回復することが法律上不可能とみるべき事態が生じた場合には，……当該処分を取消すべき実益はなく，訴えの利益はないものというべきである」としつつ，法81条及び宅地造成等規制法13条により違反を是正するために必要な措置を命ずる権限が被告にあるとしても，「違反を是正するための措置を命ずることは被告の合理的判断に基づく自由裁量に委ねられている」のであるから，「監督処分権限を行使しうる法律上の要件が具備されたとしても，その行使が一義的に義務づけられるという関係にはなく，仮に被告の権限不行使が著しく合理性を欠き，裁量権の範囲を逸脱するものとしてその結果発生した損害につき損害賠償請求権が成立するような場合であっても，原告らが直接被告に監督処分権限の行使を求める権利または法的地位を有するものと解することはできない」ことを理由にしていた。前記の最高裁判決の1審・千葉地裁平成2・3・26（行集41巻3号771頁）も，是正命令との関係を問題にして，「違反是正の命令を発するかどうか，どのような種類内容の命令を発するかについては建設大臣又は都道府県知事の裁量にゆだねられているから，これらについて法的拘束力が生ずるものとは解せられない」ことを理由に，「開発許可に係る工事が完了し，検査済証が交付されたときは，開発許可処分の取消しを求める訴えの利益は失われたものと解するのが相当である」とした。この判決も是正命令権限の発動が裁量に委ねられていることを理由とする訴えの利益否定論を採用していたのである。

　ところで，最高裁平成5年判決が，未だ建築確認がなされていない事案についても当てはまるのかが問題となる。この点について，福岡高裁平成8・10・1（判例タイムズ942号113頁）は，仮に建築工事との関係において訴えの利益が認められる可能性があるのであれば，建築確認や建築工事の完了等について触れるはずであるが，これらに何ら言及していないことに照らせば，開発許可の取消しを求める訴えの利益の有無を開発工事の完了と検査済証の交付にのみ係らしめたものと解するほかないとした。このことは，最高裁平成11・10・26（判例タイムズ1018号189頁）が，検査済証の交付がなされているときは，予定建築物について建築確認がされていない場合であっても，同様に訴えの利益は失われたものというべきであると判示して，平成5年判決を引用した結果，福岡高裁の見方が確認されたことになる。この最高裁平

成11年判決は，原告が予定建築物の建築確認を差し止める目的をもっているとしても，開発許可の取消しを求める利益は認められないことを意味するであろう。

しかし，開発許可がそれに続いて建築がなされることを予定していること，開発許可の効力が存続している限り，その違法を理由に予定建築物に係る建築確認の取消しを求めることができないことに鑑みるならば，少なくとも建築確認がされるまでの間は訴えの利益を肯定するという考え方があってよい[145]。

取消裁決の取消しを求める訴訟をめぐる問題　審査請求前置主義の下において，開発審査会が開発許可を取り消した場合には，開発許可を受けた者が原告となって，審査請求を認容した裁決の取消しを求める訴えを提起することが予想される。そのような訴訟において，開発許可をした行政庁は，行政事件訴訟法23条に基づいて処分をした行政庁として訴訟参加することが考えられる。また，当該審査請求をした者は，行政事件訴訟法22条に基づき，「訴訟の結果により権利を害される第三者」として訴訟参加することが考えられる。この第三者の訴訟参加について判断された事例として，横浜地裁平成21・8・26（判例地方自治325号66頁）がある。判決は，同法22条所定の「当該第三者は，取消判決の形成力によって直接利益を侵害される第三者や，取消判決の拘束力によって新たな処分がなされることを通して自己の権利を害される第三者を含むものと解される。また，『害される権利』とは，厳格な意味における権利に限らず，法律上保護された利益も含まれていると解される」と述べた。そして，本件取消裁決が判決により取り消されると，その拘束力に基づき，開発審査会は，審査請求を却下又は棄却し，その結果，開発許可処分に基づいて開発行為が行なわれることになる，と述べて，次のように判示した。

---

[145] 詳しくは，金子正史「開発許可取消訴訟における訴えの利益」塩野宏先生古稀記念『行政法の発展と変革　下巻』（有斐閣，平成13年）57頁（同・まちづくり行政訴訟1頁所収）。松村信夫弁護士は，最高裁平成5年判決等が是認されるためには，違法な開発許可に対する執行停止が容易かつ迅速に行なわれることのほか，立法論として是正命令申請権の付与などが必要であるとしている（松村信夫・前掲注132,210頁）。

「都市計画法33条1項7号の規定は，がけ崩れ等のおそれのない良好な都市環境の保持・形成を図るとともに，がけ崩れ等による被害が直接的に及ぶことが想定される開発区域内外の一定範囲の地域の住民の生命，身体の安全等を，個々人の個別的利益としても保護すべきものとする趣旨を含むものと解すべきである。したがって，本件開発区域に関し上記の範囲の地域の住民に当たる者は，本件訴訟につき，『訴訟の結果により権利を害される第三者』に当たると解するのが相当である。

そして，本件開発区域内の土地は，上記のがけ崩れのおそれが多い土地に当たると認めることができ，被告参加人らはいずれもがけ崩れ等による直接的な被害を受けることが予想される範囲の地域に居住する者ということができるから，被告参加人らは行訴法22条の『訴訟の結果により権利を害される第三者』に当たると認めるのが相当である。」

この判決は，この部分に先立って，不服申立適格について同趣旨のことを述べているので，原処分である開発許可を争う訴訟において原告適格を有する法律上の利益を有する者と同じ判断基準を用いていると解される。このこと自体に異論をもつものではないが，審査請求前置主義の下において，審査請求をしなかった者が，裁決取消訴訟段階において，第三者の訴訟参加の機会を得て争うことができることに若干の違和感を覚える次第である[146]。

なお，この事件において，原処分を行なった行政庁の所属する鎌倉市が原告側に補助参加する申立てをしたことについて，判決は，「本件訴訟の判決により，原告補助参加人が原告に対し違法な行政指導を理由とする損害賠償の責任を負うか否かが影響を受け，原告補助参加人の私法上又は公法上の法的地位又は法的利益に影響を及ぼすおそれがあるといえ，したがって，原告補助参加人は本件訴訟について法律上の利害関係を有していると認めることができる」として，参加を許可した。行政庁の帰属する行政主体の補助参加を認めたユニークな例である。

---

146 建築確認取消裁決取消訴訟における第三者の訴訟参加申立ての事案として，さいたま地裁決定平成20・3・31判例集未登載がある。

[3] 市街地開発事業等予定区域の区域内における建築等の規制

許可制　市街地開発事業等予定区域に関する都市計画において定められた区域内において，土地の形質の変更を行ない，又は建築物の建築その他工作物の建設を行なおうとする者は，知事の許可を受けなければならない（52条の2第1項本文）。この許可については，法79条により，都市計画上必要な条件を付することができる。

許可を要するとする原則の下に，以下の行為については，この限りでないとされている（52条の2第1項ただし書）。

1　通常の管理行為，軽易な変更その他の行為で政令で定めるもの
2　非常災害のため必要な応急措置として行なう行為
3　都市計画事業として行なう行為又はこれに準ずる行為として政令で定める行為

法42条2項が準用されるので（第2項），国の行為については，国の機関と都道府県知事との協議の成立をもって，ただし書の許可があったものとみなされる。

なお，市街地開発事業等予定区域に係る市街地開発事業又は都市施設に関する都市計画についての法20条1項の規定による告示があった後は，当該告示に係る土地の区域内においては，許可に関する規定は適用しない（第3項）。

土地建物の先買い等　市街地開発事業等予定区域に関する都市計画についての告示があったときは，施行予定者は，すみやかに所定事項を公告するとともに，当該市街地開発事業等予定区域の区域内の土地又は土地及びこれに定着する建築物その他の工作物（＝土地建物等）の有償譲渡について（土地を含まない譲渡は除かれる），以下の制限があることを関係権利者に周知させるため必要な措置を講じなければならない（52条の3第1項）。

1　公告の日の翌日から起算して10日を経過した後に市街地開発事業等予定区域内の土地建物等を有償で譲り渡そうとする者は，当該土地建物等，その予定対価の額（予定対価が金銭以外のものであるときは，これを時価を基準として金銭に見積もった額）及び当該土地建物等を譲り渡そうとする相手方その他省令で定める事項を書面で施行予定者に

届け出なければならない（52条の3第2項）。

2　前記の届出があった後30日以内に施行予定者が届出をした者に対し届出に係る土地建物等を買い取るべき旨の通知をしたときは，当該建物等について，施行予定者と届出をした者との間に届出書に期待された予定対価の額に相当する代金で，売買が成立したものとみなす（52条の3第3項）。

3　届出をした者は，前記2の期間（その期間内に施行予定者が届出に係る土地建物等を買い取らない旨の通知をしたときは，その時までの期間）内は，当該土地建物等を譲り渡してはならない（52条の3第4項）。

以上の仕組みは，「先買い」と呼ばれるものである。誰に譲り渡すかも契約自由の重要な内容であるところ，先買い制度にあっては，この自由が制限されていることになる。公共の福祉の要請による契約の自由の制限である。

先買いとは別に，市街地開発事業等予定区域に関する都市計画において定められた区域内の土地の所有者には，当該土地を買い取るべきことを請求することができる旨が定められている（52条の4第1項）。その場合の価格は，施行予定者と土地の所有者とが協議して定める。この協議が成立しないときは，土地収用法による裁決の申請をすることができる（52条の4第2項）。買取請求の規定は，市街地開発事業等予定区域に係る市街地開発事業又は都市施設に関する都市計画についての告示があった後は，当該告示に係る土地の区域については，適用されない（52条の4第4項）。

損失の補償　市街地開発事業等予定区域に関する都市計画に定められた区域が変更された場合において，その変更により当該市街地開発事業等予定区域外となった土地の所有者又は関係人のうちに当該都市計画が定められたことにより損失を受けた者があるときは，施行予定者が，また，市街地開発事業等予定区域に係る市街地開発事業又は都市施設に関する都市計画が定められなかったため法12条の2第5項の規定により市街地開発事業等予定区域に関する都市計画がその効力を失った場合において，当該市街地開発事業等予定区域の区域内の土地の所有者又は関係人のうちに当該都市計画が定められたことにより損失を受けた者があるときは，当該市街地開発事業等予定区域に係る市街地開発事業又は都市施設に関する都市計画の決定をすべき者

が，それぞれ，その損失の補償をしなければならない（52条の5第1項）。この規定による損失の補償は，損失があったことを知った日から1年を経過した後においては，請求することができない（同条第2項）。「損失があったことを知った日」の認定が問題となると思われる。法28条2項及び3項の規定が，この損失補償に準用される（第3項）。

[4] 都市計画施設等の区域内における建築等の規制

許可制 都市計画施設の区域又は市街地開発事業の施行区域内において建築物の建築をしようとする者は，国土交通省令で定めるところにより，都道府県知事の許可を受けなければならない。ただし，①政令で定める軽易な行為，②非常災害のため必要な応急措置として行なう行為，③都市計画事業の施行として行なう行為又はこれに準ずる行為として政令で定める行為，④法11条3項後段の規定により離隔距離の最小限度及び載荷重の最大限度に適合するもの，並びに⑤都市計画施設である道路を整備する上で著しい支障を及ぼすおそれがないものとして政令で定めるものについては，この限りでない（以上，53条1項）。

許可の基準に関しては，法54条が，次のいずれかに該当するときは，許可をしなければならないものとして，積極要件を定める方式を採用している。

1 当該建築が，都市計画施設又は市街地開発事業に関する都市計画のうち建築物について定めるものに適合するものであること。
2 当該建築が，11条3項の規定により都市計画施設の区域について都市施設を整備する立体的な範囲が定められている場合において，当該立体的な範囲外において行なわれ，かつ，当該都市計画施設を整備するうえで著しい支障を及ぼすおそれがないと認められること。ただし，当該立体的な範囲が道路である都市施設を整備するものとして空間について定められているときは，安全上，防火上及衛生上支障がないものとして政令で定める場合に限る。
3 当該建築物が次に掲げる要件に該当し，かつ，容易に移転し，又は除却することができるものであると認められること。
   イ 階数が2以下で，かつ，地階を有しないこと。

ロ　主要構造部が木造，鉄骨造，コンクリートブロック造その他これらに類する構造であること。

　このロの要件は，それなりに理解することができるが，どのような主要構造物のものが除かれるのか，立法者の意図を知りたいところである。鉄骨がよくて鉄筋コンクリートが該当しないというであれば，その理由ないし，区別する必要性を明らかにしなければなるまい。結局，除却の容易性に求められるのであろうが，その尺度が明らかとはいえない。また，地震による倒壊のおそれとのバランスも考えなければならないであろう。将来の除却の際の損失補償の際に調整する制度設計も考えられる。

　ところで，都市計画施設に関する都市計画が決定されてから，長期間が経過しても事業に着手されていない場合に，建築制限を課し続けることの適法性が争われた事件がある。昭和21年に決定された都市計画によって道路の予定区域として指定されたが，その道路工事は，一部は施行されたものの，約30年にわたり放置されてきた状態において，建築許可の申請をしたところ不許可とされた原告が，「都市計画決定から極めて長期間が経過したにもかかわらず，事業に着手されずに放置されている場合には，都市計画が現時点でもなお必要性・合理性を有するという特段の事情がない限り，右建築制限を維持することは違法というべきである」と主張した事案である。

　1審の東京地裁平成5・2・17（行集44巻1・2号17頁）は，まず，都市計画事業は，その性質上，完了までに相当長期間を要することが本来予定されているとし，「特定の地域について偶々都市計画事業が長期間にわたって行われない結果となっているとしても，それが，都市計画決定の事実上の廃止によって生じているものであるとか，何らかの理由によりその都市計画事業の実施が事実上不可能となる状態に立ち至ったことによるものであるとかの特段の事情がない限り，右地域において右期間のすべてにわたり法54条の要件に適合しない建物の建築を許可しないこととしても，それをもって違法とすることはできないというべきである」とした。そして，具体の事案に関して，前記の特段の事情を認めることはできず，事業の遅延があるからといって，不許可処分を違法とすることはできないとした。

　次に，法53条の趣旨について，都市計画施設の事業区域内における建築

物の建築について、建築基準法の制約の下にのみ置いたのでは、将来の同事業の施行に際し、建築物の除却が困難であったり、莫大な補償の必要が生じたりして、都市計画事業の施行に支障を来すことが考えられるので、これを未然に防止し、事業の円滑な施行を確保するという見地に出たものである、としつつ、次のように述べた。

「法は、法54条の定める要件に適合しない建築について、これを絶対に許可してはならないとの趣旨まで含むものではないと解されるのであって、右要件に適合しないものについて、これを許可することができるか否かは、将来の具体的な都市計画事業の施行の際生ずると考えられる支障の程度如何にかかるものであり、その判断は、その事業の具体的な内容、当該建築物の構造、建築される敷地の位置や形状等種々の要因により異なってくるものであろうから、都市計画事業の円滑な施行の確保という見地からする専門技術的な裁量に委ねているものと考えられるのである。したがって、この点に関する行政庁の判断については、その裁量権の行使が全く事実の基礎を欠いていたり、社会通念上著しく妥当を欠く等、行政庁に許された裁量権の範囲をこえ又はその濫用があった場合に限り、裁判所はこれを取り消すことができるものというべきである。」

そして、取扱基準との関係について、次のように述べた。

「行政庁が、本件許可取扱基準のように、右許可不許可の認定をするについて依るべき具体的な基準を定めている場合には、行政庁が自らその裁量権行使に一定の枠を設定したものといえるから、右の限度で行政庁の行為は羈束されており、右許可基準に適合していない許可不許可の決定については、違法とされることもありうるものと解すべきである。また、右基準の設定自体についても、その法適合性は司法審査の対象となるが、これも、右のような行政庁の専門技術的な裁量に基づいて設定されるものであるから、その設定が、法53条1項の趣旨・目的に照らして、その付与された裁量権の範囲を逸脱し、又はこれを濫用したと認められる場合に限って、違法とされることがあり得るものと解される。」

要するに、取扱基準の設定についても、裁量権の逸脱・濫用の場合に限り

違法とされる旨を述べている。そして，具体の事案において，都市計画道路の区域外の面積が150平方メートルあるので，これが許可取扱基準（5）に適合しないことは明らかであるとし，その基準は，都市計画区域外にある土地が100平方メートルを超えるものであれば，建築制限の課せられていない当該敷地に寄せて建築することが可能であるところから設定されたもので，合理性がないとすることはできない，と述べている。

控訴審の東京高裁平成5・9・29（行集44巻8・9号841頁）も，ほぼ同趣旨の判断をした。このような考え方に同調せざるを得ないであろう。

例外許可の基準は，個別の許可権者について調べるほかはない。

法53条1項の許可には，都市計画上必要な条件を付することができる（79条）。たとえば，当該建築物の撤去の時期，方法，建築物の構造，材料等に対する制限等将来の都市計画事業の適正な施行を確保するため必要な条件であるとされている[147]。

指定による特例・土地の買取り・先買い　　以上の許可制については，知事の指定したものについて許可をしないとする特例制度がある。すなわち，都市計画施設の区域内の土地でその「指定」したものの区域又は市街地開発事業（土地区画整理事業及び新都市基盤整備事業を除く）の施行区域内において行なわれる建築物の建築については，法53条の許可をしないことができる（55条1項本文）。都市計画事業を施行しようとする者その他政令で定める者は，知事に対して，前記の土地の「指定」をすべきこと又は法56条1項の規定による土地の買取りの申出及び法57条2項本文の規定による届出の相手方として定めるべきことを申し出ることができる（55条2項）。知事は，前記の土地の「指定」をするとき，又は前記の申出に基づき，若しくは土地の買取りの申出及び届出の相手方を定めるときは，その旨を公告しなければならない（55条4項）。知事（55条4項により土地の買取りの相手方として公告された者があるときは，その者）は，事業予定地内の土地の所有者から，法55条1項本文の規定により，建築物の建築の許可がされないときはその土地の利用に著しい支障をきたすこととなることを理由として，当該土地を買

147　都市計画課監修・逐条問答659頁。

い取るべき旨の申出があった場合においては、特別の事情がない限り、当該土地を時価で買い取るものとされている（56条1項）。

また、市街地開発事業に関する都市計画についての法21条1項の規定による告示又は市街地開発事業若しくは市街化区域若しくは区域区分が定められていない都市計画区域内の都市計画施設に係る法55条4項の公告があったときは、知事（届出の相手方として公告された者があるときは、その者）は、速やかに、事業予定地内の土地の有償譲渡についての制限がある旨を関係権利者に周知させるため必要な措置を講じなければならない（57条1項）。この公告の日の翌日から起算して10日を経過した後に事業予定地内の土地を有償で譲り渡そうとする者は、当該土地、その予定対価の額（予定対価が金銭以外のものであるときは、これを時価を基準として金銭に見積もった額）及び当該土地を譲り渡そうとする相手方その他省令で定める事項を書面で知事に届け出なければならない（57条2項本文）[148]。この届出があった後30日以内に知事が届出をした者に対し届出に係る土地を買い取るべき旨の通知をしたときは、当該土地について、知事と届出をした者との間に届出書に記載された予定対価の額に相当する代金で、売買が成立したものとみなされる（57条3項）。土地の先買いである。届出をした者は、前記の期間内は、当該土地を譲り渡してはならない（57条4項）。

施行予定者が定められている都市計画施設の区域等の場合　施行予定者が定められている都市計画に係る都市計画施設の区域及び市街地開発事業の施行区域（＝施行予定者が定められている都市計画施設の区域等）については、法53条から57条までの規定を適用しないで、以下のような扱いとされている（57条の2）。

まず、土地の形質の変更又は建築物の建築その他工作物の建設については法52条の2第1項及び第2項の建築等の制限に関する規定が準用される（57条の3第1項）。次に、土地建物等の有償譲渡について、若干の読み替え

---

[148] ただし、当該土地の全部又は一部が、文化財保護法46条（同法83条において準用する場合を含む）又は66条の公告の日の翌日から起算して10日を経過した後における当該公告に係る都市計画事業を施行する土地に含まれるものであるときは、この限りでない（57条2項ただし書）。

をして，法52条の3の規定が準用される（57条の4）。さらに，土地の買取り請求についても，法52条の4第1項から第3項までの規定が準用される（57条の5）。最後に，施行予定者が定められている市街地開発事業又は都市施設に関する都市計画についての法20条1項の規定による告示の日から起算して2年を経過する日までの間に当該都市計画に定められた区域又は施行区域が変更された場合において，その変更により当該区域又は施行区域外となった土地の所有者又は関係人のうちに当該都市計画が定められたことにより損失を受けた者があるときは，当該施行予定者は，その損失を補償しなければならない（57条の6第1項）。この場合，法52条の5第2項及び第3項の規定が準用される（同条第2項）。

建築制限と損失補償の要否 法57条の6は，都市計画に定められた区域又は施行区域が変更された場合の損失補償を定めるものであって，建築制限自体についての損失補償を定めるものではない。そこで，法53条の建築制限をめぐり，損失補償の要否が裁判で争われてきた。下級審のほとんどは，損失補償を要しないとする判断を示してきた[149]。

そして，最高裁平成17・11・1（判例タイムズ1206号168頁）は，昭和13年に旧都市計画法に基づき内務大臣が行なった都市計画決定により都市計画道路の路線区域内となったものの，原告らの所有する土地が所在する区間について60年以上にわたり放置されてきたことが都市計画法3条に違反するとして都市計画決定の取消しと慰謝料を求める国家賠償請求，さらに予備的に直接憲法29条3項に基づく損失補償請求の裁判を求めた事件の上告審として，前記の建築制限による損失は，「一般的に当然に受忍すべきものとされる制限の範囲を超えて特別の犠牲を課せられたものということがいまだ困難である」として，直接憲法29条3項を根拠として損失補償の請求をすることはできないものとした。この判決に付された藤田宙靖裁判官の補足意見は，法53条に基づく建築制限が直ちに憲法29条3項にいう私有財産を「公のために用ひる」ことになるものではなく，「正当な補償」を要するものではないとしつつ，次のように述べた。

---

149 たとえば，東京地裁昭和42・4・25行集18巻4号560頁。

「公共の利益を理由としてそのような制限が損失補償を伴うことなく認められるのは，あくまでも，その制限が都市計画の実現を担保するために必要不可欠であり，かつ，権利者に無補償での制限を受忍させることに合理的な理由があることを前提とした上でのことというべきであるから，そのような前提を欠く事態となった場合には，都市計画制限であることを理由に補償を拒むことは許されないものというべきである。そして，当該制限に対するこの意味での受忍限度を考えるに当たっては，制限の内容と同時に，制限の及ぶ期間が問題とされなければならないと考えられるのであって，本件における建築制限のように，その内容が，その土地における建築一般を禁止するものではなく，木造2階建て以下等の容易に撤去できるものに限って建築を認める，という程度のものであるとしても，これが60年をも超える長きにわたって課せられている場合に，この期間をおよそ考慮することなく，単に建築制限の程度が上記のようなものであるということから損失補償の必要は無いとする考え方には，大いに疑問がある。」

藤田裁判官は，このように述べたが，具体的事案において，本件土地の所在地域が第1種住居地域とされ容積率10分の20，建ぺい率10分の6と定められ，高度な土地利用が従来行なわれていた地域ではなく，現に予定されている地域でもなく，前記の容積率，建ぺい率の範囲で本件土地に建築物を建てることを想定すると，それほど高度な利用ができるものではなく，建築制限が長期間にわたっていることを考慮に入れても，未だ特別の犠牲とはいえず憲法29条3項を根拠とする補償を要しないとした。藤田裁判官の補足意見は，逆に建築制限がないとすれば高度利用が可能な土地である場合は，建築制限が長期間にわたることにより特別の犠牲に当たると判断すべき場合があるということになろう。

これまでにも，不相当に長期にわたる制限の場合は補償を要するとする見解が見られた[150]。裁判例においても，土地所有者等に甘受し難い負担を課しているといえるような特段の事情が存在する場合は別であることを示唆するものがある。たとえば，岡山地裁平成14・2・19（判例地方自治230号90頁）は，「もともと，都市計画事業の遂行に当たって，現実には，予算・人

員等を中心に社会的経済的に多大の制約が存在し，都市計画決定から事業の完成に至るまでには10年あるいは20年といった長期間を要することも少なくないことからすると，前記社会的経済的諸条件の下で都市計画事業の進捗を図ることができない結果建築制限が前記期間をはるかに超える長期間に及んだとしても，それ自体，都市計画法が全く予定しないところであるとまでいうことはできず，当該土地の所有者等において受忍すべき範囲の負担であるといわなければならない」とし，「当該土地に係る都市計画事業の進行が大きく遅れ，既に都市計画決定以来30年以上が経過しているとしても，それが都市計画区域内における都市計画事業全体の進捗状況に照らし，やむをえないものである場合には，その後の社会的経済的諸条件の変化等に照らし当該都市計画事業の必要性自体が消滅するに至っているにもかかわらず，その変更決定がなされないまま極めて長期にわたり放置され，その結果当該土地の所有者等に対し甘受し難い負担を課しているといえるような特段の事情が存在する場合を除き，憲法29条が保障する私有財産制度の本質に照らし，当該土地の所有者等に公共の福祉の実現に伴う内在的制約を超える特別の犠牲を課するものということはできないと解するのが相当である」と述べている。

この判決も，補償請求を棄却した一例ではあるが，今後，事案によっては損失補償をなすべき場合があり得ることを示唆しているといえよう。

[5] 風致地区及び地区計画等の区域内における建築等の規制

風致地区内における建築等の規制　風致地区内における建築物の建築，宅地の造成，木竹の伐採その他の行為については，政令で定める基準に従い，地方公共団体の条例で，都市の風致を維持するために必要な規制をすることができる（58条1項）。規制が，条例に委ねられている点に特色がある。したがって，実際の状況は，条例を見て確認するほかはない。

150　遠藤博也『計画行政法』（学陽書房，昭和51年）227頁，秋山義昭『国家補償法』（ぎょうせい，昭和60年）170頁。西埜章『損失補償の要否と内容』（一粒社，平成3年）86頁は，同趣旨ながら，制限の期間は，制限の程度を量る尺度であるとしている。

多くの地方公共団体は、許可制を採用している。たとえば、「仙台市風致地区内における建築等の規制に関する条例」は、風致地区内において、建築物等（＝建築物その他の工作物）の新築等（＝新築、改築、増築又は移転）、宅地の造成、土地の開墾その他の土地の形質の変更、木竹の伐採、土石の類の採取、水面の埋立て又は干拓、建築物の色彩の変更、屋外における土石、廃棄物又は再生資源のたい積をしようとする者は、市長の許可を受けなければならないとしている（2条1項）。そして、5条の規定を受けた別表により許可をしてはならない場合、すなわち許可の消極要件を掲げている。

	（一）	（二）
建築物等の新築	一　仮設の建築物等の新築	(1)　建築物等の構造が容易に移転し、又は除却することができないものである場合 (2)　建築物等の規模及び形態が新築の行われる土地及びその周辺の土地の区域における風致と著しく不調和である場合
	二　地下に設ける建築物等の新築	建築物等の位置及び規模が新築の行われる土地及びその周辺の土地の区域における風致の維持に支障を及ぼすおそれが多い場合
	三　仮設の建築物及び地下に設ける建築物以外の建築物の新築	(1)　建築物の高さが15メートルを超える場合（建築物の位置、規模、形態及び意匠が新築の行われる土地及びその周辺の土地の区域における風致と著しく不調和でなく、かつ、敷地について風致の維持に有効な措置が行われることが確実と認められる場合を除く。） (2)　建築物の建築面積の敷地面積に対する割合（以下「建ぺい率」という。）が10分の4を超える場合（土地の状況により支障がないと認められる場合を除く。） (3)　建築物の外壁又はこれに代わる柱の面から敷地の境界線までの距離（以下「外壁等の後退距離」という。）が道路に接する部分にあっては2メートル未満、その他の部分にあっては1メートル未満である場合（土地の状況により支障がないと認められる場合を除く。） (4)　建築物の位置、形態及び意匠が新築の行われる土地及びその周辺の土地の区域における風致と著しく不調和である場合

		(5) 建築物の敷地が造成された宅地又は埋立て若しくは干拓が行われた土地であるものにあっては，風致の維持に必要な植栽その他の措置を行わない場合
	四　仮設の工作物及び地下に設ける工作物以外の工作物の新築	工作物の位置，規模，形態及び意匠が新築の行われる土地及びその周辺の土地の区域における風致と著しく不調和である場合
建築物等の改築	一　建築物の改築	(1) 改築後の建築物の高さが改築前の建築物の高さを超える場合 (2) 改築後の建築物の位置，形態及び意匠が改築の行われる土地及びその周辺の土地の区域における風致と著しく不調和である場合
	二　工作物の改築	改築後の工作物の規模，形態及び意匠が改築の行われる土地及びその周辺の土地の区域における風致と著しく不調和である場合
建築物等の増築	一　仮設の建築物等の増築	(1) 増築部分の構造が容易に移転し，又は除却することができない場合 (2) 増築後の建築物等の規模及び形態が増築の行われる土地及びその周辺の土地の区域における風致と著しく不調和である場合
	二　地下に設ける建築物等の増築	増築後の建築物等の位置及び規模が増築の行われる土地及びその周辺の土地の区域における風致の維持に支障を及ぼすおそれが多い場合
	三　仮設の建築物及び地下に設ける建築物以外の建築物の増築	(1) 増築後の建築物の高さが15メートルを超える場合（増築後の建築物の位置，規模，形態及び意匠が増築の行われる土地及びその周辺の土地の区域における風致と著しく不調和でなく，かつ，敷地について風致の維持に有効な措置が行われることが確実と認められる場合を除く。） (2) 増築後の建築物の建ぺい率が10分の4を超える場合（土地の状況により支障がないと認められる場合を除く。） (3) 増築部分の外壁等の後退距離が道路に接する部分にあっては2メートル未満，その他の部分にあっては1メートル未満である場合（土地の状況により支障がないと認められる場合を除く。） (4) 増築後の建築物の位置，形態及び意匠が増築の行われる土地及びその周辺の土地の区域における風致と著しく不調和である場合

	四 仮設の工作物及び地下に設ける工作物以外の工作物の増築	増築後の工作物の規模，形態及び意匠が増築の行われる土地及びその周辺の土地の区域における風致と著しく不調和である場合
建築物等の移転	一 建築物の移転	(1) 移転後の建築物の外壁等の後退距離が道路に接する部分にあっては2メートル未満，その他の部分にあっては1メートル未満である場合（土地の状況により支障がないと認められる場合を除く。） (2) 移転後の建築物の位置が移転の行われる土地及びその周辺の土地の区域における風致と著しく不調和である場合
	二 工作物の移転	移転後の工作物の位置が移転の行われる土地及びその周辺の土地の区域における風致と著しく不調和である場合
宅地の造成，土地の開墾その他の土地の形質の変更		(1) 木材が保全され，又は適切な植栽が行われる土地の面積の形質の変更に係る土地の面積に対する割合が10分の2未満の場合 (2) 形質の変更後の土地の地表面の形状その他の状態が，当該土地及びその周辺の土地の区域における風致と著しく不調和である場合又は変更を行う土地の区域における木竹の生育に支障を及ぼすおそれが多い場合 (3) 形質の変更を行う土地の区域の面積が1ヘクタールを超えるものにあっては，ア又はイに該当する場合 　ア　高さが5メートルを超えるのりを生ずる切土又は盛土を伴うこと 　イ　区域の面積が1ヘクタール以上である森林で風致の維持上特に重要であるものとしてあらかじめ市長が指定したものの伐採を伴うこと (4) 風致の維持に支障を及ぼすおそれが多い場合
木竹の伐採		(1) 次に掲げる木竹の伐採に該当しない場合 　ア　第2号に掲げる行為をするために必要な最少限度の木竹の伐採 　イ　森林の択伐 　ウ　伐採後の成林が確実であると認められる森林の皆伐区域の面積が1ヘクタール以上である森林で風致の維持上特に重要であるものとしてあらかじめ市長が指定したものに係るものを除く。）で，伐採区域の面積が1ヘクタール以下のもの 　エ　森林である土地の区域外における木竹の伐採

	(2) 伐採の行われる土地及びその周辺の土地の区域における風致の維持に支障を及ぼすおそれが多い(1)アからエまでのいずれかに該当する木竹の伐採である場合
土石の類の採取	採取の方法が，露天掘りである場合（適切な埋め戻し又は植栽を行うこと等により風致の維持に著しい支障を及ぼさない場合を除く。）又は採取を行う土地及びその周辺の土地の区域における風致の維持に支障を及ぼすおそれが多い場合
水面の埋立て又は干拓	(1) 水面の埋立て又は干拓後の地表面の形状その他の状態が埋立て又は干拓を行う土地及びその周辺の土地の区域における風致と著しく不調和となる場合 (2) 水面の埋立て又は干拓を行う土地及びその周辺の土地の区域における木竹の生育に支障を及ぼすおそれが多い場合
建築物等の色彩の変更	変更後の色彩が変更の行われる土地及びその周辺の土地の区域における風致と著しく不調和となる場合
屋外における土石，廃棄物又は再生資源のたい積	たい積を行う土地及びその周辺の土地の区域における風致の維持に支障を及ぼすおそれが多い場合

　これに対して，横浜市は，一定の行為を禁止した上で，許可をする積極要件を掲げる方式を採用している。しかし，内容的には，同じ結果になるような定め方である。たとえば，「建築物等の改築」について見ると，「建築物の改築後の高さが改築前の当該建築物の高さをこえないこと」及び「当該建築物等の改築後の位置，形態及び意匠が，改築の行なわれる土地及びその周辺の土地の区域における風致と著しく不調和でないこと」を積極要件としている（横浜市風致地区条例5条2号）。

　なお，横浜市を例にとると，同市条例2条4項は，国，都道府県又は市町村（面積が10ヘクタール以上の風致地区にあっては，国，都道府県，指定都市，中核市，特例市又は自治法252条の17の2第1項の規定に基づき風致地区内における建築等の規制に係る条例の制定に関する基準を定める政令の規定により都道府県知事の権限に属する事務の全部を処理することとされた市町村）の機関が行なう行為については，許可を要しないとし，代わりに，市長に協議しなけれ

ばならないとしている。これは，法34条の2や建築基準法18条に対応する規定の仕方と思われる。「協議」は，協議の成立を意味するものではないが，あくまで了承を得る努力をすることが求められる。

風致地区条例を根拠にした紛争　風致地区条例を根拠にした紛争には，大きく分けて2種類がある。

一つは，風致地区条例に基づいて行なった行政処分あるいは違反行為に対する処罰[151]を相手方が争うものである。

もう一つは，風致地区内の土地における建築物等の新築，宅地造成等の許可を周辺住民が争う訴訟である。

数としては，後者の類型の紛争が多くなるものと予想される。その際に問題となるのは，原告適格である。

横浜地裁昭和59・1・30（判例時報1114号41頁）は，「政令及び右条例の各規定の趣旨，目的に照らすと，法58条1項及び右条例2条に基づく風致地区内での建築等に対する規制は専ら適正な都市環境の保持を図ることによって，都市の健全な発展と秩序ある整備並びに住民の健康で文化的な都市生活の享受という公共の利益の実現のためになされるものであって，風致地区の周辺地域に居住する住民の権利又は具体的な利益を直接保護するためになされるものではないと解するのが相当である」と述べ，横浜市山手地区の景観の中に居住することにより享受してきた原告らの利益は反射的利益ないし事実上の利益にすぎないとした。

同じく，京都地裁昭和61・1・23（行集37巻1・2号6頁）も，この判決を引用したうえ，「公聴会や都市計画案の縦覧，意見書の提出や標識の設置は，特定の利害関係人を除いては広く住民一般を対象とするものであって，特定の狭い区域の住民のみを対象とするものではなく，住民には風致地区指定又はその解除の申請をすることも認められていないことからすると，法は風致地域における建築許可等の処分について，近隣住民の利益を，一般的公益の中に吸収解消せしめるにとどめず，これと並んで，この利益を近隣住民の個

---

[151] たとえば，大阪高裁昭和50・7・17判例タイムズ326号347頁は，樹木には雑木を含むことは明らかであるから，京都市風致地区条例にいう「木竹の伐採」に当たることが明らかであるとした。

別的利益としても保護することを趣旨としていると解することはでき」ないとした。

　一般論は別にして，永年にわたり風致の維持に努めてきた住民についても一律に原告適格を否定する論理は，やがて改められなければならないと思われる。

　地区計画等の区域内における建築物の規制　地区計画の区域内において，土地の区画形質の変更，建築物の建築その他の政令で定める行為を行なおうとする者は，当該行為に着手する日の 30 日前までに，省令で定めるところにより，行為の種類，場所，設計又は施行方法，着手予定日その他省令で定める事項を市町村長に届け出なければならない。ただし，一定の場合は除外されている（58 条の 2 第 1 項）。届出に係る事項のうち省令で定める事項を変更しようとするときは，変更に係る行為に着手する日の 30 日前までに，その旨を市町村長に届け出なければならない（58 条の 2 第 2 項）。この届出に係る行為が地区計画に適合しないと認めるときは，市町村長は，設計の変更その他の必要な措置をとることを勧告することができる（58 条の 2 第 3 項）。もっとも，この勧告に従わなかった場合についての措置は用意されていない。

　地区計画等の区域内における建築物の建築その他の行為に関する制限については，さらに別の法律で定めることとしている（58 条の 3）。他の法律として代表的なものは，いうまでもなく建築基準法である。同法 68 条の 2 以下に，詳細な定めが置かれている。

[6]　遊休土地転換利用促進地区内における土地利用に関する措置等

　土地所有者等の責務　遊休土地転換利用促進地区内の土地について所有権又は地上権その他の使用若しくは収益を目的とする権利を有する者（＝所有者等）は，「できる限り速やかに，当該土地の有効かつ適切な利用を図ること等により」都市計画の目的を達成するよう努めなければならない（58 条の 4 第 1 項）。市町村は，同地区に関する都市計画の目的を達成するため必要があると認めるときは，所有者等に対し，当該土地の有効かつ適切な利用の促進に関する事項について指導及び助言を行なうものとされている（58

条の4第2項)。

国及び地方公共団体の責務　国及び地方公共団体は，遊休土地転換利用促進地区の区域及びその周辺の地域における計画的な土地利用の増進を図るため，地区計画その他の都市計画の決定，土地区画整理事業の施行その他の必要な措置を講ずるよう努めなければならない（58条の5)。

遊休土地である旨の通知及び計画の届出　市町村長は，遊休土地転換利用促進地区に関する都市計画についての告示のあった日の翌日から起算して2年を経過した後において，土地が，①1,000平方メートル以上の一団の土地であること，②所有者が当該土地を取得した後2年を経過したものであること，③住宅の用，事業の用に供する施設の用その他の用途に供されていないことその他の政令で定める要件に該当するものでないこと，④その土地及びその周辺の地域における計画的な土地利用の増進を図るため，当該土地の有効かつ適切な利用を特に促進する必要があること，の4要件に該当すると認めるときは，所有者等に当該土地が遊休土地である旨を通知する（58条の6第1項）。この通知を受けた者は，その通知のあった日の翌日から起算して6週間以内に，遊休土地の利用又は処分に関する計画を市町村長に届け出なければならない（58条の7）。

勧告・買取りの協議等　市町村長は，前記の届出に係る計画に従って当該遊休土地を利用し又は処分することが，当該土地の有効かつ適切な利用の促進を図るうえで支障があると認めるときは，その届出をした者に対し，相当の期限を定めて，「計画を変更すべきことその他必要な措置を講ずべきこと」を勧告することができる（58条の8第1項）。必要があると認めるときは，勧告を受けた者に対し，その勧告に基づいて講じた措置について報告を求めることができる（58条の8第2項）。

勧告をしたにもかかわらず，勧告を受けた者が勧告に従わないときは，その勧告に係る遊休土地の買取りを希望する地方公共団体，土地開発公社その他の政令で定める法人（＝地方公共団体等）のうちから買取りの協議を行なう者を定め，買取りの目的を示して，その者が買取りの協議を行なう旨を，その勧告を受けた者に通知する（58条の9第1項）。この協議を行なう者として定められた地方公共団体等は，通知があった日の翌日から起算して6週

間を経過する日までの間，その通知を受けた者と買取りの協議を行なうことができる。この場合において，通知を受けた者は，「正当な理由」がなければ，協議を行なうことを拒んではならない（58条の9第2項）。

地方公共団体等が遊休土地を買い取る場合には，地価公示法6条の規定による公示価格を規準として算定した価格（当該土地が同法2条1項の公示区域以外の区域内に所在するときは，近傍類地の取引価格等を考慮して算定した当該土地の相当な価格）をもってその価格としなければならない（58条の10）。

地方公共団体等は，買い取った遊休土地をその遊休土地に係る都市計画に適合するように有効かつ適切に利用しなければならない（58条の11）。なお，この規定に違反して，地方公共団体等が，有効利用をしなかったからといって，買取り自体が後発的に無効となるとか，そのような場合に前所有者に買戻し請求権が発生するというわけではないと解される。

[7] 監督処分等

多様な措置命令　　法81条1項は，国土交通大臣，都道府県知事又は市長（以下，「処分権者」という）は，監督目的で多様な措置を命ずることができる旨を定めている。

まず処分の相手方は，次のとおりである。

1　法若しくは法に基づく命令の規定若しくはこれらの規定に基づく処分に違反した者又は当該違反の事実を知って，当該違反に係る土地若しくは工作物等を譲り受け，若しくは賃貸借その他により当該違反に係る土地若しくは工作物等を使用する権利を取得した者
2　法若しくは法に基づく命令の規定若しくはこれらの規定に基づく処分に違反した工事の注文主若しくは請負人（請負工事の下請人を含む）又は請負契約によらないで自らその工事をしている者若しくはした者
3　法の規定による許可，認可又は承認に付した条件に違反している者
4　詐欺その他不正な手段により，法の規定による許可，認可又は承認を受けた者

処分権者は，これらの者に対して，都市計画上必要な限度において，法の規定によってした許可，認可若しくは承認を取り消し，変更し，その効力を

停止し，その条件を変更し，若しくは新たな条件を付し，又は工事その他の行為の停止を命じ，若しくは相当の期限を定めて，建築物その他の工作物若しくは物件（＝工作物等）の改築，移転若しくは除却その他違反を是正するため必要な措置をとることを命ずることができる。

　当然のことながら，違反等を是正する目的の処分であり，かつ，「都市計画上必要な限度」であるから，比例原則の適用を受ける。

　措置命令は，処分通知書により相手方に直接に命ずるのが原則であるが，「過失がなくて当該措置を命ずべき者を確知することができないときは」，処分権者の負担において，当該措置を自ら行い，又はその命じた者若しくは委任した者にこれを行なわせることができる。これは，いわゆる簡易代執行ないし略式代執行を認めるものである。この場合においては，相当の期限を定めて，当該措置を行なうべき旨及びその期限までに当該措置を行なわないときは，処分権者又はその命じた者若しくは委任した者が当該措置を行なう旨を，あらかじめ，公告しなければならない（81条2項）。

　是正命令の義務付け訴訟　　都市計画法81条1項に基づく是正命令の義務付け訴訟が提起されることがある。

　大阪地裁平成19・2・15（判例タイムズ1253号134頁）は，開発区域を6メートル以上の幅員で接道させることなどを求める訴えについて，交通量などを認定して，本件開発区域の居住予定者の自動車が増え，それが本件通路を通ることになるとしても，付近の交通事情や環境が大きく変化（悪化）するとは考えにくいなどとして，原告らに重大な損害が生ずるおそれがあるとは認められない，とした。

4　都市計画事業

[1]　都市計画事業の施行者，事業認可・承認

　都市計画事業とは　　都市計画事業とは，以下に述べる法59条の規定による認可又は承認を受けて行なわれる「都市計画施設の整備に関する事業」及び「市街地開発事業」である（4条15項）。そして，「都市計画施設」とは，都市計画において定められた法11条1項各号に掲げる施設である（4条6

項)。したがって，都市計画施設の整備に関する事業には，きわめて多様なものが包含されることになる。典型的な道路整備事業，公園整備事業，下水道整備事業などのほか，学校整備事業，病院整備事業，保育所整備事業などもあり得ることになる。市街地開発事業とは，法12条1項各号に掲げる事業であるから（4条7項），土地区画整理事業，市街地再開発事業等を含んでいる。

施行者　都市計画事業の最も原則的な施行者は，法律の上で市町村とされている。すなわち，市町村が，都道府県知事（第1号法定受託事務として施行する場合にあっては，国土交通大臣）の認可を受けて施行するのが原則である（59条1項）。市町村は，国道，都道府県道等の道路についても，都市計画事業を施行することができる[152]。道路区域を決定した国道，都道府県道につき都市計画事業を施行する場合は，道路管理者との「法定外協議」により処理すべきであるという考え方が示されている[153]。

都道府県は，「市町村が施行することが困難又は不適当な場合その他特別な事情がある場合において」国土交通大臣の認可を受けて都市計画事業を施行することができるものとされ（59条2項），都市計画事業の施行に関して補充的な立場にある。なお，国の機関は，国土交通大臣の承認を受けて，「国の利害に重大な関係を有する都市計画事業を施行することができる」（59条3項）。

さらに，国の機関[154]，都道府県及び市町村以外の者であっても，「事業の施行に関して行政機関の免許，許可，認可等の処分を必要とする場合においてこれらの処分を受けているとき，その他特別な事情がある場合においては」，都道府県知事の認可を受けて，都市計画事業を施行することができる（4項）。ここにいう「特別な事情」とは，民間法人等に収用権を与えて行な

152　三橋・都市計画法336頁。
153　三橋・都市計画法336頁。
154　個別に国の機関とみなされる法人も多い（独立行政法人都市再生機構法施行令34条1項9号，独立行政法人水資源機構法施行令57条1項9号，独立行政法人鉄道建設・運輸施設整備支援機構法施行令28条1項10号，地方住宅供給公社法施行令2条1項7号，地方道路公社法施行令10条1項7号，日本下水道事業団法施行令附則2条，国立大学法人法施行令22条1項25号等）。

わせることについて，十分な公益性，必要性，社会経済的実態，行政上の監督等が期待される事業であるとされる[155]。この場合の都市計画事業の施行は，「特許施行」，その事業は「特許事業」と呼ばれてきた。また，その事業施行者は，「特許事業施行者」と呼ばれてきた[156]。知事は，この認可をしようとするときは，あらかじめ，関係地方公共団体の長の意見をきかなければならない（5項）。

　特許施行の実績は明らかでないが，近年，東京都は，積極的に推進する方針をとっているようである。すなわち，都市整備局都市づくり政策部は，「東京都都市公園等整備事業における都市計画法第59条第4項の取扱方針について」を公表して，「東京における公園緑地系統の整備の方針と市街地整備の状況を勘案して，特に都心部において，地方公共団体が整備すべき都市計画公園等との適正な役割分担の下に，都の指導監督下で，民間事業者において都市計画法第59条第4項の事業」により「都市計画公園等の整備，維持管理を行う場合の条件を定め，その整備の促進を図るものとする」という方針を採用している。

　特許施行といっても，都の「指導監督」が予定されていることに注目する必要がある。特許事業の対象とするのは，①都市の基幹的な公園のうち都心部8区（千代田，中央，港，新宿，文京，台東，渋谷及び豊島）にあるもの，②周辺地域が業務，商業系を中心とする土地利用となっているもの，③今後相当期間にわたって，公共団体による事業が見込まれないもの，の3条件すべてを満たす都市計画公園等である。公園施設の整備条件には，事業地内の建ぺい率は，事業面積の100分の20以内であること，事業面積の100分の50以上を緑と水の空間として整備し管理すること，特許事業により整備することのできる施設は，修景施設，スポーツ施設，レクレーション施設，教養文化施設，休養施設，集会施設，宿泊施設，遊戯施設又はこれらの施設の利用若しくは機能の維持に必要な施設，管理施設であること，の3項目を満たすとともに，施設を一般の利用に供すること，事業地は避難場所等として災害時に役立つ機能をもつことが求められる。東京都は，さらに，「東京都都市

155　建設省都市局都市計画課編・解説289頁，三橋・都市計画法338頁。
156　都市計画課監修・逐条問答567頁。

計画公園等整備事業における都市計画法第59条第4項の整備基準」を定めている。

都市計画事業の認可・承認　認可又は承認をしようとする場合において，当該都市計画事業が，「用排水施設その他農用地の保全若しくは利用上必要な公共の用に供する施設を廃止し，若しくは変更するものであるとき，又はこれらの施設の管理，新設若しくは改良に係る土地改良事業計画に影響を及ぼすおそれがあるものであるときは」，政令で定める軽易なものを別として，当該都市計画事業について，当該施設を管理する者又は当該土地改良事業計画による事業を行なう者の意見をきかなければならない（59条6項）。

　申請書の内容，添付書類に関しては，法60条に規定されている。そのうち注意すべき点は，事業計画に「収用又は使用の別を明らかにした事業地（都市計画事業を施行する土地をいう。以下同じ。）」を定める点である。「収用又は使用の別を明らかにした事業地」は，土地収用法の事業認定申請書にいう「収用又は使用の別を明らかにした起業地」と同義であるとされる[157]。しかし，土地収用法における事業認定の申請は，いわば任意買収が進まないため最終的に強制的に収用又は使用するための前提手続としてなされるのに対して，都市計画事業の認可申請は，そのような切羽詰った段階においてなされるわけではない。その意味において，任意の買収が見込まれる土地であっても，「収用」による事業地として記載されることになる[158]。土地収用法による事業認定申請書に記載する起業地とは，「事業を施行する土地」（同法17条1項2号）における「事業」の単位に関しても，事業認定における単位としては，少なくとも「それのみによっても供用可能であり，最小限の公益性を発揮することのできるまとまりのある単位」でなければならないという考え方を基本としつつ，運用上は工区単位等による事業単位の縮小を認めているといわれる[159]。その場合においても，事業単位内の未取得地のみを捉え

---

[157]　三橋・都市計画法341頁。
[158]　すでに土地を取得済みの場合，既存の公共施設の敷地内に建設される等において，現実に土地の収用又は使用を行なう可能性がないにもかかわらず，事業地に係る「収用」又は「使用」の部分として表示されるべきであるとされる（三橋・都市計画法341頁）。

るのではないから，事業単位内にある限り取得済みの土地も含めて起業地として記載されている。都市計画事業にあっては，このような土地収用法における運用ほどに事業単位の縮小を認めるべきではないように思われる。

記載事項のうち，「事業施行期間」も重要である。とりわけ，事業施行期間が経過することにより，都市計画事業は，たとえ未了であっても，その地位を失い，それまでの都市計画事業制限，先買い特権，収用権等がなくなるからである[160]。

法61条は，申請手続が法令に違反せず，かつ，申請に係る事業が，①その内容が都市計画に適合し，かつ，事業施行期間が適切であること，②施行に関して行政機関の免許，許可，認可等の処分を必要とする場合においては，これらの処分があったこと又はこれらの処分がなされることが確実であること，に該当するときは，「認可又は承認をすることができる」としている。この「できる」という文言が，①及び②を満たしていても，認可又は承認をしないこともあるという効果裁量を認めている趣旨なのであろうか。特許施行においては，自由裁量処分であって，①及び②に適合していても認可するか否かは知事の判断に委ねられるとする説がある[161]。それは，法61条に根拠があるというよりは，法59条4項の「特別な事情」の判断権が知事に付与されていることによると見る方が自然であろう。同様に，法59条1項ないし3項の施行者は，それらの条項の要件を満たしていなければならない。それは，「法令に違反せず」とは，法59条及び60条に違反していないことを意味するからである[162]。

「認可」の法的性質は，確認処分ではなく設権処分であるとされている[163]。確認処分の場合は，裁量を肯定しにくいのに対して，設権処分の場合は，裁量を肯定しやすいといえよう。いずれにせよ，行政処分であることは疑われていないといってよい。しかし，特許施行の場合の認可を別にして，国の機

---

159 小沢道一『逐条解説土地収用法 第三次改訂版 上』(ぎょうせい，平成24年) 311頁。
160 三橋・都市計画法342頁。
161 三橋・都市計画法349頁。
162 三橋・都市計画法348頁。
163 三橋・都市計画法349頁。

関，都道府県及び市町村が施行者となる場合の認可は，施行者との関係においては，限りなく行政機関相互の間の行為に近いと思われる。行政処分性を肯定するのは，それが施行者以外の者に及ぼす法的効果に着目したものである（後述の「都市計画事業の認可と争訟」の項目を参照）。

認可又は承認をしたときは，遅滞なく所定事項（施行者の名称，都市計画事業の種類，事業施行期間及び事業地）を告示し，かつ，国土交通大臣にあっては関係都道府県知事及び関係市町村長に，都道府県知事にあっては国土交通大臣及び関係市町村長に，法60条3項1号（事業地を表示する図面）及び2号に掲げる図書（設計の概要を表示する図書）の写しを送付しなければならない（62条1項）。市町村長は，前記の図書の写しを，告示に係る事業施行期間の終了の日又は土地収用法30条の2の規定により準用される同法30条2項の通知を受ける日まで当該市町村の事務所において公衆の縦覧に供しなければならない（62条2項）。

事業計画の変更　法60条1項3号の事業計画を変更しようとする者は，それぞれ，承認又は認可を受けなければならない。ただし，設計の概要について，国土交通省令で定める軽易な変更をしようとするときは，この限りでない（63条1項）。事業計画の変更について，法59条6項，60条，61条及び62条が準用される（63条2項）。問題は，事業計画の変更申請を審査するに当たり，審査する範囲が変更部分のみで足りるのかどうかである。

名古屋地裁平成21・2・26（判例タイムズ1340号121頁）は，法63条2項により準用される法61条1号の「事業の内容」とは，「変更部分のみの事業を指すのではなく，変更後の事業計画全体を指すものと解されるから，認可を行う行政庁は，当初の認可の段階にとどまらず，変更認可の段階においても，既に当初の認可があることを踏まえつつ，都市の健全な発展と秩序ある整備を図り（同法1条），健康で文化的な都市生活及び機能的な都市活動を確保する（同法2条）などの見地から，変更後の事業計画全体が都市計画に適合するか否かの判断をすることが求められているものと解される」と述べつつ，次のように判示した。

　　「もっとも，事業計画の変更認可の適法性が問題となる場合において，従前の都市計画事業の認可又は従前の事業計画の変更認可について出訴

期間を経過し，現時点においては不可争力が生じており，何人もこれらの処分が違法であることを主張してその取消しを訴求することができない以上，当該事業計画の変更が，施行場所の一部分又は事業施行期間の延伸等にとどまり，従前の事業計画全体に影響を及ぼすような内容を含むものでない場合においては，処分行政庁としては，前回の認可処分後において当該都市計画事業の全体を見直さなければならないような客観的な事情の変更が生じたような場合を除き，既に不可争力が生じている認可処分のうち，当該事業計画の変更によって変更されない部分が適法であることを前提として，事業計画全体の適合性を審査することなく，当該事業計画の変更における変更部分のみについて都市計画との適合性を審査したとしても，それをもって，裁量権の逸脱又は濫用があったということはできないと解される。」

判決は，具体の事案において，平成18年の本件変更認可においては，事業施行期間を延伸するほか，橋脚の本数を6本に変更し，高架部の南側部分に歩道を併設するという変更がされたものの，その余の基本的な設計，構造は全く変更されていないから，変更認可は，平成14年変更認可時点における事業計画全体に影響を及ぼすような内容を含むものとは認められない，とした[164]。

この事案において，道路事業の当初認可は，平成5年9月で，その後，平成12年，平成14年の変更認可は，いずれも事業施行期間の延伸を内容とするものであった。このように，事業施行期間の延伸は，多くの都市計画事業に見られるようである。施行期間の延伸以外に，内容の変更を伴わないものについては，内容に係る部分については，不可争力を生じているものとして扱うことが適切である。当初認可に基づいて事業が進行中なのであり，その安定した状態を維持する必要があるからである。しかし，「事業計画全体に影響を及ぼすような内容」という切り口で分けることが適切かどうかについては，検討が必要と思われる。

---

164 なお，判決は，「念のため」として，原告ら主張の違法事由について検討し，違法とはいえないとした。この判断は，控訴審・名古屋高裁平成21・11・13判例集未登載においても維持された。

認可に基づく地位の承継　認可に基づく地位は，相続その他の一般承継による場合のほか，都道府県知事の承認を受けて承継することができる（64条1項）（承継効）。認可に基づく地位が承継された場合においては，被承継人がした処分，手続その他の行為は，承継人がしたものとみなし，被承継人に対してした処分，手続その他の行為は，承継人に対してしたものとみなされる（64条2項）。地方公共団体による都市計画事業が圧倒的であるから，市町村合併の場合に一般承継が行なわれることが多い。「相続」が例示されているが，個人施行の土地区画整理事業等を除いて，ほとんど考えられない。「被承継人がした処分，手続その他の行為」についての「みなし」規定は，被承継人が所定の処分権限等を有していて，それを行なった場合を想定するものである。

施行予定者が定められている場合　施行予定者が定められている都市計画に係る都市計画施設の整備に関する事業及び市街地再開発事業は，その定められている者でなければ施行できない（59条7項）。そして，施行予定者は，都市計画についての法20条1項の規定による告示の日から起算して2年以内に，当該事業について法59条の認可又は承認の申請をしなければならない（60条の2第1項）。施行予定者に申請義務が課されていることを意味する。なお，この期間内に認可又は承認の申請がされなかった場合において，国土交通大臣又は都道府県知事は，遅滞なく，その旨を公告しなければならない（60条の2第2項）。公告することとされているのは，認可又は承認の申請がなされないときは，通常の都市計画制限が働くので，その旨を知らせるためであるという[165]。

都市計画事業の認可と争訟　都市計画事業の認可は，その告示により，土地収用法による事業認定の告示がなされたものとみなされる。

事業認可が行政処分であることについては争いがないといってよい。たとえば，前述の盛岡地裁昭和58・2・24（行集34巻2号298頁）は，都市計画事業の認可が告示されると，当該事業地内の土地の形質の変更等が制限されること（法71条，収用法8条3項）のほか，法70条により認可は土地収用

165　三橋・都市計画法347頁。

法20条の事業の認定に代えるものとされているから，事業施行者に土地の収用権が付与されること，事業認可の告示により補償金の額が固定され関係人の範囲が特定されること（法71条，収用法8条3項，71条1項）を考えると，事業認可及びその告示自体の効果として，当該事業地内における土地所有者に対し，直接的な権利の制約がなされるものというべきである，として行政処分性を認めるべきであるとした。

このように，行政処分性を認める裁判例が通用している[166]。そして，最高裁も行政処分性を問題にすることなく，それを当然のこととして，本案についての審査を行なってきた（原告適格を扱った小田急訴訟に関する最高裁大法廷平成17・12・7民集59巻10号2645頁，林試の森事件に関する最高裁平成18・9・4判例時報1948号26頁など）。

もっとも，都市計画事業の原則的な施行者は市町村であり，特許施行者を除くならば，補充的に都道府県又は国の機関が登場する。都市施設たる道路や公園に係る都市計画事業の認可についてみると，行政機関相互間の行為ないし広い意味の行政の内部行為たる性質をもっていると論ずることも不可能ではない。この点において想い起こされるのが，日本鉄道建設公団に対する運輸大臣の工事実施計画の認可について，最高裁昭和53・12・8（民集32巻9号1617頁）が，「いわば上級行政機関としての運輸大臣が下級行政機関としての日本鉄道建設公団に対しその作成した本件工事実施計画の整備計画との整合性等を審査してなす監督手段としての承認の性質を有するもので，行政機関相互の行為と同視すべきものであり，行政行為として外部に対する効力を有するものではな」いこと等を述べた原審の判断は正当として是認できるとしていたことである。道路や公園に係る都市計画事業の認可も，監督手段としてなされる行政機関相互間の行為と見ることができないわけではない。

最高裁判決が都市計画事業の認可の行政処分性を疑っていないのは，前記工事実施計画の認可は，直接国民の権利義務を形成し，又はその範囲を確定する効果を伴っていなかったのに対し，都市施設に係る都市計画事業の認可は，その告示により事業地内における建築行為等が規制される（65条）など

---

[166] 松山地裁昭和59・2・29行集35巻4号461頁。

の外部効果を生ずるからであるといえよう。行政機関相互の監督手段たる行為であることは，決して決め手になっていないと解される。あるいは，いずれも行政処分性を肯定したうえで，第三者の原告適格の有無として問題を処理するという考え方もあろう。さらに，「相対的行政処分」論[167]の立場からは，認可の相手方との関係においては行政処分性を有しないが，私人との関係においては行政処分であるという構成を考えることもできよう。

　また，まったく別の角度から，都市計画事業の認可の実質は，「都市計画事業実施決定」に対する承認であると位置づけて，都市計画事業の施行者による事業実施決定こそが行政処分であるとして，その取消しの訴えとして構成するという考え方もあるように思われる。都市計画事業の認可を処分として構成すると，実質的な意思決定をした事業施行者が背後に退いて，事業施行者が訴訟参加できるとしても，認可した行政庁（被告は，その帰属主体である国又は都道府県）が訴訟の矢面に立たされるとする理解に一抹の不安を覚えざるを得ないからである。しかしながら，都市計画事業の認可をもって設権処分であると位置づける以上は，やはり施行者による行政処分と構成するには無理があろうか。

都市計画の違法性と都市計画事業認可の違法性との関係　名古屋地裁平成5・2・25（行集44巻1・2号74頁）は，都市計画決定の行政処分性が否定されることを前提にして，都市計画が違法である場合には，当該都市計画は無効であって，それを前提としてなされた都市計画事業の認可処分は違法となると解すべきであるとした。さらに，同判決は，法61条2号の「行政機関の免許，許可，認可等の処分」と都市計画事業の認可との関係に関して，当該処分が抗告訴訟の対象となる行政処分に当たらない場合においては，それが違法であるときは，それを前提になされた都市計画事業の認可も違法となるとする考え方を示した。当該事案における都市計画に係る下水道が流域下水道であり，流域下水道管理者が事業計画を定め建設大臣の認可を受けなければならないところ，当該建設大臣の認可については，私人の権利義務ないし法的地位に直接に変動を与える効果は認められておらず，認可がされたこ

167　阿部泰隆『行政法解釈学Ⅱ』（有斐閣，平成21年）122頁。

とを告示し又は関係権利者に通知すべきことを定めた規定及びこれに対する不服申立てに関する規定も置かれていないことを理由に，この認可に係る事業計画が違法である場合には，当該事業計画ないしこれに対する認可は無効であって，これを前提にしてされた法59条による大臣の都市計画事業の認可も，法61条2号の基準を満たさない違法なものとなると述べた。具体の事案の都市計画事業の認可に関しては，適法な都市計画を前提にされた下水道事業計画に係るものであって適法であるとした。

有名な「林試の森事件」訴訟の1審・東京地裁平成14・8・27（判例時報1835号52頁）も，都市計画決定が違法な場合は，それを前提とする都市計画事業の認可も違法であるという立場に立って，公園緑地に係る都市計画決定において民有地を利用する必要性を認めがたいのに計画区域に含めた点に考慮要素及び判断内容に著しい過誤欠落があるといわざるを得ず，裁量の範囲を逸脱しているものと認められるから違法であるとし，それを前提にした認可も違法であるとした。控訴審の東京高裁平成15・9・11（判例時報1845号54頁）は，逆に，民有地を計画区域に取り込んだことは合理性を欠くものではなく，都市計画事業の認可も適法であるとした。

しかし，上告審の最高裁平成18・9・4（判例時報1948号26頁）は，公園の南門の位置を変更することにより林業試験場の樹木に悪影響が生ずるか等について十分に審理することなく都市計画決定に裁量権の範囲を逸脱し又は濫用したものとはいえないとした原審の判断には，判決に影響を及ぼすことの明らかな法令の違反があり，原判決は破棄を免れないとして，事件を原審に差し戻した。したがって，この最高裁判決も，都市計画事業の認可の取消しを求める訴訟において，その違法事由として都市計画決定の違法を主張することができるという前提に立っていることがわかる（なお，東京地裁平成20・12・25判例時報2038号28頁をも参照）。

都市計画事業認可取消訴訟の原告適格　都市計画事業認可の取消訴訟については，原告適格が問題とされることが多い。

付近住民の原告適格を認めない裁判例が多数見られた[168]。たとえば，東京地裁平成10・8・27（判例時報1700号21頁）は，もんじゅ訴訟に関する最高裁平成4・9・22（民集46巻6号571頁）及び川崎市開発許可事件に関する

最高裁平成 9・1・28（民集 51 巻 1 号 250 頁）を参照として引用して一般論を述べたうえ，都市計画事業の認可があった場合に，当該事業地内の不動産について権利を有する者は，当該事業のために収用等を受けざるを得ない法的地位におかれることになるから，当該認可処分により自己の権利を侵害される者として，その取消しを求める法律上の利益を有することが明らかであるが，事業地内不動産について何らかの権利を有する旨の主張・立証を欠いているから原告適格を認めることができないとした。そして，法 1 条の目的及び法 2 条の定める基本理念に照らせば，「法及びこれに基づく都市計画の主眼が，個々人の個別的な利益を保護することではなく，都市の健全な発展と秩序ある整備を図るという一般的公益を実現することにあることは明らかである」として，住民たる立場にある者の原告適格を否定した。

環状 6 号事件に関する最高裁平成 11・11・25（判例時報 1698 号 66 頁）も，法の仕組みを分析して，事業地内の不動産につき権利を有する者は，認可等の取消しを求める原告適格があるとしつつ，「事業地の周辺地域に居住し又は通勤，通学するにとどまる者については，認可等によりその権利若しくは法律上保護された利益が侵害され又は必然的に侵害されるおそれがあると解すべき根拠はない」とした。

小田急訴訟最高裁判決　この判例を変更したのが，小田急訴訟に関する最高裁大法廷平成 17・12・7（民集 59 巻 10 号 2645 頁）である。法の目的規定等に続いて，法 13 条 1 項柱書の公害防止計画が定められているときは都市計画がこれに適合したものでなければならないとしていること，関係市町村の住民及び利害関係人は縦覧に供された都市計画の案について意見書を提出することができること（17 条 1 項・2 項）などを指摘したうえ（後記にいうアの部分），当時の公害防止計画の根拠法令である公害対策基本法に触れて，都市計画の決定又は変更に当たっては，公害防止計画に関する公害対策基本

168　都市計画施設の敷地予定地に隣接する土地の所有者について盛岡地裁昭和 58・2・24 行集 34 巻 2 号 298 頁，認可区域に不動産に関する権利を有する者でないことを理由とする東京地裁昭和 58・8・30 訟務月報 30 巻 2 号 240 頁，同趣旨の東京高裁昭和 63・2・25 訟務月報 34 巻 10 号 1997 頁，事業区域が東京都震災予防条例に基づく震災避難場所として指定されている場合に同避難場所を利用する可能性のある者につき東京地裁昭和 61・12・11 判例時報 1218 号 58 頁。

法の規定の趣旨及び目的を踏まえて行なわれることが求められると指摘した。そして，東京都環境影響評価条例の仕組みを説明して，同条例の諸規定は，都市計画の決定又は変更に際し，環境影響評価等の手続を通じて公害の防止等に適正な配慮が図られるようにすることも，その趣旨及び目的とするものということができる，と述べた（後記にいうイの部分）。

　以上を前提に，平成16年改正後の行政事件訴訟法9条2項に従い（同改正法附則2条参照），原告適格の判断を進めて，次のように述べた。

　　「都市計画事業の認可は，都市計画に事業の内容が適合することを基準としてされるものであるところ，前記アのような都市計画に関する都市計画法の規定に加えて，前記イの公害対策基本法等の規定の趣旨及び目的をも参酌し，併せて，都市計画法66条が，認可の告示があったときは，施行者が，事業の概要について事業地及びその付近地の住民に説明し，意見を聴取する等の措置を講ずることにより，事業の施行についてこれらの者の協力が得られるように努めなければならないと規定していることも考慮すれば，都市計画事業の認可に関する同法の規定は，事業に伴う騒音，振動等によって，事業地の周辺地域に居住する住民に健康又は生活環境の被害が発生することを防止し，もって健康で文化的な都市生活を確保し，良好な生活環境を保全することも，その趣旨及び目的とするものと解される。

　　……都市計画事業の認可に関する同法の規定は，その趣旨及び目的にかんがみれば，事業地の周辺地域に居住する住民に対し，違法な事業に起因する騒音，振動等によってこのような健康又は生活環境に係る著しい被害を受けないという具体的利益を保護しようとするものと解されるところ，前記のような被害の内容，性質，程度等に照らせば，この具体的利益は，一般的公益の中に吸収解消させることが困難なものといわざるを得ない。

　　……同法は，これらの規定を通じて，都市の健全な発展と秩序ある整備を図るなどの公益的見地から都市計画施設の整備に関する事業を規制するとともに，騒音，振動等によって健康又は生活環境に係る著しい被害を直接的に受けるおそれのある個々の住民に対して，そのような被害を

受けないという利益を個々人の個別的利益としても保護すべきものとする趣旨を含むと解するのが相当である。したがって，都市計画事業の事業地の周辺に居住する住民のうち当該事業が実施されることにより騒音，振動等による健康又は生活環境に係る著しい被害を直接的に受けるおそれのある者は，当該事業の認可の取消しを求めるにつき法律上の利益を有する者として，その取消訴訟における原告適格を有するものといわなければならない。」

判決は，以上のように述べて，最高裁平成11・11・25 は，これと抵触する限度において，これを変更すべきであるとした。判例変更を要する故に大法廷に回付されたのである。

そして，鉄道事業の認可については，鉄道事業に係る関係地内の者はその取消しを求める原告適格があるのに対して，関係地域外に居住する者は取消しを求める原告適格を有しないとした。また，付属街路事業の認可に関しては，個々の事業の認可によって自己がどのような権利若しくは法律上保護された利益を侵害され又は必然的に侵害されるおそれがあるかについて具体的な主張がなされていないとして，事業地内の不動産につき権利を有する者以外の者は付属街路事業の実施により健康又は生活環境に係る著しい被害を直接的に受けるおそれがあると認めることはできず原告適格を有しないとした。

この大法廷判決が，以後，裁判所が原告適格に関して判断する際のスタートラインとなっている（東京地裁平成23・3・29訟務月報59巻4号887頁）。

「処分があったことを知った日」の認定　事業認可に関して，その告示の日に認可処分を知ったといえるかどうかが問題となる。

行政不服審査法14条1項本文の適用に関して，東京高裁平成12・3・23（判例時報1718号27頁）は，「処分があったことを知った日」とは，処分の効力を受ける者が処分があったことを現実に知った日を意味するのであり，抽象的な知り得べかりし日では足りないとした。「処分の効力を受ける者の側に原因がないのに，その知不知を問わないで，短期の審査請求期間の進行を開始させるのは，知ったときを短期の審査請求期間の開始時期とする行政不服審査法の制度趣旨を否定するに等しい」という認識に基づく判断である。告示方式の場合に関して，「その告示は，処分の効力を受ける者の側の事由

でされるのではないのであり，したがって，告示があっても個別の告知がないために処分があったことを知り得ない不利益を，処分の効力を受ける者に帰することは許されないからである」と述べた[169]。

しかし，この事件の上告審・最高裁平成14・10・24（民集56巻8号1903頁）は，処分が名宛人に個別に通知される場合には，その者が処分があったことを現実に知った日のことをいい，知り得たというだけでは足りないと述べて，最高裁昭和27・11・20（民集6巻10号1038頁）を参照として掲げつつ，告示をもって多数の関係権利者等に画一的に告知される場合には，そのような告知方法が採用されている趣旨に鑑みて，告示があった日をいうと解すべきであるとした[170]。告示の方式が採用されている趣旨を次のように読むことに根拠をおく判断である。すなわち，「都市計画事業を円滑に進めるためには，その認可の効力を関係権利者の全員に同時に及ぼす必要がある一方で，一般に，その全員を確実に把握して同時期に個別の通知を到達させることが極めて困難であり，かつ，同認可が特定の事業地を対象として行ういわば対物的な処分の性質を有することから，これを特定の個人を名あて人として行わないものとした上，告示という方法により画一的に関係権利者等にこれを告知することとしたものと解される」というのである。

都市計画事業地内の建築等の制限（許可制）　法62条1項の告示があった後においては，当該事業地内において，都市計画事業の施行の障害となるおそれがある土地の形質の変更若しくは建築物の建築その他工作物の建設を行ない，又は政令で定める移動の容易でない物件[171]の設置若しくは堆積を行なおうとする者は，都道府県知事の許可を受けなければならない（65条1項）。許可権は，たとえ市町村が事業施行者の場合であっても，市町村長で

169　この判決は，法66条が都市計画事業の認可の告示があったときは，施行者はすみやかに周知措置を講じるべき旨を規定していることを取り上げて，法自体が，告示だけでは，処分の効力を受ける個々の住民への周知措置として不十分であると認めているものというべきである，と述べている。

170　そこでは，最高裁昭和61・6・19集民148号239頁が建築基準法46条に基づく壁面線の指定及びその公告について同旨を述べたものとしている。

171　法施行令40条により，その重量が5トンをこえる物件（容易に分割され，分割された各部分の重量がそれぞれ5トン以下となるものを除く）とされている。

はなく知事である。こうした仕組みの関係において，知事は，許可申請があった場合において，許可を与えようとするときは，あらかじめ，施行者の意見をきかなければならない（65条2項）。事業の施行に及ぼす障害の程度について，事業の施行を最もよく把握している施行者の意見をきくことが妥当と考えられるからであるとされる。許可には，条件を付すことが許されると解される。許可するにしても，条件を付す必要性やその内容等について判断するのに，「意見」を参考にするのが望ましい。なお，「意見」は，知事の判断の際の参考にするためであって，知事の判断を拘束するものではない[172]。

注意すべきは，事業の施行者が都道府県の場合にも，意見の聴取が必要であると解されていることである。都市計画事業による建築制限等についての許可権を有する知事と施行者の代表たる知事とは，法律上別個の人格であることによるとされる[173]。

国の行なう建築等の行為については，国の機関と知事との協議が成立することをもって，許可があったものとみなすこととされている（65条3項による42条3項の準用）（許可に代替する協議の成立）。

法65条1項に基づいて知事に対して居住用建築物に係る建築許可の申請をしたところ，都市計画道路事業の工事の障害となることを理由に不許可処分を受けた者が，当該道路に係る都市計画決定の違法性が不許可処分に承継されると主張したのに対して，千葉地裁平成22・12・21（判例集未登載）は，変更決定に違法事由があるとは認められないとして，棄却した。これに対して，控訴審の東京高裁平成23・10・19（判例集未登載）は，違法性の承継の問題として，次のように述べた。

> 「都市計画事業の認可，告示がされると，当該事業地内における建築等が制限される（都市計画法65条1項）とともに，土地収用法上の諸効果が発生する（同法70条1項）のであるから，本件事業認可は行政庁の処分その他公権力の行使に当たる行為（行政事件訴訟法3条1項，2項）に当たり，それ自体が抗告訴訟の対象となるのであって，本件変更決定の違法性を含む本件事業認可の違法性は，原則として，後行行為に承継

172　以上，三橋・都市計画法362頁。
173　三橋・都市計画法362頁。

されず，本件事業認可と後行の行政処分が連続した一連の手続を構成し，一定の法律効果の発生を目指しているような場合に限り，後行の行政処分の違法事由として本件事業認可の違法性を主張することができるというべきである。」

　都市計画事業の認可は，最終的には事業地内に存する土地の収用等を通じて事業を完了させることを目的とした処分とみることができるところ，都市計画法65条に基づく建築許可処分は，「都市計画事業の段階においては，事業の施行期間が明らかにされ，いずれ正当な補償のもとに土地が収用等されるのであるから，それまでの間都市計画事業の施行の障害となる建築行為等がされることは，いずれ極めて近い時期にその建築を壊さなければならず，施行者にとっても事業の促進に当たって障害が大きいこと等から，これらの不経済な損失を防止するため，上記の都市計画事業の施行の障害となるおそれのある建築等を一般に禁止しつつ，施行者の意見を聞きながら，申請に係る行為が現在の土地利用の維持管理的なものであってやむを得ないと認められるとき等にはこれを許可することができることとし，事業の施行と当該事業地内の土地利用との調整を図る処分であるとみることができる」のであって，「事業認可と後行の建築許可処分は，都市計画事業の完了に向けて関連する処分ではあるが，建築不許可処分は事業の施行と当該事業地内の土地利用との調整を図る処分であって，両処分の関係は，目的と手段との関係にみられるような，連続した一連の手続を構成し，一定の法律効果の発生を目指す関係には当たらない」とした。

　判決は，「実質的にみても，事業認可により事業施行期間も定められ，当該事業地内に土地を所有している者にとっては，その権利への影響がすでに具体的かつ現実的なものとなっている上，事業認可については遅滞なく告示されることとなるのであるから……，事業認可の違法性を事業認可の取消訴訟で争わせることが不合理なものとはいえないことは明らかである」とし，かつ，「事業認可と連続した一連の手続を構成し，一定の法律効果の発生を目指しているとみることのできる収用裁決等の取消訴訟においても争い得るとする以上，これに加えて建築不許可処分の取消訴訟においてもまた争い得るとしなければならない合理的な必要性も認められない」として，救済の機

会に欠けるところはないとした。

　要するに，事業認可の違法性は，本件建築不許可処分に承継されないという趣旨の判断である。この判決の結論には賛成できるものの，収用裁決等の取消訴訟において事業認可の違法性を争うことができるとしている点については疑問がある。この点については，後述する。

先買い・土地の買取請求　　法65条1項に規定する告示があったときは，施行者は，すみやかに，省令で定める事項を公告するとともに，事業地内の土地建物等の有償譲渡について，届出・先買いに関する法67条の制限があることを関係権利者に周知させるため必要な措置を講じ，かつ，自己が施行する都市計画事業の概要について，事業地及びその附近地の住民に説明し，これらの者から意見を聴取する等の措置を講ずることにより，事業の施行についてこれらの者の協力が得られるように努めなければならない（66条）。この規定は，公告に関しては義務的なものとしつつ，周知措置，住民に対する説明及び意見聴取に関しては努力義務の体裁をとっている。しかしながら，周知措置等をまったく講じなったときは，法67条以下の規定を適用することができないと解する余地があると思われる。なぜならば，法67条1項の「公告の日から起算して10日」とは，あまりに短い期間であるからである。公告の日から起算して10日を経過した後に事業地内の土地建物等を有償で譲り渡そうとする者は，当該土地建物等，その予定対価の額（予定対価が金銭以外のものであるときは，これを時価を基準として金銭に見積もった額）及び当該土地建物等を譲り渡そうとする相手方その他省令で定める事項を書面で施行者に届け出なければならない（67条1項）[174]。この届出があった後30日以内に施行者が届出に係る土地建物等を買い取るべき旨の通知をしたときは，当該土地建物等について，施行者と届出をした者との間に届出書に記載された予定対価の額に相当する代金で，売買が成立したものとみなすこととされている（67条2項）。届出をした者は，前期の期間（その期間内に施行者が届出に係る土地建物等を買い取らない旨の通知をしたときは，その時までの期間）内は，当該土地建物等を譲り渡してはならない（67条3項）。

174　ただし，当該土地建物等の全部又は一部が文化財保護法46条の規定の適用を受けるものであるときは，この限りでない（67条1項ただし書）。

事業地内の土地で，次に述べる法69条の規定により適用される土地収用法31条の規定により収用の手続が保留されているものの所有者は，施行者に対し，当該土地を時価で買い取るべき旨を請求することができる。ただし，当該土地が他人の権利の目的となっているとき，及び当該土地に建築物その他の工作物又は立木に関する法律1条1項に規定する立木があるときは，この限りでない（68条1項）。買い取るべき土地の価額は，施行者と土地の所有者とが協議して定める（68条2項）。この協議が成立しないときは，法28条3項の規定が準用されるので（68条3項），収用委員会に裁決の申請をすることができる。

[2] 都市計画事業の施行

都市計画事業のための土地等の収用又は使用　都市計画事業のために土地を収用又は使用しなければならない場合がある。法は，都市計画事業をもって土地収用法3条各号の一に規定する事業，すなわち収用等対象事業としつつ（69条），都市計画事業に関しては，土地収用法20条の規定による事業認定は行なわず，法59条の規定による都市計画事業の認可又は承認をもってこれに代えるものとし，その告示（62条1項）をもって土地収用法26条1項の事業認定の告示とみなすこととしている（70条1項）。これは，①都市計画事業のうち，都市施設に関する事業は，ほぼ土地収用法3条各号に掲げるものと同様のものであり，市街地開発事業は都市の開発及び整備のために緊急に必要な事業であって公益性がきわめて高いこと，②事業主体が地方公共団体，国の機関及び特許施行者とされており，確実な事業遂行が見込まれることについて事業認可の際に十分審査していること，③都市計画決定の時点において当該計画が，利害関係人，第三者機関及び行政機関の調整を十分経ていること，に鑑み，都市計画事業の認可又は承認に重ねて事業認定の手続を要求することは不合理であることによっている[175]。

ところで，都市計画事業の認可又は承認に当たり，当該都市計画事業が土地収用法20条各号所定の要件を具備するものであるか否かについてまで判

175　都市計画課監修・逐条問答616頁-617頁。

断する必要はないとする裁判例がある。東京地裁平成 6・4・14（行集 45 巻 4 号 977 頁）である。同判決は，都市計画事業については，都市計画決定から都市計画事業の認可又は承認に至る一連の手続が法の規定に従い適法に行なわれているものであれば，当該事業は土地収用法 20 条各号の要件を満たすものとする立法政策が採用されたものとする理解によって説明した。

事業認可の違法と収用裁決の違法性 このような構造において，先行行為である都市計画事業の認可の違法性は，原則として，後行行為である収用裁決に承継されるとする裁判例が定着している。名古屋地裁平成 5・2・25（行集 44 巻 1・2 号 74 頁）は，「都市計画法に基づく都市計画事業の認可又は承認と収用裁決は，土地収用法に基づく事業認定と収用裁決の場合と同様，その直接の効果は異なるものの，結局は，互いに相結合して当該事業に必要な土地を取得するという法的効果の実現を目的とする一連の行政行為であると解するのが相当である」と述べて，次のように違法性の承継を認める理由を説明した。

　「先行行為と後行行為とが相結合して一つの効果を形成する一連の行政行為である場合には，法が実現しようとしている目的ないし法的効果は最終の行政行為に留保されているから，このような場合，先行行為を独立して争訟の対象にならない行政内部の手続的行為とし，先行行為の違法は最終の行政行為の取消訴訟においてのみ主張できるとすることも，立法政策上は可能であるが，そのような立法政策を採らず，先行行為を独立の行政行為として扱い，それに対する争訟の機会を設けている場合であっても，なお，先行行為の違法性は後行行為に承継され，後行行為の取消訴訟において先行行為の違法を主張できると解するのが相当である。なぜなら，この場合，法が先行行為を独立の行政行為としそれに対する争訟の機会を設けた趣旨は，国民の権利利益に大きな影響を及ぼすような行政行為につき，その手続がより慎重に遂行されるようにすることによって，行政行為の手続及び内容の適正さを一層強く担保しようとしたものと解することができるのであって，先行行為が独立の行政行為であり，かつ，それに対する争訟の機会が設けられていることを理由に違法性の承継を否定することは，右のような法の趣旨に反するものと解

されるからである。」

同趣旨の裁判例が存在する（神戸地裁平成6・12・21行集45巻12号2017頁，大阪高裁平成9・10・30行集48巻10号821頁など）。

しかし，筆者は，違法性の承継を認める考え方に賛成することができない。土地収用法による事業認定[176]は，任意買収ができないことになった場合に，もっぱら土地の強制的な収用を目的として行なう手続である。これに対して，都市計画事業の事業の認可は，事業認定とみなされているとはいえ，強制的収用を目的とする行為ではない。両者の間にこのような決定的違いがあるにもかかわらず，「互いに相結合して当該事業に必要な土地を取得するという法的効果の実現を目的とする一連の行政行為である」と述べることは誤りであるといわなければならない。

さらに，収用裁決の違法事由としては，事業認可のみならず，事業認可の違法性を媒介にして都市計画決定まで遡ることができると考えられている。たとえば，大津地裁平成10・6・29（判例地方自治182号97頁）は，「都市計画事業の認可（事業変更認可を含む）は，適法な都市計画決定（変更決定を含む）がなされていることを前提として，その上に積み重ねられる手続であるから，都市計画決定が違法であれば，当然その認可も違法となるものであり，都市計画決定の違法事由は，認可の違法事由ともなり，ひいては収用裁決の違法事由ともなると解すべきである」と述べて，積み重ねに着目した違法性の承継を肯定する考え方をとっている[177]。このように遡ることを認めてよいかどうかについては疑問がある。

生活再建のための措置　都市計画事業の施行に必要な土地等を提供したため生活の基礎を失うこととなる者は，その受ける補償と相まって実施され

176　従来は，土地収用法上の事業認定と収用裁決とは，違法性の認められる典型的な場面とされてきた。しかし，平成13年の土地収用法の改正により事業認定の手段が整備されたことに着目して，違法性の承継が否定される可能性を示唆する見解（宇賀克也『行政法概説Ⅰ　行政法総論［第5版］』（有斐閣，平成25年）344頁-345頁，さらに違法性を明確に否定する学説が登場している（小澤道一『逐条解説土地収用法第三次改訂版（下）』（ぎょうせい，平成24年）746頁以下）。これは，最高裁平成21・12・17民集63巻10号2631頁に対応するともいえよう。

177　神戸地裁平成9・2・24判例地方自治184号51頁も，同様の結論を示している。

ることを必要とする場合においては，生活再建のための措置で，①宅地，開発して農地とすることが適当な土地その他の土地の取得，②住宅，店舗その他の建物の取得，③職業の紹介，指導又は訓練，の実施のあっせんを施行者に申し出ることができる（74条1項）。しかし，この申出に対しては，「事情が許す限り，当該申出に係る措置を講ずるように努めるものとする」（74条2項），という弱い定め方にとどまっている。

都市計画事業が施行されないことにより都市計画決定が違法になるか 都市計画決定がなされ，それから長期間が経過したにもかかわらず，事業に着手されていないような場合がある。その場合に予想される訴訟として，いくつかのものが考えられる。

第一に，都市計画決定による建築制限を理由とする損失補償請求である。これは，建築制限が適法であることを前提にしている。直接憲法29条に基づいてされた損失補償請求について，特別の犠牲とはいえないとして棄却すべきものとした最高裁平成17・11・1（判例タイムズ1206号168頁）について，すでに述べた。

第二に，建築制限が違法性を帯びているとして提起される国家賠償請求である。

第三に，都市計画決定が後発的に違法になったとして，その違法が，たとえば建築不許可処分の違法事由となることを理由に提起される取消訴訟である。東京地裁平成5・2・17（行集44巻1・2号17頁）は，「特定の地域について偶々都市計画事業が長期間にわたって行われない結果となっているとしても，それが，都市計画決定の事実上の廃止によって生じているものであるとか，何らかの理由によりその都市計画事業の実施が事実上不可能となる状態に立ち至ったことによるものであるとかの特段の事情がない限り」，この期間のすべてにわたり法54条の要件に適合しない建物の建築を許可しないこととしても，それをもって違法とすることはできないとした。控訴審の東京高裁平成5・9・29（行集44巻8・9号841頁）は，「本件のような道路網の整備に関する都市計画は，都市計画決定がなされた後，予算措置を講じた上で，事業用地を任意買収又は土地収用により取得した後，実際に道路建設工事を実施し，その築造に伴い道路法等の関係法令による手続を履践するとい

う段階を経る必要があるばかりでなく，首都圏の道路網整備計画の中での位置付けを通じて事業実施の優先順位を定めるとともに，他の都市計画（市街化区域・市街化調整区域に関するもの，地域地区に関するもの，市街地開発事業に関するもの，道路以外の都市計画施設に関するもの等）との調整を図るなど，複雑多岐にわたる手続の連鎖の中で事業が実施されるものであるから，その性質上相当長期間にわたることはやむを得ないものというべきであり，ただ単に都市計画中のある部分について長期間事業が実施されていないということをもって，当該都市計画が合理性を欠くに至ったということはできない」と述べた。この判決が，合理性を欠くに至ることがあり得るという立場にたっているのかどうかは明らかでない。

5 景観法制・歴史的風土の保存

［１］ 景観法

景観法の内容と位置づけ　重要な法律，たとえば行政機関情報公開法のように，今日の法律には，地方公共団体が国に先行して条例を制定し，国が後から条例の規定を参考にして制定したものも多い。景観法（以下，本款及び次款において「法」という）も，地方公共団体の条例が先行し，それを踏まえて制定された法律である[178]。法は，都市のみを対象とする法律ではない。「我が国の都市，農山漁村等における良好な景観の形成を促進するため，景観計画の策定その他の施策を総合的に講ずることにより，美しく風格のある

178　このことについては，伊藤修一郎『自治体発の政策革新　景観条例から景観法へ』（木鐸社，平成18年）が詳しく分析している。法に基づく事務とされたといっても，それは「任意的法定自治事務」であることが強調されている（磯部力「景観とまちづくり法制・条例の課題」環境法政策学会編『まちづくりの課題』（商事法務，平成19年）34頁，38頁）。景観法制定前の景観法制については，荒秀「景観法」都市問題研究45巻6号62頁（平成5年）（同『建築基準法論（Ⅲ）』（ぎょうせい，平成7年）184頁以下所収）を参照。なお，法制定の最大の意義は，自主条例としての景観条例では実効的な規制を加えることができなかった点の打破にあるという指摘がある（西村幸夫「序説―景観法の意義と自治体のこれからの課題―」社団法人日本建築学会編『景観法と景観まちづくり』（学芸出版社，平成17年）7頁）。

国土の形成，潤いのある豊かな生活環境の創造及び個性的で活力のある地域社会の実現を図り，もって国民生活の向上並びに国民経済及び地域社会の健全な発展に寄与すること」を目的としている（1条）。その柱は，何と言っても景観計画及び景観地区（及び準景観地区）の制度にある。

法は，「景観行政団体」という用語により，地方自治法252条の19第1項の指定都市の区域にあっては指定都市，同法252条の22第1項の中核市の区域にあっては中核市，その他の区域にあっては都道府県をいうものとし（7条1項本文），さらに，指定都市及び中核市以外の市町村であっても，都道府県に代わって法2章1節から5節まで，4章及び5章の規定に基づく事務を処理することにつき，あらかじめ長が都道府県知事と協議し，その同意を得た市町村の区域についての当該市町村も含むこととされている（7条1項ただし書）。このただし書により景観行政団体となる場合は，30日前までに，その旨を告示しなければならない（7条7項）。景観行政団体という観念を用いているのは，後述の景観計画の策定に当たって，市町村，都道府県のいずれかのみの事務とすることなく，地方の実情に応じて，ともに事務を行なうことができる仕組みとしつつ，「市町村と都道府県による二重規制を避けるため，一つの地域について一元的に景観計画に基づく施策を実施する主体として，景観行政団体という主体を創設する」ことにある[179]。「一空間一団体主義」というわけである[180]。

景観行政を推進するに当たり，法のみによっているのではない。一般に「景観緑三法」と呼ばれる法律がある。それは，平成16年制定・公布の法，及び既存の法律の改正による都市緑地法と屋外広告物法を指している。さらに，平成20年に制定・公布された「地域における歴史的風致の維持及び向

---

179 景観法制研究会編・逐条解説25頁。
180 北村喜宣「地方分権改革と都市景観法システム」植田和弘ほか編『岩波講座都市の再生を考える6 都市のシステムと経営』（岩波書店，平成17年）85頁，95頁（北村・環境・景観行政218頁）。この一空間一団体主義は，多数の市町村が景観行政団体となると，都道府県は，「穴抜きされた地域」についてのみ景観行政を行なうことになるという問題が指摘されている（中井検裕・小浦久子「景観法成立を受けて自治体が工夫すべきこと」日本建築学会編・前掲書16頁，17頁）。

上に関する法律」も、景観行政に深く関係している。それらのうちでも、法が最も基幹をなす法律である。

ところで、農林水産事務次官、国土交通事務次官及び環境事務次官による共同通知「景観法運用指針」(平成16・12・17) が発せられている。地方自治法245条の4の規定に基づく技術的な助言の性格を有するという位置づけであるが、同通知の冒頭における「運用指針の策定の趣旨」の項目には、「法が『景観』そのものの整備・保全を目的とするわが国で初めての総合的な法律である」として、次のように述べている。

　　「こうした新たな行政分野である景観行政を推進するに当たり、制度の企画・立案に責任を有する国として、法に基づく諸制度についての考え方を広く一般に示すことが、地方公共団体の制度の趣旨に沿った的確な運用を支援していく上でも効果的である。

　　もとより法の運用は、自治事務として各地方公共団体自らの責任と判断によって行われるべきものであるが、景観は、現在及び将来にわたる国民共通の資産であることから、法の『美しく風格のある国土の形成、潤いのある豊かな生活環境の創造及び個性的で活力ある地域社会の実現を図り、もって国民生活の向上並びに国民経済及び地域社会の健全な発展に寄与する』という目的を達成するために、各地方公共団体が法に基づく諸制度を適切に活用していくことが求められる。

　　本指針は、今後、景観政策を進めていく上で、法に基づく制度をどのように運用していくことが望ましいと考えるか、また、その具体の運用が、各制度の趣旨からして、どのような考え方の下でなされることを想定しているか等、法の解釈・運用に係る国としての原則的な考え方を示すことにより、地方公共団体による各種の景観施策の円滑な展開に貢献すべきとの考え方から取りまとめたものである。」

法制定からの日が浅い今日、技術的助言の性格を有する運用指針の存在する意味は大きいと思われる。

　景観計画　　法の一つの柱は、景観計画である。景観行政団体は、都市、農山漁村その他市街地又は集落を形成している地域及びこれと一体となっている景観を形成している地域における以下のいずれかに該当する土地(水面

を含む）の区域について，「景観計画」（良好な景観の形成に関する計画）を定めることができる（8条1項）。したがって，景観計画の策定は，任意である。

1　現にある良好な景観を保全する必要があると認められる土地の区域
2　地域の自然，歴史，文化等からみて，地域の特性にふさわしい良好な景観を形成する必要があると認められる土地の区域
3　地域間の交流の拠点となる土地の区域であって，当該交流の促進に資する良好な景観を形成する必要があると認められるもの
4　住宅市街地の開発その他建築物若しくはその敷地の整備に関する事業が行われ，又は行われた土地の区域であって，新たな良好な景観を創出する必要があると認められるもの
5　地域の土地利用の動向からみて，不良な景観が形成されるおそれがあると認められる土地の区域

　景観計画の策定について，「景観行政団体」をもって策定主体として，都道府県と市町村とが同様の計画を策定することを想定しているように見えることについて，都道府県は抽象度の高いものにし，市町村はより詳しい具体的な内容とすることが合理的であるとする指摘がなされている[181]。

　景観計画に定める事項には，まず，一般的な事項として，景観計画の区域（8条2項1号），同区域における良好な景観の形成に関する方針（2号），「良好な景観の形成のための行為の制限に関する事項」（3号）があるほか，同区域内に指定の対象となる建造物又は樹木がある場合における景観重要建造物又は景観重要樹木の指定の方針（4号）も含まれる。それ以外にも，多数の列挙された事項で「良好な景観の形成のために必要なもの」が含まれる（5号）。それらには，屋外広告物の表示及び屋外広告物を掲出する物件の設置に関する行為の制限に関する事項（5号イ），道路，河川，都市公園，海岸，港湾，漁港，自然公園事業施設その他の「特定公共施設」であって，良好な景観の形成に重要なもの（＝景観重要公共施設）の整備に関する事項（5号ロ），景観重要公共施設に関する所定の許可の基準であって良好な景観の形成に必要なもの（5号ハ）などが含まれている。良好な景観の形成の観点か

181　北村喜宣・前掲論文95頁－96頁（北村・環境・景観行政219頁）。

ら公物に関する基本的事項が景観計画に定められることが予定されているのである。さらに，そのほか，景観計画区域における良好な景観の形成に関する方針を定めるよう努めるものとされている（8条3項）。

前記の「良好な景観の形成のための行為の制限に関する事項」には，政令で定める基準に従い，次のものを定めなければならないとされている（8条4項）。

 1　法16条1項4号の条例で同項の届出を要する行為を定める必要があるときは，当該条例で定めるべき行為
 2　次に掲げる制限であって，法16条3項若しくは6項又は17条1項の規定による規制又は措置の基準として必要なもの
  イ　建築物又は工作物（建築物を除く）の形態又は色彩その他の意匠（＝形態意匠）の制限[182]
  ロ　建築物又は工作物の高さの最高限度又は最低限度
  ハ　壁面の位置の制限又は建築物の敷地面積の最低限度
  ニ　その他法16条1項の届出を要する行為ごとの良好な景観の形成のための制限

法8条4項の委任を受けて，法施行令4条は，法8条4項1号に係る基準について，次のいずれかに該当する行為であって，当該景観計画区域における良好な景観の形成のため制限する必要があると認められるものを定めるとしている。

 1　土地の開墾，土石の採取，鉱物の掘採その他の土地の形質の変更
 2　木竹の植栽又は伐採
 3　さんごの採取
 4　屋外における土石，廃棄物，再生資源その他の物件の堆積
 5　水面の埋立て又は干拓

---

[182] 生田・入門講義276頁は，この制限に係るものを景観計画の策定時点においてどれだけ具体的に決められるかについて疑問を提起している。また，中井検裕・小浦久子「景観法成立を受けて自治体が工夫すべきこと」前掲18頁も，「景観計画制度は，地域の景観に対する価値感の固まった景観『保全』型の条例には向いているが，地域の景観の価値を模索しつつ，まちづくりと連動させながら，景観を育てていこうとする景観『まちづくり』型の条例は対応が難しい」と指摘している。

6　夜間において公衆の観覧に供するため，一定の期間継続して建築物その他の工作物又は物件（屋外にあるものに限る）の外観について行なう照明（＝特定照明）

　7　火入れ

また，法施行令5条は，法8条4項2号に係る基準について，次のように定めている。

　1　建築物の建築等又は工作物（建築物を除く）の建設等の制限
　　イ　形態意匠の制限は，建築物又は工作物が一体として地域の個性及び特色の伸長に資するものとなるように定めること。この場合において，当該制限は，建築物又は工作物の利用を不当に制限するものでないように定めること。
　　ロ　建築物若しくは工作物の高さの最高限度若しくは最低限度又は壁面の位置の制限若しくは建築物の敷地面積の最低限度は，建築物又は工作物の高さ，位置及び規模が一体として地域の特性にふさわしいものとなるように定めること。
　2　都市計画法の開発行為の制限は，開発行為後の地貌が地域の景観と著しく不調和とならないように，切土若しくは盛土によって生じる法の高さの最高限度，開発区域内において予定される建築物の敷地面積の最低限度又は木竹の保全若しくは適切な植栽が行われる土地の面積の最低限度について定めること[183]。
　3　法16条1項4号に掲げる行為の制限は，当該行為後の状況が地域の景観と著しく不調和とならないように，制限する行為ごとに必要な行為の方法又は態様について定めること。

「良好な景観の形成のための行為の制限に関する事項」（8条2項2号）には，政令で定める基準に従い，次の事項を定めることとされている（8条4項）。

　1　法16条1項4号の条例で，同項の届出を要する行為を定める必要があるときは，当該条例で定めるべき行為

---

[183]　国土交通省がこの項目をもって限定列挙と解する通知を発していることについて，北村喜宣・前掲論文97頁（北村・環境・景観行政221頁）が問題提起をしている。

2 次の制限であって，法16条3項若しくは6項又は17条1項の規定による規制又は措置の基準として必要なもの
　　イ　建築物又は工作物（建築物を除く）の形態又は色彩その他の意匠（＝形態意匠）の制限
　　ロ　建築物又は工作物の高さの最高限度又は最低限度
　　ハ　壁面の位置の制限又は建築物の敷地面積の最低限度
　　ニ　その他法16条1項の届出を要する行為ごとの良好な景観の形成のための制限

　景観計画に関しては，多数の計画との調和又は適合が求められている。計画間調整である。

　まず，「調和」に関しては，①国土形成計画，首都圏整備計画，近畿圏整備計画，中部圏開発整備計画，北海道総合開発計画，沖縄振興計画その他の国土計画又は地方計画に関する法律に基づく計画及び道路，河川，鉄道，港湾，空港等の施設に関する国の計画との調和を保つことが求められ（8条5項），②環境基本計画（当該景観区域について公害防止計画が定められているときは，公害防止計画を含む）との調和を保つことが求められる（8条6項）。

　次に，「適合」に関しては，①都市計画区域について定める景観計画は，都市計画法6条の2第1項の「都市計画区域の整備，開発及び保全の方針」への適合が求められ（8条7項），②市町村である景観行政団体が定める景観計画は，議会の議決を経て定められた「当該市町村の建設に関する基本構想」に即するとともに，都市計画区域又は準都市計画区域について定めるものにあっては，都市計画法18条の2第1項の「市町村の都市計画に関する基本的な方針」に適合することが求められる（8項）。また，景観計画に定める法8条2項5号ロ及びハに掲げる事項は，景観重要公共施設の種類に応じて，政令で定める公共施設の整備又は管理に関する方針又は計画に適合するものでなければならないとされている（9項）。所定事項を定める景観計画については，農業振興地域整備基本方針及び農業振興地域整備計画への適合（10項），公園計画への適合（11項）も求められている。

　景観計画策定の手続に関しては，詳細な規定が用意されている（9条）。
　　①　あらかじめ，公聴会の開催等住民の意見を反映させるために必要な

措置を講ずるものとする（1項）。
② 都市計画区域又は準都市計画区域に係る部分について，あらかじめ，都道府県都市計画審議会（市町村である景観行政団体に市町村都市計画審議会が置かれているときは，当該市町村都市計画審議会）の意見を聴かなければならない（2項）。
③ 都道府県である景観行政団体は，あらかじめ，関係市町村の意見を聴かなければならない（3項）。
④ 景観計画に法8条2項5号ロ及びハに掲げる事項を定めようとするときは，あらかじめ，当該事項について，当該景観重要公共施設の管理者（景観行政団体であるものを除く）に協議し，その同意を得なければならない（4項）。
⑤ 景観行政団体は，景観計画に法8条2項5号ホに掲げる事項を定めようとするときは，あらかじめ，当該事項について，国立公園等管理者（国立公園にあっては環境大臣，国定公園にあっては都道府県知事をいう）に協議し，その同意を得なければならない（5項）。
⑥ 景観計画を定めたときは，その旨を告示し，省令で定めるところにより，これを当該景観行政団体の事務所において公衆の縦覧に供しなければならない（6項）。

このような手続には，議会の議決が含まれていないことが注目される。北村喜宣教授は，議会の関与の重要性を指摘し，「政策法務」として，地方自治法96条2項に基づき任意的議決事項にすること，あるいは「景観計画策定のための手続」を条例で定めることなどの対応を述べている[184]。

計画提案　以上の手続とは別に，特定公共施設の管理者の要請の手続（10条）及び住民等による計画提案の制度がある。後者に関する規定が詳細なものとなっている。

提案の主体は，二つに分かれている。

一つは，土地所有者等である。すなわち，法8条1項に規定する土地の区域のうち，一体として良好な景観を形成すべき土地の区域としてふさわし

184　北村喜宣・前掲論文101頁（北村・環境・景観行政224頁）。

い一団の土地の区域であって政令で定める規模以上のものについて，当該土地の所有権又は建物の所有を目的とする対抗要件を備えた地上権若しくは賃借権（臨時設備その他一時使用のために設定されたことが明らかであるものを除く）を有する者（＝土地所有者等）は，一人で，又は数人が共同して，景観行政団体に対し，景観計画の策定又は変更を提案することができる。この場合に，景観計画の素案を添えなければならない（11条1項）。

　もう一つは，団体である。まちづくりの推進を図る活動を行なうことを目的とする特定非営利活動法人，一般社団法人若しくは一般財団法人又はこれらに準ずるものとして景観行政団体の条例で定める団体も，景観計画の策定又は変更を提案することができる。素案を添えなければならない点は同様である（11条2項）。

　これらの提案は，素案の対象となる土地（国又は地方公共団体の所有している土地で公共施設の用に供されているものを除く）の区域内の土地所有者等の3分の2以上の同意（同意した者が所有するその区域内の土地の地積と同意した者が有する借地権の目的となっているその区域内の土地の地積との合計が，その区域内の土地の総地積と借地権の目的となっている土地の総地積との合計の3分の2以上となる場合に限る）を得ている場合に行なう（11条3項）。

　景観行政団体は，計画提案が行なわれたときは，遅滞なく，当該計画提案を踏まえて景観計画の策定又は変更をする必要があるかどうかを判断し，当該景観計画の策定又は変更をする必要があると認めるときは，その案を作成しなければならない（12条）。

　計画提案を踏まえて景観計画の策定又は変更をしようとする場合において，その策定又は変更が当該計画提案に係る景観計画の素案の内容の一部を実現することとなるものであるときは，法9条2項の規定により当該景観計画の案について意見を聴く都道府県都市計画審議会又は市町村都市計画審議会に対し，当該計画提案に係る景観計画の素案を提出しなければならない（13条）。

　計画提案を踏まえて景観計画の策定又は変更をする必要があるかどうかを判断した結果，その必要がないと決定したときは，遅滞なく，その旨及びその理由を，当該計画提案をした者に通知しなければならない（14条1項）。

都市計画区域又は準都市計画区域内の土地について，この通知をしようとするときは，あらかじめ，都道府県都市計画審議会（市町村である景観行政団体に市町村都市計画審議会が置かれているときは，当該市町村都市計画審議会）に当該計画提案に係る景観計画の素案を提出してその意見を聴かなければならない（14条2項）。

以上の仕組みにおいて，計画提案が不作為の違法確認の訴えや申請型義務付け訴訟の要件たる「法令に基づく申請」に該当するかどうかが問題になるが，それよりも，景観計画の策定自体あるいは策定や変更の決定が行政処分とはいえないと思われるので，「法令に基づく申請」に該当するかどうかを検討する意味がないであろう。この点は，都市計画の提案の場合と同様である（本書本章2［6］を参照）。

景観協議会　景観計画区域における良好な景観の形成を図るために必要な協議を行なうための協議会を組織できる旨の規定がある（15条）。この規定がないと仮定しても，組織することが禁止されているわけではないと解される。構成員は，景観行政団体，景観計画に定められた景観重要公共施設の管理者，法92条の規定により指定された景観整備機構（当該景観行政団体が都道府県であるときは関係市町村を，当該景観計画区域に国立公園又は国定公園の区域が含まれるときは国立公園等管理者を含む）である。この場合に，前記構成員（＝景観行政団体等）は，必要と認めるときは，協議会に，関係行政機関及び観光関係団体，商工関係団体，農林漁業団体，電気事業，電気通信事業，鉄道事業等の公益事業を営む者，住民その他良好な景観の形成の促進のための活動を行なう者を加えることができる（15条1項）。協議会は，必要があると認めるときは，その構成員以外の関係行政機関及び事業者に対し，意見の表明，説明その他の必要な協力を求めることができる（15条2項）。協議を行なうための会議において協議がととのった事項については，協議会の構成員は，その協議の結果を尊重しなければならない（15条3項）。

景観計画区域内の行為の規制（届出・勧告等）　景観計画区域内において，次の行為をしようとする者は，あらかじめ，国土交通省令（4の行為にあっては，景観行政団体の条例。以下，同じ）で定めるところにより，行為の種類，場所，設計又は施行方法，着手予定日その他省令で定める事項を景観行政団

体の長に届け出なければならない（16条1項）。

 1 建築物の新築，増築，改築若しくは移転，外観を変更することとなる修繕若しくは模様替又は色彩の変更（＝建築等）

 2 工作物の新設，増築，改築若しくは移転，外観を変更することとなる修繕若しくは模様替又は色彩の変更（＝建設等）

 3 都市計画法4条12項に規定する開発行為その他政令で定める行為[185]

 4 そのほか，良好な景観の形成に支障を及ぼすおそれのある行為として景観計画に従い景観行政団体の条例で定める行為

 届出事項のうち省令で定める事項を変更しようとするときは，あらかじめ，その旨を届け出なければならない（16条2項）。

 景観行政団体の長は，届出があった場合において，その届出に係る行為が景観計画に定められた当該行為についての制限に適合しないと認めるときは，その届出をした者に対し，その届出に係る行為に関し設計の変更その他必要な措置をとることを勧告することができる（16条3項）。この勧告は，届出のあった日から30日以内にしなければならない（16条4項）。この勧告を実効あるものにするために，届出をした者は，景観行政団体がその届出を受理した日から30日（後述の特定届出対象行為について法17条1項に基づく処分制度があるので，実地調査の必要があるときその他法17条2項の期間内に法17条1項の処分をすることができない合理的な理由があるときは90日を超えない範囲でその理由が存続する間，処分ができるとする法17条4項に連動させて，その延長された期間）を経過した後でなければ，届出に係る行為に着手してはならない（18条1項）。

 国又は地方公共団体の行なう行為については，届出をすることを要しないとしつつ，あらかじめ，景観行政団体の長に通知することとしている（16条5項）。そして，この通知があった場合に，景観行政団体の長は，良好な景観の形成のため必要があると認めるときは，その必要の限度において，当該国の機関又は地方公共団体に対し，景観計画に定められた当該行為につい

---

185 この政令の定めは，現在は存在しないようである。

ての制限に適合するようにとるべき措置について協議を求めることができる。

このような仕組みにおいて、景観行政団体自体の行なう行為について、いかなる手続がとられるのであろうか。一つの考え方は、景観行政団体の長と法16条1項の行為を行なう地方公共団体とは同じであるから、何らの手続を要しないとするものである。そもそも、同一の地方公共団体の長同士の通知とか協議はあり得ないともいえる。他方、景観行政団体の長たる立場は、景観法に基づく独特の立場であるから、あたかも別の地方公共団体であるかのように手続を踏むべきであるという考え方があり得ないわけではない。形式的には、前説によらざるを得ないが、実質的には、担当部局間の協議（＝内部協議）である。その過程が公開されることが望ましいと思われる。

変更等の措置の命令・原状回復命令　　勧告よりも強力な権限が認められている場面がある。

まず、設計の変更等の措置の命令である。景観行政団体の長は、良好な景観の形成のために必要があると認めるときは、法16条1項1号又は2号の届出を要する行為のうち、当該景観行政団体の条例で定めるもの（＝特定届出対象行為）について、景観計画に定められた建築物又は工作物の形態意匠の制限に適合しないものをしようとする者又はした者に対し、当該制限に適合させるため必要な限度において、当該行為に関し設計の変更その他の必要な措置をとることを命ずることができる（措置命令）。この場合は、勧告の規定は適用しない（17条1項）。この処分（命令）は、法16条1項又は2項の届出をした者に対しては、当該届出があった日から30日以内に限り、することができる（17条2項）。この処分の内容に関して、形態意匠が政令で定める他の法令の規定により義務づけられたものであるときは、当該義務の履行に支障のないものでなければならない（17条3項）。

次に、前記の変更等の措置の命令に違反した者又はその者から当該建築物又は工作物についての権利を承継した者に対して、相当の期限を定めて、景観計画に定められた建築物又は工作物の形態意匠の制限に適合させるため必要な限度において、その原状回復を命じ、又は原状回復が著しく困難である場合に、これに代わるべき必要な措置をとることを命ずることができる（17条5項）。

これらの処分がなされない場合に，住民がどのような法的手段をとることができるか問題になるが，原告適格の点からいって，直接型義務付けの訴えは不適法とされよう[186]。

景観重要建造物・景観重要樹木の指定　法は，景観重要建造物及び景観重要樹木についての指定制度を用意している。

景観重要建造物の指定は，景観計画に定められた指定の方針に即し，景観計画区域内の良好な景観の形成に重要な建造物（これと一体となって良好な景観を形成している土地その他の物件を含む）で国土交通省令で定める基準に該当するものにつき，景観行政団体の長によりなされる（19条1項）。法施行規則6条は，基準として，①地域の自然，歴史，文化等からみて，建造物（これと一体となって良好な景観を形成している土地その他の物件を含む）の外観が景観上の特徴を有し，景観計画区域内の良好な景観の形成に重要なものであること，②道路その他の公共の場所から公衆によって容易に望見されるものであること，の二つを掲げている。効果裁量はもとより，要件についても相当に広い裁量の下にあることがわかる。

指定をしようとするときは，あらかじめ，当該建造物の所有者（複数所有者のときは，その全員）の意見を聴かなければならない（19条2項）。建造物の所有者も，その建造物が良好な景観の形成に重要であって前記の省令の定める基準に該当するものであると認めるときは，景観行政団体の長に対し，景観重要建造物として指定することを提案することができるとされている。この場合に，提案に係る所有者以外の所有者がいるときは，あらかじめ，その全員の合意を得なければならない（20条1項）。この合意を得ることは，提案者の義務であるが，説得のために，景観行政団体の職員の協力を求めることが禁止されるわけではないと解すべきである。さらに，景観整備機構も，景観計画区域内の建造物について，良好な景観の形成に重要であって前記の

---

[186] 北村喜宣・前掲論文101頁-102頁（北村・環境・景観行政225頁）は，当事者訴訟としての違法確認訴訟をも含めて検討し，いずれも不適法とされる可能性が高いことを指摘し，かつ，30日間の制限は，事情（たとえば追加的手続を設ける場合など）があれば合理的範囲で条例により延長できるという解釈論の可能性を前提に，条例により手続を設けることの可能性についても述べている。

省令の基準に該当するものであると認めるときは，あらかじめ当該建造物の所有者の同意を得て，景観行政団体の長に対し，景観重要建造物として指定することを提案することができる（20条2項）。

景観重要建造物の増築，改築，移転若しくは除却，外観を変更することとなる修繕若しくは模様替又は色彩の変更は，景観行政団体の長の許可を受けなければできない（22条1項）。通常の管理行為，軽易な行為その他の行為で政令で定めるもの及び非常災害のため必要な応急措置として行なう行為については，この限りでない（同項ただし書）。この許可は，当該景観重要建造物の良好な景観の保全に支障があると認めるときは，してはならないとされており（22条2項），「良好な景観の保全に支障がある」か否かの判断に関しては，相当広い裁量を伴うといわなければならない。国の機関又は地方公共団体が行なう行為については許可に代えて，景観行政団体の長との協議を行なうこととされている（22条4項）。

許可には，当該景観重要建造物の良好な景観の保全のため必要があると認めるときは，必要な条件を付することができる（22条3項）。違反した場合（許可に付された条件に違反した場合も含む）における原状回復の命令等の規定もある（23条）。

景観重要建造物の指定の行政処分は，前述のように建築行為等の制限を伴うのであるから不利益処分であることは疑いない。この行政処分について，行政手続法の不利益処分に係る手続を必要とするのであろうか。法20条1項又は2項の提案に基づく場合には，申請に基づく行政処分の性質を有していると見ることも可能であり，かつ，合意又は同意が前提要件とされるので，「名あて人となるべき者の同意の下にすることとされている処分」（行政手続法2条4号ハ）といえるので，特別に手続を必要としないが，法19条1項に基づく指定について，同条2項の「意見を聴く」手続のみで足りるのか気になるところである。

問題になるのは，法22条1項の許可を受けることができないために損失を受けた景観重要建造物の所有者に対して「通常生ずべき損失を補償する」旨の法24条の規定の適用場面である。都市において土地の高度利用が可能である地域に存在する建造物を景観重要建造物として指定された場合には，

高度利用に伴う利益を奪われるのである。それによる利益の喪失を「通常生ずべき損失」として回復できるかどうかが問われる。当該地域における土地の通常の利用方法との比較により判断すべきであろう。

　景観重要建造物の所有者及び管理者は，その良好な景観が損なわれないよう適切に管理する義務を負う（25条1項）。このような抽象的な基準では足りない場合が多い。そこで，法は，景観行政団体は，条例で，景観重要建造物の良好な景観の保全のため必要な管理の基準を定めることができるものとしている（25条2項）。そして，景観行政団体の長は，当該建造物の管理が適当でないため当該景観重要建造物が滅失し若しくは毀損するおそれがあると認めるとき，管理の基準を定める条例が定められている場合にあっては管理が当該条例に従って適切に行なわれていないと認められるときは，所有者又は管理者に対し，管理の方法の改善その他管理に関し必要な措置を命じ，又は勧告することができる（26条）。

　景観重要樹木の指定も，同様の手続によるべきものとされ（28条，29条），現状変更等についての仕組みも同様である（31条以下）。景観計画に定められた景観重要樹木の指定の方針に即し，景観計画区域内の良好な景観の形成に重要な樹木で国土交通省令で定めるものが指定の対象となる。法施行規則11条は，「地域の自然，歴史，文化等からみて，樹容が景観上の特徴を有し，景観計画区域内の良好な景観の形成に重要なものであること」（1号）及び「道路その他の公共の場所から公衆によって容易に望見されるものであること」を基準として掲げている。この基準に照らしても，指定には，効果裁量と同時に要件についても相当広い裁量が働くといわなければならない。

　管理協定　　景観行政団体又は景観整備機構は，景観重要建造物又は景観重要樹木の適切な管理のため必要があると認めるときは，その所有者と管理協定を締結して管理を行なうことができる。管理協定に定める事項には，協定建造物又は協定樹木の管理の方法に関する事項，管理協定に違反した場合の措置などが含まれる（36条1項）。この管理協定は，所有者が高齢であること，管理の負担が大きいことなどから所有者自身が管理することが困難である場合があることに鑑みて，景観行政団体又は景観整備機構が所有者に代わって管理することができるようにする協定である[187]。管理協定は公告さ

れ（39条），公告がなされると，その管理協定は，その後に協定建造物又は協定樹木の所有者となった者に対しても，その効力が及ぶこととされている（41条）。

景観地区における建築物の形態意匠の制限　景観法は，景観地区に関する詳細な規定を置いている。

まず，市町村に，都市計画区域又は準都市計画区域内の土地の区域について，市街地の良好な景観の形成を図るため，都市計画に「景観地区」を定めることを認めている（61条1項）。景観地区に関する都市計画には，都市計画法8条3項1号及び3号に掲げる事項のほか，「建築物の形態意匠の制限」を定めるものとし，「建築物の高さの最高限度又は最低限度」，「壁面の位置の制限」，「建築物の敷地面積の最低限度」のうち，必要な事項を定める（61条2項）。

景観区域内の建築物の形態意匠の制限に関して，法は，「都市計画に定められた建築物の形態意匠の制限に適合するものでなければならない」としている（62条1項本文）。したがって，形態意匠の制限の実態部分は，挙げて都市計画に委ねられている。

そこで，形態意匠の制限をどのように定めるかがポイントになる。この点について，「景観法運用指針」は，形態意匠の制限の内容は，それぞれの景観地区において様々となることが想定されるとし，「特に，用途等の地域の土地利用の現況や建築物更新の状況，地域のまちづくり政策上の位置付け等を含めた将来の動向等の各地域における個別的な要因によって，目標とする景観像そのものやその達成に向けて重要視する規制事項及びその優先順位が異なるものである」と述べている。そして，具体例として，以下のものを掲げている。

- 中心市街地のシンボルロード周辺等においては，賑わいと風格のある沿道景観の形成のために，建築物の形態意匠の制限として，1階部分の色や材質，開口部の意匠等について重きを置く場合
- 緑の多い戸建て住宅地において，軒の深い屋根伏せとする等緑との調

187　景観法制研究会編・逐条解説89頁-90頁。

和をポイントとする場合
- 歴史的な街並みにおいて，その主要な時代様式にのっとった建築様式に揃えることを主な目的とする場合
- 多様な建築様式が隣り合う住商混在地等において，壁面の分節と色合いのバランスを取ることにより，ヒューマンスケールの街並みを醸し出すことにポイントを置く場合
- 景観地区外の山並みと市街地景観の調和を重視する地区において，例えば瓦屋根にするというように屋根の色や材質，形状を中心に規制する場合
- バイパス沿道などにおいて，景観の悪化を防ぐために原色を避けるといった最低限の事柄について担保力を持たせるために規制する場合

「景観法運用指針」は，さらに，形態意匠の制限の特徴として，高さ等と比べて，制限の対象，内容，規制の程度が広範かつ多様であること，指定が想定される地区には必ずしも景観形成の基準があらかじめ明確であるものばかりでなく，特徴的な地域の景観をもたない一般の市街地も多く想定されるので，いくつかの選択肢の中のいずれかを選択すればよいこととすることや制限項目数のうちの一定数以上の項目を満たせば認定する仕組みとすること，選択肢ごとに優先順位が異なる序列型の項目を設けること，なども考えられるとしている。ここに示されているように，景観地区の都市計画の定めは，きわめて政策的かつ創造的な作業であることがわかる。その作業においては，当然のことながら価値観の対立が生ずることもあり得る。しかし，いわば大河の流れの一過程にあることを十分にわきまえて，合意形成を図る必要がある。

　法62条の規定に違反した建築物があるときは，市町村長は，当該建築物に係る工事の施工の停止を命じ，又は相当の期限を定めて当該建築物の改築，修繕，模様替，色彩の変更その他当該規定の違反を是正するために必要な措置をとることを命ずることができる（64条1項）。過失なくして，その措置を命ぜられるべき者を確知することができず，かつ，その違反を放置することが著しく公益に反すると認められるときは，市町村長は，いわゆる簡易代執行ないし略式代執行を行なうことができる（64条4項）。

景観地区内における建築物の建築等に関する計画の認定　景観地区内において建築物の建築等をしようとする者は，あらかじめ，その計画が，形態意匠の制限規定に適合するものであることについて，申請書を提出して市町村長の認定を受けなければならない（63条1項）。

工作物の形態意匠等の制限　景観地区内の工作物について，市町村は，政令で定める基準に従い，条例で，その形態意匠の制限，その高さの最高限度若しくは最低限度又は壁面後退区域における工作物の設置の制限を定めることができる（72条1項）。法施行令20条は，6号にわたり，詳細な基準を定めている。そのうち，工作物の形態意匠の制限に関しては，「当該景観地区に関する都市計画において定められた建築物の形態意匠の制限と相まって，建築物及び工作物が一体として地域の個性及び特色の伸長に資するものとなるように定めること」としている（1号）。また，工作物の高さの最高限度に関しては，「地域の特性に応じた高さを有する建築物及び工作物を整備し又は保全することが良好な景観の形成を図るために特に必要と認められる区域，当該市街地が連続する山の稜線その他その背景と一体となって構成している良好な景観を保全するために特に必要と認められる区域その他一定の高さを超える工作物の建設等を禁止することが良好な景観の形成を図るために特に必要と認められる区域について定めること」としている（2号）。法のいう「基準に従い」とは，基準に従わなければならない趣旨と思われる。

この条例で工作物の形態意匠の制限を定めたものには，法63条，64条，66条，68条及び71条の規定の例により，当該条例の施行に必要な市町村長による計画の認定，違反工作物に対する違反是正のための措置その他の措置に関する規定を定めることができる（72条2項）。また，工作物の高さの最高限度若しくは最低限度又は壁面後退区域における工作物の設置の制限を定めた景観地区工作物制限条例には，法64条及び71条の規定の例により，当該条例の施行に必要な違反工作物に対する違反是正のための措置その他の措置に関する規定を定めることができる（72条4項）。法律の「規定の例により」，条例に規定を設けることができるとする立法技術が興味深いところである[188]。

景観地区内における開発行為等の制限　市町村は，景観地区内において，

都市計画法の規定による開発行為その他政令で定める行為について，政令で定める基準に従い，条例で，良好な景観を形成するため必要な規制をすることができる（73条1項）。法施行令22条は，この基準について4号にわたり規定している。その中には，開発行為等で，地域の特性，当該景観地区における土地利用の状況等からみて，当該景観地区における良好な景観の形成に著しい支障を及ぼすおそれがあると認められるものについて規制をすること（1号)，その行為（国の機関又は地方公共団体が行なうものを除く）をしようとするときは，あらかじめ，市町村長の許可を受けなければならないものとすること，国の機関又は地方公共団体の行為にあっては，あらかじめ，市町村長に協議しなければならないこと（2号）などが含まれている。この第2号も条例に定めることを要するのであるが，第2号が規制に伴う必然的なことであるとすれば，むしろ法律自体に定めておくべきものと思われる。

　準景観地区　　法は，景観地区の制度と別に，準景観地区の制度も用意している。すなわち，市町村は，都市計画区域及び準都市計画区域外の景観計画区域のうち，相当数の建築物の建築が行なわれ，現に良好な景観が形成されている一定の区域について，その景観の保全を図るため，準景観地区を指定することができる（74条1項）。そして，市町村は，準景観地区内における建築物又は工作物について，景観地区内におけるこれらに対する規制に準じて政令で定める基準に従い，条例で，良好な景観を保全するため必要な規制をすることができる（75条1項）。同じく，開発行為その他政令で定める行為について，政令で定める基準に従い，条例で，良好な景観を保全するため必要な規制をすることができる（75条2項）。

　地区計画等の区域内における建築物等の形態意匠の制限　　地区計画等の区域内においては，政令で定める基準に従い，条例で，当該地区計画等において定められた建築物等の形態意匠の制限に適合するものとしなければならな

188　景観法制による財産権制限について補償の要否が問題となるが，安本典夫「都市景観政策とダウンゾーニングの法理」水野武夫先生古稀記念論文集『行政と国民の権利』（法律文化社，平成23年）214頁，219頁は，景観保全・形成については，当該地域において負担と受益に相互互換性が認められることなどを理由に，その目的のための土地利用規制は，「その地域の性格と規制の内容・程度に適切なバランスが保たれている限り，無補償でなされうる」としている。

いこととすることが市町村に認められている。この条例は,「地区計画等形態意匠条例」と呼ばれる。「地区計画等の区域」とは,地区整備計画,特定建築物地区整備計画,防災街区整備地区整備計画,歴史的風致維持向上地区整備計画,沿道地区整備計画又は集落地区整備計画において,建築物又は工作物の形態意匠の制限が定められている区域に限られる（以上,76条1項）。したがって,条例の規定による制限は,これらの計画の策定と連動する制限である。逆にいえば,計画の内容は,条例の規定を伴うことによって初めて実効性をもつことを意味する。制限は,建築物等の利用上の必要性,当該区域内における土地利用の状況等を考慮し,当該地区計画等の区域の特性にふさわしい良好な景観の形成を図るため,合理的に必要と認められる限度において行なうものとされている（76条2項）。地区計画等形態意匠条例には,法63条,64条,66条,68条及び71条の規定の例により,当該条例の施行のため必要な市町村長による計画の認定,違反建築物又は違反工作物に対する違反是正のための措置その他の措置に関する規定を定めることができる（76条3項）。その他条例に定めることができる事項についての規定が置かれている（76条4項・5項）。

景観協定　景観法の仕組みの一つの柱は,景観協定の制度である。建築協定と似た仕組みである。景観計画区域内の一団の土地（公共施設の用に供する土地その他の政令で定める土地を除く）の所有者及び借地権を有する者は,その全員の合意により,当該土地の区域における良好な景観の形成に関する協定（＝景観協定）を締結することができる。ただし,当該土地の区域内に借地権の目的となっている土地がある場合においては,当該借地権の目的となっている土地の所有者の合意を要しない（81条1項）。景観協定に定める事項は,景観協定の目的となる土地の区域（＝景観協定区域）,景観協定の有効期間,景観協定に違反した場合の措置のほか,最も重要な実体的事項については,良好な景観の形成のための次に掲げる事項のうち,必要なものとされている（81条2項）。

① 建築物の形態意匠に関する基準
② 建築物の敷地,位置,規模,構造,用途又は建築設備に関する基準
③ 工作物の位置,規模,構造,用途又は形態意匠に関する基準

④ 樹林地，草地等の保全又は緑化に関する事項
⑤ 屋外広告物の表示又は屋外広告物を掲出する物件の設置に関する基準
⑥ 農用地の保全又は利用に関する事項
⑦ その他良好な景観の形成に関する事項

　これらは，選択可能な事項なのであるから，その内容は，それぞれの景観協定区域の特性に応じて土地所有者等がいかなる定めをすることにより良好な景観を形成することができると考えるかというポリシーによって決められるといえよう。

　景観協定においては，景観計画区域内の土地のうち，景観協定区域に隣接した土地であって，景観協定区域の一部とすることにより良好な景観の形成に資するものとして景観協定区域の土地となることを当該景観協定区域内の土地所有者等が希望するもの（＝景観協定区域隣接地）を定めることができる（81条3項）。建築協定区域隣接地の仕組み（建築基準法70条2項，87条2項・3項）と同様に，景観協定の認可公告のあった後に景観協定に加わる手続において，意味がある（87条2項，3項）。

　景観協定には，景観行政団体の長の認可を受けることが必要とされる（81条4項）。認可申請があったときは，その旨の公告，縦覧，関係人による意見書提出などの手続がとられる（82条）。建築基準法による建築主事を置かない市町村である景観行政団体の長は，「建築物の敷地，位置，規模，構造，用途又は建築設備に関する基準」を定めた景観協定について認可をしようとするときは，意見書の写しを添えて，都道府県知事に協議し，その同意を得なければならない（83条2項）。この場合の都道府県知事は，建築基準法上の特定行政庁の立場であると解される[189]。景観行政団体の長は，認可をしたときは，その旨の公告，公衆への縦覧をするとともに，区域内に景観協定区域である旨を明示する（83条3項）。

　認可の公告のあった景観協定は，その公告のあった後において当該景観協定区域内の土地所有者等となった者に対しても効力がある（86条1項）（承

---

[189] 知事は，建築基準法73条1項の建築協定の認可の条件と同様の観点から協議しなければならないとされている（景観法制研究会編・逐条解説178頁）。

継効)。景観協定の廃止は，景観協定区域内の土地所有者等の過半数の合意をもってその旨を定め，景観行政団体の長の認可を受けることによって可能である（88条1項）。当初よりの土地所有者等の意思の変化のほか，前述の効力の承継規定にもかかわらず，土地所有者等の交代があったことにより，景観協定を廃止すべきであるとする者の数が増加して廃止に至る可能性もある。

　法は，いわゆる一人協定も認めている。すなわち，景観区域内の一団の土地で，一の所有者以外に土地所有者等が存しないものの所有者は，良好な景観の形成のため必要があると認めるときは，景観行政団体の長の認可を受けて，当該土地の区域を景観協定区域とする景観協定を定めることができる（90条1項）。この認可を受けた景観協定は，認可の日から起算して3年以内において当該景観協定区域内の土地に二以上の土地所有者等が存することとなった時から法83条3項の規定による認可の公告があった景観協定と同一の効力を有する景観協定となる（90条4項）。開発事業者が一人協定の認可を受けて土地を分譲する場合などにおいて，この規定の意味がある。

　都市の美観風致を維持するための樹木の保存に関する法律　　景観法に景観重要樹木の指定制度があるので（28条以下），それとの関係において，保存樹又は保存樹林の指定に関する法制度について触れておこう。

　保存樹又は保存樹林の指定は，法律に基づくものと条例に基づくものとがある。法律は，「都市の美観風致を維持するための樹木の保存に関する法律」で，わずか10か条からなっている。文字通り，都市の美観風致を維持するため，樹木の保存に関し必要な事項を定める法律である（1条参照）。核心部分は，都市計画区域内において美観風致を維持するために必要な樹木又は樹木の集団を市町村長が「保存樹」又は「保存樹林」として指定すること（2条）と所有者の保存義務（5条）とからなる。指定について，所有者に対する通知の手続（2条2項）があるのみで，事前の協議等はいっさい定められていない。もっとも，保存義務の内容は，「枯損の防止その他その保存に努めなければならない」（5条1項）とする努力義務であるので，行政手続法の不利益処分規定の対象になるかも微妙なものである。指定実績は，条例に基づくものに比べて，極めて少なく，条例に基づくものが圧倒的に主流であ

る[190]。

では，なぜ，圧倒的に条例によるものが多いのであろうか。それは，法2条1項が「政令で定める基準に該当する樹木又は樹木の集団」を指定の対象としており，この法律の委任に基づき指定の基準を定める法施行令において，次のように水準が高く設定されていることによるようである。保存樹は健全で樹容が美観上優れていて，㋐1.5メートルの高さにおける幹の周囲が1.5メートル以上，㋑高さが15メートル以上，㋒株立ちした樹木で高さ3メートル以上，㋓はん登性樹木で枝葉面積30平方メートル以上，のいずれかに該当することが求められ，また，保存樹林については，面積500平方メートル以上又は生垣をなす樹木集団の長さ30メートル以上であって，その集団に属する樹木が健全で，かつ，その集団の樹容が美観上特に優れていることとされている。地方公共団体は，条例によって，この基準に満たないものについても一定の基準で指定する制度を設けているのである。

[2] 景観に関する条例等

景観に関する条例　多くの地方公共団体が，条例を制定して景観の形成を図ろうとしている。景観に関する条例には，景観法の施行条例[191]の性質のもの，景観法とは独立の性質のもの（＝独自条例），両方の性質をもつものがある。たとえば，仙台市の「杜の都の風土を育む景観条例」は，基本的には景観法の施行条例であるが，若干の独自規定も盛り込んでいる。独自規定には，次のようなものがある。

第一に，景観まちづくり協議会の認定制度（22条）と同協議会によるまち

190　法律に基づくものは，平成23年度末現在で，全国25都市で，保存樹3,814本，保存樹林199件・面積65ヘクタール，生垣等が29件・延長1,424メートルである。条例に基づくものは，平成23年度末現在で，全国370都市で，保存樹66,775本，保存樹林8,417件・面積は把握されているもので4,074ヘクタールである。以上，国土交通省の都市緑化データベースによる。

191　従来，「委任条例」と呼ばれることが多いのに対し，北村・環境・景観行政234頁は，景観法に規定されている条例を「法定条例」，それ以外の条例を「法定外条例」と呼んでいる。磯部「景観とまちづくり法制・条例の課題」環境法政策学会編『まちづくりの課題』（商事法務，平成19年）34頁，38頁も，これに賛意を表している。

並づくり提案制度（23条）である。協議会の認定要件として，①(イ)当該地域が景観地区に指定されることを目的として組織されたもの，(ロ)景観地区の整備に寄与するもの，(ハ)杜の都景観協定又は景観協定を締結した者を構成員として組織されたもの，のいずれかに該当すること，②団体の活動が当該地域の多数の住民に支持されていると認められるものであること，③規則で定める要件を具備する団体規約が定められていること，が掲げられている（22条1項）。第二に，景観推進員の制度である。景観形成に関する調査，提案等を行なうために委嘱することができるとしている（28条）。第三に，表彰制度（24条）がある。このような表彰制度は，他の市の景観条例においても見られる[192]。なお，法による景観協定のほか，「一定の区域に存する土地，建築物等若しくは広告物の所有者又はこれらについて使用することができる権利を有する者」が「当該区域内における土地，建築物等又は広告物について，その規模，壁面の位置，色彩又は形態の基準その他景観形成に必要な事項で規則で定めるもの」について締結できるとされている協定があり，これを「杜の都景観協定」として認定できるとしている（21条）。

横浜市も，「横浜市魅力ある都市景観の創造に関する条例」を制定して，景観計画の策定に関しては，景観法の補充的意味の定めを置きつつ（15条～16条），「都市景観協議地区」に関する規定（5条～8条）及び「都市景観協議」に関する規定（9条～14条）に重点を置いている。

景観法と景観条例とは，互いに排斥するものではなく，補完しあい，実効的な景観行政の展開に資することが期待される[193]。

---

192 新潟市も，新潟市都市景観条例に基づいて，同市内の新潟らしい優れた都市景観を「まもり，そだて，つくりだす」ことに貢献している建造物等の所有者や，まちなみ形成，市民活動の主催者に「新潟市都市景観賞」を授与して表彰している。
193 内海麻利「景観条例と景観法の一体的活用に向けて」社団法人日本建築学会編『景観法と景観まちづくり』（学芸出版社，平成17年）30頁は，その論文タイトルに示されているように，両者の一体的運用の必要性を強調している。西村幸夫「序説―景観法の意義と自治体のこれからの課題―」社団法人日本建築学会編・前掲書7頁，12頁も，一体的な運用を阻害しないようにしなければならないとしつつ，「逆に委任条例の部分と自主条例の部分とを上手に組み合わせたユニークな条例が輩出するという結果をもたらすということも考えられる」と述べている。また，北村喜宣「景観法

複数条例制定の例（金沢市）　さらに，一の地方公共団体が複数の独自条例を制定している場合もある。そのような例として，金沢市を挙げることができる。

同市は，景観法の施行条例の性質をもつ「金沢市における美しい景観のまちづくりに関する条例」のほかに，次のような条例を制定している。①「金沢市における夜間景観の形成に関する条例」（夜間景観の形成（照明環境の形成を図りつつ，個性豊かで魅力的な夜間における景観を保全し，又は創出すること）のための基本となる事項等を定める条例。1条，2条1号），②「金沢市における美しい沿道景観の形成に関する条例」，③「金沢の歴史的文化資産である寺社等の風景の保全に関する条例」（古くから市民に親しまれ，市民の憩いとやすらぎの生活空間を創出してきた寺社等の建造物及びこれと調和のある周囲の緑が一体をなして醸し出している金沢の伝統的なたたずまいを残す風景（＝寺社風景）を，保全しようとする条例。1条），④「金沢市こまちなみ保存条例」（金沢の歴史的な遺産であるこまちなみ[194]を市民とともに保存育成し，これらのこまちなみと一体となった市民の生活環境を良好なものとすることにより，金沢の個性をさらに磨き高めることを目的とする。1条）。

いずれも，総則規定において，市長の責務，市民の責務，事業者の責務といった責務規定を置いたうえで，具体的な制度も用意している。具体的な制度として注目すべきものを挙げておこう。

①は，照明環境形成地域内において所定の行為をする場合の事前協議，助言・指導・勧告，公表という段階的手続を定めている。同じく，夜間景観形

が拓く自治体法政策の可能性」社団法人日本建築学会編・前掲書24頁，26頁（北村・環境・景観行政197頁，201頁-202頁）は，従来から景観条例を制定している自治体が，そのうちの景観計画と整合的なものを景観計画の内容として位置づけることができるとして，これを「条例の吸収」と呼んでいる。さらに，中井検裕・小浦久子「景観法成立を受けて自治体が工夫すべきこと」社団法人日本建築学会編・前掲書16頁，23頁は，「景観法の委任条例として地域の条例があるのではなく，逆に，地域の自主条例が先にあり，その一部が景観法によって補強されるという方向で考えることが望まれる」としている。

[194] 「こまちなみ」とは，「歴史的な価値を有する武家屋敷，町家，寺院その他の建造物又はこれらの様式を継承した建造物が集積し，歴史的な特色を残すまちなみ」を指している（2条）。

成区域の指定をして，同区域内のおける一定の行為をする者に届出義務を課したうえで，助言，指導及び勧告の手続がある。

　助言，指導及び勧告という行政指導にもかかわらず，正当な理由なく勧告に従わない者について，その旨を公表（13条1項，21条1項）するのは，情報提供というよりは，勧告に従うことを迫る目的であるといわざるを得ない。この条例は，そのような認識を前提にしているからこそ，公表しようとするときは，あらかじめ，当該公表をされるべき者にその理由を通知し，かつ，意見を述べ，及び有利な証拠を提出する機会を与えるとともに，景観審議会の意見を聴かなければならない（13条2項）としていると思われる。このような仕組みにおいて，公表が特定の法効果をもたらす場合は別であるが，そうでない限り，行政事件訴訟法上の行政処分であるとみることは困難である。しかし，それがもたらす不利益は無視できないものである。そこで，この条例が定めるように，公表に先立つ手続の整備が必要となると同時に，行政事件訴訟法における他の訴訟の訴訟要件との関係も検討されるべきである。

　②について見ると，「沿道景観形成区域」の指定（7条），「沿道形成基準」の策定（8条1項）のほか，形成区域内における一定の行為をする場合の届出と，それに対する助言，指導及び勧告，公表という仕組みは，①とほぼ共通である[195]。

　なお，景観形成協議会の仕組みが注目される。形成区域を指定し，形成基準を定めることその他の美しい沿道景観の形成に関し必要となるべき措置に

---

[195] ただし，助言，指導及び勧告のできる場面に関して注意しておきたい。行為の届出に係る場合のみならず，次の二つの場合にも助言，指導又は勧告が可能とされている。一つは，「形成区域内の建築物等又は広告物等が当該形成区域における形成基準に適合せず，沿道景観を著しく阻害していると認めるとき」に，その所有者等に対してなされる形成基準に基づき必要な措置を講ずるよう求める助言，指導又は勧告（12条1項）である。もう一つは，「形成区域内の空地が当該形成区域における沿道景観を著しく阻害していると認めるとき」になされ当該空地の所有者等に対しなされる「美しい沿道景観の形成に配慮した適正な空地の管理又は利用を図るよう」求める助言，指導又は勧告（12条2項）である。このような場面において，勧告まで受けたとしても資金がないために応じられない所有者等も存在し得る。そのような所有者等が勧告に応じないことには，「正当な理由」があるものとして公表（14条1項）を控えるべきであろうか。

について協議するため，市長，道路管理者等，市民等並びに知識経験を有する者及び美しい沿道景観の形成のための活動を行なう者は，沿道景観形成協議会を組織することができる（15条1項）。協議会の会議において協議が調った事項については，協議会の構成員は，その協議の結果を尊重しなければならない（15条2項）。これらの条項が存在しなくても，協議会を組織することができ，調った協議結果を尊重しなければならないことも当然である。その意味において，この条項の法的意味は少ない。むしろ，この規定には，協議会の組織を促進する機能が期待されているのであろう。

最後に，沿道景観形成協定に関する規定がある。すなわち，沿道内に存する土地，建築物等又は広告物等の所有者又はこれらについて使用することができる権利を有する者は，その相互において当該沿道の美しい沿道景観の形成を図るための協定を締結することができる（16条）。市長は，この協定で，その内容が美しい沿道景観の形成に寄与すると認めるものを「沿道景観形成協定」として認定できるとされているが（17条），この認定による特別な効果の定めはない。このような「認定」について行政処分性を認める意味があるのかが問われるであろう。

③は，寺社風景保全区域の指定（5条），保全区域ごとの寺社風景保全基準の設定（6条），所定行為の届出（7条），助言，指導又は勧告（9条）である。注目したいのは，寺社風景保全協定である。地域の住民が「その相互において当該地域における寺社風景を保全するため」に締結する協定と位置づけられている（11条）。寺社等の設置者のみならず地域の住民を巻き込んだ協定である。この協定についても「認定」制度があるが（12条），その法的効果に関する特別の定めはない。

④を見ると，「こまちなみ保存区域」の指定（5条），保存区域ごとの保存基準の設定（6条），所定事項の届出（7条），助言，指導又は勧告（9条），「こまちなみ保存協定」の締結（10条）と認定（11条）は，他の条例とほぼ共通する仕組みである。そのほかに保存区域内の建造物のうち，当該保存区域の保存育成にとって特に重要な建造物を「こまちなみ保存建造物」として登録する制度，市長と保存建造物の所有者との間における保存建造物の保存について必要な事項を定めた「保存契約」の締結（14条），保存契約を締結

した保存建造物及びその敷地で，こまちなみの保存を図るため特に必要がある場合の「買取り」(16条) といった独特の仕組みもある。保存建造物の登録に関しては，所有者その他利害関係人の同意を得て，かつ，「金沢市こまちなみ保存委員会」の意見を聴かなければならないとされている (12条2項)。

京都市市街地景観整備条例　代表的な例として，京都市の場合を取り上げてみたい。京都市は，京都市市街地景観整備条例と京都市眺望景観創生条例という二つの条例を制定している。

京都市市街地景観整備条例のうち，第2章「美観地区等」及び第3章「景観計画区域内における行為の届出等」，第6章「景観重要建造物又は景観重要樹木」は，景観法の施行条例の色彩がある。これに対して，第4章「歴史的景観保全修景地区」，第5章「界わい景観整備地区」及び第7章「歴史的意匠建造物」の規定が法といかなる関係にあるのかは断定できない。

第一に，歴史的景観保全修景地区についての仕組みは，次のとおりである。

市長は，歴史的景観を形成している建造物群が存する地域で，その景観を保全し，又は修景する必要があるものを，「歴史的景観保全修景地区」として指定できるとし (24条1項)，この指定をするときは，併せて当該地区の歴史的な市街地景観の整備に関する計画 (＝歴史的景観保全修景計画) を定めなければならないとしている (25条1項)。この地区内の建築物の全部を除却しようとする者は，除却に着手する日の30日前までに，その旨を市長に届け出なければならないとして，届出義務を課している (26条1項)。また，建築物の全部を除却しようとする者は，その敷地であった土地が空地となる場合は，生け垣又は塀の設置その他の方法により町並みの景観の連続性を保つようにしなければならないとして，「連続性確保義務」を課している (26条2項)。そして，この地区内にある建築物又は工作物の修理又は修景に要する費用の一部を補助することができる (27条1項)。

第二に，界わい景観整備地区についての仕組みは，次のとおりである。

市長は，美観地区等又は建造物修景地区内において，まとまりのある景観の特性を示している市街地の地域で，市街地景観の整備を図る必要があるものを「界わい景観整備地区」として指定することができるとし (28条1項)，

その指定をするときは，併せて当該地区における市街地景観の整備に関する計画（＝界わい景観整備計画）を定めなければならないとしている（29条1項）。さらに，市長は，この地区内の地域で次に掲げるものを「重要界わい景観整備地域」として指定できる（30条1項）。①当該地区の市街地の景観を特色づける建築物又は工作物が連なっている地域，②道路の交差点の周辺又は広場，図書館，博物館その他の公共的な施設の地域で，当該交差点又は施設と一体として市街地景観の整備を図る必要があるもの。また，界わい景観整備地区内において町並みの景観を特色づけている建築物又は工作物を，当該景観を保全し，又は修景する際の指標とするため，その所有者の同意を得て，界わい景観建造物として指定することができる（31条1項）。界わい景観建造物又は重要界わい整備地域内にある建築物又は工作物を除却しようとする者には届出義務と連続性確保義務を課している（33条1項，2項）。

　第三に，歴史的意匠建造物についての仕組みは，次のとおりである。

　市長は，歴史的意匠を有し，かつ，地域における市街地景観の整備を図るうえで重要な要素となっていると認められる建築物又は工作物を，その所有者の同意を得て，歴史的意匠建造物に指定することができる（38条1項）。歴史的意匠建造物の所有者又は管理者は，当該建造物の意匠を常に良好な状態に保つよう当該建造物を維持管理しなければならないとされ（39条），何人も，歴史的意匠建造物を移転し，除却し，又はその外観を変更してはならないとされている（40条1項）。そして，市長は，歴史的意匠建造物の修理又は修景に要する費用の一部を補助することができるとされている（42条1項）。

　第四に，市街地景観協定に関する規定が置かれている。「一定のまとまりのある区域内の土地の所有者若しくは工作物の所有を目的とする地上権又は土地の賃借権を有する者（土地所有者等）が，その区域内における市街地景観の整備を主たる目的として当該区域内における建築物又は工作物の位置，規模，形態又は意匠に関する基準についての協定（＝市街地景観協定）を締結した者の代表者は，市長の認定を求めることができる（48条1項）。認定を受けるのに必要な協定事項には，協定区域，「建築物，工作物，樹木その他市街地の景観を形成する物件に関する基準」，「市街地景観協定に適合しな

い行為があった場合の措置」などが含まれている（48条2項1号）。認定要件を見ると，協定の主たる目的が市街地景観の整備であること，協定区域がまとまりのある一団の土地の区域であること，区域内の土地所有者等のうち相当数の者が協定を締結していること，遵守されることが相当の程度に確実であると認められること，などが掲げられている（48条2項）。市街地景観協定が締結された場合には，その協定区域内において建築等又は建設等をしようとする者は，あらかじめ，市長に届出をする義務を負い（49条1項），届出に当たっては，あらかじめ，市街地景観協定に係る事項について，当該協定を締結した者の意見を聴かなければならないとされ（49条2項），意見聴取の状況については，速やかに市長に報告しなければならない（49条3項）。この手続によって，市街地景観協定の実効性を確保しようとしているといえよう。

　以上の仕組みと景観法81条以下に定める景観協定の仕組みとは，土地所有者等が締結する協定である点において似ていることは疑いない。しかし，主要なことのみでも，次のような点が異なる。第一に，景観協定の場合は，一団の土地の区域内の土地所有者等の全員の合意が要件とされるが，この条例による協定には区域内の土地所有者等の相当数が加わっていることで足りる。第二に，景観協定は「認可」であるので，それにより協定の締結が完成するのに対して，この条例による協定についての「認定」は，すでに締結されている協定について確認する行為にすぎないと解される。第三に，協定締結後に土地の所有権等を承継した者に対して協定の効力が及ぶ旨の規定は用意されていない。条例によって，承継効を創設することはできないという考え方によっているのかも知れない。

　兵庫県の景観の形成等に関する条例　　兵庫県は，「景観の形成等に関する条例」を制定している。その主要な内容は，次のとおりである。

　第一に，県は，景観の形成及び大規模建築物等その他の建築物等と地域の景観との調和を図るため，景観形成等基本方針を定めるものとされている（7条1項）。

　第二に，知事は，自然的社会的諸条件からみて，広域の見地に配慮した景観の形成等を図る必要があると認める地域について，当該地域の景観の形成

等に関する施策の総合的かつ計画的な推進を図るための基本的な計画（＝地域景観形成等基本計画）を定めることができる（7条の2第1項）。

　第三に，大きな柱の一つは，知事による景観形成地区の指定（8条1項）と，指定に併せた景観形成基準の設定（9条1項）である。四つの景観形成地区の類型が用意されている。歴史的景観形成地区（伝統的な建造物又は集落が周辺の環境と一体をなしている区域），住宅街等景観形成地区（良好な環境を有する住宅街等の区域又は新都市の建設，都市の再開発等により新たに住宅街等が整備される区域），まちなか景観形成地区（駅前，官公庁施設の周辺等で，その地域の中心としての役割を果たしている市街地の区域），沿道景観形成地区（国道，県道等の沿道の区域）の4類型である（8条1項）。景観形成地区の指定は，市町村長からの「要請」を受けて（8条2項），その要請に係る区域が景観の形成を図る必要があると認めるときになされる（8条3項）。景観形成基準には，①建築物等の敷地内における位置，規模，意匠，材料又は色彩，②広告物等の位置，意匠，材料，色彩，形状，面積その他表示又は設置の方法，③屋外に設置する自動販売機の位置，意匠，色彩その他設置の方法，④その他景観の形成を図るために必要な事項，のうち，当該景観形成地区における景観の形成を図るために知事が必要と認める事項を定めるものとされている（9条2項）。4類型の景観形成地区ごとに，届出を要する行為が列挙されている（10条）。この届出に係る行為が景観形成基準に適合しないと認めるときは，必要な指導又は助言をすることができる（12条）。大規模建築物等に係る行為である場合において，届出をした者が「正当な理由なく」指導に従わないときは，当該行為の内容を景観形成基準に適合させるために必要な措置をとるべきことを勧告することができる（12条の2第1項）。当該勧告を受けた者が勧告に従わないときは，その旨を公表することができる（12条の2第3項）。ここにおいては，指導，勧告，公表という3段階の手続が用意されている。

　第四に，広域景観形成地域の指定（15条）と広域景観形成基準の設定（16条）がある。

　第五に，星空景観形成地域の指定制度がある（21条の2）。もっとも，都市的地域において同地域として指定することは，相当困難であろう。

以上のほか，景観形成重要建造物の指定（21条の10），認定景観形成重要建造物（21条の4以下），大規模建築物等景観基準（22条），特定建築物等景観基準（27条の2），それへの適合等についての景観影響評価（27条の2の7以下）など，多彩な内容が含まれている。

[3] 屋外広告物の規制

屋外広告物法及び同法の委任に基づく条例による規制　屋外広告物法（以下，「法」という）は，都市のみを対象とする法律ではない。しかしながら，都市計画法との関係を無視することはできない。二つの理由がある。

第一に，大都市の特例に関する規定があって，法において都道府県が処理することとされている事務で政令で定めるものは，指定都市及び中核市においては，政令で定めるところにより，指定都市又は中核市が処理するものとされている（27条）。地方自治法施行令174条の40及び174条の49の19は，いずれも，法の規定により「都道府県が処理することとされている事務」をもって，指定都市及び中核市の事務としている。このような地方自治法施行令の定め方をするのであれば，わざわざ法が政令に委任する意味がないように見えるが，法の系列の規範に明示的な定めが置かれることが便宜である。いずれにせよ中核市以上の都市は，自らの判断により屋外広告物に関し規制を加えることのできる場面が多いことを意味している。

なお，都道府県は，法3条から5条まで，7条又は8条の規定に基づく条例の制定又は改廃に関する事務の全部又は一部を景観行政団体である市町村が処理することとすることができ，この場合に，知事は，あらかじめ，当該市町村の長に協議しなければならないとされている（28条）。これは，景観計画に基づく規制等の景観行政と屋外広告物行政とを一元的に行なうことができるようにする趣旨である[196]。

第二に，法が，都道府県が「条例の定めるところにより，良好な景観又は風致を維持するために必要があるとき」に，広告物の表示又は掲出物件の設置を禁止することができる地域又は場所の中に，都市計画法の規定により定

196　屋外広告行政研究会編・屋外広告の知識61頁。

められた第1種低層住居専用地域，第2種低層住居専用地域，第1種中高層住居専用地域，第2種中高層住居専用地域，景観地区，風致地区又は伝統的建造物群保存地区（3条1項1号）が含められているからである。また，「道路，鉄道，軌道，索道又はこれらに接続する地域で，良好な景観又は風致を維持するために必要があるものとして当該都道府県が指定するもの」（同4号），「公園，緑地，古墳又は墓地」（同5号）も，都市において活用されるであろうし，さらに，それら以外でも「当該都道府県が特に指定する物件」（同6号）も対象とされている。したがって，都市の特性に応じた禁止が可能となる。

　景観行政団体の条例に基づく規制についての重要な点は，景観法8条1項の景観計画に広告物の表示及び掲出物件の設置に関する行為の制限に関する事項が定められている場合には，当該景観計画に即して定めるものとされることである（6条）。この仕組みにより，議会が関与しないで策定される景観計画に屋外広告物条例が拘束されるという「条例に対する景観計画優先」の現象が生ずることになる。

　法は，条例違反の広告物の表示，条例違反の掲出物件の設置については，条例で定めるところにより，表示若しくは設置の停止命令，相当の期限を定めて「除却その他良好な景観を形成し，若しくは風致を維持し，又は公衆に対する危害を防止するために必要な措置」を行なうことの命令をなすことができるとしている（7条1項）。

　これらの命令について，行政手続法と行政手続条例のいずれの規定が適用されるのかが問題となる。行政手続法3条3項の「地方公共団体の機関がする処分（その根拠となる規定が条例又は規則に置かれているものに限る。）」に該当するならば，行政手続法の2章から6章までの規定が適用されないところ，前記の「条例で定めるところにより」は，処分の根拠規定を条例に置く趣旨であると解される。したがって，行政手続法は適用除外とされ，行政手続条例が制定されている場合には，その条例の規定によることになる[197]。

　法7条1項の規定による措置を命じようとする場合に，当該広告物を表

---

[197] 高橋滋『行政手続法』（ぎょうせい，平成8年）165頁，行政管理研究センター編『逐条解説行政手続法（平成18年改訂版）』（ぎょうせい，平成18年）98頁など。

示し，若しくは当該掲出物件を掲出し，又はこれらを管理する者を確知することができないときは，いわゆる簡易代執行ないし略式代執行を行なうことができる（7条2項）。

　法7条1項の措置を命じた場合において，不履行の場合，履行しても十分でないとき，又は履行しても期限までに完了する見込みがないときは，行政代執行法3条から6条までの定めるところに従い代執行を行ない，費用を義務者から徴収することができる（7条3項）。代執行の要件に関して，行政代執行法とは独立の定めをしているものである。

　簡易除却　法により，いわゆる「簡易除却」という独特の制度が用意されている。すなわち，条例に違反した広告物又は掲出物件が，はり紙，はり札等（容易に取り外すことができる状態で工作物等に取り付けられているはり札その他これに類する広告物），広告旗（容易に移動させることができる状態で立てられ，又は容易に取り外すことができる状態で工作物等に取り付けられている広告の用に供する旗（これを支える台を含む））又は立看板等（容易に移動させることができる状態で立てられ，又は工作物等に立て掛けられている立看板その他これに類する広告物又は掲出物件（これを支える台を含む））であるときに，それらを自ら除却し，又はその命じた者若しくは委任した者に除却させることができる。ただし，簡易除却できるのは，共通に，条例で定める許可を受けなければならない場合に明らかに該当すると認められるにもかかわらずその許可を受けないで表示され又は設置されているとき，条例に適用を除外する規定が定められている場合にあっては当該規定に明らかに該当しないと認められるにもかかわらず禁止された場所に表示又は設置されているとき，その他条例に明らかに違反して表示され又は設置されていると認められるとき，でなければならない。さらに，はり紙以外については，それが管理されず放置されていることが明らかなものに限定される（以上，7条4項）。明白性が要件とされているのである。

　除却した広告物等の保管，売却又は廃棄に関する規定も置かれている（8条）。

　屋外広告物条例の分析　屋外広告物条例の案は，国土交通省からガイドラインとして公表されている[198]。規制に当たり，禁止地域と許可地域とを

分ける方法が一般化している。若干の特色のある屋外広告物条例を取り上げておきたい。

仙台市屋外広告物条例のうち、注目すべき点を挙げてみたい。

第一に、第2条が「この条例の運用に当たっては、国民の政治活動の自由その他の国民の基本的人権を不当に侵害しないように留意しなければならない」と定めていることに注意したい。表現の自由等の基本的人権との衝突が懸念される場面のあることは否定できない。

屋外広告物条例による規制が憲法に違反するかどうかが争われたいくつかの訴訟がある。最高裁大法廷昭和43・12・18（刑集22巻13号1549頁）は、橋柱、電柱、電信柱にビラを貼りつけた行為につき大阪市広告物条例に基づき罰金刑を科すことが憲法21条違反であるとの主張に対して、このような所為は、「都市の美観風致を害するものとして規制の対象とされているものと認めるのを相当とする」とし、「国民の文化的生活の向上を目途とする憲法の下においては、都市の美観風致を維持することは、公共の福祉を保持する所以であるから、この程度の規制は、公共の福祉のため、表現の自由に対し許された必要且つ合理的な制限と解することができる」として、憲法に違反しないとした。そして、大分県屋外広告物条例違反被告事件においても、最高裁昭和62・3・3（刑集41巻2号15頁）は、前記大法廷判決などの判例に徴し、街路樹2本の各支柱に政党の演説会開催の告知宣伝を内容とするプラカード式ポスターを針金で括り付けた所為を処罰しても憲法21条に違反しないことは明らかであるとした。

ただし、この判決に付された伊藤正己裁判官の補足意見は、美観風致の維持と公衆に対する危害の防止との関係について詳細な見解を披歴した。

> 「本条例及びその基礎となっている屋外広告物法は、いずれも美観風致の維持と公衆に対する危害の防止とを目的として屋外広告物の規制を行っている。この目的が公共の福祉にかなうものであることはいうまでもない。そして、このうち公衆への危害の防止を目的とする規制が相当

---

198 「屋外広告物条例ガイドライン(案)」。当初は、建設省都市総務課長通達（昭和39・3・27建設省都総発第7号）として発出されたが、現在は、技術的助言として位置づけられている。

に広い範囲に及ぶことは当然である。政治的意見を表示する広告物がいかに憲法上重要な価値を含むものであっても，それが落下したり倒壊したりすることにより通行人に危害を及ぼすおそれのあるときに，その掲出を容認することはできず，むしろそれを除去することが関係当局の義務とされよう。これに反して，美観風致の維持という目的については，これと同様に考えることができない。何が美観風致にあたるかの判断には趣味的要素も含まれ，特定の者の判断をもって律することが適切でない場合も少なくなく，それだけに美観風致の維持という目的に適合するかどうかの判断には慎重さが要求されるといえる。しかしながら，現代の社会生活においては，都市であると田園であるとをとわず，ある共通の通念が美観風致について存在することは否定できず，それを維持することの必要性は一般的に承認を受けているものということができ，したがって，抽象的に考える限り，美観風致の維持を法の規制の目的とすることが公共の福祉に適合すると考えるのは誤りではないと思われる。」
そして，昭和43年大法廷判決も，「前記のような通念の存在を前提として，当該条例が法令違憲といえない旨を明らかにしたものであり，その結論は是認するに足りよう」としつつ，次のように述べた。

「しかし，この判例の示す理由は比較的簡単であって，その考え方について十分の論証がされているかどうかについては疑いが残る。美観風致の維持が表現の自由に法的規制を加えることを正当化する目的として肯認できるとしても，このことは，その目的のためにとられている手段を当然に正当化するものでないことはいうまでもない。正当な目的を達成するために法のとる手段もまた正当なものでなければならない。右の大法廷判例が当該条例の定める程度の規制が許されるとするのは，条例のとる手段もまた美観風致の維持のため必要かつ合理的なものとして正当化されると考えているとみられるが，その根拠は十分に示されていない。例えば，一枚の小さなビラを電柱に貼付する所為もまたそこで問題とされる大阪市の条例の規制を受けるものであったが，このような所為に対し，美観風致の維持を理由に，罰金刑とはいえ刑事罰を科することが，どうして憲法的自由の抑制手段として許される程度をこえないもの

といえるかについて，判旨からうかがうことができないように思われる。
　このように考えると，右の判例の結論を是認しうるとしても，当該条例が憲法からみて疑問の余地のないものということはできない。それが手段を含めて合憲であるというためには，さらにたちいって検討を行う必要があると思われる。」
　そして，「とくに思想や意見にかかわる表現の規制となるときには，美観風致の維持という公共の福祉に適合する目的をもつ規制であるというのみで，たやすく合憲であると判断するのは速断にすぎるものと思われる」とし，表現の自由への配慮の必要性を強調しつつも，「本条例は，表現の内容と全くかかわりなしに，美観風致の維持等の目的から屋外広告物の掲出の場所や方法について一般的に規制しているものである」ので，厳格な基準を適用することは必ずしも相当でなく，「規制の範囲がやや広きに失するうらみはあるが，違憲を理由にそれを無効の法令と断定することは相当ではないと思われる」とした。そして，適用違憲の場合があり得ることも述べている。ここには，伊藤裁判官の苦悩の跡が滲み出ているように思われる。
　仙台市屋外広告物条例における第二の注目点は，広告物景観地域の指定制度である。市長は，景観法による景観区域において「屋外広告物の表示及び屋外広告物を掲出する物件の設置に関する行為の制限に関する事項」（景観法8条2項5号イ）が定められた区域のうち，「杜の都を象徴し，良好な景観の形成に重点的に取り組む必要があると認める地域」を広告物景観地域として指定することができるとしている（31条の2第1項）。同地域を指定するときは，広告物設置基準（地域内における広告物等の位置，形状，面積等に関する基準）及び広告物誘導基準（地域内における広告物等の良好な景観の形成に積極的に誘導するための基準）とを定めるものとしている（31条の2第2項）。
　第三に，広告物モデル地区の指定制度がある。すなわち，「市長は，広告物等に関するすぐれた景観を形成するために特に必要があると認める区域を広告物モデル地区に指定することができる」（32条1項）。この指定をしようとするときは，指定区域における広告物等に関する整備計画（＝広告物整備計画）を定めるものとされている（32条2項）。広告物整備計画には，広告物モデル地区内における広告物等の整備に関する目標及び指針及び広告物美

観維持基準（地区内における広告物等の位置，形状，面積等地区の美観を維持するための広告物等に関する基準）を定める（33条）。広告物モデル地区内においては，広告物美観維持基準に適合していると認める場合に限り，広告物等の表示または設置の許可をすることができる（34条1項）。

　第四に，「広告物協定」制度がある。一定の区域に存する土地，建築物等若しくは広告物等の所有者又はこれらについて使用することができる権利を有する者は，当該区域における広告物等について，その位置，形状，面積，色彩その他規則で定める事項について協定を締結することができる（37条1項）。協定について，市長の認定を受けることができる（37条2項・3項）。

　以上が仙台市屋外広告物条例の注目したい諸点である。協定制度をみると，諏訪市屋外広告物条例にも「屋外広告物住民協定」について詳細な定めが置かれている。「市民又は土地の所有者，地上権若しくは賃借権を有する者若しくは建物の所有者」が「一定の区域を定め，当該区域の景観を整備するため，当該区域における広告物等に関する協定」を締結した場合に，市長は，その内容が地域の景観形成の推進に資するものとして認めるときは，屋外広告物住民協定として認定することができる（12条1項）。住民協定の目的となる土地の区域が(ｱ) 0.1ヘクタール以上の土地，(ｲ) 30棟以上の建物をその範囲に含む土地，(ｳ) 沿道等おおむね100メートル以上にわたる土地，のいずれかの土地を対象とし，住民協定地区の住民等のおおむね3分の2以上の合意によるものであることが要件とされている（13条2項）。

　長野市屋外広告物条例は，広告物等の表示の方法等を規制する地域又は場所として，第1種，第2種，第3種，第4種の各規制地域を設けている。第1種規制地域は，自然環境に配慮し，良好な景観の形成及び風致を維持すべき地域である。第2種規制地域は，住宅環境や優れた沿道景観に配慮し，良好な景観の形成及び風致を維持すべき地域である。第3種規制地域は，広告物等の大きさや高さを抑え，住宅環境や田園景観に配慮した良好な街なみ景観の形成を図る地域で，都市計画法の規定により定められた第1種住居地域，第2種住居地域及び市街化調整区域である。第4種規制地域は，経済活動に配慮しつつ，事業所等と調和した良好な街なみ景観の形成を図る地域で，都市計画法の規定により定められた準住居地域，近隣商業地域，商業地

域，準工業地域，工業地域及び工業専用地域である（以上，5条）。

同条例は，このほかに，次のような地区制度を用意している。

第一に，「屋外広告物特別規制地区」であって，それは，「地域の特性を生かした良好な景観の形成又は風致の維持を図ることが特に必要な地区又は場所」として指定されるものである（6条1項）。この地区を指定するときは，その区域，特別規制地区基本方針（当該特別規制地区における広告物等に関する基本方針），及び特別規制地区設置基準（当該特別規制地区における広告物等の表示又は設置の方法に関する基準）を規則で定めるものとしている（6条2項）。この規制地区は，ミニマムの規制を超えて，地域の特性を生かした規制ができるように配慮するものであるとされている[199]。

第二に，「屋外広告物モデル地区」は，「地域の自主的な取組によって，良好な景観の形成又は風致の維持を促進することが特に必要な地区又は場所」について指定される（7条1項）。この地区を指定するときは，当該地区の区域，「モデル地区基本方針」（当該地区における広告物等に関する基本方針）及び「モデル地区設置基準」（当該地区における広告物等の表示又は設置の方法に関する基準）を規則で定めるものとしている（7条2項）。この地区制度は，地域の住民が自主的なルールとして屋外広告物の表示・設置の位置や形状，面積，色彩，デザイン等を定め，広告物に関する努力基準として上乗せし，景観に関する自主的な取組みを支援するものと位置づけられている[200]。

第三に，「屋外広告物活用地区」は，「第4種規制地域の中で広告物等の規制を一部緩和し，広告物等を活用することにより，活力ある街なみの形成を図ることが特に必要な地区又は場所」について指定される（8条1項）。この地区を指定するときは，当該地区の区域，「活用地区基本方針」（当該地区における広告物等に関する基本方針）及び「活用地区設置基準」（当該地区における広告物等の表示又は設置の方法に関する基準）を規則で定めるものとしている（8条2項）。この地区制度は，繁華街等において，活発な経済活動を反映して様々な広告物等の表示設置が地域の活力の象徴となっている場合が少な

---

[199] 長野市都市整備部まちづくり推進課「屋外広告物条例の運用」（平成23年4月）14頁。

[200] 長野市都市整備部・前掲14頁。

くないことに鑑み，広告物の規制を一部緩和し，地域の活性化を支援するものと位置づけられている[201]。

以上に登場する基本方針や基準に定める事項についても，条例にそれぞれ定めがある（6条3項・4項，7条3項・4項，8条3項・4項）。

広告物等の表示又は設置について，規制地域又は屋外広告物特別規制地区若しくは屋外広告物活用地区においては許可制が（9条1項），屋外広告物モデル地区においては届出制が，それぞれ採用されている（13条2項）。

簡易除却のためのボランティアの活用　近年は，屋外広告物の簡易除却について，ボランティアを募集して協力を求める方式が広まりつつある。たとえば，神奈川県大和市は，「違反屋外広告物除却協力員」を募集している。除却活動をしようとする場合には，登録を必要とする。登録資格は，市内に在住又は在勤であること，社会人（成人又は勤労者）であること，「継続的かつ積極的に違反屋外広告物除却活動をすることができること」である。原則年2回，法及び同市屋外広告物条例に関すること，事故防止に関すること，についての講習会を受講することが求められる。協力員には，身分証明書とともに，腕章，軍手・スクレーパー・ニッパーなどの活動に必要なものが貸与される[202]。

この種の協力者を被保険者とする保険に加入をしていることも多い[203]。除却の活動は，最低2人で行なうこととしていることが多い。これは，トラブル発生の際の対応等を考慮しているからであろう。

なお，住民による団体を認定して違反広告物の簡易除却を推進しようとする地方公共団体もある[204]。広島市の場合は，「広島市路上違反広告物除却推進員設置要綱」により，路上違反広告物除却推進団体（推進員2名以上を構成員とすることが要件）としての認定をしたうえ，講習を受けた者を路上違反広告物除却推進員に任命する方式をとっている。

201　長野市都市整備部・前掲14頁-15頁。
202　以上，大和市の「違反屋外広告物除却協力員の手引き」による。茅ヶ崎市，藤沢市，相模原市も，ほぼ同様の違反屋外広告物除却協力員制度を設けている。
203　たとえば，姫路市路上違反簡易広告物除却活動員。
204　奈良県の違反簡易広告物追放推進団体制度，宇都宮市違反広告物除却協力団体制度，鹿児島市違反広告物除却推進団体制度。

広島市と似た方式を採用している柏市の例を挙げて、若干の法律問題を検討しよう。「柏市違反屋外広告物簡易除却制度実施要綱」によれば、市長は協力団体を募集し、適当であると認めたものを、「違反屋外広告物簡易除却協力団体」として認定することとされている（4条）。認定は、申請に基づいてなされ（5条2項・3項）、認定取消しに関する規定もある（6条）。そして、協力団体は、その構成員のうちから法7条4項に基づく委任を受けるにふさわしい者を、違反屋外広告物簡易除却推進員推薦名簿により市長に推薦する（7条）。市長は、この名簿に記載された者のうちから、適当と認められる者を、「柏市違反広告物簡易除却推進員」として委任するとされている（8条1項）。推進員の委任の取消しに関する規定もある（9条）。このような仕組みにおいて、推進員による簡易除却は、法に基づく公権力の行使として国家賠償法1条に基づき、国家賠償請求の対象になると解される[205]。

他方、行政処分性については、どうであろうか。協力団体としての認定は、純粋に要綱に基づく行為であるから、その取消しを含めて行政処分と認めることは困難である。推進員の「委任」については、法7条4項に行政処分としての根拠規定があるとみるならば行政処分性を肯定できるが、やはり根拠規定とみるには、やや弱いように思われる。全く同様の規定ぶりであっても、規則形式の場合には、行政処分性を肯定しやすいと思われる[206]。

---

[205] 長野市は、「もんぜんパートナーシップ制度実施要綱」により、市長が、まちづくり活動を希望する団体と協議して活動希望区域及び内容について合意したときは、「もんぜんパートナーシップ制度合意書」を取り交わすこととしている。その活動内容は多岐にわたり、「違反屋外広告物の除却及び通報」のほか、放置自転車の整とん、歩道等の除雪、公共施設の破損等の通報、電話ボックス・灰皿・ベンチ等の清掃及び落書きの除去、植栽帯内の除草並びに既存樹木の育成及び管理、公共施設における散乱ごみの収集、その他まちづくりに必要な活動が列挙されている（第5）。このような多様な活動内容のときに、国家賠償法1条の適用を肯定することには不安を覚えるが、「違反屋外広告物のうちはり紙の除却を行おうとする活動団体又はその構成員」に対し、市長は屋外広告物法7条4項の規定により張り紙の除却を委任する旨を定めているので（第7）、市としては、国家賠償責任を負う場合があることを覚悟しているとみてよいであろう。

[206] たとえば、市原市違反広告物除却推進制度実施規則による違反広告物除却推進団体の認定及び推進員の委任。

［４］　古都における歴史的風土の保存に関する特別措置法

古都保存法の立法趣旨　「古都における歴史的風土の保存に関する特別措置法」（以下，本款において「法」という）は，その第１条において，「わが国固有の文化的資産として国民がひとしくその恵沢を享受し，後代の国民に継承されるべき古都における歴史的風土を保存するために国等において講ずべき特別の措置を定め，もって国土愛の高揚に資するとともに，ひろく文化の向上発展に寄与すること」を目的として掲げている。

「古都」とは，「わが国往時の政治，文化の中心等として歴史上重要な地位を有する京都市，奈良市，鎌倉市及び政令で定めるその他の市町村」である（２条１項）。このように個別の市を法律自体に掲げているが，「一の地方公共団体のみに適用される特別法」ではないので，日本国憲法 95 条の地方自治特別法の手続が問題になることはない。現在は，政令の定めによる古都市町村は存在しない。歴史的保存区域の指定，歴史的風土保存計画及び歴史的風土保存特別地区に関する都市計画までは，計画法系列の仕組みである。それらを受けて，行為規制がなされている。なお，政令指定都市に関しては，府県の処理する事務を当該指定都市が処理することとされているので（19 条），以下の仕組みにおいて登場する「府県知事」の事務は，京都市の区域については，京都市長が処理することになる。

歴史的風土保存区域の指定・歴史的風土保存計画　まず，出発点は，国土交通大臣が，古都における歴史的風土を保存するため必要な土地の区域を「歴史的風土保存区域」に指定することである。その際には，「関係地方公共団体及び社会資本整備審議会に意見を聴くとともに，関係行政機関の長に協議」する手続が求められる。関係地方公共団体から意見の申出を受けたときは，遅滞なくこれに回答することが国土交通大臣に義務づけられている（以上，４条１項）。指定は，官報で公示される（４条２項）。また，歴史的風土保存区域の変更については，これらの規定が準用される（４条３項）。

この手続について以下のような問題がある。

第一に，関係地方公共団体からの区域指定又は区域変更の申出権が法定されていないことである。国民全体の文化的資産であるとしても，地域のあり方を考える地方公共団体の能動的申出を制度化しないことに疑問を禁じ得な

い。

　第二に，国土交通大臣から意見を求められた関係地方公共団体の意見形成手続である。法律上は，関係地方公共団体の長が統轄代表権者（地方自治法147条）として意見を申し出ることができることはいうまでもない。しかし，市長としては，当該区域の住民の意向あるいは当該市全体としての意思決定手続を経ることが望ましいと考えるのが自然である。そのような手続を経ることを可能にするような意見申出期間が設定されなければならない。

　次に，国土交通大臣は，歴史的風土保存区域について，歴史的風土の保存に関する計画（＝歴史的風土保存計画）を決定しなければならない。この場合にも，関係地方公共団体及び社会資本整備審議会の意見を聴くとともに，関係行政機関の長に協議しなければならないとされ，かつ，関係地方公共団体から意見の申出を受けたときは，遅滞なく回答するものとされている（5条1項）。歴史的風土保存計画に定めなければならない事項は，次のとおりである。

　1　歴史的風土保存区域内における行為の規制その他歴史的風土の維持保存に関する事項
　2　歴史的風土保存区域内においてその歴史的風土の保存に関連して必要とされる施設の整備に関する事項
　3　歴史的風土特別保存地区の指定の基準に関する事項
　4　法11条の規定による土地の買入れに関する事項

歴史的風土保存区域内における行為の届出　　歴史的風土保存区域（次に述べる特別保存地区を除く）内において，次に掲げる行為をしようとする者は，政令で定めるところにより，あらかじめ府県知事にその旨を届け出なければならない。ただし，通常の管理行為，軽易な行為その他の行為で政令で定めるもの及び非常災害のため必要な応急措置として行なう行為については，この限りでない（7条1項）。

　1　建築物その他の工作物の新築，改築又は増築
　2　宅地の造成，土地の開墾その他の土地の形質の変更
　3　木竹の伐採
　4　土石の類の採取

5 以上のほか，歴史的風土の保存に影響を及ぼすおそれのある行為で政令で定めるもの

この届出の意味は，届出を受けた府県知事は，歴史的風土の保存のため，必要があると認めるときは，届出をした者に対し，必要な助言又は勧告をすることができるとされていること（7条2項）にある。なお，国の機関が前記の届出を要する行為をしようとするときは，あらかじめ府県知事にその旨を通知しなければならない（7条3項）。

歴史的風土特別保存地区に関する都市計画と同区域内における行為の制限
歴史的風土保存区域内において歴史的風土保存区域の枢要な部分を構成している地域については，歴史的風土保存計画に基づき，都市計画に歴史的風土特別保存地区を定めることができる（6条1項）。

特別保存区域内においては，次に掲げる行為については，府県知事の許可を受けなければならない。ただし，通常の管理行為，軽易な行為その他の行為で政令で定めるもの，非常災害のため必要な応急措置として行なう行為及び当該特別保存地区に関する都市計画が定められた際すでに着手している行為については，この限りでない（8条1項）。

1 建築物その他の工作物の新築，改築又は増築
2 宅地の造成，土地の開墾その他の土地の形質の変更
3 木竹の伐採
4 土石の類の採取
5 建築物その他の工作物の色彩の変更
6 屋外広告物の表示又は掲出
7 以上のほか，歴史的風土の保存に影響を及ぼす行為で政令で定めるもの

この許可の申請に対して，政令で定める基準に適合しないものについては，許可をしてはならない（8条2項）。この委任を受けて，法施行令6条に詳細な基準が定められている。詳細な審査基準から見て，行政手続法5条1項との関係において，さらなる審査基準の設定をしなくても，違法とはいえないであろう。この許可には，歴史的風土を保存するため必要な限度において，期限その他の条件を付することができる（8条5項）。

府県知事は，歴史的風土の保存のため必要があると認めるときは，違反に対して，その保存のため必要な限度において，原状回復を命じ，又は原状回復が著しく困難である場合に，これに「代わるべき必要な措置」をとるべき旨を命ずることができる。相手方が命令の内容を履行しない場合の代執行は，行政代執行法によるものとされている（8条6項）。簡易代執行ないし略式代執行の規定もある（8条7項）。この命令については，命令するかどうか，また，「代わるべき必要な措置」については，その措置の選択について，広い裁量が認められよう。「代わるべき措置」という立法技術は，景観法17条5項にも引き継がれている。

法8条1項及び2項の政令の制定又は改廃の立案をしようとするときは，国土交通大臣は，あらかじめ社会資本整備審議会の意見を聴かなければならない。

ところで，国の機関が行なう行為については，許可を受けることを要せず，あらかじめ府県知事に協議しなければならないこととされている（8条8項）。都市計画法34条の2第1項にあっては，「協議が成立することをもって，開発許可があったものとみなす」旨が明示されているのに対して，ここにおいては，「協議の成立」を要件としていない。しかし，当然に協議の成立を想定しているとみるべきであろう。協議に応じないとか，協議が成立しない場合の争いの処理方法については，前記都市計画法に関する説明（本章3［1］）を参照されたい。

6 都市の緑地の保全・緑化

［1］ 都市緑地法

都市緑地法の概要　都市緑地法（以下，本款において「法」という）は，もともとは都市緑地保全法という名称の法律であったものが，平成16年の法改正により改称されたものである[207]。都市緑地法に関しては，国土交通

---

[207] しばしば「公園緑地」の用語で，その一環として都市緑地も語られる。たとえば，歴史的展開も含めて，日本公園緑地協会編『平成22年度版　公園緑地マニュアル』（日本公園緑地協会，平成22年）。同書は，都市における緑とオープンスペースを

省より、「都市緑地法運用指針」（平成 16・12・17 国都公緑第 150 号国土交通省都市・地域整備局通知）が発せられている。

　法は、都市公園法その他の都市における自然的環境の整備を目的とする法律と相まって、良好な都市環境の形成を図り、もって健康で文化的な都市生活の確保に寄与することを目的としている（1条参照）。法において、「緑地」とは、樹林地、草地、水辺地、岩石地若しくはその状況がこれらに類する土地が、単独で若しくは一体となって又はこれらに隣接している土地が、これらと一体となって、良好な自然的環境を形成しているものを指している（3条1項）。岩石地は、必ずしも豊富な緑を連想させるわけではないが、良好な自然的環境を形成している限りにおいて、「緑地」に含まれることになる。「単独」のものと「一体」によるものとが、ともに含まれる点にも注意しておきたい。

　法は、まず、市町村は、「都市における緑地の適正な保全及び緑化の推進に関する措置で主として都市計画区域内において講じられるものを総合的かつ計画的に実施するため」の緑地の保全及び緑化の推進に関する基本計画（＝基本計画）を定めることができるとしている（4条1項）。この計画の策定は、市町村の任意とされているのである。

　基本計画には、緑地の保全及び緑化の目標、緑地の保全及び緑化の推進のための施策に関する事項のほか、所定事項のうち「必要なもの」も定める（2項）。「必要なもの」の必要性の判断は市町村に委ねられている。所定事項とは、①地方公共団体の設置に係る都市公園の整備の方針その他保全すべき緑地の確保及び緑化の推進の方針に関する事項（3号イ）、②都市緑地保全地区内の緑地の保全に関する事項（3号ロ）（緑地の保全に関連して必要とされる施設の整備に関する事項（1）、法 17 条の規定による土地の買入れ及び買い入れ

　「公園緑地」と称し、公園緑地の有する意義を挙げて、「豊かな国民生活を実現する上で必要不可欠な社会共通資本」であるとしている。環境保全（人と自然が共生する都市環境の形成に寄与する）、景観形成（生物の多様性を育み、四季の変化が織りなす美しい潤いのある景観を形成する）、防災（災害防止、災害時の避難地、救急救命・救援活動の拠点としての機能により都市の防災性、安全性の確保に寄与する）、及びレクレーション（都市住民の多様な余暇活動や健康増進活動を支える場を提供する）の4点を意義として挙げている（同書 13 頁）。

た土地の管理に関する事項(2)，管理協定に基づく緑地の管理に関する事項(3)，その他特別緑地保全地区内の緑地の保全に関し必要な事項(4))，③緑地保全地域及び特別緑地保全地区以外の区域であって重点的に緑地の保全に配慮を加えるべき地区並びに当該地区における緑地の保全に関する事項(3号ハ)，④緑化地域における緑化の推進に関する事項(3号ニ)，⑤緑化地域以外の区域であって重点的に緑化の推進に配慮を加えるべき地区及び当該地区における緑化の推進に関する事項(3号ホ)である。

基本計画の策定については，他の計画(環境基本計画，景観計画)との調和及び他の計画(市町村の都市計画に関する基本的な方針，近郊緑地保全計画等)との適合が求められる(3項)。その手続については，次のような定めがある。

第一に，あらかじめ，公聴会の開催等住民の意見を反映させるために必要な措置を講ずることとされている(4項)。「公聴会の開催」は，例示であるから，それ以外の方法によることも差し支えない。今日においては，いわゆるパブリックコメント方式も活用されてよい。

第二に，基本計画に都道府県の設置に係る都市公園の整備の方針に係る事項を定める場合においては，あらかじめ，都道府県知事と協議し，その同意を得なければならない(4条5項)。

第三に，基本計画に法4条2項3号ロに掲げる事項を定めようとする場合においては，当該事項について，あらかじめ，都道府県知事と協議し，その同意を得なければならない(4条6項)。

第四に，基本計画を定めたときは，遅滞なく，公表するとともに，知事に通知しなければならない(7項)。

法は，第3章において緑地保全地域等について，第4章において緑化地帯等について，それぞれ定め，そのほか，緑地協定，市民緑地，緑化施設整備計画の認定に関する規定などを置いている。

法において登場する特別の法人として，緑地管理機構がある。すなわち，都道府県知事は，都市における緑地の保全及び緑化の推進を図ることを目的とする一般社団法人若しくは一般財団法人又は特定非営利活動法人であって，法69条各号に掲げる業務を適正かつ確実に行なうことができると認められるものを，その申請により，「緑地管理機構」として指定することができる

(68条1項)。機構の業務は，次のとおりである（69条）。
① 次のいずれかに掲げる業務
　イ　管理協定に基づく緑地の管理を行なうこと
　ロ　市民緑地の設置及び管理を行なうこと
　ハ　主として都市計画区域内の緑地の買取り及び買い取った緑地の保全を行なうこと
　ニ　次に掲げる業務
　　(1) 住民等の利用に供する認定緑化施設の管理を行なうこと
　　(2) 認定事業者の委託に基づき，認定計画に従った緑化施設の整備又は認定緑化施設の管理を行なうこと
　　(3) 認定事業者に対し，認定計画に従った緑化施設の整備に必要な資金のあっせんを行なうこと
② 緑地の保全及び緑化の推進に関する情報又は資料を収集し，及び提供すること
③ 緑地の保全及び緑化の推進に関し必要な助言又は指導を行なうこと
④ 緑地の保全及び緑化の推進に関する調査及び研究を行なうこと
⑤ 以上の各業務に附帯する業務を行なうこと

都道府県知事は，機構に対して，改善に必要な措置をとるべきことの命令（71条），その命令に違反した場合の指定取消し（72条）という監督権限を有している。

　緑地保全地域等　　緑地保全の施策の基本となるのは，都市計画に緑地保全地域を定めることである。都市計画区域又は準都市計画区域内の緑地で，①無秩序な市街地化の防止又は公害若しくは災害の防止のため適正に保全する必要があるもの，②地域住民の健全な生活環境を確保するため適正に保全する必要があるもの，のいずれかに該当する相当規模の土地の区域について，都市計画に緑地保全地域を定めることができる（5条）。緑地保全地域は，一定の土地利用との調和を図りつつ，総体としての緑を保全しようとする地域の制度である（都市緑地法運用指針）。

　緑地保全地域に関する都市計画が定められた場合においては，都道府県（市の区域内にあっては市）（＝都道府県等）は，関係町村及び都道府県都市計

画審議会の意見（市にあっては，市町村都市計画審議会の意見。それが置かれていないときは都道府県都市計画審議会の意見）を聴いて，当該緑地保全地域内の緑地の保全に関する計画（＝緑地保全計画）を定めなければならない（6条1項）。緑地保全計画に定められる事項には，関係市町村及び私人にとっても影響を受ける重要な事項が含まれる。私人にとっては，法8条の規定による行為の規制又は措置の基準（2項1号）が重要である。そのほか，緑地の保全に関連して必要とされる施設の整備に関する事項（2号イ），管理協定に基づく緑地の管理に関する事項（2号ロ），その他緑地保全地域内の緑地の保全に関し必要な事項（2号ハ），のうち必要なものも定めるものとされている（6条2項）。緑地保全計画に関して，環境基本計画との調和，都市計画法6条の2第1項の「都市計画区域の整備，開発及び保全の方針」との適合が求められる（6条3号）。

　都道府県等は，緑地保全地域に関する都市計画が定められたときは，その区域内に，緑地保全地域である旨を表示した標識を設けなければならない（7条1項）。

　緑地保全地域内における行為の届出・禁止等　　緑地保全地域（特別緑地保全地区及び地区計画等緑地保全条例により制限を受ける区域を除く）において一定の行為をしようとする者は，あらかじめ，都道府県知事（市の区域にあっては市長）（＝都道府県知事等）にその旨を届け出なければならない。一定の行為とは，①建築物その他の工作物の新築，改築又は増築，②宅地の造成，土地の開墾，土石の採取，鉱物の掘採その他の土地の形質の変更，③木竹の伐採，④水面の埋立て又は干拓，⑤以上のほか，当該緑地の保全に影響を及ぼすおそれのある行為で政令で定めるもの（法施行令2条により，屋外における土石，廃棄物又は再生資源の堆積と定められている）である（8条1項）[208]。

　都道府県知事等は，緑地保全区域内において，前記の届出を要する行為を

---

[208] 次に掲げる行為については，届出を要しない（9項）。①公益性が特に高いと認められる事業の実施に係る行為のうち，当該緑地の保全に著しい支障を及ぼすおそれがないと認められるものとして政令で定めるもの（政令の定めは，施行令3条），②緑地保全地域に関する都市計画が定められた際すでに着手していた行為，③非常災害のため必要な応急措置として行なう行為，④近郊緑地保全計画に基づいて行なう行為，⑤近畿圏保全法8条4項1号の政令で定める行為に該当する行為，⑥緑地保全計画

しようとする者又はした者に対して,「当該緑地保全のために必要があると認めるときは,その必要な限度において,緑地保全計画で定める基準に従い,当該行為を禁止し,若しくは制限し,又は必要な措置をとるべき旨を命ずることができる」(8条2項)。したがって,緑地保全計画に行為の規制又は措置の基準を定めることは,実質的に立法的行為であるといってよい。8条2項の広範な処分権限の体裁から見て,緑地保全計画において定める基準により,どこまで裁量を拘束できるかが課題である。

なお,「禁止」とは,当該行為を行なうことを全面的に拒否する処分,すなわち全面的に不作為義務を課する処分である。「制限」とは,当該行為の一部について拒否する処分である。「必要な措置」は,当該行為を行なうことは許容するが付随して一定の義務を課する場合などである。届出をせずに工作物の設置等の行為に着手した場合に除却を命ずることも含まれる(以上,運用指針による)。ただし,法による行為の制限は,緑地の現状維持を目指すものであるから,必要な措置を命ずる場合において,現状以上の緑地の確保を求めることは望ましくないとされる(運用指針)。

第1項の届出をした者に対して行なう第2項の処分は,届出があった日から起算して30日以内に限りすることができ(8条3項)(ただし,第4項により合理的な理由があるときは,その理由の存続する間,期間を延長することができる),届出をした者は,届出をした日から起算して30日を経過した後でなければ,当該届出に係る行為に着手してはならない(5項)(ただし,第6項により,知事は,緑地保全に支障を及ぼすおそれがないと認めるときは,期間を短縮することができる)。

法8条2項の命令に違反した者がある場合においては,「その者又はその者から当該土地,建築物その他の工作物若しくは物件についての権利を承継した者」に対して,相当の期限を定めて,「当該緑地の保全に関する障害を

に定められた緑地の保全に関連して必要とされる施設の整備に関する事項に従って行なう行為,⑦管理協定において定められた当該管理協定区域内の緑地の保全に関連して必要とされる施設の整備に関する事項に従って行なう行為,⑧市民緑地契約において定められた当該市民緑地内の緑地の保全に関連して必要とされる施設の整備に関する事項に従って行なう行為,⑨通常の管理行為,軽易な行為その他の行為で政令で定めるもの(政令の定めは,施行令4条)。

排除するために必要な限度において，その原状回復を命じ，又は原状回復が著しく困難である場合に，これに代わるべき必要な措置をとるべき旨を命ずることができる」（9条1項）。「権利を承継した者」も対象とされているので，権利の移転があった場合においても，法8条2項の命令の効果は，対物的に存続することを意味している。

この処分を受けたため損失を受けた者がある場合においては，その損失を受けた者に対して，通常生ずべき損失を補償することとされている（10条1項本文）。ただし，次のいずれかに該当する場合における当該処分に係る行為についてはこの限りでない（10条1項ただし書）。

① 法8条1項の届出に係る行為をするについて，他に，行政庁の許可その他の処分を受けるべきことを定めている法律（法律に基づく命令及び条例を含むものとし，当該許可その他の処分を受けることができないため損失を受けた者に対して，その損失を補償すべきことを定めているものを除く）がある場合において，当該許可その他の処分の申請が却下されたとき，又は却下されるべき場合に該当するとき。

② 法8条1項の届出に係る行為が次に掲げるものであると認められるとき。

　イ　都市計画法による開発許可を受けた開発行為により確保された緑地その他これに準ずるものとして政令で定める緑地の保全に支障を及ぼす行為

　ロ　イに掲げるもののほか，社会通念上緑地保全地域に関する都市計画が定められた趣旨に著しく反する行為

この規定において，いくつかの問題点がある。

第一に，①の「却下されるべき場合」であるかどうかについて，当該許可等についての処分庁の見解を徴することが要件になるのか，損失補償の要否を判断する都道府県等が独自に判断するのかという点である。理論上は前者によるべきであろう。

第二に，②イの「都市計画が定められた趣旨に著しく反する」という程度の判断の難しさがあると同時に，そのような程度問題によって，損失補償がゼロになるかどうかが左右されることに素朴な疑問がある。オール・オア・

ナッシングの発想でよいのであろうか。

　なお，国の機関又は地方公共団体（港湾法に規定する港務局を含む）が行なう行為については，届出をすることを要しないとされ，その行為をしようとするときは，あらかじめ，都道府県知事等にその旨を通知しなければならないとされている（8条7項）。知事等は，この通知があった場合において，必要があると認めるときは，その必要な限度において，当該国の機関又は地方公共団体に対し，緑地保全計画で定める基準に従い，当該緑地の保全のためとるべき措置について協議を求めることができる（8条8項）。したがって，国の機関又は地方公共団体の行為については，私人の場合の「届出」及び「命令」に代えて，「通知」及び「協議」というソフトな手続がとられることになる。「協議を求めることができる」という文言のみからは，相手方の協議に応ずべき義務を定めていると断定できないが，私人の場合には届出に基づく禁止や命令等の行政処分をなすところを，国の機関又は地方公共団体に対しては通知に基づく協議という法形式によることにしているのであるから，相手方の協議に応ずる義務を前提にしているものと解される。協議を行なっている間は，通知をした国又は地方公共団体は，条理上，当該通知に係る行為に着手してはならないと解すべきである。

　協議の相手方となる国又は地方公共団体は，誠実に協議に応じなければならない。協議に応じない場合に，法的に争う方法があるのかどうかが問題になる。機関訴訟であるとすれば，特別な規定がない限り訴訟を提起することはできないことになる（行政事件訴訟法42条）。この協議は，地方自治法上の関与（245条2号）にも該当しないように見える。

　この協議が調わなかった場合のことについては定めがない。誠実に協議を行なっても当該緑地の保全のためとるべき措置の内容に関して協議が調わない場合には，どのように処理されるかが問題になる。国の機関や地方公共団体といえども知事等の計画権限を侵すことはできないという考え方をとると，法8条1項各号の行為を行なうことができないという解釈になろう。他方，協議による合意の形成があった場合にのみ，知事等の欲する緑地の保全のための措置がなされるのであって，それ以外は，あくまで国又は地方公共団体の自主的判断に委ねられているという考え方もあり得る（国又は地方公共団

体に関する性善説)。ここでは，知事等の計画権限を重視して，前者の考え方をとっておきたい。地方自治法251条の自治紛争処理委員による審査の対象になるかのように見えるが，国との協議に関しては，ストレートに当てはまるようには見えない。この種の協議が調わない場合の処理に関しては，地方自治法251条以下又は個別法において適切な仕組みを用意する必要があると思われる。

　知事等による協議の申入れを無視して，国又は地方公共団体が法8条1項各号の行為をしようとしている場合，又は行為を開始した場合に，知事等がとり得る法的手段があるのかどうかが問題になる。協議に応ずべき義務があり，協議に応ずることなく各行為に及ぶことは違法であるとしても，それを阻止する法的手段があるか否かは別問題である。宝塚市パチンコ事件の最高裁判例に従えば，民事訴訟によることはできないとされよう。また，行政訴訟も用意されていないといわざるを得ない。

　過失なくて当該原状回復等を命ずべき者を確知することができないときは，知事等は，その者の負担において，当該原状回復等を自ら行ない，又はその命じた者又は委任した者にこれを行なわせることができる（9条2項前段）。略式代執行又は簡易代執行と呼ぶことができる。これは，行政代執行法による代執行にあっては義務者が確知できていることを前提にする手続であるので，確知できない場合にも代執行を可能にするための規定である。したがって，確知できる場合において行政代執行法による行政代執行を否定する趣旨を含むものではない。

　報告の徴収及び立入検査についての定めも置かれている（11条1項，2項）。

　以上のような緑地保全地域の制度ではあるが，これまで実績がなく，都市近郊の緑の保全として全く機能していないという[209]。後述の特別緑地保全地区制度の場合に用意されている買入れ申出制度がないことが一因である可能性があるとして，行為規制に伴う補償の仕組みとしての買取り又は実質的補償として機能する仕組みの必要性が指摘されている[210]。

　特別緑地保全地区　　都市計画区域内の緑地で，①無秩序な市街地化の防

209　生田・入門講義306頁。
210　生田・入門講義308頁。

止，公害又は災害の防止等のため必要な遮断地帯，緩衝地帯又は避難地帯として適切な位置，規模及び形態を有するもの，②神社，寺院等の建造物，遺跡等と一体となって，又は伝承若しくは風俗慣習と結びついて当該地域において伝統的又は文化的意義を有するもの，③風致又は景観が優れていること又は動植物の生息地又は生育地として適正に保全する必要があることのいずれかに該当し，かつ，当該地域の住民の健全な生活環境を確保するため必要なもの，のいずれかに該当する土地の区域については，都市計画に特別緑地保全地区を定めることができる（12条1項）。それは，都市計画法8条に規定する地域地区である。前記①にいう「遮断地帯」について，「既成市街地若しくは市街化区域の周辺又は連担のおそれが強い二つの市街地の中間部に存在するようなもので，原則として徒歩による日常生活圏を分離するに足りる程度の規模及び形態を有するもの」とする指針が示されている[211]。

　特別緑地保全地区内においては，一定の行為（8条1項の行為と同じ）は，都道府県知事等の許可を受けなければしてはならない（14条1項）。緑地保全地域内における行為について，法8条1項は届出を義務づけているところ，特別緑地保全地区内における行為に関しては「許可」制を採用して，より厳しい規制を加えている。「現状凍結的規制」の原則が採用されているのである[212]。ただし，公益性が特に高いと認められる事業の実施に係る行為のうち当該緑地の保全上著しい支障を及ぼすおそれがないと認められるもので政令で定めるもの，当該特別緑地保全地区に係る都市計画が定められた際すでに着手している行為又は非常災害のため必要な応急措置として行なう行為については，この限りでない（14条1項ただし書）。

　許可の申請があった場合において，当該申請に係る行為が当該緑地の保全上支障があると認めるときは，知事等は許可をしてはならない（14条2項）。これは，申請を拒否すべきことを定めるものであるが，都市緑地法の目的からして，当然のことを規定したもののように思われる。知事等は，申請があった場合において，当該緑地の保全のため必要があると認めるときは，許可

---

[211] 国土交通省都市・地域整備局通知「都市緑地法運用指針」（平成16・12・17国都公緑第50号）四（2）①イ。

[212] 生田・入門講義306頁，運用指針。

に期限その他必要な条件を付することができる（3項）。

　許可の審査基準が必要となる（行政手続法5条1項）。国土交通省都市・地域整備局通知「都市緑地法運用指針」（平成16・12・17）は、詳細な許可基準を掲げている。この許可基準は、国土交通省の指針にすぎないので、許可権者が、これと異なる基準を設定したとしても違法となるものではないし、この基準をもって適切と考えて、この指針により処理するとする方針を明示するならば、この指針の内容が審査基準となる。

　一定の場合に、通知又は届出の義務がある。第一に、特別緑地保全地区内において法14条1項の政令で定める行為で同項各号に掲げるものをしようとする者は、あらかじめ、知事等にその旨を通知しなければならない（4項）。第二に、特別緑地保全地区に関する都市計画が定められた際すでに当該行為に着手している者は、計画が定められた日から起算して30日以内に、知事にその旨を届け出なければならない（5項）。第三に、特別緑地保全地区内において非常災害のために必要な応急措置として所定行為をした者は、その行為をした日から起算して14日以内に、知事等にその旨を届け出なければならない（6項）。これらの通知、届出があった場合において、知事等は、当該緑地の保全のため必要があると認めるときは、通知又は届出をした者に対して、必要な助言又は勧告をすることができる。助言又は勧告というソフトな手法が採用されているのである。

　法14条1項の規定に違反した者又は許可に付された条件に違反した者がある場合について、原状回復命令等に関する法9条の規定が準用される（15条）。また、法14条の許可を受けることができないため損失を受けた者がある場合の損失補償に関しても、法10条の規定が準用されている（16条）。

　特別緑地保全地区においては、建築物の建築等の行為が現状凍結的に制限され、許可制が採用されていることとの関係で、許可を受けられない場合の土地の買入れに関する規定が用意されている。すなわち、都道府県等は、特別緑地保全地区内の土地で当該緑地の保全上必要があると認めるものについて、その所有者から法14条1項の許可を受けることができないためその土地の利用に著しい支障を来すこととなることにより当該土地を買い入れるべき旨の申出があった場合においては、知事等が買入れを希望する市町村又は

緑地管理機構を買入れの相手方として定めて（17条2項），それらによる買入れがなされる場合（17条3項）を除き，買い入れるものとされている（17条1項）。買入れは，時価による（17条4項）。このような買入制度の存在によって，都道府県等は，最終的な買入れを念頭において，特別緑地保全地区を定めることになるので，十分な財政措置の裏付けを得られないときは指定に踏み切れない事情があるとされている[213]。

　国の機関又は地方公共団体（港務局を含む）が行なう行為については，許可を受けることを要しないが，その代わりに，その行為をしようとするときは，あらかじめ，都道府県知事等に協議しなければならない（14条8項）。許可制の場合に比べて，協議当事者による柔軟な対応が可能であるというメリットもあろう。この協議は，法8条8項の場合と反対に，協議の申入れをするのは，所定の行為をしようとする国の機関又は地方公共団体である。知事等には協議に応ずべき義務がある。そして，協議の申入れを行なう国の機関又は地方公共団体は，財産権の主体としての行動をとろうとしているのであるから，協議に応ずべき義務の確認の訴え等の訴えを適法に提起することができると解すべきである。協議が調わない場合については，法14条1項各号の行為をすることができないと解すべきである。

　地区計画等区域内における緑地の保全（条例による規制）　　市町村は，地区計画等の区域[214]内において，条例で，当該区域内における法14条1項各号に掲げる行為について，市町村長の許可を受けなければならないこととすることができる（20条1項）。この条例は，一般に「地区計画等緑地保全条例」

---

[213] 生田・入門講義308頁。そこでは，財政上の課題を克服するために，たとえば緑地上の容積率の買取り・移転制度が考えられるとしている。

[214] 都市計画法12条の5第2項3号に規定する地区整備計画，密集市街地における防災街区の整備の促進に関する法律32条2項3号に規定する防災街区整備地区整備計画若しくは集落地域整備法5条3項に規定する集落地区整備計画において現に存する樹林地，草地等（緑地であるものに限る）で良好な居住環境を確保するため必要なものの保全に関する事項が定められている区域又は歴史的風致の維持及び向上に関する法律31条2項4号に規定する歴史的風致維持向上地区整備計画において現に存する樹林地，草地その他の緑地で歴史的風致の維持及び向上を図るとともに，良好な居住環境を確保するために必要なものの保全に関する事項が定められている区域に限り，特別緑地保全地区を除く。

と呼ばれている。他の事項と併せた条例に規定を置くことが妨げられるわけではない。横浜市は、「横浜市地区計画の区域内における建築物等の制限に関する条例」において、「建築基準法に基づく建築物の用途等に関する制限」及び「景観法に基づく建築物等の形態意匠に関する制限」と並んで、「都市緑地法に基づく緑地の保全のための制限」の規定を設けている（16条〜18条）[215]。

地区計画等緑地保全条例は、地区計画等において地区整備計画等に現に存する樹林地、草地等で良好な居住環境を確保するために必要なものの保全に関する事項が定められている場合に、市町村が条例を定めることにより特別緑地保全地区と同等の行為規制を行なうことを可能にする制度である[216]。ちなみに、平成24年3月31日現在においては、前記の横浜市の条例に基づく2地区にとどまっており、全国における活用状況の見込みは不透明である。

地区計画等緑地保全条例には、併せて、市町村長が当該樹林地、草地等の保全のために必要があると認めるときは、許可に期限その他必要な条件を付することができる旨を定めることができる（20条2項）。この趣旨は、条例に定める場合に、法14条3項と同様に包括的に「市町村長は、許可の申請があった場合において、当該樹林地、草地等の保全のために必要があると認めるときは、許可に期限その他必要な条件を付することができる」と定めることで足りる趣旨なのであろうか[217]。

この条例の対象となる緑地は、個々の状況に応じ、市町村が判断して定めるものであるが、たとえば、比較的小規模な社寺林、屋敷林等が考えられるとされる（運用指針）。条例による許可制の範囲の拡大といえる。なお、都市計画全体の見地から現状凍結的に保全することが必要な緑地については、地区計画等緑地保全条例によるべきではなく、特別緑地保全地区の指定等により緑地の保全を図るべきであるとするのが国土交通省の見解である（運用

---

215 なお、この条例には、「都市緑地法に基づく建築物の緑化率に関する制限」についての規定も置かれている（19条〜23条）。

216 日本公園緑地協会編『平成22年度版　公園緑地マニュアル』（日本公園緑地協会、平成22年）266頁。

217 横浜市は、そのような解釈に基づいて、本文に紹介した条例に同様の規定を置いている（16条3項）。

指針)。

　法は，地区計画等緑地保全条例による制限のあり方について定めている。すなわち，当該区域内の土地利用の状況等を考慮し，良好な居住環境の確保(第1項のうちの歴史的風致維持向上地区整備計画区域に係る条例による制限にあっては，歴史的風致の維持及び向上並びに良好な居住環境の確保)及び都市における緑地の適正な保全を図るため，合理的に必要と認められる限度において行なうものとされている(20条3項)。「合理的に必要と認められる限度」とは，「必要最小限度」よりは緩やかな言葉のニュアンスであるものの，その趣旨は，必要最小限度に近いものと思われる。比例原則を示す規律である。

　地区計画等緑地保全条例には，原状回復等の命令並びに報告の徴収及び立入検査等をすることができる旨を定めることができる(22条)。この授権規定がなくても，このような定めをすることができると解されるが，念のために授権しているものである。損失補償に関して，準用規定が置かれている(23条)。

　管理協定　地方公共団体又は緑地管理機構は，緑地保全地域又は特別緑地保全地区内の緑地の保全のため必要があると認めるときは，当該地域内又は地区内の土地又は木竹の所有者又は使用及び収益を目的とする権利(臨時設備その他一時使用のため設定されたことが明らかなものを除く)を有する者(＝土地の所有者等)と以下の事項を定めた「管理協定」を締結して，当該土地の区域内の緑地の管理を行なうことができる(24条1項)。

　① 管理協定の目的となる土地の区域(＝管理協定区域)
　② 管理協定区域内の緑地の管理の方法に関する事項
　③ 管理協定区域内の緑地の保全に関連して必要とされる施設の整備が必要な場合にあっては，当該施設の整備に関する事項
　④ 管理協定の有効期間
　⑤ 管理協定に違反した場合の措置

　地方公共団体又は緑地管理機構は，これらのうちの③に掲げる事項を定めようとする場合は，当該事項について，あらかじめ都道府県知事(当該土地が指定都市の区域内に存する場合にあっては当該指定都市の長，当該土地が中核市の区域内に存する場合にあっては当該中核市の長)と協議し，その同意を得

なければならない（24条4項本文）[218]。また，緑地管理機構が管理協定を締結しようとするときは，あらかじめ，都道府県知事の認可を受けなければならない（24条5項）。この場合の認可は，講学上の認可であると解される。認可の申請があった場合には，申請手続が法令に違反しないこと，管理協定の内容が法24条3項各号に掲げる基準のいずれにも適合するものであること，のいずれにも該当するときは，認可しなければならない（26条）。

管理協定については，管理協定の区域内の土地の所有者等の全員の合意がなければならない（24条2項）。

管理協定の内容は，次の基準のいずれにも適合するものでなければならない（24条3項）。

① 緑地保全地域内の緑地に係る管理協定については，基本計画及び緑地保全計画との調和が保たれ，かつ，緑地保全計画に「管理協定に基づく緑地の管理に関する事項」（6条2項2号ロ）が定められている場合にあっては当該事項に従って管理を行なうものであること。

② 特別緑地保全地区内の緑地に係る管理協定については，基本計画との調和が保たれ，かつ，基本計画に管理協定に基づく緑地の管理に関する事項（4条2項3号ロ（3））が定められている場合にあっては当該事項に従って管理を行なうものであること。

③ 土地及び木竹の利用を不当に制限するものでないこと。

④ 法24条1項各号に掲げる事項について国土交通省令で定める基準に適合するものであること。

管理協定については，事前に公告，公衆の縦覧，関係人の意見書の提出の手続（25条）及び事後の公告，公衆の縦覧，管理協定区域内であることの明示の手続（27条）がとられる。公告のあった管理協定は，その公告のあった後において当該管理協定区域内の土地の所有者等となった者に対しても，そ

---

[218] ただし，都道府県が当該都道府県の区域（指定都市の区域及び中核市の区域を除く）内の土地について，指定都市が当該指定都市の区域内の土地について，又は中核市が当該中核市の区域内の土地について管理協定を締結する場合は，この限りでない（24条4項ただし書）。地方公共団体が当該同一の地方公共団体の長と協議する手続をとるまでもないとする考え方によるものである。

の効力があるものとされている（29条）。

以上のような管理協定の締結は，国土交通省の調査によれば，平成23年度末時点において，松戸市が2地区について締結したものにとどまっている。

緑化地域　都市計画区域内の用途地域が定められている土地の区域のうち，良好な都市環境の形成に必要な緑地が不足し，建築物の敷地内において緑化を推進する必要がある区域については，都市計画に，緑化地域を定めることができる（34条1項）。緑化地域に関する都市計画には，都市計画法8条3項1号及び3号に掲げる事項のほか，建築物の緑化施設（植栽，花壇その他の緑化のための施設及び敷地内の保全された樹木並びにこれらに附属して設けられる園路，土留その他の施設（当該建築物の空地，屋上その他の屋外に設けられたものに限る）をいう）の面積の敷地面積に対する割合（＝緑化率）の最低限度を定めるものとされている（34条2項）。この緑化率の最低限度の定めに緑化地域制度の核心がある。緑化率の最低限度を定めるについて，次の数値のいずれをも超えてはならないという規制がある（34条3項）。

① 10分の2.5
② 1から建ぺい率の最高限度（高層住居誘導地区，高度利用地区又は都市再生特別地区の区域内にあっては，これらの都市計画において定められた建築物の建ぺい率の最高限度）を減じた数値から10分の1を減じた数値

この規制は，極端に高い水準の緑化率の最低限度を設定することは，あまりに過大な負担となることに鑑みたものである。しかし，法律により規制するほどのことであるのかについては，異論もあろう。

緑化地域における規制の要点は，緑化率を遵守しなければならないことにある。すなわち，緑化地域内においては，敷地面積が政令で定める規模（法施行令9条により1,000平方メートル。土地利用の状況により，建築物の敷地内において緑化を推進することが特に必要であると認められるときは，市町村は，条例で，区域を限り，300平方メートル以上1,000平方メートル未満の範囲内で，その規模を別に定めることができる）以上の建築物の新築又は増築（当該緑化地域に関する都市計画が定められた際すでに着手していた行為及び政令で定める範囲内の増築を除く）をしようとする者は，当該建築物の緑化率を，緑化地

域に関する都市計画において定められた建築物の緑化率の最低限度以上としなければならない。当該新築又は増築した建築物の維持保全をする者についても，同様とされている（35条1項）。高度利用地区，特定街区，都市再生特別地区又は壁面の位置の制限が定められている景観地区（＝高度利用地区等）の区域内において建築物の新築又は増築をしようとする者は，当該建築物の緑化率を，緑化地域に関する都市計画において定められた建築物の緑化率の最低限度以上とし，かつ，次の数値のいずれをも超えない範囲内で市町村長が定める建築物の緑化率の最低限度以上としなければならない（35条2項）。

① 10分の2.5
② 1から高度利用地区等に関する都市計画において定められた壁面の位置の制限に適合して建築物を建築することができる土地の面積の敷地面積に対する割合の最高限度を減じた数値から10分の1を減じた数値

ところで，これらの緑化率に関する規定は，次のいずれかに該当する建築物については適用しないこととされている（35条3項）。

① その敷地の周囲に広い緑地を有する建築物であって，良好な都市環境の形成に支障を及ぼすおそれがないと認めて市町村長が許可したもの
② 学校その他の建築物であって，その用途によってやむを得ないと認めて市町村長が許可したもの
③ その敷地の全部又は一部ががけ地である建築物その他の建築物であって，その敷地の状況によってやむを得ないと認めて市町村長が許可したもの

そして，市町村長は，良好な都市環境を形成するため必要があると認めるときは，許可に必要な条件を付することができる（35条4項）。

この例外許可に関する規定において，要件について広い裁量が認められるといわざるを得ないし，「条件」を付すかどうか，付す場合にどのような内容にするかについても，広い裁量が認められるといわざるを得ない。行政手続法との関係において，審査基準を設けなければならないことは当然である

が，審査自体を市町村長の専権として，諮問機関の関与等を求めないでよいかどうかについては検討を要すると思われる。

緑化率による規制については，以上のほか法35条6項，7項及び9項によるものがある。

市町村長は，法35条の規定又は同条4項の規定により許可に付された条件に違反している事実があると認めるときは，当該建築物の新築若しくは増築又は維持保全をする者に対して，相当の期限を定めて，その違反を是正するために必要な措置をとるべき旨を命ずることができる（37条1項）。国又は地方公共団体（港務局を含む）の建築物については，この命令に代えて，違反する旨の通知及び必要な措置をとるべき旨を要請しなければならない（37条2項）。

地区計画等緑化率条例による緑化率規制　市町村は，地区計画等の区域内において，当該地区計画等の内容として定められた建築物の緑化率の最低限度を，条例で，建築物の新築又は増築及び当該新築又は増築をした建築物の維持保全に関する制限として定めることができる（39条1項）。この条例（＝地区計画等緑化率条例）による制限は，建築物の利用上の必要性，当該区域内における土地利用の状況等を考慮し，緑化の推進による良好な都市環境の形成を図るため，合理的に必要と認められる限度において，政令で定める基準に従い行なうものとされている（39条2項）。法施行令13条は，地区計画等緑化率条例による建築物の緑化率の最低限度は，10分の2.5を超えないものであることを求めるほか（13条1項），所定の制限の適用除外に関する規定を設けることを求めている（13条2項）[219]。この制度は，徐々に活用されつつある[220]。

緑地協定　緑地協定は，建築協定と同様に，私人間において締結される協定である。都市計画区域又は準都市計画区域における相当規模の一団の土

219　①敷地面積が一定規模未満の建築物の新築及び増築についての適用の除外，②地区計画等緑化率条例の施行の日において既に着手していた行為についての適用の除外，③増築後の建築物の床面積の合計が地区計画等緑化率条例の施行の日における当該建築物の床面積の合計の1.2倍を超えない建築物の増築についての適用の除外，④法35条3項の規定の例による同項の建築物についての適用の除外。

220　平成23年度末の状況については，国土交通省の都市緑化データベースを参照。

地又は道路，河川等に隣接する相当の区間にわたる土地の所有者及び建築物その他の工作物の所有を目的とする地上権又は賃借権を有する者（＝土地所有者等）は，地域の良好な環境を確保するため，その全員の合意により，当該土地の区域における緑地の保全又は緑化に関する協定（＝緑地協定）を締結することができる。ただし，当該土地の区域内に借地権等の目的となっている土地がある場合においては，当該借地権等の目的となっている土地の所有者以外の土地所有者等の全員の合意があれば足りる（45条1項）。

なお，いわゆる一人協定も許されることは，建築協定の場合と同じである。同じく認可制が採用され（54条1項），その認可を受けた緑地協定は，認可の日から起算して3年以内において当該緑地協定区域内の土地に二以上の土地所有者等が存することとなった時から，認可の公告があった通常の緑地協定と同一の効力を有する（54条4項）。この反対解釈として，3年を経過した後においては，通常の認可申請により改めて通常の緑地協定の認可を受けなければならないことを意味する。

緑地協定において定めなければならない事項は，緑地協定の目的となる土地の区域（＝緑地協定区域），緑地の保全又は緑化に関する事項のうち必要なもの（保全又は植栽する樹木等の種類，樹木等を保全又は植栽する場所，保全又は設置する垣又はさくの構造，保全又は植栽する樹木等の管理に関する事項，その他緑地の保全又は緑化に関する事項），緑地協定の有効期間，緑地協定に違反した場合の措置，である（45条2項）。都市計画区域又は準都市計画区域内の土地のうち，緑地協定区域に隣接した土地であって，緑地協定区域の一部とすることにより地域の良好な環境の確保に資するものとして緑地協定区域の土地となることを当該緑地協定区域内の都市所有者等が希望するもの（＝緑地協定区域隣接地）を定めることができる（45条3項）。

以上のように，緑地協定には，緑地保全型の協定と緑化推進型の協定とがある。

緑地協定は，市町村長の認可を受けなければならない（45条4項）。認可申請がなされた場合は，その旨の公告，関係人への縦覧がなされ，関係人は，意見書を提出することができる。認可申請があった場合に，①申請手続が法令に違反していないこと，②土地の利用を不当に制限するものでないこと，

③法45条2項各号に掲げる事項について国土交通省令で定める基準に適合するものであること，④緑地協定区域隣接地を定める場合には，その区域の境界が明確に定められていることその他の緑地協定区域隣接地について国土交通省令で定める基準に適合するものであること，に該当するときは，認可しなければならない。

　緑地協定の変更には，緑地協定区域内の土地所有者等の全員の合意をもってその旨を定め，市町村長の認可を受けなければならない（48条）。また，緑地協定区域内の土地所有者等は，認可を受けた緑地協定を廃止しようとする場合においては，その過半数の合意[221]をもってその旨を定め，市町村長の認可を受けなければならない（52条1項）。過半数の者が廃止を希望するような状態においては，もはや維持することが困難であるという考え方によるものであろう。市町村長は，廃止を認可したときは，その旨を公告しなければならない（52条2項）。認可廃止要件の過半数の母数となる「土地の所有者等」は，廃止の合意をしようとする時点における土地所有者等を指すと解すべきである（大阪地裁平成21・8・20判例集未登載）[222]。

　市民緑地契約　地方公共団体又は緑地管理機構は，良好な都市環境の形成を図るため，都市計画区域又は準都市計画区域内における政令で定める規模以上の土地又は人口地盤，建築物その他の工作物の所有者の申出に基づき，当該土地等の所有者と「市民緑地契約」を締結することができる。その契約の特色は，契約の当事者である地方公共団体又は緑地管理機構が，当該土地等に住民の利用に供する緑地又は緑化施設（植栽，花壇その他の緑化のための施設及びこれに附属して設けられる園路，土留その他の施設）を設置し，これらの緑地又は緑化施設（＝市民緑地）を管理することにある。「契約による所有と管理との分離・分担のシステム」である。

　市民緑地契約に定める事項は，次のとおりである（以上，55条1項）。

　①　市民緑地契約の目的となる土地等の区域

　②　次に掲げる事項のうち必要なもの

---

[221] 認可処分時に過半数の合意を得られていなかったとして認可処分が取り消された事例がある（大阪地裁平成20・1・30判例タイムズ1274号94頁）。

[222] 碓井・行政契約精義473頁以下を参照。

イ　園路，広場その他の市民緑地を利用する住民の利便のため必要な施設の設備に関する事項
　　　ロ　市民緑地内の緑地の保全に関連して必要とされる施設の整備に関する事項
　　　ハ　緑化施設の整備に関する事項
　　③　市民緑地の管理の方法に関する事項
　　④　市民緑地の管理期間[223]
　　⑤　市民緑地契約に違反した場合の措置
　市民緑地契約の締結は，土地等の所有者の申出によるのが原則であるが，緑地保全地域，特別緑地保全地区若しくは法4条2項3号ハの地区内の緑地の保全又は緑化地域若しくは同号ホの地区内の緑化の推進のために必要があると認めるときは，申出がない場合であっても，土地等の所有者と市民緑地契約を締結することができる（55条2項）。市民緑地契約の内容は，基本計画（緑地保全地域内にあっては，基本計画及び緑地保全計画）との調和が保たれたものでなければならない（55条3項）。また，地方公共団体は，一定の区域内の土地について市民緑地契約を締結する場合には，所定の機関との事前協議とその同意を要する（55条5項）。市民緑地契約を締結したときは，その旨を公告し，かつ，市民緑地の区域である旨を当該区域内に明示しなければならない（55条7項）。

　緑化施設整備計画の認定　　緑化地域又は法4条2項3号ホの地区内の建築物の敷地内において緑化施設を整備しようとする者は，緑化施設の整備に関する計画（＝緑化施設整備計画）を作成し，市町村長の認定を申請することができる。緑化施設整備計画には，緑化施設を整備する建築物の敷地の位置及び面積，整備する緑化施設の概要・規模及び配置，緑化施設の整備の実施期間，緑化施設の整備の資金計画，その他省令で定める事項を定める（60条）。計画が次の基準に適合すると認めるときは，認定することができる（61条1項）。
　　①　緑化施設を整備する建築物の敷地面積が省令で定める規模以上であ

---

[223]　市民緑地の管理期間は，1年以上で省令で定める期間（施行規則16条により5年）以上でなければならない（55条4項）。

ること。
② 緑化施設（植栽，花壇その他の省令で定める部分に限る）の面積の建築物の敷地面積に対する割合が省令で定める割合以上であること。
③ 緑化施設整備計画の内容が基本計画と調和が保たれ，かつ，良好な都市環境の形成に貢献するものであること。
④ 緑化施設の整備の実施期間が緑化施設整備計画を確実に遂行するため適切なものであること。
⑤ 緑化施設整備計画を遂行するために必要な経済的基礎及びこれを的確に遂行するために必要なその他の能力が十分であること。

市町村長は，認定事業者に対して，次のような監督権限を有している。

第一に，認定計画に係る緑化施設の整備の状況について報告を求めることができる（63条）。

第二に，認定計画に従って緑化施設の整備を行なっていないと認めるときは，相当な期間を定めて，その改善に必要な措置を命ずることができる（64条）。

第三に，認定事業者が前記の処分に違反したときは，緑化施設整備計画の認定を取り消すことができる（65条）。

地方公共団体又は緑地管理機構は，認定事業者との契約に基づき，認定計画に従って整備された緑化施設のうち住民等の利用に供するものを管理することができる（66条）。

[2] 緑地保全・緑化推進を目的とする条例

都市緑地法との関係　地方公共団体には，緑地保全・緑化推進に関する条例を制定しているところが多い。

都市緑地法との連動関係の強い条例の例として，「福岡市緑地保全と緑化推進に関する条例」を挙げてみよう。同法4条1項に規定する基本計画を策定しなければならないこと（6条），市長は法45条1項の定める緑地協定の締結が促進されるよう積極的に指導しなければならないこと（13条1項），指導に当たっては同法45条2項に規定する緑地協定に定めるべき事項についての指導基準を定めるものとすること（13条2項），樹林地を保全して良

好な環境を確保するとともに市民の利用に供するため同法55条に規定する市民緑地を設置すること（17条1項）を定め，市民緑地に関する詳細な規定を置いている（18条〜25条）。

ただし，この条例は，単に都市緑地法の実施のためのものにとどまっているわけではない。「緑地保全林地区」の指定制度（7条1項）は，同法とは独立の制度である。もっとも，あらかじめ当該樹林地の所有者の承諾を得なければならないこと（7条2項），所在地・範囲等の公告（7条3項），標識の設置（7条4項），一定の行為の制限と許可制（8条1項〜3項），原状回復命令（9条），損失の補償（10条），土地の買入れ（11条），指定の解除（12条）など，同法に見られる手法を借用しているともいえる。ソフトな事項として，保全林内の土地の所有者は，当該土地に係る権利を移転しようとする場合においては，あらかじめ，市長と協議しなければならないこととしている（8条4項）。

地区指定等及び助成措置　地区指定は，この分野の条例における大きな柱であるといってよい。国土交通省の調査（都市緑化データベース）によれば，平成23年度末現在で，36都府県498都市で702の条例等が制定され，それらのうち地区指定のあるものは，緑地保全に関する条例等に基づく地区指定は164条例等で4,198箇所あり，緑化に関する条例等に基づく地区指定が14の条例等で593箇所あるという。

そして，条例は，都市緑地法と連動させる内容のものもあるが，独自の内容を含める条例も少なくない。もちろん，都市緑地法は，そのような条例の存在自体を否定する趣旨を含むものではない。

一例として，「小金井市緑地保全及び緑化推進条例」は，「保全緑地」の指定制度を中核としている。市長は，緑地として保全することが必要な土地又は樹木の集団若しくは樹木について，当該緑地の所有者又は占有者若しくは管理者（＝所有者等）からの申請に基づき，所定の区分（環境保全緑地・土地又は樹木の集団，保存樹木，保存生け垣）により，保全する緑地，すなわち保全緑地として指定することができる（6条）。市長は，保全緑地として指定したときは，当該保全緑地の所有者等と緑地保全協定を締結しなければならない（9条）。指定された保全緑地の所有者等は，所定の行為（宅地の造成その

他工作物の新築等）をしようとする場合には，速やかに市長にその旨を届け出なければならない（12条1項）。市長は，指定した保全緑地が，①所有者等から解除の申出があったとき，②市長が保全緑地の要件を欠くと認めたとき，③市長が公益上やむを得ないと認めたとき，のいずれかに該当するときは，当該保全緑地の全部又は一部の指定を解除することができる（13条）。

所有者等に対する見返り措置として，奨励金が用意されている。すなわち，市長は，指定した保全緑地の所有者等に対し，奨励金の交付等必要な助成措置を講ずることができる（16条）。そして，単なる助成措置の授権規定のみではなく，13条の規定により保全緑地の指定を解除したときは，当該所有者等に対する助成を取り消すこと（17条1項），所定のいずれかの事由[224]に該当する場合には，すでに助成した奨励金等の金額に相当する額の全部又は一部の納入若しくは返還を命ずることができることを定めている（17条2項）。

「熊本市緑地の保全及び緑化の推進に関する条例」も，「環境保護地区」の制度を用意している。それは，①野生生物の生息地及びその生育環境を保全する必要がある地域又は歴史的及び文化的遺産と一体となった地域で緑又は森その他の自然が残存するもの，②河川，湖沼，湧水池その他の水辺景観が優れている地域，③美観風致が優れている緑地を形成している地域，④その他自然環境を保護する必要がある地域，を指定するものである（3条1項）。環境保護地区の土地の所有者等と自然環境の保全に関する協定（＝保護協定）に関する定めがあるが，市長の努力義務及び土地の所有者等の協力義務にとどまっている（8条）。

この条例も，予算の範囲内で，環境保護地区の土地の所有者等（＝指定対象者）には環境保護地区指定交付金を，環境保護地区保護協定を締結した者（＝協定締結者）には環境保護地区保護協定協力金を，それぞれ支給することができるとしている（21条1項）。そして，指定対象者又は協定締結者は，①指定対象者からの申出により環境保護地区の指定の解除があった場合で当

---

224 ①所有者等から解除の申出をしたとき（所有者等の傷病又は死亡若しくは当該保全緑地が災害により，保全することが不可能と認められた場合は除く），②協定書の記載事項に違反したとき，③その他不正行為があったとき。

該解除が指定開始の日から5年以内のものであるとき，②協定締結者からの申出により環境保護地区保護協定が解除された場合で当該解除が保護協定締結の日から5年以内のものであるときは，当該5年以内に受け取った交付金等に相当する金額を市に支払わなければならない。ただし，当該解除が自然災害によるものその他やむを得ないと特に市長が認めるものである場合は，この限りでないとされている（21条2項）。小金井市の条例は，返還命令という行政処分形式によっているが，熊本市の条例は，支払（返還）義務を定めるのみである[225]。したがって，支払（返還）を求められたときに，それに不服のある者は，小金井市にあっては返還命令取消訴訟を提起して争うのに対して，熊本市にあっては義務不存在確認訴訟を提起して争うことになろう。

堺市は，「堺市緑の保全と創出に関する条例」を制定して，緑の基本計画の策定（8条）とともに，緑の保全（第4章）と緑の創出（第5章）とを柱とする定めを置いている。緑の保全に関しては，市民緑地に関する規定，保存樹木等指定に関する規定のほか，保全緑地の指定に関する規定を置いている。すなわち，「都市の良好な自然環境及び景観の形成並びに動物の生息地又は植物の生育地の確保のために必要があると認めるときは，その緑地の所有者の同意を得て保全緑地として指定する」ことを市長に授権している（22条1項）。同意を要する指定制度である点に特色がある。保全緑地の所有者又は管理者は，当該保全緑地における緑の保全に努めなければならないこととし（24条1項），保全緑地内で建築行為等の所定行為をしようとする者には，あらかじめ市長に届け出る義務を負わせている（25条）。緑の創出に関しては，市の施設の緑化（27条），民有施設の緑化（28条），建築行為等に係る緑化義務（29条）などの規定を置いている。

また，金沢市も，「金沢市斜面緑地保全条例」を制定している。「金沢の起伏のある地形を造り，市民に憩いとやすらぎをもたらす斜面緑地を，動植物の貴重な生息地として守り，都市の防災機能を確保しながら，市民と一体となって豊かなまちの緑として保全すること」を目的とする条例である（1条参照）。市長は，斜面緑地として保全することが必要な区域（当該区域に隣接

---

[225] 本条例の施行規則によれば，交付金等の交付申請とそれに対する交付決定の定め（14条）があるものの，返還命令等の行政処分をうかがわせる規定は見られない。

し，一体となって保全の効果を高めるために必要な区域を含む）を「斜面緑地保全区域」として指定することができるとされている（5条1項）。そして，この保全区域ごとに，斜面緑地を保全するための基準として斜面緑地保全基準を定めるものとされている（6条1項）。保全基準には，緑地の保全に関する事項のほか，動植物の生息環境及び生育環境の保全に関する事項，崩壊防止その他都市の防災上必要な事項なども含まれている（6条2項）。斜面緑地に，動植物の生息地としての役割，防災機能も期待する本条例の趣旨に添うものである。助言，指導又は勧告（9条），斜面緑地保全協定の締結（11条）とその認定（12条）は，いずれも金沢市の景観関係条例に見られる手法である。

　横浜市は，昭和48年に「緑の環境をつくり育てる条例」を制定し，緑の環境の維持，増進に対する先進的取組を進めてきた。市長は，「市が設置し，または管理する道路，河川，公園，広場，公営住宅，学校，庁舎その他の公共施設について，植樹を行なう等その緑化を推進しなければならない」とする第4条は，市長に対する義務づけの体裁である。単なる訓示に終わらせないために，緑化率や緑地の基準を制定している（緑の環境をつくり育てる条例第4条の施行に関する基準）。緑地の保存及び緑化の推進に関し必要な事項を内容とする協定の締結の定め（8条）がある。また，緑化等推進計画に関する協議（9条）が，建築物の建築の際の事前協議の根拠規定として重要である。

　さらに，早くから導入された「市民の森」の仕組みが注目される。「市長は，緑地，樹木等の所有者その他これらに関し権利を有する者の同意を得て，保存すべき緑地，樹木等を指定することができる」（7条1項）という一般条項（それ自体は，他の都市と異なるものではない）に基づき，具体的には「横浜市市民の森設置事業実施要綱」（平成8・4・1局長決裁）によっている。「主として樹木によって良好な自然的環境が形成されている，おおむね2ヘクタール以上の土地で，市民の散策や憩いの場として利用できる一定の区域」（2条1項）について，所有者の同意又は申し出に基づき，その所有者と「市民の森契約」を締結して，指定することとしている（3条1項）（市民の森一般区域）。その契約及び区域指定の期間は，10年以上とされている（3条3項）。そして，市民の森一般区域を指定したときは，市民の利用に供するた

め，植生及び景観を損なわないよう散策道，休憩所等の必要最小限の整備を行い市民の森を設置する（5条）。一般区域のほか，農地について「市民の森農地保全区域」の指定も可能である（3条2項）。

市民の森については，二つの仕組みが重要である。一つは，「原則として市民の森土地所有者や市民の森周辺地域住民等をもって構成する」「市民の森愛護会」による市民の森の維持，管理，保全を期待していることである（6条）。市長は，市民の森一般区域について管理活動を行なう愛護会に対して，毎年度予算の範囲内で「愛護会費」を交付する（愛護会費を受けない愛護会等とは管理委託契約を締結し，管理委託料を支払うこととされている。8条）。もう一つは，土地の所有者が当該土地を良好な状態で維持管理するための「緑地育成奨励金」を毎年度予算の範囲内で交付するものとされていることである（11条1項）[226]。

［3］ 生産緑地法

生産緑地法の制定理由　生産緑地法（以下，本款において「法」という）は，市街化区域内の農地等について，都市計画に生産緑地地区として定めることにより，固定資産税における宅地並みの評価をしないこととセットにして，農地等としての存続を図ろうとする法律である。生産緑地について使用又は収益をする権利を有する者には，農地等として管理する義務を負わせる（7条1項）とともに，所有者は，一定の場合には，買取りの申出をすることにより買い取ってもらうことができる仕組みを採用している。

生産緑地地区　市街化区域内の農地等（現に農業の用に供されている農地若しくは採草放牧地，現に林業の用に供されている森林又は現に漁業の用に供されている池沼）で，次の条件に該当する一団の区域のものについて，都市計画に生産緑地地区を定めることができる（3条1項）。

① 公害又は災害の防止，農林漁業と調和した都市環境の保全等良好な生活環境の確保に相当の効用があり，かつ，公共施設等の敷地の用に供する土地として適しているものであること。

---

[226] 税制との関係の問題について，碓井光明「都市における緑地保全と税制」ジュリスト901号91頁（昭和63年）を参照。

② 500平方メートル以上の規模であること。
③ 用排水その他の状況を勘案して農林漁業の継続が可能な条件を備えていると認められるものであること。

生産緑地地区に関する都市計画の案については，一定の場合を除き，当該生産緑地地区内の農地等について所有権等の権利を有する者，これらの権利に関する仮登記，これらの権利に関する差押えの登記又はその農地等に関する買戻しの特約の登記の登記名義人の同意を得なければならない（3条2項）。

行為の制限・許可制　生産緑地地区内においては，農地等として保全するために，一定の行為（建築物その他の工作物の新築・改築又は増築，宅地の造成・土石の採取その他の土地の形質の変更，水面の埋立て又は干拓）をするには市町村長の許可を受けなければならない。ただし，公共施設等の設置若しくは管理に係る行為，当該生産緑地地区に関する都市計画が定められた際既に着手していた行為又は非常災害のため必要な応急措置として行なう行為については，この限りでない（8条1項）。そして，許可を要する行為のうち，次に掲げる施設で当該生産緑地において農林漁業を営むために必要となるものの設置又は管理に係る行為で生活環境の悪化をもたらすおそれがないと認めるものに限り，許可をすることができる（8条2項）。

① 農産物，林産物又は水産物の生産又は集荷の用に供する施設
② 農林漁業の生産資材の貯蔵又は保管の用に供する施設
③ 農産物，林産物又は水産物の処理又は貯蔵に必要な共同利用施設
④ 農林漁業に従事する者の休憩施設
⑤ そのほか政令で定める施設

行政手続法5条との関係において，法律自体にこの程度の定めがあるときは，審査基準を定める必要がないといえるであろうか。

許可を要する行為について許可を得ずに行なった者又は許可に付された条件に違反した者に対しては，原状回復命令を出すことができる（9条1項）。

買取りの申出と土地の買取り等　生産緑地の所有者は，当該生産緑地に係る生産緑地地区に関する都市計画の告示の日から起算して30年を経過したとき，又は当該生産緑地に係る農林漁業の主たる従事者が死亡し，若しくは農林漁業に従事することを不可能にさせる故障で省令で定めるものを有する

に至ったときは，市町村長に対し，当該生産緑地を時価で買い取るべき旨を申し出ることができる（10条）。この申出があったときは，市町村長は，当該生産緑地の買取りを希望する地方公共団体等のうちから買取りの相手方を定めることができる（11条2項）[227]。この場合を除いて，市町村長は，特別の事情がない限り，当該生産緑地を時価で買い取るものとされている（11条1項）。

なお，この買取り制度とは別に，生産緑地の所有者は，疾病等により農林漁業に従事することが困難である等の特別の事情があるときは，市町村長に対し，当該生産緑地の買取りを申し出ることができる（15条1項）。市町村長は，この申出がやむを得ないものであると認めるときは，自ら買い取ること又は地方公共団体等若しくは当該生産緑地において農林漁業に従事することを希望する者がこれを取得できるようにあっせんすることに努めなければならない（15条2項）。法11条の場合と異なり，市町村長の努力義務にとどまっている。

---

[227] この場合に，当該生産緑地の周辺の地域における公園，緑地その他の公共空地の整備の状況及び土地利用の状況を勘案して必要があると認めるときは，公園，緑地その他の公共空地の敷地の用に供することを目的として買取りを希望する者を他の者に優先して定めることができる（11条2項第2文）。

第3章　市街地開発法・都市施設法

1　市街地開発法の仕組み

[1]　横断的な概観

多数の法律の存在　都市も「生きもの」である。「都市が生きていく」ためには，市街地の開発が不可欠である。そこで，多数の法律を制定して，その課題に対応しようとしている。土地区画整理法や都市再開発法を筆頭に，新住宅市街地開発法，新都市基盤整備法，「密集市街地における防災街区の整備の促進に関する法律」，などの法律がある。そして，これらの法律は，いずれも，市街地開発事業の枠組みを定めることを中心にしている。もっとも，市街地の開発目的の事業が法定事業のみであるとは限らない。安本典夫教授によれば，密集住宅市街地整備促進事業と住宅市街地総合整備事業は，非法定事業として創設されたという。それらは，「地域空間の居住者にとっての具体的な住環境改善という実体的価値を担うものとしての意味をもつものであった」という。しかし，非法定事業で強制的要素がないため，「できるところから」行なうことになり，合意形成のルールも不明確で，合意の積み重ねも崩れ去ることもあって，一般的に広く行なわれるに至っていないという[1]。

都市計画法12条は，都市計画区域については，都市計画に必要なものとして定める「市街地開発事業」について，土地区画整理事業，新住宅市街地開発事業，工業団地造成事業，市街地再開発事業，新都市基盤整備事業，住宅街区整備事業及び防災街区整備事業の7事業を列挙している。

これらのうち，工業団地造成事業と総称するものは，「首都圏の近郊整備地帯及び都市開発区域の整備に関する法律」に基づくもの，及び「近畿圏の

---

[1]　安本典夫「都市計画事業法制」原田編・日本の都市法Ⅰ 245頁，263頁-264頁。なお，密集市街地の事業は，現在は，法定事業化されている。

近郊整備地帯及び都市開発区域の整備及び開発に関する法律」に基づくものを指している。

市街地開発事業の仕組み　市街地開発事業は，それぞれの根拠法律に基づくために多様であるものの，ある程度共通の仕組みをもっている。それらを概観しておこう。

第一に，事業の施行者についての定めが存在する。

土地区画整理事業についていえば，個人施行者，土地区画整理組合，区画整理会社，都道府県・市町村，国土交通大臣，独立行政法人都市再生機構等である。都市再開発法による第1種市街地再開発事業に関しては，個人施行者，市街地再開発組合，再開発会社，地方公共団体，独立行政法人都市再生機構等である。新住宅市街地開発事業の施行者は，地方公共団体及び地方住宅供給公社のほか，新住宅市街地再開発事業の施行区域内に政令で定める規模[2]以上の一団の土地を有する法人で，「新住宅市街地再開発事業を行なうために必要な資力，信用及び技術的能力を有するもの」も，「その所有する土地及びこれに接続する公共施設の用に供する土地」について施行することができる（新住宅市街地再開発法45条1項）。

これらの施行者のうち，土地区画整理組合や市街地再開発組合は，いわゆる公共組合である。また，独立行政法人都市再生機構や地方住宅供給公社は，特別な公的法人である。他方，区画整理会社及び再開発会社は，法形態としては私法人である。後にも検討するように，これらの施行者は，一方において法律により一定の行政的権限の行使を認められている。他方，これらは，国土交通大臣又は都道府県知事の監督権限の行使を受ける立場に置かれている。このような場面における国土交通大臣又は都道府県知事の監督権限の行使をもって，行政機関相互の関係における行為とみるかどうかが，一つの論点となる。

第二に，市街地開発事業は，都市計画事業として施行することとされていることが多い。たとえば，土地区画整理法3条の4第1項は，「施行区域の土地についての土地区画整理事業は，都市計画事業として施行する」とし，

2　施行令12条により，10ヘクタールとされている。

新住宅市街地開発事業法5条も，同事業は，都市計画事業として施行するとしている。このことは，市街地開発事業が，「計画に基づく事業」であることを示すものである。そして，みなし規定等があるものの，都市計画事業の認可（都市計画法59条1項）の考え方を基本にしている点が重要である。

第三に，事業の施行の準備又は施行のための他人の土地への立入りを認めつつ，その手続を定め，かつ，それに伴う通常生ずべき損失の補償について規定することが多い（土地区画整理法72条・73条1項，都市再開発法60条・63条1項）。そして，損失を与えた者又は損失を受けた者は，土地収用法94条2項の規定により収用委員会に裁決を申請することができるとしていることが多い（土地区画整理法73条3項，都市再開発法63条3項）。

第四に，公告があった後は，施行地区内において，事業施行の障害となるおそれがある土地の形質の変更若しくは建築物その他の工作物の新築，改築若しくは増築，又は移動の容易でない物件の設置若しくは堆積を行なおうとする者は，許可を受けなければならない旨を定めることが多い（土地区画整理法76条，都市再開発法66条）。

それぞれの事業に関する公告については，該当法律の箇所で述べることにするが，代表例として，市町村，都道府県又は国土交通大臣が施行する土地区画整理事業の場合は，事業計画の決定の公告又は事業計画の変更の公告である（76条1項4号）。そして，許可をする場合に，事業施行のため必要があると認めるときは，許可に期限その他必要な条件を付することができる。ただし，条件は，許可を受けた者に不当な義務を課するものであってはならない（土地区画整理法76条3項，都市再開発法66条3項）。ただし書は，「条件」が比例原則の支配を受けることを意味する。このような規定がないとしても，同様の規律に服すると考えられるが，明文として存在する方が，不当な義務を課すことの抑止になるであろう。

さらに，建築行為等の制限に違反し又は許可条件に違反した者がある場合には，それらの者又は当該土地，建築物等についての権利を承継した者に対して期限を定めて，事業の施行に対する障害を排除するため必要な限度において，当該土地の原状回復を命じ，又は当該建築物等の移転若しくは除却を命ずることができる（土地区画整理法76条4項，都市再開発法66条4項）。こ

の命令をすべき相手方を過失なくして確知することができないときは，国土交通大臣または都道府県知事（第1種市街地再開発事業にあっては都道府県知事）は，その措置を自ら行ない又はその命じた者若しくは委任した者に，これを行なわせることができる。この場合には，あらかじめ，所定の事項（相当の期限を定めて，これを原状回復し，又は移転し，若しくは除却すべき旨及びその期限までに原状回復し，又は移転し，若しくは除却しないときは，代執行を行なう旨）を公告しなければならない（土地区画整理法76条5項，都市再開発法66条5項）。これは，一種の代執行を認める趣旨であるが，義務者を確知することができない場合であるから，行政代執行法の許容していない場面の代執行であるために，特に規定を設ける必要があるといえる[3]。これは，「簡易代執行」又は「略式代執行」と呼ばれる。ちなみに，命令すべき相手方が確知できている場合において，相手方の義務不履行があるときは，行政代執行法による代執行を行なうことができると解される。

第五に，公告があったときは，土地区画整理事業にあっては，施行者は登記所に所定事項を届け出ることとされ（土地区画整理法83条），第1種市街地再開発事業にあっては，登記所に，施行地区内の宅地及び建築物並びにその宅地に存する既登記の借地権について，権利変換手続開始の登記を申請し，又は嘱託しなければならない（都市再開発法70条1項）。両者に違いを設けているのは，土地区画整理事業にあっては，公告があっても，権利関係は従前の土地に係るものとして存続し続けるのに対して，第1種市街地再開発事業にあっては，「権利変換」をしなければならないことによる。

以降の手続については，後に，それぞれの法律ごとに見ていくことにしたい（なお，市街地再開発事業推進のための準備会に対する補助金の交付決定の取消しが違法ではないとされた事例がある（津地裁平成23・5・12判例時報2117号77頁））。

---

[3] このような立法例は，都市行政法の領域に限られるものではない。たとえば，海岸法12条3項による他の施設等の改築，移転若しくは除却を命ずべき者を確知することができない場合における措置の実行，自然公園法15条2項における原状回復等を命ずべき者を確知することができない場合の原状回復等の実行など（他に，廃棄物処理法19条の7第1項2号，同法19条の8第1項2号，鳥獣の保護及び狩猟の適正化に関する法律30条3項などがある）。

［2］ 審議会，審査会，審査委員

土地区画整理事業に係る審議会　都道府県又は市町村が施行する土地区画整理事業に関しては，事業ごとに土地区画整理審議会を置くこととされている（56条1項）。工区を分けた場合は，工区ごとに置くことができる（56条2項）。この審議会は，換地計画，仮換地の指定及び減価補償金に関する事項について所定の権限を有している（56条3項）。国土交通大臣施行の場合，独立行政法人都市再生機構又は地方住宅供給公社が施行する場合も，土地区画整理事業ごとに土地区画整理審議会が置かれる（70条，71条の4）。地方住宅供給公社の審議会の委員及び評価員は，刑法その他の罰則の適用については，法令により公務に従事する職員とみなされる（71条の6）。いわゆる「みなし公務員」である。

なお，土地区画整理審議会の委員については，選挙制が採用されている（58条，70条3項，71条の4第3項）。

個別の規定を見ると，縦覧に供すべき換地計画を作成しようとする場合，意見書の内容を審査する場合には，土地区画整理審議会の意見を聴かなければならない（88条6項）。また，仮換地を指定し又は仮換地について仮に権利の目的となるべき宅地若しくはその部分を指定しようとする場合には，土地区画整理審議会の意見を聴かなければならない（98条3項）。同じく，減価補償金を交付しようとする場合においては，各権利者別の交付額について，土地区画整理審議会の意見を聴かなければならない（109条2項）。さらに，所定の重要事項については，土地区画整理審議会の同意を得なければならない（91条2項，92条3項・4項，93条1項・2項，95条7項，96条3項）。

土地区画整理審議会という諮問機関を設置して，このような権限を付与しているのは，権利者の意見を事業に反映させ，権利の保護に欠けないようにするためである[4]。

土地区画整理審議会の意見を聴かないでなされた仮換地指定処分について，最高裁昭和59・9・6（判例タイムズ550号136頁）は，当然無効になるものではないとした原審の判断は正当として是認できるとした[5]。また，土地区

4　下出・換地処分65頁，松浦・土地区画整理法250頁。
5　松浦・土地区画整理法253頁は，これに賛成する。これに対し，下出・換地処分

画整理審議会のなした議決（仮換地変更指定議案に賛成した議決）が無効であることの確認を求める訴えについて，東京高裁昭和61・6・30（判例地方自治33号59頁）は，議決は「施行者に対して答申すべき土地区画整理審議会の合議制機関としての意見を決定したにとどまり，もとより対外的には何らの法的効果も生ずるものではないし，また，右議決に係る土地区画整理審議会の意見が施行者に答申されたとしても，右議決及びその答申は，施行者が仮換地の指定をするについての手続的な前提要件をなす行政庁の内部的行為ないし行政機関相互間の行為にすぎず」，行政処分性を認めることができないので，不適法な訴えであるとした。

この内部行為説は，正当というべきであろう。

都市再開発法による審査委員・審査会　都市再開発法は，個人施行，組合施行及び再開発会社施行のいずれの場合も，土地及び建物の権利関係又は評価について特別の知識経験を有し，かつ，公正な判断をすることができる者のうちから選任した審査委員を置くものとしている（都市再開発法7条の19，43条，50条の14）。地方公共団体又は独立行政法人都市再生機構等の施行する事業の場合は，市街地再開発審査会を置くこととしている（57条，59条）。審査会が，審査委員制度と異なる点は，施行地区内の宅地において所有権又は借地権を有する者も，委員に含まれることである（57条4項2号，59条2項）。

[3] 計画変更・計画担保責任

計画変更　市街地開発事業が「計画に基づく事業」であることは，すでに述べた。しかしながら，その計画が変更されることなく事業が実施されるとは限らない。ほとんどの法律は，計画の変更手続について，当初の事業計画を定める場合と同様の手続を踏むことを求めている。たとえば，土地区画整理法は，都道府県又は市町村が定めた土地区画整理事業の事業計画を変更しようとする場合には同法55条1項から7項までの規定を，事業計画の変更をした場合には同条9項から11項までの規定を，それぞれ準用すること

66頁は，同意を要する行為について同意を得ずに行なった場合と，意見を聴くべきであるにかかわらず聴かずに行なった場合の，いずれの場合も無効となるとしている。

としている（55条13項）。また，都市再開発法は，第1種市街地再開発事業の事業計画の変更については，同法51条1項後段及び53条から55条までの規定を準用することとしている（56条）。

市街地開発事業の施行は，事業計画に基づいて継続的に行なわれる性格のものである。そのような計画が途中で変更されるならば，利害関係者の利害に大きく影響する。そこで，利害関係者の意見書の提出等の規定（土地区画整理法55条2項，都市再開発法16条2項・53条2項）も，準用の対象とされている。

計画担保責任　前述のような規定の存在にもかかわらず，計画を信頼した者が，計画変更によって損害を被ったとして損害賠償請求訴訟が提起される場合がある。

一例として，郡山市の市街地再開発事業の事件を挙げることができる。

1審の福島地裁郡山支部平成元・6・15（判例タイムズ713号116頁）は，施策の変更が信頼関係の不当な破壊と評価される場合には違法となるとして，次のような一般論を展開した。

　　「地方公共団体のような行政主体が将来にわたって継続すべき一定内容の施策を決定した場合でも，右施策が社会情勢の変動等にともなって変更されることがあることはもとより当然であって，地方公共団体は原則として右決定に拘束されるものではない。

　　しかし，地方公共団体が，単に一定内容の継続的な施策を定めるにとどまらず，特定の者に対して右施策に適合する特定内容の活動をすることを促す個別的，具体的な勧告ないし勧誘を行い，かつ，その活動が相当長期にわたる当該施策の継続を前提としてはじめてこれに投入する資金又は労力に相応する効果を生じうる性質のものである場合には，右特定の者は，右施策が右活動の基盤として維持されるものと信頼し，これを前提として右の活動又はその準備活動に入ることが予測されるのであるから，たとえ右勧告ないし勧誘に基づいてその者と当該地方公共団体との間に右施策の維持を内容とする契約が締結されたものとは認められない場合であっても，その施策の変更にあたってはかかる信頼に対し法的保護が与えられなければならない。すなわち，右施策が変更されるこ

とにより，前記勧告等に動機づけられて前記のような活動に入った者が，その信頼に反して所期の活動を妨げられ，社会観念上看過することのできない程度の積極的損害を蒙る場合に，右の損害を補償するなどの代償的措置を講ずることなく施策を変更することは，それがやむをえない客観的事情によるものでない限り，当事者間に形成された信頼関係を不当に破壊するものとして違法性を帯び，地方公共団体の不法行為責任を生ぜしめるものというべきである。」

　判決は，続いて，地方公共団体の誘致企業に対する責任を論じた最高裁昭和56・1・27（民集35巻1号35頁）の要旨（「地方公共団体の施策を住民の意思に基づいて行うべきものとするいわゆる住民自治の原則は，地方公共団体の組織及び運営に関する基本原則であるが，右原則も，地方公共団体が住民の意思に基づいて行動する限りその行動になんらの法的責任も伴わないということを意味するものではないから，施策決定の基盤をなす政治情勢の変化をもって直ちに前記のやむをえない客観的事情にあたるものとし，相手方の前記のような信頼を保護しないことは許されない」）を掲げて，次のように述べた。

　　「この理は，本件原告らのごとく，勧誘に動機づけられたものではないが，一定の区域に居住し，或はそこに経営の基盤を有していたが為に，好むと好まざるとに拘らず行政主体の高度の公益目的の施策の対象とされた者の場合にも推し及ばされるべきである。すなわち，施策に応じる者は，『個別的，具体的な勧告ないし勧誘』を受けた者と実質的に同等に扱ってよく，施策に応じたくない者は，施策区域外に転出することによりこれを拒否するという方法があるにせよ，公的目的とはいえ長年住み慣れた地を離れるにつき，転出先の居住環境，営業の不安，転出費用，転出時期等につき行政主体にかける信頼に大なるものがあり，その間になんら差異がない，といえるからである。」

　判決は，具体の事案に関して，市長の見直し発言が出るころまでは原告らは一貫して市の施策に協力してきたにもかかわらず，市長の見直し案，その撤回，百貨店の撤退という事態に発展し，原告らが協力してきた原計画とは全く別個の施策内容に変更され，何ら代償的措置が講ぜられず，市行政に対する当初の信頼関係は瓦解したとし，「たまたま本件区域内に住居を有し或

は営業の基盤を有していたがばかりに，都市の健全な発展と秩序ある整備を図り，都市の合理的かつ健全な高度利用を目指すという高度な公益目的をもった都市計画法，都市再開発法の適用を受けることとなり，自己の生活基盤を根底から変更せざるを得ないことを知りつつこれに協力してきた原告らにとっては」，一連の市長の下における市の行政は，「まさに晴天の霹靂とでもいうべきものであって，この間にあって蒙ったと認められる原告らの精神的苦痛に対しては慰謝の措置が講じられなければならない」とし，慰謝料の支払を命じた。

　控訴審・仙台高裁平成6・10・17（判例時報1521号53頁）は，まず，事実関係を次のように整理した。市街地再開発事業について知事の都市計画が決定，告示され，郡山市が施設建築物たる再開発ビルを建設し，地権者らの権利を同ビルの床に返還する内容の事業計画を立案して，地権者らの了承の下に再開発ビルを商業ビルとし，そのキーテナントとして都市型百貨店を誘致する構想を立て，同百貨店本社の出店受諾を得て，同百貨店の郡山店に係る大店法3条の届出と所要の手続を進めていた。そのような段階で原計画の見直しを標榜する者が市長に当選した。同市長は，従来の施策を変更することを表明しこれを契機に前記百貨店の出店辞退となり，原計画を軸とする構想が挫折した。

　そして，判決は，都市計画は，本来長期的視点に立って定められるものであり，その下で市街地再開発事業は，当該地域における経済的，社会的，文化的な諸要素を複合した高度に政策的な行政作用であるとしたうえ，次のように述べて，事業計画の変更は許されるとした。

　　「整備される広場，道路等の公共施設と共に高度利用形態の建築物（以下「施設建築物」という）を建設し，事業区域内の土地，建物等の権利者（以下「地権者」という）の権利を施設建築物の敷地若しくはその共有持分又は施設建築物の一部等に変換する手法による第一種市街地再開発事業においては，事業の公益目的の達成，事業の採算性，地権者の生活基盤の確保等をどう調和させるかの観点から施設建築物の用途，規模を巡って大きく意見が分かれ，また事業地域周辺の既存経済秩序との利害が対立しやすく，その集約，調整の結果である事業計画の内容は，

その性質上当該市町村の産業政策，政治情勢，社会経済状況等によって大きく影響されるものであって，これらの変動によって事業計画が部分的或いは全面的に変更されうることは，前記のように都市再開発法56条が事業計画の変更についての手続を定めていることから窺われるように，制度自体が予定していることである。地方公共団体たる市町村は，将来にわたって継続する施策としての事業計画を事実上あるいは法律上決定した場合にも，それが社会情勢等の変動に伴って住民の利益の観点から見直されあるいは変更されることがあることは当然であって，市町村は原則として右決定に拘束されるものではないのである。このような計画内容の見直し，変更も事業計画を定める手続の一過程にすぎないというべきであって，政策的判断における裁量権の逸脱又は濫用にわたらない限り，それ自体が当然に違法となるものではない。」

判決は，続けて，いわゆる企業誘致の場合との差異について，次のように述べている。

「もっとも，地権者が計画内容の見直しにより社会観念上看過することのできない程度の損害を被り，それが再開発事業の手続内において補償されない性質のものであるときには，右の損害を補償するなどの代償的措置を講ずることなく計画内容を変更することは，それがやむを得ない客観的事情によるものでない限り，当事者間に形成された信頼関係を不当に破壊するものとして違法性を帯び，当該市町村の不法行為責任を生ぜしめる場合がある。しかしながら，地権者が社会観念上看過することができない程度の損害を被るかどうかの判断にあたっては，都市再開発事業は前記一連の過程を経て始めて完了するものであって，これに相当期間を要するのは避けられないところであること，右事業においてはその性質上地権者の協力が当然予定されていること，事業計画は市町村の産業政策の変更等に応じて変更される可能性を有するものであるところ，地権者は一般的に地域住民等として市町村の政策（再開発事業もその一種である）形成に関与する立場にあるほか，再開発事業の手続内部においても前記のとおり事業計画の決定について意見を述べる地位が保証されていること，地権者は好むと好まざるとにかかわらず再開発事業

に関わらざるを得ない立場に立つ反面，これによる開発利益を享受する機会をも得ること等の点において，いわゆる誘致企業の場合と異なる側面を有することを考慮すべきである。」

判決は，以上のような一般論を前提にして，具体の事案に関して，市長に裁量権の逸脱濫用があったとはいえないし，再開発事業の手続内において補償されない性質の，かつ，社会観念上看過することのできない程度に至った損害を被ったとは認めがたいから，違法なものとはいえないとした。1審判決は，誘致企業における信頼の保護の延長上にあると見たのに対して，控訴審判決は，誘致企業の場合と異なる側面を有するとする見方を示し，この見方の違いが微妙に結論の違いをもたらしているといえよう。

上告審の最高裁平成10・10・8（判例地方自治203号79頁）も，「本件再開発事業に係る都市計画が決定されてから相当期間が経過し，また，被上告人において本件再開発事業の主要部分を成した原計画を変更したこと等から，上告人らがある程度の不利益を受けたことがうかがわれないではないが，右の原計画変更の結果，上告人らが社会観念上看過することのできない程度の損害を被ったとは認め難く，右変更を違法なものということはできないとした原審の判断は，是認することができる」と述べた。

以上により，計画変更による損害賠償責任を生ずるのは，少なくとも，「社会観念上看過することのできない程度の損害」を被った場合に限られることは判例として確立されているといってよい。しかし，個別の事案において，その程度に達した損害であるかどうかを判断する尺度が明らかにされているとはいいがたい。この点が最大の問題点である。

2　土地区画整理法

[1]　土地区画整理法等の概要

土地区画整理法　市街地開発法のなかでも中心的位置を占めるのが，土地区画整理法（以下，本節7款までにおいて「法」という）である。

法は，都市計画区域内の土地について，公共施設の整備改善及び宅地の利用の増進を図るために，土地の区画形質の変更及び公共施設の新設又は変更

に関する事業をもって「土地区画整理事業」と呼んでいる（2条1項）。さらに，法2条1項の事業の施行のため若しくはその事業の施行に係る土地の利用の促進のため必要な工作物その他の物件の設置，管理及び処分に関する事業又は埋立若しくは干拓に関する事業が法2条1項の事業にあわせて行われる場合においては，これらの事業も土地区画整理事業に含まれるものとされている（2条2項）。これらは，土地区画整理事業に付帯してなされる場合に，土地区画整理事業に含まれるという趣旨である。法は，このような土地区画整理事業に関し，その施行者，施行方法，費用の負担等の必要な事項を定めている。

　法律名のみからするならば土地区画整理事業と無関係に見えながら，内容的に似た仕組みの法律として，「大都市地域における住宅及び住宅地の供給の促進に関する特別措置法」が存在する。

　都市計画事業としての施行　　施行区域の土地についての土地区画整理事業は，都市計画事業として施行することとされている（3条の4第1項）。ここにいう「施行区域」とは，都市計画法12条2項の規定により土地区画整理事業について都市計画に定められた施行区域を指している（2条8項）。ここにおいて，重要なことは，都市計画事業として施行される土地区画整理事業に関しては，施行区域として都市計画に定められていることが前提要件とされている点である。「施行区域」と「施行地区」とは，別の概念である。施行地区の具体的範囲は，事業計画，規準，規約，定款，施行規程等によって定められ，認可，決定により確定する。施行区域が都市計画決定におけるもので，青写真的意味のものであるのに対して，施行地区は，事業として具体化して「施行する土地の区域」（2条4項）である。

　施行区域として都市計画に定められていない土地であっても，都市計画区域内の土地について土地区画整理事業を施行することは可能である（2条1項参照）。しかし，補助金等との関係もあって，ほとんどが都市計画事業として施行されている。

　土地区画整理の性質をめぐる岩見教授の見解　　このように，土地区画整理は，都市計画事業として，都市計画の実現手法の一つである。その性質をめぐる岩見良太郎教授の見解[6]を紹介しておきたい。教授は，土地区画整理の

本質が「土地所有者による共同開発」である点において共通でありながら，「照応の原則」の制限からまぬがれた「自由な換地」の視点において，土地所有者の性格，すなわち，資産的土地所有か生存権的土地所有か，に応じて，二つの類型が区別されなければならないとする。

前者にあっては，照応原則は，従前の資産価値の保全と平等な開発利益の配分を保証するための基準としての役割を担うものであるものの，開発利益の最大化を実現する目的を優先させて，「自由な換地によってパイを大きくするほうが，より大きな開発利益の配分を期待でき，開発利益の配分における不平等の問題を償って余りある」と考えるという。これを「不動産経営型区画整理」と呼んでいる。

これに対して後者にあっては，生活手段としての土地条件の向上，すなわち居住環境の改善を目的とするのであって，開発利益の獲得という目的はなく，土地所有権の相互組み替え手法，土地提供＝負担形式が登場し（減歩），平等性に関して，生活者の資格における平等性，居住環境の改善による「受益」と負担における平等性の確保が課題となるとする。そして，照応原則には，費用負担の平等性と，「これまでどおりの生活の継続が保証されねばならない」という意味合いが込められているという。このような区画整理を「まちづくり型区画整理」と呼んでいる。

岩見教授は，以上のような分析に基づいて，「まちづくり型区画整理」への転換を主張している。区画整理の目的は，「開発利益の最大化ではなく，より豊かな場所と場の創造である。換地は開発利益の配分形式ではなく，場所と場の変換・創造手法とならねばならない」というわけである。

[2] 土地区画整理事業の施行者

土地区画整理事業の施行者は，次のとおりである。

個人施行者　第一に，個人施行者である。宅地について所有権若しくは借地権を有する者又は宅地について所有権若しくは借地権を有する者の同意を得た者は，一人で，又は数人共同して，当該権利の目的である宅地につい

6　岩見良太郎「土地区画整理とまちづくり——自由な換地をめぐって——」原田編・日本の都市法 I 319 頁．

て，又はその宅地及び一定の区域の宅地以外の土地について施行することができる。ただし，宅地について所有権又は借地権を有する者の同意を得た者にあっては，独立行政法人都市再生機構，地方住宅供給公社その他土地区画整理事業を施行するため必要な資力，信用及び技術的能力を有する者で政令で定めるものに限られる（3条1項）。

土地区画整理組合の設立　第二に，土地区画整理組合がある。宅地について所有権又は借地権を有する者が設立する土地区画整理組合である（3条2項）。土地区画整理組合を設立しようとする者は，7人以上共同して定款及び事業計画を定め組合の設立について都道府県知事の認可を受けなければならない（14条1項前段）。事業計画の決定に先立って組合を設立する必要があると認める場合においては，7人以上共同して，「定款及び事業基本方針」を定め，組合の設立について都道府県知事の認可を受けることができる（同条2項前段）。第2項により設立された組合は，都道府県知事の認可を受けて事業計画を定める（同条3項前段）。これらの場合も施行区域となるべき区域を管轄する市町村長を経由して申請しなければならない（14条1項後段，2項後段，3項後段）。こうして設立される土地区画整理組合は，典型的な公共組合である。

土地区画整理組合の定款には，組合の名称，施行地区（工区に分ける場合は施行地区及び工区）に含まれる地域の名称，事業の範囲，事業所の所在地，参加組合員に関する事項，費用の分担に関する事項，役員の定数・任期・職務の分担並びに選挙及び選任の方法に関する事項，総会に関する事項，総代会を設ける場合においては総代及び総代会に関する事項，事業年度，公告の方法，その他政令で定める事項，を記載しなければならない（15条）。

土地区画整理組合の「事業基本方針」においては，省令で定めるところにより，施行地区（工区に分ける場合においては施行地区及び工区）及び土地区画整理事業の施行の方針を定めなければならない（16条2項）。事業基本方針においては，施行地区は，施行区域の内外にわたらないように定めなければならない（同条3項）。

事業計画は，事業基本方針に即したものでなければならない（同条4項）。

土地区画整理組合の設立認可を申請するには，定款及び事業計画又は事業

基本方針について，施行地区となるべき区域内の宅地について所有権を有するすべての者及びその区域内の宅地について借地権を有するすべての者の，それぞれの3分の2以上の同意を得なければならない。この場合に，同意した者が所有するその区域内の宅地の地積と同意した者が有する借地権の目的となっているその区域内の宅地の地積との合計が，その区域内の宅地の総地積と借地権の目的となっている土地の総地積との合計の3分の2以上でなければならない（18条）。人数割合要件と地積割合要件の両方を満たしていなければならないのである。そして，この要件を満たしているならば，同意しなかった者の宅地についても強制的に組合の施行地区として事業が施行されることになる。

同意要件を充足しない申請は，法21条1項2号に該当するので却下されるべきであり，この要件を満たしていないのになされた認可処分は，無効と解すべきであろう（東京地裁昭和53・3・23行集29巻3号280頁，静岡地裁平成15・2・14判例タイムズ1172号150頁）。その理由について，東京地裁昭和53・3・23（前掲）は，次のように述べた。

「一般に，行政庁の権限の行使について私人たる相手方の申請，同意等を必要とする場合において，その前提要件たる申請等は行政処分の有効要件であって，これらをまったく欠く場合やこれらの申請等が無効である場合になされた行政処分は当然無効と解されているのと同様に，本件のような場合において，私人による組合設立行為がその重要な法定要件を具備する有効なものであることは，知事による設立認可処分についての有効要件であると解すべきであり，したがって，組合設立行為が重大な法規違反等により無効である場合には，これに基づく認可処分は，法21条1項1号，2号に該当する場合として違法であるにとどまらず，その法律上の根拠を欠くこととなり，それ自体重大な瑕疵あるものとして当然に無効とならざるをえないというべきである。」

要件の充足について，組合設立の認可申請のときに満たされていればよく（東京地裁昭和48・10・31行集24巻10号1166頁），認可時まで満たされていなければならないということはないとされる[7]。認可申請時までに，当該区域について認可申請がなされようとしていることが広く周知されていること

が必要である。この点，条文の見出しは「借地権」の申告とされているが，法19条1項の申請に基づいて，同条2項により「施行地区となるべき区域」が公告されるので，認可申請時点に着目して要件の充足を判定しても問題はないといえよう。

人数割合要件について，所有権者及び借地権者のそれぞれについて3分の2の同意を要すること（千葉地裁昭和49・2・27判例時報740号48頁）に注意する必要がある。いずれかについて3分の2の同意を得ないでなされた組合設立認可は，無効とされる（東京地裁昭和53・3・23行集29巻3号280頁）。なお，小作権を有する者は，同意の対象とされておらず[8]，小作権者は，組合設立の認可について抗告訴訟を提起する原告適格を認められないとされた（水戸地裁昭和54・2・13行集30巻2号183頁）。

地積割合要件は，人数割合要件と異なり，宅地の総地積と借地権の目的となっている宅地の総地積の和に対する同意した宅地の面積と借地権の目的となっている土地の和の割合を問うことにしている。

借地権を有する者を保護するために，認可申請のための同意を得ようとする者は，あらかじめ，施行地区となるべき区域の公告を当該区域を管轄する市町村長に申請しなければならない（19条1項）。市町村長は，この申請があった場合においては，遅滞なく，施行地区となるべき区域を公告しなければならない（同条2項）。公告された施行地区となるべき区域内の宅地について未登記の借地権を有する者は，公告があった日から1月以内に当該市町村長に対し，その借地権の目的となっている宅地の所有者と連署し，又はその借地権を証する書面を添えて，書面をもってその借地権の種類及び内容を申告しなければならない（同条3項）。そして，未登記の借地権で申告のないものは，3項の申告の期間を経過した後は，同意手続において存しないものとみなされる（19条4項）。

---

7 大場・縦横上111頁，松浦・土地区画整理法114頁。

8 その理由につき，松浦・土地区画整理法111頁は，法が「公共施設の整備改善及び宅地の利用増進を図る」ことを目的とし，事業計画も「健全な市街地を造成する」ことを主要な目的としており，農地の整備改善を目的とするものではないことに求めている。

土地区画整理組合の設立をめぐる争訟　土地区画整理組合の設立をめぐる争訟が見られる。

まず，設立認可は行政処分であるから，抗告訴訟の対象となり（東京地裁昭和 48・10・31 行集 24 巻 10 号 1166 頁），その取消しを求め，又は無効確認を求める抗告訴訟が考えられる。そして，施行地区内の宅地の所有者は，設立認可の取消しを求める法律上の利益を有し，原告適格を有する（東京地裁昭和 48・10・31 前掲）。

かつて，施行地区内の土地所有者は，組合の設立認可があっただけでは具体的な権利義務の変動を受けていないから，設立認可の無効確認を求める法律上の利益を有しないとするものがあった（名古屋地裁昭和 46・3・9 行集 22 巻 3 号 196 頁）。しかし，名古屋地裁昭和 51・11・15（判例時報 849 号 71 頁）は，次のように述べた。

「土地区画整理法 14 条 1 項による知事の認可は，特定の土地区画整理組合の設立行為を補充して法人たる組合の設立を完成せしめる形成的な行政処分であり，しかも，組合設立の認可がなされ土地区画整理組合が成立すると，施行地区内の宅地の所有権者および借地権者はすべて当然にその組合員たる法律上の地位を取得し（同法 25 条），組合員は土地区画整理法に規定する各種の権利義務を有するに至るのであり，殊に事業計画が公告されると，施行地区内において宅地，建物を所有する者は土地の形質の変更，建築物その他の工作物の新築，改築等につき制限を受ける（同法 76 条 1 項，4 項，140 条参照）地位におかれるものである。従って，施行地区内の宅地の所有権者等は土地区画整理組合の設立認可により，その法律上の地位ないし権利義務に直接影響を受けるものであるということができる。而して，一連の手続をもって行われる土地区画整理事業において，当該土地区画整理組合設立の認可自体にこれを無効とすべき瑕疵がある場合，右所有権者等は出訴によりその無効を確認し，その後の無用の手続の進行を防止することが許されるものと解すべきである。

してみれば，本件組合の事業施行地区内に宅地を所有する原告は，被告のなした本件設立認可処分の無効確認を求める法律上の利益を有する

と解するのが相当である。」

そして、最高裁昭和60・12・17（民集39巻8号1821頁）が、設立認可の行政処分性及び施行地区内の宅地の所有者の無効確認を求める訴訟の原告適格を肯定した。行政処分性については、認可は、事業施行地区内の宅地について所有権又は借地権を有する者をすべて強制的にその組合員とする公法上の法人たる土地区画整理組合を成立せしめ、これに土地区画整理事業を施行する権限を付与する効力を有するものであることを理由にしている。事業施行地区内の宅地の所有権者又は借地権者の提起する無効確認訴訟の原告適格については、組合設立の認可により土地区画整理組合が成立すると、組合員は、組合役員及び総代の選挙権、被選挙権及びその解任請求権、総会及びその部会の招集請求権、総会及びその部会における議決権、組合の事業又は会計の状況の検査の請求権、総会、その部会及び総代会における議決等の取消の請求権等の権利を有するとともに、組合の事業経費を分担する義務を負うものであることにより、肯定した。ただし、現行法においては、法14条2項に基づき事業計画の決定に先立って組合設立の認可を受ける場合があるので、同項による設立認可の行政処分性については、別途考察する必要がある。

施行地区に隣接する宅地の所有権者であるにすぎない者については、設立認可処分の無効を主張して争う法律上の利益がないとする裁判例がある（千葉地裁平成7・1・25判例地方自治141号65頁）。また、法20条2項が当該土地区画整理事業に関係のある物件について権利を有する者らは事業計画について意見書を提出することができる旨を規定し、施行地区内の宅地に所有権又は賃借権を有する者以外の者についても行政参加の機会を付与していることは、行政の正当性を担保するため広く行政に対する意見を聴取することにしたものであって、この規定が施行地区内の宅地に所有権又は借地権を有しない者の生活環境上の利益を個別具体的に保護しようとしたものということはできないとして、取消訴訟の原告適格を否定した裁判例がある（大阪地裁平成7・7・28判例地方自治146号65頁）。

組合をめぐっては、設立認可以外にも、さまざまな局面の紛争が存在するが、それらは、公共組合をめぐる問題として別個に考察すべきものが多い。

区画整理会社　　区画整理会社も施行者となることができる。民間事業者

の能力を活用するための各種政策の一環として，平成16年に追加されたものである。宅地について所有権又は借地権を有する者を株主とする株式会社で，所定の要件，すなわち，土地区画整理事業の施行を主たる目的とするものであること，公開会社でないこと，施行地区となるべき区域内の宅地について所有権又は借地権を有する者が総株主の議決権の過半数を保有していること（議決権過半数保有権利者の存在），地積要件（議決権過半数保有権利者及び当該株式会社の所有宅地の地積及び借地権を有する宅地の地積の合計が，総地積の3分の2以上であること）を満たしていること，のすべてを満たしていなければならない（3条3項）。土地区画整理事業を施行しようとする会社は，規準及び事業計画を定めて都道府県知事の認可を受けなければならない。その申請は，市町村長を経由して行なわなければならない（51条の2第1項）。

すべての施行者に係る認可に共通するが，これらの認可をもって都市計画法59条4項の規定による認可とみなされている。ただし，同法79条，80条1項，81条1項及び89条1項の規定の適用については，この限りでない（4条2項，14条4項，51条の2第2項）。

都道府県又は市町村　都道府県又は市町村は，施行区域の土地について土地区画整理事業を施行することができる（3条4項）。これを「公共団体施行」という。この定め方にも，最も自然な施行者として位置づけられているといえよう[9]。なお，3条5項の規定により，国土交通大臣の「指示」により施行する場合がある。「地方分権の推進を図るための関係法律の整備等に関する法律」（平成11年法律第135号）による改正前の法3条4項は，「建設大臣は，施行区域の土地について，国の利害に重大な関係がある土地区画整理事業で災害の発生その他特別の事情に因り急施を要すると認められるものを，都道府県知事又は市町村長に施行させることができる」とする条項を置いていた。これが，「行政庁施行」と呼ばれてきた。しかし，前記の改正により，次の項目で述べるように，都道府県又は市町村に施行すべきことを指示することができるとする制度に改められた。

国土交通大臣　国土交通大臣は，施行区域の土地について，「国の利害

---

[9] 地方公共団体が自発的に土地区画整理事業を施行することができる仕組みは，昭和29年の土地区画整理法の制定による制度的特色の一つである。

に重大な関係がある土地区画整理事業で災害の発生その他の特別の事情により急施を要すると認められるもの」（＝A）のうち,「国土交通大臣が施行する公共施設に関する工事と併せて施行することが必要であると認められるもの又は都道府県若しくは市町村が施行することが著しく困難若しくは不適当であると認められるもの」（＝B）については自ら施行することができる（3条5項）。大臣施行は,理論上,「行政庁施行」であり,「直轄施行」である。しかし,この要件の厳しさから,大臣施行の例はないようである。また,「その他のもの」,すなわち,AのうちBを除いたものについては,都道府県又は市町村に施行すべきことを「指示」することができる（3条5項）。かつては,単に「施行させることができる」という表現であったため,特段の命令的行為は必要がないと解されていて,行政指導によることもできるとされていたが[10],現行法は,「指示」という行為が必要である。都道府県又は市町村は,この指示に従う義務があると解される。

　都市再生機構　　独立行政法人都市再生機構も,施行者となることができる。まず,「国土交通大臣が一体的かつ総合的な住宅市街地その他の市街地の整備改善を促進すべき相当規模の地区の計画的な整備改善を図るため必要な土地区画整理事業を施行する必要があると認める場合」である（3条の2第1項）。この大臣が「施行する必要があると認める」手続は特に法定されていないので,形式上は,施行規程及び事業計画の認可によることになろうが,必要性に関する大臣の実質判断は,認可に先行しているものと推測される。多大なコストをかけてから,必要性の認定がなされるというのでは,そのコストが無駄に帰するからである。

　次に,前記のもののほか,都市再生機構は,「国土交通大臣が国の施策上特にその供給を支援すべき賃貸住宅の敷地の整備と併せてこれと関連する市街地の整備改善を図るための土地区画整理事業を施行する必要があると認める場合」においても,施行することができる（3条の2第2項）。ここにおいても,大臣が必要性の認定を行なうこととされている。

　地方住宅供給公社　　地方住宅供給公社も施行者となることができる。地

10　松浦・土地区画整理法32頁。

方住宅供給公社の施行が認められるに至ったのは，昭和57年の法改正によるものである。国土交通大臣（市のみが設立した地方住宅供給公社にあっては都道府県知事）が「地方住宅供給公社の行う住宅の用に供する土地の造成と一体的に土地区画整理事業を施行しなければ当該宅地を居住環境の良好な集団住宅の用に供する宅地として造成することが著しく困難であると認める場合」に，土地区画整理事業を施行することができる（3条の3）。住宅の用に供する土地の造成との一体的施行の必要性が要件とされている。

［3］　土地区画整理事業計画

事業計画　それぞれの事業計画に関しては，個人施行の場合の6条の規定が，他の施行者の場合に準用されている（16条1項，51条の4，54条，68条）。

　施行地区，設計の概要，事業施行期間及び資金計画を定めなければならない（6条1項）。住宅の需要の著しい地域に係る都市計画区域で国土交通大臣が指定するものの区域において新たに住宅市街地を造成することを目的とする土地区画整理事業の事業計画においては，施行地区における住宅の建設を促進するため特別な必要があると認められる場合には，住宅を先行して建設すべき土地の区域（＝住宅先行建設区）を定めることができる（同条2項）。住宅先行建設区は，施行地区における住宅の建設を促進する上で効果的であると認められる位置に定め，その面積は，住宅が先行して建設される見込みを考慮して相当と認められる規模としなければならない（同条3項）。

　都市計画法12条2項の規定により市街地再開発事業について都市計画に定められた施行区域をその施行地区に含む土地区画整理事業の事業計画においては，当該施行区域内の全部又は一部について，土地区画整理事業と市街地再開発事業を一体的に施行すべき土地の区域（＝市街地再開発事業区）を定めることができる（同条4項）。市街地再開発事業区の面積は申出が見込まれる換地地積の合計を考慮して相当と認められる規模としなければならない（同条5項）。

　高度利用地区（都市計画法1項3号）の区域，都市再生特別地区（都市再生特別措置法36条1項）の区域又は特別地区計画等区域（都市再開発法2条の2

第1項3号)をその施行地区に含む土地区画整理事業の事業計画においては，それらの区域の全部又は一部（市街地再開発事業区が定められた区域を除く）について，土地の合理的かつ健全な高度利用の推進を図るべき土地の区域（＝高度利用推進区）を定めることができる（同条6項）。高度利用推進区の面積は，申出が見込まれる換地の地積及び共有持分を与える土地の地積との合計を考慮して相当と認められる規模としなければならない（同条7項）。

さらに，事業計画に関して，以下のような包括的な要件規定がある。

第一に，環境の整備改善を図り，交通の安全を確保し，災害の発生を防止し，その他健全な市街地を造成するために必要な公共施設及び宅地に関する計画が適正に定められていなければならない（8項）。「適正」という文言は，相当広い裁量を認めるものであると解さざるを得ない。第二に，施行地区は施行区域の内外にわたらないように定め，事業施行期間は適切に定めなければならない（9項）。この「適切」も，同様に裁量の幅がある概念である。第三に，公共施設その他の施設又は土地区画整理事業に関する都市計画が定められている場合においては，その都市計画に適合して定めなければならない（10項）。

同意等の手続　土地区画整理事業は，その施行地区内の土地に関する権利を有する者の同意等を得ることが必要である。

個人施行の事業計画を定めようとする者は，宅地以外の土地を施行地区に編入する場合においては，当該土地を管理する者の承認を得なければならない（7条）。土地区画整理組合施行の事業計画を定めようとする者についても，この規定が準用される（17条）。また，個人施行の認可を申請しようとする者は，その者以外に施行地区となるべき区域内の宅地について権利を有する者がある場合においては，事業計画についてこれらの者の同意を得なければならない。ただし，その権利をもって認可を申請しようとする者に対抗することができない者については，この限りでない（8条1項）。この場合に，宅地について権利を有する者のうち所有権又は借地権を有する者以外の者について同意を得られないとき，又はその者を確知することができないときは，その同意を得られない理由又は確知することができない理由を記載した書面を添えて，個人施行の認可を申請することができる（同条2項）。

土地区画整理組合の設立の認可申請をしようとする場合の同意手続については，すでに述べた。区画整理会社が施行する土地区画整理事業の場合の同意についても，ほぼ同様の要件がある（51条の6）。

個人施行者の施行の認可　個人施行者の場合について見ると，一人で施行しようとする場合は，規準及び事業計画を定め，数人共同して施行しようとする場合は，規約及び事業計画を定めて施行について都道府県知事の認可を受けなければならない。この場合には，施行地区の区域を管轄する市町村長を経由して申請しなければならない（4条1項）。個人施行の土地区画整理事業にあっては，前記の認可をもって，都市計画法59条4項の認可とみなすこととされている（4条2項）。

施行の認可の消極基準として，①申請手続が法令に違反していること，②規準若しくは規約又は事業計画の決定手続又は内容が法令に違反していること，③市街地とするのに適当でない地域又は土地区画整理事業以外の事業によって市街地とすることが都市計画において定められた区域が施行地区に編入されていること，④土地区画整理事業を施行するために必要な経済的基礎及びこれを的確に施行するために必要なその他の能力が十分でないこと，の4項目が掲げられている（9条1項）。これらの消極要件のうち，④には裁量判断を伴うことが予想される。

組合等施行の場合　土地区画整理組合にあっては，組合の設立について都道府県知事の認可を受けるのに，定款及び事業計画を要する（14条1項）。ただし，事業計画の決定に先立って，定款及び事業基本方針により組合設立の認可を受けた後に，知事の認可を受けて事業計画を定めることができる（14条2項）。認可の消極要件は，ほぼ個人施行の場合と似た内容となっている（21条1項）。

区画整理会社施行の場合も，規準及び事業計画を定めて，施行について都道府県知事の認可を受けなければならない（51条の2）。

都道府県又は市町村が施行する場合は，施行規程及び事業計画を定めなければならない（52条1項前段）。認可は，事業計画において定める「設計の概要」についてのみ，なされる。都道府県にあっては国土交通大臣の，市町村にあっては都道府県知事の，認可とされている（52条1項後段）。個人施

行や組合施行の場合は，事業計画の全体が認可の対象とされているのに，都道府県又は市町村施行の場合は，事業計画のうちの「設計の概要」のみが認可の対象とされている点に注目したい。この理由は，個人施行や組合施行の場合は，事業遂行能力に不安が伴う場合があるので，認可に後見的機能を期待しているが，地方公共団体施行の場合には，その施行者の能力を信頼して自主性を尊重しようとしたものと解されている[11]。施行規程は，条例で定めなければならない（53条1項）。

事業計画決定の手続　都道府県又は市町村が施行する場合の土地区画整理事業計画決定について，手続を見てみよう。事業計画を定めようとする場合は，2週間公衆の縦覧に供され（55条1項），利害関係者は，それについて意見がある場合においては，縦覧期間満了の日の翌日から起算して2週間を経過する日までに，知事に意見書を提出することができる（2項）。意見書の提出があった場合には，これを都道府県都市計画審議会に付議しなければならない（3項）。都道府県都市計画審議会が意見書の内容を審査し，その意見書に係る意見を採択すべきであると議決した場合においては，知事は，都道府県が定める事業計画については自ら必要な修正を加え，市町村が定める事業計画については市町村に必要な修正を加えるべきことを求め，都道府県都市計画審議会がその意見書に係る意見を採択すべきでないと議決した場合には，その旨を意見書を提出した者に通知しなければならない（4項）。意見書の内容の審査については，行政不服審査法中，処分についての異議申立ての審理に関する規定を準用するとされている（5項）。したがって，意見書を提出した者には，口頭による意見陳述の機会も与えられる（行政不服審査法48条，25条1項）。なお，この手続により修正を加えた場合は，軽微な修正の場合を除き，再度，公衆への縦覧からの手続が踏まれる（6項）[12]。そして，事業計画を定めた場合においては，都道府県知事又は市町村長は，遅滞なく，施行者の名称，事業施行期間，施行地区その他省令で定める事項を公告しなければならない（9項）。

11　松浦・土地区画整理法230頁。
12　修正された事業計画について縦覧手続をとらなかったことは違法であるとしつつ，事情判決をした例として，横浜地裁平成元・2・27判例タイムズ702号119頁がある。

土地区画整理組合の場合は，まず，事業計画の案を作成し，説明会の開催その他組合員に当該事業計画の案を周知させるために必要な措置を講じなければならない（19条の2第1項）。組合員は，事業計画の案について意見がある場合は，意見書を提出することができる（第2項）。意見書の提出があったときは，その意見書に係る意見を勘案し，必要があると認めるときは事業計画に修正を加えなければならない（第3項）。都道府県知事は，認可の申請があった場合において，施行地区となるべき区域を管轄する市町村長に，当該事業計画を2週間公衆の縦覧に供させなければならない（20条1項）[13]。利害関係者（当該土地区画整理事業に関係のある土地若しくはその土地に定着する物件又は当該土地区画整理事業に関係のある水面について権利を有する者）は，縦覧に供された事業計画について意見がある場合においては，縦覧期間満了の日の翌日から起算して2週間を経過する日までに，都道府県知事に意見書を提出することができる（20条2項）。これに基づき意見書の提出があった場合においては，その内容を審査し，その意見書に係る意見を採択すべきであると認めるときは，認可を申請した者に対し，事業計画に必要な修正を加えるべきことを命じ，その意見書に係る意見を採択すべきでないと認めるときは，その旨を意見書を提出した者に通知しなければならない（20条3項）。意見書の内容の審査について，行政不服審査法の処分についての異議申立ての審理に関する規定を準用する点は，都道府県又は市町村が施行する場合と同様である。意見書の提出先を誤っていたがために意見書を審査できなかったことは，組合設立認可の違法事由となるものではない（名古屋地裁昭和51・11・15判例時報849号71頁）。

　法20条3項による意見書不採択の通知について，行政処分性を肯定する

13　縦覧手続について，利害関係者の意見を整理事業に反映させて，その権利ないし利害関係の保護の万全を期するものであるから，この手続を全く行なわずになされた認可は無効であるが，縦覧期間が所定よりも短かった場合は，認可を当然無効ならしめるとはいえないし，縦覧不足期間が僅少であって，利害関係者の意見書提出権が害せられたと認められない場合は認可を違法とするに足りない場合もあるとする見解がある（下出・換地処分23頁）。土地改良事業計画書の縦覧期間との関係について，徳島地裁昭和28・12・9行集4巻12号3273頁，その控訴審・高松高裁昭和30・4・30行集6巻4号1114頁を参照。

下級審の裁判例があったが（大阪地裁昭和50・2・19行集26巻2号202頁），最高裁昭和52・12・23（判例時報874号34頁）は，「利害関係者の法的地位になんらの影響を及ぼすものではない」ことを理由に，取消訴訟の対象としての行政処分性を否定した。意見書の提出に基づく審査の結果，認可申請者に修正を命ずる行為は，行政処分といわざるを得ないと思われる[14]。これに対応させるならば，行政処分性を認めてもよいように見えるが，意見書を採択することを義務づけられる場合はなく，かつ，意見を採択すべきでない旨の通知は，事業計画に修正を加えるものではないのであるから，行政処分性を否定する結論に賛成してよいと思われる。行政不服審査法の準用規定は，行政処分性の付与まで意味するものではないと解するものである。行政不服審査法の処分についての異議申立ての審理に関する規定が準用されているものの，意見書不採択の決定は，「裁決」にも当たらないとするのが裁判例である（神戸地裁昭和53・5・12訟務月報24巻10号1962頁）。当然のことながら，それは，行政手続法の上における「申請に対する処分」でもないと解すべきであろう。

　意見書の提出の制度は，区画整理会社施行の場合（51条の8第2項〜4項），国土交通大臣施行の場合（69条2項〜4項），都市再生機構・地方住宅供給公社施行の場合（71条の3第5項〜9項）にも，ほぼ同様の手続がとられる。

　土地区画整理事業計画等の変更　　いったん定めた事業計画の変更をしなければならない場合がある。組合施行の場合を例にとると，定款又は事業計画若しくは事業基本方針を変更しようとする場合には，その変更について都道府県知事の認可を受けなければならないとされている。認可申請の手続は，設立認可申請の場合と同様のものである（39条）。個人施行の場合の規準若しくは規約又は事業計画の変更（10条），区画整理会社施行の場合における規準又は事業計画の変更（51条の10），都道府県又は市町村施行の場合にお

14　法77条6項（現行の7項に相当）の規定に基づき市長が土地区画整理組合に対してなした認可について，「行政庁間の内部的意思表示にすぎず，外部に向けて表示されたものではなく，被告組合員たる原告の権利義務に直接影響を及ぼす行為ではないから，それ自体抗告訴訟の対象となる行政処分にはあたらない」とした裁判例がある（大阪地裁昭和60・12・18行集36巻11・12号1988頁）。しかし，その場面と未だ行政庁になっていない段階の事業計画修正命令とを同視するわけにはいかないであろう。

ける事業計画の変更又は事業計画において定めた設計の概要の変更（55条12項，13項），国土交通大臣施行の場合における施行規程又は事業計画の変更（69条10項），都市再生機構施行の場合における施行規程又は事業計画の変更（71条の3第14項，15項）について，ほぼ同様の定めがなされている（縦覧手続を欠いた場合に，その瑕疵は換地処分に承継されるとしつつ，事情判決をした例として，横浜地裁平成元・2・27判例タイムズ702号119頁）。

事業計画の変更に関して，その限界の有無が問題になる。浦和地裁昭和60・2・18（行集36巻2号129頁）は，組合施行の事案に関して，事業計画が慎重な利害関係者の権利保護のための手続を踏んで定められるものである以上，「その変更が無制限に許されるものと解すべきでなく，少なくとも，当該事業計画の根幹をなす事項についての変更は原則として許されず，また，利害関係者（とくに組合員）の一部に新たに不利益を課すような変更は，従前の事業計画の遂行が当該利害関係者に不当な利益をもたらすのであるためこれを是正する場合，組合設立後の事情変更により従前の事業計画によっては事業の適正な遂行が困難になる場合等合理的な理由がない限り，当該利害関係者の同意なくしては許されないと解すべきである」と述べた。具体の事案に関しては，原告所有地につき無減歩の方針を改めて16.46％とするもので，他の組合員の不満を原告の犠牲において解消するためのものであるとして，違法とした。正当というべきである。なお，この事件は，事業計画変更の違法を理由に仮換地指定処分を違法としたものである。

都道府県・市町村・国土交通大臣施行の事業計画決定の行政処分性　都道府県及び市町村並びに国土交通大臣施行の場合は，事業計画の決定と公告がなされる（52条1項前段，55条，66条1項，69条）。土地区画整理事業計画の決定が取消訴訟の対象になるか否かについて，最高裁大法廷昭和41・2・23（民集20巻2号271頁）の，いわゆる「青写真判決」が存在した。建築行為等の制限は，「当該事業計画の円滑な遂行に対する障害を除去するための必要に基づき，法律が特に付与した公告に伴う附随的な効果にとどまるものであって，事業計画の決定ないし公告そのものの効果として発生する権利制限とはいえない」とし，事業計画は，「特定個人に向けられた具体的な処分ではなく，いわば当該土地区画整理事業の青写真たるにすぎない一般的・抽象

的な単なる計画にとどまる」としたのであった。救済の面においては、具体的な処分が行なわれた段階における救済手段、すなわち原状回復命令や建築物等の移転・除却命令の取消し（無効確認）の訴え、仮換地の指定又は換地処分の取消し（無効確認）の訴えによって具体的な権利侵害に対する救済目的を達することができるのであって、事業計画の決定ないし公告の段階では、訴訟事件として取り上げるだけの事件の成熟性を欠き、訴えの提起を認める必要性もないとした。

ところが、最高裁大法廷平成20・9・10（民集62巻8号2029頁）は、この昭和41年判決の判例を変更して行政処分性を認めた。

事業計画が決定されると、①施行地区内の宅地所有者等は、建築行為等が規制され、換地処分の公告がある日まで継続的に課され続けること、②事業の施行によって施行地区内の宅地所有者等の権利にいかなる影響が及ぶかについて一定の限度で具体的に予測できること、③特段の事情のない限り、事業計画に定めるところに従って具体的な事業がそのまま進められ換地処分が当然に行なわれること、などを挙げて、「施行地区内の宅地所有者等は、事業計画の決定がされることによって、前記のような規制を伴う土地区画整理事業の手続に従って換地処分を受けるべき地位に立たされるものということができ、その意味で、その法的地位に直接的な影響が生ずるものというべきで」あるとして、「法的効果が一般的、抽象的なものにすぎないということはできない」とした。

さらに、換地処分等がなされた段階の取消訴訟には、事情判決がなされる可能性が相当程度あることから、事業計画決定の段階でその取消訴訟の提起を認めることに合理性があることも付加して、結論として、「市町村の施行に係る土地区画整理事業の事業計画の決定は、施行地区内の宅地所有者等の法的地位に変動をもたらすものであって、抗告訴訟の対象とするに足りる法的効果を有するものということができ、実効的な権利救済を図るという観点から見ても、これを対象とした抗告訴訟の提起を認めるのが合理的である」と述べた。

この判決が、どの部分をもって行政処分性肯定の重要要素と見ているのか必ずしも明らかではない。たとえば、事情判決の可能性のないような仕組み

の場合には行政処分性を否定されるのかというと，必ずしもそのように断言できないであろう。やはり，法的効果の点を最も重視していると理解するのが自然と思われる。その際に，この判決は，法的効果といっても，法の仕組みによって濃淡があり，「抗告訴訟の対象とするに足りる法的効果」とそれに至らない法的効果を区別していると読むことができる。とするならば，どの程度の場合に「抗告訴訟の対象とするに足りる法的効果」といえるかの基準を示しているとはいえないので，その基準の設定作業は，今後の学説判例の展開に委ねられているともいえよう。

この最高裁判決は，非完結型計画決定の行政処分性を認めたものであり，共通の法的根拠をもつ都道府県についても妥当するばかりでなく，同様の法構造をもつ国土交通大臣施行の事業計画規定についても当てはまる。

土地区画整理組合等の事業計画をめぐる争い方　市町村等の土地区画整理事業計画に関しては，その「決定」に着目して行政処分性を認める旨が，最高裁大法廷判決により確定された。しかし，この判決は，「事業計画決定」に着目したものであるので，土地区画整理組合等の事業計画に直ちに当てはめる訳にはいかないであろう。先に述べたように，土地区画整理組合にあっては，事業計画は，原則的には，定款と併せて，設立認可の対象とされているからである（14条1項）。認可申請に先立って設立しようとする者が事業計画を定めるが，その段階においては何ら効力を生じているものではない。組合は，設立認可の公告によって，初めて組合員その他の第三者に対抗できるのである（21条7項参照）。とするならば，土地区画整理組合の事業計画については，設立認可を争うなかで，その違法性を主張する方法が最も自然である。ちなみに，設立認可については，すでに述べたように，最高裁昭和60・12・17（民集39巻8号1821頁）により行政処分性が肯定されている。

なお，法14条2項は，事業計画の決定に先立って組合を設立する必要がある場合における設立認可も許容している。この場合には，設立認可の後に事業計画の認可がなされるので（14条3項），事業計画認可を行政処分として争うことになろう。

区画整理会社にあっては，規準及び事業計画を定めて知事の施行認可を受けることとされているので（51条の2），事業計画の違法性を争おうとする

者は，前記施行認可処分を捉えて争うことになる。また，独立行政法人都市再生機構及び地方住宅供給公社施行の場合は，施行規程及び事業計画を定めて施行認可を受ける仕組みであるので，同様に，施行認可処分を捉えて争うことになる。

これらの場合に，最高裁大法廷平成20・9・10（民集62巻8号2029頁）は，施行認可処分により事業計画のもつ法的効果が生じるという意味において，間接的ながら意義を有している。

事業計画の変更についても，認可が必要とされているので（39条，51条の10，71条の3第15項），変更認可処分を争うことができる（事業計画の変更認可処分は抗告訴訟の対象とならないとした岐阜地裁昭和58・10・24行集34巻10号1808頁は，平成20年最高裁大法廷判決に適合しない）。

その他の争訟　事業計画に関連して，抗告訴訟以外の訴訟が提起されることがある。

第一に，土地区画整理組合が，土地の所有者を相手に，当該土地が施行地区の範囲内に属することの確認を求めた訴訟がある。東京高裁平成2・6・28（判例時報1356号85頁）である。判決は，まず，事実の確認の訴えであっても，その事実を確定することによりその事実の存否をめぐって派生する多くの紛争を一挙に解決することができる場合には許されないわけではないとしつつ，本件において，Yら（土地所有者）は，X（被控訴人・土地区画整理組合）の事業計画上定められた施行地区内に本件土地が存在すること自体を争っているわけではなく，Xは，未だ設立されていないから必然的に本件土地はXの施行地区の範囲内に属しないことになるというのであって，Xの設立の手続の適否，設立の認可の効力，設立の成否，Xの土地区画整理事業を行なう権限の有無を争っているのであるとして，次のように述べた。

「被控訴人が，判決により本件土地が被控訴人の施行地区内に属することの事実の確定を受けても，それによっては控訴人らが争っている被控訴人の設立の認可の効力，設立の成否，被控訴人の権限の点については既判力が及ばず，これをなんら確定するものではないから，将来控訴人らと被控訴人との間に発生することが予想される紛争，すなわち，被控訴人の控訴人らに対する経費の賦課，土地区画整理事業の施行に伴う

各種の処分をめぐって，被控訴人の設立の認可は無効であり，被控訴人は成立していないから，被控訴人にこれらの処分を行う権限はないとして，控訴人らからこれらの処分が争われる場合の解決になんら資するものではな」い[15]。

判決は，このように述べて，本件土地がXの施行地区の範囲内にあることの確認を求める利益はないとした。また，この訴えをもって，YらがXの組合員であることの確認を求める趣旨であるとも考えられるとしたうえ，本件土地が施行地区内にあるとすれば所有者であるYらは強制的に組合員とされるので，このような訴訟は，公共組合の組合員という公法上の地位確認を求める公法上の当事者訴訟と考えられ，「土地区画整理組合の組合員としての地位は，例えば河川区域内に土地を所有していてその制限を被る地位などとは異なり，より具体的な権利義務の帰属する地位であるから，その存否についての紛争は成熟性を欠くものとはいえず，右地位自体の存否を確認の対象とする訴訟は許されるものと考えられる」とした。しかしながら，次のように述べて，確認の利益を欠くとした。

「行政庁としての立場をも有する被控訴人としては，たとえ控訴人らが被控訴人の組合員であること（あるいは被控訴人の設立の認可の効力又は被控訴人の権限）を否定しこれを争っていても，あらかじめ判決により，控訴人らが被控訴人の組合員であること（あるいは本件土地について被控訴人が土地区画整理事業を行う権限を有すること）の確定を受けることなく，控訴人らに対し，公権力の行使として経費に充てるための賦課金を賦課し，その徴収を市町村長に申請して滞納処分の例により徴収してもらうことができ，また，土地区画整理事業の遂行に必要な各種の行政処分を行うことができるのであるから，控訴人らが被控訴人の組合員であることの確認（あるいは本件土地について被控訴人が土地区画整理事業

---

15 判決は，これらの紛争をあらかじめ解決するには，組合の設立の認可の効力ないし設立の成否の確定を求めるのが最も適切であると考えられるが，弁論の全趣旨によれば，YらからXを被告としてXの設立無効確認訴訟が提起されているという。逆に，Xが原告となって，設立認可の有効確認の訴えを提起することができるかどうかが問題になろう。組合は公共組合であるが，知事の認可との関係においては，抗告訴訟を提起できる私人と同様に扱ってもよいように思われる。

を行う権限を有することの確認）を求める訴えを提起する必要性は，特段の事情のない限り，ないものというべきである。」

　土地区画整理組合が原告となって提起した当事者訴訟である点において，稀な例である。個別の権限を行使して，いわば受けて立つことが可能なのであるから，事前においては確認の利益がないという趣旨であろう。もっとも，いかなる場合に「特段の事情」を認めるべきかという問題が残される。

　第二に，施行地区内に土地を所有する者が，当時の法3条の2第2項1号に規定する「既に市街地を形成している区域」に該当しないので，住宅・都市整備公団は当該区域の土地区画整理事業の施行者になり得ないのに，現に大臣の認可を得て事業の施行に着手し，原告らの権利を侵害するおそれがあるとして，公団が本件事業の施行をすることができないことの確認を求める実質的当事者訴訟が提起された例がある。東京地裁平成10・11・25（訟務月報45巻7号1397頁）は，公団が認可を得て本件事業の施行区域において事業を施行し，施行地区内に存する土地につき権利を有する原告らが，これを受忍する関係は，公法上の法律関係ということができるとし，次のように述べた。

　　「しかし，具体的かつ現実的な争訟の解決を目的とする訴訟制度の下においては，当該法律関係において何らかの不利益を受けるおそれがあるというだけで，事前に当該法律関係の存否の確認を求めることが当然に許されるものではなく，公法上の権利義務の存否を争う訴訟についても，右公法上の義務違反の効果として将来何らかの不利益処分を受けるおそれがあるというだけでは足りず，当該不利益を受けてからこれに関する訴訟の中で事後的に義務の存否を争ったのでは回復し難い重大な損害を被るおそれがあるなど，事前の救済を認めないことを著しく不相当とする特段の事情がある場合に限り，その適法性が認められるのである。」

　判決は，このような一般論に基づいて，「本件事業の施行により原告らの権利が侵害又は制限されたときは，原告らはその各個の処分に対して抗告訴訟を提起することができるのであるから，これらの処分のない状態で，一般的に，被告の施行権限の存否の確認を求める訴えは，いまだその確認を求め

る法律上の利益がないものというべきである」とした。

　確認の訴えの一般論として，いかにも当然のように見える判決であるが，土地区画整理事業計画の行政処分性を肯定した最高裁大法廷平成20・9・10（民集62巻8号2029頁）の趣旨からすれば，各個の処分を待たなければならないとする本判決は，再検討を要するようにも思われる。

[4]　土地区画整理事業の施行

　法は，第3章第1節を「通則」と題して，次のような事項を定めている。

測量・調査のための立入り　　第一に，測量及び調査のための立入りである（72条）。国土交通大臣，都道府県知事，市町村長のほか，独立行政法人都市再生機構理事長若しくは地方住宅供給公社理事長は，土地区画整理事業の施行の準備又は施行のために他人の占有する土地に立ち入って，測量し，又は調査する必要がある場合においては，その必要の限度において，他人の占有する土地に，自ら立ち入り，又はその命じた者若しくは委任した者に立ち入らせることができる。また，法3条1項の規定により土地区画整理事業を施行しようとする者（＝個人施行者となろうとする者），個人施行者，組合を設立しようとする者，組合，同条3項の規定により土地区画整理事業を施行しようとする者（＝区画整理会社を設立しようとする者），区画整理会社も，その土地の属する区域を管轄する市町村長の認可を受けた場合においては，同様とされる（1項）。立ち入ろうとする日の3日前までに土地の占有者に通知すること（2項），日出前及び日没後においては，土地の占有者の承諾があった場合を除き，立ち入ってはならないこと（4項），土地の占有者は，正当な理由がない限り，立入りを拒み，又は妨げてはならないこと（5項），測量又は調査を行うに当たり，「やむを得ない必要があって，障害となる植物又はかき，さく等を伐採しようとする場合」において，その所有者及び占有者がその場所にいないため，その承諾を得ることが困難であり，かつ，その現状を著しく損傷しないときは，その土地の属する区域を管轄する市町村長の認可を受けて，伐除することができること（6項）などが定められている。

　これらの規定において重要なことは，立入り等は，事業の施行のためのみ

ならず,「施行の準備」のための場合も認められていることである。

　東京都が決定した土地区画整理事業の施行区域内に土地建物を所有している原告らが,施行者である住宅・都市整備公団による土地への立入り,表示杭の設置及び建物の除却等の行為について,その禁止を求める民事訴訟が提起されたが,東京地裁平成10・11・25（訟務月報45巻7号1386頁）は,「民事訴訟によって,土地区画整理事業の行政主体たる被告が行う可能性がある処分をあらかじめ差止めるよう求めるもの」で,不適法であるとした。そして,原告らの主張する各行為に対しては,「公権力に基づく処分として,抗告訴訟を提起することが可能である」から,建設大臣が法3条の2第2項に規定する必要性を誤認しているとしても,事前に民事訴訟によって差止めを求めることを肯定すべき理由はないとした。

　この判決の意義は,法3条の2第2項による大臣の監督（必要性に関する判断）にもかかわらず,公団の行政庁たる性質を否定できないとしたうえで,立入り等の事実行為についても抗告訴訟の対象となることを認めた点にある。当時の行政事件訴訟法には差止めの訴えに関する規定はなかったので,無名抗告訴訟の可能性を念頭に置いていたと推測される。

　筆者は,立入りのような事実行為を何の制約なしに行政処分と認めることには抵抗感を抱いてきた。またこのような行為についても行政処分性を認める場合にも,取消しの訴えについては,その事実行為が継続しているときは,その状態を解消させるため訴えの利益が認められるが,たとえば立入りの取消しの訴えについてみると,立入りが完了している限りは訴えの利益がないとして却下されることになると思われる。判決が抗告訴訟の可能性を説くときに,表示杭の設置を別にして,土地への立入り及び建物の除却に関しては,事後に取消しの訴えを提起しても,空振りに終るであろう。これに対して,最も利用される可能性のあるのが,差止めの訴えといえよう。このような点まで考慮していたとするならば,この判決は,傍論とはいえ,画期的なものであったと評価することができる。ただし,行政事件訴訟法37条の4第1項の「重大な損害」の要件を充足する場合は,限られるであろう。

　土地の立入り等により他人に損失を与えた場合には,通常生ずべき損失を補償しなければならない（73条1項）。この損失の補償については,損失を

与えた者と損失を受けた者とが協議しなければならない（2項）。そして，この協議が成立しないときは，いずれかの当事者は，収用委員会に土地収用法94条2項の規定による裁決を申請することができる（3項）。

建築行為等の制限　第二に，建築行為等の制限が定められている。法76条1項各号に定める公告（市町村，都道府県又は国土交通大臣施行の場合は，事業計画決定の公告又は事業計画変更の公告）があった日後，法103条4項の換地処分の公告がある日までは，施行地区内において，土地区画整理事業の施行の障害となるおそれがある土地の区画形質の変更若しくは建築物その他の工作物の新築，改築若しくは増築を行い，又は移動の容易でない物件の設置若しくはたい積を行なおうとする者は，許可を受けなければならない（76条1項）。知事は，第1項の許可の申請があった場合において，許可しようとするときは，施行者の意見を聴かなければならない（2項）。いうまでもなく，事業施行の妨げになるかどうかが問題になるからである。

そして，許可をする場合において，事業の施行のため必要があると認めるときは，許可に期限その他必要な条件を付することができる。この場合において，これらの条件は，許可を受けた者に不当な義務を課するものであってはならない（3項）。そして，国土交通大臣又は知事は，1項の規定に違反し又は許可に付した条件に違反した者（及びその者から権利を承継した者）に対して，原状回復，除却等を命じることができる（4項）。この命令をしようとする場合において，「過失なくてその原状回復又は移転若しくは除却を命ずべき者を確知することができないときは」，あらかじめ公告をして，その措置を自ら行ない，又は，その命じた者若しくは委任した者に行なわせることができる（5項）。確知できないときは，行政代執行法の定める手続による代執行ができないため，公告の手続をとって法独自の代執行，すなわち簡易代執行ないし略式代執行を認めたものである。

前述のように，最高裁大法廷平成20・9・10（民集62巻8号2029頁）は，土地区画整理事業計画決定の行政処分性を判断するに当たり，事業計画の決定により宅地所有者等の権利にいかなる影響が及ぶかについて一定の限度で具体的に予測することが可能になり，いったん決定されると，特段の事情のない限り，事業計画に定められたところに従って具体的な事業が進められ，

その後の手続として換地処分が当然に行なわれることと並んで，法76条の制限が換地処分の公告がある日まで継続的に課されることも挙げて，「施行地区内の宅地所有者等は，事業計画の決定がされることによって，前記のような規制を伴う土地区画整理事業の手続に従って換地処分を受けるべき地位に立たされるものということができ，その意味で，その法的地位に直接的な影響が生ずるものというべきであり，事業計画の決定に伴う法的効果が一般的，抽象的なものにすぎないということはできない」と述べた。法の仕組みを素直に読んで，青写真判決（最高裁大法廷昭和41・2・23民集20巻2号271頁）及びそれを前提にした最高裁平成4・10・6（判例時報1439号116頁）[16]を変更したものである。

建築物等の移転及び除却　土地区画整理事業のうちの工事に関係する根幹的な行為が，建築物等の移転及び除却並びにその他の工事である。まず，法77条の規定が用意されている。

①法98条1項の規定により仮換地若しくは仮換地について仮に権利の目的となるべき宅地若しくはその部分を指定した場合，②法100条1項の規定により従前の宅地若しくはその部分について使用し，若しくは収益することを停止させた場合，又は③公共施設の変更若しくは廃止に関する工事を施行する場合において，従前の宅地又は公共施設の用に供する土地に存する建築物その他の工作物又は竹木土石等（＝建築物等）を移転し又は除却することが必要となったときは，これらの建築物等を移転し，又は除却することができる（77条1項）。

この場合の手続に関して，法は，相当の期限を定め，その期限後においては移転し又は除却する旨を建築物等の所有者又は占有者に対し通知するとともに，その期限までに自ら移転し又は除却する意思の有無をその所有者に対して照会しなければならないとしている（2項）。自主的移転又は除却を可能にする手続である。住宅の用に供している建築物についての「相当の期限」

---

[16] 最高裁平成元・2・16訟務月報35巻6号1092頁は，法52条1項に基づく設計概要の認可について，青写真たる性質に言及した1審判決を引用した原審判決の行政処分性否定の判断を是認できるとした。最高裁平成20・9・10大法廷判決により，事業計画決定を争うことができる以上，設計概要の認可を争う実益はないと思われる。

は3月を下ってはならないことを原則にしつつ，一定の場合の例外が定められている（3項）。過失なくて建築物等の所有者を確知することができないときは公告の手続をとる（4項，5項，6項）。そして，第2項による通知の期限後又は第4項による公告された期限後は，施行者は，いつでも自ら建築物を移転し，若しくは除却し，又はその命じた者若しくは委任した者に建築物等を移転させ，若しくは除却させることができる。4項の手続は，簡易代執行ないし略式代執行の場合に似た手続である。個人施行者，組合又は区画整理会社が施行者であるときは，あらかじめ，その所在地を管轄する市町村長の認可を受けなければならない（7項）。建築物等の所有者及び占有者は，施行者の許可を得た場合を除き，その移転又は除却の開始から完了に至るまでの間は，その建築物等を使用することができない（8項）。

　第1項の「移転し，又は除却することができる」の規定にもかかわらず，第2項は，移転又は除却をする旨を通知することとしているので，これらのうちのいずれかの行為について行政処分性を見出すことができるであろうか。

　第1項の移転又は除却は代執行と位置づけられているわけではないが，第2項による通知は，移転・除却の意思決定を伝えるものであって，行政代執行法における戒告と似た性質を有している。相手方にとっては移転除却を受忍する義務，施行者にとっては直接施行をすることのできる効果を生ずるものである[17]。したがって，通知行為に行政処分性を見出すことができる[18]。その執行行為が移転又は除却という事実行為であるとするならば，通知行為の取消訴訟を提起し，その執行停止を申し立てることもあろう。裁判例には，移転通知の行政処分性を肯定するものが多い[19]。その理由は，通知が移転及

---

[17] 大場・縦横下46頁。

[18] 大場・縦横下60頁，65頁。「建築物等移転通知及び照会」の文書の雛型においても，審査請求と取消訴訟の提起についての教示がなされている（街づくり区画整理協会『土地区画整理事業実務標準（改訂版）第3版』（街づくり区画整理協会，平成21年）342頁，344頁）。

[19] 長崎地裁決定昭和39・6・29行集15巻6号1098頁，大阪高裁昭和41・11・29行集17巻11号1307頁，その上告審・最高裁昭和43・10・29集民92号715頁（この高裁及び最高裁判決は，移転施行が完了した場合は，通知の取消しを求める利益は失われるとした）。建物移転通知及び照会の効力停止の申立てが，回復困難な損害を避

び除却の直接施行の前提要件となっていることに求められる（高松地裁平成2・4・9行集41巻4号849頁）。すなわち，通知及び照会は，移転又は除却の直接施行の前提要件を備えるという法律効果を生ずることに求められよう。通知及び照会の無効確認訴訟が提起された事案において，移転の執行が完了し損害を生ずるおそれがないときは，無効確認訴訟の原告適格を有しないとされた事例がある（東京地裁昭和57・9・28行集33巻9号1961頁）。

さらに事実行為である移転又は除却について，行政処分性を見出して移転又は除却の差止めを求める訴え又は民事の差止めの訴えが検討されよう。

なお，移転除却の通知・照会で指定した期限後に，所有者等に移転除却の開始日・終了予定日等の細目を通知する慣行があるようである。しかし，これは，法令に直接根拠をもつ行為ではなく，所有者，占有者の便宜を図る事実上の措置と解されており，行政処分性を有するものではない[20]。

ところで，除却処分の国家賠償法上の違法性が争われ，法77条1項の要件の充足の有無について判断した裁判例がある。岐阜地裁平成23・5・19（判例集未登載）である。まず，仮換地について使用又は収益を開始することができる日について「別に定めて通知する」と通知されていたところ，その通知がなされた証拠はないから仮換地の指定を受けている者が使用収益を開始しようとしていたとはいえないとした。さらに，「公共施設の変更若しくは廃止に関する工事を施行する場合」とは，既に設置されている公共施設を廃止又は変更した結果，存置することが許されなくなった同廃止又は変更前の公共施設の用に供する土地上の物件を排除することができるとする趣旨で，いわば公共施設を廃止し又は変更した後の事後的な措置を規定したものというべきであり，都市計画において新たに公共施設を設置することが決定されたことを理由として，当該施設を設置する場合に障害となる物件を排除できるとする規定であるとは認められないとした。同趣旨の裁判例として，和歌山地裁昭和37・7・7（行集13巻7号1320頁）がある。

第7項による認可は，行政庁間の内部的行為であり，外部に向けられたも

けるため緊急の必要があるとは認められないとして却下された事例もある（東京高裁決定昭和55・7・7行集31巻7号1453頁）。

20　大場・縦横下63頁，大阪地裁昭和60・12・18行集36巻11・12号1988頁。

のではないから行政処分に当たらない（大阪地裁昭和 60・12・18 行集 36 巻 11・12 号 1988 頁）。逆に認可を受けられなかった場合の争い方が問題となる。

次に，仮換地指定処分の違法が建築物の移転・除却の違法に承継されるかどうかが問題になる。高松地裁平成元・3・30（判例時報 1326 号 117 頁）は，法 77 条 2 項の建築物等の移転及び照会の取消しを求めた訴えの事案である。同判決は，「法 77 条 2 項の建築物等の移転の通知及び照会の目的は，仮換地指定又はその変更によって観念的には従前地の権利者から取り上げたその使用収益権を現実的に取り上げることにあり，両者は相結合して従前地の権利者からその使用収益権を取り上げるという一つの法律効果の発生を目指す一連の手続を構成するものということができるから，違法性の承継を肯定するのが相当である」として，違法性の承継肯定説を展開した。ただし，具体の事件に関して，先行の仮換地指定変更処分に違法はないとして，請求を棄却した。高松地裁平成 2・4・9（行集 41 巻 4 号 849 頁）も，「法 77 条の建築物の移転・除却は，法 98 条の仮換地等の指定の目的を現実的に完成させるものであり，両者は相結合して一つの効果を完成する一連の行為である」ことを理由に違法性の承継を認めている。具体の事案に関しては，照応原則違反の違法を認めつつ，処分を取り消すことが公共の福祉に適合しないとして，事情判決により移転通知取消請求等を棄却した。違法性の承継肯定説に賛成したい。

法 77 条 1 項又は 2 項による建築物等の移転・除却により損失を受けた者に対しては，通常生ずべき損失を補償しなければならない（78 条 1 項）。法 77 条 2 項の照会がないときは，損失補償請求権は発生しないとする裁判例（東京高裁平成 5・10・18 判例地方自治 124 号 58 頁）がある。なお，法 73 条 3 項の規定が準用される（78 条 3 項）。補償契約が錯誤により無効とは認められないとして，「協議が成立しない場合」に当たらないと認定した裁判例がある（盛岡地裁平成 24・2・10 判例地方自治 368 号 71 頁）。

土地の使用・工事　施行者は，移転し又は除却しなければならない建築物に居住する者を一時的に収容するために必要な施設，公共施設に関する工事の施行のために必要な材料置場等の施設その他土地区画整理事業の施行のために欠くことのできない施設を設置するため必要がある場合においては，

土地収用法で定めるところに従い，土地を使用することができる（79条1項）。法98条1項の規定により仮換地若しくは仮換地について仮に権利の目的となるべき宅地若しくはその部分を指定した場合又は法100条1項の規定により従前の宅地若しくはその部分について使用し，若しくは収益することを停止させた場合において，それらの処分により使用し，又は収益することができる者のなくなった従前の宅地又はその部分については，その宅地の所有者又は占有者の同意を得ることなく，土地区画整理事業の工事を行なうことができる（80条）。

所有権以外の権利の申告と同権利者に対する権利の目的となるべき土地の指定　施行地区（個人施行者の施行する土地区画整理事業に係るものを除く）内の宅地について所有権以外の権利で登記のないものを有し，又は有することとなった者は，当該権利の存する宅地の所有者若しくは当該権利の目的である権利を有する者と連署し，又は当該権利を証する書類を添えて，書面をもってその権利の種類及び内容を施行者に申告しなければならない（85条1項）。権利申告は，仮換地においては，従前の宅地について，地上権，永小作権，賃借権その他の宅地を使用し，又は収益することができる権利を有する者があるときは，「その仮換地について仮にそれらの権利の目的となるべき宅地又はその部分を指定しなければならない」（98条1項第2文）こととの関係において，重要な意味をもっている。

この指定との関係において，権利申告の内容の程度が問題とされた事案がある。東京地裁昭和52・2・23（行集28巻1・2号142頁）は，次のように述べて，申告が所定の形式を具備しない場合は，申告が全くなされない場合と同様に，施行者は，当該権利が存在しないものとしてその後の手続を追行できるとした。

「土地区画整理事業の施行者は，従前地の上に存する一切の権利関係をそのまましかも迅速に換地に移すべき職責を負うものであるところ，未登記の権利関係についてまでこれを施行者の側において調査し把握することは困難であるばかりでなく，事業の遂行そのものを著るしく遅滞させることは明らかであるから，未登記の権利関係については権利者の側から当該権利の申告をさせることにより区画整理事業の円滑・迅速・

画一的施行と未登記権利者の保護との調整をはかろうとするのが，法85条1項所定の所有権以外の未登記権利の申告制度の趣旨であると解される。そうだとすると，未登記権利者は当該権利の申告にあたっては，施行者が区画整理事業を迅速・正確に実施するうえで，当該未登記権利の内容，範囲を格別の調査をすることなく容易に認識できる程度に記載し，資料を添付しなければならないものというべきであり，したがって，申告が右の形式を具備しない場合においては，申告が全くされない場合（法85条5項参照）と同様，施行者は当該権利が存在しないものとしてその後の手続を追行できるものと解するのが相当である。」[21]

　ここには，未登記権利の内容，範囲を格別の調査をすることなく容易に認識できる程度の記載と資料の添付が求められるとの見解が示されている。しかし，一見して容易に認識できるとはいえない記載であったり資料の添付が不十分であったからといって，施行者が，それに何ら対応しないで未登記権利が存在しないものとして手続を進めることができるという見解には賛成できない。申告の追完を促す手続をとることが，施行者に条理上求められているというべきである。同判決も，前記の一般論を展開しつつも，具体の事案において，施行者の係員が再三にわたり申告書の不備を補正すべき書類，たとえば借地の測量図等の提出を求めたにもかかわらず応じなかったことも認定して，「なおさら」であるとしている。当該事件において，原告は，借地の位置，坪数，権利の内容等につき明確を欠く点があるとしても，その不備は，施行者において調査し補完すべき職責があると主張したが，そこまでの義務を施行者に求めることはできないと思われる。

　最高裁は，昭和40年に二つの判決を出した。まず，最高裁大法廷昭和40・3・10（民集19巻2号397頁）は，従前の土地につき賃借権を有するにすぎない者は，施行者から使用収益部分の指定を受けることによって初めて当該部分についての使用収益をなしうるに至るのであって，未だ指定を受けない段階においては仮換地につき現実に使用収益をなし得ないとした[22]。次に，最高裁昭和40・7・23（民集19巻5号1292頁）は，このことは，一筆の

21　本文に述べた東京地裁昭和52・2・23の控訴審・東京高裁昭和52・9・13行集28巻9号923頁も，この判決を引用して，控訴を棄却した。

土地の一部に賃借権を有する場合でも，全部に賃借権を有するときであっても異なることはない，とした。

特別な換地の申し出　法は，事業計画において住宅先行建設区が定められた場合，市街地再開発事業区が定められた場合，高度利用推進区が定められた場合に，それぞれ，それらの区域内に換地を定めるべき旨の申出を認めている（85条の2第1項，85条の3第1項，85条の4第1項）。これらの申出に関しては，申出の期間制限がある（85条の2第4項，85条の3第3項，85条の4第4項）。また，これらの申出に対しては，指定し又は当該申出に応じない旨の決定をして，その旨を通知しなければならない（85条の2第6項，85条の3第5項，85条の4第6項）。これらの指定又は決定が，申請に対する処分というべきかどうかが問題になる。後に，換地計画そのものの行政処分性を認める場合には，その争いとして処理すれば十分であるように見えるが，申出に対する対応を争うには，独自に行政処分性を認めて，取消訴訟や不作為の違法確認の訴えの対象とするメリットが十分にあるように思われる。

換地計画の決定及び認可　施行者は，施行地区内の宅地について換地処分を行なうため，換地計画を定めなければならない。この場合に，施行者が，個人施行者，組合，区画整理会社，市町村又は機構等であるときは，その換地計画について都道府県知事の認可を受けなければならない（86条1項）。換地計画には，換地設計，各筆換地明細，各筆各種権利別清算金明細，保留地その他の特別の定めをする土地の明細，その他省令で定める事項を定めなければならない（87条1項）。清算金の決定に先立って，それ以外の事項のみについて定める換地計画を定めることができる（87条2項）。その場合には，換地処分を行なうまでに，各筆各種清算金額を定めなければならない（87条3項）。後述するように，関係権利者の同意，公衆の縦覧に供すること，意見書の提出とその扱いなど，事業計画の決定の場合に類する手続がとられ

22　この論理に基づいて，仮換地の指定により従前の土地上の賃借人所有の建物がそのまま仮換地上に存することとなった場合であっても，賃借人としては，特段の事情もないのに，施行者に権利申告をせず，したがって施行者による使用収益部分の指定もないまま，建物を所有して敷地たる仮換地の使用収益を継続することは許されないとした。

る（88条）。

　この換地計画が行政処分性を有するか否かについて，それを否定する裁判例がある。

　たとえば，福岡高裁昭和49・3・28（判例時報750号41頁）は，傍論としてではあるが，「一連の手続を経て行われる土地区画整理において，事業計画ないし換地計画それ自体は，区画整理地区内の宅地，建物の所有権その他の権利に直接具体的な変動をきたす効果があるものではなく，区画整理事業の進行によって換地指定等個々的な処分がなされるに及んで，直接具体的な法律効果を発生せしめるものであることは，いうをまたない」と述べた。

　広島地裁昭和58・5・11（行集37巻4・5号627頁）は，「事業計画そのものとしては，特定個人に向けられた具体的な処分ではなく，いわば当該土地区画整理事業の青写真たるにすぎない一般的・抽象的な単なる計画にとどまるものであるから，直接それに基づく具体的な権利変動を生じない事業計画の決定ないし公告の段階では，理論上からいっても，訴訟事件としてとりあげるに足るだけの事件の成熟性を欠くのみならず，実際上からいっても，その段階で，訴の提起を認めることは妥当でなく，また必要もないと解するのが相当である」とした。換地計画についても「青写真」と述べている点には，違和感を覚えざるを得ない。その控訴審・広島高裁昭和61・4・22（行集37巻4・5号604頁）も，「換地計画自体によっては未だ関係権利者の権利変動までは生ぜず，これに基づく仮換地指定，換地指定などにより具体的個別的な権利変動が生じてくるものであり，この段階で抗告訴訟を肯認すれば足りる。そうだとすれば，換地計画は，争訟の成熟性，処分性に欠け，無効確認訴訟の対象となる行政処分に当たらないものと解するのが相当である」と述べた。

　さらに，広島地裁昭和61・12・26（訟務月報33巻8号2128頁）も，換地計画は，「事業計画で定められた事項をさらに具体化し，従前地の所有権その他の権利につきその変動の方針を定める性質のものであるが，それ自体によっては未だ具体的な権利変動を生ぜず，これに基づく仮換地指定処分，換地処分があってはじめて個別，具体的な権利変動を生ずるのであるから，関係権利者はその段階で抗告訴訟を提起することができ，かつそれをもって足

りると考えられる」とし，換地計画は，取消訴訟の対象となる行政処分に当たらないと解するのが相当である，とした。

換地計画の認可についても，千葉地裁平成7・1・25（判例地方自治141号65頁）は，無効確認訴訟の対象となる行政処分に当たるかどうかについて，次のように述べて，否定した。

「換地計画（法78条）とは，事業計画の具体化として，従前地の所有権その他の権利につき，区画整理後にどのようなものとして処理するかその権利変動の性質を定めるものであるところ，都道府県知事によるこの換地計画の認可処分（法86条）は，換地計画について法令違反等がないかを確認したうえで，その内容すなわち右に述べた各権利変動の性質を確定するにすぎないものである。したがって，右認可処分により直ちに個別具体的な権利変動が生じるものではなく，認可された換地計画に基づき仮換地指定処分，換地処分があって初めて個別具体的権利変動が生じるのであって，関係権利者はその段階で抗告訴訟を提起することができ，かつそれで足りるものである以上，換地計画の認可処分は紛争の成熟性に欠け，無効確認訴訟の対象となる行政処分には該らないと解するのが相当である。」

しかし，法は，換地計画において，換地設計，各筆換地明細，各筆各権利別清算金明細，保留地その他の特別の定めをする土地の明細，その他国土交通省令で定める事項を定めることとし，換地を定める際の原則（89条），宅地地積の適正化のために換地の定め（91条），借地地積適正化のための定め（92条），宅地立体化のための定め（93条）などのほか，特に，清算金（94条）及び保留地（96条）についての規定を用意している。このような規定があるときに，果たして仮換地指定処分，換地指定処分まで待たなければならないとすることが合理的といえるか大いに疑問がある。

以上のような下級審裁判例が集積しているものの，最高裁大法廷平成20・9・10（民集62巻8号2029頁）の後において，換地計画の行政処分性を否定する論理を見出すことは難しいように思われる。事業計画をより具体化させる行為であり，それだけ確実なものになるからである。また，後の行為を争うのでは事情判決の可能性もある。

手続を見ておこう。換地計画の認可申請については，事業計画に関する関係権利者の同意を要する旨を定める法8条，51条の6の規定が準用される（88条1項）。また，個人施行者以外の施行者は，換地計画を2週間公衆の縦覧に供しなければならないこととされ（88条2項），その換地計画に意見のある利害関係者は，縦覧期間内に施行者に意見書を提出することができる（88条3項）。この意見書の提出があった場合は，その内容を審査し，意見書の意見を採択すべきであると認めるときは，換地計画に必要な修正を加え，採択すべきでないと認めるときは，その旨を意見書提出者に通知しなければならない（88条4項）。これにより必要な修正を加えた場合は，軽微なもの又は形式的なものである場合は別として，修正に係る部分について，再び縦覧以降の手続を踏むことが求められる（88条5項）。そして，縦覧に供すべき換地計画を作成しようとする場合及び意見書の内容を審査する場合には，土地区画整理審議会の意見を聴かなければならない（88条6項）。さらに，意見書が農地法にいう農地又は採草放牧地に係るものであり，かつ，その意見書を提出した者が当該換地計画に係る区域内の宅地について所有権又は借地権を有する者以外の者であるときは，その農地又は採草放牧地を管轄する農業委員会の意見を聴かなければならない（88条7項）。

これらの手続は，いずれも重要な手続であるので，たとえば，縦覧に供しなかったこと，提出された意見書を審査しなかったこと，意見書の内容の審査に当たり土地区画整理審議会の意見を聴かなかったことなどは，換地計画を違法ならしめるといわなければならない。

なお，仮換地を指定し，又は仮換地について仮に権利の目的となるべき宅地若しくはその部分を指定する場合においては，換地計画において定められた事項又は法の定める換地計画の決定の基準を考慮してしなければならない（98条2項）。

照応の原則　　換地計画において定める内容に関する規律を見ておこう。

換地に関するいわゆる「照応原則」が出発点となる。すなわち，「換地及び従前の宅地の位置，地積，土質，水利，利用状況，環境等が照応するように定めなければならない」（89条1項）。従前の宅地について所有権及び地役権以外の権利又は処分の制限があるときは，その換地についてこれらの権利

又は処分の制限の目的となるべき宅地又はその部分を第1項の規定に準じて定めなければならない (89条2項)。

　従前地と換地との照応のことを，一般に「縦の照応」と呼んでいる。「照応する」とは，通常の能力をもった人からみて，大体において同一条件にあることを指すとされている[23]。

　照応原則は，仮換地指定の適法性をめぐる争いにおいて争点とされることが多い。この点については，後述の仮換地指定の項目において，再度触れることにしたい。なお，最高裁昭和54・3・1（判例タイムズ394号64頁）は，「換地計画において換地を定めるにあたり，施行区域内の特定の数筆の土地につき所有権その他の権利を有する者全員が他の土地の換地に影響を及ぼさない限度内において右数筆の土地に対する換地の位置，範囲に関する合意をし，右合意による換地を求める旨を申し出たときは，事業施行者は，公益に反せず事業施行上支障を生じないかぎり，土地区画整理法89条1項所定の基準によることなく右合意されたところに従って右各土地の換地を定めることができるものと解すべきである」とした。正当というべきであろう。

　宅地地積の適正化・借地地積の適正化・宅地の立体化　　照応原則を形式的に適用すると望ましくない結果をもたらすことがある。そこで，いくつかの対応策が講じられる。

　第一に，災害を防止し，及び衛生の向上を図るため宅地の規模を適正にする特別の必要がある場合に，著しく面積の小さい宅地が生じないようにする措置である。そのような特別の必要がある場合には，換地計画の区域内の地積が小である宅地について，過小宅地とならないように換地を定めることができる（91条1項）。この過小宅地の基準となる地積は，政令で定める基準に従い，施行者が土地区画整理審議会の同意を得て定める（91条2項）。法施行令57条は，この委任を受けて，換地計画の区域の全域について，又はその区域を2以上の区域に分かち，それぞれの区域について，過小宅地の基準となる地積を定めることができるとしている（57条1項）。これによれば，過小宅地の基準を定めるときには，基準面積設定の空白区域を生じてはなら

　23　松浦・土地区画整理法414頁。

ないように見える。

　裁判例には，建物のある土地については定めず，建物のない土地についてのみ定めることも許されるとしたものがある。大阪高裁昭和56・10・21（判例時報1049号20頁）は，建物のある狭小な宅地について換地を定めず金銭清算によることは不可能であるので，従前地上の利用状況を著しく減少せしめない範囲で減歩して換地し，建物のない土地のうち33平方メートル未満の土地については換地を定めないで金銭清算とし，建物のない33平方メートル以上の土地については最小敷地面積を33平方メートルとしたことについて，法91条，92条等に違反しないとした。

　また，法91条1項の規定を類推適用して2坪換地をしたことについて，広島高裁平成8・3・28（判例地方自治154号67頁）は，「右規定は，本来，従前地に減歩を行い過小宅地となる虞があり，災害の防止や衛生の向上の見地から地積を適正にする特別の必要がある場合に増換地を含む特段の措置をとることを可能にしたものであって」，もともと2坪程度しかない従前地に対し平均18.4倍に及ぶ増換地をすることまで許容した規定とは到底認め難いとした。ただし，具体の事案の2坪換地は，計画の当初に予想できなかった社会，経済情勢の変化により未指定地が発生したものであって，未指定地発生時点において，従前の事業計画を全面的に変更して仮換地指定をやり直すことは，仮換地上に建築されていた建物の除去，移転を伴うなど，社会的，経済的影響も大きく，事実上実現不可能であるなどの諸事情から，2坪換地の違法性の程度は換地処分の取消事由とするに足るものとは認めがたいとした。

　この事例は，このように，極めて特殊な事案といえよう。ちなみに，この判決は，取消事由にならないとしたが，原審の広島地裁昭和61・12・26（訟務月報33巻8号2128頁）は，2坪換地につき法91条1項を類推適用できないと解する点は共通であるが，換地処分を違法としつつ，換地処分を取り消すことは公共の福祉に適合しないとして事情判決により請求を棄却していた。事情判決の場合は，国家賠償請求認容の可能性が高まる点において，控訴審の適法判決との違いがある。

　このような仕組みと関係するのが，法91条4項及び5項である。

第4項は，第1項の場合において，土地区画整理審議会の同意を要件として，地積が著しく小であるため地積を増して換地を定めることが適当でないと認められる宅地について，換地計画において換地を定めないことができる旨を規定している。このような宅地の所有者は，換地処分後は，従前地に対応する換地はなく，清算金交付請求権を有するのみである[24]。この所有者が，換地計画を争えず，換地処分まで待たなければならないとすることは著しく不合理である。換地処分時には事情判決の可能性も高いので，換地計画を争うことができるものとしなければならない。

　「地積が著しく小であるため地積を増して換地を定めることが適当でない」とは，通常の減歩率によって換地すると独立の用に供し得なくなるために，他の宅地の減歩率を相当高めざるを得なくなって権利者間の公平の見地から適当でない場合や，従前地も狭小であまり使用収益されていなかった場合などが考えられるとされる[25]。

　第5項は，第1項の規定により宅地が過小宅地とならないように換地を定めるため特別な必要があると認められる場合において，土地区画整理審議会の同意を要件として，地積が大で余裕がある宅地について，換地計画において地積を特に減じて換地を定めることができる旨を定めている。問題は，「地積が大で余裕がある宅地」とは，どの程度の宅地をいうのか，「地積を特に減じて」とは，どの程度までを可能とするのか，の2点にある。これらの判断に裁量を伴うことは否定できない。宅地の所有者にとって，どれだけの換地が割り当てられるかが重大事であるにもかかわらず，換地には，このような施行者の裁量を許容する仕組みが組み込まれていることに注意したい。

　第二に，災害を防止し，及び衛生の向上を図るため借地の地積の規模を適正にする特別な必要があると認められる場合においては，その換地計画の区域内の地積が小である借地の借地権について，過小借地とならないように当該借地権の目的となるべき宅地又はその部分を定めることができる（92条1項）。これは，法91条1項に対応する借地権に関する適正化の措置を許容するものである。過小借地の地積は，法91条2項により定められた地積とさ

24　松浦・土地区画整理法434頁。
25　松浦・土地区画整理法434頁。

れる（92条2項）。地積が著しく小であるため地積を増して借地権の目的となるべき宅地又はその部分を定めることが適当でないと認められる借地の借地権については，土地区画整理審議会の同意を要件に，定めないことができる（92条3項）。第1項の規定により，借地が過小借地とならないように借地権の目的となるべき宅地又はその部分を定めるため特別の必要があると認められる場合において，土地区画整理審議会の同意を要件に，「その借地の所有者が所有し，かつ，当該借地権の目的となっていない宅地又はその部分について存する地上権，永小作権，賃借権その他の宅地を使用し，若しくは収益することができる権利について」換地計画において，地積を特に減じて当該権利の目的となるべき宅地又はその部分を定めることができる（92条4項）。

　第三に，法91条1項の対象となる宅地又は法92条1項の対象となる借地権については，土地区画整理審議会の同意を要件として，換地計画において，換地又は借地権の目的となる宅地若しくはその部分を定めないで，施行者が処分する権限を有する建築物の一部（その建築物の共用部分の共有持分を含む）及びその建築物の存する土地の共有部分を与えるように定めることができる（93条1項）。市街地における土地の合理的利用を図り，及び災害を防止するために特に必要がある場合においては，都市計画法8条1項5号の防火地域内で，かつ，同項3号の高度地区（建築物の高さの最低限度が定められているものに限る）内の宅地の全部又は一部について，土地区画整理審議会の同意を要件に，換地計画において，換地又は借地権の目的となるべき宅地若しくはその部分を定めないで，施行者が処分する権限を有する建築物の一部及びその建築物の存する土地の共有持分を与えるように定めることができる（2項）。これらの場合において，建築物の一部及びその建築物の存する土地の共有持分を与えられないで，金銭により清算すべき旨の申出があったときは，当該宅地又は借地権については，現物を充てるように定めることができない（3項）。施行者は，区域内の宅地の所有者の申出又は同意があった場合においては，その宅地の全部又は一部について，換地計画において換地を定めないで，施行者が処分する権限を有する建築物の一部及びその建築物の存する土地の共有持分を与えるように定めることができる（4項）。法

90条又は93条4項の規定により換地を定めない宅地又はその部分について借地権を有する者がある場合において，その者がこれらの規定による同意に併せて，その借地権について建築物の一部及びその建築物の存する土地の共有持分を与えられるべき旨を申し出たときは，施行者は，換地計画においてその借地権について施行者が処分する権限を有する建築物の一部及びその建築物の存する土地の共有持分を充てるように定めることができる（5項）。条文見出しが「立体化」とされているように，区分所有建物の区分所有権が想定されているといえよう。

　清算金　　土地区画整理事業において，最も重要なものの一つは，清算金である。法94条は，換地又は換地について権利の目的となるべき宅地若しくはその部分を定め又は定めない場合において，「不均衡が生ずると認められるとき」は，「従前の宅地又はその宅地について存する権利の目的である宅地若しくはその部分」及び「換地若しくは換地について定める権利の目的となるべき宅地若しくはその部分」又は法89条の4若しくは91条3項の規定により共有となるべきものとして定める土地の「位置，地積，土質，水利，利用状況，環境等を総合的に考慮して」金銭により清算するものとし，換地計画においてその額を定めなければならない（94条第1文）。この清算のための金銭が清算金である。

　この清算金に関しては，大きく分けて二つの方式があり得る。比例清算方式と差額清算方式である。比例清算方式とは，実際の換地においては平均以上の換地を取得する者と平均を下回る換地にとどまる者とが生ずるため，従前地と換地との価値の比率が公平になるように調整する方式である。差額清算方式とは，従前地と換地との価値が等価となるように差額を清算金として交付し又は徴収する方式である。しかし，事業により換地の価値がどれだけに高まったかを正確に測定することは困難であるため，法は，比例清算方式を採用しているものと解される[26]。なお，清算金は，不均衡の是正のためのものであって，損失補償の性格をもつものではないと解されている[27]。法が

---

[26]　松浦・土地区画整理法447頁-448頁。なお，広島地裁昭和57・4・28訟務月報28巻7号1483頁を参照。

[27]　青森地裁昭和58・1・18訟務月報29巻8号1543頁，長崎地裁昭和58・12・16訟

「不均衡が生ずる」と述べているのは，施行地区内（又は工区内）の権利者相互間の「横の関係における不均衡」である[28]。

　清算金の算定のためには，従前地及び換地の評価が必要となる。その際に，事業が施行された後の換地の価格に対して影響を与える事情を従前地の評価において考慮することは違法とされる。

　横浜地裁平成16・4・7（判例地方自治256号34頁）は，「宅地の近隣において道路の開設あるいは拡幅が計画されているという事情は，当該宅地の利用状況ないし環境の一要素として，その客観的価値に影響を与えるものということができるから，土地区画整理事業における宅地の価格の評価に際しても，このような道路の計画の影響を評価価格に反映させること自体には合理性があるということができる。しかし，土地区画整理事業において，従前地及び換地の価格をそれぞれ算定するのは，当該事業の施行の前後におけるそれぞれの宅地の価格を評価することにより，換地処分における換地と従前地との照応を図りつつ，適正な清算金の額を算出するためであるから，専ら事業が施行された後の換地の価格に対して影響を与える事情を，従前地の評価において考慮することは，合理性を欠くものといわなければならない」と述べた。

　ここにおける「専ら事業が施行された後の換地の価格に対して影響を与える事情」を「道路の計画の影響」からどのように区別できるかが問題である。判決は，具体の事件に関して，本件都市計画道路は，本件区画整理事業の施行により計画路線に適合するように宅地の区画を整理し道路用地を生み出して建設することを予定していたものであり，本件都市計画道路は区画整理事業の施行によって初めて実現するものであるから，都市計画道路が計画されていることを従前地の評価において考慮し，その価格の加算要因とすることは，合理性を欠くとした[29]。控訴審の東京高裁平成17・2・9（判例集未登載）も，この判断を維持した。

　　務月報30巻6号994頁。
28　松浦・土地区画整理法449頁。
29　この事案は，不服申立て段階で事情裁決がなされたため，国家賠償請求によっているものである。

評価方法として，路線価方式が用いられることが多い。

清算金の算定を固定資産税課税標準額に基づいて行なったことの適否が争われた事件がある。東京高裁平成21・6・18（判例集未登載）は，「清算金の制度は，従前の宅地とそれについて定められた換地との関係につき，換地設計上の技術的理由等から，換地相互間に不均衡が生ずることが避けられない場合における当該不均衡を是正するためのものであると解される」と述べ，「確かに，施行地域内の広大な面積に及ぶ多数の従前地及び換地の双方につき同一時点における公平かつ迅速な評価をすることが要請される土地区画整理事業の特質にかんがみれば，一般に，その清算金の算定に当たってその評価につき固定資産税課税標準額を用いることは，許容され得るものと解される」としつつも，「具体的な固定資産税課税標準額が当該固定資産の適正な評価額を表していないことが明らかである場合において，当該固定資産税課税標準額を用いることが許されないことは，上記の清算金制度の趣旨に照らして自明である」とし，具体の事案に関して，住宅用地の特例が適用された固定資産税課税標準額が用いられていたことを理由に法94条に違反するとした。

清算金の算定に当たり，簡便性をどの程度考慮に入れてよいのか，逆に言えば，どの程度の場合に適正な評価額を表わしていないと判断するかが問題となる。

清算金の算定において，定期借地権（借地借家法22条）及び事業用借地権（同法24条）について，その存続期間の長短，地代の額，権利金又は保証金の授受の有無ないし多寡，当該借地の用途等の契約条件に規定される極めて個別性の強いものであるのに，換地計画において定期借地権等と普通借地権との差異及び定期借地権等の個別性，多様性を捨象し，一律に借地権割合をもって権利の価額を評価し，清算金の額を定めることは合理性を欠くと述べた裁判例がある（大阪地裁平成21・1・30判例タイムズ1306号234頁，その控訴審・大阪高裁平成21・11・11判例集未登載）[30]。

---

[30] ただし，この判決は，この一般論にもかかわらず，具体の権利の評価に関しては，更地価額の50％と評価したことが不合理であるとはいえないとして，清算金額の定めが法94条に違反するとはいえないとした。

換地計画の変更　法97条前段は，個人施行者，組合，区画整理会社，市町村又は機構等が，換地計画を変更しようとする場合には，都道府県知事の認可を受けなければならないとしている。この条項は，手続のみを定めるものであって，換地計画の変更の要件については何ら定めるところがない。しかしながら，換地計画の変更には，合理的な必要性が認められなければならず，換地計画に基づく処分が関係の権利者に対して効力を生じた後は，安定性の要請が強く働くので，変更の必要性との利益衡量が必要とされよう[31]。

[5]　仮換地の指定・換地処分

仮換地の指定　換地に先立って，仮換地の指定を行なうことが一般化している。換地処分を行なう前において，(ア) 土地の区画形質の変更若しくは公共施設の新設若しくは変更に係る工事のため必要がある場合又は，(イ) 換地計画に基づき換地処分を行なうため必要がある場合に，「仮換地を指定することができる」（98条1項前段）という規定に基づいている。この場合に，従前の宅地について地上権等の宅地を使用し又は収益することができる権利を有する者があるときは，その仮換地について「仮にそれらの権利の目的となるべき宅地又はその部分」を指定しなければならない（98条1項後段）。これらの仮換地の指定等をする場合においては，換地計画において定められた事項又は法に定める換地計画の基準を考慮してしなければならない（98条2項）。

前記の(ア)の要件を充足する場合は，換地計画に基づくことなく仮換地指定をしても違法ではない（東京地裁昭和39・5・27行集15巻5号815頁，東京地裁昭和39・9・25行集15巻9号1795頁，大津地裁昭和41・5・25訟務月報12巻9号1309頁）。ところが，(イ)の換地予定地的仮換地指定が換地計画に基づくことなくなされた場合であっても，後にその旨の換地計画が定められたときは，瑕疵が治癒されるとする裁判例があり（大阪高裁昭和57・6・9行集33巻6号1238頁，大阪地裁昭和60・12・18行集36巻11・12号1988頁），また，換地予定的仮換地指定をする場合にも，「土地の区画形質の変更若しくは公

31　参照，下出・換地処分92頁-93頁。

共施設の新設若しくは変更に係る工事のために必要がある場合」には、換地計画に基づくことを要しないとするのが判例である（最高裁昭和60・12・17民集39巻8号1821頁）。しかし、換地予定地的仮換地指定（原則的仮換地指定）に当たり、換地計画に基づかないで例外的仮換地指定を代用することが多いことに対する戒めの見解が多い[32]。

仮換地の指定等をする場合は、あらかじめ、その指定について、施行者の類型に応じた事前の手続を要する。すなわち、個人施行者にあっては、従前の宅地の所有者及びその宅地について第1項後段に規定する権利をもって施行者に対抗することができる者並びに仮換地となるべき宅地の所有者及びその宅地についての第1項後段に規定する権利をもって施行者に対抗することができる者の同意を得なければならない。要するに、従前地と仮換地となるべき宅地との双方の所有者等の同意を得なければならないという趣旨である。組合施行の場合は、総会若しくはその部会又は総代会の同意を得なければならない。それ以外の施行者のうち区画整理会社以外にあっては、土地区画整理審議会の意見を聴かなければならない（以上、98条3項）。さらに、区画整理会社にあっては、人数要件と面積要件とによる同意を必要とする（98条4項）。これらの手続を前提にして、仮換地の指定等については、行政手続法第3章の規定は適用しないとされている（98条7項）。

仮換地の指定は、その仮換地となるべき土地の所有者及び従前の宅地の所有者に対し、仮換地の位置及び地積並びに仮換地の指定の効力発生の日を通知してする（98条5項）。第1項後段の権利に係る通知についても定めがある（98条6項）。通知が死者を名宛人としてなされた場合であっても土地所有者が現実に受領している場合には瑕疵が治癒されたとする裁判例（福岡地裁昭和29・5・12行集5巻5号1134頁）、死者に対する仮換地指定処分が実質上相続人に対してなされたものと見るべきであるとした裁判例（千葉地裁昭和49・2・27判例時報740号48頁）、本来真の所有者に通知すべきものであるが登記名義人になされている場合でも無効とはいえないとする裁判例（高松高裁昭和29・7・12下民集5巻7号1075頁、大阪地裁昭和39・5・14下民集15

---

32 下出・換地処分259頁、松浦・土地区画整理法483頁、安本・都市法概説219頁－220頁。

巻5号1065頁），本人が受領を拒絶しても代理人に通知書を提示した場合には本人に通知があったのと同様の効力を生ずるとした裁判例（青森地裁昭和32・10・10行集8巻10号1894頁，仙台高裁昭和35・5・12行集11巻5号1613頁）などがある。

　どの程度の内容のものである場合に通知として適法といえるかについて，争われることがある。位置を示して通知する場合に図面を添付しなくても通知書自体によって位置が客観的に特定されているときは違法とはいえないとする裁判例（津地裁昭和31・8・31行集7巻8号2069頁），地積の記載が欠けていたとしても，換地予定地の周囲に番号を付した杭を打って地域を明確にし通知書に換地予定地に照合して作成された地図に現地の杭番号を記載した図面を添付したなどの事情においては内容不明確な行政処分として無効とはいえないとした裁判例（水戸地裁昭和32・4・30行集8巻4号773頁）などがある。

　仮換地指定の通知を欠いた違法が換地処分の違法に承継されるか否かについて，高松地裁昭和54・11・6（訟務月報26巻2号229頁）は，否定説を採用した。法が，換地処分をするに当たって，必ずしも仮換地指定を先行することを要しない建前であること，「仮換地指定処分は，換地処分の効果が発生するまでの間整理事業の円滑な進行と右事業による私権行使の制限を最小限度にとどめることを目的として，換地の位置範囲を仮に指定する処分であって，元来暫定的効果しかなく，かつ，換地処分にとっては手段的な意味しか有しない行政処分なのであるから，原告が主張する仮換地指定処分の通知の欠缺というような同処分に固有の瑕疵は換地処分の効力に何ら影響を及ぼすものではないと解するのが相当である」というのである。

　仮換地指定処分に照応原則違反の違法がある場合には，それが法77条の従前建物移転通知・照会処分及び従前建物移転処分に承継されるとしつつ，事情判決により請求を棄却した事例があるが（高松地裁平成2・4・9行集41巻4号849頁），換地処分にまで承継される趣旨かは明らかでない。

　仮換地の指定は，施行者が行なう権限を有し，土地所有者又は関係者は，特定の土地を仮換地として指定することを求める権利を有するものではない[33]。

仮換地指定の変更　　法に特に規定はないが，仮換地指定の変更があり得る。仮換地指定の撤回と新たな仮換地指定と構成することもできる（福岡高裁昭和45・7・20高裁民集23巻3号457頁，特別都市計画法による換地予定地の指定につき，福島地裁昭和31・8・17行集7巻8号2046頁，松山地裁昭和34・3・6行集10巻3号560頁）。その場合には，仮換地指定に関する法98条の手続規定が準用されるとする裁判例がある（福岡地裁昭和32・1・17行集8巻1号151頁）。正当というべきであろう（関係土地所有者等の合意を基礎とする指定の変更には所定の手続を踏むことを要しないとする裁判例として，青森地裁昭和32・10・10行集8巻10号1894頁，その控訴審・仙台高裁昭和35・5・12行集11巻5号1613頁，東京地裁昭和61・12・22判例時報1252号64頁）。仮換地指定の変更には，公益上の必要があることを要する（名古屋高裁昭和42・8・29行集18巻8・9号1166頁，水戸地裁平成2・7・10訟務月報36巻10号1881頁）。

仮換地指定における照応原則　　すでに述べたように，仮換地指定においても，換地計画の決定の基準を考慮しなければならない（98条2項）。そこで，仮換地指定が照応原則との関係において適法といえるかどうかが争われることが多い。判例は，施行者の裁量的判断を肯定している。最高裁平成元・10・3（金融・商事判例836号33頁）は，次のように述べた。

>「土地区画整理は，施行者が一定の限られた施行地区内の宅地につき，多数の権利者の利益状況を勘案しつつそれぞれの土地を配置していくものであり，また，仮換地の方法は多数ありうるから，具体的な仮換地指定処分を行うに当たっては，法89条1項所定の基準の枠内において，施行者の合目的的な見地からする裁量的判断に委ねざるをえない面があることは否定し難いところである。そして，仮換地指定処分は，指定された仮換地が，土地区画整理事業開始時における従前の宅地の状況と比較して，法89条1項所定の照応の各要素を総合的に考慮してもなお，社会通念上不照応であるといわざるをえない場合においては，右裁量的判断を誤った違法のものと判断すべきである。」

この判決は，具体の事案に関して，施行者が裁量的判断を誤ったものとは

33　特別都市計画法による換地予定地の指定に関して，最高裁昭和30・10・28民集9巻11号1727頁。

いえないとし，照応原則違反の違法を認めた原審判断を覆した。この最高裁判決が，判例として定着していると思われる。

　この判決において，「照応の各要素を総合的に考慮」することが述べられている。この「総合的に」の意味を確認しなければならないが，名古屋地裁平成22・4・28（判例地方自治341号76頁）は，次のように述べている。

　　「土地区画整理は，施行者が一定の限られた施行地区内の宅地につき，多数の権利者の利益状況を勘案しつつそれぞれの土地を配置していくものであり，また，仮換地の方法は多数あり得るから，仮換地の指定を具体的にどのように行うかについては，土地区画整理法89条1項所定の基準の枠内において，施行者の裁量的判断にゆだねざるを得ないものである。もとより，各従前地と対応する各仮換地について，これらの各要素が個別的に照応していることが望ましいことではあるが，施行地区内のすべての宅地について上記の各要素が個別的に照応するように仮換地を指定することは技術的に不可能ないし極めて困難なことであるから，仮換地の指定処分は，指定された仮換地が従前地と比較して照応の各要素を総合的に考慮してもなお，社会通念上不照応であるといわざるを得ない場合に限り，施行者の裁量権の範囲を逸脱し又は濫用するものとして，これを違法と判断すべきである。」

　従前地との照応を判断するに当たり，どの時点の状況を基準とすべきかが問題とされることがある。土地区画整理事業の開始時に用途地域の指定（変更）が予定され，その予定どおりに用途地域の指定（変更）がなされた場合には，土地区画整理事業開始の時における状況を基準とすべきであるとした裁判例がある（高松地裁平成2・4・9行集41巻4号849頁）。

　以上の叙述は，主として，いわゆる「縦の照応」を念頭に置いたものである。従前地と仮換地との対物的な照応のことを「縦の照応」と呼び，権利者相互の対人的な照応，すなわち公平の原則のことを「横の照応」と呼ぶことがある（さいたま地裁平成19・8・29判例集未登載）。横の照応が問題とされることもある。浦和地裁平成4・10・26（行集43巻10号1325頁）は，次のように述べた。

　　「土地区画整理事業における仮換地の指定は，一つの行政目的実現の

ために土地所有者その他の多数の権利者のそれぞれに対してされる行政処分であるから，その内容は仮換地の指定をうける者同士の間において，不公平なものであってはならないのであり，これを従前の土地と仮換地との間における縦の照応関係に対して横の照応というかどうかは別として，ある特定の者が他の者に比して合理的な理由なくして著しく不利益な指定を受けた場合には，その指定は法第98条第2項の趣旨に照らして違法となると解するのが相当である。そしてこの場合，指定が公平にされたかどうかはこれに係る一切の事情を総合して判断するべきであって，従前の土地上にある建物の移転あるいは除却の問題の要否なども当然に右斟酌されるべき事情の中に含まれると解するべきである。」

一の仮換地指定について，「縦の照応」と「横の照応」との両方の照応原則違反が主張され，それに対して裁判所が判断する例もある[34]。

以上のような一般的な考え方に立って，具体の事案に関して照応原則違反の有無を判断することになるが，本書において具体的事案を検討するだけのゆとりはない。照応原則違反とされた事例には，①特定の者との紛争を怖れて，その者の減歩分とされた土地を土地開発公社に仮換地指定した場合につき，公社を優遇した結果，権利者が照応の原則の点で不利益な取扱いを受けて違法であるとしたもの（奈良地裁平成6・6・8判例地方自治130号69頁），②従前地の地積（基準地積）の認定が違法であることにより従前地と仮換地とが照応していないことにより違法があるとしたもの（名古屋地裁平成7・11・17判例タイムズ916号85頁），③換地処分に関する国家賠償請求事案で，従前地と形状，地積等が照応を欠き従前からの土地利用に重大な変更を来したばかりでなく隣接地との間でも換地の条件に著しい不均衡を生じている違法があるとしたもの（横浜地裁平成10・6・15判例集未登載），④仮換地の評価額が従前地の評価額の約3分の2，金額で約1,200万円減ずるに至った場合に「法89条1項所定の各要素をどのように勘案したとしても，社会通念上不照応であるとの評価は免れない」としたもの（福岡高裁那覇支部平成22・2・23判例タイムズ1334号78頁）などがある。

---

[34] 奈良地裁平成8・2・21判例地方自治153号84頁，さいたま地裁平成19・8・29判例集未登載，神戸地裁平成20・8・5判例地方自治318号55頁。

ところで，最高裁平成24・2・16（判例タイムズ1369号108頁）は，まず前述の最高裁平成元・10・3を引用したうえ，詳細な事実を掲げて照応の原則を定める法89条1項に違反するものではないとした。すなわち，いわゆる現地仮換地で本件マンションの移転や除却が必要となるものではなかったこと，仮換地の地積は約5％増加しているのでそれが仮換地の不整形な張出し部分に対応していること，2方向において自動車の出入りが可能なことに変わりないことなどを挙げ，社会通念上不照応なものであるとはいえないとした。また，清算金との関係につき，仮換地指定の時点においては実際に清算金の負担が生ずるか否かは明らかでない上，清算金の負担の有無や額によって仮換地指定についての照応原則違反の有無の判断が左右されるものではないと述べている。

　最高裁平成25・2・19（判例地方自治368号76頁）も，最高裁平成元年判決の考え方に基づき，具体的事案について，相当詳細な判断を示した。現地換地の場合に，減歩に代わる利益を受けることがないとする主張をいかに捉えるべきかを扱ったものである。

　まず，「仮換地の指定が地積の面で照応の原則に反しないかどうかを判断するに当たっては，現実に付与される仮換地の地積と従前地の実際の地積とを比較するのが最もその目的に合致するものと解され」るとし，具体の事案における減歩率が照応を欠くものとはいいがたいとした。そして，当該仮換地指定処分は，いわゆる現地仮換地であり，被上告人（控訴人）の仮換地の位置，土質，水利について状況変化は見られないこと，環境にも特段の変化が生ずるとは認められないこと，事業により利便性が向上することに伴い地価の上昇が見込まれることなどの諸事情からすれば，社会通念上不照応なものとはいえず，上告人（被控訴人）による仮換地指定処分は，土地区画整理組合が裁量的判断を誤ってしたものとはいえず，法89条1項に違反するものではないとした。

　この判決は，原審（名古屋高裁平成21・12・25判例地方自治368号93頁〈参考〉）が，控訴人らの場合は，従前から宅地として利用しているのであって，事業により減歩という利用上の不利益がもたらされるのに対して，代わりにもたらされる利益は，道路拡幅による利益にとどまり，それは減歩によ

る侵害の大きさに代わるとまでは窺われないとした判断を覆したものである。大部分が農地である施行地区にわずかに点在する宅地について，原審は，それら農地との間における土地評価面の不合理さを重視したが，最高裁は，従前地が不当に低く評価された事情はないとした。また，原審は，「更地の宅地と異なり，現に建物敷地として利用している宅地で売却を予定していないものは，土地の値上がり益を現実には享受できず，かつ，利用面積を減歩されることによる現実的な利用上の不利益を受ける」と述べて，現実の利用の継続を前提にして，農地の場合は売却による利益の確保の可能性があるが，現に宅地として利用している本件土地については，そのような利益がないことを前提に判断を下しているように見える。これに対して，最高裁は，都市施設の整備等による仮換地の利用上の価値が従前地と比較して上昇すること，資産価値の上昇があることを挙げて，現実的な利益を受けることがないということはできないとした。従前と同様の利用を継続する者との関係においても，資産価値の上昇を評価せざるを得ないであろう。

仮換地指定の効果　　仮換地が指定されると，その効力発生の日から換地処分の公告がある日まで，従前地について使用又は収益の権利を有する者は，仮換地について使用又は収益をすることができ，従前地については使用又は収益できない（99条1項）。使用又は収益できる場所が移転することを意味する。換地処分を行なう前に，土地の区画形質の変更若しくは公共施設の新設若しくは変更に係る工事のため必要がある場合又は換地計画に基づき換地処分を行なうため必要がある場合においては，換地計画において換地を定めないこととされる宅地の所有者等に対して，期日を定めて，その期日からその宅地又はその部分について使用又は収益を停止させることができる（100条1項）。

仮換地指定後においても，従前の宅地について地上権その他の使用収益権を設定することができ，その設定を受けた者は，当該使用収益権に基づき仮換地について使用収益をすることができる。そして，仮換地の指定後に従前の宅地の所有者が仮換地に着目して仮換地上に建物の所有を目的とする賃貸借契約を締結した場合には，仮換地の使用収益権そのものを目的とする賃貸借契約が締結されたと解すべき特段の事情がない限り，従前の宅地について

建物の所有を目的とする賃借権を設定する契約と解する裁判例がある（大阪地裁平成21・1・30判例タイムズ1306号234頁，大阪高裁平成21・11・11判例集未登載）。これらの裁判例によれば，法85条1項の権利申告をしなければならない者には，仮換地の指定後に所有権以外の権利で登記のないものを有することとなった者も含まれるとされ，仮換地の指定後に当該仮換地に着目して賃借権を設定し登記を経由した者に対して，換地を定めて，徴収及び交付すべき清算金の金額を定めて換地処分をすることができるとされる。

仮換地指定等により使用する者等のなくなった従前の宅地又はその部分については，法103条4項による換地処分の公告がある日までは施行者が管理する（100条の2）。これを根拠に施行者が管理する土地については，施行者は所有権に準ずる一種の物権的支配権を取得するから，第三者が権原なくして同土地を不法に占有する場合には，この物権的支配権に基づき土地の明渡しを求めることができるとされている（最高裁昭和58・10・28判例タイムズ512号101頁）。また，同管理権に基づく施行者の妨害排除請求，収去請求を認容した裁判例がある（前記最高裁判決の1審・千葉地裁昭和56・12・3金融・商事判例688号28頁，その控訴審・東京高裁昭和58・2・28金融・商事判例688号26頁，名古屋地裁昭和63・5・27判例タイムズ679号275頁）。

仮清算金の制度がある。すなわち，施行者は，法98条1項の規定により仮換地を指定した場合又は法100条1項の規定により使用・収益を停止させた場合において，「必要があると認めるときは」，法94条に準じて仮に算出した仮清算金を，清算金徴収又は交付の方法に準ずる方法により，徴収し又は交付することができる（102条1項）。仮清算を行なうかどうかは，施行者の裁量に委ねられている（名古屋高裁昭和40・12・20判例時報444号73頁，神戸地裁昭和42・11・29訟務月報14巻3号272頁）。

換地処分　　区画整理事業の最終段階が換地処分である。換地処分は，関係権利者に換地計画に定められた関係事項を通知してする（103条1項）。換地処分の時期について，法は，換地計画の区域の全部について区画整理事業の工事が完了した後において，遅滞なく，しなければならないとしている（103条2項本文）。ただし，規準，規約，定款又は施行規程に別段の定めがある場合においては，工事が完了する以前においても換地処分をすることが

できる（103条2項ただし書）。換地処分については，行政手続法第3章の規定は適用しないこととされている（103条6項）。

　換地処分と称される場合にも，その性質により分類することが可能であるとされる。下出義明判事は，換地を指定する処分を狭義の換地処分，換地を指定しない処分を広義の換地処分としたうえ，それぞれについて，次のような分類をしている[35]。

　まず，狭義の換地処分には，原則的なものとしての適応換地処分（従前の土地及びその地上借地権等に対し，位置，地積，土質，水利，利用状況，環境等が照応した換地及び借地権等の目的たる換地の部分を指定する処分）（89条1項）がある。そのほか増換地処分（市街地における災害防止及び衛生の向上の観点から，適応換地によっては基準地積に達しない場合で，地積の規模を適正にする特別の必要があると認められるときに，基準地積以上の指定をする処分）（91条1項・2項，92条1項・2項），減換地処分（増換地処分をするため特別の必要がある場合に，増換地に充てるため適応換地の地積が大で余裕のある換地又は借地の地積を特に減じて換地を指定する処分）（91条4項，92条4項）及び特別の宅地に対する換地処分とがあるとされる。また，広義の換地処分には，関係権利者の同意を要件とする換地不指定清算処分（90条），過小宅地に対する換地不指定清算処分（91条3項，92条3項），特別の宅地（公共施設の用に供している宅地）に対する換地不指定清算処分（95条6項），立体換地処分（93条）及び保留地処分（96条）を挙げている。

　換地処分の性質をめぐっては，施行者が施行地区内の従前地をいったん取得した後に従前地所有者に分配・交付するとする説（創設的設権処分説）と従前の宅地に照応して客観的に当然定まっている換地の位置及び範囲を確認して宣言する処分であるとする説（宣言的確認処分説）とがあるとされる。下出義明判事は，前述の適応換地処分について，宣言的確認処分である旨を説明し，その他の狭義の換地処分についても，原則的には宣言的確認処分説

35　下出・換地処分120頁－128頁。松浦・土地区画整理法538頁も，創設換地や立体換地の場合は，単なる確認・宣言以上に創設的側面が強い場合も少なくないとし，換地処分の法的性質を一義的，一面的にとらえることは困難であり，様々な側面を取り出して，その都度検討することが必要と思われる，としている。

が妥当するとしつつ，特別の宅地に対する換地処分のうち，公益的施設で主として地区内居住者の利便に供すべき土地として指定する処分は，施行者の自由裁量に任されており指定がない限り換地を取得し得ないという意味において創設的設権処分であるとしている。さらに，同意による換地不指定清算処分，立体換地処分及び保留地処分も創設的設権処分であるとしている。

判例を見ると，名古屋高裁昭和50・6・30（判例時報801号41頁）が，適応換地処分について，宣言的確認処分であることを明言した（なお，名古屋高裁昭和50・11・17判例時報813号51頁，福岡高裁昭和54・7・18判例時報951号72頁も参照）。そして，最高裁昭和52・1・20（民集31巻1号1頁）が次のように述べたのも，宣言的確認処分説に与したものと見られている[36]。

> 「土地区画整理法による換地処分がされた場合，従前の土地に存在した未登記賃借権は，これについて同法85条のいわゆる権利申告がされていないときでも，換地上に移行して存続すると解すべきである。けだし，土地区画整理事業は健全な市街地の造成を図り，公共の福祉の増進に資することを目的とし，その施行者は，右目的達成のため土地の区画整理をするのであるが，土地についての私権の設定，処分はできないのであるし，また，土地区画整理法104条1，2項各前段によると，換地は従前の土地とみなされるのであって，従前の土地についての権利は換地上に移行するというべきであるからである。」

かくて，宣言的確認処分説は，従前地の借地人が借地権の登記をしていなかった場合や借地権の申告をしなかった場合にも，施行者の特別の行為を介在せずとも換地上に借地権を有することの論拠として用いられている[37]。

換地処分の公告があった場合において，換地計画において定められた換地は，その公告があった日の翌日から従前の宅地とみなされ，換地計画において換地を定めなかった従前の宅地について存する権利は，その公告があった

---

36 松浦・土地区画整理法537頁。
37 松浦・土地区画整理法537頁-538頁は，「土地区画整理事業は，公共施設の整備改善および宅地の利用増進を図ることは願っていても，私人間の法律関係への介入を目的とはしていない。特に従前地全部を借地権の対象としていた場合には，施行者の指定がないから換地を借地として使用できないとするのは，いかにも不都合であるし，『従前の宅地とみなす』以上の効果を換地処分に与えることにもなる」と述べている。

日が終了した時において消滅する（104条1項）。宅地について存する地役権については，特別の規定がある（104条4項・5項）。換地計画において定められた保留地は，公告があった日の翌日において，施行者が取得する（104条11項）。公共施設の用に供する土地，土地区画整理事業の施行により設置された公共施設の管理については，それぞれ規定がある（105条，106条）。

　土地区画整理組合に対する地方公共団体の助成　　地方公共団体が土地区画整理組合に対して援助をする場合がある。援助の方法は，複数考えられる。

　まず，市が，公益法人等派遣法の手続を踏まないで土地区画整理組合に地方公共団体の職員を派遣したことが争われた久喜市の事例がある。

　1審のさいたま地裁平成18・3・29（判例地方自治301号14頁）は，まず，次のように述べた。

　　「地方公共団体が当該地方公共団体以外の団体へ職員を派遣し，その業務に従事させることは，法律又は条例に特別の定がある場合を除いては，職務専念義務に反しないと認められる場合か，若しくはあらかじめ職務専念義務の問題が生じないような措置がとられた場合においてのみ許されるというべきであり，具体的には，派遣先での職員の事務が例えば団体に対する指導，監督，助言等の範ちゅうに属しそれ自体市の事務と評価できるとか，当該団体の事務がその性質や内容等に照らし地方公共団体の事務と同一視し得るような特段の事情が認められ，かつ職員に対する地方公共団体の指揮監督が及んでいると認められるような場合でなければ，職員を地方公共団体以外の団体に派遣しその事務に従事させることは違法となると解すべきである。」

　このような考え方に基づいて，具体の事案に関して，本件職員は，直行直帰の形態で勤務し，市役所に赴くのは週に1度程度であったこと，その事務の内容は，補助金の申請・審査，法76条に基づく建築許可，市長へのEメールの処理等市が地方公共団体の立場で処理すべき事務のほか，市役所で行なわれる会議や研修への出席も含まれていたが，いずれも年に数件，数回程度であり，業務の大半は，組合の換地計画に関連した諸事務，すなわち県との協議，換地計画許可申請のための付属書類の作成，市との協議，換地処分通知，清算金に関する問合わせや苦情処理，市に引き継がれるべき公共施

設に関する引継資料の作成，それら施設の点検修理その他組合員に対する窓口相談等であったと認められるとして，本件職員は組合に派遣され専ら組合の業務に従事していたと認定して差し支えないとした。結局，公益法人等派遣法の手続によることなく職務命令によって組合に派遣し，組合の事務に従事させたことは，地方公務員法35条，30条の趣旨に反する違法なものであったというべきであると結論づけて，給与等の公金支出を違法とした。

控訴審・東京高裁平成19・3・28（判例タイムズ1264号206頁）は，公益法人等派遣法の手続によることなく派遣したことについて，法123条1項に根拠を有するものであるから，違法とはいえないとした。法123条1項の「援助」に該当するという判断である。この判決については，後述するが（本節[7]），同項の想定する「援助」の趣旨を逸脱する解釈適用のように思われる。

次に，土地区画整理事業は，保留地の処分が当初の予定価格以上でできればよいが，バブル経済の崩壊時には，保留地の販売価格を大幅に引き下げざるを得なくなり，事業費の支払ができなくなる場面が生じた。このようなときに，金融機関からの借入金を返済できなくなっている状況を打開するために，市が，金融機関の債権放棄を要請しつつ，自らも補助金を交付して組合を支援する措置をとったことが地方自治法232条の2の公益上の必要によるものといえるかどうかが争われる住民訴訟が見られる。水戸地裁平成20・8・27（判例地方自治311号86頁）が，その例である。判決は，次のような事情を総合して，市長が本件補助金の交付に公益上の必要があると判断したことに社会通念上不合理な点があるとか特に不公正な点があるとはいえず，裁量権を逸脱し又は濫用したと認めることはできないとした。

①組合は典型的な公共組合であること，②補助金は土地区画整理事業を完成させ事業区域内の不動産が流通し健全な町並みが形成されることを目的として交付されたこと，③事業が完成できなかった原因はバブル崩壊後の地価下落傾向下で保留地処分が思うに任せなかったことにあり組合に責任がないこと，④組合も組合員に賦課金の徴収を求め，金融機関にも債権放棄の協力を求めて，できる限り手だてを尽くしていること，⑤市は補助金の交付決定をするまでに積極的に債権者である金融機関に債権放棄の協力を働きかけて

いること，⑥市議会で本件補助金に係る請願が採択され予算が可決されていること。

補助金の交付に至る経緯が重視されていることがわかる。判決の列挙する事情を見る限り，地方自治法232条の2に違反しないとする結論が自然であろう。

土地開発公社と土地区画整理組合との関係　土地開発公社が土地区画整理組合と深い関係にある場合がある。「平成16年度千葉県包括外部監査の結果報告書（その2）」（包括外部監査人　藤代政夫）によれば，千葉県土地開発公社は，富津市青木土地区画整理組合の組合員として参画し，全開発面積の約3割を占める大地権者であったという。同組合の区画整理事業による保留地の処分が思うように進まず，多額の債務超過額が予想されることが指摘されている。また，土地開発公社は，組合設立当初の運転資金を供与する目的で昭和63年に組合に対して無利息で貸し付け，約4,000万円の貸付金残高を有しているという。その後の経過を知り得ないが，土地開発公社と土地区画整理組合との連携関係は，組合が土地開発公社に一定の業務を委託する，公社が保留地を取得するなどの場面においても見られる。

[6] 費用負担

費用負担原則　土地区画整理事業は，施行者負担が原則とされている。すなわち，個人施行，組合施行，区画整理会社施行，地方公共団体施行，地方住宅供給公社施行の事業は，いずれも施行者負担とされる（118条1項）。法3条5項による国土交通大臣施行の事業については国が負担する（118条2項）。また，法3条5項の規定により，国土交通大臣の指示を受けて都道府県又は市町村が施行する土地区画整理事業については，国は，政令で定めるところにより，事業の費用の一部を負担する（118条3項）。この委任を受けて法施行令63条1項が，国は，所定費用の額の2分の1を負担するものとしている（同条1項）。

法118条以下の規定と別に，都市計画法75条に基づく受益者負担金の賦課が可能であることを前提にする文献が見られる[38]。施行区域に土地についての土地区画整理事業は，都市計画事業として施行され（3条の4第1項），

都市計画法60条から74条までの規定は，都市計画事業として施行する土地区画整理事業には適用しない旨を定める法の仕組みからすれば，都市計画法75条は，都市計画事業として施行する土地区画整理事業に適用されるというべきである。

　組合施行にあっては，その事業の経費に充てるために金銭負担の仕組みが特別に用意されている。

　第一に，組合は，その事業に要する経費に充てるため，「賦課金」として，参加組合員以外の組合員に対して金銭を賦課徴収することができる（40条1項）。ただし，金銭負担に伴う抵抗感のために，保留地のための減歩の方法を優先して，賦課金を避ける傾向があるといわれる[39]。賦課金に関する事項は，「費用の分担に関する事項」として定款記載事項である（15条6号）と同時に，賦課金の額及び賦課徴収方法は，総会の議決事項である（31条7号）。賦課金の額は，組合員が施行地区内に有する宅地又は借地の位置，地積等を考慮して公平に定めなければならない（40条2項）。賦課金の算定につき，従前宅地に着目すべきか換地処分後の宅地に着目すべきかという論点がある[40]。

　また，当初は，保留地処分益による財源確保に期待していたものの，後に保留地処分が進まなくなって賦課金に切り替える必要に迫られる場合がある。そのような事態の生じたときに，組合員が組合の理事の責任を問いたくなる場面もあろう。また，施行地区内の土地の売買があって，その後に当該土地に賦課金が課されることになった場合が，民法570条にいう「売買の目的物に隠れた瑕疵」があったといえるかどうかが問題とされることがある。最高裁平成25・3・22（判例時報2184号33頁）は，具体の事案に関して，売買の当時，保留地の分譲はまだ開始されていなかったこと，賦課金を課する旨の決議に至ったのは保留地の分譲が芳しくなかったことによること，したが

38　下出・換地処分157頁以下。

39　松浦・土地区画整理法191頁。

40　実際には，当初から賦課金による資金を使用せざるを得ないことに鑑みて，従前地を基準とすることが多いようであるが（大場・縦横下147頁），理論上は，換地処分後の宅地を基準にする方が公平に叶うとする見解がある（松浦・土地区画整理法192頁）。最終的賦課金の算定と暫定賦課金とを区別して定める方法も考えられようか。

って売買当時には賦課金を課すことが具体的に予定されていたとはいえないこと，決議は売買から数年を経過して後にされていること等から，「各売買の当時においては，賦課金を課される可能性が具体性を帯びていたとはいえず，その可能性は飽くまで一般的・抽象的なものにとどまっていたことは明らかである」とし，民法570条にいう瑕疵があるとはいえないとした[41]。

組合員が賦課金の納付を怠った場合においては，組合は，定款で定めるところにより，その組合員に対して過怠金を課すことができる（40条2項）。この過怠金は，遅延損害金の性質と一種の制裁（秩序罰）の性質を併有しているとされる[42]。

第二に，参加組合員は，取得することとなる宅地の価額に相当する額の負担金及び組合の事業に要する経費に充てるための分担金を組合に納付するものとされている（40条の2第1項）。分担金は，前記の賦課金に相当するものである。負担金は，実質的に，取得する宅地の対価であるが，組合の事業費に充てられるという意味において，事業施行のための金銭という意味をもっている。

第三に，以上の金銭負担の仕組みを前提にして，法は，賦課金，負担金，分担金又は過怠金を滞納した者に対する滞納処分の定めを置いている（41条）。督促，市町村長に対する徴収の申請（1項），市町村長による地方税滞納処分の例による滞納処分（3項），市町村長が前記の申請を受けた日から30日以内に滞納処分に着手せず又は90日以内に終了しない場合において組合の理事が知事の認可を受けてなす地方税滞納処分の例による滞納処分（4項）など，公共組合の有する「公法上の金銭債権」の強制徴収の典型的仕組みが採用されている。

なお，賦課金，負担金，過怠金及び督促手数料を徴収する権利については，5年の消滅時効，及び督促に時効中断の効力を認めることにより（42条），

---

41 別件に関して，同様の判断をし，かつ，元の所有者である分譲業者に対する不当利得返還請求を棄却した裁判例として，東京地裁平成24・9・11判例集未登載がある。なお，土地の売買価格が，土地区画整理事業による公共施設工事，宅地整備工事を前提として，定められたときに，賦課金相当額について民法565条を類推適用する可能性を指摘する見解がある（大場・縦横下156頁）。

42 松浦・土地区画整理法193頁。

通常「公法上の金銭債権」の消滅時効に関して採用されているのと同様の定めがなされている（自治法236条1項・4項参照）。ただし、地方自治法236条2項の「時効の援用を要せず、また、その利益を放棄することができない」旨の規定に相当する定めが置かれていない以上、時効の援用、時効の利益の放棄に関しては、民法に従うべきであろう[43]。なお、過誤納金返還請求権に関する特別な時効の規定が用意されていないが、賦課金等の債権と性質を同じくすることを理由に、返還請求できる日から5年で時効により消滅すると解する見解がある[44]。組合は、その存続期間が限定される性質であるので、民法の一般の金銭債権の時効の扱いになじまないことに鑑み、5年の消滅時効説に賛成しておきたい。

都道府県施行の事業についての市町村の負担・国土交通大臣施行の事業についての地方公共団体の負担　　法は、受益に着目して、施行者以外の地方公共団体の負担について定めている。

まず、都道府県施行の事業の施行により利益を受ける市町村に対し、都道府県知事は、その利益を受ける限度において、政令で定めるところにより、費用の一部を負担させることができる。また、国土交通大臣施行の事業の施行により利益を受ける地方公共団体に対し、国土交通大臣は、その利益を受ける限度において、政令の定めるところにより、費用の一部を負担させることができる（119条1項）。

ここにおいては、「利益を受ける」及び「利益を受ける限度」の意味が問題となる。一般の受益者負担金の規定における要件と似た要件であるが、市町村、地方公共団体の受ける「利益」をどのように把握することができるのであろうか。この点について、土地区画整理事業には、公共施設の整備改善と宅地の利用増進の両面があるとして、「都道府県または都道府県知事施行の場合でも、施行地区を管下に有する市町村にとっては、本来自ら行わなければならない事業の一部を代わって行ってもらうという利益がある。そこで、自ら施行者となったならば負担することとなったであろう事業費の一部を市町村に負担させようというのである」[45]と説明されたことがある。「利益」を

43　松浦・土地区画整理法198頁。
44　松浦・土地区画整理法199頁。

直接に認識するのではなく，事業費により認識するという考え方である。おそらく，そのように考えるほかはないであろう。

問題は，そもそも公共施設の改善を行なうか否かが当該地方公共団体の判断ないし選択に委ねられているのに，その判断ないし選択を抜きにして負担のみを求めてよいのかという点にある。したがって，この負担を求めるには，実質的に見て，公共施設の改善について当該地方公共団体の同意がなされている場合に限られると解すべきである。法119条2項が，利益を受ける市町村又は地方公共団体に対し，この費用負担を求める場合においては，「あらかじめ，当該市町村又は地方公共団体の意見を聴かなければならない」としているのは，実質的な負担の合意を求める趣旨と解さなければならない[46]。

なお，この「負担させる行為」の性質が問題になる。前述のような実質的な理解によるときは，「負担契約」というものが存在しなければならず，その契約に基づいて，たとえば負担額の通知がなされるということになると解することもできる。しかし，法の文言を形式的に読むならば，負担命令ないし指示という処分がなされると解すべきであるとする主張が考えられる。その場合には，行政事件訴訟法上の行政処分ではなく，地方自治法245条にいう「関与」に該当することになる。

法119条1項の委任を受けて，法施行令64条が負担基本額の2分の1を超えてはならないとする制約を課している。

都市再生機構又は地方住宅供給公社施行事業についての地方公共団体の負担

都市再生機構又は地方住宅供給公社（＝機構等）の施行する土地区画整理事業の施行により利益を受ける地方公共団体に対して，機構等は，その利益を受ける限度において，その事業に要する費用の一部を負担することを求めることができる（119条の2第1項）。この場合において，地方公共団体が負

45　松浦・土地区画整理法624頁。この叙述は，地方公共団体について行政庁施行の制度が採用されていた時点におけるものである。同書は，「利益を受ける限度」についても，「現に行われる事業のうち，本来なら自らが事業費を負担してでも施行すべきこととなる部分の事業費相当額が，利益を受ける限度額とみるべきものであろう」と述べている（624頁）。

46　松浦・土地区画整理法625頁も，ほぼ同趣旨である。

担する費用の額及び負担の方法は，機構等と地方公共団体とが協議して定める（第2項）。その協議が成立しない場合においては，当事者の申請に基づき，国土交通大臣が裁定する。その場合に，国土交通大臣は，当事者の意見を聴くとともに，総務大臣と協議しなければならない（第3項）。この場合の「裁定」については，拘束力をもつとする解釈が通用している[47]。

　裁定に不服のある当事者が，この裁定を争うことができるのかどうかが問題になる。もしも，機構等又は地方公共団体と国土交通大臣との間の裁定をめぐる争いが，機関争訟であるとするならば，特別に法律の定めが用意されていない限り，訴訟を提起して争うことはできないことになる。地方自治法の「関与」との関係においては，「相反する利害を有する者の間の利害の調整を目的としてされる裁定その他の行為（その双方を名あて人とするものに限る。）」は「関与」から除かれているので（同法245条3号），地方公共団体が国地方係争処理委員会への審査の申出及び関与訴訟を活用することはできない。このような状況において，地方自治法は，法の「裁定」をめぐる争訟をもって機関争訟と見ているとは限らないであろう。しかし，裁定の拘束力を肯定する場合において，紛争の実質が金銭の負担をめぐる機構等と地方公共団体との争いであることに鑑みるならば，裁定をめぐる紛争は，訴訟段階においては形式的当事者訴訟として構成するのが合理的である。そのような立法措置がなされていない以上，むしろ，裁定の拘束力を否定して，実質的当事者訴訟を模索すべきものと思われる。

　公共施設管理者の負担金　都市計画において定められた幹線街路その他の重要な公共施設で政令で定めるものの用に供する土地の造成を主たる目的とする土地区画整理事業を施行する場合においては，施行者は，他の法律に基づき当該公共施設の新設又は変更に関する事業を行なうべき者（＝公共施設管理者）に対し，当該公共施設の用に供する土地の取得に要すべき費用の額の範囲内において，その土地区画整理事業に要する費用の全部又は一部を負担することを求めることができる（120条1項）。この場合には，あらかじめ，当該公共施設管理者と協議し，その者が負担すべき費用の額及び負担の

47　松浦・土地区画整理法626頁。

方法を事業計画において定めておかなければならない（120条2項）。

補助金　法は，わざわざ国の補助金に関する定めを置いている。都道府県又は市町村の施行する土地区画整理事業が大規模な公共施設の新設若しくは変更に係るものである場合又は災害その他の特別の事情により施行されるものである場合において，国は，必要があると認めるときは，予算の範囲内において，政令で定めるところにより，その事業に要する費用の一部に充てるため，その費用の2分の1以内を施行者に対し補助金として交付することができる（121条）。

法施行令66条1項は，次のいずれかに該当する土地区画整理事業で国土交通大臣が指定するものについては，法施行令63条1項各号に掲げる費用の額に2分の1以内で国土交通大臣が定める割合を乗じて得た額をもって補助するとしている。

財源としての保留地処分益　土地区画整理事業は，その規模にもよるが，一般に多額の費用を要する。しかしながら，区画整理後の土地の効用が高まり，それが土地の価格に反映されることに着目して，保留地処分益をもって事業費の財源に充てる方法が想定されてきた。個人施行の場合には，特に問題とすることはないが，組合施行，公共団体施行等の場合に法律問題が登場する。

組合施行の場合には，保留地の処分方法については総会又は総代会の議決事項とされ（31条10号，36条3項），保留地の処分は，総会又は総代会の議決を経て定める保留地処分規程に基づき行なう旨が組合の定款において定められることが多い。

公共団体施行，国土交通大臣施行，都市再生機構施行又は地方住宅供給公社施行の場合については，法108条に特別に規定が用意されている。すなわち，施行者は，保留地を「当該保留地を定めた目的のために，当該保留地を定めた目的に適合し，かつ，施行規程で定める方法に従って処分しなければならない」とし（同条1項前段），施行者が国土交通大臣であるときは国の，地方公共団体であるときは地方公共団体の，それぞれの財産の処分に関する法令の規定は適用しないこととしている（同条1項後段）。「保留地を定めた目的」とは，「事業の施行の費用に充てるため」（96条1項）にほかならない

と解されている[48]。

　国又は地方公共団体の財産の処分に関する法令の規定を適用しない趣旨については，①それらの法令の制限を受けたのでは，その目的に適合した方法で処分することができなくなり，必要な事業費を得られず事業の遂行上重大な支障を生ずること[49]，②財産の処分に関する法令の適用を受けると，売却代金が一般財源に混入することとなり，保留地を定めた趣旨・目的を逸脱し，ひいては土地所有者の財産を収奪することになりかねないこと[50]，が挙げられている。

　保留地処分は，私法上の売買であって，抗告訴訟の対象となる行政処分ではないと解されている。行政庁施行制度であった時点の事案に関し，千葉地裁昭和42・3・31（行集18巻3号363頁）は，行政庁と保留地処分を受ける者との間の契約関係にすぎないとした。その控訴審・東京高裁昭和43・4・30（判例時報534号56頁）も，保留地とは，「土地区画整理事業の施行の費用に充てるため，換地として定めず保留してある土地であるから，保留地の売渡処分の目的は専ら当該土地区画整理事業の財源を得ることにあり，同事業の施行者が地方公共団体や行政庁である場合にも，それ以外に公権力の発動によって図るべき格別の目的があるわけではない。従って保留地の売渡は，施行者が法によって定められた地位・権能に基づくものではあるが，相手方の意思に係りなしに一方的になされるものではなく，その効力の発生は施行者と相手方との契約によるもので，極めて私法的色彩の強いものである。このような保留地売渡の目的・実質に鑑みれば，保留地の売渡をもって行政庁の優越的な地位に基づく公権力の行使にあたるものということはできず，かかる公権力の行政に関する不服の訴訟である行政事件訴訟法第3条の抗告訴訟の対象となるものと解することはできない」と述べた。

　そして，上告審・最高裁昭和43・12・17（集民93号685頁）も，この判断を是認できるとした。

　換地処分を停止条件とする保留地予定地の払下処分について，住民訴訟2

48　松浦・土地区画整理法569頁，大場・縦横下411頁。
49　松浦・土地区画整理法576頁。
50　大場・縦横下412頁。

号請求の対象となる行政処分性の有無が争われた事例がある。

1審の横浜地裁昭和44・10・24（行集20巻10号1281頁）は，保留地払下処分は，優越的地位における意思の発動が希薄である点において私法上の契約と考えることもできるが，保留地予定地の処分の場合は，それと異なるとして，次のように述べて，私法上の契約関係であるとみることは，施行者の権限の本質を見誤るものであるとした。

> 「保留地予定地の場合は，事業施行者は未だ土地所有権を取得しておらず，その所有者の所有権を優越的地位において制限することにより管理権限を取得し，その管理権限に基づいて，第三者にこれを譲渡し，またはその使用を許可することができる。しかしてこの譲渡または使用許可はその反面所有者の使用収益を制限剥奪する効力を有するのであるから，保留地予定地の譲渡，使用許可には，事業施行者の高権的意思の発動がみられる。」

これに対して，控訴審の東京高裁昭和46・4・27（行集22巻4号582頁）は，法が財産の処分に関する法令の規定は適用しないとしているのは，事業を施行するために必要な費用を捻出するために施行規程に定める目的のためのものであるから，処分にあたってはできる限り高額に処分する等その目的に添うべきであるということにあるとしつつ，具体の施行規程が原則として指名競争入札の方法により，特別の場合は随意契約の方法により，譲渡契約を締結するとしているのであるから，対等なる当事者間の合意の方法を採用したものであり，保留地処分は，優越的地位における意思の発動たる権力的性質を何ら有するものではなく，行政処分と解することはできないとした。

なお，東京地裁平成5・3・17（判例時報1476号113頁）は，随意契約により保留地を処分しようとして，相手方に，「保留地処分について」なる文書により，保留地の所在地，処分価格，処分予定を通知した場合について，売買契約の申込みの誘引にすぎないと認められるとして，行政処分性を否定した。

ところで，財産に関する法令の規定を適用しないとする法の定めが，地方自治法による住民監査請求及び住民訴訟の排除を意味するものなのであろうか。この点については，最高裁平成10・11・12（民集52巻8号1705頁）が，

保留地の「財産処分」たる性質，保留地処分の「契約の締結」たる性質に着目して肯定した。これは，原審の広島高裁平成6・8・5（行集45巻8・9号1687頁）が，「財産」とは住民の負担に係る公租公課等によって形成された公金及び営造物以外の財産を意味し区画整理事業の施行者として取得する保留地はこれに該当しないこと，処分としての契約も施行者としての市が締結するのであって地方公共団体としての市が締結するものではないこと，を理由に財産に当たらないとした判断を，是認できないとして述べたものである。

[7]　監督・処分の効力等・不服申立て

報告聴取・資料提出，勧告・助言・援助　法123条1項は，事業施行者に対して，法の施行のために必要な限度において，報告若しくは資料の提出を求め，又は土地区画整理事業の施行の促進を図るため必要な勧告，助言若しくは援助をすることができる旨を定めている。権限を有するのは，都道府県又は市町村に対しては国土交通大臣であり，個人施行者，組合，区画整理会社又は市町村に対しては都道府県知事，個人施行者，組合又は区画整理会社に対しては市町村長である。したがって，個人施行者，組合又は区画整理会社に対しては，都道府県知事と市長村長の権限が競合していることになる。

このうちの「援助」について，市が土地区画整理組合の通常業務の遂行を支援するため組合に対して職員派遣をする場合を含めることを許容する裁判例がある。すでに述べたように，東京高裁平成19・3・28（判例タイムズ1264号206頁）は，「本件土地区画整理事業は，……法的には本件組合の組合施行の土地区画整理事業であるものの，土地区画整理事業それ自体高度の公益性，公共性を有する特質があるとともに，市の所掌する都市計画事業と極めて密接な関連を有していることは明らかである」とし，平成14年4月1日以降平成16年3月31日まで，組合の事務所において直行直帰の形態で勤務し市役所に赴くのは2人で週に1回程度であったが，服務管理や人事管理の面において市の管理下にあり，「土地区画整理組合補助金交付の申請・審査，県等から久喜市に対する照会文書等についての処理，土地区画整理法76条申請（建築物の新築等）に係る許可，市役所で行われる会議や職員研修への出席，市長への手紙及びEメール処理等市が地方公共団体の立場

で処理すべき久喜市の固有の事務に従事したほか」、「本件組合の目的である換地計画に関連した諸事務、すなわち県との協議、換地計画許可申請のための添付書類の作成、認可に伴う市との協議、換地処分通知事務、換地された土地の地目調査、清算金に関し県への審査請求による資料収集等、清算金に関する問い合わせや苦情処理、市に引き継がれるべき街路等公共施設に関する引継資料の作成、それら施設の点検修理その他組合員らに対する窓口相談等の本件組合に対する援助事務に従事していたものであり、本件職員は、久喜市における固有事務又は同法123条1項にいう援助事務に従事していたものと評価することができる」と述べた[51]。

　この判決について感ずる基本的な疑問は、本件における職員の業務には、法にいう援助事務ではなく土地区画整理組合の固有の事務が相当程度含まれているということである。他方、援助事務は、あくまでも市自体の事務であって、土地区画整理組合固有の事務を行なうことまで含むものではない。

　国土交通大臣は、独立行政法人都市再生機構に対し、事業の施行の促進を図るため必要な勧告、助言又は援助をすることができる（123条2項）。報告若しくは資料の提出を求める旨の部分が除かれているのであるが、独立行政法人都市再生機構法に基づいて、報告若しくは資料の提出を求めることができるので、重ねて法に定める必要がないことによるものであろう。

　個人施行者・組合・区画整理会社に対する知事の監督権限　　法は、個人施行者及び組合に対しては、各別に監督に関する規定を用意している。いずれも、都道府県知事の監督権である。

　まず、個人施行者に対しては、その事業又は会計が法（法に基づく命令を含む）若しくはこれに基づく行政庁の処分又は規準、規約、事業計画若しくは換地計画に違反すると認める場合その他監督上必要があると認める場合においては、その事業又は会計の状況を検査し、その結果、違反の事実がある

51　判決は、公益法人等派遣法の対象とする「公益法人等の業務に専ら従事させる」場合とは、本来の職務を全面的に免除されて、派遣先の業務にのみ従事することであり、地方公共団体の職務に従事しつつ公益法人等の業務にも従事する兼業の場合には、対象外としているのであるから、本件組合における本件職員の事務従事について公益法人等派遣条例が制定されていないことをもって違法であるということはできない、と述べた。

と認める場合においては，その施行者に対して，「その違反を是正するために必要な限度において，その施行者のした処分の取消し，変更若しくは停止又はその施行者のした工事の中止若しくは変更その他必要な措置を命ずることができる」(124条1項)。知事は，個人施行者がこの命令に従わない場合においては，その施行者に対する土地区画整理事業の施行についての認可を取り消すことができる（同条2項）。もっとも，認可の取消し（＝講学上の撤回）は，施行者以外の第三者に対して大きな影響を与えることがあり得る。認可の取消しが裁量権の逸脱又は濫用とされることがあり得ることに注意しなければならない（撤回権の制限）。

　組合に対しては，その事業又は会計が法（法に基づく命令を含む）若しくはこれに基づく行政庁の処分又は定款，事業計画，事業基本方針若しくは換地計画に違反すると認める場合その他監督上必要がある場合においては，組合の事業又は会計の状況を検査することができる（125条1項）。組合の組合員が総組合員の10分の1以上の同意を得て，その組合の事業又は会計が法（法に基づく命令を含む）若しくはこれに基づく行政庁の処分又は定款，事業計画，事業基本方針若しくは換地計画に違反する疑いがあることを理由として組合の事業又は会計の状況の検査を請求した場合においては，その組合の事業又は会計の状況を検査しなければならない（125条2項）。これは，組合員に検査請求権を認める規定である。

　この検査請求を受けた知事が検査をしない場合に，組合員が訴訟を提起して検査を求めることができるであろうか。検査の実施自体が行政処分であるならば，義務付けの訴えを提起できる場合があり得る。しかしながら，検査実施をもって行政処分であると解することは困難である。検査実施の行政処分性を否定する場合に，公法上の当事者訴訟の途を探ることになろうか。

　次に，検査を行なった後の違反是正のため必要な限度においてなす措置の命令については，個人施行者に対する場合とほぼ同様である（125条3項）。この命令に組合が従わない場合又は組合の設立についての認可を受けた者がその認可の公告があった日から1月を経過してもなお総会を招集しない場合においては，組合設立の認可を取り消すことができる（125条4項）。しかし，総会招集の懈怠についていえば，そのことに正当な理由があるにもかかわら

ず認可を取り消すことは，裁量権の濫用となると思われる。

　知事は，法32条3項の規定により組合員から総会の招集の請求があった場合において，理事及び監事が総会を招集しないときは，これらの組合員の申出に基づき，総会を招集しなければならない。法35条3項又は36条4項において準用する法32条3項の規定により組合員又は総代から総会の部会又は総代会の招集の請求があった場合において，理事又は監事が総会の部会又は総代会を招集しないときも同様とされている（125条5項）。理事又は監事に代わって，知事が招集する権限を付与されているのである。

　法27条7項の規定により組合員から理事又は監事の解任の請求があった場合において，理事がこれを組合員の投票に付さないときは，知事は，これを組合員の投票に付さなければならない。法37条4項の規定により組合員から総代の解任の請求があった場合において，理事がこれを組合員の投票に付さないときも同様とする（125条6項）。理事に代わって知事が投票に付する権限を有するのである。

　さらに，組合の組合員が総組合員の10分の1以上の同意を得て，総会若しくはその部会若しくは総代会の招集手続若しくは議決の方法又は役員若しくは総代の選挙若しくは解任の投票の方法が，法又は定款に違反することを理由として，その議決，選挙，当選又は解任の投票の取消しを請求した場合において，その違反の事実があると認めるときは，知事は，その議決，選挙，当選又は解任の投票を取り消すことができる（125条7項）。知事の取消権という強力な権限である。

　区画整理会社に対しても，知事は強力な監督権限を有している（125条の2）。

　都道府県・市町村・都市再生機構に対する国土交通大臣の是正の要求　国土交通大臣は，都道府県，市町村又は都市再生機構に対し，これらの者が施行者として行なう処分又は工事が，法又はこれに基づく国土交通大臣若しくは知事の処分に違反していると認める場合においては，事業の適正な施行を確保するため必要な限度において，その処分の取消し，変更若しくは停止又はその工事の中止若しくは変更その他必要な措置を講ずべきことを求めることができる（126条）。個人施行者，組合及び区画整理会社が施行者となってい

る場合に認められる事業又は会計の状況の検査規定がなく，また，それらに対しては知事が是正命令を発することができるのに対して，国土交通大臣の場合は「求めることができる」にすぎない。すなわち，弱い関与権限である。この要求を受けた都道府県，市町村又は都市再生機構は，当該処分の取消し，変更若しくは停止又は当該工事の中止若しくは変更その他必要な措置を講じなければならない（126条2項）。しかし，法自体において，国土交通大臣は，それ以上の監督権限を付与されていない。この趣旨が，それ以上の監督権限を用意するまでもなく，要求に従って措置が講じられると考えられるという理由によるのか，行政の内部関係であるという認識によるものであるのかは，条文のみからは判断できない。ただし，都道府県又は市町村に対しては，地方自治法上の是正の要求（245条の5）と位置づけて，不作為の違法の確認の訴え（251条の7）を活用することができると解される。

処分・手続等の効力　法129条は，きわめて重要なみなし規定である。すなわち，区画整理事業を施行しようとする者，組合を設立しようとする者若しくは施行者又は「土地区画整理事業の施行に係る土地若しくはその土地に存する工作物その他の物件について権利を有する者」の変更があった場合においては，法又は法に基づく命令，規準，規約，定款若しくは施行規程の規定により，従前のこれらの者がした処分，手続その他の行為は，新たにこれらの者となった者がしたものとみなし，「従前これらの者に対してした処分，手続その他の行為は，新たにこれらの者となった者に対してしたものとみなす」とされている。このカギ括弧部分は，処分，手続その他の行為の効果が承継されることを意味し（承継効），再度の処分，手続その他の行為をなすことを要しないことになる。法129条の規定は，換地処分の発効後に換地が譲渡された場合の清算金交付の関係には適用されない（最高裁昭和48・12・21民集27巻11号1649頁）。

　権利を有する者が法127条の2の規定により申し立てた審査請求又は再審査請求について，新たに権利を有することとなった者がしたものとみなされるのであろうか。同条1項は，「行政不服審査法による審査請求」と表現しているが，「この法律」によるものと同様にみなしを肯定すべきであろう。

　法129条は，仮換地指定後で換地処分前に宅地の売買があった場合にお

ける清算金の扱いとの関係で参照されることが多い。仮換地指定処分がされた土地について売買があったときは，清算金に関する権利義務は，施行者に対する関係においては，買主に承継される（熊本地裁昭和55・11・27行集31巻11号2540頁，その控訴審・福岡高裁昭和56・9・30行集32巻9号1731頁）。しかし，売主と買主との間の関係は，当事者間に特約がある場合にはそれによる。特約がない場合の清算金の徴収・交付についての権利義務は売主に帰属するものと解されている（最高裁昭和37・12・26民集16巻12号2544頁）。清算金額決定処分がなされる前に従前地の所有権を譲渡した者は，施行者に対して清算金交付決定処分の取消しを求める原告適格を有しない（広島地裁平成7・3・31判例地方自治140号82頁）。逆に，所有権を譲り受けた者は，従前の所有者が提起した取消訴訟について，参加承継の手続（民事訴訟法47条）により，原告たる地位を取得できる。

不服申立て　　個人施行者を除く施行者が法に基づいてした処分その他公権力の行使に当たる行為に不服がある者のなす審査請求先が定められている。すなわち，組合，区画整理会社，市町村又は市のみが設立した地方公社のした処分にあっては都道府県知事，都道府県，機構，地方公社（市のみが設立したものを除く）のした処分にあっては国土交通大臣である。知事のした裁決に不服のある者は，国土交通大臣に対して再審査請求をすることができる（以上，127条の2）。

法127条は，行政不服審査法による不服申立てをすることができない処分を列挙している。そのすべてについて，ここで述べることは避けたい。問題は，不服申立てができないとされていることが，抗告訴訟の対象となる行政処分性を否定することにつながるかどうかである。この点に関しては，抗告訴訟の対象とならないことまで意味するものではないと解されている。それは，127条に列挙されているものについては，不服審査類似の手続が設けられているので，手続を重ねる必要がないという理由によっている[52]。

52　以上，松浦・土地区画整理法661頁以下。

2　土地区画整理法

［8］　特別法と土地区画整理事業

被災市街地復興土地区画整理事業　　被災市街地復興特別措置法は，被災市街地復興推進地域内の都市計画法12条2項の規定により土地区画整理事業について都市計画に定められた施行区域の土地についての土地区画整理事業については，土地区画整理法のほかに，同法11条から18条までに定めるところによるとして（10条），特例を認めている。その主たるものは復興共同住宅区制度である。

住宅不足の著しい被災地復興推進地域において施行される被災市街地復興土地区画整理事業の事業計画においては，「復興共同住宅区」（＝「当該被災市街地復興推進地域の復興に必要な共同住宅の用に供すべき土地の区域」）を定めることができる（11条1項）。復興共同住宅区は，土地の利用上，共同住宅が集団的に建設されることが望ましい位置に定め，その面積は，共同住宅の用に供される見込みを考慮して相当と認められる規模としなければならない（11条2項）。復興共同住宅区への換地の申出制度がある（12条）。この申出に基づき指定された宅地については，換地計画において換地を復興共同住宅区内に定めなければならない（14条1項）。

事業計画において復興共同住宅区が定められたときは，施行地区内の宅地で「その地積が指定規模に満たないものの所有者」は，所定の期間内に，施行者に対し，換地計画において当該宅地について換地を定めないで復興共同住宅区内の土地の共有持分を与えるように定めるべき旨の申出をすることができる（13条1項）。この申出は，当該宅地の地積の合計が指定規模となるように数人共同してしなければならない（13条2項）。この申出に基づき共有持分を与えられるべき宅地として指定された宅地については，換地計画において，換地を定めないで，共有持分を与えるように定めなければならない（14条2項）。

被災市街地復興特別措置法については，後に，より詳しく述べることにしたい（本章7）。

大都市地域住宅地等の供給促進特別措置法との関係（土地区画整理促進区域）

「大都市地域における住宅及び住宅地の促進に関する特別措置法」（以下，本項において「法」という）は，土地区画整理事業に関して，特別の仕組みを

用意している。同法において「大都市地域」とは、都の区域（特別区の存する区域に限る）及び市町村でその区域の全部又は一部が首都圏整備法による既成市街地若しくは近郊整備地帯、近畿圏整備法による既成都市区域若しくは近郊整備区域又は中部圏開発整備法による都市整備区域内にあるものの区域である（2条1号）。大都市地域内の市街化区域のうち、次の要件に該当する土地の区域については、都市計画に「土地区画整理促進区域」を定めることができる（5条1項）。

　1　良好な住宅市街地として一体的に開発される自然的条件を備えていること。
　2　当該区域が既に住宅市街地を形成している区域又は住宅市街地を形成する見込みが確実である区域に近接していること。
　3　当該区域内の土地の大部分が建築物の敷地として利用されていないこと。
　4　0.5ヘクタール以上の規模の区域であること。
　5　当該区域の大部分が所定の地域又は区域内にあること。

　土地区画整理促進区域内において、土地の形質の変更又は建築物の新築、改築若しくは増築をしようとする者は、都道府県知事の許可を受けなければならない（7条1項）。土地の買取りに関する規定も置かれている（8条）。

　土地区画整理促進区域内の土地についての土地区画整理事業（＝特定土地区画整理事業）については、特別の定めが設けられている。

　市町村は、土地区画整理促進区域内の土地で、当該区域に関する都市計画に係る都市計画決定の告示（都市計画法20条1項）の日から起算して2年以内に施行認可、組合設立認可等がなされていないものについては、施行の障害となる事由がない限り、特定土地区画整理事業を施行するものとされている（11条1項）。また、同区域内の宅地について所有権又は借地権を有する相当数の者から当該区域内の土地について特定土地区画整理事業を施行すべき旨の要請があったとき、同区域内の宅地について所有権又は借地権を有する者が特定土地区画整理事業を施行することが困難又は不適当であると認められるとき、その他特別の事情があるときは、前記の期間内であっても、特定土地区画整理事業を施行することができる（11条2項）。都道府県は、当

該市町村と協議の上，特定土地区画整理事業を施行することができる。都市再生機構，地方住宅供給公社の施行することができるものであるときは，それらも，同様の手続により施行することができる（11条3項）。

特定土地区画整理事業については，その事業計画においては，その施行区域は，その面積が0.5ヘクタール以上で，かつ，当該促進区域の他の部分についての特定土地区画整理事業の施行を困難にしないものとなるように定めなければならない（12条）。

特定土地区画整理事業の特色は，「共同住宅区」制度及び「集合農地区」にある。

まず，「共同住宅区」について述べよう。

特定土地区画整理事業の事業計画においては，共同住宅の用に新たに供すべき土地の区域（＝共同住宅区）を定めることができる（13条1項）。共同住宅区は，土地の利用上共同住宅が集団的に建設されることが望ましい位置に定め，その面積は，共同住宅の用に供される見込みを考慮して相当と認められる規模としなければならない（13条2項）。

事業計画において共同住宅区が定められたときは，施行地区内の宅地でその地積が共同住宅を建設するのに必要な地積の換地を定めることができるものとして規準，規約，定款又は施行規程で定める規模（＝指定規模）のものの所有者は，所定の公告があった日から起算して60日以内に，特定土地区画整理事業を施行する者（＝施行者）に対し，換地計画において当該宅地についての換地を共同住宅区内に定めるべき旨の申出をすることができる。ただし，申出に係る宅地について共同住宅の所有を目的とする借地権を有する者があるときは，当該申出についてその者の同意がなければならない（14条1項）。施行者は，この申出が次の要件に該当すると認めるときは，遅滞なく，換地計画においてその宅地についての換地を共同住宅区内に定められるべき宅地として指定し，次の要件に該当しないと認めるときは，申出に応じない旨を決定しなければならない（14条2項）。

　1　建築物その他の工作物が存しないこと。
　2　地上権，永小作権，賃借権その他の当該宅地を使用し，又は収益をすることができる権利（共同住宅の所有を目的とする借地権及び地役権

を除く）が存しないこと。

この規定により共同住宅区内に定められるべき宅地として指定された宅地については，換地計画において換地を共同住宅区内に定めなければならない（16条1項）。

事業計画において共同住宅区が定められたときは，施行地区内の宅地でその地積が指定規模に満たないものの所有者は，法14条1項の期間内に，施行者に対し，換地計画において当該宅地について換地を定めないで共同住宅区内の土地の共有持分を与えるように定めるべき旨の申出をすることができる。ただし，当該申出に係る宅地に他人の権利の目的となっている建築物その他の工作物が存するときは，当該申出についてその者の同意がなければならない（15条1項）。この申出は，当該宅地の地積の合計が指定規模となるように，数人共同してしなければならない（15条2項）。宅地共有化の申出に応ずる場合の要件については，法15条3項に定めがある。宅地の共有化のために換地計画において共有持分を与えるように指定された宅地については，換地計画において換地を定めないで，共同住宅区内の土地の共有持分を与えるように定めなければならない（16条2項）。

次に，特定土地区画整理事業の事業計画においては，「集合農地区」を定めることができる（17条1項）。集合農地区は，施行地区の面積のおおむね30％を超えない範囲内において，所定の要件に該当する土地の区域又は特定土地区画整理事業の施行により所定の要件に該当することとなると認められる土地の区域について定めなければならない（17条2項）。

最後に，特定土地区画整理事業における義務教育施設及び保留地についての特例が重要である。

まず，特定土地区画整理事業の換地計画においては，義務教育施設が設置されることにより当該換地計画に係る区域内に居住する者の受ける利便に応じて，一定の土地を換地として定めないで，その土地を義務教育施設用地として定めることができる。この土地は，換地計画において換地とみなされる（20条1項）。施行者は，この規定により換地計画において義務教育施設用地を定めようとするときは，あらかじめ，その地積について義務教育施設の設置義務者と協議しなければならない（20条2項）。この義務教育施設用地に

ついては，換地計画において，金銭により清算すべき額に関し特別の定めをすることができる（20条3項）。

次に，都道府県若しくは市町村，都市再生機構又は地方住宅供給公社が施行する特定土地区画整理事業の換地計画においては，公営住宅等の用又は医療施設，社会福祉施設，教養文化施設その他の居住者の共同の福祉若しくは利便のため必要な施設で国，地方公共団体その他政令で定める者が設置するもの（公共施設を除く）の用に供するため，一定の土地を換地として定めないで，その土地を保留地として定めることができる。この場合においては，当該保留地の地積について，施行地区内の宅地について所有権，地上権，永小作権，賃借権その他の宅地を使用し，又は収益することができる権利を有するすべての者の同意を得なければならない（21条1項）。この保留地の制度は，「土地区画整理事業の施行の費用に充てるため」の保留地制度（土地区画整理法96条1項）の例外といえる。

地方拠点都市地域の整備及び産業業務施設の再配置の促進に関する法律
「地方拠点都市地域の整備及び産業業務施設の再配置の促進に関する法律」（以下5見出し項目において，「法」という）は，その名称に示されているように，主として二つの内容から成っている。すなわち，「地方拠点都市地域について都市機能の増進及び居住環境の向上を推進するための措置を講ずることによるその一体的な整備の促進を図ること」及び「過度に産業業務施設が集積している地域から地方拠点都市地域への産業業務施設の移転を促進するための措置等を講ずることによる産業業務施設の再配置の促進を図ること」の二つであり，それにより，地方の自立的成長の促進及び国土の均衡のある発展に資することを目的にする法律である（1条参照）。この法律は，土地区画整理に関する特別法にとどまるものではない。便宜上，その全体構造について述べておこう。

主務大臣は，「地方拠点都市地域」に係る法1条に規定する整備及び産業業務施設[53]の再配置の促進に関する基本的な方針（＝基本方針）を定めなけ

---
53 「産業業務施設」とは，事務所，営業所その他の業務施設（工場を除く）のうち，法33条1項に規定する過度集積地域から拠点地区への移転又は拠点地区における新増設を促進することが産業の配置の適正化を図る上で必要なものとして政令で定める

ればならない（3条1項）。この条項をはじめ，ほとんどの規定との関係において，「主務大臣」は，総務大臣，農林水産大臣，経済産業大臣及び国土交通大臣とされている。この法律にいう「地方拠点都市地域」とは，地方の発展の拠点となるべき地域であって，次の要件に該当するものである（2条1項）。①人口及び行政，経済，文化等に関する機能が過度に集中している地域及びその周辺の地域であって政令で定めるもの[54]以外の地域であること，②地域社会の中心となる地方都市及びその周辺の地域の市町村からなる地域であること，③自然的経済的社会的条件からみて，一体として法1条に規定する整備を図ることが相当と認められる地域であること，④その地域に係る法1条に規定する整備を図ることが，公共施設等の整備の状況，人口及び産業の将来の見通し等からみて，地方の発展の拠点を形成する意義を有すると認められる地域であること。

　基本方針に定めるべき事項については，法3条2項に定めがある。そして，主務大臣は，基本方針を定めようとするときは，文部科学大臣その他関係行政機関の長に協議しなければならない（3条3項）。

地方拠点都市地域の指定及び基本計画の策定　　都道府県知事は，基本方針に即して，当該都道府県の区域のうち法2条1項の要件に該当する市町村の区域を「地方拠点都市地域」として指定することができる（4条1項）。ということは，法2条1項において，本来は，「次に掲げる要件に該当するものとして，第4条の規定により都道府県知事が指定したもの」と定義すべきであろう。要するに，「指定」行為なしには，地方拠点都市地域は存在しないのである。知事は，指定を行なおうとするときは，主務大臣に協議しなけ

　　もの（法施行令2条により，「営利を目的とする事業の用に供される事務所及び研究所（法人でない団体が設置するものを除く。）」とされている）である（2条3項）。
54　法施行令1条によれば，平成4年8月1日における次に掲げる地域とされている。①首都圏整備法2条3項に規定する既成市街地及び同条4項に規定する近郊整備地帯並びに同条5項に規定する都市開発区域であって，土浦市，茨城県稲敷郡阿見町，同県新治郡出島村，同県同郡千代田町及び同県同郡新治村の区域，つくば市及び茨城県稲敷郡茎崎町の区域，熊谷市及び深谷市の区域，②近畿圏整備法2条3項に規定する既成都市区域，③「首都圏，近畿圏及び中部圏の近郊整備地帯等の整備のための国の財政上の特別措置に関する法律施行令」1条に規定する区域，とされている。

ればならない[55]。この場合に，主務大臣は，関係行政機関の長に協議するものとされている（4条2項）。知事は，この規定により主務大臣に協議しようとするときは，あらかじめ関係市町村に協議しなければならない（4条3項）。協議の連続である。

地方拠点都市地域の指定があったときは，その指定を受けた地方拠点都市地域（＝指定地域）を区域とするすべての市町村（＝関係市町村）又は関係市町村により組織される地方自治法252条の2第1項の協議会若しくは一部組合若しくは広域連合は，基本方針に基づき，整備の促進に関する基本的な計画（＝基本計画）を作成し，知事に協議し，その同意を求めるものとされている。この場合に，関係市町村は，共同して，基本計画を作成し，知事に協議し，その同意を求めるものとされている（6条1項）。基本計画については，国土形成計画その他法律の規定による地域振興に関する計画及び道路，河川，鉄道，港湾，空港等の施設に関する国又は都道府県の計画並びに都市計画との調和が保たれたものでなければならないとされている（6条5項）。

同意を得た基本計画（＝同意基本計画）について，法には地方自治法等との関係の特別な規定が置かれている。

第一に，都道府県の事務の委託である。都道府県は，同意基本計画の達成に資するため，当該都道府県と一部組合又は広域連合との協議により規約を定め，都道府県の事務の一部を，当該一部事務組合又は広域連合に委託して，その一部事務組合の管理者又は広域連合の長に管理させ，及び執行させることができるとしている（8条1項）。事務の委託先が一部事務組合又は広域連合に限られているのは，地域の一体的な事務処理に着目するからである。

第二に，職員派遣についての配慮義務がある。すなわち，一部事務組合の管理者又は広域連合の長が，同意基本計画の達成に資するため，都道府県知事に対し，地方自治法292条において準用する同法252条の17第1項の規定による職員の派遣を求めたときは，その求めを受けた都道府県知事は，その所掌事務の遂行に著しい支障がない限り，適任と認める職員を派遣するよう努めることが求められている（9条）。

---

55 基本方針は，地方拠点都市地域の指定の数につき，都道府県の人口，面積等に応じ，原則として1都道府県当たり1箇所又は2箇所を限度とするとしている。

第三に，同意基本計画の拠点地区内において省令で定める産業業務施設を設置した者について産業業務施設の用に供する家屋若しくは構築物若しくはこれらの敷地である土地に対する固定資産税に係る不均一課税をした場合又は同意基本計画に係る拠点地区内において教養文化施設等の用に供する家屋若しくはその敷地である土地の取得に対する不動産取得税若しくは当該教養文化施設等の用に供する家屋若しくは構築物若しくはこれらの敷地である土地に対する固定資産税に係る不均一課税をした場合に，その3箇年度の減収分を，地方交付税の算定上，基準財政収入額から控除するという措置がとられる（12条）。

第四に，地方債に関する特別な扱いがある。地方公共団体が，同意基本計画に基づき拠点地区[56]内において地方公共団体が出資する法人その他の法人のうち省令で定める事業者が行なう教養文化施設その他の公共施設に準ずる施設として省令で定めるものの整備を推進する必要があると認める場合において，当該事業者に対して出資，補助その他の助成を行なおうとするときは，当該助成に要する経費であって地方財政法5条各号に規定する経費（＝地方債を充てることのできる経費）に該当しないものは，同条5号の経費とみなすこととして，地方債を充てる途を開いている（16条1項）。

拠点整備促進区域　指定地域内の市街化区域のうち，次の要件に該当する土地の区域については，都市計画に拠点業務市街地整備土地区画整理促進区域（＝拠点整備促進区域）を定めることができる（19条1項）。①良好な拠点業務市街地（＝指定地域の居住者の雇用機会の増大と地域経済の活性化に寄与する事務所，営業所等の業務施設が集積する市街地）として一体的に整備され，又は開発される自然的経済的社会的条件を備えていること，②当該区域内の土地の大部分が建築物の敷地として利用されていないこと，③2ヘクタール以上の規模の区域であること，④当該区域の大部分が都市計画法上の商業地域内にあること。

拠点整備促進区域に関する都市計画においては，拠点業務市街地としての

---

[56]　「拠点地区」とは，地方拠点都市地域のうち，土地の利用状況，周辺の公共施設の整備の状況等からみて，広域の見地から，都市機能の集積又は住宅及び住宅地の供給等居住環境の整備を図るための事業を重点的に実施すべき地区である（2条2項）。

開発整備の方針を定めるものとされ（19条2項），同意基本計画に適合するよう定めることが求められている（19条3項）。そして，都道府県又は市町村は，拠点整備促進区域に関する都市計画と併せて，当該区域が良好な拠点業務市街地として整備され，又は開発されるために必要な公共施設に関する都市計画を定めなければならない（19条4項）。

　拠点整備促進区域内の宅地について所有権又は借地権を有する者は，当該区域内の宅地について，できる限り速やかに，土地区画整理事業を施行する等により，当該拠点整備促進区域に関する都市計画の目的を達成するように努めなければならないとして（20条1項），努力義務が課されている。

　拠点整備促進区域内においては，土地の区画形質の変更又は建築物の新築，改築若しくは増築について，都道府県知事の許可を受けなければならない（21条1項）。許可をしなければならない場合の要件が列挙されている（21条2項）。違反者に対する除却命令等及び土地の買取りの仕組みは，他の建築制限等の場合とほぼ同様である（21条6項・7項・8項，22条）。

拠点整備土地区画整理事業　　市町村は，拠点整備促進区域内の土地で，当該拠点整備促進区域に関する都市計画に係る都市計画決定の告示の日から起算して3年以内に土地区画整理法による施行認可等のなされていないものについては，「施行の障害となる事由がない限り」拠点整備土地区画整理事業を施行するものとされている（25条1項）。この「施行の障害となる事由」の存否が争われるのは，主として事業の施行に反対する者が，「施行の障害となる事由がある」から違法であると主張する場面であろう。逆に，市町村が障害となる事由があるとして施行に乗り出さないときに，その判断の違法性を問う場面は，容易に想定することはできない。例外的場面の一つとして，一方で建築行為等を制限しておきながら，市町村が「施行の障害となる事由」があるとして施行しようとしないことによって，宅地の所有者等が利用の空白により損害を被ったとして国家賠償請求をすることが起こり得よう。

　市町村は，拠点整備促進区域内の宅地について所有権又は借地権を有する相当数の者から当該区域内の土地について拠点整備土地区画整理事業を施行すべき旨の要請があったとき，同区域内の宅地について所有権又は借地権を有する者が同土地区画整理事業を施行することが困難又は不適当であると認

められるとき，その他特別の事情があるときは，前記の期間内であっても，同土地区画整理事業を施行することができる（25条2項）。

　都道府県も，当該市町村と協議のうえ，同土地区画整理事業を施行することができる。都市再生機構が施行することができるものであるときは，機構も，市町村と協議のうえ，施行することができる（25条3項）。

　拠点整備土地区画整理事業の事業計画においては，同事業を施行する土地の区域（＝施行地区）は，その面積が2ヘクタール以上で，かつ，当該拠点整備促進区域の他の部分についての拠点整備土地区画整理事業の施行を困難にしないものとなるように定めなければならない（26条）。この後者の部分は，同一の拠点整備促進区域内における複数の同土地区画整理事業の調整を必要とする場合があることを示唆するものである。

　拠点整備土地区画整理事業の換地計画に関して，法は，二つの規定を用意している。

　第一に，下水道用地の扱いである。その換地計画においては，下水道が設置されることにより当該換地計画に係る区域内に居住する者の受ける利便に応じて，一定の土地を換地として定めないで，その土地を下水道の用に供すべき土地又はその代替地（＝下水道用地）として定めることができる。この土地は，換地計画において，換地とみなされる（27条1項）。この規定により換地計画において下水道用地を定めようとする施行者は，あらかじめ，その地積について下水道を設置しようとする者と協議しなければならない（27条2項）。換地計画において定められた下水道用地については，換地計画において，金銭により清算すべき額に関する特別の定めをすることができる（27条3項）。下水道用地が特別に掲げられている点が特色である。

　第二に，都道府県若しくは市町村又は都市再生機構が施行する拠点整備土地区画整理事業の換地計画においては，公益的施設（公共施設を除く）の用に供するため，一定の土地を保留地として定めることができる。この場合においては，当該保留地の地積について，施行地区内の宅地に関し所有権，地上権，永小作権，賃借権その他の宅地を使用し，又は収益することができる権利を有するすべての者の同意を得なければならない（28条1項）。この保留地に関する規定は，土地区画整理法上の保留地が「土地区画整理事業の施

行の費用に充てるため」とされていること（96条1項）に対する例外をなすものである。ここにいう「公益的施設」とは，「交通施設，情報処理施設，電気通信施設，教養文化施設その他の施設であって，指定地域の住民等の共同の福祉又は利便のために必要なもので，国，地方公共団体その他政令で定める者が設置するもの」である（22条6項）[57]。等しく公益的施設という文言が用いられていても，たとえば，新住宅市街地開発法上のそれ（同法2条7項）とは異なるところがあると思われる。たとえば，新住宅市街地開発法においては，官公庁施設も公益的施設に含まれているが，この法律においては含まれないと解すべきであろう。

産業業務施設の移転の促進　法は，「過度に産業業務施設が集積している地域から地方拠点都市地域への産業業務施設の移転を促進する」ことをも一つの目的としている（1条参照）。この目的のために移転計画の認定制度及び不動産取得税の不均一課税に伴う減収分についての地方交付税法上の扱いが用意されている。

まず，事務所，営業所その他の業務施設（工場を除く）の集積の程度が特に著しく高い地域として政令で定めるもの（＝過度集積地域）[58]において産業業務施設を設置している者で当該産業業務施設を同意基本計画に係る拠点地区へ移転しようとするものは，当該移転に係る計画（＝移転計画）を作成し，これを主務大臣[59]に提出して，その移転計画が適当である旨の認定を受けることができる（33条1項）。主務大臣は，認定の申請があった場合において，その移転計画が基本方針に照らし適切なものであり，かつ，当該移転計画に係る移転が確実に実施される見込みがあると認めるときは，認定をするものとされている（33条3項）。文言のみに着目するならば，この判断には，相当広い裁量が認められているといわなければならないが，「移転が確実に実

---

[57] 「政令で定める者」は，国（国の全額出資に係る法人を含む）又は地方公共団体が資本金，基本金その他これに準ずるものの2分の1以上を出資している法人とされている（法施行令8条）。

[58] 法施行令11条により，東京都の特別区の存する区域とされている。ということは，東京23区の区域からの移転を促進する政策が採用されていることになる。

[59] この認定についての主務大臣は，経済産業大臣及び当該産業業務施設において行われる事業を所管する大臣である（法施行令48条2号）。

施される見込み」の点については，法の上においては，それほど厳しく「見込み」を要求する意味はなく，移転後の扱いこそが重要と思われる。

次に，省令で定める地方公共団体が，認定計画に従って過度集積地域内にある産業業務施設を同意基本計画に係る拠点地区に移転した認定事業者について，当該移転により当該拠点地区において設置した産業業務施設のうち省令で定めるものの用に供する家屋若しくはその敷地である土地の取得に対する不動産取得税に係る不均一課税をした場合において，その措置が省令で定める場合に該当するものと認められるときは，それによる減収額を基準財政収入額となるべき額から控除することとされている（36条）。

過度集積地域における産業業務施設の移転に係る当該産業業務施設の跡地について，国及び地方公共団体は，公共の用途その他住民の福祉の増進に資する用途に利用されるよう努めなければならないとされている（37条）。

新都市基盤整備法による新都市基盤整備事業　人口の集中の著しい大都市の周辺の地域における新都市の建設に関し，新都市基盤整備事業の施行その他必要な事項を定めることにより，大都市圏における健全な新都市の基盤の整備を図り，もって大都市における人口集中と宅地需給の緩和に資するとともに大都市圏の秩序ある発展に寄与することを目的とする法律として，新都市基盤整備法（以下の2見出し項目において，「法」という）が制定されている（同法1条）。この法律の核心は，新都市基盤整備事業である。それは，同法及び都市計画法に従って行なわれる「新都市の基盤となる根幹公共施設の用に供すべき土地及び開発誘導地区に充てるべき土地の整備に関する事業並びにこれに附帯する事業」である（2条1項）。この事業を定める法を土地区画整理法の特別法と位置付けるには，やや無理があるが，土地区画整理と極めて似た仕組み（換地計画，換地処分等）を用いているうえ，土地区画整理法の規定の多くを準用しているので，便宜上，ここで説明をしておくこととしたい。

まず，都市計画との関係において，新都市基盤整備事業に係る市街地開発事業等予定区域に関する都市計画及び新都市基盤整備事業に関する都市計画がある。

前者の都市計画に定めるべき区域は，次の条件（要件）に該当する土地の

区域でなければならない（2条の2）。
  1 人口の集中に伴う住宅の需要に応ずるに足りる適当な宅地が著しく不足し，又は著しく不足するおそれがある大都市の周辺の区域で，次に掲げる要件を備えているものであること。
    イ 良好な住宅市街地が相当部分を占める新都市として一体的に開発される自然的及び社会的条件を備えていること。
    ロ 人口の集中した市街地から相当の距離を有する等の理由により，当該区域を新都市として開発するうえで，公共の用に供する施設及び当該区域の開発の中核となる地区を先行して整備することが効果的であると認められること。
  2 当該区域内において建築物の敷地として利用されている土地がきわめて少ないこと。
  3 1ヘクタール当たり100人から300人を基準として5万人以上が居住できる規模の区域であること。
  4 当該区域の相当部分が都市計画法8条1項1号の第1種低層住居専用地域，第2種低層住居専用地域，第1種中高層住居専用地域又は第2種中高層住居専用地域内にあること。

後者の都市計画に定めるべき施行区域は，市街化区域内の次に掲げる条件に該当する土地の区域でなければならない（3条）。
  1 前記の1～4に掲げる条件に該当すること。
  2 当該区域を住宅市街地が相当部分を占める新都市とするために整備されるべき主要な根幹公共施設に関する都市計画が定められていること。

ここにいう「根幹公共施設」とは，「施行区域を良好な環境の都市とするために必要な根幹的な道路，鉄道，公園，下水道その他の公共の用に供する施設として政令で定めるもの」である（2条5項）。

後者の都市計画には，都市計画法12条2項に定める事項のほか，根幹公共施設の用に供すべき土地の区域，開発誘導地区の配置及び規模並びに開発誘導地区内の土地の利用計画を定めるものとされている（4条1項）。ここにいう「開発誘導地区」とは，「施行区域を都市として開発するための中核と

なる地区として，一団地の住宅施設及び教育施設，医療施設，官公庁施設，購買施設その他の施設で施行区域内の居住者の共同の福祉若しくは利便のため必要なものの用に供すべき土地の区域又は都市計画法第12条第1項第3号に規定する工業団地造成事業が施行されるべき土地の区域」である（2条6項）。法4条2項には，新都市基盤整備事業に関する都市計画の定め方が掲げられている。それらの中には，開発誘導地区の面積が当該区域の面積の40％を超えないように定めることも含まれている（3号）。

　新都市基盤整備事業は，地方公共団体が都市計画事業として施行する（5条1項，6条）。その事業認可の申請書の事業計画には，施行区域，根幹公共施設の用に供すべき土地として定めるものの配置及び規模，開発誘導地区の配置及び規模，当初収用率及び事業施行期間を定めなければならない（7条2項）。

　この事業において特徴のある概念として，「当初収用率」と「確定収用率」とがある。

　まず，「当初収用率」とは，「根幹公共施設の用に供すべき土地の面積と開発誘導地区に充てるべき土地の面積とを合算した面積から施行者が事業計画の認可の申請の時において施行区域内に所有している土地（次に掲げる土地及び他人の権利の目的となっている土地を除く。）の面積を控除した面積の施行区域（施行者が事業計画の認可の申請の時において所有している土地（他人の権利の目的となっている土地を除く。）及び次に掲げる土地で施行者以外の者の所有に係るものの区域を除く。）の面積に対する割合」である。ここにいう「次に掲げる土地」は，道路，広場，河川その他の政令で定める公共の用に供する施設の用に供されている土地で国又は地方公共団体が所有するもの，そのほか土地収用法その他の法律により土地等を収用し又は使用することができる事業の用に供されている土地，学術上又は宗教上特別な価値のある土地で政令で定めるもの，である（以上，2条7項）。

　次に，「確定収用率」とは，根幹公共施設の用に供すべき土地の面積と開発誘導地区に充てるべき土地の面積とを合算した面積から施行者が法13条1項に規定する日において施行区域内に所有している土地の面積を控除した面積の施行区域の面積に対する割合である（2条8項）。法13条が登場する

仕組みは，土地収用法 28 条の 2 の規定により補償等について周知させるための措置を講ずる際に当初収用率等の事項を付加して行ない（11 条），その後，施行区域内の土地の所有者に対し 2 月を下らない期間を定めて，その所有土地を売り渡すべき旨の申込みを促す措置を講ずることとし（12 条），その期間を経過した日における確定収用率を算定して，都道府県の場合は国土交通大臣に，その他の施行者は都道府県知事に，届け出ることとし（13 条 1 項），その届出を受けた国土交通大臣又は都道府県知事は，確定収用率を公告する（13 条 2 項）というものである。

このような概念を前提に，施行者は，施行区域内の各筆の土地について，当該各筆の土地の面積に確定収用率を乗じて得た面積の土地を収用することができる。ただし，法 13 条 2 項の公告の日前に土地収用法 39 条 2 項の規定による請求（収用の請求）があった土地については，当該土地の面積に当初収用率を乗じて得た面積の土地を収用することができる（10 条 1 項）。

土地整理　　実際の事業は，「土地整理」の概念によっている。その概要は，以下のとおりである。

第一に，施行者は，施行規程及び施行計画を定めて，都道府県にあっては国土交通大臣の，その他の者にあっては都道府県知事の，それぞれ認可を受けなければならない（22 条）。地方公共団体の定める施行規程は，当該地方公共団体の条例で定めることとされている（23 条 2 項）。

第二に，施行者は，施行区域内の宅地について換地処分を行なうため，換地計画を定めなければならない（30 条）。土地区画整理法の多くの規定が準用されている。宅地の所有者から 2 筆以上の宅地が一団となるよう又は他の所有者の宅地と併せて一団となるよう換地が定められることについての希望の申出（26 条 1 項）と連動させて，この申出があった土地については，当該宅地を一団として用いることが土地の利用上望ましいと認められるときは，換地計画において，当該宅地が一団となるよう配慮しなければならないとされている（35 条）。この配慮は，施行者の完全な裁量の問題にすぎないのか，「配慮義務」違反を問われることがあるのかという点は，一つの解釈問題である。相当程度の広い裁量を肯定しつつ，裁量の逸脱濫用により配慮義務違反が問われることがあるというべきであろう。

第三に，仮換地の指定，換地処分，清算，権利関係の調整については，土地区画整理法の多くの規定が準用されている（39条〜43条）。

　第四に，この事業に独特の手続は，処分計画の策定を軸とする処分に関する定め及び施行者から譲り受けた者の義務規定である。

　まず，施行者は，根幹公共施設の用に供すべき土地及び開発誘導地区内の土地（＝施設用地）の処分方法及び処分価額に関する事項並びに処分後の開発誘導地区内の土地の利用の規制に関する事項を「処分計画」として定めなければならない（44条）。施行者である地方公共団体は，処分計画を定めようとする場合には，あらかじめ，都道府県にあっては国土交通大臣に，市町村にあっては都道府県知事に，協議し，その同意を得なければならない（45条1項）。処分計画においては，①都市計画において定められた開発誘導地区内の土地の利用計画を実現するため適切かつ効果的であるように当該地区内の土地の処分方法を定めなければならないこと（46条1項），②施設用地の処分価額は，土地の取得に要する費用及び土地整理の施行に要する費用を基準として定めること（46条2項），③政令で特別の定めをするもの[60]を除き，根幹公共施設の用に供すべき土地は当該根幹公共施設を管理する者となるべき者に，開発誘導地区内の土地は当該地区内の土地を都市計画において定められた当該土地の利用計画に適合するように造成することとなる国，地方公共団体又は地方住宅供給公社に，それぞれ譲り渡すように定めることを施行者に義務づけている（47条）。そして，施行者は，施設用地を，法及び処分計画に従って処分しなければならない（48条1項）。

　施行者又は開発誘導地区内の土地を譲り受けた者は，当該地区内の土地を当該土地の上に建設されることとなる施設の敷地として造成しようとするとき（工業団地造成事業の施行の場合を除く）は，当該土地の造成及びその土地の上に建設されることとなる施設の建設に関する実施計画を定め，国及び地方公共団体以外の者にあっては都道府県知事の認可を受け，市町村にあって

---

[60] 法施行令32条により，教育施設，医療施設，購買施設その他の施設で，施行区域内の居住者の共同の福祉又は利便のため必要なものを設置しようとする者（国，地方公共団体及び地方住宅供給公社を除く）が当該施設の用に供するため自ら造成する土地は，その者に譲り渡すものとして，処分計画に定めることができるとされている。

は，あらかじめ，都道府県知事に協議し，その同意を得なければならない（49条1項）。この実施計画の実現の努力義務は，施行者若しくは開発誘導地区内の土地を施行者から譲り受けた者のみならず，これらの者から造成された敷地を譲り受けた者にも課されている（49条2項）。

次に，建築物の建築義務が重要である。施行者から法47条の政令で特別の定めをするものを，又は実施計画に基づき敷地を造成した者から教育施設，医療施設，購買施設その他の施設で，施行区域内の居住者の共同の福祉又は利便のため必要なものを，それぞれ建築すべき土地を譲り受けた者（その承継人を含むものとし，国，地方公共団体及び地方住宅供給公社を除く）は，その譲受けの日から2年以内に，処分計画又は実施計画で定める建築物を建築しなければならない（50条）。

また，開発誘導地区内の土地又は当該土地の上に建築物に関する所有権，地上権等の権利の設定又は移転については，当事者が都道府県知事の承認を受けなければならない（51条1項）。この承認に関する処分については，「当該権利を設定し，又は移転しようとする者がその設定又は移転により不当に利益を受けるものであるかどうか，及びその設定又は移転の相手方が処分計画に定められた処分後の土地の利用の規制の趣旨に従って当該土地を利用すると認められるものであるかどうか」を考慮してしなければならない（51条2項）。承認には，処分計画に定められた処分後の土地の利用の規制の趣旨を達成するため必要な条件を付することができる。その条件は，当該承認を受けた者に不当な義務を課するものであってはならない（51条3項）。

この「承認」は，行政処分であり，かつ広い裁量性を有していると解される。

以上の仕組みとの関係において，買戻権に関する定めに注目したい。まず，施行者が処分計画に従って開発誘導地区内の土地を譲り渡す場合又は実施計画に基づき敷地を造成した者がその敷地を譲り渡す場合においては，民法579条の定めるところに従い，当該譲渡の日から法41条において準用する土地区画整理法103条4項の規定による公告の日の翌日から10年を経過する日までの期間を買戻しの期間とする「買戻し特約」をつけなければならない（52条1項）。そして，この特約による買戻権は，開発誘導地区内の土地

若しくは敷地を譲り受けた者又はその承継人が法50条若しくは51条1項の規定に違反した場合又は法51条3項の規定により付された条件に違反した場合に限り，行使することができる（52条2項）。ただし，所定の事情の場合には，買戻権を行使することができない（52条3項）。買戻し特約に基づき買い戻した土地又は敷地は，処分計画の趣旨に従って処分しなければならない（52条4項）。

3　都市再開発法

[1]　都市再開発法の位置づけ

都市再開発法　　都市は，時代の変遷に対応して，その構造を転換していかざるを得ない。そのためには再開発を避けてとおることができない。このため，都市計画法と別の法律として，都市再開発法（以下，本節において「法」という）が制定されている。都市再開発の定義を議論することは避けたいが，広義の再開発は，「栄枯盛衰の激しい都市に適応した流動的マスタープランを想定し，これを一定時間の一定空間に実現するために，弾力性のある規制手段と事業手法を効果的に活用する都市計画手法」と定義できるとされる[61]。

法は，「市街地の計画的な再開発に関し必要な事項を定めることにより，都市における土地の合理的かつ健全な高度利用と都市機能の更新とを図り，もって公共の福祉に寄与することを目的」としている（1条）。ここにおいて，「土地の合理的かつ健全な高度利用」と「都市機能の更新」とがキーワードとなっている。

このうち，「土地の合理的かつ健全な高度利用」とは，個々の市街地の土地の属性に鑑みて，それぞれの市街地において密度が高く，かつ，その態様において十分な公共施設を伴い，他の建築物に日照，通風等の迷惑を及ぼさないような間隔で，子どもの遊び場，駐車場，荷捌き所などの必要な有効空地の確保されるような土地利用を実現することである[62]。すなわち，密度に

---

[61]　都市再開発法制研究会編著・解説2頁。
[62]　都市再開発法制研究会編著・解説50頁。

おける高度利用と質的水準の確保とを兼ね備えた土地利用とを指している。

　都市機能の更新とは，さまざまな都市機能（居住その他の生活の場としての機能，商業・業務活動の場としての機能，流通・交通などの機能，都市内部における施設配置の便益など）を高めるために，不良建築物を除却し，住宅，事務所等の建築物を建設し，地域に必要な公共施設を確保し，良好な市街地環境の創造，都市の安全性の確保，既成市街地における計画的な住宅の供給，商業業務機能の再編成による土地利用の合理化等を図ることであるとされる[63]。

　このような都市再開発には，計画の存在が大前提である。たとえば，入り組んだ町並みがあると仮定して，その町並みを，当該区域の売り物として生かそうとするのか，それとも，取り壊して再編成するのかということは，計画なしに自動的に決まる事柄ではない。

　都市再開発方針　人口の集中の特に著しい政令で定める大都市を含む都市計画区域内の市街化区域においては，都市計画に都市再開発の方針を定めなければならない。そこにおいて，次の事項を明らかにしなければならない（2条の3第1項）。

　　1　当該都市計画区域内にある計画的な再開発が必要な市街地に係る再開発の目標並びに当該市街地の土地の合理的かつ健全な高度利用及び都市機能の更新に関する方針
　　2　1の市街地のうち特に一体的かつ総合的に市街地の再開発を促進すべき相当規模の地区及び当該地区の整備又は開発の計画の概要

　人口の集中の特に著しい大都市として，法施行令1条の2は，21都市を指定している[64]。指定のおおまかな基準は，地方自治法上の政令指定都市，首都圏整備法の既成市街地又は近畿圏整備法の既成都市区域に含まれる都市で，当該都市を含む都市計画区域内の人口が30万人以上であるもの，とされているという[65]。

63　都市再開発法制研究会編著・解説50頁‐51頁。
64　東京都（特別区の存する区域に限る），大阪市，名古屋市，京都市，横浜市，神戸市，北九州市，札幌市，川崎市，福岡市，広島市，仙台市，川口市，さいたま市，千葉市，船橋市，立川市，堺市，東大阪市，尼崎市及び西宮市である。

前記の都市計画区域以外の都市計画区域内の市街化区域においては，都市計画に，当該市街化区域内にある計画的な再開発が必要な市街地のうち特に一体的かつ総合的に市街地の再開発を促進すべき相当規模の地区及び当該地区の整備又は開発の計画の概要を明らかにした都市再開発の方針を定めなければならない（同条第2項）。

市街地再開発事業に関する都市計画　市街地再開発事業は，都市計画との関係が密接である。まず，都市計画法12条1項は，法による市街地再開発事業が市街地開発事業の一種である旨を規定している。そして，都市計画法12条2項が「市街地開発事業については，市街地開発事業の種類，名称及び施行区域その他政令で定める事項を都市計画に定めるものとする」と定めているのを受けて，法に定めがある。

第1種市街地再開発事業について都市計画に定めるべき施行区域は，法7条1項の規定による市街地再開発促進区域内の土地の区域又は次に掲げる条件に該当する土地の区域でなければならないとしている（3条）。

　1　当該区域が高度利用地区，都市再生特別地区又は特定地区計画等区域内にあること。

　2　当該区域内にある耐火建築物で次に掲げるもの以外のものの建築面積の合計が，当該区域内にあるすべての建築物の建築面積の合計のおおむね3分の1以下であること又は当該区域内にある耐火建築物で次に掲げるもの以外のものの敷地面積の合計が，当該区域内のすべての宅地の面積の合計のおおむね3分の1以下であること。

　　イ　地階を除く階数が2以下であること。

　　ロ　政令で定める耐用年限の3分の2を経過しているもの

　　ハ　災害その他の理由によりロに掲げるものと同程度の機能低下を生じているもの

　　ニ　建築面積が150平方メートル未満であるもの

　　ホ　容積率が，当該区域に係る高度利用地区，都市再生特別地区，地区計画，防災街区整備地区計画又は沿道地区計画に関する都市計画

65　都市再開発法制研究会編著・解説 70 頁。

において定められた建築物の容積率の最高限度の3分の1未満であるもの
　ヘ　都市計画法4条6項に規定する都市計画施設である公共施設の整備に伴い除却すべきもの
3　当該区域内に十分な公共施設がないこと，当該区域内の土地の利用が細分されていること等により，当該区域内の土地の利用状況が著しく不健全であること。
4　当該区域内の土地の高度利用を図ることが，当該都市の機能の更新に貢献すること。

法7条1項により指定された市街地再開発促進区域内の土地について，法3条各号の条件を満たさない場合であっても第1種市街地再開発事業を施行することができるとしているのは，整備の単位となるべき単位整備区ごとに見たときに，法3条各号の要件を満たしているとは限らないために，促進区域において必ず再開発が実現されるようにするためである[66]。

また，第2種市街地再開発事業について都市計画に定めるべき施行区域は，次の各号に掲げる条件に該当する土地の区域でなければならない（3条の2）。
1　法3条各号に掲げる条件
2　次のいずれかに該当する土地の区域で，その面積が0.5ヘクタール以上のものであること。
　イ　次のいずれかに該当し，かつ，当該区域内にある建築物が密集しているため，災害の発生のおそれが著しく，又は環境が不良であること。
　　(1)　当該区域内にある安全上又は防火上支障がある建築物で政令で定めるものの数の当該区域内にあるすべての建築物の数に対する割合が政令で定める割合以上であること。
　　(2)　(1)に規定する政令で定める建築物の延べ面積の合計の当該区域内にあるすべての建築物の延べ面積の合計に対する割合が政令で定める割合以上であること。

---

[66]　都市再開発法制研究会編著・解説86頁。

ロ 当該区域内に駅前広場，大規模な火災等が発生した場合における公衆の避難の用に供する公園又は広場その他の重要な公共施設で政令で定めるものを早急に整備する必要があり，かつ，当該公共施設の整備と併せて当該区域内の建築物及び建築敷地の整備を一体的に行うことが合理的であること。

このように第2種市街地再開発事業の都市計画に定める施行区域の要件が，第1種市街地再開発事業の要件よりも厳しくなっているのは，第2種市街地再開発事業が用地買収方式である点にあるとされる。すなわち，第1種事業にあっては，権利変換方式によって，土地建物に係る従前の権利に代えて再開発ビル及びその敷地についての権利を与えるのに対して，第2種事業の場合は，従前の土地建物に係る権利が買収によっていったん消滅してしまい新しい権利を取得するまでの時間的断絶があることに配慮したものである[67]。

第1種市街地再開発事業又は第2種市街地再開発事業に関する都市計画には，都市計画法12条2項に定める事項のほか，公共施設の配置及び規模並びに建築物及び建築敷地の整備に関する計画を定めるものとされ（4条1項），それらの都市計画は，次に掲げるところに従って定めなければならない（4条2項）。

1 道路，公園，下水道その他の施設に関する都市計画が定められている場合においては，その都市計画に適合するように定めること。

2 当該区域が，適正な配置及び規模の道路，公園その他の公共施設を備えた良好な都市環境のものとなるように定めること。

3 建築物の整備に関する計画は，市街地の空間の有効な利用，建築物相互間の開放性の確保及び建築物の利用者の利便を考慮して，建築物が都市計画上当該地区にふさわしい容積，建築面積，高さ，配列及び用途構成を備えた健全な高度利用形態となるように定めること。

4 建築敷地の整備に関する計画は，前号の高度利用形態に適合した適正な街区が形成されるように定めること。

---

67 都市再開発法制研究会編著・解説90頁。

住宅不足の著しい地域における第1種市街地再開発事業又は第2種市街地再開発事業に関する都市計画においては，法4条2項の規定に抵触しない限り，当該市街地再開発事業が住宅不足の解消に寄与するよう，当該市街地再開発事業により確保されるべき住宅の戸数その他住宅建設の目標を定めなければならない（5条）。もちろん，この目標を達成しても住宅不足が解消されないからといって，この都市計画が違法となるわけではないと解される。

市街地再開発促進区域に関する都市計画　法3条各号に掲げる条件及び当該土地の区域が法3条の2第2号イ又はロに該当しないことの条件に該当する土地の区域で，その区域内の宅地について所有権又は借地権を有する者による市街地の計画的な再開発の実施を図ることが適切であると認められるものについて，都市計画に「市街地再開発促進区域」を定めることができる（7条1項）。その都市計画には，都市計画法10条の2第2項に定める事項のほか，公共施設の配置及び規模並びに単位整備区を定めるものとされている（7条2項）。市街地再開発促進区域に関する都市計画は，次に規定するところに従って定めなければならない（7条3項）。

1　道路，公園，下水道その他の施設に関する都市計画が定められている場合においては，その都市計画に適合するように定めること。

2　当該区域が，適正な配置及び規模の道路，公園その他の公共施設を備えた良好な都市環境のものとなるように定めること。

3　単位整備区は，その区域が市街地再開発促進区域内における建築敷地の造成及び公共施設の用に供する敷地の造成を一体として行なうべき土地の区域としてふさわしいものとなるように定めること。

市街地再開発促進区域内において建築基準法59条1項1号に該当する建築物の建築をしようとする者は，都道府県知事の許可を受けなければならない。ただし，非常災害のため必要な応急措置として行なう行為又はその他の政令で定める軽易な行為については，この限りでない（7条の4第1項）。この建築制限規定に違反した者があるときは，知事は，その者に対し，その違反を是正するため必要な措置を命ずることができる（7条の5第1項）。建築行為に段階があるので「必要な措置」にもバリエーションが考えられるが，建築行為の結果支障を生じている部分について除却命令を発するのが典型で

ある。建築工事に着手しているものの，除却には及ばない段階であれば，工事中止命令を発することも「必要な措置」に含まれると解釈してよいであろう。

なお，この許可制度と密接な関係にあるのが，土地の買取制度である。すなわち，知事（都道府県又は市町村が土地の買取りの相手方として定めるべきことを申し出て知事が相手方として公告したときは，その公告された相手方）は，同区域内の土地の所有者から，この許可がされないときはその土地の利用に著しい支障を来すこととなることを理由として，当該土地を買い取るべき旨の申出があったときは，特別の事情がない限り，当該土地を時価で買い取るものとする（7条の6第3項）。この制度において，「土地の利用に著しい支障を来すこととなる」ことが買取りを行なう実質要件であるのか，それとも土地所有者がそのような理由を挙げている以上，その理由の実質の存否に立ち入ることはせずに，特別の事情のない限り申出に応じなければならないのかが問題となる。円滑な再開発の実現を図る趣旨から，理由の実質の存否にまで立ち入るべきではないと考えたい。もっとも，法7条の6第4項により「買い取らない旨」の通知を受けた土地についての法7条の4第1項の建築の許可申請に対しては許可をしなければならない（7条の4第2項）というのであるから，知事は，許可又は買取りのいずれかの選択を迫られることになる。

[2] 市街地再開発事業

市街地再開発事業とは　都市再開発法の大きな柱は，市街地再開発事業である。市街地再開発事業は，市街地の土地の合理的かつ健全な高度利用と都市機能の更新とを図るため，都市計画法及び法で定めるところに従って行なわれる建築物及び建築敷地の整備並びに公共施設の整備に関する事業並びにこれらに附帯する事業をいい，第1種市街地再開発事業と第2種市街地再開発事業とに区分されている（2条1号）。

第1種市街地再開発事業は，権利変換方式の事業であって，事業の施行区域内の土地，建物等に関する権利を，買収や収用によることなく，一連の行政処分により，施設建築物及びその敷地に関する権利に変換する権利の一括

処理を行なう方式である。そのため，比較的小規模の地区に適しているという。

第2種市街地再開発事業は，いったん事業の施行地区内の土地，建物等を施行者が買収又は収用するとともに，買収又は収用された者が希望すれば，その買収又は収用の対価に代えて施設建築物及びその敷地に関する権利を付与する方式である。そのため，大規模な地区，権利関係の複雑な地区，急施を要する地区に適しているという[68]。

都市計画事業として行なう市街地再開発事業　市街地再開発事業の施行区域内においては，市街地再開発事業は，都市計画事業として施行することとされている（6条1項）。そして，その場合に，第1種市街地再開発事業に関しては，都市計画法60条から74条までの規定を，第2種市街地再開発事業に関しては，同法60条から64条までの規定を，それぞれ適用しない（6条2項）。この微妙な適用の排除が第1種市街地再開発事業と第2種市街地再開発事業との間の大きな違いを生むことになる。第1種市街地再開発事業に関しては，都市計画法70条の規定を適用しないとされる。他方，第2種市街地再開発事業に関しては，法6条4項の委任を受けた法施行令1条の5において，都市計画法59条の認可又は承認の部分を法50条の2第1項，51条1項又は58条1項前段の規定による認可と読み替えることとしている。したがって，地方公共団体施行の場合は，法51条1項の認可と読み替えられる。

都市計画法59条1項は，都市計画事業については，土地収用法による事業の認定は行なわず，都市計画法59条による認可又は承認をもってこれに代え，かつ，事業認定の告示とみなすという規定である。したがって，第2種市街地再開発事業にあっては，事業認可をもって土地収用法上の事業認定とみなされて，土地所有者等は，収用を受ける可能性のある地位に立たされることになる。また，建前上，地区外転出であるので，生活再建措置に関する都市計画法74条の規定が適用される。

他方，第1種市街地再開発事業に関しては，施行者が土地を買収すること

68　以上，都市再開発法制研究会編著・解説33頁。

を想定しないため，土地収用を要しないことになっている。同時に，生活再建措置の必要がないとして，都市計画法74条の規定は適用されない[69]。

市街地再開発事業の施行者　市街地再開発事業の施行者は，次のとおりである。土地区画整理事業の施行者の種類と似ていることがわかる。

第一に，法の定める区域内の宅地について所有権若しくは借地権を有する者又はこれらの宅地について所有権若しくは借地権を有する者の同意を得た者は，一人で，又は数人共同して，当該権利の目的である宅地について，又はその宅地及び一定の区域内の宅地以外の土地について第1種市街地再開発事業を施行することができる。法は，都市計画法による高度利用地区，都市再生特別措置法による都市再生特別地区，特定地区計画等区域（①地区整備計画等が定められている区域であること，②そこにおいて都市計画法8条3項2号チに規定する高度利用地区について定めるべき事項（一定の事項を除く）が定められていること，③建築基準法68条の2第1項の規定に基づく条例で②の事項に関する制限が定められていること，のすべてを満たす区域）を列挙している（2条の2第1項）。第1種市街地再開発事業を施行しようとする者は，一人で施行しようとする者にあっては基準及び事業計画を定め，数人共同して施行しようとする者にあっては規約及び事業計画を定め，その第1種市街地再開発事業の施行について都道府県知事の認可を受けなければならない（7条の9）。

第二に，市街地再開発組合は，第1種市街地再開発事業の施行区域内の土地について第1種市街地再開発事業を施行することができる（2条の2第2項）。第1種市街地再開発事業の施行区域内の宅地について所有権又は借地権を有する者は，5人以上共同して，定款及び事業計画を定め，都道府県知事の認可を受けて組合を設立することができる。事業計画の決定に先立って組合を設立する必要がある場合には，定款及び事業基本方針を定め，都道府県知事の認可を受けて組合を設立することができる（同条2項）。事業基本

---

[69] もっとも，これは，法律の上での建前であって，第2種事業であっても，地区内残留を希望すれば，原則として強制的に転出させることはしていないし，第1種事業の場合も，実際上は，地区外転出者も相当あって，それらの者に対しては，幅広い生活再建措置が講じられているという。都市再開発法制研究会編著・解説108頁。

方針は，施行地区及び市街地再開発事業の施行の方針であって（12条2項），事業計画よりは簡単な内容である。設立された組合は，都道府県知事の認可を受けて事業計画を定めるものとされている（同条3項）。

　第三に，所定の要件のすべてを満たす株式会社（再開発会社）も，市街地再開発事業の施行区域内の土地について市街地再開発事業を施行することができる（2条の2第3項）。その要件は，①市街地再開発事業の施行を主たる目的とするものであること，②公開会社でないこと，③施行地区となるべき区域内の宅地について所有権又は借地権を有する者が総株主の議決権の過半数を保有していること，④③により議決権の過半数を保有している者及び当該株式会社が所有する施行地区となるべき区域内の宅地の地積とそれらの者が有するその区域内の借地の地積との合計が，その区域内の宅地の総地積と借地の総地積との合計の3分の2以上であること，である。

　第四に，地方公共団体は，市街地再開発事業の施行区域内の土地について，市街地再開発事業を施行することができる（同条4項）。

　第五に，独立行政法人都市再生機構も，市街地再開発事業の施行区域内の土地について当該事業を施行することができるが，国土交通大臣が次の事業を施行する必要があると認めるときに限られている（2条の2第5項）。

　　1　一体的かつ総合的に市街地の再開発を促進すべき相当規模の地区の計画的な整備改善を図るため当該地区の全部又は一部について行なう市街地再開発事業
　　2　前号に規定するもののほか，国の施策上特に供給が必要な賃貸住宅の建設と併せてこれと関連する市街地の再開発を行なうための市街地再開発事業

　以上のように，雑多な施行者が存在するように見えるが，法7条の2は，市街地再開発促進区域内における第1種市街地再開発事業に関して，次のような優先順位を定めている。

　まず，第一に，同区域内の宅地について所有権又は借地権を有する者は，同区域内の宅地について，「できる限り速やかに」第1種市街地再開発事業を施行する等により，高度利用地区，都市再生特別地区，地区計画，防災街区整備地区計画又は沿道地区計画に関する都市計画及び当該市街地再開発促

進区域に関する都市計画の目的を達するよう努めなければならない（1項）。

　第二に，市町村は，市街地再開発促進区域に関する都市計画の告示の日から起算して5年以内に，同区域内の宅地について開発行為の許可がされておらず，又は法7条の9第1項，11条1項若しくは2項若しくは50条の2第1項の規定による認可に係る第一種市街地再開発事業の施行地区若しくは129条の3の規定による認定を受けた129条の2第1項の再開発事業の同条第5項1号の再開発事業区域に含まれていない単位整備区については，施行の障害となる理由がない限り，第1種市街地再開発事業を施行するものとされている（7条の2第2項）。

　第三に，一の単位整備区内の宅地について所有権又は借地権を有する者が，その区域内の宅地について所有権又は借地権を有するすべての者の3分の2以上の同意（同意した者が所有するその区域内の宅地の地積と同意した者のその区域内の借地の地積との合計が，その区域内の宅地の総地積と借地の総地積との合計の3分の2以上となる場合に限る）を得て，第1種市街地再開発事業を施行すべきことを市町村に対して要請したときは，市町村は，前記の期間内であっても，当該単位整備区について第1種市街地再開発事業を施行することができる（7条の2第3項）。

　第四に，前記の第二及び第三の場合において，都道府県は当該市町村と協議のうえ，第1種市街地再開発事業を施行することができる。また，都市再生機構又は地方住宅供給公社の施行することができるものであるときは，これらの者が市町村と協議のうえ施行することができる（7条の2第4項）。

　施行者に対する監督権行使の性質　　施行者は，さまざまな局面で行政庁の監督権に服している。

　まず，個人施行者の施行についての都道府県知事の認可（7条の9第1項），市街地再開発組合の設立についての都道府県知事の認可（11条），再開発会社の事業施行についての都道府県知事の認可（50条の2），都道府県の施行についての国土交通大臣の認可・市町村の施行についての都道府県知事の認可（51条），独立行政法人都市再生機構の施行についての国土交通大臣の認可・地方住宅供給公社の事業施行についての都道府県知事の認可（58条）のように，事業施行の出発点において「認可」制度が採用されている。さらに，

第1種市街地再開発事業の権利変換計画の認可 (72条) もある。

次に, 法124条以下には, 一般的な監督権が多数用意されている。その中には, 次のようなものが含まれている。

①都道府県知事が, 個人施行者, 組合又は再開発会社に対し,「市街地再開発事業の施行の促進を図るため必要な措置を命ずることができる」旨の規定 (124条3項), ②都道府県知事が, 違反があると認める個人施行者に対して「違反を是正するため必要な限度において, その施行者のした処分の取消し, 変更若しくは停止又はその施行者のした工事の中止若しくは変更その他必要な措置を命ずることができる」旨の規定 (124条の2第1項) 及びその命令に従わなかった場合に「認可を取り消すことができる」旨の規定 (同条第2項), ③都道府県知事が, 法125条1項又は2項により検査を行なった場合に, 違反があると認める組合に対して「その違反を是正するために必要な限度において, 組合のした処分の取消し, 変更若しくは停止又は組合のした工事の中止若しくは変更その他必要な措置を命ずることができる」旨の規定 (125条3項), 組合がその命令に従わないとき又は認可の公告があった日から起算して30日を経過しても総会を招集しないときに「その組合についての設立の認可を取り消すことができる」旨の規定 (4項), 一定の場合に「投票を取り消すことができる」旨の規定 (7項), ④再開発会社に対する同様の必要な措置の命令 (125条の2第3項), その命令に従わなかった場合に施行認可を取り消すことができる旨の規定 (4項)。

これらの監督権行使としての命令や施行認可の取消しが行政処分といえるのであろうか。この点について手がかりを与える可能性のあるのが, 不服申立てに関する規定である。

まず, 法127条は, 行政不服審査法による不服申立てを許さない「処分」として, 11条1項による認可, 50条の2第1項による認可, 51条1項による認可, 58条1項による認可などを掲げている。そして, 解説書によれば, これらの処分は, いずれもその処分自体が直接, 関係権利者に法律上の効果を及ぼすものではないことが理由とされている[70]。そして, 不服申立てをす

---

70 都市再開発法制研究会編著・解説645頁。

ることができない処分として掲げられていないもののうち，権利変換計画等の認可は，「行政機関相互間における内部的意思表示にとどまるから不服申立ての対象にはならない」[71]とする指摘がある。とするならば，事業施行者に対する監督権行使のための命令や認可取消し等は，行政内部における機関相互の行為であって，行政事件訴訟法との関係においては，機関訴訟に当たるということになりそうである。個人施行者や再開発会社といえども，この法律により行政庁たる地位を付与されているので，一面において，このような理解があり得ることは否定できない。

しかしながら，その建前を，今日においても維持できるかどうかは検討の余地がある。その一端は，法124条の2第2項による個人施行についての認可取消し，法125条4項による組合設立認可の取消しについて，法に聴聞の実施に関する規定が置かれていたが，行政手続法の制定に伴い，それらを削除し，行政手続法の定める不利益処分手続によることとされたことに示されているように思われる。行政手続法の「処分」に含めたことは，行政機関相互間における行政内部行為という理解を捨てたものと解することもできるからである。ちなみに，名古屋地裁平成22・9・2（判例地方自治341号82頁）は，周辺住民の提起した訴えにつき，行政処分性について触れることなく，原告適格を有しないとして却下した（本書第1章2［2］を参照）。

第1種市街地再開発事業の事業計画　　すでに，断片的に触れたが，事業計画の扱いは，施行者ごとに定められている。市街地再開発組合にあっては，事業計画は，組合の設立認可の内容とされるのが原則であるが（11条1項），設立認可に事業計画を含めない場合には，設立認可後に事業計画の認可がなされる（同条3項）。事業計画の案の作成までの手続（宅地の所有者及び借地権者の同意，案の周知）及び認可申請された事業計画の縦覧，意見書の処理などの手続を踏んでなされた事業計画の認可は，公告される（19条1項）。地方公共団体の場合は，事業計画は，施行者自らの決定でなされ，そこにおいて定めた設計の概要について認可を受ける仕組みである（51条1項）。事業計画を定めるに当たっては，2週間公衆の縦覧に供し（53条1項），決定

---

[71] 都市再開発法制研究会編著・解説646頁。

された事業計画は公告される（54条）。施行認可・事業計画変更の認可（個人施行者・再開発会社の場合），事業計画認可・事業計画変更の認可（組合施行・機構等施行の場合），事業計画の決定・事業計画変更（地方公共団体施行の場合）は，いずれも公告されて（60条2項参照），それを基礎に以下のように様々な手続が進行する。事業計画の決定又は認可について行政処分性があるかどうかについては，後に検討する。

　法60条2項の事業計画の認可等の公告があった後は，施行地区内において，第1種事業の施行の障害となるおそれがある土地の形質の変更若しくは建築物その他の工作物の新築，改築若しくは増築を行ない，又は政令で定める移動の容易でない物件の設置若しくは堆積を行なおうとする者は，都道府県知事の許可を受けなければならないとして（66条1項），建築行為等の制限が働く。この許可制を前提に，「期限その他必要な条件」を付すことができること（3項），第1項の許可を要するのに受けないで所定の行為をした場合，第3項に基づき付した条件に違反した者があるときには，相当の期限を定めて，事業の施行に対する障害を排除するため必要な限度において，当該土地の原状回復又は当該建築物その他の工作物若しくは物件の移転若しくは除却を命ずることができること（4項），土地調書・物件調書の作成（68条1項）などの規定が置かれている。

　権利変換計画　　第1種市街地再開発事業にあっては，権利変換手続が重要な手続である。第一に，権利変換計画が定められる。

　権利変換手続開始の登記（70条）をした後に，権利変換計画の決定を行ない，国土交通大臣又は都道府県知事の認可を受けなければならない（72条1項）。この権利変換計画に定めなければならない事項が法73条1項に列挙されている。それらの中には，「施行地区内に宅地，借地権又は権原に基づき建築物を有する者で，当該権利に対応して，施設建築敷地若しくはその共有持分又は施設建築物の一部等を与えられることとなるものの氏名又は名称及び住所」（2号），「前号に掲げる者が施行地区内に有する宅地，借地権又は建築物及びその価額」（3号），「第2号に掲げる者に前号に掲げる宅地，借地権又は建築物に対応して与えられることとなる施設建築敷地若しくはその共有持分又は施設建築物の一部等の明細及びその価額の概算額」（4号）が含

まれている。このように，権利変換計画は，文字どおり，従前の資産と新規の資産とについての権利変換のための計画である。

これらのうち，第3号にいう施行地区内に有する宅地，借地権又は建築物の価額については，法80条1項が，従前資産の価額は，評価基準日における近傍類似の土地，近傍同種の建築物に関する同種の権利の取引価格等を考慮して定める相当の価額とするとしている。その場合に評価基準日の後に発生する開発利益は加算すべきではないとした次のような裁判例がある。

東京地裁平成21・3・27（判例集未登載）は，「同法73条1項3号の従前資産の価額，すなわち，同法80条1項所定の相当の価額は，評価基準日における従前資産の評価額をいうものであり，権利変換計画の決定前の日である評価基準日の時点における近傍類似資産の取引価格その他の諸事情を考慮して定められるべきものと解するのが相当であって，開発利益は，評価基準日後の権利変換計画の認可及び権利変換期日を経た市街地再開発事業の進展及びその完成によって生ずるものである以上，都市再開発法上，従前資産に係る上記『相当の価額』の算定において，評価基準日後の事後的な事情に基づいて発生する開発利益は考慮すべき対象に含まれていないものというべきである」と述べている。

この事件は，施行者が権利変換計画で定めた価額の評価を原告が不服として，法85条1項の規定による裁決申請をしたところ，東京都収用委員会より，前記権利変換計画で定めた価額をもって宅地の価額とする旨の裁決を受けたところから提起された増額請求の形式的当事者訴訟である。そして，施行者が，権利変換計画における従前資産の価額の算定において開発利益を加算する取扱い（＝取扱基準）を採用したことから，この点をめぐる争点が登場している。

まず，判決は，この取扱いについて，「法の規定により本来考慮すべき事情以外の事情も算定要素に加えることにより，施行者に帰属すべき将来の事業利益の一部を補償金の額に上乗せすることで，補償金を巡る争訟等の時間と費用を節減し，市街地再開発事業の円滑な遂行を図る趣旨で行われたものと推認される」としつつ，権利変換計画で定められた価額は，開発利益を加算した点において，法80条1項所定の相当の価額を超過するものといえる

が,「法の補償金及びその算定基準に関する規定は従前資産に係る財産権の保障を目的とするものであり,市街地再開発事業の円滑な遂行も同法の目的に適合するものであることにかんがみると,その超過によって,本件権利変換計画のうち同法73条1項3号の宅地(本件各土地)の価額を定めた部分が直ちに違法となるものではないと解するのが相当である」と述べた。そして,裁決は,施行者である被告の申立ての範囲内で権利変換計画において定められた価額としたものであって,権利変換計画で定められた価額自体が違法でない以上,裁決は適法であるとした。

次いで,原告が取扱基準の規範性を主張し,収用委員会は取扱基準を適用して判断しなければならないと主張したのに対して,判決は,「都市再開発法は同法80条1項において従前資産の価額の評価基準を法定している以上,同法80条1項の規定により算定した相当の価額がその認定の対象となることは明らかであり,施行者が権利変換計画の策定の過程で同法80条1項所定の評価基準と異なる取扱基準を採る旨の決議をしたとしても,このような事実上の取扱基準は,法令の根拠を欠くものである以上,上記の裁決及び訴訟における収用委員会及び裁判所の判断を何ら拘束するものではなく,収用委員会及び裁判所は,かかる取扱基準の有無にかかわらず,専ら同法80条1項所定の評価基準に基づいて同項の規定により算定した相当の価額を認定すべきであり,かつ,それで足りるというべきであるから,本件取扱基準に関する原告らの上記主張は理由がない」と答えた。

控訴審の東京高裁平成21・11・12(判例集未登載)も,理由を若干付加したものの,同様の理由により原告らの主張に理由はないとした。

おそらく,この裁判例は相当と思われるが,権利変換計画において,取扱基準により開発利益をも含めた価額が定められていて,それが一律ではなく,特定の権利者には全く含められていなかったような場合には,たとえ,法の定める価額であっても公平の原則に違反する故に違法となる余地があるように思われる。

権利変換計画の決定の基準に関して,法74条は,「災害を防止し,衛生を向上し,その他居住条件を改善するとともに,施設建築物及び施設建築敷地の合理的利用を図るように定めなければならない」こと(1項),「関係権

利者間の利害の衡平に十分の考慮を払って定めなければならない」こと（2項）を定めている。もっとも，事業の方式には，土地を一筆にして共有化して，その土地上に施設建築物の所有を目的とする地上権を設定する「地上権設定方式」による原則型の場合は，法75条以下に詳細な規定が置かれているので，第2項の規準は特に規定としての意味を有しないとされる[72]。このほか，全員合意型にあっては，法74条1項は共通であるが，「権利の変換期日に生ずべき権利の変動その他権利変換の内容につき，施行地区内の土地又は物件に関し権利を有する者及び参加組合員又は特定事業参加者のすべての同意を得たときは」，自由に権利変換計画を定めることができる（110条1項）[73]。また，地上権設定方式が適当でない特別の事情があるときは，施設建築敷地の上に直接に施設建築物が存在するように権利変換計画を定めることができるとされている（111条）。

前述のように，全員合意型第1種市街地再開発事業の権利返還手続の特例が定められているところ，権利の変換を希望する権利者全員が，当該権利に対応して与えられる施設建築物の規模，範囲に関する合意をし，その合意による権利変換を求める旨を申し出たときは，事業施行者は，公益に反せず，かつ事業遂行上支障を生じないかぎり，法73条，111条所定の基準によることなく，その合意されたところに従って権利変換を定めることができるとされている（熊本地裁昭和59・10・17判例地方自治10号80頁）。部分的合意の場合にも，一定の要件の下に合意の内容に従うことができるという趣旨である。

個人施行者以外の施行者は，権利変換計画を定めようとするときは，2週間公衆の縦覧に供し（83条1項），これに対して，権利者及び参加組合員又は特定事業参加者は，縦覧期間内に，権利変換計画について施行者に意見書を提出することができる（83条2項）。そして，施行者は，意見書の提出が

---

[72] 都市再開発法制研究会編著・解説392頁。

[73] 東京地裁平成15・3・26判例時報1836号62頁は，全員同意型第1種市街地再開発事業の参加組合員となった特別区が市街地再開発組合との間で参加組合員負担金を支払う旨の「参加組合員協定」を締結する行為は，地方自治法96条1項8号の「財産の取得」又はこれに準ずるものとして，議会の議決事項であるとした。

あったときは，その内容を審査し，その意見書に係る意見を採択すべきであると認めるときは権利変換計画に必要な修正を加え，その意見書に係る意見を採択すべきでないと認めるときは，その旨を意見書提出者に通知しなければならない（83条3項）。

価額についての意見書を採択しない旨の通知を受けた者は，その通知を受けた日から起算して30日以内に，収用委員会にその価額の裁決を申請することができる（85条1項）。収用委員会の裁決に不服がある場合には，土地収用法133条の準用により，形式的当事者訴訟として，施行者との間で争われる（85条3項）。

なお，権利変換計画に不満がある場合でも，その対象が従前資産の価額に関するか，権利ないし権利変換計画に関するかにより，争う手続は別個であって，法85条1項により裁決を求められた収用委員会は，権利関係までも決定する権限を有しないとする裁判例がある（浦和地裁平成9・5・19判例タイムズ966号163頁）。

権利変換処分　第二に，権利変換の処分がなされる。施行者は，権利変換計画若しくはその変更認可を受けたとき等においては，遅滞なく，その旨を公告し，関係権利者に関係事項を書面で通知する（86条1項）。この通知により，権利変換処分を行なうこととされる（86条2項）。通知により行なうことの意味は，関係権利者への関係事項の通知に処分性を与え，関係権利者に不服申立ての機会を与えることにあるとされる[74]。この点は，争訟方式の問題として，後に検討する。

なお，権利変換に関する処分については，行政手続法第3章の規定は適用しないと規定されている（86条3項）。これは，権利変換計画の決定基準は，法律上明確に示されていること，権利変換計画の決定については権利者の保護に係る事前手続の規定が既に用意されていることによるとされている[75]。

土地の明渡し等　第三に，土地の明渡しがなされる。すなわち，施行者は，工事のために必要があるときは，施行地区内の土地又は物件を占有している者に対して，明渡しを求めることができる（96条1項）。この処分につ

74　都市再開発法制研究会編著・解説429頁。
75　都市再開発法制研究会編著・解説430頁。

いては，行政手続法第3章の規定は適用しないこととされている（96条3項）。これは，権利変換計画に土地の明渡しの予定時期が定められており，その一環として，土地の明渡請求がなされることによるとされる[76]。この明渡請求は，行政処分であると解されている。法96条5項が「処分」という文言を用いていることもさることながら，これにより明渡義務（土地若しくは物件の引渡し又は物件の移転義務）を負うことになるのであるから，行政処分とすることに異論はないと思われる。なお，明渡請求処分については，行政手続法第3章の規定は適用されない（96条5項）。

ところで，東京地裁平成18・6・16（判例タイムズ1264号125頁）は，第1種市街地再開発事業の施行者である再開発組合が，その事業に係る工事のために必要があるとして，仮処分決定を得て，さらに，法96条に基づき，施行地区内の土地及び建物等を占有している者を被告として，建物等の収去及び土地の明渡し並びに建物の明渡しを求めて提起された「公法上の法律関係に関する訴訟」の事案を扱って，認容判決を下している。この事案において，法98条2項により行政代執行が可能なように見えるにもかかわらず，なぜ仮処分申請及び明渡請求訴訟の方法によったのかは，明らかでない。

この点について，先例となる裁判例として東京高裁平成11・7・22（判例時報1706号38頁）を挙げることができる。控訴人が，施行者は法に基づく権利変換処分という公法上の処分により本件建物を取得したものであり，「当事者間の合意による所有権の取得ではなく，多数決原理に基づく法による所有権取得を選択した以上，その権利実現の手続も，法に定める行政代執行によるべきである。法の定める権利変換処分と行政代執行とは，不可分一体である。権利変換処分により所有権を取得した被控訴人が行政代執行手続と民事訴訟手続とを任意に選択できるというのは，公法と私法の差異を全く無視する誤った考え方である」と主張したのに対して，判決は，「施行者は，市街地再開発事業の実施主体であるが，権利変換処分により施行地区内の建物の所有権という私法上の権利を取得するという面では，私法上の権利の主体でもある」と述べ，所有権に基づく明渡請求が許されないとすると，「施

---

[76] 都市再開発法制研究会編著・解説467頁。

行者は，自ら代執行をすることはできないから，自己の権利を実現するには，第三者である都道府県知事による代執行を待つしか方法がないことになる。これは，所有者が自らの判断と責任で自己の権利を実現することを認めないということを意味する」ことになるとして，「法が都道府県知事に代執行の権限を認めているからといって，これが，施行者が所有者として自らの判断により所有権に基づく明渡請求をすることまで否定する趣旨であると解することはできない」と述べた。

施行者は，明渡請求に基づいて土地又は物件の引渡し又は移転により当該土地又は物件の占有者が通常受ける損失を補償しなければならない（97条1項）。この補償対象には，物件の移転料，仮住居・仮営業所関係費用，移転雑費などが考えられている[77]。その場合に，補償額については，先ず施行者と占有者又は物件に関し権利を有する者との協議によるが（97条2項），明渡しの期限までに協議が成立していないときは，審査委員の過半数の同意を得，又は市街地再開発審査会の議決を経て定めた金額を支払わなければならない（97条3項）。そして，協議が成立しないときは，施行者又は損失を受けた者は，収用委員会に土地収用法94条2項の規定による補償額の裁決を申請することができる（97条4項）。

なお，一定の場合（①義務者がその責めに帰することができない理由によりその義務を履行することができないとき，②施行者が過失なくして義務者を確知することができないとき）には，施行者の請求により，市町村長は，引渡し又は移転をすべき者に代わって引渡し又は移転を行なわなければならない（98条2項）ほか，引渡し又は移転の義務者が義務を履行しないとき，履行しても十分でないとき，又は履行しても明渡しの期限までに完了する見込みがないときは，都道府県知事は，施行者の請求により，行政代執行法の定めるところにより，代執行をなすことができる（98条2項）。これらとの関係で，費用徴収に関する規定がある（99条）。

工 事 第四に，工事が行なわれる。工事に関して，法99条の2に特例が定められている。施設建築物（権利変換計画において法73条1項2号に掲

---

[77] 都市再開発法制研究会編著・解説468頁。

げる者（施行者を除く）がその全部を取得するように定められているものを除く）の建築を他の者に行なわせることができる（1項）。この場合には，権利変換計画においてその旨及び施行者が取得する施設建築物の全部又は一部のうちその建築を行なう者（＝特定建築者）に取得させるものを定めなければならない（2項）。この方法による場合は，国，地方公共団体，地方住宅供給公社，日本勤労者住宅協会その他政令で定めるものを特定建築者とする場合を除き，特定建築者を公募しなければならない（99条の3第1項）。法は，さらに次のように詳細な規定を用意している。

　①特定建築者となろうとする者は，施行者に建築計画（特定施設建築物の建築の工期，工事概要等に関する計画）及び当該特定施設建築物の管理処分に関する計画を提出しなければならない（99条の4）。②施行者は，公募をしたときは，(ｱ)特定施設建築物を建築するのに必要な資力及び信用を有するものであること，(ｲ)法99条の6第2項の規定による譲渡の対価の支払能力がある者であること，の2条件を備えた者で，建築計画及び管理処分等に関する計画が事業計画及び権利変換計画に適合し，かつ，当該第1種市街地再開発事業の目的を達する上で最も適切な計画であるものを特定建築者としなければならない（99条の3第1項）。③施行者は，特定建築物の敷地の整備を完了したときは，速やかに，その旨を特定建築者に通知し（99条の5第1項），特定建築者は，この通知を受けたときは建築計画に従って建築する（第2項）。④特定建築者が建築工事を完了したときは，速やかに，その旨を施行者に届け出ることとされ（99条の6第1項），施行者が，建築計画に従い建築を完了したと認めるときは，速やかに，法99条の2第3項の規定により当該建築者が取得することとなる特定施設建築物の全部又は一部の所有を目的とする地上権又はその共有持分を譲渡しなければならない（第2項）。

　この特定建築者の決定が，行政処分であるのか，契約であるのかが問題となる。特定建築者が建築計画に従って特定建築物を建築しなかった場合における「特定建築者とする決定」の取消し（99条の8第1項），その場合の明渡請求（同条第2項），費用徴収に関する98条1項・2項，99条（2項を除く）の準用（同条第5項）から見て，「特定建築者とする決定」は，行政処分と見るのが自然であろう。契約によるものでないという位置づけであるから

こそ，「施行者は，特定建築者に対し，特定施設建築物の建築に関し，その適切な遂行を確保するため必要な限度において，報告若しくは資料の提出を求め，又はその特定施設建築物の建築の促進を図るため必要な勧告，助言若しくは援助をすることができる」との規定（99条の9）を必要としているのであろう。

費用の確定・清算　第五に，最終段階として，工事完了後の手続がある。工事完了の公告及び施設建築物に関し権利を取得する者に対する通知（100条），施設建築物に関する登記（101条），費用の確定，清算等がなされる。権利変換計画において施設建築物の一部等が与えられるように定められた者と当該施設建築物の一部について法77条5項本文の規定により借家権が与えられるように定められた者は，家賃その他の借家条件について協議し（102条1項），その協議が成立しないときは，施行者による裁定（2項〜5項），裁定に不服がある場合における当事者の変更請求の訴え（6項・7項）という手続がある。なお，第1種市街地再開発事業により施行者が取得した施設建築物の一部は，所定の場合を除き，公募により賃貸し，又は譲渡しなければならない（108条1項）。さらに，この事業の施行により設置された公共施設は，その公共施設の工事が完了したときは，その存する市町村の管理に属することを原則とし，法律又は規準，規約，定款若しくは施行規程に管理すべき者の定めがあるときは，それらの者の管理に属する（109条）。

これらのうち，費用の確定と清算について確認しておこう。

工事が完了したときは，すみやかに，当該事業に要した費用の額を確定するとともに，その確定した額及び法80条1項に規定する30日の期間を経過した日における近傍類似の土地，近傍同種の建築物又は近傍類似の土地若しくは近傍同種の建築物に関する同種の取引価格等を考慮して定める相当の価額を基準として，施設建築敷地，その共有持分若しくは施設建築物の一部等を取得した者又は施設建築物の一部について借家権を取得した者ごとに，施設建築敷地，その共有持分若しくは施設建築物の一部等の価額，施設建築敷地の地代の額又は施行者が賃貸する施設建築物の一部の家賃の額を確定し，これらの者に通知しなければならない（103条1項）。

この価額の決定が行政処分性を有するか否かについて，広島地裁平成3・

12・26（行集42巻11・12号2049頁）は，法は，「権利変換計画を定める段階では，厳密な評価が不可能であるため，権利変換計画においては，施設建築敷地の共有持分，施設建築物の一部等の価額は，概算額をもって定めることとし，工事が完了したときに，施設建築敷地，その共有部分（筆者注＝持分？）若しくは施設建築物の一部等の価額等を確定するものとしているのである。そして，右確定額と権利変換計画に記載されている従前の資産の価額とに差額があれば，施行者は，その差額に相当する清算金を徴収，交付しなければならず，これに対応して，従前の関係権利者は，清算金納付義務を負い，又は，清算金交付請求権を取得するに至る。そうだとすると，再開発法103条1項に規定する価額等の確定は，清算金交付請求権又はその納付義務という国民の権利義務を形成し，その範囲を確定するものであると解するのが相当である」と述べて行政処分性を認めた。

　控訴審の広島高裁平成6・4・21（行集45巻4号1091頁）も，この理由を引用して行政処分性を肯定した。

　そこで，法の仕組みを考察してみよう。法103条1項により確定した地代の額は，当事者間に別段の合意がない限り，施設建築敷地について当事者の合意により定められた地代の額とみなす原則であるが，その額に不服がある者は，通知を受けた日から60日以内に，訴えをもって，その増額を請求することができる（103条2項）。ここで注目したいのは，法103条2項は，同条1項により確定した地代の額のみを対象としていることである。したがって，関係権利者に与えられる建築施設の部分の額等について，法85条に対応する規定がないのである。ちなみに，法85条も，法73条1項4号が関係権利者に与えられる建築施設の部分の額については「概算額」としていることもあって，争訟の対象に含めていないのである。かくて，権利変換により取得する資産の価額についての不服は，前記判決のように取消訴訟によって争うことになると思われる。

　しかし，なぜ，地代の額についてのみ，わざわざ60日以内の出訴期間つきの訴訟を定めているのか理解に苦しむところである。取消訴訟の場合の6箇月との開きが大きいからである。法85条と同じように収用委員会の裁決を求める政策もあり得ると思われる。

清算に関しては，法104条が定めている。法103条1項により確定した施設建築敷地等の価額と従前資産の価額との差額があるときは，施行者は，その差額に相当する金額を徴収し，又は交付しなければならない（104条1項）。清算金である。

清算金請求権の行使について，大阪地裁平成5・9・24（判例タイムズ846号183頁）は，収用委員会の裁決との関係を問題にして，権利変換計画において定められた従前資産の価額について不服がある者は，収用委員会に裁決を申請し，裁決による価額と権利返還後に関係権利者に与えられた建築施設の部分等の価額との差額相当額について法104条の清算金請求権が発生するとし，「裁決による価額は，清算金の額を決定するにおいて公定力を有するものというべきであるから，清算金の額に不服がある者は，公定力を排除するために，右価額の裁決の変更を求めなければならないのであって，これを求めることなく金銭の給付のみを求める訴えは不適法というべきである」とした。通常の損失補償請求の場合には，裁決の変更を求めることなく給付請求をなしうるとする給付・確認訴訟説と形成訴訟説との対立があるが，本判決は，清算金請求権の行使につき形成訴訟によるべきことを判示したものと解される。しかし，形成訴訟説の場合でも請求の趣旨を善解すべきであろう。

第2種市街地再開発事業　　第2種市街地再開発事業に関しては，法118条の2以下に詳細な定めがある。第1種市街地再開発事業が，権利変換手続によるものであるのに対して，第2種市街地再開発事業は，管理処分手続によるものである。管理処分計画は，主として再開発ビルに入居する者に与える建築施設の部分を定め，それと関連して入居者に係る資産の額の見積額を参考的に記載する計画であって，「新規の資産の管理（貸付け）と処分のための計画」，すなわち「与える資産に係る計画」の性質を有しているとされる[78]。

手続の概要は，次のとおりである。

まず，所定の公告（地方公共団体が施行する場合には，事業計画決定の公告）

78　都市再開発法制研究会編著・解説559頁。

があったときは，施行地区内の宅地の所有者等（宅地の所有者，その宅地について借地権を有する者又は施行地区内の土地に権原に基づき建築物を所有する者）は，その公告があった日から起算して30日以内に，施行者に対し，その者が施行者から払渡しを受けることとなる当該宅地等（宅地，借地権又は建築物）の対償に代えて，建築施設の部分の譲受けを希望する旨の申出（＝譲受け希望の申出）をすることができる（118条の2第1項）。建築物について借家権を有する者は，施行者に対し，施設建築物の一部の賃借りを希望する旨の申出（＝賃借り希望の申出）をすることができる（第5項）。譲受け希望の申出をした者は，その者が施行地区内に有する宅地等の処分をするには，施行者の承認を得なければならない（118条の3第1項）。施行者は，事業の遂行に重大な支障が生ずることその他正当な理由がなければ，承認を拒むことができない（第2項）。

　譲受け希望の申出をした者又は賃借り希望の申出をした者は，法118条の2第1項の期間が経過した後においては，施行者の同意を得た場合に限り，その譲受け希望の申出又は賃借り希望の申出を撤回することができる（118条の5第1項）。施行者は，この同意についても，事業の遂行に重大な支障がない限りしなければならない（第2項）。

　次いで，管理処分計画の決定・認可がなされる。すなわち，施行者は，118条の2の規定による手続に必要な期間の経過後，遅滞なく，施行地区ごとに管理処分計画を定めなければならない。都道府県又は機構等（市のみが設立した地方住宅供給公社を除く）にあっては国土交通大臣の，再開発会社，市町村又は市のみが設立した地方住宅供給公社にあっては，都道府県知事の，各認可を受けなければならない（118条の6第1項）。管理処分計画においては，配置設計，譲受け希望の申出をした者で建築施設の部分を譲り受けることができるものの氏名又は名称及び住所，その者が施行地区内に有する宅地等及びその見積額並びにその者がその対償に代えて譲り受けることとなる建築施設の部分の明細及びその価額の概算額等を定める（118条の7第1項）。管理処分計画において建築施設の部分を譲り受けることとなる者として定められた者（＝譲受け予定者）に対しては，その者が施行地区内に有する宅地等が，契約に基づき，又は収用により，施行者に取得され，又は消滅すると

きは，その取得又は消滅につき施行者が払い渡すべき対償に代えて，当該建築施設の部分が給付されるものとされる（118条の11第1項）。

最後に，工事の完了に伴う手続がある。

施行者は，施設建築物の建築工事を完了したときは，速やかに，その旨を公告するとともに，譲受け希望者及び賃借り予定者並びに特定事業参加者に通知しなければならないとされ（118条の17），この公告の翌日において，譲受け予定者及び特定事業参加者は管理処分計画において定められた建築施設の部分を，賃借り予定者は管理処分計画において定められた施設建築物の一部について借家権を取得するものとされている（118条の18）。また，公共施設の整備に関する工事が完了したときは，施行者は，速やかに，その旨を公告することとされ（118条の20第1項），この公告の日の翌日において，公共施設の用に供する土地は，管理処分計画の定めるところに従い，新たに所有者となるべき者に帰属する（第2項）。

工事が完了したときは，当該事業に要した費用の額の確定及び建築施設の部分を取得した者についての従前の権利の価額及び取得した建築施設の部分の価額・借家権取得者の家賃の額の確定が行なわれ，通知される（118条の23第1項）。従前の権利の価額は，宅地等の対償の額に，これらの契約に基づき，又は収用により，施行者に取得され又は消滅したときから工事完了の公告の日までの物価の変動に応ずる修正率を乗じて得た額をもってその確定額とする（118条の23第2項）。また，建築施設の部分の価額及び家賃の額は，当該事業に要した費用の確定額及び基準日（118条の7第1項10号により管理処分計画に定めた基準日）における近傍類似の土地，近傍同種の建築物又は近傍同種の建築物に関する同種の権利の取引価格等を考慮して定める相当の額に，基準日から工事完了の公告の日までの物価の変動に応ずる修正率を乗じて得た額を基準として確定する（118条の23第3項）。従前の権利の価額との差額があるときは，施行者は，その差額相当額を徴収し又は交付することにより清算を行なう（118条の24第1項）。

審査委員・市街地再開発審査会　土地区画整理の場合と同様に，公平・公正な判断を要する場面における決定には，審査委員又は審査会を関与させることとされている。たとえば，組合にあっては，3人の審査委員を置くこと

とし，土地及び建物の権利関係又は評価について特別の知識経験を有し，かつ，公正な判断をすることができるもののうちから総会で選任する（43条1項・2項）。地方公共団体施行にあっては，事業ごとに（工区に分けたときは工区ごとに），5人から20人までの範囲内において，施行規程で定める数の委員をもって市街地再開発審査会を組織する（57条1項～3項）。委員は，①土地及び建物の権利関係又は評価について特別の知識経験を有し，かつ，公正な判断をすることができる者，②施行地区内の宅地について所有権又は借地権を有する者，のうちから地方公共団体の長が任命することとされ，①の者のうちから任命される委員の数は3人以上でなければならない（57条4項・5項）。再開発会社の審査委員については，都道府県知事の承認を要する（50条の14第1項）。機構等の市街地再開発審査会については，法57条2項から5項までの規定が準用されている（59条）。

市街地再開発事業計画決定の行政処分性　市街地再開発事業は，土地区画整理事業と同様に，多段階の手続を踏んで進行する。それらの各段階で不服を抱く者が登場する。その場合に，いかなる段階のいかなる行為を捉えて争うべきかが問題となる。

　第一に，市街地再開発事業計画決定の行政処分性が問題となる。第2種市街地再開発事業の場合について，最高裁平成4・11・26（民集46巻8号2658頁）は，前述のような法律の仕組みを説明して，次のように述べた。

　「再開発事業計画の決定は，その公告の日から，土地収用法上の事業の認定と同一の法律効果を生ずるものであるから（同法26条4項），市町村は，右決定の公告により，同法に基づく収用権限を取得するとともに，その結果として，施行地区内の土地の所有者等は，特段の事情のない限り，自己の所有地等が収用されるべき地位に立たされることとなる。しかも，この場合，都市再開発法上，施行地区内の宅地の所有者等は，契約又は収用により施行者（市町村）に取得される当該宅地等につき，公告があった日から起算して30日以内に，その対償の払渡しを受けることとするか又はこれに代えて建築施設の部分の譲受け希望の申出をするかの選択を余儀なくされるのである（同法118条の2第1項1号）。

　　そうであるとすると，公告された再開発事業計画の決定は，施行地区

内の土地の所有者等の法的地位に直接的な影響を及ぼすものであって，抗告訴訟の対象となる行政処分に当たると解するのが相当である。」

この判決の述べる収用権限の行使を受ける立場に立たされることを重視するならば，第1種市街地再開発事業の場合には行政処分性を否定することになろう。しかし，第1種市街地再開発事業の決定についても，事業計画の公告があった場合は，建築行為等が制限される。また，権利変換手続が進行を開始する。そして，何といっても，最高裁大法廷平成20・9・10（民集62巻8号2029頁）が行政処分性を認めた土地区画整理事業計画に極めて似た機能を果たす計画である。したがって，平成4年判決が行政処分性を否定したと見られる第1種市街地再開発事業計画の決定についても，平成20年大法廷判決の考え方を適用するならば行政処分性を肯定する可能性が十分にあると思われる。

第1種市街地再開発事業計画の行政処分性に関する裁判例を見ると，平成4年最高裁判決の前には，否定説をとるものと肯定説をとるものとがあった。

まず，神戸地裁昭和61・2・12（判例時報1215号25頁）は，「第1種市街地再開発事業計画は，もともと，第1種市街地再開発事業に関する一連の手続の一環をなすものであって，再開発事業計画そのものとしては，施行地区を特定し，その地区内の事業設計の概要，事業施行期間及び資金計画を定めるなど当該市街地再開発事業の基本的枠組みを高度の行政的・技術的裁量によって，一般的，抽象的に定めたにすぎないものということができる。したがって，右事業計画は，特定個人に向けられた具体的な処分とは著しく趣を異にし，事業計画自体ではその遂行によって利害関係人の権利にどのような変動を及ぼすかが必ずしも具体的に確定されるわけではない。むしろ，権利変換の対象となる所有権，借地権等に具体的な変動が生じるのは，権利変換計画の公告，通知によってであることは前述のとおりである」と述べ，「事業計画は，それが公告された段階においても，直接，特定個人に向けられた具体的な処分ではなく，また，宅地・建物の所有者又は賃借人等の有する権利に対し，具体的な変動を与える行政処分ではない，といわなければならない」と述べて，行政処分性を否定した。

この判決は，「附随的な効果」の文言を用いている点などにおいて，土地

区画整理事業計画についての最高裁の青写真判決と同趣旨を述べていると見られる。

　他方，行政処分性を肯定する裁判例も見られた。福岡地裁平成2・10・25（行集41巻10号1659頁）は，確かに，第1種市街地再開発事業計画の決定については，都市再開発法6条2項により都市計画法69条，70条の適用が排除され，土地収用法の適用がないので，土地収用法上の事業認定に伴う土地収用権の付与といった法的効果は発生しないとしつつ，施行地区内の宅地所有者等の権利者は，事業計画決定の公告後30日以内に施行者に対し，権利変換又は新たな借家権の取得を希望しない旨を申し出ることにより他へ転出して権利変換計画の対象者から除外されるか否かの選択を余儀なくされるので（法71条），「事業計画決定は，その公告により，施行区域内の宅地所有者等の権利者の法的地位を右の限度で変動させる効果を有するものといえ，行政処分としての性格を有するものと考えられる」とした。控訴審の福岡高裁平成5・6・29（行集44巻6・7号514頁）も，ほぼ同趣旨を述べて，さらに，「事業計画が適法として施行されることになるのであれば，権利変換処分を希望せず，他へ転出したいと考える権利者にとっては，この段階で右事業計画決定の効力を争うことができるのでなければ争う実益がないことにもなりかねない」ことも付加している。この地裁判決及び高裁判決の考え方は，次に述べる東京地裁判決に連なるものであったと評価できる。

　また，これに先立って，執行停止申立事件に関する福岡地裁決定昭和52・7・18（行集28巻6・7号623頁）が，土地区画整理事業計画に関する最高裁の青写真判決との比較をしつつ述べた説示及び違法性の承継の議論にも関係して，きわめて興味深い。

> 「ある行政庁の行為が一般処分の形式でなされていることのみを理由としてこれを抗告訴訟の対象となしえないものと解すべきでないことは明らかであり，ここで問題とさるべきは，当該行政庁の行為によって特定個人につき司法上の救済を受けるに価いする権利の侵害があったと主張することを許すべきか否かであるというべきである。かような観点から本件事業計画の公告がもつ意義を考えてみるに，……右公告は，それまで施行者と関係権利者との間における意見の調整その他の事実上の準

備行為あるいは計画の認可等の行政庁相互の内部行為の段階にあった事業計画を，今や現実に実施されるべきものとして公権的に確定し，対外的に宣言するものということができる。」

「本件事業計画の公告それ自体によって直ちに申請人らの権利に具体的な変動を生ずるものではなく，それが生ずるのは権利変換処分によってではあるけれども，本件事業計画が公告されることによって，申請人らの権利に将来変動を生ずること自体は直ちに確定し，しかもその権利変動たるや，既存建物の取壊し，再開発ビルの新築という事実に伴った基本的な権利の変動であって，かつ，それは不確定な将来においてではなく，さし迫った一定期間後に生ずることが確実なのである。」

「土地区画整理事業は，長期的な見通しのもとに広範囲にわたる市街地の造成を目的とするのが通例であるために，その完成までに相当の期間を要するのが通常で，しかも，途中で計画が変更される例も多いため，施行区域内の権利関係者にとっては，長期にわたる権利制限等の不利益を受け，不安定な地位におかれることがある反面，最終的にどのような権利の変動を受けるかは，仮換地又は換地処分等が現実になされるまでは必ずしも明確でなく，また，関係権利者のうちにはほとんど権利変動を受けずに終る者もないわけではない。」

「問題を更に実質的な側面から考えても，市街地再開発事業計画に取消又は無効の原因たる違法が存することを主張する関係権利者がある場合において，当該事業計画決定の公告がなされると比較的短期間のうちに計画がそのまま実施される公算が極めて大きい（それが法の予定するところである。）のにかかわらず，権利変換処分を受ける等の段階まで拱手傍観しなければならないとするならば，それは出訴権を不必要に制限するものであるとの譏りを免れ難いと思われるのみならず，仮に右の段階において事業計画が違法であることを理由に当該関係権利者に対する権利変換が許されないということにでもなれば（事業計画の違法は権利変換処分に承継されないとの見解に立つならば，このような事態は生じないが，右のような見解はとりえないものと考える。），立体的な市街地改造たる都市再開発事業の特質からして事業計画全体に齟齬を来たし，他の関

係権利者及び施行者に及ぼす損害と混乱は，事業が進捗していればいるほど大きいものがあると考えられる。

　右の点を考慮するならば，都市再開発事業計画自体が適法であるか否かは，早い段階で確定される方が関係権利者及び施行者の双方にとって望ましいといえる。ただ，このように，事業計画の公告を抗告訴訟の対象として認めるとすると，出訴期間の関係上，権利変換処分等の具体的処分に対して取消の訴えを提起するに際し，右権利変換処分等が違法であることの理由として事業計画に取消事由たる違法が存するのみでは足りず，無効事由たる重大かつ明白な瑕疵があることを主張立証しなければならないという困難な地位におかれる結果となることが考えられるけれども，このことは格別関係権利者の権利を害するものではなく（事業計画自体が違法であることを主張する者に対し，事業計画公告の日から法定の出訴期間内に訴え提起を要求することはむしろ当然のことと考えられる。），却って，施行者及び関係権利者の地位を長く不安定の状態に置かないという妥当な結果を得ることができる。」

　この決定は，以上のような理由で行政処分性を認めることが，「一般国民に対し広く行政行為に対する司法審査の機会を保障している憲法及び行政事件訴訟法の趣意に合致する所以でもある」と述べた。最高裁の青写真判決が存在する時点におけるまことに格調のある決定であったと評価できる。もっとも，小さな問題として，地方公共団体施行の場合の事業計画の公告に行政処分性を認める趣旨のように読める点については検討を要すると思われる。地方公共団体施行の場合には，事業計画の決定とその公告を神経質に区別することはないのであるが，組合施行の場合には，組合による事業計画の作成，行政庁による認可，その公告という段階がある中で，それらのうちのいずれを行政処分として把握するかという問題が提起される。

　この決定は，計画の認可をもって内部行為であるかのように見ているようである。とするならば，組合施行の場合も行政庁による認可の公告をもって行政処分と見ているのかも知れない。筆者としては，地方公共団体施行の場合は事業計画の決定を，また，組合施行の場合は認可をもって行政処分と見るのが自然のように思われる。組合施行において認可申請した組合の事業計

画決定行為は行政処分ではないことになり，取消訴訟において，計画の実質的策定者である組合が被告ではなくなる点に若干不安があるが，一応，このような解釈をとっておきたい。

最高裁大法廷平成20・9・10（民集62巻8号2029頁）の後の裁判例として，二つの事件に係るものがある。

第一に，独立行政法人都市再生機構の第1種市街地再開発事業に係る事業計画認可をめぐる事案がある。

東京地裁平成19・11・22（判例集未登載）は，法の仕組みを詳細にフォローしたうえで，「第一種市街地再開発事業においては，施行地区内の宅地所有者等の権利者は，事業計画決定の公告後30日以内に，施行者に対し，権利変換又は新たな借家権の取得を希望しない旨申し出ることにより，他へ転出して権利変換計画の対象者から除外されるか否かの選択を余儀なくされる（都市再開発法71条）。このように，事業計画決定は，その公告により，施行地区内の宅地所有者等の権利者の法的地位を上記限度で変動させる効果を有するものといえる」とし，「第一種市街地再開発事業に関する施行規程及び事業計画が認可された場合，上記のとおり，事業計画が公告され，それによって権利変換手続が開始されるものである。そして，この段階に至れば，施行地区内の権利者は，およそ従前どおりの形態において施行地区内で所有ないし居住を継続できないことが確定するということができるのであるから，上記申出が権利変換計画作成の便宜のためのものにとどまるとみることは相当でなく，事業計画の認可自体が行政処分に当たると解するのが相当である」と述べた。

控訴審の東京高裁平成20・9・10（判例集未登載）も，1審判決を引用して，行政処分性を認めた。

第二に，独立行政法人都市再生機構施行の第1種市街地再開発事業の施行規程及び事業計画の変更に係る国土交通大臣の認可が行政処分であるか否かを扱った事案がある。

東京地裁平成20・12・25（判例時報2038号28頁）は，その判断に先立って，施行規程及び事業計画の認可の行政処分性について検討を加えた。認可が公告された場合の建築行為等の制限，宅地等の処分制限，権利変換に関す

る選択の強制などを挙げるとともに,「施行地区」や「設計の概要」により事業施行後における施行地区とその地区内の施設建築物等の位置及び形状が判明し,当該事業の施行によって施行地区内の宅地所有者等の権利にいかなる影響が及ぶかについて一定限度で具体的に予測することが可能となると述べている。いったん認可の公告がされると,特段の事情のない限り,事業計画等に定められたところに従い,土地調書及び物件調書の作成が行なわれ,権利変換計画が作成され,権利変換処分に至るのであり,建築行為等の制限や宅地等の処分制限は,権利変換期日において権利変換の効果が生ずるまで継続することを指摘して,「施行地区内の宅地所有者等は,事業計画等の認可がされることによって,前記のような規制を伴う第一種市街地再開発事業の手続に従って権利変換処分を受けるべき地位に立たされるものということができ,その意味で,その法的地位に直接的な影響が生ずるものというべきである。したがって,公告された事業計画等の認可は,施行地区内の宅地の所有者等の法的地位に直接的な影響を及ぼすものとして,抗告訴訟の対象となる行政処分に当たると解するのが相当である（最高裁判所大法廷平成20年9月10日判決・判例時報2020号18頁参照）。」と述べた。

　この判決は,最高裁大法廷平成20・9・10（民集62巻8号2029頁）に沿って施行規程及び事業計画の認可の行政処分性を肯定する考え方を示したものである。

　判決は,直接の争点である変更認可については,次のように述べた。

　　「新たな施行地区の編入を伴わない変更の認可については,それが公告されたとしても,建築行為等の制限や宅地等の処分制限,さらに権利変換に関する選択の強制という各効果が新たに生ずるものではなく,当初の事業計画等の認可による効果が残存する状態にあると解するほかはない」とし,ひとたび「第一種市街地再開発事業の手続に従って権利変換処分を受けるべき地位に立たされた者については,その後,新たな施行地区の編入を伴わない事業計画等の変更の認可の公告がされたとしても,そのことだけでは,新たな法的効果が及ぶことはない」から,上記のような変更の認可は,抗告訴訟の対象となる行政処分に当たらないと解するのが相当である,とした。

そして，判決は，具体的事案に関しても，「新たな施行地区の編入」を伴うものではないとして，行政処分に当たらないとした。控訴審の東京高裁平成21・9・16（判例集未登載）も，同趣旨により，行政処分性を否定した。

以上のような動きからすると，平成4年最高裁判決の着目した収用を受ける地位のみならず，福岡地裁，福岡高裁及び東京地裁の各判決が最高裁大法廷平成20年判決と整合することを考えると，今後は，むしろ平成20年大法廷判決の流れで第1種市街地再開発事業の事業計画決定の行政処分性が肯定されるものと思われる。

権利変換計画・管理処分計画の行政処分性　第1種市街地再開発事業に係る権利変換計画の決定が行政処分たる性質を有することについては，ほとんど争いがない[79]。もっとも，次のように，権利変換計画に対する行政訴訟の提起を否定する見解がある。浦和地裁平成9・5・19（判例タイムズ966号163頁）の採用した見解である。「権利変換計画が定められた段階で直ちに権利の存否を確定することを予定していないのであって」，それに対する不服は，その後権利変換処分がなされた段階で，権利変換処分に対する行政訴訟を提起することにより争うことで足りるとするものである。「権利変換計画に不満がある場合においても，その対象が従前資産の価額に関するか，それとも権利ないし権利変換計画に関するかによって，これを争いうる法的手続は別個のものとされており，従前資産の価額の裁決を求められた収用委員会は，その対象である宅地や建築物等を巡る権利関係までも決定する権限を有しない。それ故，当事者は，収用委員会の右価額に関する裁決の変更等を求める訴訟において，権利の存否を問題とすることは許されないと解される」としている。

第2種市街地再開発事業における管理処分計画に関して，東京地裁平成

79　都市再開発法制研究会編著・解説429頁は，法86条2項が「権利変換に関する処分は，前項の通知をすることによって行なう」と定めていることをもって，法86条1項による関係事項の通知に行政処分性を与えようとする趣旨であって，事業計画の決定・認可，権利変換計画の縦覧，権利変換計画の認可というような段階を積み重ねる制度において，この通知が「特定の個人に向けられた具体的な処分」としては最初のものである，としている。

80　ただし，判決は，「念のため」として，本案に関する判断も示した。

22・7・8（判例集未登載）は，次のように述べて，行政処分性を有しないとした[80]。

「第二種市街地再開発事業にあっては，事業計画の決定の公告があると，施行地区内の宅地等の所有者等は，後に施行者が契約に基づくなどして当該宅地等を取得するなどしたときに当該宅地等の対償の払渡しを受けることとなることを基本とした上で，当該所有者等は，その後の一定の期間内に譲受け希望の申出をすることができるものとし，管理処分計画においてその者が譲り受けることとなる建築施設の部分の明細等が定められても，事業の遂行に重大な支障がない限り上記の申出を撤回することができるものとしているのであって，建築施設の部分による対償の給付について，当該所有者等と施行者との間における契約の締結に類似する仕組みを採用しているということができる。そして，管理処分計画が決定されると，後に施行者が契約に基づくなどして当該宅地等を取得するなどしたときに譲り受けることとなる建築施設の部分が特定されるが，この点をひとまず除くと，管理処分計画が決定されることにより，直接当該所有者等の権利義務が形成され又はその範囲が確定されるというべき法令上の根拠は見当たらない。」

ここにおいては，「契約の締結に類似する仕組み」が採用されていることが決め手になっているといえよう。

この判決は，さらに，法118条の10が，第1種市街地再開発事業の権利変換計画に関する法86条2項の規定を準用していないことを挙げて，「法においては，第2種市街地再開発事業において定められる管理処分計画について，行政処分の取消しの訴え等について定める行政事件訴訟法の適用はないこととする立法政策を採用したものと解される」と述べた。

権利変換に関する処分等についての取消訴訟の原告適格　　宅地の所有者が，その宅地上に借地権が存在しないことを理由に権利変換処分を争おうとする場合において，自己に対する処分を争うことは当然であるが，最高裁平成5・12・17（民集47巻10号5530頁）は，次のように述べて，借地権者に対する処分の取消しを求める原告適格を有するとした。

「施行地区内の宅地の所有者が当該宅地上の借地権の存在を争ってい

る場合に，右借地権が存在することを前提として当該宅地の所有者及び借地権者に対してされる権利変換に関する処分については，借地権者に対してされた処分が当該借地権が存在しないものとして取り消された場合には，施行者は，宅地の所有者に対する処分についても，これを取り消した上，改めてその上に借地権が存在しないことを前提とする処分をすべき関係にある（行政事件訴訟法33条1項）。その意味で，この場合の借地権者に対する権利変換に関する処分は，宅地の所有者の権利に対しても影響を及ぼすものといわなければならない。そうすると，宅地の所有者は，自己に対する処分の取消しを訴求するほか，借地権者に対する処分の取消しをも訴求する原告適格を有するものと解するのが相当である。」

この事案においては，借地権者に対する処分によって宅地の所有者の権利が縮減される可能性があることに鑑みると，原告適格を肯定するのが自然である。

これに関連して，新住宅市街地開発法による賃借権設定承認処分の原告適格をめぐる裁判例が参照されるべきであろう。同法32条に基づいて施行者が行なった大型の量販店に対する賃借権設定処分について，同法の規制を受けつつ譲渡契約を締結して小売業を営んでいる原告らが提起した賃借権設定処分取消訴訟である。

大阪地裁昭和53・7・5（行集29巻7号1256頁）は，同法1条が同法の目的を「健全な住宅市街地の開発及び住宅に困窮する国民のための居住環境の良好な住宅地の大規模な供給を図り，もって国民生活の安定に寄与すること」と規定していることから，同法の目的は，事業地内における営業者の利益の保護ではないとし，同法32条1項による賃借権設定の承認も，同条2項の定める基準のうち，設定しようとする者が「不当に利益をうけるものであるかどうか」の部分は，設定者が不当な利益を得ることを防ぐ目的であり，設定の相手方が「処分計画に定められた処分後の造成宅地等の利用の規制の趣旨に従って当該造成宅地等を利用すると認められるものであるかどうか」の部分は，同法25条の基準により定められたもので，健康で文化的な都市生活と機能的な都市活動を確保し，あるいは居住者の福祉利便に資し，健全

な住宅市街地を維持する目的を有していると解されるが，利用の規制が小売業者の営業利益を保護する目的を有しているとは解されないとした。また，同法は，購買施設で居住者の共同の福祉又は利便のために必要なものを公益的施設と定義して（2条7項），公益的施設についての規定を設けているが，それは，居住者の福祉利便を維持する目的によるのであって，購買施設の営業が他の業者から害されないことを配慮しているものと解することはできないとした。

法律論としては，この判決のようにならざるを得ないであろう。

段階的手続に伴う争訟上の問題（違法性の承継等）　市街地再開発事業は，多段階の手続を経由する。その場合に，後の段階の行政処分取消訴訟において，それよりも前の段階の行政処分の違法性を主張できるか，換言すれば，前の段階の行政処分についての取消訴訟の排他的管轄の及ぶ範囲が問題となる。第1種市街地再開発事業についていえば，事業計画決定の違法性を権利変換計画や権利変換処分，さらに明渡請求の違法事由として主張できるか，同様に権利変換計画の違法性をもって権利変換処分や明渡請求の違法事由として主張できるか，といった問題である。これらは，違法性の承継として論じられてきた問題である。先行の行為に行政処分性を認める場合には，原則として違法性の承継は認められない。とりわけ，段階的に手続が進行する場合には，それぞれ早い時点で確定させることが望ましいといえる。このような視点を明快に述べているのが福岡地裁決定昭和52・7・18（行集28巻6・7号623頁）であった。

この点について最も参考となる裁判例として，東京地裁平成20・12・25（判例時報2038号28頁）を挙げることができる。

まず，事業計画等の認可の違法を権利変換処分の違法事由として主張できるかに関して，「事業計画等の認可と権利変換処分は，第一種市街地再開発事業の手続上，順次行われるものではあるが，前者は，第一種都市再開発事業全体の概要を示し，施行地区内に宅地等を有する者の権利を包括的に制限する効果を有するものであるのに対し，後者は，施行地区内の宅地の所有者等のうち権利変換を受ける者についての権利の個別具体的な帰すうを定めるものであることからすると，この両者については，連続した一連の手続を構

成し一定の法律の効果の発生を目指すものと評価することはできない」として，主張できないとするとともに（実質的にも，事業計画の認可の公告された時点で争えるので，権利保護に欠けるところはないとした）[81]，「事業計画等の認可の後にされた，新たな施行地区の編入を伴わない変更認可については，独立して抗告訴訟を提起して争うことができないことは前記のとおりであるから，関係権利者の権利の保護の必要性にかんがみ，当該変更認可の違法事由を，権利変換処分の取消訴訟において主張することは許容されると解すべきである」と述べた。

この判決は，さらに，明渡請求処分（96 条 1 項）の取消訴訟において主張できる違法事由の範囲について，「明渡請求処分は，事業計画等の認可や権利変換処分という先行処分とは異なる性格を有する処分であることは明らかであり，先行処分と連続した一連の手続を構成し一定の法律効果の発生を目指しているものということはできないし，実質的にみても，明渡請求処分に至る前の段階において，先行処分について抗告訴訟を提起することを期待しても何ら酷ではない」として，明渡請求処分は，事業計画等の認可や権利変換処分という先行処分の違法性を承継するものということはできず，明渡請求処分の取消訴訟において，上記先行処分の違法を主張することはできないと解すべきである，とした。

違法性の承継を認めなくても権利保護に欠けるところはないことが一つの説得力として掲げられていることに注目したい。

なお，浦和地裁平成 9・5・19（判例地方自治 176 号 85 頁）は，権利変換計画の縦覧期間中に借地権及び借家権に意見書を提出せず異議を述べていなか

---

[81] このことは，事業計画等の認可に固有の違法のみならず，事業計画等の認可の前提となる都市計画決定（高度利用地区及び市街地再開発事業に係る都市計画決定）の違法についても同様であるというべきである，と述べている。なお，控訴審・東京高裁平成 21・9・16 判例集未登載は，事業計画等の認可と権利変換処分は，第 1 種市街地再開発事業を構成する一連の手続ではあるがそれぞれ異なる法的効果を有し，先行処分の効果を確定させ，これを前提に後行処分がなされる関係にあり，一定の法律効果のために，複数処分が連続した一連の手続を構成するものということはできないから，先行処分の無効は後行処分を無効ならしめるが，先行処分の取消事由が後行処分の取消事由になるものではないとした。

った場合には，それらの存在を立証して権利変換処分の違法を主張することはできないとした。手続の連続によって全体の事業が順次進展する場合には，手続の安定のため関係権利者が異議や主張を提出する機会も，ある手続段階に制限されるという考え方によっている。

土地区画整理事業との一体的施行　　法は，市街地再開発事業を土地区画整理事業と一体的に施行するための特則を用意している。すなわち，土地区画整理法98条1項の規定により仮換地として指定された土地（換地計画に基づき換地となるべき土地に指定されたものに限る）（＝特定仮換地）を含む土地の区域においては，当該特定仮換地に対応する従前の宅地に関する権利を施行地区又は施行地区となるべき区域内の土地に関する権利とみなし，これを特定仮換地に係る土地に関する権利に代えて，市街地再開発事業を施行するものとされている（118条の31第1項）。その場合に，特定仮換地に対応する従前の宅地に関する権利の価額若しくはその概算額又は見積額を定めるときは，当該権利が当該特定仮換地に存するものとみなすこととされている（118条の31第2項）。

4　新住宅市街地開発事業・住宅街区整備事業

［1］　新住宅市街地開発事業の意味及び都市計画との連動関係

新住宅市街地開発事業とは　　住宅に対する需要が著しく多い市街地の周辺の地域における住宅市街地の開発に関する事業を実施して，健全な住宅市街地の開発及び住宅に困窮する国民のための居住環境の良好な相当規模の住宅地の供給を図ろうとして，新住宅市街地開発法（以下，本款及び次款において「法」という）が制定されている（1条参照）。

新住宅市街地開発事業とは，都市計画法及び法の定めるところに従って行なわれる宅地の造成，造成された宅地の処分及び宅地とあわせて整備されるべき公共施設[82]の整備に関する事業並びにこれに附帯する事業とされている

---

[82]　「公共施設」とは，道路，公園，下水道その他の政令で定める公共の用に供する施設である（法2条5項）。法施行令は，「政令で定める公共の用に供する施設」は，広場，緑地，水道，河川及び水路並びに防水，防砂又は防潮の施設としている（1条）。

(2条1項)。

　新住宅地市街地開発事業は，都市計画事業として施行する（5条）。その施行は，地方公共団体及び地方住宅供給公社（6条）のほかは，法45条1項により，新住宅地市街地開発事業の施行区域内に政令で定める規模以上の一団の土地を有する法人で，新住宅市街地開発事業を行なうため必要な資力，信用及び技術的能力を有するものに限り，その所有する土地及びこれに接続する公共施設の用に供する土地について施行することができる。

　新住宅地開発事業は，高度成長期に都市に集中的に生じた住宅需要を賄うために，全面買収方式により大規模な郊外住宅の町（ニュータウン）を建設する事業の手法として活用されてきた[83]。千里ニュータウン，多摩ニュータウン，千葉ニュータウンにも活用されてきた[84]。もっとも，今日においては，大規模な住宅市街地開発の需要は減少しており，事業の必要性そのものが低下しているとされ[85]，むしろ既存ニュータウンの再編整備のための手法に切り替える必要性が指摘されている[86]。

都市計画との関係　　新住宅市街地開発事業に係る市街地開発事業等予定区域（都市計画法12条の2第2項）について都市計画に定めるべき区域は，次の条件を備える土地の区域でなければならない（2条の2）。

　1　住宅の需要に応ずるに足りる適当な宅地が著しく不足し，又は著しく不足するおそれがある市街地の周辺の区域で，良好な住宅市街地として一体的に開発される自然的及び社会的条件を備えていること。

　2　当該区域内において建築物の敷地として利用されている土地が極

83　生田・入門講義146頁。

84　小川知弘・塩崎賢明「戦後の大規模郊外住宅地開発と新住宅市街地開発事業の特質に関する研究」日本建築学会計画系論文集73巻623号131頁（平成20年）を参照。

85　いったん都市計画決定がなされ事業認可もなされた新住宅市街地開発事業が廃止される例も見られる。本田博利「岩国市・愛宕山新住宅市街地開発事業廃止の法的問題点（1）・（2・完）」愛媛大学法文学部論集総合政策学科編27号61頁，28号1頁（平成21・22年）は，岩国都市計画新住宅市街地開発事業（愛宕山新住宅市街地開発事業）の廃止について，廃止の法的根拠の欠如，手続要件の不充足など批判的に検討を加えている。水戸ニュータウン開発事業（十万原新住宅市街地開発事業）も，県住宅供給公社の破綻に伴ない，平成25年に廃止に追い込まれた。

86　生田・入門講義148頁。

めて少ないこと。
3　1以上の住区（1ヘクタール当たり80人から300人を基準としておおむね6,000人からおおむね1万人までが居住することができる地区で、住宅市街地を構成する単位となるべきもの）を形成することができ、かつ、住宅の需要に応じた適正な規模の区域であること。
4　当該区域が第1種低層住居専用地域、第2種低層住居専用地域、第1種中高層住居専用地域、第2種中高層住居専用地域、第1種住居地域、第2種住居地域、準住居地域又は準工業地域及び近隣商業地域又は商業地域内にあって、その大部分が第1種低層住居専用地域、第2種低層住居専用地域、第1種中高層住居専用地域又は第2種中高層住居専用地域内にあること。

これらの条件のうち、1と2とが最もこの事業を実施する区域の特色を示しているといえよう。良好な住宅市街地としての自然的社会的条件を備えていながら、現に建築物の敷地として利用されている土地が極めて少ない区域を対象にする趣旨である。

次に、新住宅市街地開発事業についての都市計画（都市計画法12条2項）に定めるべき施行区域は、前記の条件に該当し、かつ、「当該区域を住宅市街地とするために整備されるべき主要な公共施設に関する都市計画が定められていること」を満たす土地の区域でなければならない（3条）。新住宅市街地開発事業に関する都市計画には、都市計画法12条2項に定める事項のほか、住区、公共施設の配置及び規模並びに宅地の利用計画を定めるものとする（4条1項）。

新住宅市街地開発事業に関する都市計画は、次に従って定めなければならない（4条2項）。
1　道路、公園、下水道その他の施設に関する都市計画が定められている場合においては、その都市計画に適合するように定めること。
2　各住区が、地形、地盤の性質等から想定される住宅街区の状況等を考慮して適正な配置及び規模の道路、近隣公園（主として住区内の居

87　「公益的施設」とは、教育施設、医療施設、官公庁施設、購買施設その他の施設で、居住者の共同の福祉又は利便のため必要なものとされている（2条7項）。

住者の利用に供することを目的とする公園をいう）その他の公園施設を備え，かつ，住区内の居住者の日常生活に必要な公益的施設[87]の敷地が確保された良好な居住環境のものとなるように定めること。
3 当該区域が，前記2の住区を単位とし，各住区を結ぶ幹線街路その他の主要な公共施設を備え，かつ，当該区域にふさわしい相当規模の公益的施設の敷地が確保されることにより，健全な住宅市街地として一体的に構成されることとなるように定めること。
4 特定業務施設[88]の敷地の造成を含む新住宅市街地開発事業にあっては，宅地の利用計画は，前記の基準によるほか，当該区域内又は一若しくは二以上の住区内に配置されることとなる当該施設の敷地の配置及び規模が，当該区域に形成されるべき住宅市街地の都市機能の増進及び良好な居住環境の確保のために適切なものとなるように定めること。

[2] 新住宅市街地開発事業の施行計画・処分計画

施行計画　　新住宅市街地開発事業の施行者は，施行計画を定めなければならない（21条1項）。施行計画においては，省令で定めるところにより，事業地（事業地を工区に分けるときは，事業地及び工区），設計及び資金計画を定めなければならない。施行者は，施行計画を定めた場合は，省令で定めるところにより，都道府県にあっては国土交通大臣に，その他の者にあっては都道府県知事に届け出なければならない。変更（省令で定める軽微な変更を除く）の場合も同様とされている（22条3項）。

処分計画　　施行者は，処分計画を定めなければならない（21条1項）。処分計画においては，造成施設等の処分方法及び処分価額に関する事項並びに処分後の造成宅地等の利用の規制に関する事項を定めなければならない（21条3項）。施行者（地方公共団体であるものを除く）は，処分計画を定めようとする場合においては，省令で定めるところにより，地方住宅供給公社（市の

---

88 「特定業務施設」とは，事務所，事業所その他の業務施設で，居住者の雇用機会の増大及び昼間人口の増加による事業地の都市機能の増進に寄与し，かつ，良好な居住環境と調和するもののうち，公益的施設以外のものとされている（2条8項）。

みが設立したものを除く）にあっては国土交通大臣の，地方住宅供給公社（市のみが設立したものに限る）又は法45条1項の規定による施行者にあっては都道府県知事の認可を，それぞれ受けなければならない。変更（省令で定める軽微な変更を除く）しようとする場合も同様とされている（22条1項）。地方公共団体が施行者となっている場合は，この認可に代えて，あらかじめ協議して同意を得る制度が採用されている（認可に代替する同意）。すなわち，都道府県にあっては国土交通大臣に，その他の者にあっては都道府県知事に，協議し，その同意を得なければならない（22条2項）。

このような仕組みにおいて，この認可若しくは不認可，同意若しくは不同意が行政処分の性質をもっているのかどうかが問題になる。法45条1項の法人も含まれている以上，認可・不認可は，地方住宅供給公社に対するものも含めて，行政処分であるといってよい。これに対して同意・不同意は，地方公共団体であるが故に設けられた手続であるので，地方自治法による「関与」であって行政処分ではないとする見方と，単に認可制度よりも軽い手続にとどめる趣旨であって，基本的には地方住宅供給公社や法45条1項の法人の場合と異なるものではないから行政処分性を有するとする見方とがあり得よう。

法は，処分計画に定める基準を定めている。造成宅地等は，政令で特別の定めをするものを除き，少なくとも，①自己若しくは使用人の居住又は自己の業務の用に供する宅地を必要とする者であること，②譲渡の対価の支払能力がある者であること，の要件を備えた者を公募し，それらの者のうちから公正な方法で選考して譲受人を決定するように定めなければならない。この場合において，当該新住宅市街地開発事業の施行に伴い自己若しくは使用人の居住又は自己の業務の用に供する土地又は建物を失った者その他の者で政令で定めるものに対しては，政令で定めるところにより，他の者に優先して必要な宅地を譲り受ける機会を与えるように定めなければならない（23条1項）。法は，公募による公正な選考を求めているのである。

処分計画には，造成宅地等の円滑な処分を図るために特に必要と認められる場合は，所定の要件を満たす信託会社等で当該造成宅地等の譲渡に関する事業を行なうために必要な資力，信用及び技術的能力を有するものを公募し，

それらのうちから公正な方法で選考して決定した信託会社等に対し，造成宅地等の一部を省令で定める基準に従って信託するように定めることができる（23条2項）。

処分計画においては，造成宅地等の処分価額は，居住又は営利を目的としない業務の用に供されるものについては，当該造成宅地等の取得及び造成又は建設に要する費用を基準とし，かつ，当該造成宅地等の位置，品位及び用途を勘案し，営利を目的とする業務の用に供されるものについては，類地等の時価を基準とし，かつ，当該造成宅地等の取得及び造成又は建設に要する費用並びに当該造成宅地等の位置，品位及び用途を勘案して決定するように定めなければならない（24条）。

また，処分後の造成施設等のうち，都市計画が定められているものについてはその都市計画に適合するように，その他の公益施設等の施設（特定業務施設を除く）については居住者の共同の福祉及び利便に資するように，特定業務施設については居住者の雇用機会の増大及び昼間人口の増加による事業地の都市機能の増進に寄与し，かつ，良好な居住環境と調和するように，各街区内の建築物の敷地については当該街区にふさわしい規模及び用途の建築物が建築されるように，定めなければならない（25条）。

施行者は，施行計画又は処分計画を定め，又は変更しようとするときは，あらかじめ，施行計画若しくは処分計画又はその変更に関係のある公共施設の管理者又は管理者となるべき者その他の政令で定める者[89]に協議しなければならない（26条）。この条文は，「協議」のみを義務づけているところ，どの程度の協議をする必要があるのか，また，協議が調うことまで求められるのかという問題がある。

工事完了後の扱い　施行者は，事業地の全部について工事を完了したときは，遅滞なく，その旨を都道府県知事に届け出なければならない（27条1項）。知事は，この届出があった場合において，その届出に係る工事が施行計画に適合していると認めたときは，遅滞なく，工事が完了した旨を公告しなければならない（27条2項）。この公告の日は，次に述べる公共施設の管

---

[89] 造成宅地等の譲受人として特定される者，公共施設以外の公共の用に供する施設で省令で定めるものの管理者とされている（法施行令7条）。

理及び公共施設の用に供する土地の帰属に意味がある。

　まず，事業の施行により公共施設が設置された場合においては，その公共施設は，工事完了公告の日の翌日において，その公共施設の存する市町村の管理に属するものとする。ただし，他の法律に基づき管理すべき者が別にあるとき，又は処分計画に特に管理すべき者の定めがあるときは，それらの者の管理に属するものとする（28条1項）。工事完了公告の日以前においても，公共施設に関する工事が完了した場合においては，公共施設を管理すべき者にその管理を引き継ぐことができる（28条2項）。工事完了公告の日の翌日において，公共施設に関する工事を完了していない場合においては，その工事が完了したときにおいて，その公共施設を管理すべき者にその管理を引き継ぐことができる（28条3項）。公共施設を管理すべき者は，施行者からその公共施設について管理の引継ぎの申出があった場合においては，その公共施設に関する工事が施行計画において定められた設計に適合しない場合のほか，その引継ぎを拒むことができない（28条4項）。

　次に，事業の施行により，従前の公共施設に代えて新たな公共施設が設置されることとなる場合においては，従前の公共施設の用に供していた土地で国又は地方公共団体が所有するものは，工事完了公告の日の翌日において施行者に帰属するものとし，これに代わるものとして処分計画で定める新たな公共施設の用に供する土地は，その日においてそれぞれ国又は当該地方公共団体に帰属するものとする（29条1項）。

　施行者は，造成施設等を法及び処分計画に従って処分しなければならない（30条1項）。造成施設等の処分については，当該地方公共団体の財産の処分に関する法令の規定は，適用しないものとされている（30条2項）。財産の処分に関する法令の典型は，地方自治法及び同法施行令の規定である。

　重要なことは，建築義務及び権利処分の制限である。いずれも，この事業の目的を達成するための根幹である。

　第一に，施行者又は法23条2項の規定により処分計画に定められた信託を引き受けた信託会社等（＝特定信託会社等）から建築物を建築すべき宅地を譲り受けた者（その承継人を含む）は，その譲受けの日の翌日から起算して5年以内に，処分計画で定める規模及び用途の建築物を建築しなければな

らない（31条）。国，地方公共団体，地方住宅供給公社，特定信託会社等その他政令で定める者は除かれている（31条括弧書き）。しかし，これらの主体が合理的な理由なしに建築を引き延ばすことが好ましくないことはいうまでもない。

　第二に，工事完了公告の日の翌日から起算して10年間は，造成宅地等又は造成宅地等である土地の上に建築された建築物に関する所有権，地上権，質権，使用貸借による権利又は賃借権その他の使用及び収益を目的とする権利の設定又は移転については，省令で定めるところにより，当事者が都道府県知事の承認を受けなければならない。ただし，相続その他の一般承継により当該権利が移転する場合など，所定の場合は，この限りでない（32条1項）。この承認に関する処分は，当該権利を設定し，又は移転しようとする者がその設定又は移転により不当に利益を受けるものであるかどうか，及びその設定又は移転の相手方が処分計画に定められた処分後の造成宅地等の利用の規制の趣旨に従って当該造成宅地等を利用すると認められるものであるかどうかを考慮してしなければならない（32条2項）。この承認には，処分計画に定められた処分後の造成宅地等の利用の規制の趣旨を達成するため必要な条件を付することができる。この場合において，その条件は，当該承認を受けた者に不当な義務を課するものであってはならない（32条4項）。以上の仕組みから見て，承認は行政処分であり，しかも相当広い裁量の認められる行政処分であると解される[90]。

　以上に述べた建築義務及び処分制限を前提にして，施行者又は特定信託会社等は，譲渡の日から工事完了の公告の日の翌日から起算して10年を経過する日までの期間における買戻し特約を付さなければならないとされている（33条1項）。買戻権の行使は，建築義務違反，処分制限違反又は法32条4項の条件違反の場合にできることとされている（33条2項）。しかし，当該宅地又はその上に建築された建築物に関し法32条1項の承認を受けて権利を有する者があるとき，又は違反事実があった日から起算して3年を経過し

90　大型量販店に対する賃借権設定承認の行政処分性を前提に，原告適格の問題を扱った大阪地裁昭和53・7・5行集29巻7号1256頁を参照。同判決については，本書本節［2］において詳しく紹介している。

たときは，特約に基づく買戻権を行使することができない（33条3項）。この3年は，買戻権の行使に関する除斥期間といえよう。

費用負担　新住宅市街地開発事業に要する費用は，施行者の負担である（35条1項）。しかし，政令で定める幹線道路，終末処理場その他の重要な公共施設で他の施行者の施行する新住宅市街地開発事業に係る事業地内の居住者の利便に供されることとなるものの整備に要する費用について，当該他の施行者に対し，その一部の負担を求めることができる（35条2項）。この一部負担について，協議により合意が成立すれば問題ないが，合意が成立しない場合に，施行者が支払請求訴訟により目的を達することができるのかどうかが問題となる。この事業の施行者は地方公共団体，地方住宅供給公社，法45条の法人に限定されているので，紛争を想定する必要はないという理解もあろうが，そのように断定するわけにはいくまい。最終的に裁判により決着をつけることを否定すべきではあるまい。

[3]　住宅街区整備事業

住宅街区整備促進区域　「大都市地域における住宅及び住宅地の供給の促進に関する特別措置法」（以下，本款において「法」という）は，大都市地域内の市街化区域のうち一定の要件に該当する土地の区域について，都市計画に「住宅街区整備促進区域」を定めることができるとしている（24条1項）。その要件には，「当該区域内の土地の大部分が建築物その他の工作物の敷地として利用されていないこと」（2号），「0.5ヘクタール以上の規模の区域であること」（3号），及び「当該区域を住宅街区として整備することが，都市機能の増進と住宅不足の緩和に貢献すること」（4号）が含まれている。

住宅街区整備事業の施行者　住宅街区整備促進区域内において，土地区画整理法による土地区画整理事業と似た手法により住宅街区整備事業を施行する途が開かれている。

(1) 個人施行

同区域内の宅地について所有権又は借地権を有する者は，一人で，又は数人共同して，当該権利の目的である宅地について，又はその宅地及び一定の区域内の宅地以外の土地について住宅街区整備事業を施行することができる

(29条1項)。これが個人施行である。この規定により事業を施行しようとする者は，一人で施行しようとする者にあっては規準及び事業計画を定め，数人共同して施行しようとする者にあっては規約及び事業計画を定め，その事業の施行について都道府県知事の認可を受けなければならない(33条1項)。認可の申請は，施行区域となるべき区域を管轄する市町村長を経由して行なわなければならない(33条2項)。知事は，事業の認可をしようとするときは，あらかじめ，施行地区となるべき区域を管轄する市町村長の意見を聴かなければならない(33条3項)。

　事業計画においては，施行地区(施行地区を工区に分けるときは，施行地区及び工区)，設計の概要，事業施行期間，資金計画，施設住宅を建設すべき土地の区域(＝施設住宅区)及び施設住宅内の住宅の予定戸数を定めなければならない(35条1項)。事業計画においては，既存住宅区(建築物その他の工作物の敷地として利用されている宅地又はこれに準ずる宅地についての換地を定めるべき土地の区域)及び集合農地区を定めることができる(35条2項)。施行地区は，施行区域の内外にわたらないものであって，その面積が0.5ヘクタール以上で，かつ，当該住宅街区整備促進区域内の他の部分についての住宅街区整備事業の施行を困難にしないものとなるように定め，事業施行期間は，適切に定め，施設住宅の面積は，施行地区の面積のおおむね40パーセント以上となるように定め，施設住宅内の住宅の規模は，住宅を必要とする勤労者の居住の用に供するのにふさわしいものとなるように定めなければならない(35条3項)。事業計画は，住宅街区整備促進区域に関する都市計画に適合し，かつ，公共施設その他の施設又は住宅街区整備事業に関する都市計画が定められている場合においては，その都市計画に適合して定めなければならない(35条5項)。

(2) 住宅街区整備組合

　住宅街区整備促進区域内の宅地について所有権又は借地権を有する者が設立する住宅街区整備組合は，当該権利の目的である宅地を含む一定の区域内の土地について住宅街区整備事業を施行することができる(29条2項)。同組合を設立しようとする者は，5人以上共同して，定款及び事業計画を定め，その設立について都道府県知事の認可を受けなければならない(37条1項)。

事業計画については個人施行についての35条の規定が準用され（39条），組合の仕組みについては，土地区画整理組合と同様のものとなっている。

(3) 都道府県及び市町村

都道府県及び市町村も，施行区域内の土地について住宅街区整備事業を施行することができる（29条3項）。都道府県又は市町村は，住宅街区整備事業を施行しようとするときは，施行規程及び事業計画を定めなければならない。この場合において，事業計画については，都道府県にあっては国土交通大臣の，市町村にあっては都道府県知事の認可を受けなければならない（52条1項）。施行する住宅街区整備事業ごとに，都道府県又は市町村に，住宅街区整備審議会を置くものとされている（55条）。

(4) 都市再生機構・地方住宅供給公社

都市再生機構及び地方住宅供給公社も施行者となることができる（29条3項）。これらが施行しようとするときは，施行規程及び事業計画を定め，国土交通大臣（市のみが設立した地方公社にあっては都道府県知事）の認可を受けなければならない（58条1項）。住宅街区整備審議会を設置する点（60条）は，都道府県及び市町村の場合と同様である。審議会の委員及び評価員は，刑法等の罰則の適用については，「みなし公務員」とされる（61条）。

住宅街区整備事業の施行　　住宅街区整備事業については，土地区画整理事業と同様の手法が採用されている。住宅地の整備と中高層住宅の建設を併せて行なう事業である。特に注意すべき点のみを挙げよう。

第一に，既存住宅区内の宅地への指定制度である。施行者は，施行地区内に建築物その他の工作物の敷地として利用されている宅地があるときは，当該宅地を，換地計画においてその宅地を既存住宅区（建築物その他の工作物の敷地として利用されている宅地又はこれに準ずる宅地についての換地を定めるべき土地の区域）内に定められるべき宅地として指定しなければならない（68条1項）。所定期間内に宅地の所有者からこの指定を希望しない旨の申出があったときは，当該宅地については，指定しないことができる。ただし，当該宅地に存する建築物その他の工作物を使用し，又は収益することができる権利を有する者があるときは，当該申出についてその者の同意がなければならない（68条2項）。さらに，施行地区内の宅地で建築物その他の工作物

の敷地として利用されている宅地に準ずる宅地として規準，規約，定款又は施行規程で定めるものの所有者にも，同様の申出が認められているが，指定は，当該申出に係る宅地の利用上やむを得ない特別の事情があると認めるときに限られている（68条4項）。これらの規定により指定された宅地については，換地計画において換地を既存住宅区内に定めなければならない。集合農地区への換地の申出も認められており（69条），それにより指定された宅地については，換地計画において換地を集合農地区内に定めなければならない（78条による19条の準用）。

　第二に，宅地の立体化である。一般宅地又は一般宅地について存する借地権については，換地計画において，換地又は借地権の目的となるべき宅地若しくはその部分を定めないで，施設住宅（住宅街区整備事業によって建設される共同住宅で施行者が処分権限を有するもの及びその附帯施設）の一部を与えるように定めなければならない（74条1項）。ただし，一般宅地の所有者又は一般宅地について借地権を有する者は，施行者に対し，換地に代えて金銭により清算すべき旨の申出をすることができる（74条3項）。その場合には，換地計画において施設住宅の一部等を与えるように定めないで，金銭により清算するものとされている（74条4項）。

　宅地の立体化のための換地計画に関しては，①一般宅地について権利を有する者相互間及び一般宅地について権利を有する者と一般宅地以外の宅地について権利を有する者との間の利害の衡平に十分の考慮を払わなければならないこと，②施設住宅敷地は一筆の土地となるものとして定めなければならないこと，③一般宅地の所有者又は一般宅地について借地権を有する者が取得することとなる施設住宅敷地の共有持分及び施設住宅の共用部分の共有持分の割合は，その者が取得することとなる施設住宅の一部の位置及び床面積を勘案して定めなければならないこと，とされている（75条）。この原則によりつつ，法は，良好な居住条件を確保し，又は施設住宅の合理的利用を図るため必要があるときは，原則に従えば床面積が過少となる施設住宅の一部の床面積を増して適正なものとすることができるとし（76条1項），その場合の「過少な床面積」の基準を定めるに当たっては一定の手続を踏まなければならないとしている（76条2項）。また，原則的方法及び過少な床面積の

基準によれば，その床面積の基準に照らし床面積が著しく小である施設住宅の一部を与えることとなる一般宅地又は一般宅地に存する借地権については，施設住宅の一部等を与えないように定めることができる（76条3項）。

費用負担　住宅街区整備事業に要する費用は施行者の負担とされている（91条）。ただし，機構又は地方公社は，その施行する住宅街区整備事業の施行により利益を受ける地方公共団体に対し，その利益を受ける限度において，その住宅街区整備事業に要する費用の一部を負担することを求めることができる（92条1項）。その場合に地方公共団体が負担する費用の額及び負担の方法は，機構又は地方公社と地方公共団体とが協議して定める（92条2項）。協議が成立しないときは，当事者の申請に基づき，国土交通大臣が裁定する。この場合において，国土交通大臣は，当事者の意見を聴くとともに，総務大臣と協議しなければならない（92条3項）。以上の仕組みは，土地区画整理法119条の2に相当するものである。公共施設管理者の負担金制度（93条）も，土地区画整理法120条に相当する内容である。

5　都市再生特別措置法・民間都市開発の推進に関する特別措置法

[1]　都市再生特別措置法の目的と概要

都市再生特別措置法　都市再生特別措置法（以下，本款から第3款までにおいて「法」という）は，平成14年法律第22号として公布された法律で，比較的日の浅い法律である。同法は，「近年における急速な情報化，国際化，少子高齢化等の社会経済情勢の変化に我が国の都市が十分対応できたものとなっていないことにかんがみ，これらの情勢の変化に対応した都市機能の高度化及び都市の居住環境の向上」（＝都市の再生）を図ることを目的としている。そのために，都市の再生の推進に関する基本方針等について定めること，都市再生緊急整備地域における市街地の整備を推進するための民間都市再生事業計画の認定，都市計画の特例，都市再生整備計画に基づく事業等に充てるための交付金の交付等の特別の措置を講ずることを定めている。そして，最終目的は，「社会経済構造の転換を円滑化し，国民経済の健全な発展及び

国民生活の向上に寄与すること」にある（以上，1条）。

後述するように，多数の協定制度が法定されている。

都市再生推進本部　都市の再生に関する施策を迅速かつ重点的に推進するため，内閣に都市再生推進本部が置かれる（3条）。本部長は内閣総理大臣で（7条），副本部長も国務大臣（8条），本部員は，他のすべての国務大臣（9条）という，強力な本部である。本部に関する事務は，内閣官房において処理し，命を受けて内閣官房副長官補が掌理する（11条）。

本部の所掌する事務は，都市再生基本方針の案の作成，同基本方針の実施を推進すること，都市再生緊急整備地域を指定する政令を立案すること，都市再生緊急整備地域ごとに地域整備方針を作成し，及びその実施を推進すること，そのほか，都市の再生に関する施策で重要なものの企画及び立案並びに総合調整に関すること，である（4条）。

都市再生緊急整備地域を指定する政令の立案に関しては，本部と地方公共団体との間のやりとりが予定されている。第一に，地方公共団体は，政令の立案に関する基準に適合する地域があると認めるときは，政令の立案について，本部に対してその旨の申出をすることができる（5条1項）。第二に，本部は，政令の立案をしようとするときは，関係地方公共団体の意見を聴き，その意見を尊重しなければならない（5条2項）。いずれにせよ，政令による地域指定である点に特色がある。

都市再生基本方針　法は，内閣総理大臣に対して，都市の再生に関する施策の重点的かつ計画的な推進を図るための基本的な方針（＝都市再生基本方針）を作成し，閣議の決定を求めることを義務づけている（14条1項）。その閣議の決定があったときは，基本方針を公表しなければならない（14条4項）。基本方針の変更の場合も同様である（14条5項）。基本方針には，次の事項を定めるものとされている（14条2項）。①都市の再生の意義及び目標に関する事項，②都市の再生のために政府が重点的に実施すべき施策に関する基本的な方針，③都市再生緊急整備地域を指定する政令の立案に関する基準その他基本的な事項，④都市再生整備計画の作成に関する基本的な事項。

[2] 都市再生緊急整備地域における特別措置

都市開発事業・都市再生緊急整備地域　「都市開発事業」とは,「都市における土地の合理的かつ健全な利用及び都市機能の増進に寄与する建築物及びその敷地の整備に関する事業（これに附帯する事業を含む。）のうち公共施設の整備を伴うもの」をいう（2条1項）。また,「都市再生緊急整備地域」とは,「都市の再生の拠点として,都市開発事業等を通じて緊急かつ重点的に市街地の整備を推進すべき地域として政令で定める地域」である（2条3項）。法は,「都市再生緊急整備地域のうち,都市開発事業等の円滑かつ迅速な施行を通じて緊急かつ重点的に市街地の整備を推進することが都市の国際競争力の強化を図る上で特に有効な地域として政令で定める地域」を「特定都市再生緊急整備地域」と定義して（2条5項）,「都市の国際競争力の強化」を打ち出している。「都市の国際競争力の強化」とは,「都市において,外国会社,国際機関その他の者による国際的な活動に関連する居住者,来訪者又は滞在者を増加させるため,都市開発事業等を通じて,その活動の拠点の形成に資するよう,都市機能を高度化し,及び都市の居住環境を向上させること」をいう（2条4項）。「都市再生緊急整備地域及び特定都市再生緊急整備地域を定める政令」が制定されている。

地域整備方針　本部は,都市再生緊急整備地域ごとに,都市再生基本方針に即して,当該都市再生緊急整備地域の整備に関する方針（＝地域整備方針）を定めなければならない（15条1項）。地域整備方針には,①都市再生緊急整備地域の整備の目標,②都市再生緊急整備地域において都市開発事業を通じて増進すべき都市機能に関する事項,③都市再生緊急整備地域における都市開発事業の施行に関連して必要となる公共施設その他の公益的施設（＝公共公益施設）の整備及び管理に関する基本的な事項,④そのほか都市再生緊急整備地域における緊急かつ重点的な市街地の整備の推進に関し必要な事項を定めるものとされている（15条2項）。地域整備方針に関して,関係地方公共団体から,その必要があると認める場合における内容となるべき事項の申出ができること（15条3項）,本部はあらかじめ関係地方公共団体の意見を聴き,その意見を尊重しなければならないことが定められており（15条4項）,関係地方公共団体と本部との協働関係が見られる。

都市再生緊急整備協議会　国の関係行政機関の長のうち本部長及びその委嘱を受けたもの並びに関係地方公共団体の長（＝国の関係行政機関の長等）は，都市再生緊急整備地域ごとに，当該都市再生緊急整備地域における緊急かつ重点的な市街地の整備に関し必要な協議を行なうため，都市再生緊急整備協議会を組織することができる（19条1項）。本部長は，内閣総理大臣であるから，きわめて重い協議会が想定されている。そして，各協議会の規約は，内閣総理大臣をもって協議会の会長としているようである。国の行政機関の長等は，必要と認めるときは，協議して，協議会に，独立行政法人の長，特殊法人の代表者，地方公共団体の長その他の執行機関（関係地方公共団体の長を除く）又は地方独立行政法人の長を加えることができる（19条2項）。

　このような組織と「協議を行うための会議」とは区別して定められている。すなわち，後者は，国の関係行政機関等の長及び追加された独立行政法人の長等又はこれらの指名する職員をもって構成される（19条3項）。その会議の議長は，会議の構成員の互選により選任する旨規約において定められているようである。この「指名」に関して，あらかじめの指名に限定されていないので，会議の都度の指名方式も許容されると解される。会議において協議の調った事項については，協議会の構成員は，その協議の結果を尊重しなければならない（19条6項）。

整備計画の作成　特定都市再生緊急整備地域が指定されている都市再生緊急整備地域に係る協議会は，地域整備方針に基づき，同地域について，都市の国際競争力の強化を図るために必要な都市開発事業及びその施行に関連して必要となる公共公益施設の整備等に関する計画（＝整備計画）を作成することができる（19条の2第1項）。整備計画には，都市開発事業及びその施行に関連して必要となる公共公益施設の整備等を通じた都市の国際競争力の強化に関する基本的な方針のほか，都市の国際競争力の強化を図るために必要な都市開発事業，同事業の施行に関連して必要となる公共公益施設の整備に関する事業，それらの実施主体及び実施期間に関する事項，それらの事業により整備された公共公益施設の適切な管理のために必要な事項などを記載するものとされている（19条の2第2項）。都市施設等に関する都市計画に関する事項で前記の事業の実施のために必要なものがあるときは，それを

記載することができる（19条の2第4項）。

　整備計画策定の手続について見ると，国の関係行政機関の長及び整備計画に前記の事業実施主体として記載された者の全員の合意を要し（19条の2第3項），第4項の事項を記載するときは，あらかじめ，当該事項に関する都市計画決定権者に協議し，同意を得なければならない（19条の2第5項）。その他の記載事項や手続についても定めがある（19条の2第6項〜9項）。協議会は，整備計画を作成したときは，遅滞なく，これを公表しなければならない（19条の2第10項）。整備計画に係る事業に関しては，開発許可，土地区画整理事業の認可，民間都市再生事業計画の認定，市街地開発事業の認可，都市計画の変更に関して，それぞれ特例規定が用意されている（19条の8〜19条の12）。

　都市再生安全確保計画　　協議会は，地域整備方針に基づき，都市再生緊急整備地域について，大規模な地震が発生した場合における滞在者等の安全の確保を図るために必要な退避のために移動する経路（＝退避経路），一定期間退避するための施設（＝退避施設），備蓄倉庫その他の施設（＝都市再生安全確保施設）の整備に関する計画（＝都市再生安全確保計画）を作成することができる（19条の13第1項）。都市再生安全確保計画には，都市再生安全確保施設の整備等を通じた大規模な地震が発生した場合における滞在者の安全の確保に関する基本的な方針，都市開発事業の施行に関連して必要となる都市再生安全確保施設の整備に関する事業並びにその実施主体及び実施期間に関する事項，同整備事業にによ整備された都市再生安全確保施設の適切な管理のために必要な事項，都市再生安全確保施設を有する建築物の耐震改修その他の大規模な地震が発生した場合における滞在者等の安全の確保を図るために必要な事業及びその実施主体に関する事項，大規模な地震が発生した場合における滞在者等の誘導，滞在者等に対する情報提供その他の滞在者等の安全の確保を図るために必要な事務及びその実施主体に関する事項，その他大規模な地震が発生した場合における滞在者等の安全の確保を図るために必要な事項，を記載するものとされている（19条の13第2項）。災害対策基本法による防災業務計画及び地域防災計画との調和を保たなければならないという調和条項もある（19条の13第3項）。

手続について見ると，国の関係行政機関の長及び計画に事業又は事務の実施主体として記載された者の全員の合意により作成するものとされている（19条の13第4項）。作成したときは，遅滞なく公表しなければならない（19条の13第5項）。建築確認，耐震改修計画認定，都市再生安全確保施設である備蓄倉庫等の容積率，都市公園の占用許可について，各特例規定がある（19条の15〜19条の18）。

民間都市再生事業計画の認定　都市再生整備緊急整備地域内における都市開発事業であって，当該都市再生緊急整備地域の地域整備方針に定められた都市機能の増進を主たる目的とし，当該都市開発事業を施行する土地（水面を含む）の区域（＝事業区域）の面積が政令で定める規模以上のもの（＝都市再生事業）を施行しようとする民間事業者は，国土交通省令で定めるところにより，当該都市再生事業に関する計画（＝民間都市再生事業計画）を作成し，国土交通大臣の認定を申請することができる（20条1項）[91]。民間都市再生事業計画に定める事項は，①事業区域の位置及び面積，②建築物及びその敷地の整備に関する事業の概要，③公共事業の整備に関する事業の概要及び当該公共施設の管理者又は管理者となるべき者，④工事着手の時期及び事業施行期間，⑤用地取得計画，⑥資金計画，⑦その他国土交通省令で定める事項（施行規則2条に規定されている）である（20条2項）。

国土交通大臣は，民間都市再生事業計画が次の認定基準に適合すると認めるときは，計画の認定をすることができる（21条1項）。

① 当該都市再生事業が，都市再生緊急整備地域における市街地の整備を緊急に推進する上で効果的であり，かつ，当該地域を含む都市の再生に著しく貢献するものであると認められること。

② 建築物及びその敷地並びに公共施設の整備に関する計画が，地域整備の方針に適合するものであること。

③ 工事の着手の時期，事業施行期間及び用地取得計画が，当該都市再生事業を迅速かつ確実に遂行するために適切なものであること。

④ 当該都市再生事業の施行に必要な経済的基礎及びこれを的確に遂行

91　認定申請書の添付書類については，施行規則1条を参照。

するために必要なその他の能力が十分であること。

これらの基準のうち②ないし④には不確定概念が用いられているうえ、これらの基準に適合すると認める場合であっても、認定を義務づけられるわけではなく、効果裁量が認められていると解するほかはない。通常、「認定」の用語は、基準に適合することが客観的に判断されるときは必ず認定する羈束行為であることが多いはずであるが、民間都市再生事業計画の認定は、行政行為論における「特許」に相当する性質を有すると思われる。

事業計画の認定は、申請に基づく行政処分である。行政手続法5条1項は、「行政庁は、審査基準を定めるものとする」（1項）と定めているところ、「定めるものとする」として、「定めなければならない」としていないのは、法令のレベルにおいて具体的な審査基準が示されている場合に敢えて重複して審査基準を定める必要はないことによるとされている[92]。そして、同条2項が「審査基準を定めるに当たっては、許認可等の性質に照らしてできる限り具体的なものとしなければならない」としている。同条1項及び2項の解釈との関係において、民間都市再生事業計画の認定についていえば、前述の法定の認定基準のみで十分な審査基準といえるのか、それとも、さらに具体化する審査基準を定めて公表しなければならないのかが問題となる。処分の性質によって、その裁量性の強いものについては、法律に相当程度の審査基準が定められていることで行政手続法の審査基準設定義務を満たす（あるいは具体化する審査基準設定の義務を負わない）と解すべきか、それとも裁量性の強いことによって具体化する審査基準設定義務を免れるものではないと解すべきか、という問題である[93]。筆者は、民間都市再生事業計画の認定は、個別の計画について、申請者と交通大臣との協働により固められる性質のものであって、きわめて個別性の強い審査というべきであるから、法定以上の審査基準を定める必要はないと考える。

計画の認定に関して、法は、独自の手続を定めている。すなわち、大臣は、

---

[92] 塩野宏『行政法Ⅰ［第5版補訂版］行政法総論』（有斐閣、平成25年）293頁、行政管理研究センター編『逐条解説行政手続法　平成18年改訂版』（ぎょうせい、平成18年）137頁など。

[93] 芝池義一『行政法読本　第3版』（有斐閣、平成25年）228頁を参照。

計画の認定をしようとするときは，あらかじめ，関係地方公共団体の意見を聴かなければならない（11条2項）。また，あらかじめ，当該都市再生事業の施行により整備される公共施設の管理者又は管理者となるべき者の意見を聴かなければならない（11条3項）。さらに，認定申請を受理した日から3月以内において速やかに，計画の認定に関する処分を行なわなければならない（22条1項）。

　行政手続法6条は，「申請がその事務所に到達してから当該申請に対する処分をするまでに通常要すべき標準的な期間」を定めるよう努めることを求めているのに対して，この規定は，「標準」ではない。なお，「受理した日から」という場合の，受理が行政手続法6条にいう「申請がその事務所に到達」した日と同じ意味であるのか，受理という特別の行為を予定するものであるのかが問題になる。この点については，行政手続法7条の規定が適用されると解される。すなわち，「申請がその事務所に到達したときは遅滞なく当該申請を開始しなければならず，かつ，申請書の記載事項に不備がないこと，申請書に必要な書類が添付されていること，申請をすることができる期間内にされた者であることその他の法令に定められた申請の形式上の要件に適合しない申請については，速やかに」申請者に対し相当の期間を定めて申請の補正を求め，又は申請により求められた許認可等を拒否しなければならないのである。したがって，速やかに補正命令又は拒否をする処分がなされなかったということは，申請書が事務所に到達した日をもって「受理」があったものと見るべきである。申請者が事務所に到達した日よりも後の時点に「受理」がなされたものとする主張は認められない。もっとも，不作為の違法確認を認めても，認定の広い裁量性に鑑みると，申請型義務付け請求が認容される可能性はほとんどないといってよい。

　認定事業者の地位の承継　　認定事業者の一般承継人又は認定事業者から認定計画に係る事業区域内の土地の所有権その他当該認定事業の施行に必要な権原を取得した者は，国土交通大臣の承認を受けて，当該認定事業者が有していた計画の認定に基づく地位を承継することができる（26条）。この「承認」の法的性質が問題になる。承認も，「行政庁の処分その他公権力の行使に当たる行為」と解さざるを得ないので，行政手続法の申請に対する処分

手続に関する規定の適用を受けるものと解される。

認定事業に係る監督等　大臣は，認定事業者に対し，認定計画の施行の状況について報告を求めることができる（25条）。認定事業者が認定計画に従って認定事業を施行していないと認めるときは，当該認定事業者に対し，相当の期間を定めて，その改善に必要な措置を命ずることができる（27条）。認定事業者がこの処分に違反したときは，計画の認定を取り消すことができる（28条1項）。状況報告の結果，認定計画に従っていないことが判明した場合に，改善命令に進むことができるように見える。それは，法律の文言上は，認定計画に従うように命令することである。しかし，状況によっては，むしろ計画変更の手続（24条参照）をとることによって計画不適合を解決することが合理的な場合もあり得る。そのような場合には，ただちに改善命令を行なうべきではなく，事後とはいえ，計画変更手続を行なうように行政指導を行なうべきである。

改善命令及び認定の取消しは，行政手続法の定める不利益処分手続を踏まなければならない。計画の認定の取消しは，許認可等を取り消す処分（同法13条1項1号イ）に該当すると解されるので，聴聞を実施しなければならない。また，改善命令に関しては，聴聞又は弁明の機会の付与が必要とされる。

ところで，事業の進行中における計画認定の取消しは，認定事業者以外の者の利害に影響する場合も少なくないが，行政手続法に特別な規定が置かれていない。しかし，同法10条が申請に対する処分であって申請者以外の者の利害を考慮すべきことが当該法令において許認可等の要件とされているものを行なう場合に，必要に応じ，公聴会の開催その他の適当な方法により当該申請者以外の意見を聴く機会を設ける努力義務を課していること，認定に際して法21条2項及び3項が関係地方公共団体及び公共施設管理者等の意見を聴かなければならないとしていること，に鑑み，少なくとも，これらの者の意見を聴く手続を実施することが条理上求められると解すべきである。

都市計画の特例　都市再生緊急整備地域のうち，都市の再生に貢献し，土地の合理的かつ健全な高度利用を図る特別の用途，容積，高さ，配列等の建築物の建築を誘導する必要があると認められる区域については，都市計画に「都市再生特別地区」を定めることができる（36条）。

国際競争力の観点からの興味深い規定がある。すなわち，都市再生特別地区に関する都市計画には，特定都市再生緊急整備地域内において都市の国際競争力の強化を図るため，都市計画施設である道路の上空又は路面下において建築物等の建築又は建設を行なうことが適切であると認められるときは，当該都市計画施設である道路の区域のうち，建築物等の敷地として併せて利用すべき区域（＝重複利用区域）を定めることができる。この場合は，重複利用区域内における建築物等の建築又は建設の限界で空間又は地下について上下の範囲を定めるものを定めなければならない（36条の2第1項）。

都市再生事業を行なおうとする者による都市計画の決定等に係る提案制度などが用意されている（37条以下）。

都市再生歩行者経路協定　都市再生緊急整備地域内の一団の土地の所有者等は，その全員の合意により，当該都市再生緊急整備地域内における都市開発事業の施行に関連して必要となる歩行者の移動上の利便性及び安全性の向上のための経路（＝都市再生歩行者経路）の整備又は管理に関する協定（＝都市再生歩行者経路協定）を締結することができる（45条の2第1項）。この協定については，市町村長の認可を受けなければならない（45条の2第4項）。

都市再生安全確保施設に関する協定（退避経路協定・退避施設協定・備蓄倉庫管理協定）　土地所有者等は，その全員の合意により，都市再生安全確保計画に記載された退避経路の整備又は管理に関する協定（＝退避経路協定）を締結することができる。ただし，借地権の目的となっている土地の所有者の合意を要しない（45条の13第1項）。

土地所有者等は，その全員の合意により，都市再生安全確保計画に記載された退避施設の整備又は管理に関する協定（＝退避施設協定）を締結することができる。ただし，借地権の目的となっている土地の所有者の合意を要しない（45条の14第1項）。

地方公共団体は，都市再生安全確保計画に記載された備蓄倉庫を自ら管理する必要があると認めるときは，備蓄倉庫所有者等との間において，管理協定（＝備蓄倉庫管理協定）を締結して当該備蓄倉庫の管理を行なうことができる（45条の15第1項）。管理協定については，備蓄倉庫所有者等の全員の

合意がなければならない（45条の15第2項）。

[3] 都市再生整備計画等

都市再生整備計画　市町村は，都市の再生に必要な公共公益施設の整備等を重点的に実施すべき土地の区域において，都市再生基本方針に基づき，当該公共公益施設の整備等に関する計画（＝都市再生整備計画）を作成することができる（46条1項）。その計画には，計画の区域，計画の目標，計画の目標を達成するために必要な事業（公共公益施設の整備に関する事業，市街地再開発事業，防災街区整備事業，土地区画整理事業，住宅施設の整備に関する事業，その他省令で定める事業）に関する事項も記載するものとされている（46条2項）。

市町村都市再生整備協議会　市町村ごとに，都市再生整備計画及びその実施並びに都市再生整備計画に基づく事業により整備された公共公益施設の管理に関し必要な協議を行なうため，「市町村都市再生整備協議会」なる協議会の組織が可能とされている。その構成員は，市町村，市町村長が指定した都市再生整備推進法人，市町村長が指定した防災街区整備推進機構，市町村長が指定した中心市街地整備推進機構，市町村長が指定した景観整備推進機構，市町村長が指定した歴史的風致維持向上支援法人，それらに準ずるものとして省令で定める特定非営利活動法人である（以上，46条の2第1項）。ここに登場する都市再生整備推進法人は，法73条により市町村長が指定した法人である。特定非営利活動法人，一般社団法人，一般財団法人又はまちづくりの推進を図る活動を行なうことを目的とする会社であって政令で定める要件に該当するものであって，法74条に規定する業務を適正かつ確実に行なうことができると認められるものが指定される（73条1項）。都市再生整備推進法人は，都市再生整備計画の作成または変更を提案することができる（46条の3）。

交付金　国は，市町村の申請に基づいて，市町村に対して，都市再生整備計画に基づく事業等の実施に要する経費に充てるため，「当該事業等を通じて増進が図られる都市機能の内容，公共公益施設の整備の状況その他の事項を勘案して」，省令で定めるところにより，予算の範囲内で，交付金を交

付することができる（47条1項，2項）。同法施行令は，交付金の限度額を算定する算定式を定める（16条1項）ほか，交付金の額を定めるに当たり勘案すべき都市機能として，①地域整備方針に適合する都市機能，②中心市街地の活性化に資する都市機能，③歴史的風致の維持及び向上に資する都市機能，④地球温暖化対策その他の環境への負荷の低減に資する都市機能，を掲げている（16条2項）。法47条2項の規定に基づく交付金に関して，平成16年から「まちづくり交付金」として交付されたが，平成22年からは社会資本整備総合交付金に統合された。交付対象事業は，都市再生整備計画に掲げられた市町村又は協議会の所定事業とし，国の補助割合は概ね4割である。

この交付金とは別に，「都市安全確保促進事業」に対する補助金交付も用意されている。同事業は，法の都市再生緊急整備協議会による都市再生安全確保計画の作成や都市再生安全確保計画に基づくソフト・ハード両面の取組を支援するものとして実施される所定のコア事業（都市再生安全確保計画の作成，同計画に係るコーディネート活動，同計画に記載されたソフト事業）と附帯事業（同計画に記載された退避経路，退避施設，備蓄倉庫その他の施設の整備）からなる。市町村，都道府県のほか，法律に基づき組織された協議会も事業主体とされている点に特色がある[94]。

民間都市再生整備事業計画の認定　都市再生整備計画の区域内における都市開発事業であって，都市開発事業を施行する土地の面積が政令で定める面積以上ののものを都市再生整備計画に記載された事業と一体的に施行しようとする民間事業者は，民間都市再生整備事業計画を作成し，国土交通大臣に申請することができる（63条1項）。大臣は，同計画が以下の基準に適合すると認めるときは，認定をすることができる（64条1項）。

① 当該都市再生整備事業が，都市再生整備計画に記載された事業と一体的に施行されることによりその事業の効果を一層高めるものであり，かつ，当該都市再生整備計画の区域を含む都市の再生に著しく貢献するものであると認められること。

② 整備事業区域が都市再生緊急整備地域内にあるときは，建築物及び

---

[94] 「都市安全確保促進事業制度要綱」による。補助金交付そのものは，「都市安全確保促進事業費補助金交付要綱」によっている。

その敷地並びに公共施設の整備に関する計画が，地域整備方針に適合するものであること。

③　工事着手の時期，事業施行期間及び用地取得計画が，当該都市再生整備事業を都市再生整備計画に記載された事業と一体的かつ確実に遂行するために適切なものであること。

④　当該都市再生整備事業の施行に必要な経済的基礎及びこれを的確に遂行するために必要なその他の能力が十分であること。

これらの認定基準を見ると，国土交通大臣の極めて広範な裁量を認めるものであることがわかる。

都市再生整備歩行者経路協定・都市利便増進協定　都市再生整備歩行者経路協定（72条の2）は，都市再生緊急整備地域内の都市再生歩行者経路協定と同様の協定である。都市利便増進協定（72条の3以下）の制度も用意されている。都市利便増進施設の一体的な整備又は管理に関する協定である。

[4]　民間都市開発の推進に関する特別措置法

民間都市開発事業の推進　民間都市開発の推進に関する法律（以下，本款において「法」という）は，民間事業者によって行なわれる都市開発事業を推進するため特別措置を定めることにより，良好な市街地の形成と都市機能の維持及び増進を図り，もって地域社会の健全な発展に寄与することを目的としている（1条）。法2条2項は，「民間都市開発事業」をもって，民間事業者によって行なわれる事業で，①都市における土地の合理的かつ健全な利用及び都市機能の増進に寄与する建築物及びその敷地の整備に関する事業のうち公共施設の整備を行なうものであって，政令で定める要件（法施行令2条1項及び2項に定められている）に該当するもの（1号），及び，②都市計画法4条6項の都市計画施設のうち政令で定めるもの[95]の整備に関する事業であって同法59条4項の認可を受けたもの（2号），と定義している。

民間都市開発事業を推進するために，以下に述べるように，民間都市開発推進機構という指定法人制度を設けるとともに，事業用地適正化計画の認定

95　道路，駐車場，公園，緑地，広場，運動場，墓園，下水道，河川，運河及び水路並びに防砂，防砂又は防潮の施設とされている（法施行令2条3項）。

制度により，民間都市開発事業の用に供する一団の土地として形状，面積等の適正化を図ることを支援しようとしている。

民間都市開発推進機構　法は，その目的を達成するために，民間都市開発推進機構という指定法人について詳細な規定を置いている。民間都市開発推進機構は，一般財団法人であって，以下の業務を適正かつ確実に行なうことができると認められるものを，その申出により，国土交通大臣が指定する（3条1項）。多岐にわたる業務は，次のとおりである（4条1項）。

① 特定民間都市開発事業（法2条2項1号に掲げる民間都市開発事業のうち地域社会における都市の健全な発展を図る上でその事業を推進することが特に有効な地域として政令で定める地域において施行されるもの及び同項2号に掲げる民間都市開発事業）について，当該事業の施行に要する費用の一部（同項1号に掲げる民間都市開発事業にあっては，公共施設並びにこれに準ずる避難施設，駐車場その他の建築物の利用者及び都市の居住者等の利便の増進に寄与する施設（＝「公共施設等」）の整備に要する費用の額の範囲内に限る）を負担して，当該事業に参加すること。

② 特定民間都市開発事業を施行する者に対し，当該事業の施行に要する費用（2条2項1号に掲げる民間都市開発事業にあっては，公共施設等の整備に要する費用）に充てるための長期かつ低利の資金の融通を行なうこと。

③ 民間都市開発事業の基礎的調査の実施に対する助成を行なうこと。

④ 民間都市開発事業を施行する者に対し，必要な資金のあっせんを行なうこと。

⑤ 民間都市開発事業の推進に関する調査研究を行なうこと。

⑥ 以上の業務に附帯する業務を行なうこと。

前記の②の業務については，株式会社日本政策投資銀行及び沖縄振興開発金融公庫と協定を締結して，その協定に従い業務を行なうものとされている（4条2項）。機構は，この協定を締結しようとするときは，あらかじめ，国土交通大臣の認可を受けなければならない（4条3項）。

機構は，政府資金の分配をする役割を担っている。すなわち，政府は，機構に対し，「都市開発資金の貸付けに関する法律」1条9項の規定によるも

ののほか，法4条1項1号及び2号に掲げる業務に要する資金のうち，政令で定める道路又は港湾施設の整備に関する費用に充てるべきものの一部を無利子で貸し付けることができる（5条1項）。また，機構の借入金及び債券発行の規定を置いたうえ（8条），この債券に係る債務について，政府は，保証契約を締結することができるとしている（9条）。1年を超える資金の借入れ又は債券の発行については，国土交通大臣の認可を要し（8条1項・3項），その認可の際には，あらかじめ財務大臣との協議を必要とする（16条1項1号）。

このような機構の業務の性質と政府資金の分配の役割に鑑み，機構は，国土交通大臣の監督に服する場面が多い。

まず，事業計画及び収支予算について，国土交通大臣の認可を要する（6条1項）。次に，毎事業年度経過後に，事業報告書，貸借対照表，収支計算書及び財産目録を作成し大臣に提出しなければならない（6条2項）。さらに，機構の業務上の余裕金の運用について規制をするなかで，有価証券の取得については国債その他国土交通大臣の指定するものに限られている（10条1号）。国土交通大臣は，法4条1項各号に掲げる業務の適正な運営を確保するため必要があると認めるときは，機構に対し，当該業務若しくは資産の状況に関し報告をさせ，又はその職員に，機構の事務所に立ち入り，業務の状況若しくは帳簿，書類その他の物件を検査させることができる（11条1項）。そして，改善が必要であると認めるときは，機構に対し，その改善に必要な措置を採るべきことを命じることができる（12条）。

事業用地適正化計画の認定　民間都市開発事業を施行しようとする者は，従前から所有権又は借地権を有する土地にこれに隣接する土地を合わせて適正な形状，面積等を備えた一団の土地とし，当該一団の土地を民間都市開発事業の用に供しようとするときは，隣接する土地の所有権の取得又は借地権の取得若しくは設定（＝所有権の取得等）をし，民間都市開発事業の用に供する一団の土地としてその形状，面積等を適正化する計画（＝事業用地適正化計画）を作成し，国土交通大臣の認定を申請することができる（14条の2第1項）。建築物の敷地を整備し，当該敷地を民間都市開発事業を施行しようとする者に譲渡し，又は賃貸する事業を施行しようとする者は，従前から

所有権又は借地権を有する土地にこれに隣接する土地を合わせて適正な形状，面積等を備えた一団の土地とし，当該一団の土地を建築物の敷地として整備し民間都市開発事業の用に供させようとするときは，当該民間都市開発事業を施行しようとする者と共同して，事業用地適正化計画を作成し，国土交通大臣の認定を申請することができる（14条の2第2項）。

これらの認定申請をしようとする者は，民間都市開発事業の用に供しようとする一団の土地について所有権若しくはその他の使用及び収益を目的とする権利を有する者又は事業用地の区域内の建築物について権利を有する者の同意を得なければならない（14条の2第3項本文）。

国土交通大臣は，申請された事業用地適正化計画が所定の基準に適合すると認めるときは，計画を認定することができる。所定の要件のうち事業用地の要件として，①住宅の用，事業の用に供する施設の用その他の用途に供されておらず，又はその土地の利用の程度がその周辺の地域における同一の用途若しくはこれに類する用途に供されている土地の利用の程度に比し著しく劣っていると認められること，②区域に関する要件を満たしていること，③面積が政令で定める規模以上であること，④そのほか，民間都市開発事業の用に供されることが適当であるものとして省令で定める基準に該当するものであること，が挙げられている（1号要件）。

そのほかに，申請者が従前から所有権又は借地権を有する土地が，その形状，面積等からみて申請に係る民間都市開発事業の用に供することが困難又は不適当であること（2号要件），取得又は設定しようとする隣接土地の権利の内容並びに隣接土地の所有権の取得等の方法及び予定時期が適切なものであること（3号要件），民間都市開発事業の内容が土地の合理的かつ健全な利用及び都市機能の増進に寄与するものであり，かつ，その施行の予定時期が適切なものであること（4号要件），隣接土地の所有権の取得等及び民間都市開発事業の施行に必要な経済的基礎並びにこれらを的確に遂行するために必要なその他の能力が十分であること（5号要件）が掲げられている。

では，なぜ，このように何重もの認定要件を掲げなければならないのであろうか。それは，事業を円滑にするための仕組みが用意されているのかも知れない。すなわち，国土交通大臣は，認定計画に係る隣接土地の所有権の取

得等を促進するため必要があると認めるときは，機構に対して，認定事業者又は隣接土地の所有者若しくは借地権を有する者に対し必要な資金のあっせんを行なうべきことを指示することができる（14条の8第1項）。この場合の機構は，一般財団法人でありながら，あたかも国土交通大臣の下級行政機関のような立場に置かれている。しかし，認定要件をかくも厳しくする必要があるのか，疑問なしとしない[96]。

6 流通業務市街地の整備に関する法律

［1］ 流通業務施設・基本方針

流通業務施設　「都市における流通業務市街地の整備に関して必要な事項を定めることにより，流通機能の向上及び道路交通の円滑化を図り，もって都市の機能の維持及び増進に寄与すること」を目的として，「流通業務市街地の整備に関する法律」（以下，本節において「法」という）が制定されている。この法律の核となる概念は，「流通業務施設」である。流通業務施設とは，以下の施設である。

 1　トラックターミナル，鉄道の貨物駅その他貨物の積卸しのための施設

 2　卸売市場

 3　倉庫，野積場若しくは貯蔵槽又は貯木場

 4　上屋又は荷さばき場

 5　道路貨物運送業，貨物運送取扱業，信書送達業，倉庫業又は卸売業の用に供する事務所又は店舗

 6　5に掲げる事業以外の事業を営む者が流通業務の用に供する事務所

2種の基本方針　法は，主務大臣に対し，以上のような流通業務施設の整備に関する基本方針を定めることを義務づけている（3条1項）。また，都

---

[96] 平成25年法律第5号による改正前の法14条の9は，国は，租税特別措置法で定めるところにより，認定計画に係る隣接土地の所有権の取得等を促進するために必要な措置を講ずるものとしていた。そして，租税特別措置法に課税特例の規定が存在した。しかし，平成25年の法改正により廃止された。

道府県知事に対しても，次の要件のいずれかに該当する都市について，前記基本方針に基づいて流通業務施設の整備に関する基本方針を定めることを義務づけている（3条の2第1項）。

要件とは，①相当数の流通業務施設の立地により流通機能の低下及び自動車交通の渋滞を来している都市であって，流通業務市街地を整備することが相当と認められるものであること，②高速自動車国道その他の高速輸送に係る施設の整備の状況，土地利用の動向等からみて相当数の流通業務施設の立地が見込まれ，これにより流通機能の低下及び自動車交通の渋滞を来すおそれがあると認められる都市であって，流通業務市街地を整備することが相当と認められるものであること，である（第2項）。等しく基本方針といっても，主務大臣の定めるものに比べて具体的な事項が予定されており，定める事項には，「流通業務地区の数，位置，規模及び機能に関する基本的事項」（第2項3号）も含まれている。そして，この基本方針は，物資の流通量の見通し，物資の流通に関する技術の向上及び流通機構の改善の見通し，自動車の交通量の見通し，道路・鉄道・港湾等の交通施設の整備の見通しを勘案して定めるものとされている（第3項）。法律自体がかくも細部にわたり周到な勘案事項を定めていることに驚かざるを得ない。このようなことは，ガイドラインなどで十分なことと思われるが，法において，ここまで定めるべき事情があるのであろうか。

都道府県知事は，基本方針を定めようとするときは，関係市町村の意見を聴かなければならない（3条の2第5項）と同時に，主務大臣に協議しなければならない（第6項）。ここにおいて，「意見を聴くこと」と「協議すること」とが区別されている。この文言のみからは明らかでないが，主務大臣が協議を行なう場合の観点として，①基本方針に係る都市が3条の2第1項各号に掲げる要件のいずれかに該当し，かつ，基本方針に適合するものであるか否か，②第2項2号から5号までに掲げる事項にあっては，基本方針に適合するものであるか否か，を挙げていること（第7項）から判断するならば，協議は，単に「意見を聴く」のと異なり，限りなくそれが「調うこと」ないし，同意に近い制度として構想されているといわなければならない。広域的視点からの検討が必要であるという考え方によると思われるが，この

ように重い手続を要求することには疑問なしとしない。なお，協議に際しては，総務大臣の意見を聴くものとされている（第8項）。

[2] 流通業務地区・流通業務団地

流通業務地区 当該都市の流通機能の向上及び道路交通の円滑化を図るため，都市計画に流通業務地区を定めることができるが，それは，基本方針に係る都市の区域のうち，「幹線道路，鉄道等の交通施設の整備の状況に照らして，流通業務市街地として整備することが適当であると認められる区域」に関してである（4条1項）。国土交通大臣，都道府県又は地方自治法上の指定都市は，流通業務地区に関する都市計画を定めようとするときは，併せて当該地区が流通業務市街地として整備されるために必要な公共施設に関する都市計画を定めなければならない（4条3項）。

流通業務地区において建設し又は改築等により充てることのできる施設を限定列挙しつつ，都道府県知事（指定都市，中核市においては市長）が流通業務地区の機能を害するおそれがないと認め，又は公益上やむを得ないと認めて許可した場合はこの限りでないとして，例外を許容している（5条1項）。この制限に違反した施設については，その所有者又は占有者に対して，相当の期限を定めて，その施設の移転，除却若しくは改築又は用途変更をすべきことを命ずることができる（6条1項）。いかなる命令を発するかについての裁量の幅が認められるであろう。しかし，流通業務地区の機能を害することがないようにするのに最も犠牲の少ない内容の命令を選択すべきものと思われる。負担の少ない用途変更で対処できるのに，負担の重い移転や除却を命ずることは違法となる場合があるというべきである。

流通業務団地 「流通業務団地に係る市街地開発事業等予定区域」に関する都市計画において定めるべき区域は，流通業務地区内で，①流通業務地区外の幹線道路，鉄道等の交通施設の利用が容易であること，②良好な流通業務団地として一体的に整備される自然的条件を備えていること，③当該区域内の土地の大部分が建築物の敷地として利用されていないこと，の条件に該当する土地の区域でなければならない（6条の2）。

流通業務団地に関する都市計画において定めるべき区域は，前記の①〜③

の条件に該当することに加えて、「当該区域内において整備されるべきトラックターミナル、鉄道の貨物駅又は中央卸売市場及びこれらと密接な関連を有するその他の流通業務施設の敷地が、これらの施設における貨物の集散量及びこれらの施設の配置に応じた適正な規模のものであること」の条件に該当する土地の区域でなければならない（7条1項）。流通業務団地に関する都市計画においては、建ぺい率、容積率、建築物の高さ又は壁面の制限の位置を定めるものとされている（7条3項）。

流通業務団地に関する都市計画を定めることの難しさは、その区域の全体の条件のなかで適切に位置づけられるようにするには、綿密な検討が必要になることである。法は、①道路、自動車駐車場その他の施設に関する都市計画がある場合は、その都市計画に適合すること、②「当該区域が、流通業務施設が適正に配置され、かつ、各流通業務施設を連絡する適正な配置及び規模の道路その他の主要な公共施設を備えることにより、流通業務地区の中核として一体的に構成されることとなるように定めること」を求めている（8条）。この「中核として一体的に構成される」ことが核心である。

流通業務団地造成事業　流通業務団地造成事業は、都市計画事業として施行し（9条）、地方公共団体又は独立行政法人都市再生機構が施行する（10条）。基本的な仕組みは、次のとおりであり、新住宅市街地開発法の場合と似た仕組みが採用されている。

第一に、施行計画と処分計画という二本の計画が柱となっている。施行計画においては、事業地（工区に分けるときは事業地及び工区）、設計及び資金計画を定めなければならない（25条2項）。処分計画においては、造成施設等の処分方法及び処分価額に関する事項並びに処分後の造成敷地等の利用の規制に関する事項を定めなければならない（25条3項）。造成敷地の処分価額は、類地等の時価を基準とし、かつ、当該造成敷地等の取得及び造成又は整備に要する費用並びに当該造成敷地等の位置、品位及び用途を勘案して決定するように定めなければならない（27条）。

手続についてみると、処分計画については、それを定めようとする場合に、機構の場合は国土交通大臣の認可、地方公共団体の場合は都道府県知事（都道府県の場合は国土交通大臣）に協議し、その同意を得なければならないとさ

れている（26条1項）のに対して，施行計画については，定めてからの届出とされている（26条2項）。これらを定め又は変更しようとするときは，公共施設の管理者又は管理者となるべき者等に協議しなければならない（29条）。

　第二に，造成敷地等の処分の相手方についてはの規制がある。まず，政令で特別の定めをするものを除き，公募によらなければならない（34条）。また，公募による場合の譲受人については，①その造成敷地において自ら流通業務施設を経営しようとする者であること，②流通業務施設の建設及び経営に必要な資力及び信用を有する者であること，③譲渡の対価の支払能力がある者であること，の条件を備えた者であることとされている（35条）。譲受人の公募の場合は，次の順に公正な方法で選考して決定する。すなわち，①流通業務施設の敷地を当該流通業務団地造成事業に必要な土地として提供した者，②当該流通業務地区の存する都市の区域内にある流通業務施設の敷地に代えて流通業務施設の敷地を取得しようとする者，③当該流通業務地区の存する都市の区域内に流通業務施設を有する者で，造成敷地等である敷地にその流通業務施設と同一の業種に属する流通業務施設を新設しようとする者，④その他の者，である（36条）。

　第三に，流通業務施設を譲り受けた者は，施行者が定めた期間内に，建設の工期，工事概要等に関する計画を定めて，施行者の承認を受け，当該計画に従って流通業務施設を建設しなければならない（37条1項）。この規定に違反して，期間内に承認を受ける手続をせず又は承認を受けた計画に従って流通業務施設を建設しなかった者に対して，施行者は敷地譲渡契約を解除することができる（37条2項）。一種の法定解除権の定めである。また，工事完了の公告（30条2項）の日の翌日から起算して10年間は，造成敷地等に関する権利の処分（所有権，地上権，質権，使用貸借による権利又は賃借権その他の使用及び収益を目的とする権利の設定又は移転）については，当事者が都道府県知事の承認を受けなければならない（38条1項）。承認には，処分計画に定められた処分後の造成敷地等の利用の規制の趣旨を達成するため必要な条件を付することができる。この場合において，その条件は，承認を受けた者に不当な義務を課すものであってはならない（38条3項）。

この「承認」の性質が問題となるが,「承認に関する処分は,当該権利を設定し,又は移転しようとする者がその設定又は移転により不当に利益を受けるものでないかどうか,及びその設定又は移転の相手方が処分計画に定められた処分後の造成敷地等の利用の規制の趣旨に従って当該造成敷地等を利用すると認められるものであるかどうかを考慮してしなければならない」とする定め方（38条2項）は,行政処分の位置づけであるように思われる。その場合に,「承認」が権利の処分についての効力要件である（すなわち,承認を得ないと処分の効力を生じない）のかどうかが問題になる。法38条1項の規定に違反して,権利の設定又は移転につき承認を受けないで,造成敷地等又は造成敷地等である敷地の上に建設された流通業務施設又は公益的施設を権利者に引き渡した者に対して6月以下の懲役又は20万円以下の罰金に処することとしていること（49条3号）[97]のみでは,効力要件であるかどうかを判断する資料としては薄弱である。引渡しを処罰の対象とする限り,効力要件説に抵触することはないからである。筆者としては,効力要件説に与しておきたい。その場合には,承認は,講学上の認可たる行政行為であるということになる。

なお,国土交通大臣は,違法又は不当な法38条1項の規定に基づく承認の処分が行なわれたときは,造成敷地等の適正な利用を確保するため必要な限度において,その承認を取り消し又は変更することができる（44条4項）。機関委任事務時代ならともかく,現在の時点においては,あまりにも強い監督権限の付与であるように思われる。

7 被災市街地復興特別措置法

[1] 被災市街地復興推進地域

被災市街地復興特別措置法の制定の趣旨　平成7年の阪神淡路大震災を機に,市街地が激甚な被害を受けた場合において,①広範囲にわたり建築物等が多数失われ一時的に集中的に再建する際に,放置しておくと無秩序な建築

97　37条1項違反及び38条3項違反の場合も,同じ処罰規定によっている（49条2号,4号）。

等により防災上,安全上,環境上劣悪な市街地が形成されるおそれがあること,②本格的復興のための住宅の緊急かつ量的な供給を図る必要があること,③民間の住宅等の建築物の建築等について公共の支援が必要であることなど,が認識され,非常事態に対処するための法律として被災市街地復興特別措置法（以下,本款において「法」という）が制定された[98]。市町村を復興の中心的な存在とし,都道府県,国等が支える仕組みをとっているといわれる[99]。

なお,東日本大震災に対処するため,東日本大震災復興特別区域法が制定され,復興特別区域基本方針の策定,復興推進計画の認定,復興整備計画の作成,復興一体事業などの詳細な定めがなされている。また,「大規模災害からの復興に関する法律」も制定され,一団地の復興拠点市街地形成施設に関する都市計画,都市計画の決定・変更についての特例などの定めが置かれている。

被災市街地復興推進地域に関する都市計画　都市計画区域内における市街地の土地の区域で次の要件に該当するものについては,都市計画に被災市街地復興推進地域を定めることができる（5条1項）。

① 大規模な火災,震災その他の災害により当該区域内において相当数の建築物が滅失したこと。
② 公共の用に供する施設の整備の状況,土地利用の動向等からみて不良な街区の環境が形成されるおそれがあること。
③ 当該区域の緊急かつ健全な復興を図るため,土地区画整理事業,市街地再開発事業その他建築物若しくは建築敷地の整備又はこれらと併せて整備されるべき公共の用に供する施設の整備に関する事業を実施する必要があること。

被災市街地復興推進地域に関する都市計画においては,後に述べる建築行為等の制限が行なわれる期間の満了の日を定めるものとし（5条2項）,その日は,災害の発生した日から起算して2年以内の日としなければならない（5条3項）。また,緊急かつ健全な復興を図るための市街地の整備改善の方針（＝緊急復興方針）を定めるよう努めるものとされている（5条2項）。

98　都市計画法制研究会編著・被災市街地復興特別措置法2頁-3頁。
99　都市計画法制研究会編著・被災市街地復興特別措置法5頁。

市町村の責務　法は，市町村に基本的な責務を課している。

第一に，被災市街地復興推進地域における市街地の緊急かつ健全な整備を図るため，緊急整備方針に従い，できる限り速やかに，地区計画その他の都市計画の決定，土地区画整理事業，市街地再開発事業その他の市街地開発事業の施行，市街地の緊急かつ健全な復興に関連して必要となる公共の用に供する施設の整備その他の必要な措置を講じなければならない（6条1項）。

第二に，被災市街地復興推進地域内の土地区画整理事業について都市計画に定められた施行区域の土地については，他の施行者が施行しないときは，市町村が当該土地区画整理事業を施行するものとされている（6条2項・3項）。市町村が率先して土地区画整理事業を施行することを期待しているのである。都道府県，独立行政法人都市再生機構又は地方住宅供給公社は，市町村との協議のうえ施行するものとされている（62条3項）。

第三に，被災市街地復興推進地域内の市街地再開発事業について都市計画に定められた区域の土地については，市町村が当該市街地再開発事業を施行するものとされている。ただし，第1種市街地再開発事業が施行される場合は，この限りでない（6条4項）。都道府県（都市再生機構及び地方住宅供給公社にできるものについてはこれらを含む）も市町村と協議のうえ施行することができる（6条5項）。

なお，被災市街地復興推進地域のうち建築物及び建築敷地の整備並びに公共の用に供する施設の整備を一体として行なうべき土地の区域としてふさわしい相当規模の一団の土地について所有権又は借地権を有する者は，その全員の合意により，緊急復興方針に定められた内容に従ってその土地の区域における建築物及び建築敷地の整備並びに公共の用に供する施設整備に関する事項を内容とする協定を締結した場合においては，当該協定に基づく計画的な土地利用を促進するために必要な措置を講ずべきことを市町村に対し要請することができる（6条6項）。この場合には，「全員の合意」及び「協定の締結」により，実質的にはともかく，土地所有者及び借地権者自らが調整する仕組みとなっている。

監視区域の指定　監視区域の指定に関する努力義務規定がある。すなわち，都道府県知事又は政令指定都市の長は，被災市街地復興推進地域のうち，

地価が急激に上昇するおそれがあり，これによって適正かつ合理的な土地利用の確保が困難となるおそれがあると認められる区域を国土利用計画法による監視区域として指定するよう努めるものとされている（24条）。

建築行為等の制限　被災市街地復興推進地域内において，都市計画に定められた日までに，土地の形質の変更又は建築物の新築，改築若しくは増築をしようとする者は，都道府県知事（市の区域内にあっては，当該市の長）の許可を受けなければならない。ただし，通常の管理行為等の所定の行為については，この限りでない（7条1項）。そして，許可をしなければならない行為を，土地の形質の変更及び建築物の新築・改築・増築の別に，列挙している（7条2項）。土地の形質の変更で，被災市街地復興推進地域に関する都市計画に適合する0.5ヘクタール以上の規模の土地の形質の変更で，当該地域の他の部分について市街地開発事業の施行その他市街地の整備改善のために必要な措置の実施を困難にしないもの，が含まれている（2項1号イ）。このように面積要件を付しているのは，区画道路，小公園等を整備した一定の水準の宅地造成が可能となるように最低限の面積を定める必要性があるからであるという[100]。

許可に条件を付することができること（7条4項），違反の場合における原状回復命令・除却命令（7条5項），簡易代執行ないし略式代執行（7条6項）などは，他の法律の場合に準じたものとなっている。

土地の買取り等　被災市街地復興推進地域内の土地の所有者から，一定の行為について許可がされないときは「その土地の利用に著しい支障を生じることとなること」を理由とする買取りの申出があった場合の扱いについても，他の法律の立法例と同様の定めを置いている（8条）。

[2]　市街地開発事業等に関する特例

土地区画整理事業　被災市街地復興推進地域内の土地区画整理事業について都市計画に定められた施行区域の土地についての土地区画整理事業に関しては，すでに概略を述べたが（本章2［8］），土地区画整理法のほか，次

---

[100] 都市計画法制研究会編著・被災市街地復興特別措置法47頁。

のような仕組みを用意している。

　第一に，復興共同住宅区があり，それが特色となっている。

　まず，復興共同住宅区は，住宅不足の著しい被災市街地復興推進地域において施行される被災市街地復興土地区画整理事業の事業計画において定めることのできる，当該被災市街地復興推進地域の復興に必要な共同住宅の用に供すべき土地の区域のことである（11条1項）。復興共同住宅区は，土地の利用上共同住宅が集団的に建設されることが望ましい位置に定め，その面積は，共同住宅の用に供される見込みを考慮して相当と認められる規模としなければならない（11条2項）。

　この事業計画において復興共同住宅区が定められたときは，施行地区内の宅地でその地積が共同住宅を建設するのに必要な地積の換地を定めることができるものとして規準，規約，定款又は施行規程で定める規模のもの（＝指定規模）の所有者は，所定の期間内に被災市街地復興土地区画整理事業を施行する者に対し，換地計画において当該宅地についての換地を復興共同住宅区内に定めるべき旨の申出をすることができる。その申出に係る宅地について共同住宅の所有を目的とする借地権を有する者があるときは，その申出についてその者の同意がなければならない（12条1項）。施行者は，その申出があった場合において，その宅地が，建築物その他の工作物が存しないことなどの所定要件に該当すると認めるときは，遅滞なく，その宅地を，換地計画において復興共同住宅区内に換地を定められるべき宅地として指定し，所定要件に該当しないと認めるときは，当該申出に応じない旨を決定しなければならない（12条2項）。

　逆に，復興共同住宅区が定められたときに，施行地区内の宅地でその地積が指定規模に満たないものの所有者は，施行者に対し，換地計画において当該宅地について換地を定めないで復興共同住宅区内の土地の共有持分を与えるように定めるべき旨の申出をすることができる（13条1項）。この申出は，当該宅地の地積の合計が指定規模になるように，数人共同してしなければならない（13条2項）。この仕組みは，「宅地の共有化」を図るものである。

　以上の申出に基づく決定による換地の定めがある（14条）。また，施行地区内の宅地の所有者がその宅地の一部について換地を定めないことについて

土地区画整理法90条の規定による申出又は同意をした場合において，その者がその申出又は同意に併せて，清算金に代えて当該宅地についての換地に施行者が建設する住宅を与えられるべき旨を申し出たときは，換地計画において，換地を定めるほか，当該住宅を与えるよう定めることができる（15条1項）。清算金に代えて住宅を与えることを可能にするものである。宅地の全部について換地を定めないことの申出又は同意があった場合で，同様の手続により清算金に代えて施行者が施行地区内に建設又は取得する住宅等を与えられるべき旨を申し出たときは，換地計画においてそのように定めることができる（15条2項）。借地権を有する者についても，同様の定めがある（15条3項）。

第二に，施行者は，施行地区外において，前記の住宅等を与えられるべき旨の申出をした者のために必要な住宅等を与えられるべき旨の申出をした者のために必要な住宅等の建設又は取得を土地区画整理事業として行なうことができる（16条1項）。施行地区外における事業も土地区画整理事業として扱う趣旨である。ただし，その事業については，同法72条，73条，79条，81条及び82条の規定は適用しないこととされている（16条3項）。その結果，たとえば，同法79条による土地の使用に関する規定も適用されない。さらに，法律に特に明示されているわけではないが，この事業は都市計画事業として扱われないと解されている[101]。

第三に，①公営住宅等，②被災市街地に居住する者の共同の福祉又は利便のため必要な施設で国，地方公共団体その他政令で定める者が設置するもの，の用に供するため，換地計画において，一定の土地を換地として定めないで保留地として定めることができる（17条1項）。この保留地を処分したときは，従前の宅地について所有権等の宅地を使用し又は収益することができる権利を有する者に対して，保留地の対価に相当する金額を交付しなければならない（17条3項）。公営住宅等又は共同利便施設用地を円滑に生み出す必要があるという被災地の特性に鑑みたものであり，対価相当額の交付は，「有償の減歩」とでもいうべきものとされている[102]。

101　都市計画法制研究会編著・被災市街地復興特別措置法99頁－100頁。

102　都市計画法制研究会編著・被災市街地復興特別措置法103頁。

[3] 住宅の供給等に関する特例

公営住宅及び改良住宅の入居者資格の特例　法5条1項1号の災害により相当数の住宅が滅失した市町村で滅失した住宅の戸数その他の住宅の被害の程度について省令で定める基準に適合するものの区域内において当該災害により滅失した住宅に居住していた者及び住宅被災市町村の区域内において実施される都市計画事業その他省令で定める市街地の整備改善及び住宅の供給に関する事業の実施に伴い移転が必要となった者については，災害発生の日から起算して3年を経過する日までの間は，公営住宅又は改良住宅の入居資格を満たすものとして扱うこととされている（21条）。

都市再生機構・地方住宅供給公社の特例業務　住宅被災市町村の復興に必要な住宅の供給等を図るため，当該住宅被災市町村の区域内においては，独立行政法人都市再生機構及び地方住宅供給公社の業務の特例が認められている。委託による宅地の造成及びその管理をはじめとして多様な業務が可能とされている（22条，23条，独立行政法人都市再生機構法11条3項）。

8　都市施設法

[1]　都市施設法の概要

都市施設　都市計画法11条は，都市施設の種類を，10号にわたり定めた後に，第11号により，「その他政令で定める施設」として政令に委任している。その委任に基づき同法施行令5条には，電気通信の用に供する施設又は防風，防火，防水，防雪，防砂若しくは防潮の施設が掲げられている。同法11条の1号から10号までには，次のものが掲げられている。①道路，都市高速鉄道，駐車場，自動車ターミナルその他の交通施設，②公園，緑地，広場，墓園その他の公共空地，③水道，電気供給施設，ガス供給施設，下水道，汚物処理場，ごみ焼却場その他の供給施設又は処理施設，④河川，運河その他の水路，⑤学校，図書館，研究施設その他の教育文化施設，⑥病院，保育所その他の医療施設又は社会福祉施設，⑦市場，と畜場又は火葬場，⑧一団地の住宅施設（一団地における50戸以上の集団住宅及びこれらに附帯する通路その他の施設をいう），⑨一団地の官公庁施設（一団地の国家機関又は地方

公共団体の建築物及びこれらに附帯する通路その他の施設), ⑩流通業務団地。

　これらが, 都市の重要な施設であることは疑いない。しかしながら, これらは, 都市に特有の施設であるというわけではない。

都市特有の都市施設に関する法制度　　前述のような都市施設のうち, 若干の施設については, 都市特有の法律が制定されている。都市公園法, 都市緑地法, 都市鉄道等利便増進法, 都市モノレールの整備の促進に関する法律, 都市河川浸水被害対策法等である。以下, これらを素材にして検討する。社会的に重要な都市高速道路や都市高速鉄道についての検討はしない。

[2]　都市公園法

都市公園とは　　都市公園の設置及び管理に関する基準等を定める法律として,「都市公園法」(以下, 本款において「法」という) が制定されている。法において, 「都市公園」とは, 次に掲げる公園又は緑地で, 設置者である地方公共団体又は国が当該公園又は緑地に設ける公園施設を含むものとされている (2条1項)。①都市計画法上の都市計画施設である公園又は緑地で地方公共団体が設置するもの及び地方公共団体が都市計画区域内において設置する公園又は緑地, ②国が設置する公園又は緑地であって, 一の都府県の区域を超えるような広域の見地から設置する都市計画施設であるもの又は国家的記念事業として, 又は我が国固有の優れた文化的資産の保存及び活用を図るため閣議の決定を経て設置する都市計画施設であるもの。

　したがって, 地方公共団体が都市計画区域内において設置する公園又は緑地は広く都市公園に含まれるが, それ以外は, いずれも都市計画施設であることが要件とされていることになる。なお, 自然公園法との調整を図るために, 同法の規定により決定された国立公園又は国定公園に関する公園計画に基づいて設けられる施設たる公園又は緑地, 並びに同法の規定により国立公園又は国定公園の区域内に指定される集団施設地区たる公園又は緑地は, 都市公園に含まれないものとされている (2条3項)。

　法は, 国の設置に関する都市公園のみに係る規定も用意しているところ, その中に都市公園における行為の禁止, 許可に関する規定 (11条, 12条) が含まれている。そのことは, 地方公共団体設置の都市公園について, 同様の

規律が禁止されることを意味するものではなく，法18条が明示する「条例」の定めに委ねられているのである[103]。

東京都の民設公園と都市公園との関係　東京都は，要綱により民設公園なるものを認定している。「東京都民設公園事業実施要綱」によれば，民設公園は，「都市に必要な基盤である都市計画公園及び都市計画緑地について，従来の公共による整備に加え，新たに民間の活力を導入することにより，早期に公園的空間として整備及び管理する」公園として位置づけられている。都市公園の設置・管理者は，地方公共団体又は国であるが，民設公園は，民間の主体が設置，管理し，公開される公園である。したがって，民設公園は，都市公園ではない。「公園」の用語には，公開性が含意されているので，当然といえば当然であるが，民間の設置，管理でありながら公開されるという点が重要である。

東京都と民設公園設置者との関係は，両者の契約関係である。実施要綱に基づく制度でありながら，知事による「認定」制度が採用され，事業者の申請に基づくこと，申請に先立って事前協議を行なうこと，審査会の意見を求めたうえで，認定・不認定が決定される。認定がなされると契約が締結され，契約を締結した場合には公示される。

民設公園には，「公園的空間」が不可欠なものである。公園的空間は，都市公園法2条1項に規定する都市公園に準じた機能を有することを目的とし，同要綱に定める水準の整備と管理が実施され，みどりの永続性・公開性・ネットワーク性が担保された空間とされている。

対象区域は，①10ヘクタール以上の都市計画公園及び都市計画緑地の区域内で，原則として，「都市計画公園・緑地の整備方針」（平成18・3・17都市基施第693号決定）に位置づけられた優先整備区域以外の区域（＝優先整備区域以外の区域）にあり，かつ国，都及び区市町が所有していない土地であること（ただし，特別区においては，東京都地域防災計画において，避難場所に指定されている区域又は指定が予定されている区域にあること），②10ヘクタール未満の都市計画公園及び都市計画緑地の区域内で，原則として，優先整備

103　たとえば，横浜市公園条例は，法11条に相当する規定を5条に，法12条に相当する規定を6条に，それぞれ置いている。

区域以外の区域にあり，かつ国，都及び区市町が所有していない土地のうち地元区市町の民設公園事業の実施について要請があること（ただし，特別区においては，東京都地域防災計画において，避難場所に指定されている区域又は指定が予定されている区域にあること），とされている。民設公園事業者の要件は，①同事業を実施しようとする土地を所有すること，②事業を健全かつ円滑に実行できる能力，経済的資力及び信用が十分にあること，③事業の実施に対し，不正又は不誠実な行為をするおそれがないこと，とされる。

重要なのは，整備基準と管理基準である。

整備基準は，①公開される公園的空間が1ヘクタール以上であること，②公開される公園的空間が，緑化をする面積割合，舗装面積，設置することのできる施設の種類などについて実施細目に定める基準を満たし，良好な風致及び緑地環境を有すること，③建築物に利用する土地が，当該計画敷地の3割未満であること（ただし，都及び区市町の要請に基づき設置される防災施設に関する建築物についてはこの限りでない），④建築物については，周辺の市街地環境等に対して配慮した建築形態及び用途であること，⑤公開される公園的空間が，福祉のまちづくりの推進に配慮したものであること，⑥公開される公園的空間が，避難場所として災害時に役立つ機能を有すること，⑦公開される公園的空間が，利用者の安全及び衛生上必要な構造を有すること，⑧公開される公園的空間の整備について施工計画が定められ，その実施が担保されていること，である。

管理基準は，①不特定多数の者に対する公開を周知する標示が現地に設置されること，②管理の基本方針，管理運営体制，管理責任者の選定，公開時間，維持管理，防災対応，譲渡時の管理の担保方法，その他必要な事項について管理事業計画が定められ，その実施が担保されていること，③②に規定する維持管理は，民設公園区域内の施設及び植栽等について，常に良好な状態に維持管理するために，管理体制，管理費用等について十分措置するとともに，業務内容，年間管理スケジュール等について定められていること，④公開時間は，原則として常時公開とすること（ただし，民設公園又は非公開建築物の管理に必要がある場合，夜間の閉鎖をすることができる），⑤②の防災対応は，④に規定する閉鎖の時間内においても，非常時に避難（＝避難場所？）

として十分に機能するように，非常時の公開体制等について定められていること，である。

　特色ある仕組みは，民設公園事業者は，民設公園管理者を選定しなければならないこと，民設公園事業者は，公開開始の日から起算して 35 年以上の民設公園の管理に要する費用を知事の認める機関（費用預託機関）に一括で納め，管理の実績にあわせ，管理責任者に対して，知事の承認を受けた上で支払われること，の 2 点である。この仕組みは，民設公園事業者，民設公園管理者，費用預託機関及び東京都という多数の主体による契約関係により成り立っているのである。

　民設公園事業者にとっていかなるメリットがあるのであろうか。民設公園用地に対しては，別の減免要綱に基づき不動産取得税，固定資産税及び都市計画税の減免がなされるが，それ以上に重要なメリットは，本来高層建築ができない土地について，敷地の 7 割を公園化すれば，残りの土地に高層住宅の建築を認める点にある。東京都の「都市計画公園及び緑地に関する都市計画法第 53 条第 1 項の許可取扱規準」は，都市計画法 53 条 1 項の建築許可に関して，「東京都民設公園事業実施要綱に基づき，民設公園事業者が知事と民設公園事業の実施について契約した上で建築される建築物」を掲げている。そして，民設公園事業施行契約書の契約条項には，契約締結後，適切な時期に契約の履行を条件に，都市計画法 53 条 1 項の許可をする旨の条項がある。契約と許可との連動という興味深い仕組みが採用されているのである。

　民設公園の第 1 号として，平成 21 年に「萩山四季の森公園」が完成している[104]。この第 1 号の事例にあっては，2 階建までの規制であったのが，都市計画法 53 条 1 項許可により 11 階建が可能とされたという[105]。

　以上をまとめるならば，①区市町は，虫食い的な緑地の喪失を防ぎ，財政支出をせずに都市部の緑地を確保し保全することができ，②事業者は，土地

104　この公園に係る建築物の建築許可をめぐり，近隣住民より取消訴訟が提起されたが棄却されている（東京地裁平成 20・12・24 判例集未登載，東京高裁平成 21・9・16 判例集未登載）。

105　35 年経過後のことが確定しているのかどうか定かでないが，市は，民設公園取得費用を予め積み立てる目的で，「東村山市民設公園取得基金条例」を制定し，平成 22 年度から積立てを開始している。

の有効活用と魅力ある住宅を販売できること，にある。高層住宅居住者は，自らの所有する公園としての環境を享受でき，周辺住民も公開によるメリットがあるというわけである。このような各主体にとってのメリットがあるものの，実際には，事業者の開発意欲が先行して区市町が動くことになると予想されるのであって，極めて個別的な対応となる。そのことが「公正な行政」の推進の妨げとならないように留意する必要があろう。

　　都市公園の設置・管理　　都市公園は，管理者が公告することにより設置される（2条の2）。すなわち，公告という要式行為を要する。管理者は，地方公共団体設置のものは当該地方公共団体であり，国設置のものは国土交通大臣である（2条の3）。管理者が，前者にあっては行政主体であり，後者にあっては行政機関である点に注目しておきたい。都市公園の設置について不服をもつ者は，ほとんど想定できないが（例外的に民有地をもって都市計画公園とする都市計画事業の認可が争われた事例として，「林試の森事件」に関する最高裁平成18・9・4判例時報1948号26頁がある），都市公園となると，後述のような公物管理権に基づき管理がなされ，一定の行為について許可を要することとなる。そこで，都市公園の指定を争いたいと考える者が登場しないとは限らない。その場合には，都市公園の設置が行政事件訴訟法上の行政処分といえるか，当該不服を有する者が設置を争う原告適格を有するか，といった論点を一応考察する必要がある。

　　公園用地の権原を有していないときになされた供用開始処分が適法といえるかどうかが問題になる。

　　市が公園用地として所有権を取得したが登記をしない間に，第三者が同土地を譲り受けて所有権移転登記を経由した場合に，市が所有権に代わる権原を取得することなしに行なった都市公園の供用開始処分について，その第三者が違法であるとして取消しを求めた訴訟に関し，神戸地裁昭和62・10・26（行集38巻10号1519頁）は，都市公園法に明文の規定はないけれども，憲法29条の趣旨及び法17条，同法施行規則9条，法23条3項の規定文言からみても，「国又は地方公共団体は都市公園の供用開始の公告をするに当たり，当該都市公園を構成する土地を公園用地として使用するにつき右土地上に所有権その他の正権限を取得していることを必要とするものであり，他

人所有地につき何らの右権原を取得することもなくなされた公園供用開始告示処分は前記法条に照らし違法と解すべきである」と述べて，具体の供用開始処分を違法であるとして取り消した[106]。

この事案は，第三者が所有権移転登記を行なったことによるものであるから，その第三者から所有権に代わる権原を取得するか，最悪の場合は，土地収用により所有権を取得する方法も考えられる。しかし，通常の場合に事業認定ないし都市計画事業の認可は，事業の前になされるものであるところ，事実として既に公園用地としての外観を有している場合は，土地収用法の予定する場面と異なることは否定できない。しかし，土地収用を否定する積極的根拠は見当たらないように思われる。

都市公園の廃止処分を争う訴訟も見られる。

まず，法は，公園管理者は，次の場合のほか，みだりに都市公園の区域の全部又は一部について都市公園を廃止してはならないとして，廃止可能な場合として，①都市公園の区域内において都市計画法の規定により公園及び緑地以外の施設に係る都市計画事業が施行される場合その他公益上特別の必要がある場合，②廃止される都市公園に代わるべき都市公園が設置される場合，③公園管理者がその土地物件に係る権原を借受けにより取得した都市公園について当該貸借契約の終了又は解除によりその権限が消滅した場合，を挙げている（16条）。

東京地裁平成14・7・19（判例地方自治237号93頁）は，公園廃止処分について公園の付近に居住している者の原告適格を否定した。原告らが，法3条1項を受けた法施行令2条1項が，都市公園設置の基準として誘致距離を定めていることを挙げたのに対して，判決は，法3条1項が都市公園の設置に際し，政令で定める配置及び規模の技術的基準に適合すべきことを定めた趣旨は「適切なものを適切な位置に系統的合理的に配置し，その機能を有効に発揮させることにあり」，誘致距離の標準が定められたのも効率的配置を行なうための基準の一つにほかならないと答えた。そして，「都市公園を住民が利用する利益は，原則として，当該都市公園が広く一般の利用に供

---

[106] 控訴審の大阪高裁昭和63・3・31行集39巻3・4号191頁も，この1審判決を全面的に引用している。

される限りにおいて何人にも認められるものであり，こうした利益を享受し得る範囲又は享受し得る利益の内容について，当該都市公園の誘致距離や当該都市公園と利用者の居住地との距離関係によって差違が設けられているものとも認められない」と述べた。

廃止を争う原告適格に関する一般論としては，これでよいであろう。しかし，これは原則論であって，例外的に認められる場合もあり得ると思われる。たとえば，土地区画整理事業の施行により公共施設として都市公園が設置された場合において，公共施設の管理者たる公園管理者が当該都市公園を廃止する場合においては，土地区画整理法を都市公園法の関連法令と見るべきであって，土地区画整理法を媒介にして，換地処分に係る関係権利者は，原告適格を有すると解する余地があると思われる。

都市公園区域変更処分について，住民訴訟としての取消し請求（主位的）及び無効確認請求（予備的）の訴訟が提起された事案に関して，京都地裁昭和61・1・23（行集37巻1・2号17頁）は，同処分は，「その土地を都市公園法の定める公共目的達成のために用いるかどうかを定める同法上の処分であって，土地の財産的価値に着目し，財産的効果を生じさせること自体を法律上の目的とするものではない」ことを理由に，住民訴訟の対象となる行政処分ではないとした。

公園施設　　法は，都市公園の効用を全うするため当該都市公園に設けられる以下の施設を「公園施設」と定義し，その設置基準及び公園管理者以外の者による設置等についての定めを置いている（2条2項）。①園路及び広場，②植栽，花壇，噴水その他の修景施設で政令で定めるもの，③休憩所，ベンチその他の休養施設で政令で定めるもの，④ぶらんこ，すべり台，砂場その他の遊戯施設で政令で定めるもの，⑤野球場，陸上競技場，水泳プールその他の運動施設で政令で定めるもの，⑥植物園，動物園，野外劇場その他の教養施設で政令で定めるもの，⑦売店，駐車場，便所その他の便益施設で政令で定めるもの，⑧門，さく，管理事務所その他の管理施設で政令で定めるもの，⑨以上に掲げるもののほか都市公園の効用を全うする施設で政令で定めるもの。

公園施設のうち，建築物の建築面積の総計の当該都市公園の敷地面積に対

する割合は，100分の2を参酌して当該都市公園を設置する地方公共団体の条例で定める割合（国の設置に係る都市公園にあっては100分の1）を超えてはならない。ただし，動物園を設ける場合その他政令で定める特別の場合においては，政令で定める範囲を参酌して当該都市公園を設置する地方公共団体の条例で定める範囲（国の設置に係る都市公園にあっては，政令で定める範囲）内でこれを超えることができる（以上，4条1項）。この条文は，都市公園を設置する地方公共団体の条例で限度を設定する趣旨であるが，地方公共団体の自己統制の意味が強いように思われる。そして，実際に意味を発揮するのは，公園管理者以外の者が公園施設を設置する場合である。

　公園管理者以外の者が都市公園に公園施設を設け又は公園施設を管理しようとするときは，所定事項を記載した申請書を提出して公園管理者の許可を受けなければならない。許可を受けた事項を変更しようとするときも同様である（5条1項）。この「許可」の性質は，講学上の特許に当たると見てよいであろう。

　この制度の現代的意義に関して，「都市公園法運用指針」（平成16年12月国土交通省都市・地域整備局）は，「近年，環境に対する国民の関心の高まり，社会貢献に対する意識の高まり等を背景に，都市公園においては，公園施設の設置や管理への地域住民等の参画などのニーズが高まってきており，これらのニーズに対応するためには，地域住民等多様な主体がより主体的に自らの判断に基づき都市公園の整備と管理を行えるようにすることが必要であり，このため，同法第5条において，『当該都市公園の機能の増進に資する』場合についても第三者に対し公園施設の設置又は管理を許可することができる旨規定したところである」と述べている（三(1)）。

　この条文において，地方公共団体設置の公園施設にあっても，その管理のみを公園管理者以外の者がしようとするときは，許可制となっているように見える。地方自治法が指定管理者制度を用意していることとの関係において，指定管理者制度の活用が禁止されるのかどうかが問題になる。規定の体裁及び許可制の性質からいって，許可制は，管理しようとする者のイニシアチブによるものであり，他方，指定管理者制度は，地方公共団体のイニシアチブによるものである。とするならば，両制度は制度としては併存できるといっ

てよいであろう。「都市公園法運用指針」（前掲）は，指定管理者制度は，都市公園全体の包括的な管理を委ねることを原則とする制度であるのに対し，公園施設設置管理許可制度は，都市公園を構成する公園施設について許可を与える制度であること，指定管理者制度は管理のみを対象とした制度であるが，設置管理許可制度は管理のみでなく設置についても許可を与えることができること，指定管理者制度にあっては地方公共団体の議会の議決を必要とするが設置管理許可については必要とされないこと，を制度上の違いとして挙げて，一般的には，都市公園全体の管理を民間等に利用料金の収受も含めて包括的に委任しようとするような場合は指定管理者制度を適用し，飲食店等の設置管理を民間に委ねる場合や，遊具，花壇等の設置管理をNPO等に委ねる場合には設置管理許可制度を適用することになるものと考えられるとしている（三（7）①）。しかし，たとえば，公園施設たる水泳プールの場合には，いずれも可能なように思われる。

　公園管理者以外の者が設ける公園施設は，①当該公園管理者が自ら設け，又は管理することが不適当又は困難であると認められるもの，及び②当該公園管理者以外の者が設け，又は管理することが当該都市公園の機能の増進に資すると認められるもの，に限り許可される（5条2項）。期間は10年を超えることができない（更新の場合も同様）。更新の場合の文言があることからも，期間満了後引き続き設け又は管理しようと欲するものは，許可又は更新の申請書を提出しなければならないのであって，法律上当然に許可が更新（自動更新）されるわけではない（秋田地裁昭和47・4・3判例時報665号49頁）。

　公園施設設置管理更新拒否　　公園施設設置許可については，公園管理者の広い裁量に委ねられているが，更新申請に対する許可・不許可の判断の際も同様であるのかという問題がある。秋田地裁昭和47・4・3（前掲）は，傍論として，売店・休憩所等の公園施設は，本来，都市公園の効用を全うするために設けられるものであるが，「これを設置することについて同法5条2項の許可を受け，売店等を設け，営業を営む者がそこに財産的利益を取得することは否定しえないから，その者が更新を欲するときは，都市公園の管理上あるいは公益上の必要がある場合その他相当な理由のないかぎり，公園管理者において，右の許可を更新すべき義務を負い，相当な理由がないのに更

新を拒否するときは、裁量権の逸脱ないし濫用として更新拒否処分が違法性を帯びるものと解しうる余地がある」とし、「かかる見地に立って考えれば、許可期間はその実質において使用料その他許可条件改訂のための期間とみることもできないではない」と述べた。しかし、具体の事案において更新申請がなされていない以上、適否を論ずる余地はないとした。

この点は、具体的事案に即して検討されるべきであろう（公園施設解体方針に基づく不許可の事例として大阪地裁決定平成25・3・28判例集未登載を参照）。そのような具体例として、緑地公園（いわゆる生田緑地）ゴルフ場の管理更新不許可処分について争われた横浜地裁昭和53・9・27（判例時報920号95頁）を挙げることができる。判決は、まず、次のように一般論を展開した。条文は、現行法と異なっており、11条1項は、現行の27条1項に、11条2項は現行の27条2項に相当する規定である。

　「公園管理者以外の者に公園施設の設置または管理を許可するか否かは、都公法5条1項所定の要件（当該公園施設が、公園管理者自らが設置または管理することが不適当または困難であると認められるものであること。）の存する範囲内で公園管理者の合理的な裁量に委ねられているということができる。

　しかし、右の許可に付せられた期間の満了に際し、これを更新するか否かについては、右の許可期間の定めが、当該公園施設の設置または管理許可の趣旨、目的に照らして不相当に短期のものである場合は、『正当な事由』のないかぎり、相当の期間が経過するまでは、公園管理者において右許可期間の更新が、それ相当の制約のもとに予定されていたものと解するのが相当である。けだし右のような場合にあっては、その許可期間の定めは、通常、公園管理者側において、一応その更新を予定しつつ、右の更新期を機会に、その間の管理状況等を再検討し、必要とあれば右許可条件を改訂する等して公園管理の適正の維持、改善を図る便宜のために付する趣旨のものと解されるのであり、他方右の更新を拒否することは、許可によって付与された権益を一方的に剥奪し、また相当期間の継続を予定してなされたであろう資本の投下等を無意義なものとするからである。

従って，更新が予定されていたにも拘らず，更新拒否された場合の『正当な事由』も実質的には許可期間中の取消（撤回）に類似するものというべきであるから，右につき定めた都公法11条1項，2項の各号所定の要件の存在がほぼこれに該当するとみて差支えない。

　右のように，都公法には許可期間を更新すべく公園管理者を拘束する明文の規定がないからといって，これを更新するか否かが（常に）公園管理者の自由裁量に委ねられているということはできないのであって，右自由裁量処分である旨の市側の主張は失当である。

　なお，当事者間に右期間を更新しないことについての了解が存する場合にも，前記『正当な事由』があるというべきであるが，右の了解がないのに公園管理者が管理許可に際し，一方的にその条件（附款）として，『期間満了の更新はしない』旨の，或いは本件返地条項のごとき条項を付加したとしても，公園管理者はその故に右期間の満了時においてその更新を当然に拒否し得るものではなく，右の条項に拘らず，これを拒否するについては，前記『正当な事由』の存在を必要とすると解するのが相当である（このように，右のような条項は，当然にはその文言どおりの効力を生ずるものではないが，さりとて，倶楽部側主張のように『附款として許容されない違法なもの』とまで解すべきではなく，前記『正当な事由』の存否の判断につき，右附款の存在が相手方に一定の範囲において更新拒否についての予測可能性を与えるものとして評価し得るので，一概に法律上無意味なものとは断じ得ない。）。」

　そして，具体の事案の更新不許可処分を適法ならしめる「正当な事由」（すなわち法11条2項各号所定要件に準じ，公益上やむを得ない必要）の存否について検討するとし，その要件の存否についての判断は，事柄の性質上，一定の範囲において，公園管理者たる市長の合理的な裁量に委ねられているということができ，市長の裁量判断は，「その更新の許否が問題となっている本件ゴルフ場の管理許可関係が発現している公益機能と，右関係を撤廃することにより実現されるべき公益機能との比較衡量を中心としつつ，併せて，右管理許可関係が撤廃されることにより倶楽部側の失うべき権益その他の諸事情を十分考慮する必要があるというべきである」としている。ここには，

二つの公益機能の比較衡量と管理してきた者の失う利益その他の諸事情の考慮という二面に着目すべきものとしている。

さらに,「公益上やむを得ない必要」によるものか否かの判断に当たり,本件ゴルフ場が公園施設（運動施設）としての一定の効用を発揮していたことも否定し得ないとしつつも,次のように述べた。

> 「地方公共団体が住民の福祉を増進する目的をもって,その利用に供するために設ける公の施設（地自法244条,同法2条2項,3項参照）のうちの一つである公園について,特に都公法が制定され,都市公園の設置,整理等に関する詳細な規定を設け,これを厳格に規律しているのは,現代の都市生活において,都市住民に休息,散策,遊戯,運動等主として屋外のレクリエーションの場（施設）を提供する公園が,極めて重要な機能を営み,都市住民の健康的で快適な生活に必須の存在価値を有するものであること,かつ,それにも拘らず,従前においては,戦災等の歴史的諸事情に加えその設置,管理等に関する統一的な法規を欠いていたことから,必ずしも十分に右の公園の機能を発揮せしめられなかったことに由来するものである（《証拠略》により,これを認める。）。右の趣旨からして,地方公共団体としては,新たに都市公園および公園施設（以下本項において単に『都市公園』というは,右両者を指称する。）を設置すべく努めることはもちろん,既存の都市公園についても,可能なかぎりその本来期待されるべき機能を十分に発揮できるよう常に改善の努力をなすべき行政上の責務を負うものであることも当然である。そして,本来,都市公園は一般公衆の自由な使用に供せらるべき性質のものであり,かつ,そのようであって初めて都市公園としての効用が十分に発揮され得るものであることはいうまでもない。」

判決は,このような観点から考察すれば,公園施設として一定の効用を果たしているといい得るとしても,ゴルフ場は,その土地利用の態様等からしてそれ自体公園施設としては極めて変則的,例外的な形態のものであるといわざるを得ないとした。そして,①本件ゴルフ場は,公園施設でありながら,ごく限定された人々のみ（人数,利用料金等の面からみても）の利用にしか供し得ないものであることが明らかなこと,②約15万坪にのぼる広大な面積

を有する本件ゴルフ場用地を，市の計画するごとく，一般市民の散策・休息等の場として，その自由な利用に供するとすれば，同土地が公園施設（運動施設）たる本件ゴルフ場として本件更新不許可処分当時において果していた機能に比し，都市公園としてはるかに高い効用を発揮し得ることは容易に推測できること，③本件ゴルフ場は，公園施設（運動施設）としての効用のほかに，いわゆるオープンスペースとして，その存在（自然の空間の存在）自体に一定の範囲の効用があること，④川崎市における人口の激増，公害問題の深刻化，それに伴う都市公園増設の必要性の増大がある一方，地価の高騰により都市公園用地取得の困難性があったこと等に徴すれば，「市長が，本件更新不許可処分時において，本件ゴルフ場を廃止し，右用地を一般市民の散策・休息の場として，その自由な利用に供し，これを都市公園本来の在るべき姿に近づけその効用を十分に発揮させようとする現実の差し迫った必要性が存在したことは明らかである」とした。

かくて，更新不許可処分自体は適法であるとした。

更新拒否と損失補償　更新拒否が適法である場合に，損失補償を要するか否かが問題になる。この点については，卸売市場内の土地の使用許可の撤回に関する最高裁昭和49・2・5（民集28巻1号1頁）をも念頭におきつつ検討する必要がある。

前記の横浜地裁昭和53・9・27（判例時報920号95頁）は，損失補償請求を認容した。その論理の展開を見ておこう。

まず，「本件更新不許可処分は，実質的には，都公法11条2項の『公益上の必要の発生』を理由とする本件ゴルフ場管理許可期間中における取消（撤回）に準ずるべきであるから，右処分により倶楽部側が受けた損失については，同法12条1項の規定を類推適用し，市は倶楽部側に対し『通常受けるべき損失』に該当する範囲の補償をすべきものと解するを相当とする」と述べた（当時の12条は現行の28条に相当する内容の規定である）。そして，12条の定める協議（2項），収用委員会への裁決申請（3項）の手続がとられていないが，市側に意思が全くなかったことが認められる以上，これら手続の不履行を理由に損失補償請求を不適法とすることはできないとした。そして，本案について，次のように述べた。

「損失補償の制度は、行政上の適法行為によって私人に生じる損失のうち、当該私人においてこれを受忍すべき範囲を超える『特別の犠牲』について、公平負担の見地からこれを調整しようとするものであり、都公法12条1項が『許可を受けた者が同法11条2項の規定により監督処分を発動されたことにより受けた損失のうち『通常受けるべき損失』についてのみ補償を要する』旨を規定しているのも右の趣旨を表わしたものであるということができる。

そして、当該損失が、右の『通常受けるべき損失』に該当するか否かを考慮するについては、都公法5条2項に基づく公園施設の設置あるいは管理の許可のごときいわゆる公物使用の特許にあっては、その撤回（本件にあっては、更新の不許可）は、右特許により私人に対し特別に付与された権益を剥奪するとしても、当該私人をこれにより一般人と同様の地位に引戻すものに過ぎず、またそもそも右の如き特許使用の関係は、当初より都公法所定の公益上の必要が生じた場合は、公園管理者において右許可を取消（撤回）すことにより、一方的に終了せしめられるとの制約の下に成立しているものであって（都公法12条1項）、全く偶発的に剥奪せしめられる公用収用のごとき場合とは、自ずからその利益状況を異にするものであることを前提にすべきものである。」

次いで、本件ゴルフ場用地の使用権、施設利用権の喪失に対する補償請求に関しては、まず、次のように述べた。

「都公法11条2項、同条1項によれば、本件のごとき公園施設の管理許可は、『公益上やむを得ない必要が生じた場合』は、公園管理者において、いつでも、これを取消（撤回）することができる（なお同法5条1項、2項参照）のである。換言すれば、右管理許可により付与された管理権は、それ自体右の公益上の必要が生じたときには、撤回されるという制約が内在しているものとして与えられているのであるから、右許可を受けた者は、当該公園施設につき右の公益上の必要が生じたときは、原則上、受忍の範囲内として、公園管理者に対し右管理権を保有する実質的理由を喪失し、かつ、右管理者の右許可の取消（撤回）により右権利は消滅するに至るものと解するのが相当である。従って、特別の

事情のないかぎり，右管理許可を取消（撤回）された者は，右管理権自体の消滅という損失を受けたとしても，都公法12条1項所定の『通常受けるべき損失』に該当せず，これが補償を求めることはできないというべきである（最高裁昭和49年2月5日判決，民集28巻1号1頁参照。）。」

しかし，「特別の事情」として，いったん農地買収された土地について，市と協力して耕作者に対する離作補償料のほとんどを倶楽部が負担して市が国から買い戻した事実を認定し，結果的に，倶楽部の寄与なくしては現在のように確保・維持・形成できなかった買戻地である以上，寄与分のうち未償却分として，現在評価額を基礎にし，本件更新不許可処分時に遡及推計して9億円を損失補償として認めるのが相当であるとした。なお，このほか，建物部分1億1668万円，建物収去費用分1166万円についても補償すべきものとした。このような事例がどの程度生じえるかは不明であるが，損失補償を命じた事例としても注目される。

占用の許可・使用の許可　都市公園に公園施設以外の工作物その他の物件を設けて，都市公園を占用しようとするときは，公園管理者の許可を受けなければならない（6条1項）。また，国の設置に係る都市公園において，物品の販売・頒布，競技会・集会・展示会その他これらに類する催しのために都市公園の全部又は一部を独占して利用すること，などについては，公園管理者の許可を受けなければならない（12条1項）。

競願の場合における許可に当たり，どのような方法で決めるかが問題になる。東京地裁平成15・2・10（判例タイムズ1121号272頁）は，メーデー集会のための許可申請に対して，予定参加者数の差が3倍程度にとどまる場合において，両者の権利利益に明らかな差を認めることは困難であるとし，両者を対等に扱い抽選方式を用いたことを適法とした。

条例には，許可を受けるための申請が競合したときの扱いを定めているものがある。たとえば，横浜市公園条例は，申請書の到達が先であった者を優先すること（21条1項），同時到達の場合は抽せんによること（21条2項）を定めている。ただし，同時到達の場合であっても，「公益上必要がある場合その他特別の事由があると認める場合は」，「関係の申請者と協議して優先者を定め，または当該協議が成立しないときは，自ら決定することができ

る」(21条4項)としている。

　占用許可が住民訴訟の対象となるのかどうかも問題となる。東京地裁平成元・10・26(判例タイムズ731号145頁)は、法6条及び7条に基づく占用許可は、「公園管理者が、公共性の強い一定の物件又は施設等に関し、当該占用が公衆の都市公園の利用に著しい支障を及ぼさず、かつ、必要やむを得ないと認められるものであるか否か等を検討したうえで決定するものであって、専ら公園管理上の見地から都市公園とその他の公共施設等との調和を図るためになされるものであることは明らかであり、当該公園敷地の財産的価値に着目し、専らその財産的価値の維持や保全等の財務的処理を目的とするものではないといわなければならない」と述べて、財務会計上の行為に当たらないとした。判決は、これに先立って、財務会計上の行為又は事実を認識する基準について、「当該行為又は事実がその性質上専ら財務的処理を目的とするものであってはじめて財務会計上のものということができる」とし、「当該行為又は事実が専ら財務的処理を目的とするというのは、当該行為又は事実が専ら一定の財産の財産的価値に着目し、その維持、保全、実現等を図ることを目的とするということであると解すべきで」ある、と述べた。

　ここには、専ら財務的処理を目的とする行為又は事実に着目する考え方が示されており、その目的は、法令、条例の定めから判断するという考え方が前提にされていると見られる。いわば、「行為又は事実に関する法律上の目的説」といえよう。この考え方によれば、公物管理上の行為のほとんどは、財務会計行為から除外されることになろう。

　これに対して原告が主張していたのは、本件占用許可は、恒久的な占用(電力会社による鉄塔設置のための占用)であって公園面積を実質的に減少させるもので公共用財産の処分に等しく、公園全体の財産価値を低減させる行為であるということであった。公共用財産にあっては、公物管理法に管理行為に関する規定がある場合には、財産的側面の管理もそれに含める仕組みが採用されていると解される。前記判決は、「専ら」の要件を課すことによって、公物管理法の存在によって、財務会計行為性を打ち消すことをもたらしていることになる。

　占用について、特別な公物管理法がないとか、公物管理法に対応する規定

がない場合には，行政財産の使用許可の制度を活用することになるところ，その場合に，使用許可について財務会計行為性を認めるか否かについては裁判例の対立があるが[107]，長期にわたる使用許可（実質的に恒久的使用につながる許可）の場合には，財務会計行為に該当するというべきである[108]。同様に，公物の占用許可の中にも，実質的には長期にわたる行政財産の使用許可に相当するものが含まれているのであって，そのような場合にまで財務会計行為たる性質を否定することについては疑問をもたざるを得ない[109]。

なお，地方公共団体の設置する都市公園は，「公の施設」であり，また都市公園が当該設置者の所有する土地上にある場合（自有公物）は，行政財産の一種である。そのことを前提に，地方自治法228条2項に基づいて，「偽りその他不正の行為により都市公園の使用料を免れた者に対しては，その徴収を免れた金額の5倍に相当する金額以下の過料を科する」旨の条例の規定を設けている地方公共団体がある。過料を科さず，徴収していないことについて，怠る事実の違法確認の住民訴訟を提起した事案に関して，徳島地裁平成2・11・16（行集41巻11・12号1879頁）は，過料は，「不正免脱行為の発生を防止し，適正な都市公園使用料収入を確保するとともに都市公園の維持管理又は行政事務遂行の円滑化を図る目的で設けられた行政罰の一種であって」，この「過料を科することは，県財政の維持及び充実を目的とする財務会計上の行為とはいえないと解される」として，不適法な住民訴訟であるとした。

立体都市公園・公園一体建物・公園保全立体区域　平成16年改正により，立体都市公園の制度が設けられた。すなわち，公園管理者は，都市公園の存する地域の状況を勘案し，適正かつ合理的な土地利用の促進を図るため必要があると認めるときは，都市公園の区域を立体的区域（空間又は地下について下限を定めたもの）とすることができる（20条）。この公園のことを「立体

---

[107]　碓井光明『要説住民訴訟と自治体財務［改訂版］』（学陽書房，平成14年）93頁を参照。

[108]　関哲夫『住民訴訟論［新版］』（勁草書房，平成9年）187頁。

[109]　芝池義一「住民訴訟の対象」園部逸夫先生古稀記念『憲法裁判と行政訴訟』（有斐閣，平成11年）608頁以下。

都市公園」と呼んでいる。この制度は，都市公園の整備の必要性も土地利用の必要性もともに高い市街地等において，土地の有効利用と都市公園の効率的な整備のために，都市公園と他の施設との立体的利用を可能にするためのものである[110]。具体的なイメージとしては，都市公園の地下利用を可能とするケース，建物の屋上に都市公園を設置するケース，人工地盤上に都市公園を設置するケースが考えられるとされている[111]。初めての事例は，横浜市のアメリカ山公園である。みなとみらい線の元町・中華街駅の駅舎上部とアメリカ山敷地を一体的に整備したもので，横浜市は，管理運営事業者を公募し，優先交渉権者を決定したうえ，管理運営事業に関する基本協定，細目協定を締結し，管理運営業者は，公園管理者から許可（公園施設管理許可）を受けて公園施設を管理運営することとされた。テナントとして，認可保育園や結婚式場も含まれている。

立体都市公園と同公園の区域外の建物とが一体的な構造となるときは，当該建物の所有者又は所有者となろうとする者と所定事項を内容とする協定を締結することができる。その場合に，公園管理者は，その公園の管理上必要と認めるときは，協定に従って当該建物の管理を行なうことができる。所定の事項は，①目的となる公園一体建物，②その公園一体建物の新築，改築，増築，修繕又は模様替及びこれらに要する費用の負担，③公園一体建物に関する立体都市公園の管理上必要な制限，管理上必要な公園一体建物への立入り，立体都市公園に関する工事又は公園一体建物に関する工事が行なわれる場合の調整，立体都市公園又は公園一体建物に損害が生じた場合の措置，これらに要する費用の負担，④協定の有効期間，⑤協定に違反した場合の措置，⑥協定の掲示方法，その他必要事項とされている（以上，22条1項）。

公園一体建物の所有者以外の者でその敷地に関する所有権又は地上権その他の使用若しくは収益を目的とする権利を有する者は，その公園一体建物の所有者に対する当該権利の行使が立体的都市公園を支持する公園一体建物としての効用を失わせることとなる場合には，その権利を行使することができ

110　公園緑地行政研究会『概説新しい都市緑地法・都市公園法』（ぎょうせい，平成17年）24頁。
111　国土交通省都市・地域整備局「都市公園運用指針」（平成16年12月）による。

ない（24条1項）。

　次に，立体都市公園について，その公園の構造を保全するため必要があると認めるときは，その立体的区域に接する一定の範囲の空間又は地下を，公園保全立体区域として指定することができる（25条1項）。この指定に関して，当該立体都市公園の構造を保全するため必要な最小限度の範囲に限ってすることが求められている（25条）。このことは，明文の規定がなくても，要請されることであると思われる。指定されたときは，同区域内にある土地，竹木又は建築物その他の工作物の所有者又は占有者は，それらが立体都市公園の構造に損害を及ぼすおそれがあると認められる場合においては，その損害を防止するための施設を設け，その他その損害を防止するため必要な措置を講じなければならない（26条1項）。また，損害を防止するため「特に必要があると認める場合」には，損害を防止するための施設を設け，その他損害を防止するため必要な措置を講ずべきことを命ずることができる（26条2項）。また，土石の採取その他の公園保全立体区域における行為であって，立体都市公園の構造に損害を及ぼすおそれがあると認められるものを行なってはならない（26条3項）。そして，これに違反した者に対して，公園管理者は，立体都市公園の構造に損害を及ぼすことを防止するため必要な措置をとることを命ずることができる（26条4項）。このような法の仕組みによれば，公園保全立体区域の指定は，行政処分であると解される。

　監督処分　　法27条1項は，①法若しくは法に基づく政令の規定又は法の規定に基づく処分に違反している者，②法の規定による許可に付した条件に違反している者，③偽りその他不正な手段により法の規定による許可を受けた者に対して，公園管理者が，許可を取り消し，効力を停止し，若しくはその条件を変更し，又は行為若しくは工事の中止，都市公園に存する工作物その他の物件若しくは施設（＝工作物等）の改築，移転若しくは除却，当該工作物により生ずべき損害を予防するため必要な施設をすること，若しくは都市公園を原状に回復することを命ずる権限を公園管理者に付与している。

　許可を受けることなく都市公園内にブルーシート製テント又は木製工作物を設置等して起居の場所としている者に対して，法27条1項に基づき発せられた除却命令についての執行停止申立て事件がある。大阪地裁決定平成

18・1・25（判例タイムズ1221号229頁）は，申立人らが，法27条1項の工作物等に対する除却命令は代替的作為義務を命ずる場合に限定されていると主張したのに対して，次のように答えた。

　工作物等の除却命令は，「その性質上，当該命令を受ける者に対して当該工作物等を除却すべき行政上の義務を賦課することを法的効果とする処分にすぎず，それを超えてその者に対して当該工作物等の設置場所に係る占有を解くこと自体をも命ずる趣旨を含むものではないと解されるのであり，本件各除却命令に係る除却命令書の記載からも本件各除却命令が申立人らに対して本件各物件の除却に加えて申立人らがテント等の設置場所に係る占有を解くこと自体を命ずる趣旨をも含むものとは読み取れない。しかるところ，工作物等を除却すべき行政上の義務が行政代執行法2条にいう『他人が代わってなすことのできる行為』に該当することは明らかである。もっとも，前記認定事実によれば，申立人らは，本件各除却命令の対象とされたテント等を起居の場所として日常生活を営んでいるものであるが，都市公園法27条1項は，同項に基づく除却命令の対象となる工作物等の種類，機能等を何ら限定してはいないから，申立人らの主張するように本件各物件が申立人らにとって住居としての機能を果たしているものであるとしても，本件各物件の除却は『他人が代わってなすことのできる行為』に該当するものというべきであり，同法（条？＝筆者注）3項の規定からそのような物件に対する除却命令が許されないと解することもできない。そして，本件各除却命令の執行によって申立人らが当該テント等及びその敷地の占有を失う結果になるとしても，除却命令及びこれに基づく行政代執行手続は，上記のとおり，当該除却命令の対象とされた工作物等の除却のみを目的とし，当該工作物の設置場所に係る占有を解くこと自体を目的とするものではないから，これに伴う占有の喪失は，当該工作物等が除却されることに伴って事実上生じる結果にすぎないというべきであり，このことをもって，当該テント等を含む本件各物件が都市公園法27条1項に基づく除却命令の対象にならないと解することはできないというべきである。」

決定は，他の申立人の主張にも答えて，本件各除却命令が違法であるとは

認めがたいから，行政事件訴訟法25条4項にいう「本案について理由がないとみえるとき」に当たるとして，申立てを却下した。前述の紹介部分の，占有の喪失は事実上生じる結果であるとする説明は，そのとおりであるが，実態は，除却を媒介にした退去の求めであることからするならば，日本の法制度の弱点の一つを示しているともいえよう（この決定に対してなされた抗告は，大阪高裁決定平成18・1・29判例集未登載によって却下された）。監督処分規定がある場合に，地方公共団体の土地所有権に基づく明渡請求は許容されない一方，公園管理権に基づいて公法上の当事者訴訟としての土地明渡請求訴訟は適法であるとした裁判例がある（横浜地裁昭和53・9・27判例時報920号95頁）。

除却命令の差止め請求に係る仮の差止めの申立てに関して，大阪地裁決定平成18・1・13（判例タイムズ1221号256頁）は，除却命令は，相手方に対して「当該工作物等を除却すべき行政上の義務を賦課することを法的効果とする処分にすぎず，その内容，性質からして，除却命令によりその執行を待たずに直ちにこれを受ける者に何らかの具体的な損害が発生するとは考え難い」とし，除却命令の執行により損害を生ずるおそれがあるとしても，取消しの訴え及び執行停止により避けることができるようなものであるとして，行政事件訴訟法37条の4第1項の「重大な損害を生ずるおそれがある場合」に該当しないとした。

除却命令及び代執行に対する国家賠償請求も提起され，代執行が非代替的作為義務につきなされたもので違法であると主張したが，大阪地裁平成21・3・25（判例地方自治324号10頁）[112]は，原告らが本件テント等の設置場所ないしその周辺場所を事実上その排他的支配下に置いていたということができるとしつつ，次のように述べて，違法とはいえないとした。

> 「本件除却命令は，あくまでも工作物その他の物件又は施設としての本件テント等の除却義務をその原告らに課すものにすぎず，本件テント

---

112 複数の事件が併合されており，第1事件及び第2事件の原告らは，当初は除却命令の差止めの訴えを提起したが，除却命令が発令されたために除却命令の取消しを求める訴えに交換的に変更し，さらに代執行がされたために，国家賠償法1条1項に基づく損害賠償請求に係る訴えに交換的に変更した。

等の除却によって本件テント等の設置場所ないしその周辺場所に対する原告らの事実上の排他的支配状態が失われることとなるとしても，それは，本件テント等の除却によって生じる事実上の効果にすぎないのであって，これをもって本件テント等の除却命令の法的効果の発現であるということはできない。のみならず，工作物その他の物件又は施設の設置によって当該物件又は施設の設置場所ないしその周辺場所が事実上その設置者等の排他的支配下に置かれることも少なくないと考えられるところ，そのような場合に当該物件又は施設の除却によって当該場所に対する設置者等の事実上の排他的支配状態の消滅という当該施設等の引渡しないし明渡しと同等の事実上の効果が生じてしまうことを理由に当該除却命令の代執行が許されないとすると，行政代執行法の適用場面が相当程度限定されたものとなって，行政上の義務の履行確保を原則として行政代執行法による代執行に限定した（1条）同法の趣旨が没却されるものというべきであり，原告らの援用する同法の沿革にかんがみても，そのような限定解釈をすべき特段の理由は見いだせない。」

　同一の裁判官が裁判長を務めているので，執行停止申立事件と同様の判断が示されることは，ある意味において当然である。この判決が，行政代執行法の解釈適用に関して踏み込んで述べている点が注目されるところである。代執行に対する抵抗を排除するための必要最小限の実力行使も許容されることについて，次のように述べた。

　　「行政代執行は，他の手段によっては履行を確保することが困難な行政上の義務について，その履行を確保するために，法律によって特別に行政庁に認められた手段なのであり，このような行政代執行法の趣旨からすると，行政代執行に際してその義務者等がこれに抵抗するような場合には，行政庁は，行政代執行の目的を円滑かつ確実に実現するために必要最小限度の範囲において実力を行使することも，行政代執行に付随する措置として許容されるものと解される。」

　そして，具体の事案に関して，「本件代執行における被告の実力行使の態様及び程度等に照らせば，本件代執行に際して被告が用いた実力は，本件除却命令に基づく義務の履行として本件テント等を除却するという行政代執行

の目的を円滑かつ確実に実現するために必要最小限度の範囲内のものであったということができる」とした。

　除却命令に対して取消訴訟が提起されている間に除却命令に係る代執行が行なわれた場合に，取消しを求める訴えの利益が失われるか否かが問題になる。違法建築物に対する除却命令に関する最高裁昭和48・3・6（集民108号387頁）の趣旨に従えば，代執行により訴えの利益が失われたと見るべきであることになりそうであるが，名古屋高裁平成8・7・18（判例タイムズ933号117頁）は，都市公園内に係留されていた船舶に対する除却命令について代執行が行なわれた場合について，この最高裁判決にも言及しつつ，本事例は代執行前の原状に回復することが事実上（柵及び水門を開けさえすれば）可能である点において差異があるとし，除却命令が違法として取り消された場合には，判決の拘束力と相まって使用権原に関する争いが解決される可能性があることを理由に訴えの利益が失われないとした。この判決は，具体的事案に即して原状回復の可能性を探ったものであるから，都市公園法に基づく除却命令についても個別的に考察しなければならないことに変わりはない。

　除却命令を根拠とする代執行を争う訴訟において，除却命令自体の違法を理由に代執行が違法であるとする主張ができるのであろうか。違法性の承継の有無の問題である。課税処分と滞納処分とは別個独立の行政処分であるとされることの延長上において，除却命令と代執行も別個独立の行政処分であるとして，違法性の承継を否定すべきであろう。

　私権の制限　　法は，都市公園を構成する土地物件については，私権を行使することができないと定めている。ただし，所有権を移転し，又は抵当権を設定し，若しくは移転することを妨げない（32条）。要するに，所有権等を移転することはできても，所有権に基づき使用収益することなどは許されないことになる[113]。

113　公園設置団体との賃貸借契約について，名目はともかく，実質において従前の使用許可の関係であるとした裁判例がある（福島地裁会津若松支部昭和50・9・17判例時報816号41頁）。

[3] 都市の交通施設

都市鉄道等利便増進法　「既存の都市鉄道施設を有効活用しつつ行う都市鉄道利便増進事業を円滑に実施し，併せて交通結節機能の高度化を図るために必要な措置を定めることにより，都市鉄道等の利用者の利便を増進し，もって活力ある都市活動及びゆとりのある都市生活の実現に寄与すること」を目的とする法律として，都市鉄道等利便増進法（以下の3項目において，「法」という）が制定されている（1条）。国土交通大臣に「都市鉄道等の利用者の利便の増進を総合的かつ計画的に推進するための基本的な方針」（＝基本方針）の策定義務を課したうえ，「速達性の向上」と「交通結節機能の高度化」を柱として利用者の利便を図ろうとしている。そのための事業を「都市鉄道利便増進事業」と呼び，速達性向上事業と駅施設利用円滑化事業とからなるとしている（2条6号）。

速達性向上事業　「速達性向上事業」とは，既存の都市鉄道施設の間を連絡する新線の建設その他の省令で定める既存の都市鉄道施設を有効活用しつつ行なう鉄道施設の整備及び当該設備に係る都市鉄道施設の営業により，目的地に到達するまでに要する時間の短縮を図り，もって都市鉄道の利用者の利便を増進する事業であって，当該営業を行なう者が，当該整備に要する費用を基準とし，当該営業により受ける利益を勘案して決定される当該都市鉄道施設の使用料を当該整備を行なう者に支払うものとして，法第3章の規定により行なわれるものである（2条7号）。速達性向上事業を行なおうとする者は，都市鉄道の整備に関する構想（＝整備構想），都市鉄道施設の営業に関する構想（＝営業構想）を作成して，それぞれ，国土交通大臣の認定を申請することができる（4条1項，2項）。国土交通大臣は，整備構想又は営業構想が基本方針に適合するものであると認めるときは，認定するものとされている（4条4項）。したがって，基本方針が処分基準ないし審査基準となっていることがわかる。

速達性向上事業に関する仕組みには，共同事業についての特別の手続がある。認定整備構想事業者及び認定営業構想事業者（＝認定構想事業者）は，大臣の指定する期限までに，認定を受けた整備構想及び営業構想に基づいて，協議により，速達性向上事業を共同で実施するための計画（＝速達性向上計

画)を作成して，国土交通大臣の認定を受けることができる(5条1項)。この認定申請をしようとする者は，あらかじめ，速達性向上計画について，当該速達性向上計画について，当該計画に記載する速達性向上事業を実施する区域をその区域に含む地方公共団体に協議し，その同意を得なければならない(5条3項)。認定申請があった場合に，その計画が基本方針に適合するものであるほか，鉄道事業法による鉄道事業の許可を要するものにあっては，同法5条1項各号に掲げる基準(軌道法による軌道事業の特許を要するものにあっては当該特許の基準)に適合し，かつ，確実かつ効果的に実施されると見込まれるものであると認めるときは，その認定をするものとされている。そして，特許を要する速達性向上計画の認定については，運輸審議会に諮ることとされている(5条4項)。

　法的に見て興味深いのが，認定構想事業者間の協議に関係する裁定制度である。

　国土交通大臣は，認定構想事業者の間において，速達性向上事業に関し，認定構想事業者のいずれかが速達性向上計画の作成に係る協議を求めたにもかかわらず他の認定構想事業者が当該協議に応じず，又は当該協議が調わなかった場合であって，当該協議を求めた認定構想事業者から申立てがあり，かつ，当該協議を必要と認めるときは，当該他の認定構想事業者に対して，その協議の開始又は再開を命ずることができる(6条1項)。この命令があった場合において，協議が調わないときは，協議の当事者は，国土交通大臣の裁定を申請することができる(6条2項)。この裁定申請を受理したときは，当事者に通知し期限を指定して意見書を提出する機会を与える(6条3項)。重要な点は，裁定があったときは，協議の当事者の間においては，協議が成立したものとみなされること(6条5項)である。ということは，裁定は，協議成立の効果を生じさせるものであって，行政処分であることは疑いない。裁定が違法であると主張する当事者は，裁定について抗告訴訟を提起することができると解される。

　認定速達性向上事業者には，認定速達性向上計画に従って同事業を実施する義務を負う(7条)。国土交通大臣は，同事業者が正当な理由がなく同計画に従って同事業を実施していないと認めるときは，同事業者に対して，同計

画に従って同事業を実施すべきことを勧告することができる（8条1項）。この勧告を受けた事業者が同勧告に従わなかったときは，国土交通大臣は，その旨を公表することができる（8条2項）。勧告を受けた事業者が前記の公表後において，なお，正当な理由がなくその勧告に係る速達性向上事業を実施していないときは，当該事業者に対して，その勧告に係る事業を実施すべきことを命ずることができる（8条3項）。この命令に違反した者に対しては，100万円以下の罰金刑が用意されている（30条1号）。

さらに，地方公共団体による速達性向上事業実施の要請も制度として定められている。

まず，地方公共団体は，鉄道事業者等に対して，速達性向上事業の実施の「要請」をすることができる。この場合には，基本方針に即して，当該要請に係る速達性向上事業に関する計画の素案を作成して提示しなければならない（11条1項）。この要請を受けた者は，整備構想及び営業構想の認定の申請をするか否かについて，遅滞なく公表し，認定申請をしないこととするときは，その理由を明らかにしなければならない（11条2項）。要請のみであれば，法律の規定の有無にかかわらずできることであるが，法定することにより，公表及び理由の提示という義務を課すことを可能にしている。鉄道事業者等の行なう事業の公共性に着目した特色ある仕組みである。

さらに，この仕組みを前提にして，交通環境の改善に資する事業を行なう特定非営利活動法人若しくは一般社団法人若しくは一般財団法人若しくはこれらの法人に準ずる団体又は鉄道事業者等は，地方公共団体に対して，前記の「要請」をすることを「提案」することができる。この場合においては，基本方針に即して，当該提案に係る速達性向上事業に関する計画の素案を作成して，提示しなければならない（11条3項）。この提案は地方公共団体による「要請」を義務づける効果を生じさせるものではないが，提案を受けた地方公共団体は，「必要に応じて，当該提案を踏まえ」要請をするものとする，とされている（11条4項）。提案をした者に対する応答義務の定めはないが，提案を行なうことのできる主体が限定されているうえ，素案まで提示する制度が採用されているのであるから，提案を受けた地方公共団体には，提案をどのように処理したのかについての説明をする義務が条理上生ずると

思われる。

この法律に基づいて現在進行中のものとして,「相鉄・JR直通線・相鉄・東急直通線」の事業がある。

駅施設利用円滑化事業＝交通結節機能高度化　この法律のもう一つの柱は,駅施設利用円滑化事業である。「駅施設利用円滑化事業」とは,既存の駅施設における乗継ぎを円滑にするための経路の改善その他の省令で定める既存の駅施設を有効活用しつつ行なう駅施設の整備及び当該整備に係る駅施設の営業により,駅施設における乗継ぎに要する時間の短縮その他の駅施設の利用の円滑化を図り,もって都市鉄道の利用者の利便を増進する事業であって,当該営業を行なう者が,当該整備に要する費用を基準とし,当該営業により受ける利益を勘案して決定される当該駅施設の使用料を当該整備を行なう者に支払うものとして法第4章の規定により行なわれるものである（2条8号）。第4章の定めるのが交通結節機能の高度化である。

「交通結節機能の高度化」とは,駅施設における相当数の旅客の乗降及び乗継ぎがあることその他の省令で定める要件に該当する駅施設及び駅周辺施設（＝交通結節施設）における相当数の人の移動について,複数の交通手段の間を結節する機能を高度化することである（12条1項）。都道府県は,その区域内の交通結節機能の高度化を図るため,駅施設の整備を駅周辺施設の整備と一体的に行なうことが特に必要と認めるときは,交通結節機能の高度化に関する構想（＝交通結節機能高度化構想）を作成して,国土交通大臣に協議し,その同意を求めることができる（12条1項）。大臣は,その構想が基本方針に適合するものであると認めるときは,同意をするものとされている（12条3項）。ここにおいても,基本方針が同意すべきかどうかの基準として用いられている。

構想の同意を得た都道府県（＝同意都道府県）は,同意を得た交通結節機能高度化構想（＝同意交通結節機能高度化構想）に係る交通結節機能の高度化を図るため,駅施設の整備を駅周辺施設の整備と一体的に行なうために必要な協議を行なうため協議会を組織することができる（13条1項）。協議会の構成員は,駅施設の整備を行なうと見込まれる者,駅周辺の整備を行なうと見込まれる者,駅施設の営業を行なうと見込まれる者,及び同意都道府県そ

の他の交通結節施設がその区域内に存する地方公共団体である。協議会を組織する同意都道府県は，協議を行なう旨を協議会の構成員に通知する（13条3項）。通知を受けた者は，正当な理由がある場合を除き，協議に応じなければならない（13条4項）。かくて，通知を受けた構成員は，協議に応ずる義務を負うことになるが，どのような行動をとった場合に協議に応じたといえるかが問題になる。「協議」であるから意見の対立があり得ることは当然である。歩み寄りの義務を負うわけではない。結局，協議のテーブルに着いて誠実に耳を傾けることで協議義務を満たすと考えてよいであろう。

なお，協議会を組織する同意都道府県は，所定の者を構成員に加えることができる。構成員として追加できる者として，①一般乗合旅客自動車運送事業者若しくは一般乗用旅客自動車運送事業者又はこれらの者が組織する団体，②交通環境の改善に資する事業を行なう特定非営利活動法人若しくは一般社団法人若しくは一般財団法人又はこれらの法人に準ずる団体，③以上のほか交通結節施設の利用に関し利害関係を有する者，④学識経験を有する者，⑤その他同意都道府県が必要と認める者，が掲げられている（13条5項）。

協議会において，同意交通結節機能高度化構想に基づいて，当該構想に係る交通結節機能の高度化を図るための計画（＝交通結節機能高度化計画）を作成したときは，その作成に合意をした構成員は，共同で，国土交通大臣の認定を申請することができる（14条1項）。交通結節機能高度化計画の作成に当たっての協議についても，国土交通大臣の裁定制度が用意されている（15条）（本書第1章3［3］を参照）。交通結節機能高度化計画に記載する事項については，詳細な規定が置かれている（14条2項〜7項）。記載事項のなかには，「駅施設利用円滑化事業による駅施設の整備その他の交通結節施設の整備の内容」（14条2項3号）も含まれている。

交通結節機能高度化計画は，都市計画区域の整備，開発及び保全の方針（都市計画法6条の2）並びに市町村の都市計画に関する基本的な方針（同法18条の2）との調和が保たれたものでなければならない（14条8項）。

国土交通大臣は，計画の認定申請があった場合において，その計画が基本方針に適合するものであるほか，確実かつ効果的に実施されると見込まれるものであると認めるときは，その認定をするものとされている（14条11項）。

計画において駅施設の整備若しくは営業又は駅周辺施設の整備を行なうこととされた者は，当該計画に従い，当該駅施設の整備若しくは営業又は駅周辺施設の整備を行なわなければならない（16条）。

国土交通大臣は，認定駅施設利用円滑化事業者が正当な理由なく計画に従って駅施設利用円滑化事業を実施していないと認めるときは，当該事業者に対して，当該計画に従って当該駅施設利用円滑化事業を実施すべきことを勧告することができ（17条1項），その勧告を受けた事業者がその勧告に従わなかったときは，国土交通大臣は，その旨を公表することができる。その公表後において，なお正当な理由がなくその勧告に係る駅施設利用円滑化事業を実施していないときは，国土交通大臣は，当該事業者に対して，その勧告に係る駅施設利用円滑化事業を実施すべきことを命ずることができる（17条3項）。この命令に違反した者に対しては，100万円以下の罰金刑が用意されている（30条1号）。

鉄道事業者等，駅周辺施設の整備を行なおうとする者，市町村又は交通結節施設の利用に関し利害関係を有する者は，都道府県に対して，交通結節機能高度化構想を作成することを提案することができる（22条1項）。この提案を受けた都道府県は，当該提案に基づき法12条1項の規定による協議をするか否かについて，遅滞なく，公表しなければならない。協議をしないこととするときは，その理由を明らかにしなければならない（22条2項）。

都市に生活する者にとって駅施設の利便性に重大な関心があることはいうまでもない。この制度を用いた例として，阪神三宮駅交通結節機能高度化事業[114]がある。

特定都市鉄道整備促進特別措置法　　大都市圏における鉄道の輸送需要の増大に対応して，都市鉄道の輸送力の計画的な増強を促進するための法律として，特定都市鉄道整備促進特別措置法（以下，本項目において「法」という）が制定されている。「都市鉄道」とは，大都市圏（都市機能の維持及び増進を図るため，鉄道の輸送力を増強することが特に必要な大都市及びその周辺の地域であって，政令で定めるもの）における旅客輸送の用に供する鉄道（軌道を除

---

[114] その仕組みについて，神戸市都市計画総局計画部計画課「協議会方式による三宮駅前東地下線の整備について」都市と交通84号9頁（平成23年）。

く）である。この法律の主要な点は，特定都市鉄道事業計画の認定，認定事業者による特定都市鉄道整備積立金の積立て，特定都市鉄道工事工事費への支出等にある。以下，概要を見ておきたい。

第一に，特定都市鉄道整備事業計画の認定である。

鉄道事業者は，特定都市鉄道工事の実施により都市鉄道の輸送力の増強を図ろうとするときは，特定都市鉄道整備事業計画を作成し，国土交通大臣に提出して，その認定を受けることができる（3条1項）。ここに「特定都市鉄道工事」とは，都市鉄道に係る施設の一体的かつ大規模な建設又は改良に関する工事であって，①都市鉄道の新線を建設する工事であって当該新線を建設する鉄道事業者が営業する既設の鉄道の路線の利用者の利便の向上に著しい効果を有するものとして政令で定める工事，都市鉄道に係る複線である本線路を4線以上とする工事その他都市鉄道の輸送力の増強に著しい効果を有する政令で定める工事であること，②当該工事に係る工事費が政令で定める金額以上であること，の要件を満たすものである。

申請された事業計画について，①輸送力の増強の目標が適切なものであること，②期間が10年以内であること，③特定都市鉄道工事に係る施設が当該整備事業計画の期間内に事業の用に供し得るものであること，④特定都市鉄道工事の工事費の合計が，認定申請日の属する事業年度の前1年間における申請者の鉄道事業に係る旅客運送収入に相当する金額におおむね等しいか，又はこれを超えるものであること，⑤積立割合が整備事業計画の実施に伴う鉄道事業者及び鉄道利用者の負担の程度を勘案して政令で定める割合以下であること，⑥当該整備事業計画が確実に実施し得るものであること，の要件に適合すると認めるときは，認定するものとされている（3条2項）。大臣は，認定をしたときは，当該認定整備事業計画の概要その他省令で定める事項を公示しなければならない。

第二に，認定事業者の運賃の上限に関する配慮である。

国土交通大臣は，整備事業計画の期間に係る認定事業者の運賃の上限について，鉄道事業法16条1項の規定による認可を行なうときは，認定事業者が整備事業計画に記載された特定都市鉄道工事の工事費の支出に充てる資金の一部を整備事業計画の期間内における鉄道事業に係る旅客運送収入により

確保できるように配慮するものとされている (5条1項)。既設の鉄道路線の旅客収入から特定都市鉄道工事の工事費に回す資金を確保するには，それを可能にする運賃設定が必要であるという考え方によるものである。また，法8条2項の規定による特定都市鉄道整備準備金の取崩しの開始後の期間に係る認定事業者の運賃の上限について鉄道事業法16条1項の規定による認可を行なうときは，当該取崩しにより鉄道利用者の負担が緩和されることとなるよう配慮するものとされている (5条2項)。これは，準備金制度が特定都市鉄道工事の工事費に充てるため利用者の旅客収入から捻出されたものであるので，その取崩しによる分は，利用者の運賃軽減として還元すべきであるという考え方によるものである。

　第三に，「特定都市鉄道整備積立金」の積立てと「特定都市鉄道整備準備金」の積立ての仕組みが特色となっている。

　まず，認定事業者は，整備事業計画に記載された特定都市鉄道工事の工事費に充てるため，同計画の期間内の日の各事業年度について，当該事業年度の鉄道事業に係る旅客運送収入に，同計画に記載された積立割合を乗じて得た金額を「特定都市鉄道整備積立金」として積み立てなければならない (6条1項)。この積立てを国土交通大臣の指定する法人 (＝指定法人) (14条以下を参照) にすることを義務づけ (6条2項)，指定法人に管理させることによって (6条3項)，認定事業者の直接の管理下に置くことなく，確実に工事費に支出されることを確保しようとしている。積み立てた特定都市鉄道整備積立金は，その事業年度の終了の日から起算して2年以内に (国土交通大臣の承認を受けたときは，大臣が定める日までに)，取り戻さなければならない (7条1項)。そして，取り戻した積立金の額に相当する金額を，その取戻しの日から起算して1月以内に，特定都市鉄道工事費の支出に充てなければならない (7条2項)。この積立金は，工事費の確実な確保を目的としている。

　次に，各事業年度において積み立てる特定都市鉄道整備積立金の額に相当する金額を，当該事業年度において「特定都市鉄道整備準備金」として積み立てなければならない (8条1項)。認定事業者は，整備事業計画の期間の終了後に，この準備金を取り崩さなければならない (8条2項)。

　この準備金制度は，二重の積立てを求めているわけではない。準備金制度

は，認定事業者の収益計算上の扱い及び運賃の平準化に関係している。すなわち，前者の趣旨で，平成17年10月1日前に認定を受けた計画に基づく準備金については，準備金の損金算入が認められている（平成17年法律第21号附則34条2項，同法による改正前の租税特別措置法56条）。後者は，工事費用の一部を予め運賃として収受したうえ，完了後の運賃を軽減する趣旨である。

都市モノレールの整備の促進に関する法律　「都市モノレールの整備の促進に関する法律」も制定されている。わずか5箇条からなる法律である。「都市モノレール」は，主として道路に架設される一本の軌道桁に跨座し，又は懸垂して走行する車両によって人又は貨物を運送する施設で，一般交通の用に供するものであって，その路線の大部分が都市計画区域内に存するもの，と定義されている（2条）。そして，国及び地方公共団体は，都市モノレールの整備の促進に資するため必要な財政上の措置その他の措置を講ずるよう努めなければならないとする努力義務の規定（4条）のほかは，いずれも都市計画に関係する規定が中心である。その路線が都市計画区域内に存する部分については，都市計画において定めるものとし（3条），道路管理者は，都市モノレールについて都市計画が定められている場合において，当該都市モノレールの路線に係る道路を新設し，又は改築しようとするときは，当該都市モノレールの建設が円滑に遂行できるように十分な配慮をしなければならないとしている（5条）。

なお，旧運輸省及び旧建設省の発した共同通達「都市モノレール等の整備に関する軌道法及び都市計画法に基づく手続の取扱いについて」（平成11・3・31運輸省鉄都第24号，鉄施第78号，建設省都計第21号，都街第32号，道政第27号）により，軌道法3条の規定による特許及び都市計画決定の手続は同一時期に行なうこと，軌道法5条の規定による工事施行認可と都市計画事業認可の手続は同一時期に行なうこと，としている。

都市における道路と鉄道との連続立体化に関する協定　都市における道路と鉄道との連続立体交差化の円滑な促進のために，平成4年に旧建設省と旧運輸省による「都市における道路と鉄道との連続立体化に関する協定」（いわゆる「建・運協定」）が締結された。建設大臣又は都道府県知事は，都市計

画法の定めるところにより，連続立体化に関する都市計画を定めるものとする旨（3条1項），建設大臣は，この都市計画を定め又は認可しようとする場合には，法令の規定により必要なときはあらかじめ運輸大臣等に協議すること（3条2項），この都市計画には，線増連続立体交差化の場合における鉄道施設の増強部分を含めるものとすること（ただし，鉄道事業者が自己の負担で，既設線の連続立体交差化に先行して線増工事に着手する必要がある場合には線増線の部分を含めないことができる。3条3項），都市計画決定された連続立体交差化事業のうち，単純連続立体交差化の場合における全ての事業及び線増連続立体交差化の場合における鉄道施設の増強部分以外の部分に係る事業は，都市計画事業として都市計画事業者が施行すること（4条）などと並んで，費用（高架施設費及び貨物設備等の移転費）の負担に関する規定が最も重要なものである。次のように分担することとしている（7条）。

	鉄道事業者	都市計画事業者
単純連続立体交差化の場合		
高架施設費		
鉄道既設分	鉄道受益相当額	残額
鉄道増強分	全額	
貨物設備等の移転費		
鉄道既設分	移転先用地の取得に要する額	施設の移転に要する額
鉄道増強分	全額	
線増連続立体交差化の場合		
高架施設費		
鉄道既設分	用地費の額及び鉄道受益相当額	残額
鉄道増強分	全額	
貨物設備等の移転費	全額	
単純立体交差化と線増連続立体交差化との境界の駅部の場合		
高架施設費		

鉄道既設分	用地費の額及び鉄道受益相当額	残額
鉄道増強分	全額	
貨物設備等の移転費		
鉄道既設分	施設の移転に要する額の2分の1及び移転先用地の取得に要する額	施設の移転に要する額の2分の1
鉄道増強分	全額	

このほか，高架下の利用に関する条項が注目される。すなわち，都市計画事業者は，連続立体交差化によって生じた高架下に，国又は地方公共団体が自ら運営する公共の用に供する施設で利益を伴わないものを設置しようとするときは，高架下の利用につきあらかじめ鉄道事業者に協議するものとし，鉄道事業者は，その業務の運営に支障のない限り協議に応ずるものとしている（10条）。

なお，細目協定への委任条項（13条）に基づき，細目協定が締結されている。

以上の協定のうち，費用負担に関する条項の性質が問題になる。通常の協定は，当該協定を締結する当事者の行動を規律するものであるところ，この協定自体は，省間における取決めである。したがって，たとえば，鉄道事業者が直接にこの協定に拘束されるわけではない。事業認可の過程を経て間接的に拘束されるものである。

この協定に基づいて，現在は，国土交通省の「都市における道路と鉄道との連続立体交差化に関する要綱」（平成19年）及び「都市における道路と鉄道との連続立体交差化に関する細目要綱」（平成19年）により，運用されている。これを活用して進められている典型的な連続立体交差化事業は，JR中央線のそれである。

鉄道駅と自由通路　鉄道が鉄道を横断する交通を妨げる場面を解決する方策として，前述の立体交差化と並んで，駅における自由通路の設置が進められている。国土交通省は，「自由通路の整備及び管理に関する要綱」（平成21年）を定めて，その推進に努めている。同要綱は，自由通路の整備及び

管理又は費用負担を行なう国又は都道府県，市区町村を「都市基盤事業者」と定義したうえ，自由通路を，管理者及び管理形態により，次のように分類している（3条）。

① 道路の場合

都市基盤事業者が市街地分断の解消や踏切対策等のまちづくりの一環として整備，管理する自由通路は，基本的に道路法上の道路とし，都市計画に定めるものとする。都市計画に当たっては都市計画法11条3項による立体的な範囲の指定，道路区域の指定に当たっては道路法47条の6に定める道路の立体的区域の指定を，適宜活用することとする。都市基盤事業者及び鉄道事業者は，自由通路の上下空間の想定される使用方法について，予め協議を行なうことができるものとする。この場合，両者は鉄道事業者による現状実施可能な自由通路の上下空間の使用（自由通路の活用（構造，接道条件等）により建築が可能，もしくは新たな機能が付加される場合を除く）を担保するための措置を必要に応じ協定等に定めるものとする。

② 通路等の場合

都市基盤事業者（道路管理者であるものを除く）が整備，管理する自由通路で，道路にできないものについては，基本的に通路や広場として都市計画に定め条例等により管理するものとする。この場合，都市計画法11条3項による立体的な範囲の指定を適宜活用することとする。

③ 鉄道事業者の施設の場合

鉄道事業者が鉄道あるいは駅の整備の一環として整備，管理する自由通路のうち，不特定多数の利用を前提とし，周辺のまちづくりに貢献するものについては，その整備費の一部を都市基盤事業者が負担する自由通路とする。この場合，自由通路としての機能を損なう一定の営業行為等の制限など管理のあり方について協定等に定めるものとする。

次いで，「自由通路整備費」の定義をしたうえ（4条），費用負担について，都市基盤事業者が整備，管理する自由通路について，鉄道事業者に受益が生

じる場合は，自由通路の整備，管理に要する費用の一部を鉄道事業者は負担するものとし，鉄道事業者が整備，管理する自由通路のうち都市基盤事業者と鉄道事業者が合意した部分について，自由通路整備費の一部を都市基盤事業者が負担するものとしている（ただし，既に駅舎と一体となった整備済みの自由通路等が必要な機能を有しているにもかかわらず，新たに都市基盤事業者が別の自由通路の整備を行なう場合は，鉄道事業者には費用負担を求めないものとする）（5条）。そして，費用負担の考え方も，示している（5条）。その一部を紹介するならば，道路の場合は，「道路と鉄道との交差に関する協議等に係る要綱」（平成15年3月20日）4条を準用し，都市基盤事業者が自由通路整備費の全額を負担するものとし，維持管理費については都市基盤事業者が全額負担するものとしている。また，鉄道事業者の施設の場合，鉄道事業者の施設となる自由通路についての都市基盤事業者の費用負担は，一般通行の用に供する部分の自由通路整備費の3分の2とし，維持管理費は，原則，鉄道事業者が全額負担するものとしている。

さらに，都市基盤事業者が管理する自由通路については，鉄道事業者と協議の上，合意した場合，鉄道事業者に管理を委託することも可能であるとし，鉄道事業者の施設として管理する自由通路のうち，都市基盤事業者が費用負担したものについては，その機能を損なうような行為の制限や，建築基準法上新たに活用可能となる当該用地の容積は活用しないことなどについて，協定等を締結するものとしている（7条）。

以上の仕組みにおいて，実際上も，協議，協定等が重要な役割を果たすものと思われる。JR東日本川崎駅北口自由通路等整備事業に関しては，川崎市とJR東日本との間において，平成22年1月に基本覚書を締結し，平成24年12月に施行協定を締結した。北口自由通路の整備に要する費用は川崎市負担としている。

なお，自由通路に関しては，広告等の扱いに関して特別の定めをすること

---

115 たとえば，八王子市の「八王子駅北口自由通路広告版に掲載する広告の取扱に関する要綱」，昭島市の「拝島駅自由通路内展示ケースの使用に関する要綱」など。
116 駅前広場については，紀伊雅敦「駅前広場の現状と今後の方向」運輸政策研究7巻1号2頁（平成16年）を参照。

が多い[115]。

都市計画による駅前広場の造成に関する協定　駅前広場も，都市における生活にとって，きわめて重要である[116]。旧建設省と旧運輸省は，「都市計画による駅前広場の造成に関する協定」（昭和62・4・1）も締結している。これも「建・運協定」である。同協定は，駅前広場（道路として都市計画決定される交通広場）の造成及び維持管理に関して都市計画事業施行者又は道路管理者と旅客鉄道株式会社又は新幹線鉄道保有機構とが，駅前広場の造成等につき個別の工事施行協定又は管理協定を締結するに当たり，その「基準」となる事項を定め，もって駅前広場の造成等の円滑な実施を図ることを目的としている。「基準」がどのような法的意味をもつものかは，必ずしも明らかではない。厳密に法的拘束力がないとしても，実際上は，この協定を拠りどころにして個別の協定を締結できるという重要な機能を有するものといえよう。行政機関相互間の協定が地方公共団体と旅客会社等の間の協定をリードするという特色を有している。なお，この協定は都市に限定されているわけではないが，実質的には都市にある駅前広場がほとんどであろう。

その内容の主たる部分を挙げると，次のとおりである。

第一に，駅前広場に関する都市計画に定めることを都道府県知事又は市町村に求めている（3条1項）。建設省の通達は，この都市計画について，次のように述べている。

　「駅前広場は鉄道と道路交通の結節点であり，駅前における安全かつ円滑な交通の確保を図るとともに，交通機関相互の乗継ぎの利便性を増進するために設置されたものであるほか，都市美観上重要な空間を形成する都市施設であることにかんがみ，その計画は総合都市交通体系，土地利用計画，都市景観等を総合的に勘案して策定すること。また，駅前広場の区域は，将来の駅勢圏人口，乗降客数，交通機能等を考慮し適正に設定すること。なお，駅前広場に接して通過交通を主とする道路がある場合は，これを駅前広場区域内に含めないように計画するものとすること。」

そして，協定は，駅前広場に関する都市計画を定めようとするときは，都市計画法23条6項の規定に基づき旅客会社等に協議するとしている（3条2

項)。旅客会社等が都市施設の管理者として協議の相手方とされるのである。

　第二に，旅客会社等が負担する用地補償費の算定の対象となる面積の算定式が用意されている（4条1項）。それは，昭和28年制定のものであって，電車駅の場合と汽車駅の場合とに区別されている。乗降人員の算定は20年後を目標とするとしている。

　第三に，負担対象区域における用地補償費の負担について，駅本屋側の面積が負担対象区域の面積の6分の1となること，駅本屋の建築線におおむね平行であること，駅前広場の両端を結ぶこと，の3要件のすべてに該当する負担対象区域を区分する線（＝6分の1線）を設定し，旅客会社等がその駅本屋側の部分の用地補償費を，地方公共団体がその他の部分の用地費を，それぞれ負担するものとしている（5条1項）。

　第四に，駅前広場区域における土地所有区分に関して，地方公共団体と旅客会社等とが相互の土地を等積等価により交換できること，6分の1線におおむね平行であること，駅前広場の両端を結ぶこと，のすべてに該当する土地の所有を区分する線（＝土地所有区分線）を設定し，相互の土地を等積等価により交換して，旅客会社等がその駅本屋側の部分を，地方公共団体がその他の部分を所有することとしている（6条）。

　第五に，駅前広場の造成に係る舗装等の工事費については，前記の土地所有区分に対応させることにしている（7条）。駅前広場施設の維持等に要する費用についても同様である（8条3項）。

　第六に，駅前広場区域のうち土地所有線の駅本屋側の部分は道路区域に含めないこととし（8条1項），駅前広場の管理は，道路管理者と旅客会社等との間で管理協定を定めて，円滑に運営を行なうこととしている（8条2項）。この点は，私人が駅前広場に通常有すべき安全性を欠く欠陥があったことにより損害を被った場合に損害賠償請求権を行使する場合の相手方に影響するかどうかも問題となろう。協定の存在が公の営造物たる道路に係る賠償責任を左右することになるのかという問題点を内在させている。

　駅前広場は，その利用に関するルールによって活用のされ方が多様になる。駅前広場の利用ルールに関しては，『都市行政法精義Ⅱ』において扱うこととしたい。

[4] 都市河川

特定都市河川浸水被害対策法　都市施設として掲げることがよいかどうか問題のあるところであるが，便宜上，特定都市河川浸水被害対策法（以下，本項目において「法」という）を見ておきたい。同法は，①市街化の進展に伴い，河川区域内の整備だけでは十分かつ効率的な浸水被害対策を講ずることができないことから，河川区域以外の流域内においても河川事業者が治水事業を行なうことができるようにすること，②民間事業者にも一定の責任を明確にして雨水貯留浸透施設の設置の義務づけなどを行なうこと，③河川行政と下水道行政の一元化・一体化が不可欠であることに鑑み関係機関が一体となった計画を策定し，それぞれの責任を明確にすること，などにより，都市河川について総合的な浸水被害対策を推進しようとするものである[117]。

都市部を流れる河川であって，その流域において著しい浸水被害[118]が発生し，又はそのおそれがあるにもかかわらず，河道又は洪水調節ダムの整備による浸水被害の防止が市街化の進展により困難なもののうち，国土交通大臣又は都道府県知事が区間を限って指定したものが「特定都市河川」である（2条1項）。指定する河川の区間は，一級河川の連続する区間でなければならない（3条2項）。指定するときは，併せてその特定都市河川に係る「特定都市河川流域」（指定された特定都市河川の流域として国土交通大臣又は都道府県知事が指定するもの）を指定しなければならない（3条3項）。指定は，国土交通大臣が行なうことを原則としつつ（3条1項），指定しようとする区間のすべてが河川法9条2項の指定区間内にあるときは，都道府県知事が行なうこととされている（3条4項）。「特定都市河川流域」には，特定都市河川の流域内において，河川に雨水を放流する下水道（＝特定都市下水道）がある場合は，その排水区域を含むものとされていること（法2条2項参照）に注意する必要がある。

117　特定都市河川浸水被害対策法研究会編著『特定都市河川浸水被害対策法の解説』（大成出版社，平成16年）11頁。

118　「浸水被害」とは，特定都市河川流域において，洪水による浸水（＝都市洪水）又は一時的に大量の降雨が生じた場合において下水道その他の排水施設若しくは河川その他の公共の水域に当該雨水を排水できないことによる浸水（＝都市浸水）により，国民の生命，身体又は財産に被害を生ずることをいう（2条3項）。

指定がなされると，流域水害対策計画の策定，特定都市河川流域における規制，及び都市洪水想定区域の指定等を柱とする浸水被害対策の仕組みが用意されている。

第一に，特定都市河川及び特定都市河川流域が指定された場合における流域水害対策計画の策定である。当該特定都市河川の河川管理者，その河川流域の区域の全部又は一部をその区域に含む都道府県及び市町村の長並びに当該特定都市河川流域に係る特定都市下水道（当該特定都市河川の流域内において河川に雨水を放流する下水道）の下水道管理者は，共同して，特定都市河川流域における浸水被害の防止を図るための対策に関する計画を定めなければならない（4条1項）。外水対策としての河川整備，内水対策としての下水道整備及び住民の生命・財産を守る観点からする地方公共団体の流出抑制対策を連携して講ずるために，三者の共同による計画策定を求めるものである[119]。

対策計画においては，①浸水被害対策の基本方針，②都市洪水又は都市浸水の発生を防ぐべき目標となる降雨，③特定都市河川の整備に関する事項，④特定都市河川流域において河川管理者が行なう雨水貯留浸透施設の整備に関する事項，⑤下水道管理者が行なう特定都市下水道の整備に関する事項，⑥特定都市河川流域において河川管理者及び下水道管理者以外の者が行なう浸水被害の防止を図るための雨水の一時的な貯留又は地下への浸透に関する事項などを定める（4条2項）。いずれも重要であるが，都市浸水の大きな原因が，都市化に伴う舗装面積の拡大にあるとするならば，雨水の地下への浸透を図ることが極めて重要であると思われる。以上のうち，河川管理者の行なう雨水貯留浸透施設の整備に関する事項が④に掲げられていることに注目しておきたい。⑤に関しては，特定都市下水道の排水区域，都市浸水の発生を防ぐべき目標となる降雨が発生した場合の排水区ごとの河川への放流量及び雨水貯留浸透量について定めるとされる[120]。

対策計画の策定については，河川管理者等は，あらかじめ，国土交通大臣に協議し，その同意を得なければならないとされ（特定都市河川の河川管理者が国土交通大臣である場合にはこの限りでない）（4条3項），対策計画を定めよ

---

[119] 特定都市河川浸水被害対策法研究会編著・前掲34頁。
[120] 特定都市河川浸水被害対策法研究会編著・前掲35頁。

うとする場合に必要があると認めるときは，あらかじめ，河川及び下水道に関し学識経験を有する者の意見を聴かなければならないとされている（4条4項）。必要性の有無の判断は，河川管理者等に委ねられているが，必要と認めながら意見を聴くことを怠ることは許されない趣旨と思われる。同様に，必要があると認めるときは，あらかじめ，公聴会の開催等特定都市河川流域内の住民の意見を反映させるために必要な措置を講じなければならないとされている（4条5項）。この住民の意見が，専門家の知見からすれば浸水被害対策を妨げると認められる場合に，なお，その意見を「反映」させることが求められると解するのは合理的でない。浸水被害対策に貢献する限りにおいて反映させる趣旨であると解すべきである。

　前記のうちの③及び④の事項については当該特定都市河川の河川管理者が作成する案に基づいて（4条6項），⑤の事項については当該特定都市下水道の下水道管理者及び当該下水道管理者の管理する下水道の排水区域の全部又は一部をその区域に含む都道府県の知事が共同して作成する案に基づいて（排水区域の全部が一の市町村の区域内にある場合においては当該下水道管理者が作成する案に基づいて）（4条7項），定める。

　流域水害対策計画が定められると，河川管理者等の浸水被害対策の実施に必要な措置を講ずるよう努めること（5条1項），流域内に居住し又は事業を営む者にも浸水被害の防止を図るための雨水の一時的な貯留又は地下への浸透に自ら努めるとともに，河川管理者等の行なう措置に協力しなければならないこと（5条2項）を定めている。

　河川法においては，河川管理施設は，河川又は河川に接する区域に設置して直接に河川の流水を制御・管理することによって洪水防御などの機能を果たすものとして位置づけられ，河川に流入する前の雨水の制御・管理による間接的な河川の流水の制御・管理は想定されておらず，河川管理者が河川又は河川に接する区域において雨水貯留浸透施設を設置するなどの工事を行なうことが想定されていないとされる。そこで，この対策法は，特定都市河川に関しては，河川管理者に，対策計画に基づいて，河川から離れた河川流域において特定都市河川の都市洪水による被害の防止を図ることを目的とする雨水貯留施設を設置又は管理することを授権している（6条1項）。そして，

その場合の河川管理施設，河川区域及び河川工事にみなす旨の規定を置いている（6条2項）。

対策計画に基づく事業であって，前記⑤又は⑥を実施する地方公共団体は，当該事業により利益を受ける他の地方公共団体に対し，その利益を受ける限度において，当該事業に要する費用の全部又は一部を負担させることができる（7条1項）。「全部」の場合も想定されているのは，対策計画における目標貯留量を達成する雨水貯留施設が設置されている地方公共団体の区域内に，自らの区域内に適地のない他の地方公共団体の目標貯留量を達成するために雨水貯留浸透施設を設置する場合があり得ることによっている[121]。この負担をさせようとするときは，あらかじめ，当該利益を受ける他の地方公共団体に協議しなければならない（7条2項）。この協議が調った場合には，行政契約上の権利義務が成立すると考えられる。したがって，利益を受ける地方公共団体の義務の不履行がある場合には，事業実施地方公共団体は，訴訟により負担金に係る権利の実現を図ることができると解すべきである。

第二に，雨水浸透阻害行為については，許可制が採用されている。

特定都市河川流域内の宅地等以外の土地において，宅地等にするために行なう土地の形質の変更，土地の舗装（コンクリート等の不浸透性の材料で土地を覆うこと），そのほか土地からの流出雨水量（地下に浸透しないで他の土地へ流出する雨水の量）を増加させるおそれのある行為で政令で定めるもの[122]

121　特定都市河川浸水被害対策法研究会編著・前掲46頁。

122　施行令7条により，ゴルフ場，運動場その他これらに類する施設（雨水を排除するための排水施設を伴うものに限る）を新設し又は増設する行為，ローラーその他これに類する建設機械を用いて土地を締め固める行為（既に締め固められている土地において行なわれる行為を除く）とされている。「これらに類する施設」としては，野球場，陸上競技場，サッカー場等が想定されているという（特定都市河川浸水対策法研究会編著・前掲53頁）。

123　ただし，その地方の浸水被害の発生の状況又は自然的，社会的条件の特殊性を勘案し，当該特定都市河川流域における浸水被害の発生を防止するため特に必要があると認める場合においては，都道府県（指定都市，中核市若しくは特例市又は条例による事務処理の特例により法3章の知事の権限に属する事務の全部を処理する市町村の区域内にあっては，当該指定都市等又は当該事務処理市町村）の区域内にあっては，条例で，区域を限り，その面積を500平方メートル以上1,000平方メートル未満の範

（＝雨水浸透阻害行為）であって雨水の浸透を著しく妨げるおそれのあるものとして政令で定める規模（施行令5条により，原則として1,000平方メートル[123]）以上のものをしようとする者は，あらかじめ，都道府県知事（指定都市，中核市又は特例市（＝指定都市等）の区域内にあっては，当該市の長）の許可を受けなければならない（9条）[124]。国又は地方公共団体が行なう雨水浸透阻害行為についても規制対象とされることを前提に，その場合には，国又は地方公共団体と都道府県知事との協議が成立することをもって許可を受けたものとみなすこととされる（14条）。これは，同種の許可制度において許可に代替する手続として定められているのと同じ仕組みである。

許可の基準（その中心は技術的基準である）に関しては，法11条に基づく法施行令8条，法施行規則9条〜11条に定めがある。これにより，行政手続法5条1項の適用上，さらに審査基準を設けることまでは要求されないと思われる。

法12条は，条例により技術的基準を強化することを認めている。技術的基準の強化に関しては，政令において，「流域水害対策計画において定められた都市洪水又は都市浸水の発生を防ぐべき目標となる降雨のいずれかの強度を超えない範囲内で定めるものであり，かつ，当該特定都市河川流域における浸水被害の防止を図るために必要な最小限度のものであること」を求めている（施行令9条2号）。一種の比例原則を明示するものである。

雨水貯留浸透施設の機能を阻害するおそれのある行為についても，許可制が採用されている（18条）。

工事完了の検査（17条）及び監督処分（20条），立入検査（21条）などの規定がある。

第三に，保全調整池に関する規定が存在する。都道府県知事（指定都市等の区域内にあっては指定都市等の長）は，特定都市河川流域内に存する政令で

囲内で，別に定めることができる（施行令5条ただし書）。
124　特定都市河川流域内の宅地等以外の土地において，雨水浸透阻害行為であって9条の政令で定める規模未満のものをしようとする者には，その雨水浸透阻害行為による流出雨水量の増加を抑制するために必要な措置を講ずるよう努めなければならない（19条）として，努力義務を課している。

定める規模（施行令13条により，原則として100立方メートル）以上の防災調整池の雨水を一時的に貯留する機能が当該特定都市河川流域における浸水被害の防止を図るために有用であると認めるときは，当該調整池を「保全調整池」として指定することができる（23条1項）。この条文は，保全調整池の指定を裁量行為として位置づけているのであるが，その理由として，地方公共団体などの公的管理主体が管理するものは敢えて指定しなくても保全されること，数十年前に建築物内に設置された防災調整池など知事の把握していない防災調整池も存在しているのに指定を義務づけることは過大な事務負担となることなどに配慮したものとされる[125]。知事は，この指定をしようとするときは，あらかじめ，当該保全調整池が存する市町村の長（指定都市等の長を除く）の意見を聴かなければならない（23条2項）。

保全調整池について，その全部又は一部の埋立て，その敷地である土地の区域における建築物等の新築・改築・増築，それが設置されている建築物等の改廃又は除却，そのほか保全調整池が有する雨水を一時的に貯留する機能を阻害するおそれのある行為で政令で定めるものをしようとする者は，その行為の種類，場所，設計又は施行方法，着手予定日その他の省令で定める事項を都道府県知事に届け出なければならない（25条1項）。知事は，この届出があった場合において，当該保全調整池が有する雨水を一時的に貯留する機能の保全のため必要があると認めるときは，当該届出をした者に対して，必要な助言又は勧告をすることができる（25条4項）。勧告にとどめているのは，保全調整池は宅地開発指導要綱等により任意設置されたものがほとんどであるため，勧告を超える厳しい措置をすることは，財産権に対する過大な制約になるという考え方によっているとされる[126]。

第四に，保全調整池が有する雨水を一時的に貯留する機能の保全のため必要があるときに締結される地方公共団体と保全調整池所有者等との間の「管理協定」がある。管理協定においては，協定の目的となる保全調整池，管理の方法に関する事項，有効期間，違反した場合の措置を定める（27条1項）。管理協定については，保全調整池所有者等の全員の合意がなければならない。

125　特定都市河川浸水被害対策法研究会編著・前掲110頁。
126　特定都市河川浸水被害対策法研究会編著・前掲120頁を参照。

管理協定を締結しようとするときは，その旨を公告し，当該管理協定を利害関係人の縦覧に供しなければならない（28条1項）。この公告を受けて，利害関係人は，地方公共団体に意見書を提出することができる（28条2項）。公告（29条）のあった管理協定は，その公告があった後において当該管理協定調整池の保全調整池の所有者等となった者に対しても，その効力があるとされている（31条）（承継効）。

　第五に，都市洪水想定区域及び都市浸水想定区域の制度がある。いわゆるハザードマップの機能を果たすことになる。都市洪水想定区域は，「都市洪水が発生した時の円滑かつ迅速な避難を確保し，及び都市洪水による被害の軽減を図るため」，「流域水害対策計画において定められた都市洪水の発生を防ぐべき目標となる降雨が生じた場合にその特定都市河川のはん濫による都市洪水が想定される区域」として，一級河川の区間（指定区間を除く）については国土交通大臣により，特定都市河川のうちその他の区間については都道府県知事により，それぞれ指定される（32条1項）。また，都市浸水想定区域は，「特定都市河川流域について，都市浸水が発生した時の円滑かつ迅速な避難を確保し，及び都市浸水による被害の軽減を図るため」，「流域水害対策計画において定められた都市浸水の発生を防ぐべき目標となる降雨が生じた場合に都市浸水が想定される区域」として，特定都市河川流域の全部又は一部をその区域に含む市町村の長，当該市町村を包含する都道府県の知事及び特定都市下水道の下水道管理者（特定都市河川流域の全部が一の市町村の区域内にある場合にあっては，市町村の長及び特定都市下水道の下水道管理者）の共同により指定される（32条2項）。

　市町村防災会議は，都市洪水想定区域の指定又は都市浸水想定区域の指定があったときは，市町村地域防災計画において，都市洪水及び都市浸水が相互に影響を及ぼすものであることを考慮して，都市洪水又は都市浸水の発生又は発生のおそれに関する情報（＝洪水等情報）の伝達方法，避難場所その他都市洪水又は都市浸水が生じた時の円滑かつ迅速な避難の確保を図るために必要な事項を定めるものとされている（33条1項）。

　高規格堤防と市街地整備の一体的推進　　法制度として都市に限定されるわけではないが，高規格堤防と市街地の整備を一体的に推進するのは，主とし

て都市の区域において検討されるであろう。「高規格堤防」とは，堤防の敷地である土地の区域内の大部分の土地が通常の利用に供されても計画高水流量を超える流量の洪水の作用に対して耐えることができる規格構造を有する堤防である。河川管理者は，その敷地である土地の区域のうち通常の利用に供することができる土地の区域を高規格堤防特別区域として指定するものとされている（河川法6条2項）。

建設省の通達「高規格堤防整備と市街地整備の一体的推進について」（平成6・11・21建設省都計第146号，河治第85号）は，「高規格堤防の整備は，大幅な土地の形質の変更を伴うこと，高規格堤防の区域内の土地が通常の利用に供されるものであること，また，その整備は都市計画区域内で実施される場合がほとんどであることから，都市部において高規格堤防の整備を行う際は，沿川地域の土地利用都市基盤施設の整備との整合を図り，治水安全度の向上と，水と緑豊かな良好な市街地整備を進める必要がある」と述べたうえで，4点にわたる措置を挙げている。

第一に，沿川整備基本構想の策定である。河川管理者は，河川法16条1項に規定する工事実施基本計画に高規格堤防の設置に係る河川工事の施行の場所を定めたときは，速やかに，その場所を関係都道府県知事に通知することとされているが（河川法施行規則7条の2），河川管理者に対し，工事実施基本計画に高規格堤防の設置に係る河川工事の施行の場所を定める前に，都道府県都市計画担当部局との十分な連絡調整を行なうものとすること，工事実施基本計画に高規格堤防の設置に係る河川工事の施行の場所を定めたときは，都道府県都市計画担当部局及び河川管理者は，共同で，高規格堤防等及び沿川地域の市街地の整備等に関する基本構想（＝沿川整備基本構想）を策定することなどを求めている。

第二に，沿川市街地整備計画の策定である。沿川整備基本構想において優先的に整備を進める地区として定められた地区については，市町村都市計画担当部局（2以上の市町村の区域にわたる場合等広域的調整が必要なものにあっては都道府県都市計画担当部局）に対して，高規格堤防等と整合のとれた市街地整備に関する計画（＝沿川市街地整備計画）を河川管理者と協議して策定することを求めている。

第三に，都市計画の扱いについて述べている。沿川整備基本構想及び沿川市街地整備計画が策定された地区に係る高規格堤防等と市街地の一体的整備を図るために必要な基本的事項について，「市街化区域及び市街化調整区域の整備，開発又は保全の方針」に定めること等を求めている。

　第四に，高規格堤防整備と市街地整備の円滑な推進のための事項について連絡調整を図るため，都道府県ごとに，河川ごとに分けて，河川整備協議会を設置するものとしている。

事項索引

あ 行

青写真判決　379
明渡請求の違法事由　486
雨水浸透阻害行為　569
意見書不採択の決定　378
意見反映措置　147
一空間一団体主義　281
一般処分　168
委任条例　35
違反屋外広告物除却協力員　319
違法性の承継　173, 277, 391, 486
違法判断の基準時　174
運用指針　68
駅施設利用円滑化事業　554
駅における自由通路の設置　561
駅前広場の造成に関する協定　564
援　助　427
沿川市街地整備計画　573
沿川整備基本構想　573
屋外広告物活用地区　318
屋外広告物住民協定　317
屋外広告物条例　313
屋外広告物特別規制地区　318
屋外広告物の規制　311
屋外広告物モデル地区　318
小田急訴訟　176, 269

か 行

改善命令　508
買取りの協議　104, 256
買取りの申出　351
開発基準適合確認通知　206
開発許可　183
開発許可申請の補正　214
開発許可取消しの訴えの原告適格　226
開発許可等に関する建築確認機関の審査権　190
開発許可等の取消訴訟　226
開発許可等不要証明書　190, 216
開発許可に基づく地位の承継　221
開発許可の基準　35, 187
開発許可の公告　219
開発行為　182
開発行為の差止め訴訟　224
開発審査会　211, 223, 224
開発整備促進区　137
開発誘導地区　445
開発利益　365
買戻権　449
買戻権の行使　496
買戻し特約　449, 495
改良住宅　527
確定収用率　446
河川整備協議会　574
過度集積地域　443
過　料　544
仮換地指定処分　391
仮換地指定の変更　408
仮換地の指定　405
仮清算金　413
簡易除却　313
簡易代執行　109, 296, 313, 332, 356, 389
環境整備協力金　207
完結型計画　162, 180

勧　告　67, 94, 95, 97, 104, 256, 556
監視区域の指定　95, 97, 523
間接強制　41
換地計画　394
換地計画の認可　396
換地計画の変更　405
換地処分　413
監督権限　428
監督権行使　460
監督処分　108, 546
関　与　54, 151, 423
管理協定　294, 337, 571
管理処分計画　474, 483
規制区域の指定　91, 97
規制法　28
規制法違反の私法上の行為の効力　32
既存住宅区　498
基本方針　48
給付・確認訴訟説　473
協　議　59, 150, 151, 331, 335, 423, 438, 442, 448, 471, 492, 493, 500, 555
協議会　61
協議に基づく同意制度　63
狭義の訴えの利益　234
協議の成立　63
行政機関相互間の行為　266, 358
行政計画法　48
行政契約　71
行政指導　66, 98, 305
行政主体としての都市　5
行政代執行法　41
行政庁施行　371
行政手続　56
行政と私人との協定　71
行政法規違反の法律行為の効力　32
協　定　545

協定の締結　73
共同住宅区　435
協力事業者との協定　75
許可に代替する協議の成立　189, 273
拠点業務市街地整備土地区画整理促進区域　440
拠点整備促進区域　440
拠点整備土地区画整理事業　441
区域区分　117
区域区分（市街化区域・市街化調整区域）に関する都市計画決定　160
区域指定　96
区画整理会社　370, 381
区画整理会社施行　375
国の技術的助言　68
組合設立の認可　23
計画間調整　286
計画決定の行政処分性　51
計画裁量　178
計画制限　52
計画損失の補償　81
計画担保責任　359
計画提案　154, 287
計画適合性　143
計画の認定　505
計画変更　358
計画法　15
景観協議会　289
景観行政団体　281
景観協定　73, 299
景観計画　282
景観計画区域内の行為の規制　289
景観重要建造物の指定　292
景観重要樹木の指定　294
景観地区工作物制限条例　297
景観地区内における開発行為等の制限　297
景観地区における建築物の形態意匠の制限

　　　　　　295
景観に関する条例　　302
景観法　　17, 280
景観法運用指針　　282, 295
景観緑三法　　281
形式的当事者訴訟　　66
形成訴訟説　　473
下水道用地　　442
減換地処分　　414
原告適格　　226, 268
原状回復命令　　291
現状凍結的規制　　333
建築基準法　　17, 139
建築規制　　138
建築義務　　494
建築協定　　73
建築行為等の制限　　387
建築審査会の同意　　140
建築制限と損失補償の要否　　247
建築等の規制　　240, 242
建築物等の移転及び除却　　388
権利移転等の許可　　92
権利処分の制限　　494
権利申告　　392
権利変換計画　　463
権利変換計画の違法性　　486
権利変換計画の決定　　483
権利変換処分　　467, 484
広域地方計画　　85
広域地方計画協議会　　85
公営住宅　　527
公園一体建物　　545
公園管理権　　548
公園管理者の許可　　542
公園施設　　534
公園施設管理許可　　545
公園施設設置管理許可制度　　536
公園整備協力金　　207

公園保全立体区域　　546
高規格堤防　　573
公共組合　　22, 366
公共施設　　494
公共施設管理者の同意　　195
公共施設管理者の負担金　　423
公共団体施行　　371
工業団地造成事業　　133
広告物協定　　73, 317
広告物景観地域の指定　　316
広告物モデル地区の指定　　316
工作物等の除却命令　　547
工作物の形態意匠等の制限　　297
工事完了の検査　　218
工事完了の公告　　220, 471, 493
高層住居誘導地区　　123
交通結節機能高度化計画　　555
交通結節機能の高度化　　62, 554
高度地区　　123
高度利用地区　　125
公　表　　41, 70, 97, 305, 556
交付金　　510
公法上の金銭債権　　420
公法上の当事者訴訟　　72, 548
公用制限の場合の損失補償　　82
高齢者支援　　74
高齢者見回り　　74
国土形成計画　　84
国土交通大臣の指示　　92
国土交通大臣の指示・代行　　158
国土利用計画　　87, 84
国土利用計画に関する法　　15
国土利用計画法　　86
国立マンション事件　　44, 164
個人施行者　　375
古都における歴史的風土の保存に関する特別措置法　　321
個別付議基準　　211

根幹公共施設　445

さ行

再開発会社　459
再開発等促進区　136
裁決　473
裁定　423, 471, 555
裁定と訴訟　65
差額清算方式　402
先買い　275
産業業務施設　437, 443
市街化区域　117
市街化調整区域　117, 118
市街化調整区域に係る開発行為　210
市街地開発事業　132, 258, 353
市街地開発事業等予定区域に関する都市計画　240
市街地開発事業の施行区域　242
市街地開発事業予定区域　132
市街地開発法　353
市街地再開発組合　23, 458
市街地再開発事業　133, 452, 456, 523
市街地再開発事業計画決定の行政処分性　476
市街地再開発事業に関する都市計画　168
市街地再開発審査会　358, 476
市街地再開発促進区域　455
事業計画決定の違法性　486
事業計画決定の行政処分性　379
事業計画の変更　263, 378
事業所税　76
事業遂行法人　24
事業認可の違法　277
事業認定の告示　276, 457
事業法系列の法　19
事業用地適正化計画　514

施行区域　364
施行計画　491
施行者負担　418
施行者負担の原則　64
施行条例　302, 304
施行地区　364
施行地区内の土地に関する権利を有する者の同意　374
自主条例　35, 38
事情判決の可能性　380
私人間協定　73
事前協議　60, 73, 99
市町村計画　88
市町村都市計画審議会　151
市町村都市再生整備協議会　62, 510
市町村の定める都市計画　146
市町村の都市計画に関する基本的な方針　151
市町村マスタープラン　151
実質的当事者訴訟　384
指定　52
指定管理者制度　535
指定都市　6
指定法人　513
指導監督交付金　79
指導要綱　66, 98
市の区分　6
市の要件　5
市民の森　349
市民の森契約　349
市民緑地契約　343
社会資本整備審議会　158
社会資本整備総合交付金　79, 511
集合農地区　436, 499
住宅街区整備組合　497
住宅街区整備事業　496
住宅街区整備審議会　498
住宅街区整備促進区域　496

自由通路整備費　562
自由通路の整備及び管理に関する要綱　561
収用裁決の違法性　277
縦覧手続　147
受益者負担金　77, 418
首都圏近郊緑地保全法　26
準景観地区　298
準都市計画区域　113
準都市計画区域の指定　113
上位計画参加権　89
照応原則　365, 397, 408
消極目的の規制　28
承継効　57, 72, 221, 265, 431
承　認　259, 449, 507
使用の許可　542
条例による行政　67
条例による制限の付加又は緩和　17
条例を争う方法　44
除却処分　390
職員派遣　427, 439
助　言　94
処分計画　491
処分に代替する協議手続　64
審査委員　475
新住宅市街地開発事業　132, 488
新住宅市街地開発法　20, 485, 488
新都市基盤整備事業　134, 444
新都市基盤整備法　20, 444
生活再建のための措置　278
清　算　473, 475
清算金　402
清算金請求権　473
生産緑地地区　350
生産緑地法　27, 350
整備計画　503
是正の要求　430
是正命令の義務付け訴訟　258

積極目的の規制　28
設権処分　262
全員合意型　466
宣言の確認処分説　414
全国計画　85, 87
占用の許可　542
増換地処分　414
総合設計許可　165
争訟の成熟性　162
造成施設等の処分　494
創設的設権処分説　414
相対的行政処分　267
促進区域　127
速達性向上事業　551
測量・調査のための立入り　385
訴訟による条例の実効性確保　42
措置命令　52, 257, 291
ソフトな過程　68
ソフトな行政　74
損失補償　80, 241, 293, 330, 355, 469, 540

た　行

第1種市街地再開発事業　452, 456
第1種市街地再開発事業計画　462, 477
第1種市街地再開発事業の都市計画決定　168
第2種市街地再開発事業　453, 457, 473, 476
第2種市街地再開発事業計画の決定　168
大規模災害からの復興に関する法律　522
大都市地域における住宅及び住宅地の供給の促進に関する特別措置法　24, 433, 496
滞納処分　420

事項索引

退避経路協定　509
退避施設協定　509
対話型都市計画論　156
宝塚市パチンコ店事件　43
宅地開発指導要綱　201
宅地地積の適正化　398
宅地の立体化　398, 499
立入検査　110
縦の照応　409
地域整備法　18
地域整備方針　502
地域地区　120
地域地区に関する都市計画決定　161
地位の承継　57, 72, 265, 507
地区計画　136
地区計画等　136, 147
地区計画等の区域内における建築物等の形態意匠の制限　298
地区計画等の区域内における建築物の規制　255
地区計画等緑化率条例　341
地区計画等緑地保全条例　335
地区計画の決定　163
地区指定　346
地上権設定方式　466
地積割合要件　367
地方拠点都市地域　437
地方拠点都市地域の整備及び産業業務施設の再配置の促進に関する法律　437
地方公共団体の上位計画参加権　90
地方住宅供給公社　372
中核市　6
注視区域　97
注視区域の指定　94
賃借権設定承認処分　485
通知　331, 334
適応換地処分　414
適合証明書　190, 215

適合認定　49
同意　99, 112, 439, 448, 492
当事者訴訟　98
当初収用率　446
特定街区　126
特定街区に関する都市計画　148
特定仮換地　488
特定業務施設　491
特定建築者　470
特定施設建築物　470
特定都市河川　566
特定都市河川浸水被害対策法　26, 566
特定都市河川流域　566
特定都市鉄道工事　557
特定都市鉄道整備事業計画　557
特定都市鉄道整備準備金　558
特定都市鉄道整備促進特別措置法　556
特定都市鉄道整備積立金　558
特定用途制限地域　122
特別用途地区　122
特別緑地保全地区　332
独立行政不服審査機関　224
特例市　6
特例容積率適用地区　123
都市　2
都市安全確保促進事業　511
都市開発事業　502
都市開発資金　513
都市機能の更新　450
都市計画　115
都市計画運用指針　116
都市計画区域　110
都市計画区域の指定　110
都市計画区域の整備，開発及び保全の方針　116
都市計画区域マスタープラン　116
都市計画決定の違法性　173
都市計画決定の後発的違法　279

都市計画決定の裁量性　174
都市計画決定の事実上の廃止　279
都市計画決定の処分性の有無　160
都市計画決定の提案　153
都市計画決定の手続　146
都市計画事業　258，354，364
都市計画事業地内の建築等の制限　272
都市計画事業認可取消訴訟の原告適格　268
都市計画事業の施行予定者を定める都市計画　148
都市計画事業の認可と争訟　265
都市計画施設　258
都市計画施設の区域　242
都市計画施設の整備に関する事業　258
都市計画上必要な条件　107，188
都市計画税　75
都市計画争訟　180
都市計画と建築規制　142
都市計画に関する基礎調査　114，119，144
都市計画に関する法　16
都市計画の決定手続　38
都市計画の内容に関する誤った回答等　181
都市計画の変更　152
都市計画法　16
都市公園　528
都市公園の設置　532
都市公園の廃止　533
都市公園法　26，528
都市公園法運用指針　535
都市洪水想定区域　572
都市洪水想定区域の指定　567
都市高速鉄道　528
都市高速道路　528
都市再開発資金の貸付け　80
都市再開発の方針　133，451

都市再開発法　20，450
都市再開発法による審査委員　358
都市再生安全確保計画　504，511
都市再生安全確保施設　504
都市再生機構　372
都市再生基本方針　501
都市再生緊急整備協議会　61，503，511
都市再生緊急整備地域　502
都市再生推進本部　501
都市再生整備計画　510
都市再生整備歩行者経路協定　512
都市再生特別措置法　24，61，500
都市再生特別地区　508
都市再生歩行者経路協定　73，509
都市施設　131，527
都市施設に関する都市計画決定　166
都市施設法　25，527
都市浸水想定区域　572
都市鉄道　556
都市鉄道等利便増進法　62，551
都市における道路と鉄道との連続立体化に関する協定　559
都市の国際競争力の強化　502
都市の低炭素化の促進に関する法律　20
都市の美観風致を維持するための樹木の保存に関する法律　301
都市法　8
都市法学　8
都市モノレール　559
都市モノレールの整備の促進に関する法律　559
都市利便増進協定　512
都市緑地法　26，324
都市緑地法運用指針　325
土地明渡請求　548
土地開発公社　418

土地区画整理組合　22, 366, 375, 377, 416
土地区画整理組合等の事業計画　381
土地区画整理組合の設立　366
土地区画整理組合の設立をめぐる争訟　369
土地区画整理事業　132, 364, 523, 526
土地区画整理事業計画　169, 373
土地区画整理事業計画決定　376
土地区画整理事業に関する都市計画決定　167
土地区画整理事業の施行者　365
土地区画整理審議会　357
土地区画整理促進区域　433
土地区画整理法　19, 363
土地所有権に基づく明渡請求　548
土地所有者による共同開発　365
土地整理　447
土地建物の先買い　240
土地に関する権利移転等の届出　93, 94, 95
土地の明渡し　467
土地の明渡請求　468
土地の買入れ　334
土地の買取り　245, 351, 456
土地の買取請求　275
土地の先買い　246
土地利用基本計画　89, 106
土地利用審査会　93, 104, 105
特許事業　260
特許施行　260
都道府県計画　88
都道府県都市計画審議会　149
都道府県の定める都市計画　145
届出　103, 334
取消裁決の取消しを求める訴訟　238

な行

内部行為説　358
認可　53, 72, 259, 460
認可に代替する同意　492
人数割合要件　367
認定　49, 52, 506, 514

は行

東日本大震災復興特別区域法　522
非完結型計画　381
被災市街地復興推進地域　128, 522
被災市街地復興特別措置法　25, 433, 521
被災市街地復興土地区画整理事業　433
備蓄倉庫　509
備蓄倉庫管理協定　509
一人協定　301, 342
避難経路協定　73
費用負担についての協議　64
比例原則　57
比例清算方式　402
風致地区条例　254
風致地区内における建築等の規制　249
賦課金　419
附　款　57, 107, 188
複合的都市行政法　21
復興共同住宅区　433
不動産経営型区画整理　365
包括承認基準　211
補助金　424
保全調整池　570
保存樹又は保存樹林の指定　301
ボランティアの活用　75, 319
保留地　419, 442, 526
保留地処分　419, 424
保留地処分益　419, 424

ま行

まちづくり型区画整理　365
まちづくり交付金　511
まちづくり条例　205
密集市街地における防災街区の整備の促進に関する法律　24
民間都市開発事業　512, 514
民間都市開発推進機構　512, 513
民間都市開発の推進に関する法律　512
民間都市再生事業計画　505
民間都市再生整備事業計画　511
民設公園　529

や行

遊休土地　103
遊休土地転換利用促進地区　127, 255
遊休土地転換利用促進地区内の土地に関する都市計画　148
要綱行政　66
用途地域　120, 121, 138, 139
用途地域の指定　161
横の照応　409

ら行

ラブホテル建築規制条例　42
立体換地処分　414
立体都市公園　544
略式代執行　109, 296, 313, 332, 356, 389
流域水害対策計画　567
流通業務市街地　516
流通業務市街地の整備に関する法律　20, 516
流通業務施設　516, 520
流通業務施設の整備に関する基本方針　516
流通業務団地　518
流通業務団地造成事業　519
流通業務地区　518
緑化施設整備計画　344
緑化推進型の協定　342
緑化地域　339
緑化に関する条例等に基づく地区指定　346
緑化率の最低限度　339
緑地管理機構　326
緑地協定　73, 341
緑地協定区域隣接地　342
緑地の保全及び緑化の推進に関する基本計画　325
緑地保全・緑化推進に関する条例　345
緑地保全型の協定　342
緑地保全地域　327
緑地保全地域内における行為の届出　328
緑地保全に関する条例等に基づく地区指定　346
林試の森事件　167, 174, 175, 268
例外許可　139
歴史的風土特別保存地区　323
歴史的風土保存区域の指定　321
歴史的風土保存計画　322

判例索引

最高裁大法廷昭和 27・10・8（民集 6 巻 9 号 783 頁）　45
最高裁昭和 27・11・20（民集 6 巻 10 号 1038 頁）　272
徳島地裁昭和 28・12・9（行集 4 巻 12 号 3273 頁）　377
福岡地裁昭和 29・5・12（行集 5 巻 5 号 1134 頁）　406
高松高裁昭和 29・7・12（下民集 5 巻 7 号 1075 頁）　406
高松高裁昭和 30・4・30（行集 6 巻 4 号 1114 頁）　377
最高裁昭和 30・10・28（民集 9 巻 11 号 1727 頁）　408
福島地裁昭和 31・8・17（行集 7 巻 8 号 2046 頁）　408
津地裁昭和 31・8・31（行集 7 巻 8 号 2069 頁）　407
福岡地裁昭和 32・1・17（行集 8 巻 1 号 151 頁）　408
水戸地裁昭和 32・4・30（行集 8 巻 4 号 773 頁）　407
青森地裁昭和 32・10・10（行集 8 巻 10 号 1894 頁）　407, 408
松山地裁昭和 34・3・6（行集 10 巻 3 号 560 頁）　408
仙台高裁昭和 35・5・12（行集 11 巻 5 号 1613 頁）　407, 408
和歌山地裁昭和 37・7・7（行集 13 巻 7 号 1320 頁）　390
最高裁昭和 37・12・26（民集 16 巻 12 号 2544 頁）　432
大阪地裁昭和 39・5・14（下民集 15 巻 5 号 1065 頁）　406
東京地裁昭和 39・5・27（行集 15 巻 5 号 815 頁）　405
長崎地裁決定昭和 39・6・29（行集 15 巻 6 号 1098 頁）　389
東京地裁昭和 39・9・25（行集 15 巻 9 号 1795 頁）　405
最高裁大法廷昭和 40・3・10（民集 19 巻 2 号 397 頁）　393
最高裁昭和 40・7・23（民集 19 巻 5 号 1292 頁）　393
名古屋高裁昭和 40・12・20（判例時報 444 号 73 頁）　413
最高裁大法廷昭和 41・2・23（民集 20 巻 2 号 271 頁）　51, 167, 379, 388
大津地裁昭和 41・5・25（訟務月報 12 巻 9 号 1309 頁）　405
大阪高裁昭和 41・11・29（行集 17 巻 11 号 1307 頁）　389
千葉地裁昭和 42・3・31（行集 18 巻 3 号 363 頁）　425
東京地裁昭和 42・4・25（行集 18 巻 4 号 560 頁）　247
名古屋高裁昭和 42・8・29（行集 18 巻 8・9 号 1166 頁）　408
神戸地裁昭和 42・11・29（訟務月報 14 巻 3 号 272 頁）　413
東京高裁昭和 43・4・30（判例時報 534 号 56 頁）　425
最高裁昭和 43・10・29（集民 92 号 715 頁）　389
最高裁昭和 43・12・17（集民 93 号 685 頁）　425

判 例 索 引

最高裁大法廷昭和 43・12・18（刑集 22 巻 13 号 1549 頁）　　314
横浜地裁昭和 44・10・24（行集 20 巻 10 号 1281 頁）　　426
福岡高裁昭和 45・7・20（高裁民集 23 巻 3 号 457 頁）　　408
名古屋地裁昭和 46・3・9（行集 22 巻 3 号 196 頁）　　369
東京高裁昭和 46・4・27（行集 22 巻 4 号 582 頁）　　426
秋田地裁昭和 47・4・3（判例時報 665 号 49 頁）　　536
最高裁昭和 47・11・30（民集 26 巻 9 号 1746 頁）　　45
最高裁昭和 48・3・6（集民 108 号 387 頁）　　550
東京地裁昭和 48・10・31（行集 24 巻 10 号 1166 頁）　　367, 369
最高裁昭和 48・12・21（民集 27 巻 11 号 1649 頁）　　431
最高裁昭和 49・2・5（民集 28 巻 1 号 1 頁）　　540, 542
千葉地裁昭和 49・2・27（判例時報 740 号 48 頁）　　368, 406
福岡高裁昭和 49・3・28（判例時報 750 号 41 頁）　　395
大阪地裁昭和 50・2・19（行集 26 巻 2 号 202 頁）　　378
名古屋高裁昭和 50・6・30（判例時報 801 号 41 頁）　　415
大阪高裁昭和 50・7・17（判例タイムズ 326 号 347 頁）　　254
最高裁昭和 50・8・6（訟務月報 21 巻 11 号 2215 頁）　　51, 167
福島地裁会津若松支部昭和 50・9・17（判例時報 816 号 41 頁）　　550
名古屋高裁昭和 50・11・17（判例時報 813 号 51 頁）　　415
最高裁昭和 50・11・28（訟務月報 24 巻 2 号 317 頁）　　51
京都地裁昭和 51・4・16（行集 27 巻 4 号 539 頁）　　160
名古屋地裁昭和 51・11・15（判例時報 849 号 71 頁）　　369, 377
最高裁昭和 52・1・20（民集 31 巻 1 号 1 頁）　　415
東京地裁昭和 52・2・23（行集 28 巻 1・2 号 142 頁）　　392
福岡地裁決定昭和 52・7・18（行集 28 巻 6・7 号 623 頁）　　478, 486
東京高裁昭和 52・9・13（行集 28 巻 9 号 923 頁）　　393
最高裁昭和 52・12・23（判例時報 874 号 34 頁）　　378
大阪高裁昭和 53・1・31（行集 29 巻 1 号 83 頁）　　160
東京地裁昭和 53・3・23（行集 29 巻 3 号 280 頁）　　367, 368
東京高裁昭和 53・5・10（東高民時報 29 巻 5 号 99 頁）　　168
神戸地裁昭和 53・5・12（訟務月報 24 巻 10 号 1962 頁）　　378
大阪地裁昭和 53・7・5（行集 29 巻 7 号 1256 頁）　　485, 495
横浜地裁昭和 53・9・27（判例時報 920 号 95 頁）　　537, 540, 548
東京高裁昭和 53・10・12（判例時報 917 号 59 頁）　　33
最高裁昭和 53・12・8（民集 32 巻 9 号 1617 頁）　　266
水戸地裁昭和 54・2・13（行集 30 巻 2 号 183 頁）　　368
最高裁昭和 54・3・1（判例タイムズ 394 号 64 頁）　　398
福岡高裁昭和 54・7・18（判例時報 951 号 72 頁）　　415

高松地裁昭和 54・11・6（訟務月報 26 巻 2 号 229 頁） 407
東京高裁決定昭和 55・7・7（行集 31 巻 7 号 1453 頁） 390
神戸地裁昭和 55・10・31（行集 31 巻 10 号 2311 頁） 173
熊本地裁昭和 55・11・27（行集 31 巻 11 号 2540 頁） 432
最高裁昭和 56・1・27（民集 35 巻 1 号 35 頁） 360
静岡地裁昭和 56・5・8（行集 32 巻 5 号 796 頁） 227
横浜地裁昭和 56・7・29（行集 33 巻 11 号 2232 頁） 141
福岡高裁昭和 56・9・30（行集 32 巻 9 号 1731 頁） 432
山口地裁昭和 56・10・1（訟務月報 28 巻 1 号 14 頁） 98
大阪高裁昭和 56・10・21（判例時報 1049 号 20 頁） 399
千葉地裁昭和 56・12・3（金融・商事判例 688 号 28 頁） 413
東京地裁昭和 56・12・22（判例タイムズ 470 号 142 頁） 32
横浜地裁昭和 57・2・24（行集 33 巻 1・2 号 180 頁） 168
最高裁昭和 57・4・22（昭和 53 年（行ツ）第 62 号事件）（民集 36 巻 4 号 705 頁）
　　51, 161, 174
最高裁昭和 57・4・22（昭和 54 年（行ツ）第 7 号事件）（判例時報 1043 号 43 頁）
　　162
神戸地裁昭和 57・4・28（訟務月報 28 巻 7 号 1457 頁） 168
広島地裁昭和 57・4・28（訟務月報 28 巻 7 号 1483 頁） 402
大阪高裁昭和 57・6・9（行集 33 巻 6 号 1238 頁） 405
大阪高裁昭和 57・7・15（行集 33 巻 7 号 1532 頁） 173
東京地裁昭和 57・9・28（行集 33 巻 9 号 1961 頁） 390
東京高裁昭和 57・11・8（行集 33 巻 11 号 2225 頁） 141
横浜地裁昭和 57・11・29（行集 33 巻 11 号 2358 頁） 228
青森地裁昭和 58・1・18（訟務月報 29 巻 8 号 1543 頁） 402
盛岡地裁昭和 58・2・24（行集 34 巻 2 号 298 頁） 166, 265, 269
東京高裁昭和 58・2・28（金融・商事判例 688 号 26 頁） 413
大阪地裁昭和 58・3・16（判例時報 1084 号 54 頁） 236
広島地裁昭和 58・5・11（行集 37 巻 4・5 号 627 頁） 395
仙台高裁決定昭和 58・8・15（判例タイムズ 511 号 181 頁） 191
東京地裁昭和 58・8・30（訟務月報 30 巻 2 号 240 頁） 269
岐阜地裁昭和 58・10・24（行集 34 巻 10 号 1808 頁） 382
最高裁昭和 58・10・28（判例タイムズ 512 号 101 頁） 413
長崎地裁昭和 58・12・16（訟務月報 30 巻 6 号 994 頁） 402
横浜地裁昭和 59・1・30（判例時報 1114 号 41 頁） 254
松山地裁昭和 59・2・29（行集 35 巻 4 号 461 頁） 266
仙台地裁昭和 59・3・15（行集 35 巻 3 号 247 頁） 191, 192
最高裁昭和 59・7・16（判例地方自治 9 号 53 頁） 51

最高裁昭和 59・9・6（判例タイムズ 550 号 136 頁）　357
大分地裁昭和 59・9・12（判例時報 1149 号 102 頁）　216
熊本地裁昭和 59・10・17（判例地方自治 10 号 80 頁）　466
最高裁昭和 59・10・26（民集 38 巻 10 号 1169 頁）　236
横浜地裁昭和 59・12・24（判例タイムズ 564 号 205 頁）　233
東京地裁昭和 60・1・31（行集 36 巻 1 号 59 頁）　140
浦和地裁昭和 60・2・18（行集 36 巻 2 号 129 頁）　379
最高裁昭和 60・7・16（民集 39 巻 5 号 989 頁）　67
東京高裁昭和 60・8・7（行集 36 巻 7・8 号 1201 頁）　140
東京地裁昭和 60・9・17（判例タイムズ 616 号 88 頁）　32
福島地裁昭和 60・9・30（行集 36 巻 9 号 1664 頁）　152
最高裁昭和 60・11・14（判例タイムズ 594 号 72 頁）　141
最高裁昭和 60・12・17（民集 39 巻 8 号 1821 頁）　22, 370, 381, 406
大阪地裁昭和 60・12・18（行集 36 巻 11・12 号 1988 頁）　378, 390, 391, 405
京都地裁昭和 61・1・23（行集 37 巻 1・2 号 6 頁）　254
京都地裁昭和 61・1・23（行集 37 巻 1・2 号 17 頁）　534
神戸地裁昭和 61・2・12（判例時報 1215 号 25 頁）　168, 477
大阪地裁昭和 61・3・26（行集 37 巻 3 号 499 頁）　168
広島高裁昭和 61・4・22（行集 37 巻 4・5 号 604 頁）　395
最高裁昭和 61・6・19（集民 148 号 239 頁）　272
東京高裁昭和 61・6・30（判例地方自治 33 号 59 頁）　358
神戸地裁昭和 61・7・9（判例タイムズ 621 号 91 頁）　191
東京地裁昭和 61・12・11（判例時報 1218 号 58 頁）　269
東京地裁昭和 61・12・22（判例時報 1252 号 64 頁）　408
広島地裁昭和 61・12・26（訟務月報 33 巻 8 号 2128 頁）　395, 399
最高裁昭和 62・3・3（刑集 41 巻 2 号 15 頁）　314
京都地裁昭和 62・3・23（判例タイムズ 634 号 78 頁）　216
最高裁昭和 62・9・22（判例時報 1285 号 25 頁）　162
神戸地裁昭和 62・10・26（行集 38 巻 10 号 1519 頁）　532
東京地裁昭和 63・1・28（行集 39 巻 1・2 号 4 頁）　197
東京高裁昭和 63・2・25（訟務月報 34 巻 10 号 1997 頁）　269
大阪高裁昭和 63・3・31（行集 39 巻 3・4 号 191 頁）　533
名古屋地裁昭和 63・5・27（判例タイムズ 679 号 275 頁）　413
大阪高裁昭和 63・9・30（判例タイムズ 691 号 166 頁）　216
最高裁平成元・2・16（訟務月報 35 巻 6 号 1092 頁）　388
横浜地裁平成元・2・27（判例タイムズ 702 号 119 頁）　376, 379
高松地裁平成元・3・30（判例時報 1326 号 117 頁）　391
福島地裁郡山支部平成元・6・15（判例タイムズ 713 号 116 頁）　359

最高裁平成元・9・8（民集43巻8号889頁）　45
最高裁平成元・10・3（金融・商事判例836号33頁）　408, 411
東京地裁平成元・10・26（判例タイムズ731号145頁）　542
最高裁決定平成元・11・8（判例時報1328号16頁）　66
広島地裁平成2・2・15（訟務月報36巻6号1134頁）　160
千葉地裁平成2・3・26（行集41巻3号771頁）　219, 237
高松地裁平成2・4・9（行集41巻4号849頁）　390, 391, 407, 409
東京高裁平成2・6・28（判例時報1356号85頁）　382
水戸地裁平成2・7・10（訟務月報36巻10号1881頁）　408
福岡地裁平成2・10・25（行集41巻10号1659頁）　478
徳島地裁平成2・11・16（行集41巻11・12号1879頁）　544
東京高裁平成2・11・28（行集41巻11・12号1906頁）　219
最高裁平成3・4・19（民集45巻4号518頁）　45
盛岡地裁平成3・10・28（行集42巻10号1686頁）　198
水戸地裁平成3・10・29（行集42巻10号1695頁）　192
広島地裁平成3・12・26（行集42巻11・12号2049頁）　471
最高裁平成4・9・22（民集46巻6号571頁）　230, 268
東京高裁平成4・9・24（行集43巻8・9号1172頁）　192
最高裁平成4・10・6（判例時報1439号116頁）　51, 388
浦和地裁平成4・10・26（行集43巻10号1325頁）　409
東京地裁八王子支部平成4・10・27（判例時報1466号119頁）　182
最高裁平成4・11・26（民集46巻8号2658頁）　51, 168, 476
東京地裁平成5・2・17（行集44巻1・2号17頁）　243, 279
最高裁平成5・2・18（民集47巻2号574頁）　66, 102
名古屋地裁平成5・2・25（行集44巻1・2号74頁）　267, 277
東京地裁平成5・3・17（判例時報1476号113頁）　426
新潟地裁平成5・6・24（判例タイムズ861号215頁）　98
福岡高裁平成5・6・29（行集44巻6・7号514頁）　478
最高裁平成5・9・10（民集47巻7号4955頁）　235, 237
仙台高裁平成5・9・13（行集44巻8・9号771頁）　198, 200
大阪地裁平成5・9・24（判例タイムズ846号183頁）　473
東京高裁平成5・9・29（行集44巻8・9号841頁）　245, 279
札幌地裁平成5・10・8（判例タイムズ841号115頁）　196
東京高裁平成5・10・18（判例地方自治124号58頁）　391
最高裁平成5・12・17（民集47巻10号5530頁）　484
横浜地裁平成6・1・17（訟務月報41巻10号2549頁）　228
広島地裁平成6・3・29（判例地方自治126号57頁）　150
東京地裁平成6・4・14（行集45巻4号977頁）　174, 277

判 例 索 引

広島高裁平成 6・4・21（行集 45 巻 4 号 1091 頁）　472
最高裁平成 6・4・22（判例時報 1499 号 63 頁）　51, 156, 163, 165
奈良地裁平成 6・6・8（判例地方自治 130 号 69 頁）　410
東京高裁平成 6・6・15（民集 51 巻 1 号 284 頁）　230
鹿児島地裁平成 6・6・17（判例地方自治 132 号 91 頁）　94
広島高裁平成 6・8・5（行集 45 巻 8・9 号 1687 頁）　427
奈良地裁平成 6・10・12（判例地方自治 139 号 69 頁）　227
仙台高裁平成 6・10・17（判例時報 1521 号 53 頁）　361
広島地裁平成 6・11・29（行集 45 巻 10・11 号 1946 頁）　97
神戸地裁平成 6・12・21（行集 45 巻 12 号 2017 頁）　278
千葉地裁平成 7・1・25（判例地方自治 141 号 65 頁）　370, 396
最高裁平成 7・3・23（民集 49 巻 3 号 1006 頁）　198
広島地裁平成 7・3・31（判例地方自治 140 号 82 頁）　432
広島高裁平成 7・5・26（行集 46 巻 4・5 号 550 頁）　97
東京地裁平成 7・5・26（判例集未登載）　169
大阪地裁平成 7・7・28（判例地方自治 146 号 65 頁）　370
名古屋地裁平成 7・11・17（判例タイムズ 916 号 85 頁）　410
横浜地裁平成 8・1・31（判例タイムズ 912 号 160 頁）　164, 169
奈良地裁平成 8・2・21（判例地方自治 153 号 84 頁）　410
広島高裁平成 8・3・28（判例地方自治 154 号 67 頁）　399
名古屋高裁平成 8・7・18（判例タイムズ 933 号 117 頁）　550
広島高裁平成 8・8・9（行集 47 巻 7・8 号 673 頁）　150
福岡高裁平成 8・10・1（判例タイムズ 942 号 113 頁）　237
最高裁平成 9・1・28（民集 51 巻 1 号 250 頁）　228, 230, 269
神戸地裁平成 9・2・24（判例地方自治 184 号 51 頁）　278
浦和地裁平成 9・5・19（判例タイムズ 966 号 163 頁）　467, 483
浦和地裁平成 9・5・19（判例地方自治 176 号 85 頁）　487
大阪高裁平成 9・5・27（判例時報 1634 号 84 頁）　100
大阪高裁平成 9・10・30（行集 48 巻 10 号 821 頁）　278
横浜地裁平成 10・6・15（判例集未登載）　410
大津地裁平成 10・6・29（判例地方自治 182 号 97 頁）　175, 278
東京地裁平成 10・8・27（判例時報 1700 号 21 頁）　268
最高裁平成 10・10・8（判例地方自治 203 号 79 頁）　363
最高裁平成 10・11・12（民集 52 巻 8 号 1705 頁）　426
東京地裁平成 10・11・25（訟務月報 45 巻 7 号 1386 頁）　386
東京地裁平成 10・11・25（訟務月報 45 巻 7 号 1397 頁）　384
横浜地裁平成 11・4・28（判例タイムズ 1027 号 123 頁）　232
東京高裁平成 11・7・22（判例時報 1706 号 38 頁）　468

横浜地裁平成 11・10・4（判例タイムズ 1047 号 166 頁）　233
最高裁平成 11・10・26（判例タイムズ 1018 号 189 頁）　237
横浜地裁平成 11・10・27（判例地方自治 198 号 59 頁）　216
最高裁平成 11・11・25（判例時報 1698 号 66 頁）　269, 271
横浜地裁平成 12・1・26（判例地方自治 218 号 60 頁）　233
東京高裁平成 12・3・23（判例時報 1718 号 27 頁）　271
東京地裁八王子支部平成 12・5・8（判例時報 1728 号 36 頁）　182
東京地裁平成 12・11・8（判例時報 1746 号 97 頁）　182
東京地裁平成 13・10・3（判例時報 1764 号 3 頁）　176
最高裁平成 14・1・22（民集 56 巻 1 号 46 頁）　165
東京地裁平成 14・2・14（判例時報 1808 号 31 頁）　44, 164
岡山地裁平成 14・2・19（判例地方自治 230 号 90 頁）　248
最高裁平成 14・7・9（民集 56 巻 6 号 1134 頁）　42
東京地裁平成 14・7・19（判例地方自治 237 号 93 頁）　533
東京地裁平成 14・8・27（判例時報 1835 号 52 頁）　153, 174, 175, 268
最高裁平成 14・10・24（民集 56 巻 8 号 1903 頁）　272
東京地裁平成 15・2・10（判例タイムズ 1121 号 272 頁）　542
静岡地裁平成 15・2・14（判例タイムズ 1172 号 150 頁）　367
東京地裁平成 15・3・26（判例時報 1836 号 62 頁）　466
東京高裁平成 15・9・11（判例時報 1845 号 54 頁）　176, 268
静岡地裁平成 15・11・27（判例地方自治 272 号 90 頁）　144
東京高裁平成 15・12・18（判例地方自治 249 号 46 頁）　176
横浜地裁平成 16・4・7（判例地方自治 256 号 34 頁）　403
最高裁平成 16・4・26（民集 58 巻 4 号 989 頁）　218
横浜地裁平成 16・11・10（判例地方自治 266 号 85 頁, 270 号 89 頁）　141
東京高裁平成 17・2・9（判例集未登載）　403
横浜地裁平成 17・2・16（判例地方自治 266 号 96 頁）　140
横浜地裁平成 17・2・23（判例地方自治 265 号 83 頁）　193, 232
最高裁平成 17・7・15（民集 59 巻 6 号 1661 頁）　98, 199, 218
横浜地裁平成 17・10・19（判例地方自治 280 号 93 頁）　232
東京高裁平成 17・10・20（判例時報 1914 号 43 頁）　144, 173
最高裁平成 17・11・1（判例タイムズ 1206 号 168 頁）　83, 247, 279
最高裁大法廷平成 17・12・7（民集 59 巻 10 号 2645 頁）　55, 266, 269
東京高裁平成 17・12・19（判例時報 1927 号 27 頁）　45, 164
大阪地裁決定平成 18・1・13（判例タイムズ 1221 号 256 頁）　548
大阪地裁決定平成 18・1・25（判例タイムズ 1221 号 229 頁）　546
大阪高裁決定平成 18・1・29（判例集未登載）　548
さいたま地裁平成 18・3・29（判例地方自治 301 号 14 頁）　416

岡山地裁平成 18・4・19（判例タイムズ 1230 号 108 頁）　218
東京地裁平成 18・6・16（判例タイムズ 1264 号 125 頁）　468
最高裁平成 18・9・4（判例時報 1948 号 26 頁）　　55, 167, 176, 266, 268, 532
最高裁平成 18・11・2（民集 60 巻 9 号 3249 頁）　177
大阪地裁平成 19・2・15（判例タイムズ 1253 号 134 頁）　109, 258
東京高裁平成 19・3・28（判例タイムズ 1264 号 206 頁）　417, 427
さいたま地裁平成 19・8・29（判例集未登載）　409, 410
東京地裁平成 19・11・22（判例集未登載）　481
最高裁平成 19・12・7（民集 61 巻 9 号 3290 頁）　178
東京地裁平成 19・12・20（判例集未登載）　183, 194
大阪地裁平成 20・1・30（判例タイムズ 1274 号 94 頁）　343
横浜地裁平成 20・2・27（判例地方自治 312 号 62 頁）　190
さいたま地裁決定平成 20・3・31（判例集未登載）　239
東京高裁平成 20・6・25（判例集未登載）　183
神戸地裁平成 20・8・5（判例地方自治 318 号 55 頁）　410
大阪地裁平成 20・8・7（判例タイムズ 1303 号 128 頁）　224
水戸地裁平成 20・8・27（判例地方自治 311 号 86 頁）　417
最高裁大法廷平成 20・9・10（民集 62 巻 8 号 2029 頁）
　　51, 55, 164, 169, 180, 199, 380, 382, 385, 387, 396, 477, 481, 482
東京高裁平成 20・9・10（判例集未登載）　481
東京高裁平成 20・10・1（訟務月報 55 巻 9 号 2904 頁）　190
東京地裁平成 20・12・19（判例タイムズ 1296 号 155 頁）　169
横浜地裁平成 20・12・24（判例地方自治 332 号 76 頁）　156, 170
東京地裁平成 20・12・24（判例集未登載）　531
東京地裁平成 20・12・25（判例時報 2038 号 28 頁）　268, 481, 486
大阪地裁平成 21・1・30（判例タイムズ 1306 号 234 頁）　404, 413
名古屋地裁平成 21・2・26（判例タイムズ 1340 号 121 頁）　263
大阪高裁平成 21・3・6（判例集未登載）　226
大阪地裁平成 21・3・25（判例地方自治 324 号 10 頁）　548
東京地裁平成 21・3・27（判例集未登載）　464
東京高裁平成 21・6・18（判例集未登載）　404
大阪地裁平成 21・8・20（判例集未登載）　343
横浜地裁平成 21・8・26（判例地方自治 325 号 66 頁）　214, 238
大阪地裁平成 21・9・9（判例地方自治 331 号 75 頁）　193
東京高裁平成 21・9・16（判例集未登載）　487, 531
最高裁平成 21・10・15（民集 63 巻 8 号 1711 頁）　44
前橋地裁決定平成 21・10・23（判例集未登載）　109, 220
大阪高裁平成 21・11・11（判例集未登載）　404, 413

東京高裁平成 21・11・12（判例集未登載）　465
名古屋高裁平成 21・11・13（判例集未登載）　264
東京高裁平成 21・11・26（判例集未登載）　157, 171
東京地裁平成 21・11・27（判例集未登載）　206
最高裁平成 21・12・17（民集 63 巻 10 号 2631 頁）　278
東京高裁決定平成 21・12・24（判例集未登載）　109
名古屋高裁平成 21・12・25（判例地方自治 368 号 93 頁〈参考〉）　411
大阪地裁平成 22・2・17（判例地方自治 334 号 74 頁）　234
福岡高裁那覇支部平成 22・2・23（判例タイムズ 1334 号 78 頁）　410
東京高裁平成 22・3・30（判例集未登載）　215
東京地裁平成 22・3・30（判例タイムズ 1366 号 112 頁）　46
名古屋地裁平成 22・4・28（判例地方自治 341 号 76 頁）　409
東京高裁平成 22・6・10（判例集未登載）　207
東京地裁平成 22・7・8（判例集未登載）　483
名古屋地裁平成 22・9・2（判例地方自治 341 号 82 頁）　23, 462
横浜地裁平成 22・9・22（判例地方自治 345 号 73 頁）　125
千葉地裁平成 22・12・21（判例集未登載）　273
大阪地裁平成 23・2・10（判例地方自治 348 号 69 頁）　172
東京地裁平成 23・3・29（訟務月報 59 巻 4 号 887 頁）　271
津地裁平成 23・5・12（判例時報 2117 号 77 頁）　356
岐阜地裁平成 23・5・19（判例集未登載）　390
大阪高裁平成 23・6・22（判例集未登載）　172
東京地裁平成 23・9・21（判例集未登載）　192
東京高裁平成 23・10・19（判例集未登載）　273
東京高裁平成 23・10・26（判例集未登載）　236
最高裁平成 23・12・16（判例時報 2139 号 3 頁）　34
東京地裁平成 24・2・8（判例時報 2165 号 87 頁）　182
盛岡地裁平成 24・2・10（判例地方自治 368 号 71 頁）　391
最高裁平成 24・2・16（判例タイムズ 1369 号 108 頁）　411
東京高裁平成 24・4・26（判例タイムズ 1381 号 105 頁）　46
東京地裁平成 24・4・27（判例集未登載）　164
東京地裁平成 24・9・11（判例集未登載）　420
最高裁平成 25・1・11（判例タイムズ 1386 号 160 頁）　46
大阪地裁平成 25・2・15（判例集未登載）　233
最高裁平成 25・2・19（判例地方自治 368 号 76 頁）　411
最高裁平成 25・3・22（判例時報 2184 号 33 頁）　419
大阪地裁決定平成 25・3・28（判例集未登載）　537

〈著者紹介〉

碓井光明（うすい・みつあき）

1946年　長野県に生れる
1969年　横浜国立大学経済学部卒業
1974年　東京大学大学院法学政治学研究科博士課程修了（法学博士）
現　在　明治大学大学院法務研究科（法科大学院）教授、東京大学名誉教授

〈主要著書〉

『地方税条例』（学陽書房、1979年）
『地方税の法理論と実際』（弘文堂、1986年）
『自治体財政・財務法』（学陽書房、初版1988年・改訂版1995年）
『公共契約の法理論と実際』（弘文堂、1995年）
『要説　自治体財政・財務法』（学陽書房、初版1997年・改訂版1999年）
『要説　住民訴訟と自治体財務』（学陽書房、初版2000年・改訂版2002年）
『要説　地方税のしくみと法』（学陽書房、2001年）
『公共契約法精義』（信山社、2005年）
『公的資金助成法精義』（信山社、2007年）
『政府経費法精義』（信山社、2008年）
『社会保障財政法精義』（信山社、2009年）
『行政契約精義』（信山社、2011年）

都市行政法精義 I

2013年（平成25年）11月12日　初版第1刷発行

著　者	碓　井　光　明
発行者	今　井　　　貴
	渡　辺　左　近
発行所	信山社出版株式会社

〔〒113-0033〕東京都文京区本郷 6-2-9-102
電話　03（3818）1019
FAX　03（3818）0344

Printed in Japan

© 碓井光明, 2013.

印刷・製本／暁印刷・牧製本

ISBN978-4-7972-2719-2 C3332

碓井光明 著
公共契約法精義　　　　　　　　　3,800 円

碓井光明 著
公的資金助成法精義　　　　　　　4,000 円

碓井光明 著
政府経費法精義　　　　　　　　　4,000 円

碓井光明 著
社会保障財政法精義　　　　　　　5,800 円

碓井光明 著
行政契約精義　　　　　　　　　　6,500 円

（本体価格）

―――― 信山社 ――――

宇賀克也　責任編集

行政法研究　創刊第 1 号　　　　　　　　　　2,800 円
　（執筆者　宇賀克也，原田大樹，木村琢麿，
　　大橋洋一〔執筆順〕）

行政法研究　第 2 号　　　　　　　　　　　　2,800 円
　（執筆者　木藤茂，田尾亮介〔執筆順〕）

行政法研究　第 3 号　　　　　　　　　　　　2,800 円
　（執筆者　稲葉馨，徳本広孝，田中孝男〔執筆順〕）

(本体価格)

―――――――― 信 山 社 ――――――――

生田長人 著
防災法　　　　　　　　　　　3,800 円

生田長人 著
都市法入門講義　　　　　　　　4,800 円

山田　洋 著
リスクと協働の行政法　　　　　6,800 円

横田光平 著
子ども法の基本構造　　　　　 10,476 円

戸部真澄 著
不確実性の法的制御　　　　　　8,800 円

（本体価格）

―――――― 信 山 社 ――――――